高低压电器装配工
技能训练与考级

主　编　段树华
副主编　曹卫权　李华柏
参　编　王玺珍　罗　伟　黄　杰
　　　　凌志学　陈　庆　廖志平

中国电力出版社
CHINA ELECTRIC POWER PRESS

内 容 提 要

本书是贯彻职业教育"以就业为导向，以能力为本位"的指导思想，围绕企事业单位鉴定内容，紧密联系职业学校教学的实际，并参照国家职业标准《高低压电器装配工》中的基本要求、相关知识和技能要求而编写的，以初级、中级高低压电器装配工覆盖的内容为主，适当兼顾了高级高低压电器装配工的部分内容。

全书共分十三个项目模块，主要内容为：相关知识与技能；机械知识与技能；常用装配工具的使用；电工电子知识与技能；常用电工材料的选用；仪器仪表的使用；变压器与电动机的结构、原理及检测；常用低压电器的选用、拆装及检测；常用高压电器的选用、拆装及检测；机械识图和电气识图；高低压控制设备的装配与调试；测绘。最后编入了高低压电器装配工国家技能鉴定题库、试卷结构、模拟试卷等，供学习者进行自我考核与检测。

本书是高低压电器装配工职业技能培训与鉴定用书，是取证人员的良师益友，可供职业院校学生以及有关教师、技术人员参考，还可以供企事业从业人员学习或岗位培训、就业培训等方面使用。

图书在版编目（CIP）数据

高低压电器装配工技能训练与考级 / 段树华主编 . —北京：中国电力出版社，2014.3（2019.8 重印）
ISBN 978-7-5123-5501-9

Ⅰ . ①高… Ⅱ . ①段… Ⅲ . ①高压电器－装配（机械）－技术培训－自学参考资料②低压电器－装配（机械）－技术培训－自学参考资料 Ⅳ . ① TM5

中国版本图书馆 CIP 数据核字（2014）第 014447 号

出版发行：中国电力出版社
地　　址：北京市东城区北京站西街 19 号（邮政编码 100005）
网　　址：http://www.cepp.sgcc.com.cn
责任编辑：王杏芸
责任校对：黄　蓓　太兴华
装帧设计：赵姗姗
责任印制：杨晓东

印　　刷：三河市航远印刷有限公司
版　　次：2014 年 3 月第一版
印　　次：2019 年 8 月北京第四次印刷
开　　本：787 毫米 ×1092 毫米　16 开本
印　　张：30
字　　数：737 千字
印　　数：6501—7000 册
定　　价：58.00 元

前　言

　　本书是贯彻职业教育"以就业为导向，以能力为本位"的指导思想，围绕企事业单位鉴定内容，紧密联系职业学校教学的实际，并参照国家职业标准《高低压电器装配工》中的基本要求、相关知识和技能要求而编写的，以初级、中级高低压电器装配工覆盖的内容为主，适当兼顾了高级高低压电器装配工的部分内容。

　　全书共分十三个项目模块，主要内容为：相关知识与技能；机械知识与技能；常用装配工具的使用；电工电子知识与技能；常用电工材料的选用；仪器仪表的使用；变压器与电动机的结构、原理及检测；常用低压电器的选用、拆装及检测；常用高压电器的选用、拆装及检测；机械识图和电气识图；高低压控制设备的装配与调试；测绘。最后编入了高低压电器装配工国家技能鉴定题库、试卷结构、模拟试卷等，供学习者进行自我考核与检测。

　　本书具有以下方面的特点：

　　一、注重理论联系实际，集理论知识、操作技能和鉴定试题于一体，力求满足广大学习者与鉴定人员的需求。

　　二、突出重点，力求实用，做到深入浅出、简明扼要、操作性强、图文并茂。同时注重教材的实用性，围绕鉴定要点，选编了理论知识和操作技能试题，使考生能"有的放矢"地进行学习和训练，做到实用、够用、必用，满足学习者与取证人员的需要。

　　三、从职业（岗位）分析入手，紧紧围绕国家职业技能鉴定标准，突出教材的实用性及可操作性，吸取当前电器装配领域中的新知识、新技术、新材料、新工艺，符合我国当前制造企业生产发展的需求。

　　本书由湖南铁道职业技术学院段树华担任主编，李华柏、曹卫权担任副主编，王玺珍、罗伟、黄杰、陈庆、张彦宇、廖志平参加了编写。湖南铁道职业技术学院张莹教授审阅了全书，并提出了许多宝贵意见。本书在编写过程中还得到了湖南铁道职业技术学院赵承获、莫坚，以及湖南铁路科技职业技术学院刘国林等同志的鼎力相助，他们为本书的编写提出了许多宝贵建议，在此对各位同仁表示由衷的感谢。

　　由于编者学识和水平有限，书中必然存在不少缺点、疏漏及其他不足之处，恳请使用本书的读者批评指正。

编　者

2014 年 1 月

目 录

项目一　相关知识与技能

 学习目标

✛ **应知：**

> 1. 了解高低压电器装配工应该遵守的职业道德及其相关知识。
> 2. 掌握安全生产与劳动保护的基本方法。
> 3. 了解质量管理相关知识。

✛ **应会：**

> 1. 掌握触电急救的基本方法。
> 2. 掌握人工呼吸与胸外挤压法的操作方法。

 建议学时

理论教学 4 学时，实训操作 2 学时。

 相关知识

课题一　职业道德知识

职业道德是从事一定职业劳动的人们从职业活动中形成和发展起来的心理意识、行为原则和行为规范的总和，是人们在从事职业的过程中形成的一种内在的、非强制性的约束机制，是社会道德的特殊表现和有机组成部分。职业道德有四方面的特征：行业性、继承性、多样性和适用性。

一、职业道德的基本内涵

每个从业人员，不论是从事哪种职业，在职业活动中都要遵守职业道德。我们可以从以下四个方面去理解职业道德的基本内涵。

首先，在内容方面，职业道德与社会公德有相似之处，但又有所区别，是社会公德的发展，是随着社会分工的出现而出现的。职业道德总是要鲜明地表达职业义务、职业责任以及职业行为上的道德准则，要反映职业、行业以及产业特殊利益的要求；它不是在一般意义上的社会实践基础上形成的，而是在特定的职业实践的基础上形成的，因而它往往表现为某一职业特有的道德传统和道德习惯，表现为从事某一职业的人们所特有道德心理和道德品质。甚至造成从事不同职业的人们在道德品貌上的差异。

其次，在表现形式方面，职业道德往往比较具体、灵活和多样。它总是从本职业的交流活动的实际出发，采用制度、守则、公约、承诺、誓言、条例，以及标语口号之类的形式，这些灵活的形式不但易于为从业人员接受和实行，而且易于形成一种职业的道德习惯。

再次，从调节的范围来看，职业道德一方面是用来调节从业人员内部关系，加强职业、行业内部人员的凝聚力；另一方面，它是用来调节从业人员与其服务对象之间的关系，用来塑造本职业从业人员的形象。

最后，从产生的效果来看，职业道德既能使一定的社会或阶级的道德原则和规范"职业化"，又能使个人道德品质"成熟化"。职业道德虽然是在特定的职业生活中形成的，但它绝不是离开阶级道德或社会道德而独立存在的道德类型。在阶级社会里，职业道德始终是在阶级道德和社会道德的制约和影响下存在和发展的；职业道德和阶级道德或社会道德之间的关系，就是一般与特殊、共性与个性之间的关系。

二、职业道德的社会作用

职业道德是社会道德体系的重要组成部分，它一方面具有社会道德的一般作用，另一方面又具有自身的特殊作用，具体表现在以下几个方面。

1. 调节职业交往中从业人员内部以及从业人员与服务对象之间的关系

职业道德的基本职能是调节职能。它一方面运用职业道德规范约束职业内部人员的行为，促进职业内部人员的团结与合作，调节从业人员内部的关系，另一方面，又可以调节从业人员和服务对象之间的关系，如职业道德规定了制造产品的工人怎样对用户负责；营销人员怎样对顾客负责；医生怎样对病人负责；教师怎样对学生负责等。

2. 有助于维护和提高本行业的信誉

一个行业、一个企业的信誉，即它们的形象、信用和声誉，是指企业及其产品与服务在社会公众中的信任程度，提高企业的信誉主要靠提高产品的质量和服务质量，而从业人员职业道德水平高是产品质量和服务质量的有效保证，所以说提高从业人员职业道德水平有助于维护和提高本行业的信誉。

3. 促进本行业的发展

责任心是最重要的员工素质，而职业道德水平高的从业人员其责任心是极强的。提高员工的职业道德水平，就可以提高员工的整体素质，从而提高行业、企业的经济效益，促进行业、企业的发展。

4. 有助于提高全社会的道德水平

职业道德建设和社会公德培养具有明显的一致性。职业道德的基本准则如文明礼貌、助人为乐、爱护公物、保护环境、遵纪守法等原则是社会公德的规范。职业道德的培养首先要抓社会公德基本准则的灌输。二者的具体内容具有极为广泛的重合和交叉。许多职业存在于公共场合之中，职业活动中一些道德关系本身就是社会公德的一个方面。二者相互促进，不可分割。

三、社会主义职业道德的社会作用

职业道德始终是在阶级道德和社会道德的制约和影响下存在和发展的，职业道德社会作用往往因职业道德特点的变化而改变，社会主义职业道德也因社会统治阶级的不同而出现了不同于以往社会职业道德的特点，其社会作用相应发生变化，出现了以往的职业道德所不具有的社会作用。

(1) 有利于建立新型、和谐的人际关系。

(2) 有利于调节党和政府与人民群众的关系。

(3) 有利于规范各行各业的行为，促进生产力的发展。

(4) 有利于提高全民族的道德素质，促进全社会道德风貌的好转。

课题二　劳动保护与安全生产

一、人身安全注意事项

(1) 工作中应注意周围人员及自身的安全，防止因挥动工具、工具脱落、工件及铁屑飞溅造成人身伤害。

（2）高空作业时，应做到工具应装在工具袋内；登高平台应设置防护栏，台面上应有绝缘层；系好安全带并系在固定的结构件上，不穿硬底鞋，不准打闹；禁止往下或往上抛物件或工具。

（3）严禁在带电母线或高压线下作业。

（4）电力设备的检修由专门部门负责，并由专业人员进行，遵守相关安全操作规程；电气检修应尽量停电进行，停电后必须采用放电、验电、装设临时接地地线、悬挂标示牌和装设遮栏等措施。高压电气作业，邻近带电导线作业，登高和地下作业必须有人监护。

二、正确使用个人防护用品和安全防护工具

（1）进入施工现场时，必须戴好安全工作帽，穿好工作服和绝缘鞋。在高空悬崖和陡坡处施工，必须系好安全带。

（2）梯子不得缺档使用，梯子架设时与地面的夹角以 60°为宜，不得大于 60°或小于 30°。禁止二人同时在梯子上作业。

（3）电气设备着火时，应立即将有关的电源切断，马上用干砂、二氧化碳、"1211"气体或干粉灭火器进行灭火。

三、使用基本工具的注意事项

（1）手动工具：合理使用专用工具，禁止超负载、超范围使用工具。

（2）电动工具：电动工具的电源线不可以任意延长或拆换，要保证良好的绝缘性；检查电源是否完好，在工具活动部分加润滑油。使用移动式电动工具时，单相设备（如手电钻、手砂轮、电刨、冲电钻）应用三孔插座，三相设备应用四孔插座，电气设备的金属外壳应可靠地接地或接零。

（3）气动工具：保证气源的完好，工具活动部分要加润滑油。

四、安全管理

（1）管理职能。安全管理是为了保障职工的安全和健康，保证装置、设备安全运行、预防危险而采取的各种电气安全组织措施，能够预测、控制或消除危险所进行的指导、监督、推动、协助、统筹的职能；安全管理与个人生命安全及设备安全息息相关，在实施过程中，必须贯彻"安全第一，预防为主"的方针。

（2）对电气专业人员的基本要求。具有较高的思想觉悟，较强的事业心、责任感；熟悉《电气安装操作规程》，具备电工安全知识并经考试合格，持电业局颁发的合格证；了解触电急救措施，熟练掌握人工呼吸和胸外挤压等急救方法。

（3）用电设备安装要求。厂内发电、送电、配电和用电设备的安装、验收、运行与维护应由专门部门负责，并由专业人员进行安装；设备安装过程应遵守有关的安全技术操作规程。

（4）电力设备、设施的保护措施。电力设备与设施要采用可靠的保护接地、保护接零、重复接地及防雷保护措施。

（5）工作完毕后要对工作场地及工具进行清理。关断电、气、水、油源，清除作业留下的线头、铁屑等杂物。

（6）电力设施要建立技术档案，对其进行定期的检查、试验，并对检查和试验结果做出记录。

课题三　质量管理知识

产品质量是企业的生命，在市场经济条件下，企业加强质量管理、重视产品质量已经成为必然的趋势，"质量"也日益成为人们所熟知的名词。质量，是指一套固有的特性满足项目需求的程度。

一、全面质量管理

全面质量管理是以组织全员参与为基础的质量管理形式。全面质量管理代表了质量管理发展的最新阶段，起源于美国，后来在其他一些工业发达国家也开始推行，并且在实践运用中各有所长。

最早提出全面质量管理（TQC）的是美国通用电气公司的 A. V. 菲根堡姆，1961 年，其在《全面质量管理》一书中首先提出了全厂质量管理的概念。1987 年，国际标准化组织又在总结各国全面质量管理经验的基础上，制定了 ISO 9000《质量管理和质量保证》系列标准。如今，全面质量管理得到了进一步的扩展和深化，其含义远远超出了一般意义上的质量管理的领域，而成为一种综合的、全面的经营管理方式和理念。

我国自 1987 年推行全面质量管理以来，在实践和理论上都发展较快。全面质量管理正从工业企业逐步推行到交通运输、邮电、商业企业和乡镇企业，甚至有些金融、卫生等方面的企事业单位也积极推行全面质量管理。质量管理的一些概念和方法先后被制定为国家标准。1992 年采用了 ISO 9000《质量管理和质量保证》系列标准，广大企业在认真总结全面质量管理经验与教训的基础上，通过宣贯 GB/T 19000 系列标准，以全面深入地推行这种现代国际通用质量管理方法。

二、质量特性

（1）质量特性的含义。质量特性是指产品、过程或体系与要求有关的固有特性。质量特性可以分为技术性、心理、时间、安全、社会等方面的质量特性。

（2）产品的质量特性。对于产品来说，通常其质量特性包括性能、寿命、可靠性、安全性和经济性。

（3）服务的质量特性。服务的质量特性一般包括功能性、时间性、安全性、经济性、舒适性和文明性。

（4）魅力特性和必需特性。

三、全面质量管理的实施

1. 实施全面质量管理遵循的原则

（1）领导重视与参与。

（2）抓住思想、目标、体系、技术 4 个要领。

（3）切实做好各项基础工作。

（4）做好各方面的组织协调工作。

（5）讲求经济效益，把技术和经济统一起来。

2. 实施全面质量管理的五步法

（1）决策。就是决定做还是不做的过程。

（2）准备。要实施全面质量管理要做以下 4 个方面的准备。

第一，高层管理者需要学习和研究全面质量管理，对于质量和质量管理形成正确的认识。

第二，建立组织。具体包括：组成质量委员会，任命质量主管和成员，培训选中的管理者。

第三，确立远景构想和质量目标，并制订为实现质量目标所必需的长期计划和短期计划。

第四，选择合适的项目，成立团队，准备作为试点开始实施全面质量管理。

（3）开始。这是具体的实施阶段。在这一阶段，需要进行项目试点，在试点中逐渐总结经验教训。

（4）扩展。在试点取得成功的情况下，企业就可以向所有部门和团队扩展。

（5）综合。在经过试点和扩展之后，企业就基本具备了实施全面质量管理的能力。为此，需要对整个质量管理体系进行综合。通常需要从目标、人员、关键业务流程以及评审和审核这 4 个方面进行整合和规划。

四、质量管理体系

1. 质量管理体系有关的基本术语

（1）过程。是指一组将输入转化为输出的相互关联或相互作用的活动。

（2）质量方针。是指一个组织的最高管理者正式发布的该组织总的质量宗旨和方向。

（3）质量目标。是指组织在质量方面所追求的目的。

（4）质量管理。是指在质量方面指挥和控制组织的协调的活动，通常包括制定质量方针、质量目标以及质量策划、质量控制、质量保证和质量改进。

（5）质量策划。是质量管理的一部分，致力于制定质量目标并规定必要的运行过程和相关资源以实现质量目标。

（6）质量控制。是质量管理的一部分，致力于满足质量要求。

（7）质量保证。是质量管理的一部分，致力于提供质量要求会得到满足的信任，是组织为了提供足够的信任表明体系、过程或产品能够满足质量要求，而在质量管理体系中实施并根据需要进行证实的全部有计划和有系统的活动。

2. 质量管理体系的建立和运行

（1）质量管理体系的建立。建立质量管理体系一般按照这样的步骤：调查分析管理现状，确立质量方针和质量目标，质量管理体系的文件化。

（2）质量管理体系的运行。是指组织的全体员工，依据质量管理体系文件的要求，为实现质量方针和质量目标，在各项工作中按照质量管理体系文件要求操作，维持质量管理体系持续有效的过程。

质量管理体系有效运行要注意以下几个方面内容。

1）质量管理体系运行前要采用多种形式，分层次地对员工进行质量管理教育和质量管理体系文件的学习与培训。

2）质量管理体系的运行涉及组织许多部门和各个层次的不同活动。领导者要确定各项活动的目标与要求，明确职责、权限和各自的分工，使各项活动能够有序展开，对出现的矛盾和问题要及时沟通与协调，必要时采取措施，只有这样，才能保证质量管理体系的有效运行。

3）组织的员工应严格执行工艺规程和作业指导书，操作前要做好各项准备工作，熟悉工艺要求和作业方法，检查原材料和加工设备是否符合要求；加工过程中对各项参数和条件实施监控，确保各项参数控制在规定范围之内，做到第一次做好；加工后进行自检，保证加工的产品满足规范要求。

4）在质量管理体系运行过程中，应采取全程监视与测量的方法对质量管理体系运行情况实施日常监控，确保质量管理体系运行中暴露出的问题全面地收集上来进行系统分析，找出问题原因，提出并实施纠正措施，包括对质量管理体系文件的修改，使质量管理体系逐步完善、健全。

5）质量管理体系审核的目的是对照规定要求，检查质量管理体系实施过程中是否按照规范要求操作，确定质量目标的实现情况，评价质量管理体系的改进机会。

3. 员工在质量管理体系中应当发挥的作用

质量管理体系的建立和运行要依靠组织全体员工的参与和努力，质量管理与组织每一个员工密切相关。在质量管理体系的建立、运行和保持过程中，员工应当树立让顾客满意的理念，积极参与管理，搞好过程控制，做好质量记录。

五、质量检验

从质量管理发展过程来看，最早的阶段就是质量检验阶段。质量检验曾是保证产品质量的主要手段，统计质量管理和全面质量管理都是在质量检验的基础上发展起来的。在我国进一步推行全面质量管理和实施 ISO 9000 系列国际标准时，特别是进行企业机构改革时，绝不能削弱质量检验工作和取消质量检验机构。相反，必须进一步加强和完善这项工作，要更有效地发挥检验工作的作用。

质量检验概括起来包括度量、比较、判断、处理 4 项具体工作。检验的基本职能，可以概括为以下 4 个方面。

1. 把关的职能

把关是质量检验最基本的职能，也可称为质量保证职能。企业的生产是一个复杂的过程，很多因素能使生产状态发生变化，各个工序不可能处于绝对的稳定状态，质量特性的波动是客观存在的，要求每个工序生产 100％ 的合格品，实际上是不大可能的。只有通过检验，实行严格把关，做到不合格的原材料不投产，不合格的半成品不转序，不合格的零部件不组装，不合格的成品不冒充合格品而出厂，才能真正保证产品的质量。

2. 预防的职能

现代质量检验区别于传统检验的重要之处，在于现代质量检验不仅要起把关的作用，还要起预防的作用。预防作业主要通过工序能力的测定，控制图的使用及工序生产时的首检与巡检等来实现。

3. 报告的职能

报告的职能，也就是信息反馈的职能。它是为了使领导者和有关质量管理部门能够及时掌握生产过程中的质量状态，评价和分析质量体系的有效性。

4. 改进的职能

质量检验部门参与质量改进工作，是充分发挥质量检验并搞好质量把关和预防作用的关键，也是质量检验部门参与提高产品质量的具体体现。

 相关技能

技能训练　触　电　急　救

一、训练目的

（1）了解触电急救的一般原则。

（2）学会触电急救的基本方法。

二、训练器材

心肺复苏人体模型多个，医用酒精和棉球若干。

三、相关知识

进行触电急救，应坚持迅速、就地、准确、坚持的原则。

（1）迅速脱离电源。如果电源开关离救护人员很近时，应立即拉掉开关切断电源；当电源开关离救护人员较远时，可用绝缘手套或木棒将电源切断。如果导线搭在触电者的身上或压在身下时，可用干燥木棍及其他绝缘物体将电源线挑开（见图 1-1）。

（2）就地急救处理。当触电者脱离电源后，必须在现场就地抢救。只有当现场对安全有威胁时，才能把触电者抬到安全地方进行抢救，但不能把触电者长途送往医院后再进行抢救。

图 1-1 迅速脱离电源

（3）准确地使用急救方法。如果触电者神志清醒，仅心慌、四肢麻木或者一度昏迷还没有失去知觉，应让触电者安静休息；触电伤员神志不清，但呼吸心跳正常，则让其就地仰面躺平，确保其气道通畅，并用 5s 时间呼叫伤员或轻拍其肩部，以判定伤员是否意识丧失，禁止摇动伤员头部呼叫伤员。如果触电伤员有心跳而无呼吸或呼吸不正常，则采用人工呼吸法进行抢救；如果触电伤员有呼吸而心脏停跳，则采用胸外心脏挤压法进行抢救；如果触电伤员呼吸和心脏都停止了，则应立即采取胸外心脏挤压法与人工呼吸法同时进行就地抢救。

（4）坚持抢救。坚持就是触电者复生的希望，百分之一的希望也要尽百分之百的努力。如果伤员的心跳和呼吸经抢救后得以恢复，可暂停心肺复苏方法操作。但心跳呼吸恢复的早期有可能再次骤停，应严密监护，不能麻痹，要随时准备再次抢救。

1. 口对口（口对鼻）人工呼吸法

有心跳而无呼吸或呼吸不正常者用口对口（口对鼻）人工呼吸法，操作方法如下。

（1）捏鼻张嘴。将触电者仰天平躺，颈部后仰，鼻孔朝天，解开衣服，松开裤带，使其张开嘴巴，清理口腔中的杂物，使呼吸道畅通，将鼻孔捏紧准备吹气。

（2）贴紧吹气。深吸气，贴紧触电者的嘴巴，大口吹气，并观察其胸部是否扩张，确定是否有效。

（3）放松换气。吹气完毕，立即离开触电者的嘴巴，并放松鼻孔，让其自身呼吸。

上述方法，每分钟进行 12 次，反复进行（见图 1-2）。

对不方便进行口对口人工呼吸法的可以采用口对鼻人工呼吸法，对于儿童鼻孔不宜捏紧，任其漏气，如果张嘴不便，可捏嘴，嘴贴鼻孔吹气。

2. 胸外心脏挤压法

胸外心脏挤压法是指有节律地以手对心脏挤压，用人工的方法代替心脏的自然收缩，从而达到维持血液循环的目的（见图 1-3）。此法简单易学，效果好，不需设备，易于普及推广。对于有呼吸而无心脏停跳的触电者采用此方法，操作方法如下。

（1）使病人仰卧于硬板上或地上，以保证挤压效果。

（2）抢救者跪跨在病人的腰部。

（3）抢救者以一手掌根部按于病人胸下 1/2 处，即中指指尖对准其颈部凹陷的下缘，当胸一手掌，另一手压在该手的手背上，肘关节伸直。身体略向前倾斜，肩部正对触电者的胸骨，依靠体重和臂、肩部肌肉的力量，垂直用力，向脊柱方向压迫胸骨下段，使胸骨下段与其相连的肋骨下陷 3～4cm，间接压迫心脏，使心脏内血液搏出。注意双手不得交叉，而且手指要抬起，不得贴附胸壁。

7

（4）挤压后突然放松（要注意掌根不能离开胸壁），依靠胸廓的弹性使胸复位，此时，心脏舒张，大静脉的血液回流到心脏。

（5）按压要有节律地进行，不得间断，按压深度为 3～4cm（1～1.5 寸），每分钟 60～80 次，下压与放松时间比为 1：1。

3. 胸外心脏挤压法与人工呼吸法同时进行

触电伤员呼吸和心跳均停止时，应立即采取胸外心脏挤压法与口对口（鼻）人工呼吸法同时进行抢救，两者的节奏为：单人抢救时每按压 15 次后吹气 2 次（15：2），反复进行；双人抢救时每按压 5 次后另一人吹气 1 次（5：1），反复进行。按压吹气 1min 后（相当于单人抢救时做了 4 个 15：2 压吹循环），应用看、听、试方法在 5～7s 时间内完成对伤员呼吸和心跳是否恢复的再判定。若判定颈动脉已有搏动但无呼吸，则暂停胸外按压，而再进行 2 次口对口人工呼吸，接着 5s 吹气一次（12 次/min）。如果脉搏和呼吸均未恢复，则继续坚持心肺复苏方法抢救。

上面三种方法在抢救过程中，要每隔数分钟判定一次是否有呼吸与心跳，每次判定时间均不得超过 5～7s。在医务人员未接替抢救前，现场抢救人员不得放弃现场抢救。

　　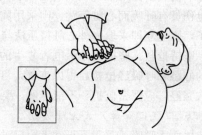

图 1-2　口对口人工呼吸法　　　　　　　图 1-3　胸外心脏挤压法

四、训练内容及步骤

1. 脱离电源及急救措施的选择

2～3 个人一组，一人模拟触电伤员，其他的模拟现场急救人员，按照上面的方法使伤员脱离电源并判断伤员的伤情而选择相应的急救措施。

2. 口对口（口对鼻）人工呼吸法练习

利用实验室模型，按照上面所述的方法进行人工呼吸练习，如模型不够，也可同学之间互相练习。

3. 胸外心脏挤压法练习

利用实验室模型，按照上面所述的方法进行胸外心脏挤压法练习，如果模型不够，也可同学之间互相练习。

五、注意事项

（1）学生在练习过程中一定要严肃认真，不可嬉戏打闹，以免造成安全事故。

（2）进行脱离电源训练时，并不是真正地去触摸带电体，只是模拟触电环境，但施救者一定要当作带电环境规范地进行施救。

（3）同学之间互相配合进行口对口（口对鼻）人工呼吸法练习时要注意卫生，在进行胸外心脏挤压法练习时，力度一定要适中，以免造成伤害。

六、成绩评定

项目内容	配分	评分标准	扣分	得分
脱离电源及急救措施的选择	30 分	(1) 脱离电源方法不正确扣 10～20 分 (2) 采用急救方法不正确扣 5～10 分		
口对口（口对鼻）人工呼吸法练习	35 分	(1) 使用方法不正确扣 10～20 分 (2) 态度不认真者扣 10～15 分		
胸外心脏挤压法练习	35 分	(1) 使用方法不正确扣 10～20 分 (2) 态度不认真者扣 10～15 分		
工时：2h			评分	

项目二 机械知识与技能

学习目标

应知：

1. 了解常用量具的使用方法。
2. 掌握机械传动的基本知识。
3. 理解各种机械传动的工作特点。
4. 了解钳工的基本知识与相关的操作应用。

应会：

1. 学会使用量具。
2. 学会钻孔。
3. 学会手工加工螺纹。

建议学时

理论教学 10 学时，实验实训 8 学时

相关知识

课题一 常用量具使用

量具是以固定形式复现量值的测量器具。量具按其用途可分为以下三大类。

（1）标准量具。是指用作测量或检定标准的量具，如量块、多面棱体、表面粗糙度比较样块等。

（2）通用量具（或称万能量具）。一般是指由量具厂统一制造的通用性量具，如直尺、平板、角度块、卡尺等。

（3）专用量具（或称非标量具）。是指专门为检测工件某一技术参数而设计制造的量具，如内外沟槽卡尺、钢丝绳卡尺、步距规等。

一、一般量具

1. 钢尺

钢尺是最常用的丈量工具。

钢尺是用薄钢片制成的带状尺，可卷入金属圆盒内，故又称钢卷尺。尺宽 10~15mm，长度有 15、30cm 和 50cm 等几种。图 2-1 为 15cm 钢尺。

钢尺的优点：钢尺抗拉强度高，不易拉伸，所以量距精度较高，在工程测量中常用钢尺量距。

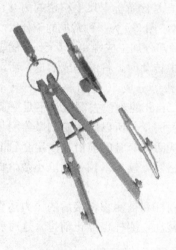

图 2-1　15cm钢尺

钢尺的缺点：钢尺性脆，易折断，易生锈，使用时要避免扭折、防止受潮。

钢尺是钢制的带尺。钢尺的基本分划为厘米，在每米及每分米处都有数字注记，适用于一般的距离测量。有的钢尺在起点处至第一个 10cm 间，甚至整个尺长内都刻有毫米分划，这种钢尺适用于精密距离测量。

钢尺根据零点位置的不同，又可分为端点尺和刻线尺两种。端点尺是以尺的最外端边线作为刻画的零线，当从建筑物墙边开始量距时使用很方便；刻线尺是以刻在钢尺前端的"0"刻画线作为尺长的零线，在测距时可获得较高的精度。由于钢尺的零线不一致，使用时必须注意钢尺的零点位置。

2. 圆规

圆规又称画规，它用来画圆弧、等分线段、等分角度以及量取尺寸，如图 2-2 所示。

3. 量角器

常用量角器是角度规，如图 2-3 所示，用来画角度或测量角度。

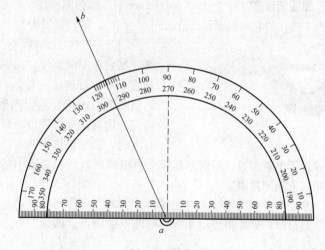

图 2-2　圆规　　　　　　　　　　　　图 2-3　量角器

4. 塞尺

塞尺又称测微片或厚薄规，如图 2-4 所示，是用于检验间隙的测量器具之一，横截面为直角三角形，在斜边上有刻度，利用锐角正弦直接将短边的长度标示在斜边上，这样就可以直接读出缝的大小了。

塞尺使用前必须先清除塞尺和工件上的污垢与灰尘。使用时可用一片或数片重叠插入间隙，以稍感拖滞为宜。测量时动作要轻，不允许硬插，也不允许测量温度较高的零件。

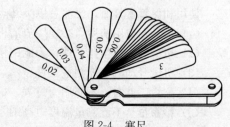

图 2-4　塞尺

11

二、精密量具

1. 游标卡尺

游标卡尺是一种测量精度较高、使用方便、应用广泛的量具，可直接测量工件的外径、内径、宽度、长度、深度尺寸等，其读数准确度有 0.1、0.05mm 和 0.02mm 三种。

游标卡尺根据其结构可分为单面卡尺、双面卡尺等，如图 2-5、图 2-6 所示。

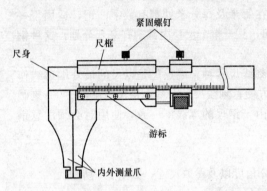

图 2-5　单面卡尺

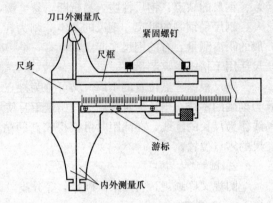

图 2-6　双面卡尺

2. 千分尺

螺旋测微器又称千分尺（micrometer）、螺旋测微仪、分厘卡，是比游标卡尺更精密的测量长度的工具，用它测长度可以精确到 0.01mm，测量范围为几个厘米。图 2-7 为一种常见的千分尺。

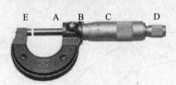

图 2-7　千分尺

图 2-7 上 A 为测杆，它的一部分加工成螺距为 0.5mm 的螺纹，当它在固定套管 B 的螺套中转动时，将前进或后退，活动套管 C 和螺杆连成一体，其周边等分成 50 个分格。螺杆转动的整圈数由固定套管上间隔 0.5mm 的刻线去测量，不足一圈的部分由活动套管周边的刻线去测量。所以用螺旋测微器测量长度时，读数也分为两步，即从活动套管的前沿在固定套管的位置，读出整圈数；从固定套管上的横线所对活动套管上的分格数，读出不到一圈的小数，二者相加就是测量值。

螺旋测微器的尾端有一装置 D，拧动 D 可使测杆移动，当测杆和被测物相接后的压力达到某一数值时，棘轮将滑动并有"咔咔"的响声，活动套管不再转动，测杆也停止前进，这时就可以读数了。

不夹被测物而使测杆和小砧 E 相接时，活动套管上的零线应当刚好和固定套管上的横线对齐。实际操作过程中，由于使用不当，初始状态多少和上述要求不符，即有一个不等于零的读数。所以，在测量时要先看有无零误差，如果有，则须在最后的读数上去掉零误差的数值。

3. 量具的保养

使用和保管量具时，要注意以下几点。

（1）量具在使用前后，必须用清洁棉纱拭净。

（2）粗糙毛胚或生锈工件，不能用精密量具测量。

（3）机床开动时不能测量工件。

（4）测量工件时，不能用力过大、推力过猛。

（5）精密量具不能测量温度过高的零件。

（6）普通量具用完后，有条理地放在固定的地方。

（7）精密量具用完后，则要拭净，涂油，放在专用盒内。

（8）所有量具都应严防受潮，防止生锈。

课题二　机械传动基础知识

机械传动在机械工程中应用非常广泛。所谓机械传动，就是利用机械与机械之间的连接传递动力和运动的传动。机械传动有多种形式，主要可分为两类：①靠机件间的摩擦力传递动力和运动的摩擦传动，如带传动等。摩擦传动容易实现无级变速，大都能适应轴间距较大的传动场合，过载打滑还能起到缓冲和保护传动装置的作用，但这种传动一般不能用于大功率的场合，也不能保证准确的传动比。②靠主动件与从动件啮合或借助中间件啮合传递动力或运动的啮合传动，如齿轮传动、链传动、螺旋传动等。啮合传动能够用于大功率的场合，传动比准确，但一般要求有较高的制造精度和安装精度。每种机械传动都各有特点，分别适用于不同的条件。

一、机械与连接

1. 轴

轴是穿在轴承中间或车轮中间或齿轮中间，支承转动零件并与之一起回转以传递运动、扭矩或弯矩的机械零件。一般为金属圆杆状，也有少部分是方形的，各段可以有不同的直径，如图 2-8 所示。

2. 轴承

轴承是机械中的固定机件。当其他机件在轴上彼此产生相对运动时，用来保持轴的中心位置及控制该运动的机件，就称为轴承。轴承的种类很多，不同的工件场合需用到不同的轴承，如图 2-9 所示。

图 2-8　轴

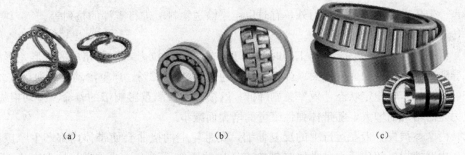

（a）　　　　　　　　（b）　　　　　　　　（c）

图 2-9　轴承

（a）平面轴承；（b）球面滚子轴承；（c）推力滚子轴承

3. 联轴器

联轴器属于机械通用零部件范畴，用来连接不同机构中的两根轴（主动轴和从动轴）使之共同旋转以传递扭矩的机械零件。在高速重载的动力传动中，有些联轴器还有缓冲、减振和提高轴系动态性能的作用。联轴器由两半部分组成，分别为主动轴和从动轴连接。一般动力机大都借助于联轴器与工作机相连接，是机械产品轴系传动最常用的连接部件。图 2-10 为单节膜片联轴器。

4. 离合器

离合器广泛适用于机床、包装、印刷、纺织、轻工及办公设备中。离合器位于发动机和变速箱之间的飞轮壳内，用螺钉将离合器总成固定在飞轮的后平面上，离合器的输出轴就是变速箱的输入轴。在汽车行驶过程中，驾驶员可根据需要踩下或松开离合器踏板，使发动机与变速箱暂时分离和逐渐接合，以切断或传递发动机向变速器输入的动力，如图 2-11 所示。

图 2-10　单节膜片联轴器

图 2-11　离合器

二、机械传动

1. 带传动

图 2-12　带传动

带传动是利用张紧在带轮上的柔性带进行运动或动力传递的一种机械传动，如图 2-12 所示。根据传动原理的不同，有靠带与带轮间的摩擦力传动的摩擦型带传动，也有靠带与带轮上的齿相互啮合传动的同步带传动。带传动具有结构简单、传动平稳、能缓冲吸振，可以在大的轴间距和多轴间传递动力，且其造价低廉、不需润滑、维护容易等特点，在近代机械传动中应用十分广泛。摩擦型带传动能过载打滑、运转噪声低，但传动比不准确（滑动率在 2% 以下）；同步带传动可保证传动同步，但对载荷变动的吸收能力稍差，高速运转有噪声。带传动除用以传递动力外，有时也用来输送物料、进行零件的整列等。

带传动的功率损失有以下几种。

（1）滑动损失。摩擦型带传动工作时，由于带轮两边的拉力差及其相应的变形差形成弹性滑动，导致带与从动轮的速度损失。弹性滑动率通常为 1%～2%。严重滑动，特别是过载打滑，会使带的运动处于不稳定状态，效率急剧降低，磨损加剧，严重影响带的寿命。滑动损失随紧、松边拉力差的增大而增大，随带体弹性模量的增大而减小。

（2）内摩擦损失。带在运行中的反复伸缩，在带轮上的挠曲会使带体内部产生摩擦引起功率损失。内摩擦损失随预紧力、带厚与带轮直径比的增加而增大。减小带的拉力变化，可减小其内摩擦损失。

（3）带与带轮工作面的粘附性以及 V 带楔入、退出轮槽的侧面摩擦损失。

（4）空气阻力损失。高速运行时，运行风阻引起的功率损失，其损失与速度的平方成正比。因此设计高速带传动时，应减小带的表面积，尽量用厚而窄的带；带轮的轮辐表面应平滑（如用椭圆轮辐）或用辐板以减小风阻。

（5）轴承摩擦损失。轴承受带拉力的作用，是引起功率损失的重要因素之一。综合上述损失，带传动的效率为 80%～98%，进行传动设计时，根据带的种类选取。

2. 齿轮传动

齿轮传动是利用两齿轮的轮齿相互啮合传递动力和运动的机械传动，如图 2-13 所示。按齿轮轴线的相对位置分为平行轴圆柱齿轮传动、相交轴圆锥齿轮传动和交错轴螺旋齿轮传动。具有结构紧凑、效率高、寿命长等特点。

齿轮传动是指用主、从动轮轮齿直接传递运动和动力的装置。

在所有的机械传动中，齿轮传动应用最广，可用来传递任意两轴之间的运动和动力。

齿轮传动的特点是：齿轮传动平稳，传动比精确，工作可靠、效率高、寿命长，使用的功率、速度和尺寸范围大。例如，传递功率可以从

图 2-13　齿轮传动

很小至几十万千瓦；速度最高可达 300m/s；齿轮直径可以从几毫米至二十多米。但是制造齿轮需要有专门的设备，啮合传动会产生噪声。

3. 链传动

链传动是通过链条将具有特殊齿形的主动链轮的运动和动力传递到具有特殊齿形的从动链轮的一种传动方式，如图 2-14 所示。

链传动有许多优点，与带传动相比：无弹性滑动和打滑现象，平均传动比准确，工作可靠，效率高；传递功率大，过载能力强，相同工况下的传动尺寸小；所需张紧力小，作用于轴上的压力小；能在高温、潮湿、多尘、有污染等恶劣环境中工作。

链传动的缺点主要有：仅能用于两平行轴间的传动；成本高，易磨损，易伸长，传动平稳性差，运转时会产生附加动载荷、振动、冲击和噪声，不宜用在急速反向的传动中。因此，链传动多用在不宜采用带传动与齿轮传动，而两轴平行，且距离较远，功率较大，平均传动比准确的场合。

4. 蜗轮蜗杆传动

蜗轮蜗杆传动（见图 2-15）是在空间交错的两轴间传递运动和动力的一种传动，两轴线间的夹角可为任意值，常用的为 $90°$。蜗轮蜗杆传动用于在交错轴间传递运动和动力。蜗轮蜗杆传动由蜗杆和蜗轮组成，一般蜗杆为主动件。蜗杆和螺纹一样有右旋和左旋之分，分别称为右旋蜗杆和左旋蜗杆。蜗杆上只有一条螺旋线的称为单头蜗杆，即蜗杆转一周，蜗轮转过一齿，若蜗杆上有两条螺旋线，就称为双头蜗杆，即蜗杆转一周，蜗轮转过两个齿。蜗轮蜗杆传动有以下特点。

（1）传动比大，结构紧凑。蜗杆头数用 Z_1 表示（一般 $Z_1=1\sim4$），蜗轮齿数用 Z_2 表示。从传动比公式 $I=Z_2/Z_1$ 可以看出，当 $Z_1=1$，即蜗杆为单头，蜗杆须转 Z_2 转蜗轮才转一转，因而

图 2-14　链传动

图 2-15　蜗轮蜗杆传动

15

可得到很大的传动比，一般在动力传动中，取传动比 $I=10\sim80$；在分度机构中，I 可达 1000。这样大的传动比如果用齿轮传动，则需要采取多级传动才行，所以蜗杆传动结构紧凑，体积小，重量轻。

（2）传动平稳，无噪声。因为蜗杆齿是连续不间断的螺旋齿，它与蜗轮齿啮合时是连续不断的，蜗杆齿没有进入和退出啮合的过程，因此工作平稳，冲击、振动、噪声小。

（3）具有自锁性。蜗杆的螺旋升角很小时，蜗杆只能带动蜗轮传动，而蜗轮不能带动蜗杆转动。

（4）蜗杆传动效率低，一般认为蜗杆传动效率比齿轮传动低。尤其是具有自锁性的蜗杆传动，其效率在 0.5 以下，一般效率只有 $0.7\sim0.9$。

（5）发热量大，齿面容易磨损，成本高。

5. 液压传动

液压传动是用液体作为工作介质来传递能量和进行控制的传动方式。

液压传动有许多突出的优点，因此它的应用非常广泛，如一般工业用的塑料加工机械、压力机械、机床等；行走机械中的工程机械、建筑机械、农业机械、汽车等；钢铁工业用的冶金机械、提升装置、轧辊调整装置等；土木水利工程用的防洪闸门及堤坝装置、河床升降装置、桥梁操纵机构等；发电厂涡轮机调速装置、核发电厂等；船舶用的甲板起重机械（绞车）、船头门、舱壁阀、船尾推进器等；特殊技术用的巨型天线控制装置、测量浮标、升降旋转舞台等；军事工业用的火炮操纵装置、船舶减摇装置、飞行器仿真、飞机起落架的收放装置和方向舵控制装置等。

（1）液压传动的基本原理。液压系统利用液压泵将原动机的机械能转换为液体的压力能，通过液体压力能的变化来传递能量，经过各种控制阀和管路的传递，借助于液压执行元件（液压缸或液压马达）把液体压力能转换为机械能，从而驱动工作机构，实现直线往复运动和回转运动。其中的液体称为工作介质，一般为矿物油，它的作用和机械传动中的皮带、链条和齿轮等传动元件相类似。在液压传动中，液压缸就是一个最简单而又比较完整的液压传动系统，分析它的工作过程，可以清楚地了解液压传动的基本原理。

（2）液压传动系统的组成。液压系统主要由：动力元件（油泵）、执行元件（液压缸或液压马达）、控制元件（各种阀）、辅助元件和工作介质等 5 部分组成。

1）动力元件（液压泵）。其作用是把液体利用原动机的机械能转换成液压力能；是液压传动中的动力部分。

2）执行元件（液压缸、液压马达）。是将液体的液压能转换成机械能。其中，液压缸做直线运动，液压马达做旋转运动。

3）控制元件。包括压力阀、流量阀和方向阀等。它们的作用是根据需要无级调节液动机的速度，并对液压系统中工作液体的压力、流量和流向进行调节控制。

4）辅助元件。除上述三部分以外的其他元件，包括压力表、滤油器、蓄能装置、冷却器、管件各种管接头（扩口式、焊接式、卡套式）、高压球阀、快换接头、软管总成、测压接头、管夹及油箱等，它们同样十分重要。

5）工作介质。是指各类液压传动中的液压油或乳化液，它经过液压泵和液动机实现能量转换。

（3）液压传动的优缺点。

1）液压传动的优点。

① 体积小、重量轻，如同功率液压马达的重量只有电动机的 $10\%\sim20\%$。因此，惯性力较

小，当突然过载或停车时，不会发生大的冲击。

② 能在给定范围内平稳地自动调节牵引速度，并实现无级调速，且调速范围最大可达1∶2000（一般为1∶100）。

③ 换向容易，在不改变电动机旋转方向的情况下，可以较方便地实现工作机构旋转和直线往复运动的转换。

④ 液压泵和液压马达之间用油管连接，在空间布置上彼此不受严格限制。

⑤ 由于采用油液作为工作介质，元件相对运动表面间能自行润滑，磨损小，使用寿命长。

⑥ 操纵控制简便，自动化程度高。

⑦ 容易实现过载保护。

⑧ 液压元件实现了标准化、系列化、通用化，便于设计、制造和使用。

2）液压传动的缺点。

① 使用液压传动对维护的要求高，工作油要始终保持清洁。

② 对液压元件制造精度要求高，工艺复杂，成本较高。

③ 液压元件维修较复杂，且需有较高的技术水平。

④ 液压传动对油温变化较敏感，这会影响它的工作稳定性。因此，液压传动不宜在很高或很低的温度下工作，一般工作温度在－15～60℃范围内较合适。

⑤ 液压传动在能量转化的过程中，特别是在节流调速系统中，其压力大，流量损失大，故系统效率较低。

6. 气压传动

气压传动以压缩气体为工作介质，靠气体的压力传递动力或信息的流体传动。传递动力的系统是将压缩气体经由管道和控制阀输送给气动执行元件，把压缩气体的压力能转换为机械能而做功；传递信息的系统是利用气动逻辑元件或射流元件以实现逻辑运算等功能，也称气动控制系统。气压传动的特点是：工作压力低，一般为 0.3～0.8MPa，气体黏度小，管道阻力损失小，便于集中供气和中距离输送，使用安全，无爆炸和电击危险，有过载保护能力；但气压传动速度低，需要气源。

气压传动由气源、气动执行元件、气动控制阀和气动辅件组成。气源一般由空气压缩机提供。气动执行元件把压缩气体的压力能转换为机械能，用来驱动工作部件，包括气缸和气动马达。气动控制阀用来调节气流的方向、压力和流量，相应地分为方向控制阀、压力控制阀和流量控制阀。气动辅件包括：净化空气用的分水滤气器，改善空气润滑性能的油雾器，消除噪声的消声器，管子连接件等。在气压传动中还有用来感受和传递各种信息的气动传感器。

课题三 钳 工 知 识

钳工是机械制造的重要工种之一，在机械生产过程中，有着重要的作用。钳工的主要任务是加工零件和装配，此外还担负机械设备的维护和修理等。因此，他们的任务是多方面的，而且技术性也很强。在本课题里将介绍钳工的基础知识。

一、钻孔

钻孔是指用钻头在实心材料上加工出孔的操作。

钻孔时，钻头与工件之间的相对运动称为钻削运动。钻削运动由两种运动合成：一个是钻头的旋转（主运动），另一个是使新的金属层继续投入切削的运动（进给运动）。

钻孔时，主运动和进给运动是同时进行的，因此除钻头的轴心线以外的每一个点的运动轨迹都是螺旋线，所以钻屑也成螺旋形。

钻削时钻头是在半封闭的状态下进行切削的，因此钻孔的转速高、切削量大，排屑困难。钻削有以下特点。

(1) 摩擦严重，产生的热量多，散热困难。

(2) 转速高，切削温度又高，钻头磨损严重。

(3) 挤压严重，所需的切削力大，容易产生孔壁的冷作硬化现象，给下道工序加工增加困难。

(4) 钻头细而长，钻孔时容易产生振动。

(5) 钻孔加工精度低。

1. 麻花钻及夹具

(1) 麻花钻。是通过其相对固定轴线的旋转切削以钻削工件的圆孔的工具，如图 2-16 所

图 2-16　麻花钻

示。因其容屑槽成螺旋状形似麻花而得名。螺旋槽有 2 槽、3 槽或更多槽，但以 2 槽最为常见。麻花钻可被夹持在手动、电动的手持式钻孔工具或钻床、铣床、车床乃至加工中心上使用。钻头材料一般为高速工具钢或硬质合金。

(2) 装夹钻头的夹具。装夹钻头的夹具有钻夹头（见图 2-17）、钻头套（见图 2-18）、快换钻夹头（见图 2-19）等几种。

图 2-17　钻夹头　　　　图 2-18　钻头套　　　　图 2-19　快换钻夹头

钻夹头，俗称钻帽，用来夹持直柄钻头。夹头体的上端有一锥孔，用来与相同锥度的夹头柄紧配。夹头柄的上端为莫氏锥柄，装入钻床主轴相同的锥孔内，钻床主轴的旋转带动钻夹头的旋转。钻夹头中装有三个夹爪，用来抓紧钻头的直柄，当带有小圆锥齿轮的钥匙带动夹头套上的大圆锥齿轮转动时，与夹头套紧配的内螺纹圈也同时旋转，而内螺纹圈与三个爪上的外螺纹是相配的，于是内螺纹圈的旋转就带动三个夹爪伸出或缩进。当三个夹爪伸出时钻头被夹紧，当三个夹爪缩进时钻头就松开。

钻头套是用来夹装锥柄钻头的，在工作中应根据钻头锥柄莫氏锥度的号数选用相应的钻头套。

快换钻夹头的夹头体莫氏锥柄装在钻床主轴锥孔内。可换套根据孔加工的需要备有多个，且内锥孔先装好刀具，其外圆表面有两个凹坑，钢球嵌入凹坑时就可随夹头体一起转动。滑套内孔与夹头体外表面为间隙配合。当需要更换刀具时，不必停车，只要用手把把滑套向上推，两粒钢球就因受离心力而飞出凹坑。此时，另一只手就可把装有钻头的可换套向下拉出，然后

再把装有另一个钻头的可换套插入，放下滑套，两粒钢球就被重新嵌入可换套的两个凹坑内，此时夹头体就可以带动钻头旋转。弹簧环用来限制滑套上下位置。

2. 钻孔方法

钳工的钻孔方法与生产规模有关，当需要大批量生产时要借助于夹具来保证加工位置的正确，当需要单件和小批量生产时则要借助于划线来保证其加工位置的正确。

(1) 一般工件的加工方法。钻孔前应把孔中心的样冲眼冲大一些，使钻头的横刃预先落入样冲眼的锥坑中，这样钻孔时钻头就不容易偏离孔的中心。

1) 起钻。钻孔时，应把钻头对准钻孔的中心，然后起动主轴，待转速正常后，手摇进给手柄，慢慢钻，钻出一个浅坑，此时观察钻孔位置是否正确，如果钻出的锥孔与所划的钻孔圆周线不同心，应及时校正。

2) 校正。如果偏位较少，可移动工件（在起动的同时用力将工件向偏位的反方向推移）或移动钻床主轴（摇臂钻床钻孔时）来校正；如果偏位较多，可在校正方向打上两个样冲眼或用油槽錾錾出几条槽，以减少此处的钻削阻力，达到校正的目的。无论用哪种方法校正，都必须在锥坑外圆小于钻头直径之前完成。如果起钻锥坑外圆已经达到钻孔直径，而孔位仍偏移，那么纠正就很困难，此时只有用镗孔刀具才能把孔的位置校正过来。

3) 限位。钻不通孔（盲孔）时，可按所需钻孔深度调整钻床挡块限位，当所需孔深度要求不高时，也可用表尺限位。

4) 分两次钻削。当钻孔直径大于 30mm 的大孔时，由于机床、刀具的强度和刚度的因素，一般要分两次钻削：先用 0.5～0.7 倍孔径的钻头钻削；然后再用所需孔径的钻头扩孔。

5) 排屑。钻深孔时，钻头钻进深度达到直径的 3 倍时，钻头就应退出排屑一次。以后每钻进一定深度，钻头就要退出排屑一次。要防止连续钻进使切屑堵塞在钻头的螺旋槽内而折断钻头。

6) 手动进给。通孔将要钻穿时，必须减小进给量，如果是采用自动进给的，应改为手动进给。用手动进给操作，减小进给量，减小轴向阻力，钻头自动切入现象就不会发生。起钻后采用手动进给，进给量也不能太大，否则因进给力不当导致钻头产生弯曲现象，使钻孔轴线歪斜。

(2) 在圆柱形工件上钻孔的方法。在轴类或套类等圆柱形工件上钻与轴心线垂直并通过圆心的孔，当孔的中心线与工件的中心线对称度要求较高时，钻前在钻床主轴下要安放一 V 形铁，以备搁置圆柱形工件（可用压板轻轻把 V 形铁压住，便于最后校正时调整），V 形铁的对称线与工件的钻孔中心线，必须校正到与钻床主轴的中心线在同一条铅垂线上。然后在钻夹头上夹上一个定心工具（圆锥体），并用百分表找正定心工具，使之与主轴达到同轴度要求，并使它的振摆量在 0.01～0.02mm。接着调整 V 形铁使之与圆锥体的角度彼此贴合，此即为 V 形铁的正确位置。校正后把 V 形铁压紧固定，再把工件放在 V 形铁槽上，用角尺找正工件端面的钻孔中心线（此中心线应事先划好）使其保持垂直，即得工件的正确位置。

使用压板压紧工件后，就可对准钻孔的中心试钻浅坑，试钻时看浅坑是否与钻孔中心线对称，如果不对称可校正工件后再试钻，直至对称为止，然后正式钻孔。使用这样的加工方法，孔的对称度可在 0.1mm 范围内。

当孔的对称精度要求不高时，可不用定心工具，而用钻头顶尖来找正 V 形铁的中心位置。然后用角尺找正工件端面的中心线，此时钻头顶尖对准孔中心即可进行试钻，然后再钻孔。

(3) 在斜面上钻孔的方法。在斜面上钻孔时，容易产生偏移和滑移，如果操作不当就会使钻头折断。

在斜面上钻孔时防止钻头折断的方法有以下两种。

1）錾出平面。錾出平面后，应先划线，用样冲定出中心，然后再用中心钻钻出锥坑或用小钻头钻出浅孔，当位置准确后才可用钻头钻孔。

2）用圆弧刃多能钻直接钻出。圆弧刃多能钻是用普通麻花钻通过手工刃磨而成，因为它的形状是圆弧形，所以圆弧刃的各点半径上都有相同的后角（一般后角刃磨成6°～10°）。横刃经过修磨形成了很小的钻尖，这就加强了定心作用。因此，通过刃磨后的钻头类似一把铣刀。圆弧刃多能钻头在斜面钻孔时应采用低转速和手动进给。其在钻孔时虽然是单面受力，但由于刀刃是圆弧，改变了偏切削的受力情况，所以钻头所受的径向分力要小些，加之修磨后的横刃加强了定心，能保证钻孔的正确方向。

（4）钻半圆孔的方法。在钻半圆孔时容易产生严重的偏切现象，此时可根据不同的加工材料和所使用刀具分别采用以下几种方法。

1）相同材料合起来钻。所钻的半圆孔在工件的边缘面材料相同、形状又为矩形时，可把两件合起来夹在虎钳内一起钻孔；若只需一件时，则可用另一块相同的材料与工件合起来夹在虎钳内一起钻孔。

2）不同材料"借料"钻。在装配过程中，有时需要在壳体（铸件）及相配的衬套（黄铜）之间钻出骑缝螺钉孔。此时由于材料不同，钻孔时钻头要往软材料一边偏移，克服的方法是在用样冲冲眼时应使中心偏于硬材料，即钻孔开始阶段使钻头往硬材料一边"借料"，以抵消因两种不同材料的切削阻力而引起的径向偏移，这样可使钻孔中心处于两个工件的中间。

3）使用圆弧刃多能钻。钻骑缝螺钉孔时也可采用圆弧刃多能钻。

4）使用半孔钻。半孔钻是把标准的麻花钻切削部分的钻心修磨成凹凸形，以凹形为主，凸出两个外刃尖，使钻孔时切削表面形成凸筋，限制了钻头的偏移，因而可进行单边切削，在钻孔时宜采用低速手动进给。

在钻骑缝螺钉孔时，应尽量使用较短的钻头。使用钻夹头装夹时，伸出钻夹头的长度也要尽量短，以增强钻头刚度。钻头的横刃再尽量磨窄，以加强钻孔定心，减少钻孔偏移。

3. 钻孔时的冷却与润滑

（1）冷却润滑液的作用。钻孔时由于切屑的变形和钻头与工件的摩擦会产生大量的切削热，而产生的切削热严重地降低钻头的切削能力，甚至引起钻头退火，对工件的钻孔质量也有一定的影响。因而为了延长钻头的使用寿命和保证钻孔的质量，在钻孔时要加入充分的冷却润滑液。

冷却润滑液的主要作用如下。

1）冷却作用。钻孔时钻头在半封闭的状态下进行切削，转速高、切削量大、排屑困难，所以产生的热量多，而且传导散热困难。此时使用冷却润滑液能迅速地吸收和带走所产生的切削热，使钻头和工件的温度降低，提高钻头的耐用度，并减少工件受热变形而产生的尺寸误差。

2）润滑作用。钻孔时冷却润滑液可以渗透到金属的微小间隙中，渗透到前刀面与切屑、后刀面与加工表面之间，形成一层很薄的润滑油膜，起内润滑作用，减小材料的变形抗力，使钻削力降低，如精加工铸铁件使用煤油润滑时，由于煤油的渗透作用，会使铸铁湿润，可降低表面粗糙度。

3）冲洗作用。在钻孔过程中，由于切削条件的变化和切屑变形的因素，可能会产生细小切屑堵塞在容屑槽内，这时可加注有一定压力和足够流量的切削液，即可将细小的切屑迅速冲掉。

（2）冷却润滑液的种类。钻孔时常用的冷却润滑液有以下两大类。

1）乳化液。主要起冷却作用。这类冷却液的比热容大、黏度小、流动性好，可以吸收大量的热量。使用这类冷却液是为了冷却钻头和工件，提高钻头耐用度、减少热变形。

2）切削油。主要起润滑作用。它的主要成分是矿物油和植物油。这类切削液的比热容小、黏度大、散热效果差，所以常在钻、扩、锪、铰孔时使用，可提高孔加工质量，降低表面粗糙度。

（3）冷却润滑液的选用。钻孔一般属于粗加工，在钻孔的过程中，摩擦严重，散热困难，所以选取冷却润滑液应以冷却为主，主要是提高钻头的切削能力和耐用度。

4. 扩孔与扩孔钻

（1）扩孔。是用扩孔钻对工件上已有的孔进行扩大加工的操作。扩孔加工时的切削深度比钻孔时要小，因而轴向切削力减小，切削阻力也减小，切削条件大为改善。在扩孔加工时，能够避免有横刃切削所引起的不良影响。另外，扩孔加工产生的切屑体积小，排屑也方便。扩孔的加工精度比钻孔要高，所以扩孔常作为孔的半精加工和铰孔前的预加工。而且，扩孔时的进给量为钻孔时的 1.5～2 倍，切削速度为钻孔时的一半。

（2）扩孔钻。扩孔钻的形式与麻花钻相似，但由于扩孔的切削条件得到改善，所以扩孔钻与麻花钻在结构上有较大的区别。

扩孔钻的结构特点如下。

1）没有横刃，切削刃不必从外缘到中心。

2）因切屑体积小，所以容屑槽做得较浅、较小，这样既能使钻心加粗，又可提高扩孔钻刚度，使切削稳定，还可增大切削用量，保证加工质量。

3）由于容屑槽较低小，故扩孔钻可做出较多的刀齿，如整体式扩孔钻有 3～4 个刀齿，由于刀齿棱边增多，导向作用好。

4）由于切削深度较小，所以可取较大的前角，使切削省力。

在实际生产中，一般是用麻花钻来代替扩孔钻使用的。而扩孔钻多用于成批大量生产。

5. 锪孔与锪孔钻

锪孔是指在孔口表面用锪钻（或改制的钻头）加工出一定形状的孔。

（1）锪钻的特点。锪钻的种类有柱形锪钻、锥形锪钻和端面锪钻。

1）柱形锪钻。是指锪圆柱形埋头孔用的锪钻。柱形锪钻前端的导柱有装卸式和整体式两种，装卸式的端面刀齿刃磨时比较方便。

2）锥形锪钻。是指锪锥形埋头孔用的锪钻。

3）端面锪钻。是专门用来锪平孔口端面的锪钻。其作用除锪平孔口端面外，还可保证孔的端面与孔的轴线垂直。

（2）用麻花钻改磨锪钻。

1）用标准麻花钻改磨成柱形锪钻。

2）用标准麻花钻改磨成锥形锪钻。

（3）锪孔时的注意事项。

1）用麻花钻改制锪钻时，要尽量选用较短的钻头，以减小振痕。

2）要适当减小锪钻的后角和外缘处的前角，以防产生扎刀现象。

3）锪孔时的切削速度就比钻孔时低，一般锪孔速是钻孔速度的 1/3～1/2。在精锪孔时可利用停车后的钻轴的惯性来锪出，以减少振动而获得光滑的表面。

4）锪钻装夹要牢固，导向松紧要符合要求，工件要压紧，避免因工件松动而产生振痕。

5）锪钢件时，要在导向柱和切削表面处加机油润滑。

二、铆接

1. 铆接件的结合形式

铆接件的结合形式是根据零件的结构、结合位置和使用要求而决定的。

（1）搭接连接。是指一块钢板搭在另一块钢板上的连接方式。如果要求铆接后两块钢板在一块平面上，应把一块钢板折边铆接，如图 2-20 所示。

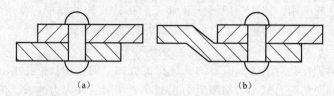

图 2-20　搭接连接

（a）两块平板；（b）一块板折边

（2）对接连接。是指连接的两块板要在同一个平面上，在它们的上面或上下两面覆有盖板，边同盖板一起铆接。对接连接有单盖板和双盖板两种形式，如图 2-21 所示。

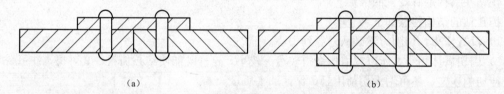

图 2-21　对接连接

（a）单盖板式；（b）双盖板式

（3）角度连接。是指两连接件互相垂直或组成一定角度的连接。如图 2-22 所示，互相垂直的连接，可在角接处覆上角钢一起铆接。

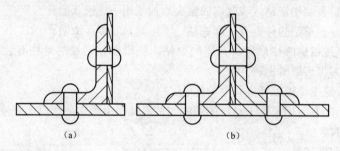

图 2-22　角度连接

（a）单角钢式；（b）双角钢式

（4）相互铆接。是指两件或两件以上零件（或钢板）形状相同（或类似形状），相互重叠或结合在一起的铆接，如剪刀、钢丝钳、卡钳等。

2. 铆钉的排列

根据铆钉强度和密封要求的不同，铆钉的排列形式有单排、双排平行式和双排交错式等，如图 2-23 所示。

（1）铆距。是指在一排铆钉中，两个铆钉中心的距离。铆接时，根据被连接件的结构和工艺的要求，铆钉的距离有一定的规定，一般铆距为 $4d\sim8d$（d 为铆钉直径）。

（2）排距。是指一排铆钉的中心线与相邻一排铆钉中心线的距离，排距一般为 $3d\sim4d$。

（3）边距。是指板料边缘到铆钉中心的距离。当铆钉孔是钻孔时边距约为 $1.5d$，当铆钉孔是冲孔时边距约为 $2.5d$。

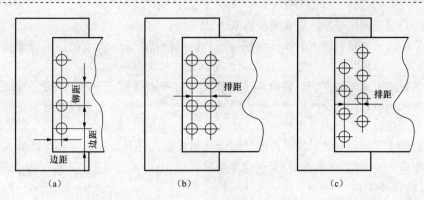

图 2-23　铆钉的排列

（a）单排铆钉连接；（b）双排平行式铆钉连接；（c）双排交错式铆钉连接

3. 铆钉直径的确定

铆接时，铆钉直径的大小与被连接板的厚度、结构及用途有关。被连接板的厚度可按以下原则确定。

（1）钢板与钢板搭接铆接时，被连接板的厚度为厚钢板的厚度。

（2）厚度相差 4 倍或 4 倍以上的钢板相互铆接时，被连接板的厚度为较薄钢板的厚度。反之，取较厚钢板的厚度。

（3）钢板与型钢铆接时，被连接板的厚度为两者平均厚度。

根据上述原则，铆钉直径 d 一般等于被连接板厚度 t 的 1.8 倍。标准铆钉的直径可按表 2-1 选取。

表 2-1　　　　　　　　　　标 准 铆 钉 直 径　　　　　　　　　　　　mm

公称直径	2	2.5	3	4	5	6	7	8	10	13	16
直径允许误差	±0.10			+0.20～−0.10			+0.30～−0.20			+0.20～−0.10	

4. 钻孔直径的确定

铆接时，钻孔直径与铆钉杆直径的配合必须适当。若孔径过大，则铆钉杆容易弯曲，铆接件会产生松动，若孔径过小，则铆钉插入困难，铆接时会引起材料凸起，甚至因铆钉膨胀而挤坏薄板材料。正确的钻孔直径可参见表 2-2。

表 2-2　　　　　　　　　标准铆钉直径与通孔直径　　　　　　　　　　mm

公称直径		2.0	2.5	3.0	4.0	5.0	6.0	8.0	10.0
通孔直径	精装配	2.1	2.6	3.1	4.1	5.2	6.2	8.2	10.3
	粗装配	2.2	2.7	3.4	4.5	5.6	6.6	8.6	11

5. 铆钉长度的确定

铆接时铆钉所需的长度是铆接材料的厚度加工形成铆合头部分的长度。若铆钉过长，铆接后形成的铆合头就过大，使铆钉头周围产生帽缘，而且在锤击时铆钉杆容易弯曲。若铆钉过短，则不能形成饱满的铆合头而引起铆接强度。因此，合适的半圆头铆钉伸出部分长度（形成铆合头部分的长度），应为铆钉直径的 1.25～1.5 倍，沉头铆钉的伸出部分长度应为铆钉直径的 0.8～1.2 倍。

6. 铆接方法

一般铆接前都要清除工件的毛刺、铁锈和钻孔时掉入铆钉孔内的切屑，然后在铆接缝上预先刷上防锈漆，对于铆接部位还应有螺栓锁紧。

当工件采用较硬的材料制成的非标准铆钉进行活动铆接时，一般应采用混合铆接的方法进行铆接。

半圆头铆钉的手工铆接方法：将被铆工件彼此贴合→划线钻孔→在孔口倒角→清除毛刺、锈斑和钻孔掉入铆钉孔内的金属屑等杂物→将铆钉插入孔内→用压紧头压紧板料→镦粗铆钉头伸出部分→初步铆打成形→用罩模修整。

沉头铆钉的手工铆接方法：使工件彼此贴合→划线钻孔→孔口倒角→将铆钉插入孔内→镦粗面1和镦粗面2→铆面2→铆面1→修平高出部分。

7. 铆钉的拆卸方法

要拆除铆钉，只有先将一头的铆钉头部毁坏，然后用冲头把铆钉从孔中冲出。对于一般较粗糙的铆接件，可直接用錾子把铆钉头錾去，再用冲头冲出铆钉。当铆接的表面不允许受损伤时，可用钻孔方法拆卸。

三、螺纹加工

1. 螺纹的种类

螺纹分类的方法有很多。按用途可分为连接螺纹和传动螺纹；按牙形可分为三角形、矩形、梯形、锯齿形和圆形螺纹；按旋转方向可分为左旋螺纹和右旋螺纹；按螺旋线的头数可分为单头螺纹和多头螺纹；按母体形状可分为圆柱螺纹和圆锥螺纹等。

2. 攻丝工具

（1）丝锥。丝锥是用来加工内螺纹的工具，常用高速钢、碳素工具钢或合金工具钢制成。丝锥按加工螺纹的种类的不同分为普通螺纹丝锥、圆柱管螺纹丝锥和圆锥管螺纹丝锥。钳工常用的是手用和机用普通螺纹丝锥、圆柱管螺纹丝锥和圆锥管螺纹丝锥。

普通螺纹丝锥前、后角的选择，见表2-3。

表 2-3   丝锥前、后角的选择

工件材料	前角 γ_0	后角 α_0	工件材料	前角 γ_0	后角 α_0
低碳钢	$10°\sim13°$	$8°\sim12°$	铝	$16°\sim20°$	$8°\sim12°$
中碳钢	$8°\sim10°$	$6°\sim8°$	铝合金	$12°\sim14°$	$8°\sim12°$
高碳钢	$5°\sim7°$	$4°\sim6°$	铜	$14°\sim16°$	$8°\sim12°$
铬、锰钢	$10°\sim13°$	$8°\sim12°$	黄铜	$3°\sim5°$	$4°\sim6°$
铸铁	$2°\sim4°$	$4°\sim6°$	青铜	$1°\sim3°$	$4°\sim6°$

各种丝锥的形式与基本尺寸、不同公差带丝锥加工螺纹的相应公差带等级可查阅相关手册，在此不再赘述。

（2）手工攻螺纹时的注意事项。

1）丝锥装夹在机床主轴上的径向误差，一般应在0.05mm之内。装夹工件的夹具定位支承面与机床主轴或丝锥中心的垂直度误差，不大于0.05mm/100mm。工件螺纹底孔与丝锥的同轴度误差不大于0.05mm。

2）一般在攻削3～4圈螺纹后，丝锥的方向可基本确定，导向辅助可以不用。但是在丝锥放正后，应用手压住丝锥使其切入底孔，当切入几圈后就不需要再压了。否则使牙形变瘦，甚至烂牙，丝锥崩刃。

3）对塑性材料攻削中应经常保持足够的切削液。在钢件上攻丝时，要加注切削液。

4）攻螺纹时，每正转 1/2～1 圈就要倒转 1/4～1/2 圈，使切屑碎断。攻不通孔时，应经常清理孔中的切屑。

5）扳转绞手要两手用力平衡，切忌用力过猛或左右晃动，防止牙形撕裂和螺孔扩大。

6）用完头锥，再用二锥、三锥时，必须先用手将丝锥旋入螺孔，然后用绞手往下攻，以防乱扣。

7）攻完螺孔时，用绞手带动丝锥倒旋松动后，用手将丝锥旋出。对通孔攻螺纹时，尽量不要让丝锥校正部分全部出头。

8）丝锥用完后，要擦洗干净，涂上机械油。

（3）手工攻螺纹中常见问题与防止方法见表 2-4。

表 2-4　　　　　　　　　　　手工攻螺纹时常见问题与防止方法

问　题	产生原因	防止方法
烂牙	a. 底孔太小，丝锥攻不进钻头 b. 绞手掌握不稳，左右摇晃 c. 头锥攻螺纹不正，用丝锥硬借 d. 二锥、三锥中心不重合 e. 丝锥退出时，用绞手带着退 f. 攻螺纹时，丝锥不经常倒转、排屑 g. 丝锥磨钝或刀刃粘屑 h. 切削液选用不正确或未加切削液	a. 检验底孔直径，正确选定钻头 b. 绞手用力平衡 c. 开始攻螺纹时使丝锥与工件端面垂直，不能硬借 d. 先用手把丝锥引入底孔 e. 用手倒转退出，不能让校正部分全部露出 f. 经常倒转排屑，用力平稳 g. 加注切削液，修磨丝锥，清理粘屑 h. 正确选用切削液，经常加注切削液
滑牙	a. 攻不通孔时，丝锥已到底，仍继续转动丝锥 b. 碰到铸件砂眼，丝锥打滑 c. 在强度较低材料上攻小螺纹时，在已切出螺纹后继续加压力或用绞手退出	a. 量好孔深作出标记 b. 攻螺纹前要检查底孔，采取措施 c. 开始时需加压力强制切出螺纹，在进入校正部分后不再加压力，不要用绞手退出丝锥
螺孔攻歪	丝锥位置不正，与工件端面不垂直	保证丝锥与工件端面垂直，攻螺纹时要握稳丝锥，或不断地正倒转，慢慢借正
牙深不够	a. 底孔直径过大 b. 丝锥磨损	a. 正确计算和选择钻头直径，钻头刃磨要对称 b. 及时检查和刃磨丝锥
螺孔中径太大	切削刃磨的不对称	正确刃磨丝锥
螺纹表面粗糙	a. 丝锥后刀面和容屑槽的粗糙度不好 b. 前角和后角太小 c. 刀刃上粘有积屑瘤 d. 切削液使用不当	a. 磨好后刀面和容屑槽，可用油石研磨 b. 加大前角和后角 c. 调整切削速度，去除积屑瘤 d. 正确使用切削液

（4）丝锥损坏原因与防止方法见表 2-5。

表 2-5　　　　　　　　　　　丝锥损坏原因与防止方法

损坏形式	产生原因	防止方法
丝锥崩牙	a. 工件材料硬度过高，或有夹杂物 b. 切屑堵塞，使丝锥在孔中挤死 c. 丝锥在孔出口处单边受力过大	a. 攻螺纹前，检查底孔表面质量和清理砂眼、夹渣、铁豆等杂物；攻螺纹速度要慢 b. 攻螺纹时丝锥要经常倒转，保证断屑和退出清理切屑 c. 先应清理出口处，使其完整，攻到出口处前，速度要慢，用力较小

续表

损坏形式	产生原因	防止方法
丝锥断在孔中	a. 绞手选择不当，手柄太长或用力不匀，或用力过大 b. 丝锥位置不正，单边受力过大或强行纠正 c. 材料过硬，丝锥又钝 d. 切屑堵塞，断屑和切屑刃不良，使丝锥在孔中挤死 e. 底孔直径太小 f. 攻不通孔时，丝锥已到底，仍用力攻削 g. 工件材料过硬而又黏	a. 正确选择绞手，用力均匀而平稳，发现异常要检查原因，不要蛮干 b. 一定要让丝锥和孔端面垂直，不宜强行攻螺纹 c. 修磨丝锥，适应工件材料 d. 经常倒转，保证断屑；修磨刃倾角，以得排屑；孔尽量深些 e. 正确选择底孔直径 f. 应根据深度在丝锥上作标记 g. 对材料进行适当处理，以改善其切削性能，采用锋利的丝锥

（5）取断丝锥的方法见表2-6。

表 2-6　　　　　　　　　　取断丝锥常用的方法

断口位置	取出方法
折断在螺孔外	a. 用钳子拧出；用凿子或冲头在容屑槽上，用手锤顺着退出或旋进方向反复轻打，直到丝锥能旋出，再用钳子拧出 b. 在断丝锥上焊一短六角螺钉或螺母旋出
折断在螺孔内	a. 自制旋出工具，用工具上短柱插入容屑槽内旋出 b. 用几根钢丝插入上下两段断丝锥的槽中，用螺母旋在带柄的那一段上，然后拧动它，把断在工件中的另一段取出来 c. 用气焊使断丝锥退火，再用小于底孔直径的钻头，对丝锥钻孔，再清除残余部分 d. 丝锥断在不锈钢中，可用硝酸腐蚀，经腐蚀松动后即可取出 e. 用电火花加工取出断丝锥

四、常用润滑油、脂的型号及用途

在冶金、机械制造、化工、矿山、煤矿等各种工业生产部门，运转着大量的工业固定设备、装置和机具，如轧机、机床、减速机、压缩机、冷冻机、纺织机以及齿轮传动装置、液压传动装置、主轴、轴承等。工业润滑油是工业生产过程中机械设备所用的润滑油的总称。

1. 润滑油的型号与用途

工业设备润滑油包括以下几类：全损耗系统用油；齿轮油（限于工业齿轮油和蜗轮蜗杆油）；压缩机油（包括冷冻机油和真空泵油）；锭子、轴承和有关离合器用油；导轨油、液压系统用油；汽轮机油；蒸汽汽缸油。

（1）液压油。液压传动装置在机械设备上应用广泛，如机床液压系统、轧机液压系统、工程机械液压系统等。液压油是液压系统中传递和转换能量的工作介质。在工业润滑油中，液压油占 40%～60%，用量最多。液压油必须适应液压系统的设计规范，一般应具备以下性能：有适宜的黏度及良好的黏温性能；润滑性好，具有良好的氧化安定性；防腐防锈性好；具有良好的消泡性、空气释放性；对水具有良好的分离性，不易老化；与密封材料的适应性好；抗燃性高；剪切安定性好；蒸气压低；热胀系数小。液压油的型号及主要应用见表2-7。

表 2-7　　　　　　　　　　液压油的主要型号及主要应用

产品代号	主要应用
HH	适用于对润滑油无特殊要求的一般循环润滑系统，如低压液压系统和有十字头压缩机曲轴箱等循环润滑系统。也可适用于其他轻负载传动机械、滑动轴承和滚动轴承等油浴式非循环润滑系统。本产品质量水平比 AN 油高，无本产品时可选用 HL 油

续表

产品代号	主要应用
HL	常用于低压液压系统，也适用于要求换油期较长的轻负载机械的油浴式非循环润滑系统。无本产品时可用 HM 油或其他抗氧防锈型润滑油
HM	适用于低、中、高压液压系统，也可用于其他中等负载机械润滑部位。对油有低温性能要求或无本产品时，可选用 HV 和 HS 油
HV	适用于环境温度变化较大和工作条件恶劣的（指野外工程和远洋船舶等）低、中、高压液压系统和其他中等负载机械润滑部位。对油有更好的低温性能要求或无本产品时，可选用 HS 油
HR	适用于环境温度变化较大和工作条件恶劣的（指野外工程和远洋船舶等）低压液压系统和其他中等负载机械润滑部位。对于有银部件的液压系统，在北方可选用 HR 油，而在南方可选用对银和青铜部位无腐蚀的另一种 HM 油或 HL 油
HS	它可以经 HV 油的低温黏度更小。主要应用同 HV 油，可用于北方寒季，也可全国四季通用
HG	适用于液压和导轨润滑系统合用的机床，也可适用于其他要求油有良好黏附性的机械润滑部位
HFAE	适用于煤矿液压支架静压液压系统和不要求回收废液和不要求有良好润滑性，但只要求有良好的难燃性液体的其他液压系统或机械部位，使用温度为 5～50℃
HFAS	适用于需要难燃液的低压液压系统和金属加工等机械，使用温度为 5～50℃
HFB	适用于冶金、煤矿等行业中的中压和高压、高温和易燃场合的液压系统，使用温度为 5～50℃
HFC	适用于冶金和煤矿等行业的低压和中压液压系统，使用温度为 −20～50℃
HFDR	适用于冶金、火力发电、燃气轮机等高温高压下操作的液压系统，使用温度为 −20～100℃

（2）工业齿轮油。从润滑条件考虑，工业齿轮油一般技术要求如下：有适当的黏度和良好的黏温特性能；热氧化安定性良好；抗腐蚀性要求较高；抗泡性好；对于开式齿轮油来说，还要求黏附性和抗水性好。工业齿轮油的型号及主要应用见表 2-8。

表 2-8 工业齿轮油的型号与主要应用

产品代号	主要应用
CKB	在轻负载下运转的齿轮
CKC	保持在正常或中等恒定油温和重负载下运转的齿轮
CKD	在高的恒定油温的重负载下运转的齿轮
CKE	在高摩擦下运转的齿轮或蜗轮
CKS	在更低的、低的或更高的恒定流体温度和轻负载下运转的齿轮
CKT	在更低的、低的或更高的恒定流体温度和重负载下运转的齿轮
CKG	在轻负载下运转的齿轮
CKH	在中等环境温度和通常在轻负载下运转的圆柱形齿轮或锥齿轮
CKJ	在中等环境温度和通常在轻负载下运转的圆柱形齿轮或锥齿轮
CKL	在高的或更高的环境温度和通常在重负载下运转的圆柱形齿轮或锥齿轮
CKM	偶然在特殊重负载下运转的齿轮

（3）汽轮机油。根据汽轮机的工作条件，一般要求具有：良好的氧化安定性；良好的防锈性；良好的抗菌素乳化性；良好的清洁性。汽轮机油的型号与主要应用见表 2-9。

表 2-9 汽轮机油的型号与主要应用

产品代号	主要应用
TSA	发动机、工业驱动系统不需改善齿轮承载能力的船舶驱动装置
TSC	要求使用某些具有特殊性，如氧化安定性和低温性液体的发电机、工业驱动装置电动机、工业驱动装置及其相配套的控制系统

续表

产品代号	主要应用
TSD	要求使用具有耐燃性液体的发电机、工业驱动装置及其相配套的控制系统
TSE	要求改善齿轮承载能力的发电机、工业驱动装置和船舶齿轮装置及其配磁的控制系统
TGA	发电机、工业驱动装置及其相配套的控制系统,不需改善齿轮承载能力的船舶驱动装置
TGB	由于有热点出现,要求耐高温的发电机、工业驱动装置及其相配套的控制系统
TGC	要求具有某些特殊性,如氧化安定性和低温性液体的发电机、工业驱动装置及其相配套的控制系统
TGD	要求使用具有耐燃性液体的发电机、工业驱动装置及其相配套的控制系统
TGE	要求改善齿轮承载能力的发电机、工业驱动装置和船舶齿轮装置及其相配套的控制系统
TCD	要求液体和润滑剂分别供给,并有耐热要求的蒸汽轮机和蒸汽轮机控制机构

(4) 压缩机油。根据压缩机压缩气体的方式和结构的不同,其可分为往复式压缩机和回转式压缩机。压缩机油是用来润滑、密封、冷却气体压缩机运动部件的润滑油。对往复式压缩机油一般要求具有以下性能:适当的黏度;良好的氧化安定性;积炭倾向小;抗腐蚀性好;良好的不分离性;较高的闪点。对回转式压缩机油一般要求具有以下性能:抗氧化安定性好;黏度适宜;水分离性好;有防腐蚀性;挥发性小。另外,回转式压缩机油要求具有较好的抗泡沫性与低温性能。压缩机油的型号与主要应用见表2-10。

表 2-10 压缩机油的型号与主要应用

产品代号		主要应用
DAA	空气压缩机	轻负载
DAB		中负载
DAC		重负载
DAG		轻负载
DAH		中负载
DAJ		重负载
DGA	气体压缩机	<10 000kPa 压力下的氮、氢、氨、氩、二氧化碳;任何压力下的氦、二氧化硫、硫化氢
DGB		<1000kPa 压力下的一氧化碳
DGC		任何压力下的烃类;>10 000kPa 压力下的氨、二氧化碳
DGD		任何压力下的氯化氢、氯、氧和富氧空气;>1000kPa 压力下的一氧化碳
DGE		>10 000kPa 压力下的氮、氢、氩

(5) 冷冻机油。根据冷冻机油的工作条件,冷冻机油应具有下列性能:适宜的黏性和黏温性能;具有优良的低温流动性及较低的絮凝点;含水量小;氧化安定性和化学安定性好;具有一定的抗泡性;与材料适应性及绝缘性好。冷冻机油的型号与主要应用见表2-11。

表 2-11 冷冻机油的型号与主要应用

产品代号	主要应用
DRA	普通冷冻机、空调
DRB	普通冷冻机
DRC	热泵空调、普通冷冻机
DRD	润滑剂和制冷剂必须不互溶、并能迅速分离

(6) 真空泵油。对真空泵油提出以下几点要求:具有适宜的黏度,在低温下使真空泵迅速起动,在高温下具有良好的密封性,在泵内具有较好的温升;油品的饱和蒸气压要尽量低,在

泵的最高工作温度下，仍具有足够低的饱和蒸气压——低于泵铭牌的极限压强；不含有轻质的易挥发组分，降低使用过程中真空泵的返油率；具有优良的热稳定性和氧化安定性；具有良好的水分离性及抗泡性。真空泵油的型号与主要应用见表2-12。

表 2-12 真空泵油的型号与主要应用

产品代号	主要应用
DVA	低真空，用于无腐蚀性气体
DVB	低真空，用于有腐蚀性气体
DVC	中真空，用于无腐蚀性气体
DVD	中真空，用于有腐蚀性气体
DVE	高真空，用于无腐蚀性气体
DVF	高真空，用于有腐蚀性气体

（7）轴承油。对轴承油的要求主要有：合适的黏度和良好的黏温性能；良好的抗氧化安定性；良好的防锈性；良好的润滑性；抗乳化性好，不易乳化或混入油中的水能迅速分离。轴承油的型号与主要应用见表2-13。

表 2-13 轴承油的型号与主要应用

产品代号	主要应用
FC	滑动或滚动轴承和有关离合器的压力、油浴和油雾（悬浮微粒）润滑
FD	滑动或滚动轴承的压力、油浴和油雾（悬浮微粒）润滑

（8）蒸汽汽缸油。蒸汽汽缸油应有较高的黏度和闪点，良好的耐水性和黏附性。主要适用于润滑蒸汽机车、蒸汽船舶、蒸汽泵、蒸汽锤等直接与蒸汽接触的汽缸。也可用于低速重负载机械。

除此之外，还有其他种类的润滑剂，在这里就不一一介绍了，需要的时候可以查阅相关资料。

2. 润滑脂的型号与用途

工业润滑脂是工业生产中各种机械设备所用润滑脂的总称，所润滑的部件主要是轴承、齿轮、钢丝绳等。

（1）性能要求。在工业润滑脂使用中，冶金行业不仅数量大，而且对性能要求较苛刻，对质量要求也很高。所以这里以冶金行业用的工业润滑脂为例来说明。钢坯连铸设备的特点是在高温、高压、多水条件下连续工作。而冶金行业用脂一般是指用于轧辊的润滑脂，且大都是集中润滑。轧辊轴承经受钢坯的辐射热和传导热负载的影响，轴温较高，即使在有水冷却的情况下，炉前辊道轴温度也可达200℃，一般钢坯辊道轴承温度为100℃。辊道又遭受钢坯经过时的冲击、滚动等交变负载的影响，工况很恶劣。此外轴承还受到粉尘、冷却水喷淋的影响。因此，轧辊轴承润滑脂应具备以下特点：耐极性或冲击负载；耐高温；抗水性、防锈性、防腐性优良；抗水淋性好；泵送性良好。

（2）分类与主要应用。多功能工业润滑脂、工业开式齿轮润滑脂、工业绳索润滑脂等三类工业润滑脂的分类标准草案与主要应用，见表2-14～表2-16。

表 2-14 多功能工业润滑脂的主要用途

产品代号	主要应用	润滑脂要求
MA	用于轻型或重型工业设备，包括集中分散系统，满足轴颈轴承和抗磨轴承的润滑	润滑脂应不含任何不可分散的颗粒，可在−18～120℃使用

续表

产品代号	主要应用	润滑脂要求
MB	用于轻型或重型工业设备，包括集中分散系统，可以与水接触或有高剪切，满足轴颈轴承和抗磨轴承及滑动接触的润滑	润滑脂应不含任何不可分散的颗粒，可在−18～150℃使用，在使用期间应具有抗氧化性、低挥发、抗水淋、稠度变化不影响润滑脂对润滑部件的防锈性能
MC	用于重型工业设备，包括集中分散系统，工况为重载荷、高剪切与大量水接触，满足轴颈轴承和抗磨轴承及滑动接触的润滑	润滑脂应不含任何不可分散的颗粒，可在−18～150℃使用，在使用期间应具有抗氧化性、低挥发、抗水淋、稠度变化不影响润滑脂对润滑部件的防锈性能，而且在重载荷、潮湿情况下可以提供足够的润滑

表 2-15　　　　　　　　　　　工业开式齿轮润滑脂的主要用途

产品代号	主要应用	润滑脂要求
EA	用于暴露的齿轮连接部位的正齿或斜齿	润滑脂要求有抗水性和黏附性，可在−18～120℃使用
EB	用于暴露的齿轮连接部位	润滑脂要求有抗水性、黏附性和极压性，可在−7～66℃使用
EC	用于暴露的齿轮连接部位，可以有负载或抖动，同时允许使用部位由于润滑困难而引起温升或润滑限制	润滑脂要求有抗水性、黏附性和极压性，可在−7～66℃使用，基本组成是高黏度油

表 2-16　　　　　　　　　　　工业绳索润滑脂的主要用途

产品代号	主要应用	润滑脂要求
WA	保护曝露于空气中和有防护的工业绳索或接触缓和气体或液体的工业绳索	用于绳索润滑（−18～79℃）
WB	保护曝露于空气中和有防护的工业绳索或接触缓和气体或液体的工业绳索	用于绳索润滑（−18～79℃）

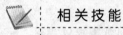 相关技能

技能训练一　工件锯割训练

一、训练目的

会根据图纸要求锯割工件。

二、训练器材

（1）游标卡尺，1个。

（2）钢尺，1个。

（3）划针，1个。

（4）锯弓，1个。

（5）钢板，1块。

三、相关知识

（1）测量。

（2）划线。

（3）锯条安装。

（4）工件夹持。

（5）起锯与锯削。

（6）锯割示例。

四、训练内容及步骤

1. 测量

用钢尺对钢板进行测量，记录下钢板的长宽尺寸：

$L=$ _____ mm，$B=$ _____ mm。

2. 划线

根据所需锯割工件的尺寸，在现有的钢板上进行划线。

3. 锯条安装

安装锯条时齿必须向前，锯条不能过紧或过松，否则锯条容易折损，如果锯条超过锯弓高度应将锯条或锯弓调成 90°。

4. 工件夹持

工件的夹持要牢固，不可有抖动，以防锯割时工件移动而使锯条折断。同时也要防止夹坏已加工表面和工件变形。

工件尽可能夹持在虎钳的左面，以方便操作；锯割线应与钳口垂直，以防锯斜；锯割线离钳口不应太远，以防锯割时产生抖动。

5. 起锯与锯削

起锯的方式有两种：一种是从工件远离自己的一端起锯，称为远起锯；另一种是从工件靠近操作者身体的一端起锯，称为近起锯。一般情况下采用远起锯较好。无论用哪一种起锯的方法，起锯角度都不要超过 15°。为使起锯的位置准确和平稳，起锯时可用左手大拇指挡住锯条的方法来定位。

锯削速度以每分钟往复 20~40 次为宜。速度过快锯条容易磨钝，反而会降低切削效率；速度太慢，效率不高。

锯削时最好使锯条的全部长度都能进行锯割，一般锯弓的往复长度不应小于锯条长度的 2/3。

推锯时锯弓运动方式有两种：一种是直线运动，适用于锯缝底面要求平直的槽和薄壁工件的锯割；另一种锯弓上下摆动，这样操作自然，两手不易疲劳。

锯割到材料快断时，用力要轻，以防碰伤手臂或拆断锯条。

6. 锯割示例

锯割圆钢时，为了得到整齐的锯缝，应从起锯开始以一个方向锯结束。如果对断面要求不高，可逐渐变更起锯方向，以减少抗力，便于切入。

锯割圆管时，一般把圆管水平地夹持在虎钳内，对于薄管或精加工过的管子，应夹在木垫之间。锯割管子不宜从一个方向锯到底，应该锯到管子内壁时停止，然后把管子向推锯方向旋转一些，仍按原有锯缝锯下去，这样不断转据，到锯断为止。

锯割薄板时，为了防止工件产生振动和变形，可用木板夹住薄板两侧进行锯割。

五、注意事项

（1）锯割前要检查锯条的装夹方向和松紧程度。

（2）锯割时压力不可过大，速度不宜过快，以免锯条折断伤人。

（3）锯割将完成时，用力不可太大，并需用左手扶住被锯下的部分，以免该部分落下时砸脚。

六、成绩评定

项目内容	配分	评分标准	扣分	得分
测量	10分	(1) 钢尺使用不正确扣 2～5 分 (2) 测量结果不对或误差大扣 2～5 分		
划线	10分	(1) 划线方法不对扣 2～5 分 (2) 划出的结果不正确扣 5～10 分		
锯条安装	15分	(1) 锯条选择不正确扣 2～5 分 (2) 安装情况不正确扣 2～5 分		
工件的夹持	15分	(1) 工具使用不正确扣 3～5 分 (2) 工件的夹持不合要求扣 5～10 分		
起锯与锯割	40分	(1) 起锯方式不正确扣 5～10 分 (2) 锯削速度不正确扣 3～5 分 (3) 锯削方法不合要求扣 5～10 分 (4) 锯削时锯条的使用长度不正确扣 3～5 分		
安全、文明生产	10分	(1) 违反操作规程，产生不安全因素 (2) 迟到、早退，工作场地不整洁		
工时：1.5h			评分	

技能训练二 工件钻孔攻丝训练

一、训练目的
(1) 熟悉钻削加工方法。
(2) 掌握钻削加工工艺。
(3) 学会手动加工螺纹。

二、训练器材
(1) 手电钻，1 台。
(2) 钻头，若干。
(3) 丝锥，若干。
(4) 工件，适量。
(5) 钳工操作台，1 个。

三、相关知识
钳工操作台及钳工工具的使用，钻孔的方法与攻丝套丝的方法。

四、训练内容及步骤

1. 钻孔
用适当尺寸的钻头钻孔。钻孔直径和钻孔深度请参考相关参数表。

2. 攻丝
安装钢丝螺套用的内螺纹的规格是专用的，所以选专用的丝锥进行攻丝。这种丝锥一般可根据用户需求配套提供。

攻丝的长度必须超过丝套的长度，通孔要全部攻丝。用户要根据攻丝的精度选择攻丝方法。攻丝后要用空气压缩喷枪进行清理，也可选用其他方法清理。

3. 检测（可选）
使用底孔塞规检测攻好的丝孔精度。

4. 装套

钢丝螺套的自由外径大于安装钢丝螺套的螺孔直径，因此最好选用专用工具进行安装。

(1) 先将旋入芯棒向后拉到底；将钢丝螺套从套筒的槽扣处放入套筒内，让安装柄端朝前对着引导头的锥形螺纹的大端。

(2) 将旋入芯棒向前推，穿过钢丝螺套，并使旋入芯棒端头的槽口卡住钢丝螺套的安装柄。

(3) 旋动手柄，使旋入芯棒带动钢丝螺套进入引导头，继续旋动直至钢丝螺套露出引导头端面约一扣螺纹左右。

(4) 将旋入工具头对准要安装钢丝螺套的螺孔，一只手握住套筒沿螺孔方向略加压力且保持垂直，另一只手继续旋动手柄，使钢丝螺套从引导头处进入螺孔，直至钢丝螺套完全与引导头脱离。

(5) 将套筒向上旋动，使其与机体产生距离，以便观察钢丝螺套旋入的位置。

(6) 继续旋动手柄，使钢丝螺套端头凹入机体端面 0.5～1 个螺距。

(7) 将旋入工具抽出并检查钢丝螺套的安装是否完好。

(注意：无论使用哪种旋入工具，旋动芯棒的手一定不要用力推压钢丝螺套，仅需旋动芯棒即可)

5. 去柄

对有折断槽的钢丝螺套，旋入螺孔后需用去柄工具去除安装柄。操作方法是将冲杆的冲头端对准钢丝螺套孔，用榔头猛击冲杆上端头即可去掉，然后将安装柄从螺孔中取出。

无折断槽的钢丝螺套和盲孔钢丝螺套不需进行冲断操作。

6. 最后检查

根据安装精度使用工作塞规检查螺套装入后的内孔。

五、注意事项

(1) 钻头一定要正确装夹。

(2) 钻孔前应用冲头冲好样冲孔，方便钻孔定位。

(3) 攻丝时要严格按照相应的操作规范，避免丝锥折断。

(4) 注意操作正确，确保人身及设备的安全。

六、成绩评定

项目内容	配分	评分标准	扣分	得分
钻孔	40分	(1) 钻头夹持不正确扣 3～5 分 (2) 划线不正确扣 3～5 分 (3) 钻装夹好后没有打样冲眼扣 5 分 (4) 钻孔时钻头反转扣 5 分 (5) 钻孔时钻偏没及时借正扣 3～10 分 (6) 钻出的孔质量检查不合格扣 5～10 分		
攻丝	40分	(1) 套丝方法不正确扣 2～10 分 (2) 攻丝方法不当扣 8～15 分 (3) 攻丝后质量检查不合格扣 3～15 分		
安全文明生产	20分			
工时：1h			评分	

项目三　常用装配工具的使用

学习目标

应知：

1. 掌握高低压电器装配通用工具的结构、种类、使用与注意事项。
2. 熟悉高低压电器装配专用工具的结构、种类、使用及注意事项。
3. 掌握高低压电器装配防护用具的结构、种类、使用及注意事项。

应会：

1. 掌握装配工具特点、技术参数和应用场合。
2. 能根据实际现场情况选用不同类型、不同技术参数的装配工具。
3. 能正确地操作使用装配工具及维护保养。

建议学时

理论教学 6 学时，技能训练 6 学时。

相关知识

课题一　装配通用工具

一、低压验电笔

低压验电笔又称试电笔，是电工最常用的一种检测工具，能验明 500V 以下导体或电气设备装置上是否带电的器具。常见的有钢笔式和螺钉旋具式两种，它的前端是金属探头，内部依次连接着安全电阻、氖泡、弹簧，最后与笔身尾部的金属部分相连。使用时，探头触及被检查部位，手指触及笔尾的金属体，如果被检查部位带电，就会经试电笔、人体、大地形成通电回路，只要带电体与大地之间的电位差超过一定数值（60V），试电笔中的氖泡就会发出红色的辉光。电笔不可用于其电压高于规定范围（500V）的电源，以免发生危险。

使用前，试电笔应在带电体上试测，确认性能完好后才准许使用；试电笔不可受潮，不可受到严重震动。在线路很密的地方使用试电笔时，注意不要人为短路。

二、电工刀

电工刀用于割削电线电缆绝缘和其他物品，是剖削或切割电工器材的工具，分为普通型和多用型两种。普通型有大号和小号两种，适用于割削电线电缆绝缘层、绳索、木桩及软金属材料；多用型增加了锯片和锥子，除上述作用外，还可用于锯割电线槽板、胶木管等。

使用时电工刀口应朝外。因刀柄结构不绝缘，因此不能在带电体上使用。

三、螺钉旋具

螺钉旋具又称螺丝刀、起子、改锥，用来拆卸、紧固螺钉。螺钉旋具的规格按其性质分为非磁性材料和磁性材料两种；接头部形状分为一字形和十字形两种；按握柄材料分为木柄、塑柄和胶柄，如图3-1所示。

一字形螺钉旋具的规格是以柄部除外的刀体长度表示，常用的有50、75、100、150mm和200mm等规格。十字形螺钉旋具是用刀体长度和十字槽规格号表示，有Ⅰ、Ⅱ、Ⅲ和Ⅳ4种规格，Ⅰ号适用于螺钉直径为1～2.5mm；Ⅱ号适用于螺钉直径为3～5mm；Ⅲ号适用于螺钉直径为6～8mm；Ⅳ号适用于螺钉直径为10～12mm。

使用螺钉旋具的注意事项如下。

（1）螺钉旋具拆卸和紧固带电的螺钉时，手不得触及螺钉旋具的金属杆，以免发生触电事故。

图3-1 螺钉旋具外形与规格

（2）为了避免金属杆触及手部或触及邻近带电体，应在金属杆上套上绝缘管。

（3）使用螺钉旋具时，应按螺钉的规格选用适合的刃口，以小代大或以大代小均会损坏螺钉或电气元件。

（4）为了保护其刃口及绝缘柄，不要把它当凿子使用。木柄起子不要受潮，以免带电作业时发生触电事故。

（5）螺钉旋具紧固螺钉时，应根据螺钉的大小、长短采用合理的操作方法，较小螺钉可用大拇指和中指夹住握柄，用食指顶住柄的末端捻旋。较大螺钉，使用时除大拇指和中指要夹住握柄外，手掌还要顶住柄的末端，这样可以防止旋转时滑脱。

四、钢丝钳

钢丝钳又称克丝钳，是钳夹和剪切工具，由钳头和钳柄两部分组成。电工用的钢丝钳钳柄上套有耐压为500V以上的绝缘套管。钢丝钳的钳头功能较多，钳口是用来弯绞或钳夹导线线头；齿口是用来紧固或起松螺母；铡口是用来铡切导线线芯、钢丝或铁丝等较硬金属；刀口是用来剪切导线或剖切导线绝缘层。钢丝钳常用的有150、175mm和200mm三种规格。

使用钢丝钳应注意以下事项。

（1）使用前应检查绝缘柄是否完好，以防带电作业时触电。

（2）当剪切带电导线时，绝不可同时剪切相线和中性线或两根相线，以防发生短路事故。

（3）要保持钢丝钳的清洁，钳头应防锈，钳轴要经常加机油润滑，以保证使用灵活。

（4）钢丝钳不可代替手锤作为敲打工具使用，以免损坏钳头影响使用寿命。

（5）使用钢丝钳应注意保护钳口的完整和硬度，因此，不要用它来夹持灼热发红的物体，以免"退火"。

（6）为了保护刃口，一般不用来剪切钢丝，必要时只能剪切1mm以下的钢丝。

五、尖嘴钳

尖嘴钳的头部细，又称尖头钳，适用于在狭小的工作空间操作，电工用的尖嘴钳柄上套有耐压为500V以上的绝缘套管。

尖嘴钳是用来夹持较小螺钉、垫圈、导线等元件的，刃口能剪断细小导线或金属丝，在装接电气控制线路板时，可将单股导线弯成一定圆弧的接线鼻。常用的有130、160、180mm和200mm 4种规格。

使用尖嘴钳应注意的事项与钢丝钳相同。

六、断线钳

断线钳又称斜口钳，钳柄有铁柄、管柄和绝缘柄三种形式。其耐压为1000V。断线钳是专供剪断较粗的金属丝、线材及电线电缆等用。

七、活络扳手

活络扳手是用来紧固和拆卸螺钉、螺母的一种专用工具。由头部和柄部组成。头部由活络扳唇、呆扳唇、扳口、蜗轮和轴销等构成。

活络扳手的规格较多，电工常用的有 150mm（6″）、200mm（8″）、250mm（10″）、300mm（12″）4 种规格。

使用活络扳手的注意事项如下。

（1）应根据螺钉或螺母的规格旋动蜗轮调节好扳口的大小。扳动较大螺钉或螺母时，需用较大力矩，手应握在手柄尾部。

（2）扳动较小螺钉或螺母时，需用力矩不大，手可握在接近头部的地方，并可随时调节蜗轮，收紧活络扳唇，防止打滑。

（3）活络扳手不可反用，以免损坏活络扳唇，不准用钢管接长手柄来施加较大力矩。

（4）活络扳手不可当作撬棍和手锤使用。

八、电烙铁

电烙铁是用来焊接导线接头、电子元件、电器元件接点的焊接工具。电烙铁的工作原理是利用电流通过发热体（电热丝）产生的热量熔化焊锡后进行焊接的。电烙铁的种类有外热式、内热式、吸锡式和恒温式等多种。

常用规格：外热式有 25、45、75、100、300W 和 500W；内热式有 20、35W 和 50W 等。

使用电烙铁的注意事项如下。

（1）新烙铁必须先处理后使用。具体方法是用砂布或锉刀把烙铁头打磨干净，长寿烙铁头有一层合金镀层，不能用此法打磨。然后接上电源，当烙铁温度能熔锡时，将松香涂在烙铁头上，再涂上一层焊锡，如此重复 2～3 次，使烙铁头挂上一层锡便可使用。

（2）电烙铁的外壳须接地时一定要采用三脚插头，以防触电事故。

（3）电烙铁不宜长时间通电而不使用，这样容易使烙铁心加速氧化烧坏，缩短寿命，还会使烙铁头氧化，影响焊接质量，严重时造成"烧死"不再吸锡。

（4）导线接头、电子元器件的焊接应选用松香焊剂，焊金属铁等物质时，可用焊锡膏焊接，焊完后要清理烙铁头，以免酸性焊剂腐蚀烙铁头。

（5）电烙铁通电后不能敲击，以免烙铁心损坏。

（6）电烙铁不能在易燃易爆场所或腐蚀性气体中使用。

（7）电烙铁使用完毕，应拔下插头，待冷却后放置干燥处，以免受潮漏电。

（8）不准甩动使用中的电烙铁，以免锡珠溅出伤人。

课题二 装配专用工具

一、剥线钳

剥线钳一般是用来剥削截面为 $2.5mm^2$ 以下的塑料或橡皮电线端部的表面绝缘层的。由切口、压线口和手柄组成，手柄上套有耐压为 500V 以上的绝缘管。

剥线钳的切口分为 0.5～3mm 的多个直径切口，用于不同规格的芯线剥削。使用时先选定好被剥除的导线绝缘层的长度，然后将导线放入大于其芯线直径的切口上，用手将钳柄一握，导线的绝缘层即被割断自动弹出。切不可将大直径的导线放入小直径的切口，以免切伤线芯或损坏剥线钳，也不可当作剪丝钳使用。用完后要经常在它的机械运动部分滴入适量的润滑油。

二、压接钳

压接钳又称压线钳，是用来压接导线线头与接线端头可靠连接的一种冷压模工具。

压接工具有手动式压接钳、气动式压接钳、油压式压接钳。该产品的 4 种压接钳口腔，可用于导线截面积 $0.75\sim8mm^2$ 之间多种规格与冷压端头的压接。操作时，先将接线端头预压在钳口腔内，将剥去绝缘的导线端头插入接线端头的孔内，并使被压裸线的长度超过压痕的长度，即可将手柄压合到底，使钳口完全闭合，当锁定装置中的棘爪与齿条失去啮合，则听到"嗒"的一声，即为压接完成，此时钳便能自由张开。

使用压接钳的注意事项如下。

(1) 压接时钳口、导线和冷压端头的规格必须相配。

(2) 压接钳的使用必须严格按照其使用说明正确操作。

(3) 压接时必须使端头的焊缝对准钳口凹模。

(4) 压接时必须在压接钳全部闭合后才能打开钳口。

三、手电钻和冲击钻

1. 手电钻

手电钻是利用钻头加工孔的一种手持式常用电动工具。常用的电钻有手枪式和手提式两种。

手电钻采用的电压一般为 220V 或 36V 的交流电源。在使用 220V 的手电钻时，为保证安全应戴绝缘手套，在潮湿的环境中应采用 36V 安全电压。手电钻接入电源后，要用电笔测试外壳是否带电，以免造成事故。拆装钻头时应用专用工具，切勿用螺钉旋具和手锤敲击钻夹。

2. 冲击钻

冲击钻是用来冲打混凝土、砖石等硬质建筑面的木榫孔和导线穿墙孔的一种工具，它具有两种功能：一种是作冲击钻用，另一种可作为普通电钻使用，使用时只要把调节开关调到"冲击"或"钻"的位置即可。用冲击钻需配用专用的合金冲击钻头，其规格有 6、8、10、12mm 和 16mm 等多种。在冲钻墙孔时，应经常拔出钻头，以利于排屑。在钢筋建筑物上冲孔时，碰到坚实物不应施加过大压力，以免钻头退火和冲击钻抛出造成事故。

四、扭力矩扳手

扭力矩扳手分为指针式和预置式两种：指针式扭力矩扳手在使用过程中，其主杆为弧形弯曲，其上的指针通过力矩刻度盘显示出所拧紧螺钉紧固件的紧固力矩；预置式扭力矩扳手是根据弹簧压缩的原理，在使用过程中，当力矩达到规定的预置力矩时，其内部的测力机构即产生打滑和"咯噔"的提示音响，以便操作者卸力，从而达到螺纹连接件的紧固要求。

力矩扳手均须配合相应的套筒使用，指针式扭力矩扳手用于有精确紧固力矩要求的螺纹紧固件的连接；预置式扭力矩扳手主要用于有预置力矩要求的螺纹紧固件的连接。扭力扳手有型号 NB—45、NB—100、NB—400 等与 M10、M12、M16、M20、M36 等配套的套筒配合使用。

课题三　装配防护用具

一、高压验电器

高压验电器又称高压试电笔。常用的有 10kV 及以下和 35kV 时使用的 2 种。按显示信号分为氖管发光型和氖管发光同时发出声音信号型 2 种。高压验电器是用来检验高压电气设备、架空线路和电力电缆等是否带电的工具。测量前后，应先在确认有电的地方测试证实高压验电器确实良好，方可进行测试。测试时应戴上绝缘手套，在户外使用还应穿绝缘鞋。遇上雨、雪、雾等恶劣天气，不宜使用高压验电器。

二、携带型接地线

常用的有绝缘柄固定在夹头螺栓型和夹头可松放或夹紧型。接地线应使用裸软铜线，截面积不应小于 $25mm^2$。携带型接地线是用来防止在已停电设备上工作一时，突然送电所带来的危险；或由于邻近高压线路而产生的感应电压的危险，是保证工作人员生命安全的工具。

三、高压绝缘棒

高压绝缘棒又称绝缘拉杆、拉闸杆、操作杆、令克棒等。通常按棒身的长短（节数）分为适用于 6kV、10kV、35kV 不同电压等级的高压隔离开关或高压跌落式熔断器的操作。

使用前，应检查绝缘棒的表面，要求绝缘棒的表面必须光滑、无裂缝、无损伤，棒身应垂直。使用时，应根据需要戴绝缘手套、穿绝缘鞋。无特殊防护装置，不允许在下雨或下雪时进行户外操作。使用后，应将绝缘棒垂直存放在支架上或吊挂在室内干燥场所，并按规定定期检查试验。

四、绝缘手套、绝缘靴和绝缘垫

绝缘手套分为 1kV 以下和 1kV 以上两种。绝缘靴仅有一种规格。在使用绝缘手套和绝缘靴前必须进行外观检查，看其有无破裂（漏气处）、脱胶或其他损伤，若发现其有缺陷则应立即停止使用；使用完毕，应妥善保管存放。

用于电压超过 1kV 装置的绝缘垫，通常其厚度为 7～8mm；用于 1kV 以下装置的绝缘垫，其厚度为 3～5mm。不允许使用有破裂或损伤的绝缘垫。

五、垫高用具

1. 垫高板

垫高板又称蹬板或踏板。垫高板是进行高空作业、攀登电杆的工具。要求其绳索的长度一般为身高加臂长。使用前，必须检查脚板有无开裂或腐朽，绳索有无断股或受潮。登杆时，为防止绳滑落，钩子一定要向上。使用后，要整理好并挂在通风干燥处保存。

2. 脚扣

脚扣又称脚铁，是攀登电杆的工具，分为水泥杆脚扣和木杆脚扣 2 种。水泥杆脚扣带有防滑胶套扣环，又可分为可调节脚扣和不可调节脚扣 2 种。木杆脚扣常有铁齿扣环，分为大、中、小 3 种规格。

使用前，必须检查脚扣有无破裂、腐蚀；皮带有无损坏。发现有损坏应立即更换。使用时，要按电杆规格选择大小合适的脚扣。水泥杆脚扣可用于木杆使用，但木杆脚扣不能在水泥杆上使用。不能用绳子或电线代替脚扣皮带使用。

3. 电工用梯

常用的有直梯和人字梯（又称高登）2 种。直梯适用于户外、户内的登高作业，人字梯通常用于室内作业。

使用时，直梯的两脚应绑扎橡胶之类的防滑材料，人字梯的中间应绑扎两道拉绳。登高作业时，应注意站立姿势，人字梯不宜采用骑马站直方式。

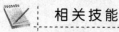 相关技能

技能训练　装配工具的识别与使用

一、电工刀

用电工刀对废旧塑料单芯硬线做剖削练习，要求逐渐做到不剖伤芯线。

二、螺钉旋具（改锥）

1. 常用改锥

常用改锥如图 3-2 所示。

图 3-2 常用改锥

2. 扭力矩改锥

（1）NQ—2、NQ—4、NQ—6 型扭力矩改锥结构图如图 3-3 所示。

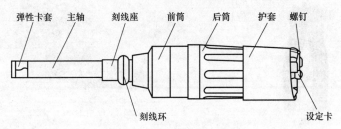

图 3-3 扭力矩改锥结构图

（2）扭力矩改锥使用。

1）扭矩设定。取下护套，拧下螺钉后，在设定值范围内，顺时针旋转设定卡，主轴上的示值顺序递增，逆时针旋转设定卡，主轴上的示值顺序递减。需要设定某一扭矩值时，就可以将主轴上该值所对应的刻度线与刻线座内的刻线环对齐。当所需要的扭矩值设定好后，将螺钉和护套重新装上后待用。

2）使用时的操作方法。将设定好扭矩值的扭矩改锥和紧固件对接（根据需要可直接对接，也可通过转接套筒、转接杆对接）。沿所需要的紧固方向施加旋转力，直到起子发出"喀、喀"的报警声并伴有打滑的手感，同时还具有明显的卸力现象为止。

3）注意事项。

① 设定扭矩值时，不得超出扭矩改锥的设定范围，以防引起内部机械结构的损坏。

② 非检定人员不得旋转刻线座或连接筒，否则会影响扭矩改锥各示值点的示值准确性。

③ 为保证施加的扭矩值的准确性，在使用扭矩改锥的过程中应始终保持将手置于手柄的中央部位。

④ 长期不使用的扭矩改锥应将扭矩改锥的扭矩值设定在设定值范围的最低示值点。

（3）扭力矩改锥应用实例如图 3-4 所示。

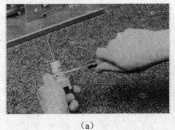

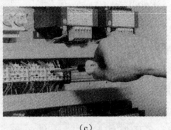

（a） （b） （c）

图 3-4 扭力矩改锥在机械设备和电力系统中的应用

最后，用改锥做旋紧螺钉和螺母的练习。

三、钢丝钳

（1）按图3-5（b）作剪切导线的练习。

（2）按图3-5（c）作铡切钢丝的练习。

（3）按图3-5（d）作夹持圆柱材料的练习。

（4）按图3-5（e）作夹持、拉动及弯挂的练习。

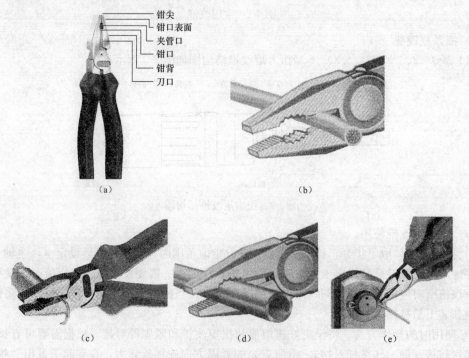

图3-5　钢丝钳结构与应用

（a）钢丝钳结构；（b）剪切导线；（c）铡切钢丝；（d）夹持圆柱材料；（e）夹持、拉动及弯挂

四、尖嘴钳

用尖嘴钳将直径1～2mm的单股铜线弯成直径4～6mm的圆弧接线鼻子。

五、剥线钳

用剥线钳对废旧电线做剥削练习。

六、扳手

（1）分别用150、200、250mm活络扳手做扳紧和松开大螺母和小螺母的练习。

（2）扭力矩扳手使用。

1）使用扭力扳手前，操作者按规定选择扭力扳手，调整其后端扭力矩调整轮，将力矩调整至规定的力矩要求，锁好锁紧手柄。

2）对用扭力扳手紧固的螺栓，可先用不大于螺栓拧紧力矩规格的气动或电动套筒扳手、手动套筒或叉口扳手拧至一定位置，然后再用扭力扳手拧紧至规定力矩，也可直接用扭力扳手紧固到位，通常由操作者自定。

3）紧固好的螺纹紧固件，须拿毛笔用红色油漆画线作标记，以便以后检查紧固件是否松动。

4）因故返工须拆卸螺栓，重装时应重新做好标记，并在扭力扳手记录卡上做好记录。

5）注意事项。

① 严禁将扭力扳手作为螺纹紧固件的拆卸工具。

② 扭力扳手须定期送去检验，一般为一年检验一次；以保证其在使用过程中的准确性，若在使用过程中，扭力扳手出现故障，应停止使用。

③ 扭力矩扳手在使用过程中，在听到提示音响之后，表示该处力矩已达到规定要求，应停止继续加力。

④ 扭力矩扳手在使用过程中，应根据不同部位的螺钉紧固件，调整相应的拧紧力矩。

（3）用扭力矩扳手分别进行紧固 1N·M、5N·M、10N·M 的螺母练习。

七、手电钻

用手电钻在木配电板及厚度约 3mm 的钢板上做钻孔的练习。

八、电烙铁

用 35W 或 50W 电烙铁做锡焊练习。

项目四　电工电子知识与技能

学习目标

应知:

> 1. 掌握直流电路、交流电路的相关概念、定理、计算等理论知识。
> 2. 掌握磁场、磁路与电磁感应的相关概念、定理、计算等理论知识。
> 3. 掌握模拟电子技术的相关概念、应用、计算等理论知识。
> 4. 掌握数字电子技术的相关概念、应用、计算等理论知识。
> 5. 熟悉、掌握电力电子技术的相关概念、应用、计算等理论知识。

应会:

> 1. 掌握电子器件特点、技术参数和应用场合。
> 2. 能根据电子线路图或装配图,进行装配、调试。
> 3. 掌握电子线路装配、调试工艺要求。

建议学时

理论教学 18 学时,技能训练 18 学时。

相关知识

课题一　直　流　电　路

一、电阻、电容的串联和并联的特点

电阻、电容的串联和并联的特点见表 4-1。

表 4-1　　　　　　　　　　电阻、电容的串联和并联的特点

特征\类别	电阻	电容
定义式	$R = \rho \dfrac{L}{A}$	$C = \dfrac{Q}{U}$; $C = \dfrac{\varepsilon_0 \varepsilon_r A}{d}$
串联	1. 流过每一个电阻的电流都相等 $I_1 = I_2 = I_3 = \cdots = I_n$ 2. 总电压等于各个电阻上电压之和 $U = U_1 + U_2 + \cdots + U_n$ 3. 等效电阻等于各串联电阻之和 $R = R_1 + R_2 + \cdots + R_n$	1. 各串联电容器上所带电量相等,并等于等效电容所带电量 $Q = Q_1 = Q_2 = \cdots = Q_n$ 2. 总电压等于各个电容器上电压的代数和 $U = U_1 + U_2 + \cdots + U_n$ 3. 等效电容量的倒数等于各串联电容量倒数之和 $\dfrac{1}{C} = \dfrac{1}{C_1} + \dfrac{1}{C_2} + \cdots + \dfrac{1}{C_n}$

续表

类别 特征	电 阻	电 容
串联	4. 各电阻上分配的电压与各自电阻的阻值成正比，即 $$U_n = \frac{R_n}{R} U$$ 5. 两电阻串联的分压公式 $$U_1 = \frac{R_1}{R_1 + R_2} U \quad (R_1 上分配的电压)$$ $$U_2 = \frac{R_2}{R_1 + R_2} U \quad (R_2 上分配的电压)$$	两个电容器串联等效电容量 $$C = \frac{C_1 C_2}{C_1 + C_2}$$ 4. 两个电容器串联的分压公式 $$U_1 = \frac{C_2}{C_1 + C_2} U \quad (C_1 上分配的电压)$$ $$U_2 = \frac{C_1}{C_1 + C_2} U \quad (C_2 上分配的电压)$$
并联	1. 并联电路中各电阻两端的电压相等 $$U = U_1 = U_2 = \cdots = U_n$$ 2. 电路的总电流等于各支路电流之和 $$I = I_1 + I_2 + \cdots + I_n$$ 3. 并联电路等效电阻的倒数等于各并联支路电阻的倒数之和 $$\frac{1}{R} = \frac{1}{R_1} + \frac{1}{R_2} + \cdots + \frac{1}{R_n}$$ 两电阻并联 $$R = R_1 \, /\!/ \, R_2 = \frac{R_1 R_2}{R_1 + R_2}$$ 4. 各并联电阻中的电流及电阻消耗的功率均与各电阻的阻值成反比 $$I_1 : I_2 : I_3 = P_1 : P_2 : P_3 = \frac{1}{R_1} : \frac{1}{R_2} : \frac{1}{R_3}$$ 5. 对于两并联支路的电流分流公式 $$I_1 = \frac{R_2}{R_1 + R_2} I$$ $$I_2 = \frac{R_1}{R_1 + R_2} I$$	1. 并联电路电容器两端的电压相等 $$U = U_1 = U_2 = \cdots = U_n$$ 2. 并联电路的总电量等于各电容器电量之和 $$Q = Q_1 + Q_2 + \cdots + Q_n$$ 3. 并联电路的等效电容量等于各个电容器电量之和 $$C = C_1 + C_2 + \cdots + C_n$$

二、基本定理和定律

1. 欧姆定律

（1）无源支路欧姆定律

$$I = \frac{U}{R}$$

（2）全电路欧姆定律

$$I = \frac{U}{R + r_0}$$

（3）电路的三种状态

通路 $\quad I = \dfrac{E}{R + r_0}; \quad U = E - U_0 = E - r_0 I$

短路 $\quad I = \dfrac{E}{r_0}; \quad U = 0$

断路 $\quad I = 0; \quad U = E$

2. 基尔霍夫定律

（1）基尔霍夫电流定律（简写 KCL）。对电路中的任一节点，在任一瞬间，流出或流入该节点电流的代数和为零，即

$$\sum I = 0 \quad 或 \quad \sum I_{入} = \sum I_{出}$$

（2）基尔霍夫电压定律（简写为 KVL）。对电路中的任一回路，在任一瞬间，沿回路绕行一周，回路中各部分电压的代数和恒等于零，即

$$\sum U = 0 \quad 或 \quad \sum E = \sum RI$$

3. 叠加原理

在线性电路中，当有多个电源共同作用时，任一支路电流或电压，可看作由各个电源单独作用时在该支路中产生的电流或电压的代数和。当某一电源单独作用时，其他不作用的电源应置为零（电压源电压为零，电流源电流为零），即电压源用短路代替，电流源用开路代替。

4. 戴维南定理

任何一个有源二端线性网络，对于外电路而言，总可以用一理想电压源和内阻 r_0 相串联的电路模型来代替，如图 4-1 所示。其中，理想电压源的电压就等于有源二端网络的开路电压 U_0，即将负载断开后两端之间的电压。内阻 r_0 等于有源二端网络中所有电源均除去（理想电压源短路，即其电压为零；理想电流源开路，即其电流为零）后所得无源二端网络的等效电阻 r_0。

三、解题方法

1. 支路电流法

支路电流法解题的步骤如下（m 条支路 n 个节点）（见图 4-2）。

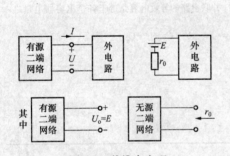

图 4-1　戴维南定理

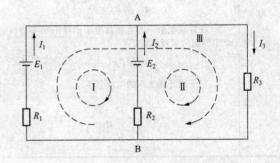

图 4-2　支路电流法示例

（1）先假设各支路电流参考方向和回路绕行方向。

（2）根据基尔霍夫电流定律列出 $(n-1)$ 个独立电流方程。

（3）根据基尔霍夫电压定律列出 $[m-(n-1)]$ 个独立回路电压方程。

（4）解方程组，求各支路电流。如果求得的支路电流为正值，说明支路电流的实际方向与参考方向相同；若为负值，则说明支路电流的实际方向与参考方向相反。

2. 节点电压法

在复杂电路计算中，对支路较多而节点很少的电路，用节点电压法计算较为简便。节点电压法是以节点电压为未知量，先求出节点电压，再根据含源电路欧姆定律求出各支路电流。用节点电压法解题的步骤如下。

（1）选定参考点和节点电压的参考方向。

（2）求出节点电压

$$U_{AB} = \frac{\sum \dfrac{E}{R}}{\sum \dfrac{1}{R}}$$

如果用电导表示电阻，则上式可写为

$$U_{AB} = \frac{\sum EG}{\sum G}$$

上述两个公式中分母各项的符号都是正号；分子各项的符号按以下原则确定：凡电动势的方向指向 A 点时取正号，反之取负号。

3. 戴维南定理法

用戴维南定理求某支路电流的步骤如下。

（1）把电路分为待求支路和含源二端网络两部分。

（2）断开待求支路，求出含源二端网络开路电压 U_o，即等效电源的电动势 E。

（3）将网络内各独立电源置零（将电压源短路，电流源开路），仅保留电源内阻，求出网络两端的输入电阻 R_o，即等效电源的内阻 r。

（4）画出有源二端网络的等效电路，接入待求支路，则待求支路的电流为

$$I = \frac{E}{r+R} = \frac{U_o}{R_i+R}$$

课题二 交 流 电 路

一、正弦交流电的 4 种表示方法

正弦交流电的 4 种表示方法见表 4-2。

表 4-2 正弦交流电的 4 种表示方法

解析法	$e = E_m \sin(\omega t + \varphi_e)$ $u = U_m \sin(\omega t + \varphi_u)$ $i = I_m \sin(\omega t + \varphi_i)$
曲线法	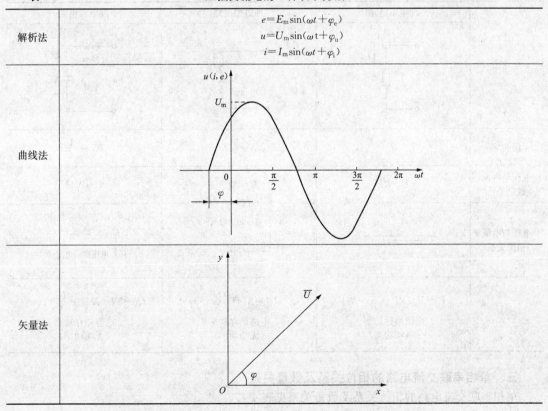
矢量法	

续表

复数法	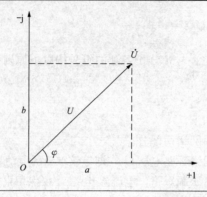 $\dot{U}=a+jb=U(\cos\varphi+j\sin\varphi)=Ue^{j\varphi}$ $U=\sqrt{a^2+b^2}$；$\tan\varphi=\dfrac{b}{a}$ $e^{j90°}=j$；$e^{-j90°}=-j$

交流电压正弦量与复数量的对应关系：$u=\sqrt{2}U\sin(\omega t+\varphi)\Leftrightarrow\dot{U}=Ue^{j\varphi}$

交流电流正弦量与复数量的对应关系：$i=\sqrt{2}I\sin(\omega t+\varphi)\Leftrightarrow\dot{I}=Ie^{j\varphi}$

感抗复数形式：$Z=jX_L=j\omega L$；容抗复数形式：$Z=-jX_C=-j\dfrac{1}{\omega C}$

（阻、感、容）串联的复阻抗：$Z=R+jX_L-jX_C$；并联的复阻抗：$\dfrac{1}{Z}=\dfrac{1}{R}+\dfrac{1}{jX_L}-\dfrac{1}{jX_C}$

二、单一参数正弦交流电路的基本特性

单一参数正弦交流电路的基本特性见表 4-3。

表 4-3　　　　　　　　　　单一参数正弦交流电路的基本特性

	纯电阻电路	纯电感电路	纯电容电路
电路图			
阻抗 Z	R	$X_L=\omega L$	$X_C=\dfrac{1}{\omega C}$
电压与电流数量关系	$U=RI$	$U=X_L I$	$U=X_C I$
电压与电流相位关系		电压超前电流90°	电压滞后电流90°
功率	$P=UI=RI^2=\dfrac{U^2}{R}$（W） 电阻消耗功率 （有功功率）	$Q_L=UI=X_L I^2=\dfrac{U^2}{X_L}$（var） 电感储存功率 （无功功率）	$Q_C=UI=X_C I^2=\dfrac{U^2}{X_C}$（var） 电容储存功率 （无功功率）

三、单相串联交流电路的相位关系及数量关系

单相串联交流电路的相位关系及数量关系见表 4-4。

表 4-4 单相串联交流电路的相位关系及数量关系

串联	RL	RC	RLC
电路图			
电压三角形			
总电压相量 电压有效值	$\dot{U}=\dot{U}_R+\dot{U}_L$ $U=\sqrt{U_R^2+U_L^2}$	$\dot{U}=\dot{U}_R+\dot{U}_C$ $U=\sqrt{U_R^2+U_C^2}$	$\dot{U}=\dot{U}_R+\dot{U}_L+\dot{U}_C$ $U=\sqrt{U_R^2+(U_L-U_C)^2}$
阻抗三角形			
总阻抗	$Z=\sqrt{R^2+X_L^2}$	$Z=\sqrt{R^2+X_C^2}$	$Z=\sqrt{R^2+(X_L-X_C)^2}$
总复阻抗	$Z=R+jX_L$	$Z=R-jX_C$	$Z=R+jX_L-jX_C$
功率三角形			
视在功率	$S=UI=\sqrt{P^2+Q_L^2}$	$S=UI=\sqrt{P^2+Q_C^2}$	$S=UI=\sqrt{P^2+(Q_L-Q_C)^2}$
有功功率	$P=S\cos\varphi=UI\cos\varphi=RI^2$		
无功功率	$Q=S\sin\varphi=UI\sin\varphi=XI^2$		
阻抗角	$\varphi=\arctan\dfrac{X}{R}=\arctan\dfrac{U_L}{U_R}=\arctan\dfrac{Q}{P}$		

续表

串联	RL	RC	RLC
功率因数	$\cos\varphi=\dfrac{P}{S}=\dfrac{R}{Z}=\dfrac{U_R}{U}$		
电压、电流关系及电路性质	电压超前电流一个 φ 角，电路呈感性	电压滞后电流一个 φ 角，电路呈容性	当 $X_L>X_C$（$U_L>U_C$）电路呈感性 当 $X_L<X_C$（$U_L<U_C$）电路呈容性 当 $X_L=X_C$（$U_L=U_C$）电路呈阻性，此时电路的这种状态称为串联谐振，谐振频率为 $f_0=\dfrac{1}{2\pi\sqrt{LC}}$，电路总阻抗最小

四、单相并联交流电路的相位关系及数量关系

单相并联交流电路的相位关系及数量关系见表 4-5。

表 4-5　　　　　　　　　单相并联交流电路的相位关系及数量关系

并联	RL 并联	RC 并联	RLC 并联	RL 串后与 C 并联
电路图				
相量图				
总电流	$\dot{I}=\dot{I}_R+\dot{I}_L$ $I=\sqrt{I_R^2+I_L^2}$	$\dot{I}=\dot{I}_R+\dot{I}_C$ $I=\sqrt{I_R^2+I_C^2}$	$\dot{I}=\dot{I}_R+\dot{I}_L+\dot{I}_C$ $I=\sqrt{I_R^2+(I_C-I_L)^2}$	$\dot{I}=\dot{I}_1+\dot{I}_2$ $I=\sqrt{(I_1\cos\varphi_1)^2+(I_1\sin\varphi_1-I_2)^2}$
总复阻抗	$\dfrac{1}{Z}=\dfrac{1}{R}+\dfrac{1}{jX_L}$	$\dfrac{1}{Z}=\dfrac{1}{R}-\dfrac{1}{jX_C}$	$\dfrac{1}{Z}=\dfrac{1}{R}+\dfrac{1}{jX_L}-\dfrac{1}{jX_C}$	$\dfrac{1}{Z}=\dfrac{1}{R+jX_L}-\dfrac{1}{jX_C}$
初相位	$\varphi=\arctan\dfrac{I_L}{I_R}$	$\varphi=\arctan\dfrac{I_C}{I_R}$	$\varphi=\arctan\dfrac{I_C-I_L}{I_R}$	$\varphi=\arctan\dfrac{I_1\sin\varphi_1-I_2}{I_1\cos\varphi_1}$
电压电流相位关系	电压超前电流一个 φ 角，电路呈感性	电压滞后电流一个 φ 角，电路呈容性	$I_C>I_L$，电路呈容性 $I_C<I_L$，电路呈感性 $I_C=I_L$，电路呈阻性	$I_1\sin\varphi_1>I_2$，电路呈感性 $I_1\sin\varphi_1<I_2$，电路呈容性 $I_1\sin\varphi_1=I_2$，电路呈阻性，称并联谐振

五、三相交流电路相位及数量关系

三相交流电路相位及数量关系见表 4-6。

表 4-6   三相交流电路相位及数量关系

三相交流电动势表达式	$e_U=E_m\sin\omega t$ $e_V=E_m\sin(\omega t-120°)$ $e_W=E_m\sin(\omega t+120°)$	或	$\dot{E}_U=E$ $\dot{E}_V=Ee^{-j120°}$ $\dot{E}_W=Ee^{j120°}$

	星形联结	三角形联结
三相交流电源	$U_{线Y}=\sqrt{3}U_{相Y}$ 且线电压相位超前相应的相电压相位30° $\dot{U}_{UV}=\sqrt{3}\dot{U}_Ue^{j30°}$ $\dot{U}_{VW}=\sqrt{3}\dot{U}_Ve^{j30°}$ $\dot{U}_{WU}=\sqrt{3}\dot{U}_We^{j30°}$	$U_{线}=U_{相\Delta}$ 线电压与相电压相位相同 $\dot{E}=\dot{E}_U+\dot{E}_V+\dot{E}_W$
三相负载	$I_{线Y}=I_{相Y}$ 线电流与相电流相位相同 $U_{线Y}=\sqrt{3}U_{相Y}$ 且线电压相位超前相应的相电压相位30° $\dot{U}_{UV}=\sqrt{3}\dot{U}_Ue^{j30°}$ $\dot{U}_{VW}=\sqrt{3}\dot{U}_Ve^{j30°}$ $\dot{U}_{WU}=\sqrt{3}\dot{U}_We^{j30°}$ $\dot{I}_N=\dot{I}_U+\dot{I}_V+\dot{I}_W$	$U_{线\Delta}=U_{相\Delta}$ $I_{线\Delta}=\sqrt{3}I_{相\Delta}$ 且线电流相位滞后相应的相电流相位30° $\dot{I}_U=\sqrt{3}\dot{I}_{UV}e^{-j30°}$ $\dot{I}_V=\sqrt{3}\dot{I}_{VW}e^{-j30°}$ $\dot{I}_W=\sqrt{3}\dot{I}_{WU}e^{-j30°}$
对称三相电路 负载总功率	$P=\sqrt{3}U_{线}I_{线}\cos\varphi_{相}$ $Q=\sqrt{3}U_{线}I_{线}\sin\varphi_{相}$ $S=\sqrt{3}U_{线}I_{线}$	$P=3U_{相}I_{相}\cos\varphi_{相}$ $Q=3U_{相}I_{相}\sin\varphi_{相}$ $S=3U_{相}I_{相}$
对称三相电源 欧姆定律及其 线值、相值关系	$I_{相}=\dfrac{U_{相}}{Z_{相}}\quad\varphi=\arctan\dfrac{X}{R}\quad\dfrac{I_{相\Delta}}{I_{相Y}}=\sqrt{3}\dfrac{I_{线\Delta}}{I_{线Y}}=3$	

课题三　磁场、磁路与电磁感应知识

一、磁场的基本性质

具有磁性的物体称为磁体，磁体两端磁性最强的区域称为磁极。任何磁体都具有两极，而且磁极是不可分割的，磁极间存在着相互作用力，即同极性排斥，异极性吸引的相互作用力，称为磁力。

磁体周围存在着磁力作用的空间，称为磁场。磁力是通过磁场这一特殊物质传递的，磁场是一种特殊的物质，它们之所以特殊，是因为它们不是由分子和原子组成的。磁场具有力性质，为了描述磁场，用磁感力线来形象表示磁场，磁感力线具有以下特征。

（1）磁感力线是互不交叉的闭合曲线，在磁体外部由 N 极指向 S 极，在磁体内部由 S 极指向 N 极。

（2）磁感力线上任意一点的切线方向，就是该点的磁场方向。

（3）磁感力线的疏密程度反映了磁场的强弱，磁感力线越密表示磁场越强，磁感力线越稀疏表示磁场越弱。

二、磁场和磁路的基本物理量

磁场和磁路的基本物理量见表 4-7。

表 4-7 　　　　　　　　　　　　　　　**磁场和磁路的基本物理量**

名　称	定义式	意　义	单位及换算	
磁通	$\Phi = BA$	磁场中垂直通过某一截面积的磁感线数	韦伯（Wb）	1 麦克斯韦$=10^{-8}$韦伯 （$1Mx = 10^{-8}Wb$）
磁感应强度	$B = \dfrac{\Phi}{S} = \mu\dfrac{NI}{L} = \mu_0\mu_r\dfrac{NI}{L}$	表示磁场中某点磁场的强弱和方向，是磁场的基本物理量	特斯拉（T）	1 高斯$=10^{-4}$特斯拉 （$1GS = 10^{-4}T$）
磁导率	μ_0 为真空中磁导率 μ_r 为相对磁导率 $\mu_r = \dfrac{\mu}{\mu_0}$	磁导率表示物质对磁场影响程度的一个物理量，也即表明物质的导磁能力，非铁磁物质的 μ 是一个常数，而铁磁物质的 μ 不是常数	亨/米（H/m）	1 磁导率$=10^{-7}$亨/米 （$\mu_0 = 10^{-7}H/m$）
磁场强度	$H = \dfrac{B}{\mu} = \dfrac{B}{\mu_0\mu_r} = \dfrac{NI}{L}$	与激发磁场的电流直接有关，而在均匀的介质中与介质无关	安/米（A/m）	1 奥斯特$=80$安/米 （$1O_e = 80A/m$）
磁动势	$F_m = NI$	表明磁路中产生磁通的条件与能力	安·匝（A·匝）	
磁阻	$R_m = \dfrac{L}{\mu S}$	反映了磁路对磁通的阻力，它由磁路的材料、形状及尺寸决定	1/亨（1/H）	

三、电路与磁路的对应关系

电路与磁路的对应关系见表 4-8。

表 4-8 　　　　　　　　　　　　　　　**电路与磁路的对应关系**

电路			磁路		
名　称	符　号	单　位	名　称	符　号	单　位
电动势	E	伏特（V）	磁动势	$F_m (=NI)$	安·匝（A·匝）
电流	I	安培（A）	磁通	Φ	韦伯（Wb）
电阻率	ρ	欧姆·米（Ω·m）	磁导率	μ	亨/米（H/m）
电阻	$R\left(=\rho\dfrac{L}{A}\right)$	欧姆（Ω）	磁阻	$R_m\left(=\dfrac{L}{\mu A}\right)$	1/亨（1/H）
电路欧姆定律	$I = \dfrac{E}{R+r}$		磁路欧姆定律	$\Phi = \dfrac{NI}{R_m}$	

四、磁路基尔霍夫定律

沿着磁路中任意闭合路径的各段磁压降的代数和等于环绕此闭合路径的所有磁通势的代数和，即 $\sum(HL) = \sum(NI)$，如图 4-3 所示。

五、磁路的计算

（1）由于各段磁路的截面积不同，而通过的磁通相同，因此应分别计算各段磁路的磁感应强度，即

$$B_1 = \frac{\Phi}{S_1}, \quad B_2 = \frac{\Phi}{S_2}, \quad \cdots$$

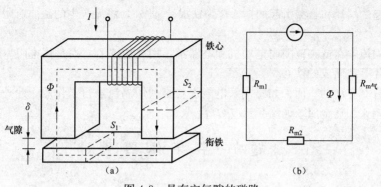

图 4-3 具有空气隙的磁路

(a) 磁路图；(b) 等效电路图

（2）根据各段磁性材料的导磁性不同，找出与上述 B_1，B_2，…对应的磁场强度 H_1，H_2，…铁磁材料可查磁化曲线 $B = f(H)$ 图（或表），空气隙可用公式 $B = \mu_0 H$ 计算。

（3）计算各段磁路的磁压降 HL 的代数和，求出磁通势 NI。

六、电磁感应

1. 电磁感应基本公式

电磁感应基本公式见表 4-9。

表 4-9   电磁感应基本公式

概　念	相关公式
直导体的电磁感应电动势	$e = BLv\sin a$
法拉第电磁感应定律	$e = -N\dfrac{\Delta \Phi}{\Delta t}$（负号表示 e 方向总是使 $\Phi_{\text{感}}$ 阻碍 $\Phi_{\text{原}}$ 的变化）
自感应电动势	$e_{\text{L}} = -L\dfrac{\Delta i}{\Delta t}$（$e_{\text{L}}$ 总是阻碍电流的变化）
互感电动势	$e_{\text{M1}} = -M\dfrac{\Delta i_2}{\Delta t}$；　$e_{\text{M2}} = -M\dfrac{\Delta i_1}{\Delta t}$$\left(M_{12} = \dfrac{\psi_{12}}{i_1}\right)$

2. 楞次定律

感应电流的方向，总是要使感应电流产生的磁场阻碍原磁场的变化。

用楞次定律判定感应电流的具体步骤如下。

（1）明确原磁通 Φ 的方向。

（2）判断闭合磁路原磁通 Φ 的变化趋势是增加还是减少。如果是增加，则感应电流产生的附加磁通 Φ' 的方向与原磁通 Φ 的方向相反；如果是减少，则 Φ' 的方向与 Φ 的方向相同。

（3）利用安培定则，由 Φ' 的方向来确定感应电流的方向。

3. 同名端

一般把由于两个或多个线圈的绕向一致而感应电动势的极性一致的端子叫作同名端，反之叫作异名端。

4. 涡流

在具有铁心的线圈中通以交变的电流，就有交变磁通穿过铁心，在铁心内部产生感应电动势，在感应电动势作用下又会产生感应电流，其形状如同水中的旋涡，故称为涡流。涡流是一种电磁感应现象。

涡流太大时，会使铁心发热，容易造成设备损坏。另外，涡流要消耗电能，造成不必要的

损耗（涡流引起的损耗和磁滞引起的损耗称为铁损）。此外，涡流产生的磁通有阻碍原磁通变化的趋势。

为了减小涡流，在低频范围内电动机和电器都不用整块铁心，而是用电阻率较大、表面具有绝缘的硅钢片叠装而成的铁心。

但涡流也有其有利的一面，如感应系电能表就是利用涡流进行工作的。此外，利用涡流产生的热量可以用来加热金属，如高频感应炉等。

课题四 半 导 体 器 件

一、国内外半导体器件命名方法

半导体器件可分为两大类：分立器件和集成电路。

1. 中国半导体器件命名法

命名方法见表 4-10。

表 4-10   国产晶体管型号组成部分的符号及其意义

第一部分		第二部分		第三部分		第四部分	第五部分
用数字表示器件的电极数目		用汉语拼音字母表示器件材料与极性		用汉语拼音字母表示器件类型		用数字表示器件序号	用字母表示器件规格号
符号	意义	符号	意义	符号	意义		
2	二极管	A	N 型：锗材料	P	普通管		
				V	微波管		
		B	P 型：锗材料	W	稳压管		
				C	参量管		
		C	N 型：硅材料	Z	整流管		
				L	整流堆		
		D	P 型：硅材料	S	隧道管		
				N	阻尼管		
				U	光电管		
				K	开头管		
3	三极管	A	PNP 型：锗材料	X	低频小功率管（$f_a<3MHz$；$P_c<1W$）		
		B	NPN 型：锗材料	G	高频小功率管（$f_c<3MHz$；$P_c<1W$）		
		C	PNP 型：硅材料	D	低频大功率管（$f_D<3MHz$；$P_c\geqslant1W$）		
		D	NPN 型：硅材料	A	高频大功率管（$f_a\geqslant3MHz$；$P_c\geqslant1W$）		
		E	化合物材料	T	半导体闸流管		
				Y	体效应管		
				B	雪崩管		
				J	阶跃恢复管		
				CS	场效应管		
				BT	特殊器件		
				FH	复合管		
				PIN	PIN 型管		
				JG	激光器件		

示例：锗 PNP 型高频小功率三极管型式如下：

2. 日本半导体器件命名法

日本晶体管型号均按日本工业标准 JIS—C—7012 规定的日本半导体分立器件型号命名方法命名。日本半导体分立器件型号由 5 个基本部分组成，这 5 个基本部分的符号及其意义见表 4-11。

日本半导体分立器件的型号，除上述 5 个基本部分外，有时还附加有后缀字母及符号，以便进一步说明该器件的特点。这些字母、符号和它们所代表的意义，往往是各公司自己规定的。后缀的第一个字母，一般是说明器件特定用途的。常见的有以下几种。

M：表示该器件符合日本防卫省海上自卫参谋部的有关标准。

N：表示该器件符合日本广播协会（NHK）的有关标准。

H：是日立公司专门为通信工业制造的半导体器件。

K：是日立公司专门为通信工业制造的半导体器件，并采用塑封外壳。

Z：是松下公司专门为通信设备制造的高可靠性器件。

G：是东芝公司为通信设备制造的器件。

S：是三洋公司为通信设备制造的器件。

后缀的第二个字母常用来作为器件的某个参数的分档标志。例如，日立公司生产的一些半导体器件，是用 A、B、C、D 等标志说明该器件的 β 值分档情况。

表 4-11　　日本晶体管型号组成部分的符号及其意义

第一部分		第二部分		第三部分		第四部分		第五部分	
用数字表示器件有效电极数目或类型		日本电子工业协会（JEIA）注册标志		用字母表示器件使用材料极性和类型		器件在日本电子工业协会（JEIA）登记号		同一型号的改进型产品标志	
符号	意义	符号	意义	符号	意义	符号	意义	符号	意义
0	光电二极管或三极管及其组合管	S	已在日本电子工业协会（JEIA）注册的半导体器件	A	PNP：高频晶体管	多位数字	表示该器件在日本电子工业协会（JEIA）的登记号，性能相同而厂家不同的生产的器件可使用同一个登记号	A B C D …	表示这一器件是原型号的改进产品
1	二极管			B	NPN：低频晶体管				
2	三极管或具有三个电极的其他器件			C	PNP：高频晶体管				
				D	NPN：低频晶体管				
				F	P：控制可控硅				
3	具有 4 个有效电极的器件			G	N：基极单结晶体管				
				J	P：沟道场效应管				
				K	N：沟道场效应管				
⋮	⋮			M	双向可控硅				
n−1	具有 n 个有效电极的器件								

3. 欧洲晶体管型号命名法

前联邦德国、法国、意大利、荷兰等参加欧洲共同市场的国家和一些东欧如匈牙利、罗马尼亚、波兰等国家，大都使用国际电子联合的标准半导体分立器件型号命名方法对晶体管型号命名。这种命名法由4个基本部分组成。这4个基本部分的符号及其意义见表4-12。

表4-12　欧洲晶体管型号组成部分的符号及其意义

第一部分		第二部分				第三部分		第四部分	
用数字表示器件使用的材料		用字母表示器件的类型及主要特征				用数字或字母表示登记号		用字母表示同一器件进行分档	
符号	意义	符号	意义	符号	意义	符号	意义	符号	意义
A	器件使用禁带为 $0.6\sim1.0eV$ 的半导体材料如锗料	A	检波二极管 开关二极管 混频二极管	M	封闭磁路中霍尔元件	三位数字	代表通用半导体器件的登记号	A B C ⋮	表示同一型号的半导体器件按某一参数进行分档的标志
		B	变容二极管	P	光敏器件管 $(f_a\geqslant3)$				
B	器件合作禁带为 $1.0\sim1.3eV$ 的半导体材料如硅	C	低频小功率三极管 $R_{tj}>15℃/W$	Q	发光二极管				
		D	低频大功率三极管 $R_{tj}>15℃/W$	R	小功率可控硅 $R_{tj}>15℃/W$				
C	器件使用禁带大于 $1.3eV$ 的半导体材料如镓	E	隧道二极管	S	小功率开关管 $R_{tj}>15℃/W$	一个字母两位数字	代表专用半导体器件的登记号（同一类型器件使用一个登记号）		
		F	高频小功率三极管 $R_{tj}>15℃/W$	T	大功率开关管 $R_{tj}<15℃/W$				
D	器件使用禁带大于 $0.6eV$ 的半导体材料如锑化铝	G	复膈器件及其他器件	U	大功率开关管 $R_{tj}<15℃/W$				
		H	磁敏二极管	X	倍增二极管				
R	器件使用复合材料，如堆霍尔元件和光电电池	K	开放磁路中的霍尔元件	Y	整流二极管				
		L	高频大功率三极管 $R_{tj}<15℃/W$	Z	稳压二极管				

4. 美国晶体管型号命名法

美国许多电子公司分别研制与生产了各种各样的半导体分立器件，并将其生产专利输往各国。这些半导体器件的型号原来都是由厂家自己命名的，所以十分混乱。为了解决美国半导体分立器件型号统一的问题，美国电子工业协会（EIA）的电子元件联合技术委员会（JEDEC）制定了一个标准半导体分立器件型号命名法，推荐给半导体器件生产厂家使用。由于种种原因，虽有大量半导体器件按此命名法命名，但未能完全统一各厂家产品的型号，所以美国半导体器件型号有以下两点不足之处。

（1）有不少美国半导体分立器件型号仍是按各厂家自己的型号命名法命名，而未按此标准命名，故仍较混乱。

（2）由于这一型号命名法制定较早，又未作过改进，所以型号内容很不完备。

美国电子工业协会（EIA）的半导体分立器件型号命名方法规定，半导体分立器件型号由5部分组成，第一部分为前缀，第五部分为后缀，中间三部分为型号的基本部分。这5部分的符号及意义见表4-13。

表 4-13 美国晶体管型号组成部分的符号及其意义

第一部分		第二部分		第三部分		第四部分		第五部分	
用符号表示器件类型		用数字表示 PN 结数目		美国电子工业协会（EIA）注册标志		美国电子工业协会（EIA）登记号		用字母表示器件分档	
符号	意义	符号	意义	符号	意义	符号	意义	符号	意义
JENA 或 J	军用品	1	二极管	N	该器件已在美国电子工业协会（EIA）注册登记	多位数字	该器件在美国电子工业协会（EIA）的登记号	A B C D	同一型号器件的不同档别
		2	三极管						
无	非军用品	3	三个 PN 结器件						
		n	n 个 P 结器件						

二、晶体二极管

晶体二极管（下面简称二极管）是晶体管的主要种类之一，应用十分广泛。它是采用半导体晶体材料（如硅、锗、砷化镓等）制成的。

1. 二极管的检测

在使用二极管时，必须注意极性不能接错，否则电路不仅不能正常工作，甚至可能烧毁管子和其他元件。有的二极管没有任何极性标志，或一时身边没有手册可查。这时可以根据二极管的单向导电特性，很方便地用万用表来简单判别管子的好坏和管脚的极性。

（1）好坏的判别。用万用表 R×100Ω 或 R×1kΩ 挡测量二极管的正反向电阻，如果正向电阻为几十至几百欧姆，反向电阻在 200kΩ 以上，可以认为二极管是好的（模拟式万用表黑表笔接二极管正极、红表笔接负极时测得的为正向电阻，反之则为反向电阻）。

（2）极性的判别。用万用表测出二极管的正向电阻（阻值较小）时，黑表笔所接的为二极管正极。

（3）半导体材料的判别。当测得二极管正向电阻时，指针指示在标度尺 3/4 左右，为锗二极管；指示在 2/3 左右，为硅二极管。

2. 稳压管二极管

稳压管是一种齐纳二极管，它是利用二极管反向击穿时，其两端电压固定在某一数值，而基本上不随流过二极管的电流大小变化。

稳压管的正向特性与普通二极管相似。反向电压小于击穿电压时，反向电流很小，反向电压临近击穿电压时反向电流急剧增大，发生电击穿。这时如果电流在很大范围内改变管子两端电压基本保持不变，起到稳定电压的作用。必须注意的是，稳压管在电路上应用时一定要串联限流电阻，不能让稳压管击穿后电流无限增大，否则将立即烧毁。

三、晶体三极管

晶体三极管又叫半导体三极管，通常简称为晶体管或三极管。三极管大都是具有 3 个外部电极（引出脚）的半导体器件。少数三极管有 4 根引脚，但其中 1 根引脚为接地专用，与"三极"的功能无关。三极管的基本特性是对电信号进行放大和开关，它在电子电路中应用十分广泛，是电工电子设备中的核心器件之一。

1. 晶体三极管的主要参数

（1）电流放大系数 β 和 h_{FE}。β 是三极管的交流放大系数，表示三极管对交流（变化）信号的电流放大能力；h_{FE} 是三极管的直流电路放大系数，也可用 β 来表示，它是指在静态（无变化信号输入）情况下，三极管 I_c 与 I_b 的比值。两者关系密切，一般情况下较为接近，也可相等，但两者从含义来讲是有明显区别的，所以切莫将它们混淆。

β 值标注的方法常有两种：色标法和英文字母法。色标法采用较早，它是用各种不同颜色

的色点表示 β 值的大小。通常色点涂在管子的顶面，国产小功率管色标颜色与对应 β 值见表 4-14。

表 4-14　　　国产小功率管色标颜色与 h_{FE} 对应关系

色标	棕	红	橙	黄	绿	蓝	紫	灰	白	黑	黑橙
h_{FE}	5～15	15～25	25～40	40～55	55～80	80～120	120～180	180～270	270～400	400～600	600～1000

英文字母法是指在管子型号后面，用一个英文字母来代表 β 值的大小。该字母随同型号一起打印，省去了色标点漆的工艺，适合现代大规模生产。小功率三极管用 A，B，C，…，K12 个字母作为标志。例如，9014 型号后面印个 C 字，表示 β 为 200～600；又如 9013I 表示 β 为 180～350。还有一种字母法采用颜色的英文名词的每一个字母，跟在管子型号后面来表示 β 值的大小。例如，R—Red（红色）、O—Orange（橙色）、Y—Yellow（黄色）等。型号 1015 后面的 Y 表示 β 为 120～240，C945 后面 O 表示 β 为 135～270。

（2）集电极最大电流 I_{CM}。三极管集电极允许通过的最大电流即为 I_{CM}。需要指出的是，管子 I_C 大于 I_{CM} 时不一定会被烧坏，但 β 等参数将发生明显变化，会影响管子正常工作，故 I_C 一般不能超出 I_{CM}。

（3）集电极最大允许功耗 P_{CM}。P_{CM} 是指三极管参数变化不超出规定允许值时的最大集电极耗散功率。使用三极管时，实际功耗不允许超出 P_{CM}，通常还应留有较大余量，因此功耗过大往往是三极管烧坏的主要原因。

（4）集电极—发射极击穿电压 BU_{CEO}。BU_{CEO} 是指三极管基极开路时，允许加在集电极和发射极之间的最高电压。通常情况下 c、e 极间电压不能超出 BU_{CEO}，否则会引起管子击穿或使其特性变坏。

（5）集电极—发射极反向电流 I_{CEO}。I_{CEO} 是指三极管基极开路时，集电极、反射极间的反向电流，俗称穿透电流。I_{CEO} 应越小越好，但以前应用较多的小功率锗管因受制造材料及工艺所限，I_{CEO} 较大。

（6）集电极反向电流 I_{CBO}。I_{CBO} 是指三极管发射极开路时的集电结反向电流。

（7）特征频率 f_T。三极管应用于高频电路时就需考虑其频率参数了。频率参数主要有截止频率 f_α（共基极截止频率）和 f_β（共发射极截止频率）、特征频率 f_T 以及最高振荡频率 f_m。

2. 晶体三极管的检测

三极管的测试，当然最好应用晶体管图示仪，它可以在接近实际工作条件下，方便而直观地显示三极管的特性曲线与各项主要参数。除了这种方法以外，在生产实践中，也常使用万用表来简单估测三极管的极性、好坏和放大倍数。

（1）三极管引脚识别。三极管引脚排列位置依其品种、型号及功能等不同而异，常用管的排列图便有几十种之多。其实，大多数三极管的引脚排列还是有规律性的。

（2）用万用表对三极管管脚与极性的判别。用万用表 R×100Ω 或 R×1kΩ 挡分别测量各管脚间电阻，必有一只管脚与其他两脚阻值相近，这只管脚就是基极。如果这时是红表笔接基极，则该管为 PNP 型三极管；反之则为 NPN 型三极管。找出基极后，如果是 PNP 管，即可任意假设另外两个电极一个为发射极，一个为集电极，经图 4-4（b）、（c）两次测试对比，表针摆动较大（电阻小）的一次假定为正确的。此时可知与红表笔相连的为集电极，另一极为发射极。图中的电阻可以用手指代替，即以拇指和食指捏住基极和集电极，同样可以看到表针摆动。如果是 NPN 型三极管，测试方法相同，只是表笔接法刚好相反。

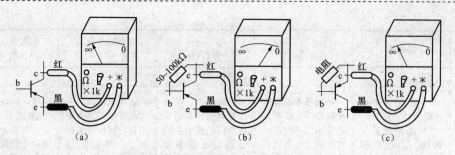

图 4-4　三极管的 c、e 极判别

四、电力电子器件

1. 电力电子器件的特征和分类

（1）电力电子器件的一般特征。电力电子器件是指那些直接承担电能的变换或控制任务的电子器件。一般用硅半导体为主要材料。电力电子器件具有以下特征。

1）一般工作在开关状态。

2）一般都要由驱动电路提供驱动信号来驱动。

3）一般都要承受高电压和大电流，工作时一般都需要安装散热器。

（2）电力电子器件的分类。电力电子器件通常按被控制电路信号所控制的程度来分类。电力晶体管目前已被发展迅速的 MOSFET 和 IGBT 取代，这里不作介绍。

2. 晶闸管型号的命名

国产晶闸管型号的命名如下所示：

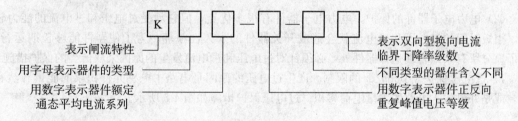

3. 常用电力电子器件

（1）电力电子器件的分类、特点及其应用领域见表 4-15。

表 4-15　　　　　　　　　　电力电子器件的分类、特点及其应用领域

器件种类	晶闸管	门极（GTO）关断晶闸管	电力晶体管 GTR	电力场效应晶体管 MOSFET	绝缘栅双极型晶体管 IGBT
控制类型	半控型	全控型	全控型	全控型	全控型
驱动方式	电流驱动型	电流驱动型	电流驱动型	电压驱动型	电压驱动型
载流子	双极型	双极型	双极型	单极型	复合型
结构	四层半导体，三个 PN 结，两个晶体管	四层半导体，由很多小 GTO 单元组成	三层半导体，由很多小 GTR 单元组成	三层半导体，由很多小电力 MOSFET 单元组成	四层半导体，由很多小 IGBT 单元组成
电极	门极 G 阳极 A 阴极 K	门极 G 阳极 A 阴极 K	基极 b 发射极 e 集电极 c	栅极 G 源极 S 漏极 D	栅极 G 发射极 E 集电极 C
开关区域	—	饱和区、截止区	饱和区、截止区	非饱和区、截止区	饱和区、截止区

器件种类	晶闸管	门极（GTO）关断晶闸管	电力晶体管 GTR	电力场效应晶体管 MOSFET	绝缘栅双极型晶体管 IGBT
开关速度	慢	快	较快	最快	快
特点	1）晶闸管阳极伏安特性 2）晶闸管开关特性：①反向阻断；②正向阻断；③触发导通	导通处于临界饱和状态，关断所需能量小，有较高的开关速度，电流容量、电压水平及承受反向电压低	过载能力、电流增益较低，不必具备专门的强迫换流电路，装置小型化、轻量化和高效率化	输入阻抗高，开关速度快，工作频率高，而且开关损耗小，热稳定性好，安全工作区大，工作可靠。但导通压降高，且随器件电压和温度的升高而增加。电流容量小，耐压低	输入阻抗高、开关速度快、容量大、热稳定性好和驱动电路简单，通态电压低、耐压高和承受电流大，但抗过电流能力较弱，所以对过电流保护要求很高
特性	通过的电流大，耐压高	防止误触发，采用短导线	存在二次击穿问题，β小，采用达林顿管	无二次击穿问题，安全工作区宽，但要防止静电击穿	无二次击穿问题，安全工作区宽
应用领域	炼钢厂、轧钢厂、直流输电、电解用整流器	工业逆变器、电力机车用逆变器、无功补偿器	常用于中容量的场合	适合于制作高频大功率变流装置、开关电源、小功率UPS、小功率逆变器等	各种整流/逆变器（UPS、变频器、家电）、电力机车用逆变器、中压变频器

（2）电力电子器件的保护。电力电子器件有很多优点，但它承受过电压和过电流的能力较差，很短时间的过电压和过电流就会造成开关器件的永久性损坏。为了使器件能够长期运行，除了充分留有余地合理选择器件外，必须针对过电压和过电流发生的原因采取恰当的保护措施。

1）过电压保护及其 du/dt 的限制。产生过电压的原因是电路中电感元件积累的能量骤然释放，或是外界侵入电路的大量电荷累积。过电压保护措施如图 4-5 所示。

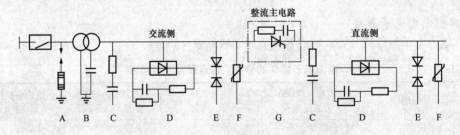

图 4-5　晶闸管装置可能采用的过电压保护措施

A—避雷器；B—接地电容；C—阻容保护；D—整流式阻容保护；E—硒堆保护；F—压敏电阻；G—元件侧阻容保护

① 交流侧过电压及其保护。

a. 当整流变压器的变比很大和一次电压供电为高压时，由于变压器一、二次线圈间及二次线圈与铁心存在寄生电容，在一次电压峰值时合闸，电源通过分布电容在二次侧将产生一次供电电压一半左右的感应电压。这对晶闸管威胁极大，消除这类电压有两种办法：选用在一、二次侧之间加屏蔽层的变压器，并将屏蔽层接地；在二次绕组引出端与外壳间加高频无感电容器，或是加在变压器星形中点与地之间，且引线要尽量短，电容量通常在 $0.5\mu F$ 即可。

b. 与整流装置并联的其他负载切断时，或整流装置直流侧快速开关跳闸时，电流上升率变化极大，因而整流变压器产生感应电动势造成的过电压。这种过电压是尖峰电压，常用阻容吸收电路加以保护。

c. 变压器切断电源时释放磁能产生的最大过电压。特别是在整流变压器空载且电源电压过零时一次侧切断电源时，可在二次侧感应出正常峰值电压 6 倍以上的瞬时过电压。这种瞬时过电压也是瞬时的尖峰电压，也用阻容吸收电路加以保护。

d. 雷击及其他因素引起的过电压。雷击引起的交流侧过电压，可高达变压器额定电压的 5～10 倍。这种电压从交流经变压器向整流元件移动时，可分为两部分：一部分是静电过渡，能量较小，可用变压器二次侧经电容接地来吸收；另一部分是电磁过渡分量，能量相当大，必须在变压器的一次侧安装阀式避雷针，在二次侧装设非线形电阻浪涌吸收器。

常用的浪涌吸收器有硒堆和压敏电阻。硒堆是由成组串联的硒整流器片构成。正常工作时，总有一组处于反向工作状态，漏电流很小。当出现浪涌电压时，硒堆反向击穿以吸收浪涌能量（类似稳压管特性），从而限制过电压的数值。浪涌电压过去后，整个硒片仍能自动恢复正常。硒片长期放置不用，会产生"储存老化"即正向电阻增大，反向电阻降低现象，使用前必须加 50％额定交流电压 10min，再加额定交流电压 2h，才能恢复性能。

金属氧化物压敏电阻（又称 VYJ 浪涌吸收器）是由氧化锌等烧结制成的非线形电阻元件，具有正反相同的很陡的伏安特性。正常工作时，漏电流极小。遇到浪涌电压时反应快，可通过数千安培的放电电流，因此抑制过电压能力强，其缺点是持续的平均功率小。

② 直流侧过电压及其保护。当直流侧快速开关断开（或直流侧快速熔断器熔断），或者当整流器某两桥臂突然阻断（快速熔断器熔断或晶闸管烧断）时，因整流变压器或平波电抗器释放能量而产生过电压。直流侧不宜采用较大容量的阻容吸收装置（防止系统快速性变差），其过电压保护采用以下措施。

a. 压敏电阻或硒堆。

b. 在快速开关两端并联低值电阻（一般可在 0.1～1Ω 选择），然后通过连锁装置切断线路开关，这样可以大大减小快速开关断开时电流的变化率，从而减小过电压。电阻的额定电流可在 $(0.05～0.1)I_d$ 范围内初选，然后根据快速开关在全电压断开时流过电阻的电流，按短时工作制（1s）进行校验。

c. 接小电容以抑制过电压的高频分量，大约在数十微秒内起辅助作用。

③ 晶闸管关断过电压及其保护。晶闸管在换流开始，当原导通的晶闸管电流减小到零后，因其内部还残存着载流子，瞬时出现较大的反向恢复电流，使残存的载流子迅速消失，反向恢复电流减小的速度极快，在变压器漏感 L_s 上产生极高的自感电动势，其数值可达工作电压峰值的 5～6 倍，称为关断过电压。消除关断过电压最常用的方法是在晶闸管两端并联 RC 串联形式的吸收电路，适用于中、小容量元件保护，而 RC 串联后与 C 并联，再与 R 串联后，并联在晶闸管两端的适用于大容量元件保护，利用电容的充电电流可延缓管子反向电流（复合电流）的减慢速度，从而减小了自感电动势，降低了过电压峰值。串联电阻可以减弱或消除晶闸管时 L_sC 电路的振荡，并限制晶闸管开通瞬时的损耗和电流上升率，使其不超过器件的允许值。此外，RC 电路在晶闸管串联电路中还可以起到动态均压的作用，阻容元件的安装应尽可能靠近晶闸管，R 最好用无感电阻，这样保护效果较好。

④ 电压上升率 du/dt 及其限制。处于阻断状态下晶闸管的结面存在结电容。当加在晶闸管的正向电压上升率较大时，便会因结电容的充电作用而引起触发误导通。

a. 交流侧产生的 du/dt。无整流变压器供电的情况下，应在电源输入端串联数值相当于变压器漏感 L_s 的进线电感 L_T 以抑制电压上升率过大，同时起限制短路电流的作用。但有的 L_T 串入又会引起过电压，因此必须同时设置 RC 吸收电路。

b. 晶闸管换相产生的 du/dt。两相晶闸管换流时会同时导通，因而存在着换相重叠角（γ）。在角 γ 短时间内，相当于线电压被短路，因而在输出波形上产生缺口，加在晶闸管上的电压波形会产生凸口，形成很大的正向电压上升率，从而造成晶闸管的误导通。

防止电压上升率过大造成误导通的实用办法，是在每个桥臂串一个空心电抗器 L_s，采用这种办法后，电压上升率与桥臂交流电压峰值成正比，与桥臂电抗 L_s 成反比。L_s 通常取 $20\sim30\mu H$。对于小容量晶闸管，在其控制极和阴极之间加一并联电容，使电压上升率产生的充电电流流入阴极，也可对电压上升率过大引起晶闸管误导起到良好的抑制作用。

2) 过电流保护及 du/dt 的限制。

① 过电流保护。晶闸管的过载能力是由浪涌电流值决定的。过电流保护措施如图 4-6 所示。

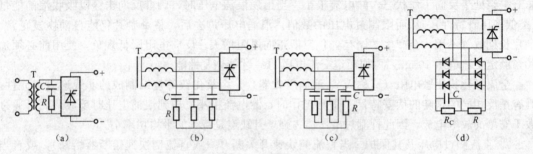

图 4-6　晶闸管装置可能采用的过电流保护措施

（a）灵敏过电流继电器保护；（b）限流与脉冲移相保护；（c）直流快速开关保护；（d）快速熔断器保护

a. 灵敏过电流继电器保护。此继电器可安装在交流侧或直流侧，整定值必须与晶闸管相串联的快速熔断器过载特性相适应。其动作时间约 0.2s，对电流大、上升快、时间短的短路电流无保护作用。

b. 限流与脉冲移相保护。当电流检测装置从交流侧检测到过电流信号超过一定值时，立即反馈到自动调节装置，将晶闸管触发脉冲后移，输出电压 U_d 减小致使 I_d 减小，从而达到限流的目的。当出现严重过电流或短路时，为尽快消除过电流，常将过电流检测装置的另一引出信号直接送入触发装置，将触发脉冲推入逆变区 β_{min} 处，U_d 瞬时变为负的最大值，故障电流迅速减小至零。这种保护又称拉逆变保护，调整触发脉冲使限流保护先起作用。

c. 直流快速开关保护。直流快速开关动作的时间仅为 2ms，全部分断电弧也不超过 $25\sim30ms$，适用于中、大容量整流电路的严重过载和直流侧短路保护。用于晶闸管电动机系统中，可按照电动机额定电流选用。

d. 快速熔断器保护。快速熔断器是晶闸管的最后一种保护措施，当流过 5 倍额定电流时，熔断时间小于 20ms，且分断时产生的过电压较低。

晶闸管由于承受过电压、过电流能力差，实际中应选择多种保护措施，协调配合使用。

② 电流上升率 di/dt 的限制。即使导通间电流小于通态平均电流，过大的电流上升率也会使门极附近 PN 结因电流密度过大发生过热而导致元件损坏。交流侧阻容吸收装置的电容通过换相回路放电，换相阻容吸收装置中的电容通过并联晶闸管放电，直流侧阻容吸收装置中的电容充电，这些都是造成电流上升率过大的原因，通常解决这个问题的方法有以下两个。

a. 桥臂串电感 L_s。采用空心电感器时，$L_s \geqslant 20\sim30\mu H$。采用铁心电感器时，$L_s$ 值可选大些。在大功率或频率较高的逆变电路中，也可在晶闸管连接导线上套入若干个磁环来限制电流上升率。

b. 阻容吸收装置采用整流式接法，使电容放电电流不经过晶闸管。

课题五　模拟电子电路

一、晶体管放大电路

1. 对放大电路的要求

对放大电路的要求：具有一定的放大能力；放大电路的非线性失真要小；放大电路有合适的输入电阻和输出电阻，一般来说输入电阻要大，输出电阻要小；放大电路的工作要稳定。

2. 放大电路的组成

基本共发射极放大电路如图 4-7 所示，各部分的作用如下。

(1) 晶体管 V 起电流放大作用。

(2) 基极偏置电阻 R_b 的作用是为晶体管的基极提供合适的偏置电流，并向发射结提供合适的偏置电压。

(3) 集电极电源通过集电极负载电阻 R_C 给晶体管的集电结加反向偏置电压，同时又通过基极偏置电压电阻 R_b 给晶体管发射结加正向偏压，使晶体管处于放大状态；此外还给放大器提供能源。

(4) 集电极电阻 R_C 的作用是把晶体管的电流放大作用以电压放大的形式表现出来。

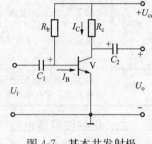

图 4-7　基本共发射极放大电路

(5) 耦合电容 C_1 和 C_2 的作用是避免放大器的输入端与信号之间、输出端与负载之间直流电的相互影响，并保证输入、输出信号传输顺畅。

3. 放大电路静态工作点设置

放大器设置静态工作点的目的是减少和避免放大电路产生失真。影响放大电路静态工作点的因素有电源变化、晶体管的老化和环境温度的变化，但最主要的因素是环境温度的变化。

4. 基本放大电路连接形式

根据晶体管三个电极可以构成三种基本放大电路（三种组态），具体见表 4-16。

表 4-16　　　　　　　　　　三 种 基 本 放 大 电 路

电路名称	共发射极放大电路（分压式）	共集电极放大电路（发射极输出）	共基极电路
电路形式			
静态工作点	$U_b \approx \dfrac{U_{cc}}{R_{b1}+R_{b2}}R_{b2}$ $I_{cQ}=\dfrac{U_b-U_{be}}{R_e}$ $U_{ceo}=U_{cc}-(R_c+R_e)\,I_{cQ}$	$U_b \approx \dfrac{U_{cc}}{R_{b1}+R_{b2}}R_{b2}$ $I_{cQ}=\dfrac{U_b-U_{be}}{R_e}$ $U_{ceo}=U_{cc}-I_{cQ}R_c$	$U_b \approx \dfrac{U_{cc}}{R_{b1}+R_{b2}}R_{b2}$ $I_{cQ}=\dfrac{U_b-U_{be}}{R_e}$ $U_{ceo}=U_{cc}-(R_c+R_{e1})\,I_{cQ}$
输入电阻	$r_1=R_{b1}/\!/R_{b2}/\!/r_{be}$ $r_{be}=300+(1+\beta)\dfrac{26\text{mV}}{I_E\,(\text{mA})}$	$r_1 \approx R_{b1}/\!/R_{b2}/\!/\beta(R''_e/\!/R_L)$ $r_{be}=300+(1+\beta)\dfrac{26\text{mV}}{I_E\,(\text{mA})}$	$r_1 \approx \left(\dfrac{r_{be}}{1+\beta}/\!/R_{e1}\right)+R_s \approx \dfrac{r_{be}}{1+\beta}+R_s$ $r_{be}=300+(1+\beta)\dfrac{26\text{mV}}{I_E\,(\text{mA})}$ （其中 R_s 为 U_i 的内阻）

续表

电路名称	共发射极放大电路（分压式）	共集电极放大电路（发射极输出）	共基极电路
电压放大倍数	$A_v = -\beta \dfrac{R'_L}{r_{be}}$ $R'_L = R_L /\!/ R_c$	$A_v \approx 1$ $R'_L = R_L /\!/ R_E$	$A_v = \dfrac{\beta R_L}{R_s + \dfrac{r_{be}}{1+\beta}}$ $R'_L = R_L /\!/ R_c$
输出电阻	$r_o = R_c$	$r_o = R_e /\!/ \dfrac{r_{be} + r_1}{\beta} \approx \dfrac{r_{be} + r_1}{\beta}$	$r_o = R_c$
特点	属于反相放大电路，电压放大倍数较大，输入电阻和输出电阻较为适中，工作点稳定	属于同相放大电路，具有电压跟随特性，电压放大倍数小于并接近于 1，有电流放大而无电压放大，输入电阻大，输出电阻小	属于同相放大电路，电压放大倍数与共发射极放大电路基本相同，输入电阻较小
应用	多用在多级低频电压放大器的输入级、中间级和输出级	多用在多级低频电压放大器的输入级和输出级	多用在高频放大和宽频带放大器

二、正弦波振荡电路

1. 正弦波振荡器及组成

一个放大器如果它的输入端不外接输入信号，而它的输出端仍有一定频率和振幅的信号输出，这样的现象称为自激振荡。若它产生的交流信号为正弦波，则称为正弦波振荡器。

正弦波振荡器由基本放大电路、稳幅环节、反馈网络和选频网络组成，自激振荡的频率由选频网络的参数决定。

2. 振荡条件

(1) 幅度平衡条件：$|\dot{A}\dot{F}| = 1$。

(2) 相位平衡条件：$\phi = 2n\pi$（n 为整数）。

3. 正弦波振荡电路

(1) LC 正弦波振荡器。它是采用 LC 并联谐振回路作为晶体管的负载，并作为选频网络，再由反馈电路将输出信号反馈到放大器输入端，给放大器引入正反馈，从而产生自激正弦波振荡，形成正弦波输出。根据选频网络和反馈电路的结构不同，LC 正弦波振荡器有变压器反馈式、电感三点式（哈特来振荡器）和电容三点式（考毕兹振荡器）等三种基本形式。它们的典型电路及其主要性能参数见表 4-17。

表 4-17　　　　　　　　　　三种基本 LC 正弦波振荡电路

名　称	变压器反馈式	电感三点式	电容三点式
电路形式			

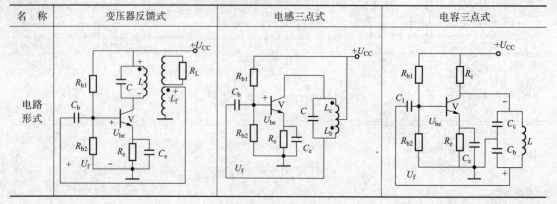

续表

名　称	变压器反馈式	电感三点式	电容三点式
振荡频率	$f_0 \approx \dfrac{1}{2\pi\sqrt{LC}}$	$f_0 \approx \dfrac{1}{2\pi\sqrt{(L_b + L_c + 2M)C}}$	$f_0 \approx \dfrac{1}{2\pi\sqrt{L\dfrac{C_c C_b}{C_c + C_b}}}$
起振条件	$\beta \geqslant \dfrac{CRr_{ba}}{M}$	$\beta \geqslant \dfrac{L_c + M}{L_b + M}$	$\beta \geqslant \dfrac{C_b}{C_c}$
频率调节方法	适用于较宽范围调频	适用于较宽范围调频	适用于固定频率或小范围调频
振荡波形	一般	高次谐波分量大，波形差	高次谐波分量小，波形好
稳定度	一般	一般	较高
说明	1. 适应频率范围为几千赫兹至几百兆赫兹 2. 线圈比可较为自由地选择，易于使变压器与晶体管之间阻抗匹配	1. 适应频率范围与变压器反馈式差不多 2. 调节频率方便 3. 电路容易起振	1. 用于较高的频率，可做到100MHz 以上 2. 频率调节较为困难 3. C_0 为 C_c 和 C_b 串联后的电容

（2）RC 正弦波振荡器。在需要较低频率的振荡信号时，常采用 RC 振荡器，其选频回路由 R 和 C 元件组成。常用的有 RC 移相式正弦波振荡电路和 RC 桥式正弦波振荡电路，如图 4-8 所示。而 RC 移相式正弦波振荡电路的振荡频率为 $f_0 \approx \dfrac{1}{2\pi\sqrt{6}RC}$；$RC$ 桥式正弦波振荡电路的振荡频率为 $f_0 = \dfrac{1}{2\pi RC}$。

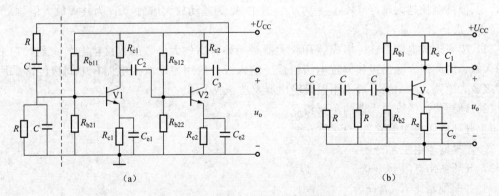

图 4-8　RC 正弦波振荡电路

（a）RC 桥式正弦波振荡电路；（b）RC 移相式正弦波振荡电路

（3）石英晶体振荡器。石英晶体振荡器是用石英晶体作为选频电路的振荡器，其特点是频率的稳定度高。

石英晶体电路有两个谐振频率，一个是 R、L、C 串联支路的串联谐振频率 f_s，另一个是并联回路的谐振频率 f_p，并联型和串联型石英晶体构成的正弦波振荡器如图 4-9 所示，它们分别为 $f_s = \dfrac{1}{2\pi\sqrt{LC}}$，$f_p = \dfrac{1}{2\pi\sqrt{L\,(CC_0)/(C+C_0)}} = f_s\sqrt{1+C/C_0}$。

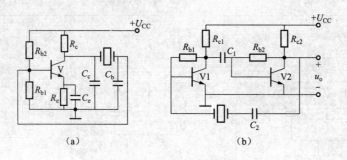

图 4-9　石英晶体振荡器
(a) 并联型石英晶体振荡器；(b) 串联型石英晶体振荡器

三、集成运放电路

1. 直流放大电路特点及原理

直流放大电路的主要对象是直流的变化量和缓慢变化的交流信号，它的耦合方式采用的是直接耦合，其主要特点如下。

(1) 前后级静态工作点相互影响。

(2) 有零点漂移现象。

产生零点漂移的主要原因是温度的变化，为了解决前后级的静态工作点相互影响的问题，采用了提高后一级射极电位及采用 NPN—PNP 晶体管组成的互补耦合放大电路；解决零点漂移的问题要采用差动放大电路。

差动放大电路是利用电路的对称性来抑制零点漂移的。差动放大电路对共模信号没有放大作用，放大的只是差模信号。差动放大电路的输入方式有：共模输入、差模输入和比较输入三种。

为了全面衡量差动放大电路放大差动信号及抑制共模信号的能力，常用共模抑制比 K_{CMRR} 来表示，共模抑制比越大越好（$K_{CMRR} = A_d/A_c$ 式中 A_d 为差动放大倍数，A_c 为共模放大倍数）。

2. 集成运放电路组成及特点

(1) 集成运放电路组成。集成运算放大器是一种有高放大倍数的直接耦合放大器，它一般由输入级、中间级、输出级和偏置电路组成。输入级一般用差动放大电路；中间级经常采用共发射级放大电路；输出级一般采用射级输出器及功率放大器。

(2) 理想集成运算放大器的主要特点。

1) 开环电压放大倍数 $A_{u0} \to \infty$。

2) 差模输入电阻 $r_{id} \to \infty$。

3) 开环输出电阻 $R_o \to 0$。

4) 共模抑制比 $K_{CMRR} \to \infty$。

5) 没有失调现象，即当输入信号为零时，输出信号也为零。

(3) 理想集成运放的两条重要法则。

1) 理想集成运放两输入端电位相等，即 $u_+ = u_-$。

2) 理想集成运放输入电流等于零，即 $I_i = (u_+ - u_-)/r_{id} \approx 0$。

3. 常用集成运放应用电路

常用集成运放应用电路见表 4-18、表 4-19。

表 4-18 　　　　　　　　　　　　　　**反相与同相放大器电路**

特征＼类别	反相放大器	同相放大器
电路形式		

数量关系		反相放大器	同相放大器
	闭环放大倍数 K	$-\dfrac{R_f}{R_1}$	$1+\dfrac{R_f}{R_a}$
	闭环输入电阻 r_i	$R_1+\dfrac{R_f}{1+K_o} /\!/ r_i \approx R_1$	$R_1+(1+K_oF)r_i$
	闭环输出电阻 r_o	$\dfrac{r_o}{1+K_oF}$	$\dfrac{r_o}{1+K_oF}$
	平衡电阻	$R_b=R_1 /\!/ R_i$	$R_1=R_a /\!/ R_f$

说明	1. 输出信号通过反馈电阻 R_f 反馈至反相输入端，构成负反馈。电压反馈系数 $$F=\frac{r_i /\!/ R_1}{(r_i /\!/ R_1)+R_f}$$ 2. 信号从反相输入端输入，输出与输入反相 3. K 可以大于 1 也可以小于 1 4. 闭环输入电阻小 5. 为使两个输入端对称，以减小输入偏置电流产生的偏差，电路中引入平衡电阻	1. 输出信号通过反馈电阻 R_f 反馈至反相输入端，构成负反馈。电压反馈系数 $$F=\frac{R_a}{R_a+R_f}$$ 2. 信号从同相输入端输入，输出与输入同相 3. K 只能大于 1 或等于 1 4. 闭环输入电阻大 5. 为使两个输入端对称，以减小输入偏置电流产生的偏差，电路中引入平衡电阻

表 4-19 　　　　　　　　　　　　　　**模 拟 数 学 运 算 电 路**

名　称	电　路	说　明
比例器		1. $U_o=-\dfrac{R_f}{R_1}U_i$ 2. 当取 $R_f=R_1$ 时，$U_o=-U_i$ 电路是反相器

名　称	电　路	说　明
加法器	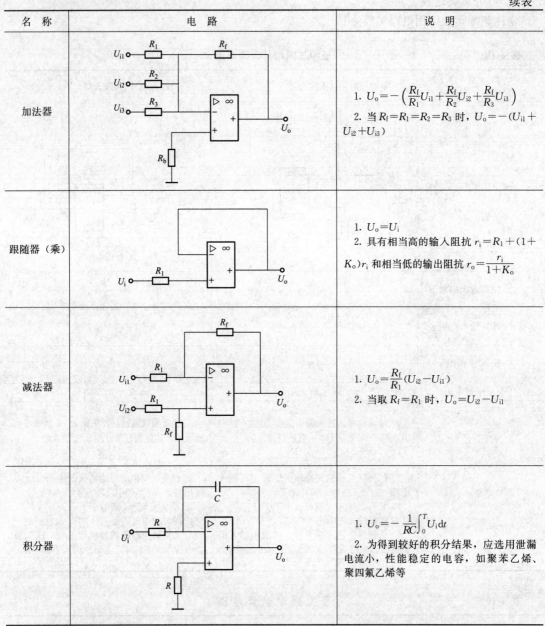	1. $U_o = -\left(\dfrac{R_f}{R_1}U_{i1} + \dfrac{R_f}{R_2}U_{i2} + \dfrac{R_f}{R_3}U_{i3}\right)$ 2. 当 $R_f = R_1 = R_2 = R_3$ 时，$U_o = -(U_{i1} + U_{i2} + U_{i3})$
跟随器（乘）		1. $U_o = U_i$ 2. 具有相当高的输入阻抗 $r_i = R_1 + (1 + K_o)r_i$ 和相当低的输出阻抗 $r_o = \dfrac{r_i}{1 + K_o}$
减法器		1. $U_o = \dfrac{R_f}{R_1}(U_{i2} - U_{i1})$ 2. 当取 $R_f = R_1$ 时，$U_o = U_{i2} - U_{i1}$
积分器		1. $U_o = -\dfrac{1}{RC}\displaystyle\int_0^T U_i \mathrm{d}t$ 2. 为得到较好的积分结果，应选用泄漏电流小，性能稳定的电容，如聚苯乙烯、聚四氟乙烯等

4. 集成运算放大器的分类

集成运算放大器可分为通用型集成运算放大器和专用型集成运算放大器两类。其中，专用型集成运算放大器又为高输入阻抗型、低漂移型、高速型、低功耗型及高压型等。

四、稳压电源电路

稳压电路是指当电网电压波动或负载发生变化时，能使输出电压稳定的电路。硅稳压管是晶体管稳压电路的基本元件，它是一种特殊的面结合型半导体二极管，硅稳压管工作在反向击穿区。

1. 硅稳压管稳压电路

硅稳压管稳压电路如图 4-10 所示。

输入电压 U_i 经电阻 R 加到稳压管和负载 R_L 上，$U_i = IR + U_L$，在稳压管上有工作电流 I_z 流过，负载上有电流 I_L 流过，且 $I = I_z + I_L$。

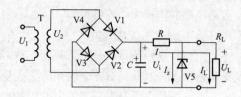

图 4-10　硅稳压管稳压电路

设负载电阻 R_L 不变，当电网电压 U_1 波动升高时，稳压电路的输入电压 U_i 也增加，根据稳压管反向击穿特性，只要 U_L 有少许增大，就能使 I_z 显著增加，使流过 R 的电流 I 增大，电阻 R 上的压降增大，使输出电压 U_L 保持近似稳定。其稳压过程可描述为

$$U_1 \uparrow \rightarrow U_i \uparrow \rightarrow U_L \uparrow \rightarrow I_z \uparrow \rightarrow IR \uparrow \rightarrow U_L \downarrow$$

因此该电路稳压性能差，而且仅适用于负载电流不大和负载变化较小的场合。

2. 串联型反馈式稳压电源电路

串联型反馈式稳压电源电路是指输出电压的微小变化反馈到调整管基极，控制其调整深度，使输出电压更加稳定的电路，如图 4-11 所示。其电路由以下 5 个部分组成。

（1）整流滤波电路。其作用是为稳压电路提供一个比较平滑的直流电压。

（2）基准电压。其作用是为比较放大电路提供一个稳定的直流参数电压。

（3）取样电路 R_3、R_4。其作用是取出输出电压的一部分送到比较放大管的基极。

（4）比较放大电路。其作用是把取样电路送来的电压与基准电压进行比较放大，再去控制调整管以稳定输出电压。

（5）调整管。其作用是基极电流受比较放大电路输出信号的控制，自动调整管压降的大小，从而保证输出电压稳压不变。

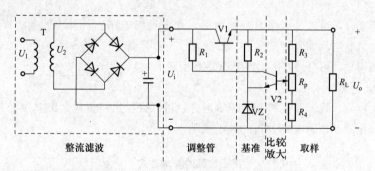

图 4-11　串联型反馈式稳压电源电路

电路稳定电压的过程如下。

如果负载 R_L 不变，因输入电压 U_i 增大而使输出电压有增高的趋势，电路内部有

$$U_i \uparrow \rightarrow U_L \uparrow \rightarrow U_{b2} \uparrow \rightarrow U_{b1} \downarrow \rightarrow U_{be1} \downarrow \rightarrow U_{ce1} \downarrow \rightarrow U_L \downarrow$$

当 U_i 减小时，上述过程相反。

若 U_i 不变，因 R_L 的减小，有使 U_L 下降的趋势，电路内部有

$$R_L \downarrow \rightarrow U_L \downarrow \rightarrow U_{b2} \downarrow \rightarrow U_{b1} \uparrow \rightarrow U_{be1} \uparrow \rightarrow U_{ce1} \uparrow \rightarrow U_L \uparrow$$

当 R_L 增大时上述过程相反。由上述分析可知，该电路可以稳定输出电压。

串联型稳压电路输出电压便于调节，稳定性能较好，输出电流较大，是一些中小功率的电源电路中常采用的电路形式。但该类型的稳压电路中调整管 c、e 极之间电压较大，消耗大量的输入功率，因而电路的效率较低，一般只有 $40\% \sim 60\%$。另外，该类型的稳压电路需要用变压器将 220V、50Hz 的交流电变换到一定需要的电压数值，同时调整管需装配很大的散热装置，因而电路的体积大、质量大。

3. 三端集成稳压器

三端集成稳压器就是把调整管、取样放大、基准电压、起动和保护电路全部集成在一个半导体芯片上，对外只有三个端头的集成稳压电路。三个端头为输入端、输出端和公共端。

（1）分类。可分为三端固定电压输出稳压器和三端可调电压稳压器两类。每一类又分为正电压输出（78 系列）和负电压输出（79 系列）两种形式。

（2）主要参数。主要参数有：最高输入电压 U_{im}、最小输入输出压差 $(U_i-U_o)_{min}$、输出电压范围、最大输出电流 I_{LM}。

（3）使用注意事项。三端集成稳压器有金属封和塑料封两种结构，引脚的排列顺序不尽相同，使用时须加以认清，应按要求装上散热片。

4. 开关式稳压电源电路

开关式稳压的调整管工作在高频开关状态，自身消耗的能量很低，其效率可达 80%～95%，一般不需要安装大的散热器，还可省略笨重的电源变压器，具有体积小、质量轻的优点，因而在微机、通信设备和音像设备中得到广泛应用。开关式直流稳压电源有串联式和并联式、调频式和调宽式等。

课题六　数字电子电路

一、逻辑代数

1. 数字电路的分类

按逻辑功能来分，可以分成组合逻辑电路，如各种门电路、各种编码器、译码器、数据选择器等；时序逻辑电路，如各种触发器、计数器、寄存器等。

若按电路结构分，可分成 TTL 型和 COMS 型两大类。

2. 逻辑代数的基本公式

根据逻辑代数与、或、非三种基本逻辑运算，可以推导出逻辑代数的基本公式，见表 4-20。它们是逻辑函数化简及逻辑电路分析的数学基础。

表 4-20　　　　　　　　　　　逻辑代数的基本公式

名　称	基本定律（公式）
01律	$A \cdot 1=A$　$A+0=A$　$A \cdot 0=0$　$A+1=1$
交换律 结合律 分配律	$A \cdot B=B \cdot A$　$A+B=B+A$ $A \cdot B \cdot C=(A \cdot B) \cdot C=A \cdot (B \cdot C)$　$(A+B)+C=A+(B+C)$ $A \cdot (B+C)=AB+AC$
互补律 重合律	$A \cdot \overline{A}=0$　$A+\overline{A}=1$ $A \cdot A=A$　$A+A=A$
反演律 非非律	$\overline{A \cdot B}=\overline{A}+\overline{B}$　$\overline{A+B}=\overline{A} \cdot \overline{B}$ $\overline{\overline{A}}=A$
冗余律	$A \cdot B+A \cdot \overline{B}=A$　$AB+\overline{A}C+BCD=AB+\overline{A}C$
吸收律	$A+A \cdot B=A$　$A \cdot \overline{A}=0$
常用公式	$A+A \cdot \overline{B}=A+B$　$A \cdot B+\overline{A} \cdot C+B \cdot C=A \cdot B+\overline{A} \cdot C$

3. 基本门电路

门电路是指具有一个或多个输入端，但只有一个输出端的开关电路。常见的门电路有基本门电路、复合门电路。根据组成形式不同可以分为分立元件门电路和集成门电路，见表4-21。

表 4-21 基 本 门 电 路

特征＼类型	与 门		或 门		非 门		与非门		或非门		异或门	
逻辑表达式	$Y=AB$		$Y=A+B$		$Y=\bar{A}$		$Y=\overline{AB}$		$Y=\overline{A+B}$		$Y=\bar{A}B+A\bar{B}$	
逻辑符号	A —&— Y B		A —≥1— Y B		A —1— Y		A —&○— Y B		A —≥1○— Y B		A —=1— Y B	
	输入	输出	输入	输出	输入	输出	输入	输出	输入	输出	输入	输出
	$A\ B$	Y	$A\ B$	Y	A	Y	$A\ B$	Y	$A\ B$	Y	$A\ B$	Y
真值表	0 0	0	0 0	0	0	1	0 0	1	0 0	1	0 0	0
	0 1	0	0 1	1	1	0	0 1	1	0 1	0	0 1	1
	1 0	0	1 0	1			1 0	1	1 0	0	1 0	1
	1 1	1	1 1	1			1 1	0	1 1	0	1 1	0
逻辑功能	有0出0，全1出1		有1出1，全0出0		有0出1，有1出0		有0出1，全1出0		有1出0，全0出1		输入相同，输出为0；输入不同，输出为1	

4. 逻辑函数

（1）逻辑变量与逻辑函数。反映事物逻辑关系的变量称为逻辑变量。逻辑变量只有 0 和 1 两种数值，只表示事物的两种对立状态，本身没有数值意义，更不能比较其大小。反映逻辑变量的因果逻辑关系可用逻辑函数来表示，如 $Y=A\cdot B\cdot C$ 表示 3 个输入量 "A"、"B"、"C" 与输出量 "Y" 的逻辑 "与" 的关系。

（2）逻辑函数的表示方法。逻辑函数的表示方法有以下 4 种。

1）逻辑真值表。是指全部输入量 A、B、C 的所有组合与输出量 Y 的一一对应关系表。其优点是直观，但是它不是逻辑运算式，不便推演变换，而且输入量多时列表较烦琐。

2）逻辑函数式。是指用逻辑运算符表示的输入与输出之间的逻辑表达式。其优点是形式简洁、书写方便，便于推演变化，且直接反映变量之间的运算关系，但是它不能直接反映出变量取值间的对应关系，且同一个逻辑函数可以有多种逻辑函数式。

3）逻辑图。是指将逻辑函数式的运算关系用对应的逻辑符号表示出来。逻辑图与数字电路器件有明显的对应关系，便于制作实际数字电路，但是它不能直接进行逻辑的推演和变换。

4）波形图。给出输入变量随时间变化的波形后，根据输出变量与其对应的逻辑关系，作出输出变量随时间变化的波形。这种反映输入和输出波形变化规律的图形，就是波形图，又称为时序图。波形图能清晰地反映出变量间的时间关系，常用于数字电路的分析检测和实际调试，但是它不能直接表示出变量间的逻辑关系。

这 4 种表示方法根据需要可以相互转化。

（3）逻辑函数化简。一个逻辑函数的表达式可以用多种不同形式来表示。所谓最简逻辑函数表达式，必须是：乘积项的个数最少，从而可使逻辑电路所用 "门" 的个数最少；每个乘积项中变量的个数最少，可使每个门的输入端数量最少。

同一函数的最简式并不是唯一的，一般有 "与或" 式、"或与" 式、"与或非" 式、"与非—

与非"式、"或非—或非"式 5 种。在数字电路的设计中，往往根据给定的逻辑门的类型，把逻辑函数化简为某一种最简式。

化简逻辑函数的方法，一般有公式运算化简法和卡诺图化简法。其中，卡诺图化简法是把函数化简为最简的"与或"式表达式。

（4）逻辑函数各种表示方法的转换。逻辑函数的逻辑图、逻辑函数式、真值表和波形图这 4 种表示方法可以互相转换。

一般地，进行数字电路的分析时，转换的顺序是：逻辑图→逻辑函数式→真值表或波形图→说明电路功能。设计数字电路时，转换的顺序是：逻辑功能→真值表→逻辑表达式→逻辑图→数字电路。

1）逻辑图与逻辑函数式的互换。已知逻辑图写逻辑表达式的方法是：从输入到输出，逐级写出输出端的函数式，就可得到函数的表达式。

例如，写出如图 4-12 所示电路的逻辑表达式。

解：由前向后写出每一级的表达式，得出 Y 的表达式

$$Y_1 = A + B, \quad Y_2 = \overline{C + D}, \quad Y = \overline{Y_1 Y_2} = \overline{(A+B)\overline{(C+D)}}$$

如果已知一个逻辑函数的表达式，画逻辑图的方法是把表达式中的"与""或""非"等逻辑运算用相应的逻辑符号表示，并把各逻辑符号按运算的先后顺序连接起来，可得到函数的逻辑图。

又例如，画出逻辑函数 $Y = (A + \overline{B}) \cdot \overline{BC}$ 的逻辑图。

解：从函数式可知，要用逻辑图来实现此函数，必须由一个"非"门（$\overline{B}$）、一个"或"门（$A + \overline{B}$）、一个"与非"门（$\overline{BC}$）和一个"与"门（$A + \overline{B}$）$\cdot \overline{BC}$ 组成，其逻辑图如图 4-13 所示。

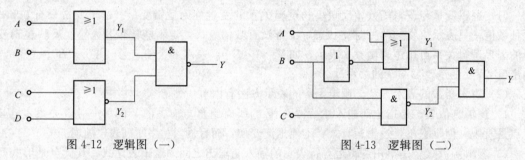

图 4-12　逻辑图（一）　　　　　　　图 4-13　逻辑图（二）

2）逻辑函数与真值表的互换。由逻辑函数表达式转换为真值表，只要将输入变量的各种可能取值代入表达式，求出相应的函数值，并将输入变量值与函数值一一对应列出表格，就可得到函数的真值表。

由真值表写逻辑函数式的方法是：在真值表中，将每个使函数值为输入变量组合写成一个乘积项，变量取值为 1 写成原变量，为 0 写成反变量，最后将这些乘积项相加，就可得到函数表达式。

但要注意：这样得到的函数表达式不一定是最简式，如果不是最简式，还要经过化简，最后得出最简函数表达式。

二、集成逻辑门电路

1. TTL"与非"门电路

电路大致由输入级、中间级（倒相级）和输出级组成，由于其输入端和输出端都是三极管结构，又称三极管—三极管逻辑电路。图 4-14 为 CT54/74H 系列 TTL 与非门典型电路。V3、R_1 组成输入级，V4、R_2、R_3 组成中间级（倒相级），V5、V6、V7、R_4、R_5 组成输出级。

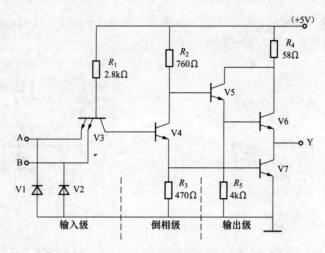

图 4-14 TTL 与非门

输入级 V3 为多发射极晶体管。它相当于发射极独立而基极和集电极分别并在一起的三极管。输出级为推拉式结构，复合管 V5、V6 和 V7 分别由互相倒相的 V4 集电极和发射极电压控制。使得 V5、V6 饱和导通时，V7 截止，当 V5、V6 截止时，V7 饱和导通（称为图腾输出电路）。

当输入端全为 1 时，输出端为 0；当输入端不全为 1 时，输出端为 1。

TTL 与非门电路的主要技术参数有以下几个方面。

（1）输出高电平 U_{OH}。是指有一个（或几个）输入端是低电平时的输出电平。U_{OH} 的典型值约为 3.5V。

（2）输入短路电流 I_{IS}。当某一输入端接地而其余输入端悬空时，流过这个输入端的电流称为输入短路电流。

（3）输出低电平 U_{OL}。是指输入端全为高电平时的输出电平。标准低电平 $U_{SL}=0.4V$。

（4）扇出数 N_o。表示与非门输出端最多能接几个同类的与非门，典型电路中 $N_o \geqslant 8$。

（5）开门电平 U_{ON} 和关门电平 U_{OFF}。在额定负载下，使输出电平达到标准低电平 U_{SL} 时的输入电平称开门电平。当输出电平上升到标准高电平 U_{SH} 时的输入电平称关门电平。

（6）空载损耗。是指与非门空载时电源总电流 I 与电源电压 U 的乘积。

（7）高电平输入电流 I_{IH}。是指某一输入端接高电平，而其余输入端接地时的电流。一般情况下 $I_{IH} < 50\mu A$。

（8）平均传输延迟时间 t_{pd}。是用来表示电路开关速度的参数。定义为与非门的导通延迟时间 t_{on} 与截止延迟时间 t_{off} 的平均值。

2. CMOS 集成逻辑门电路

由金属——氧化物——半导体场效应晶体管构成的集成电路简称 MOS 电路，兼有 N 沟道和 P 沟道两种增强型 MOS 管电路，称互补 MOS 电路，简称 CMOS 电路。

（1）CMOS 电路。

1）CMOS "非"门电路。由两个场效应晶体管组成互补工作状态，电路如图 4-15（a）所示。此电路实现了 "非"逻辑的功能，其逻辑表达式为 $Y = \overline{A}$。

2）CMOS "与非"门电路。如图 4-15（b）所示为 CMOS "与非"门电路。此电路实现了 "与非"逻辑的功能，其逻辑表达式为 $Y = \overline{AB}$。

3）CMOS "或非"门电路。将两个 CMOS 反相器的驱动管部分 VN1、VN2 并联，负载管部分 VP1、VP2 串联，构成 CMOS "或非"门电路，如图 4-15 (c) 所示。此电路实现了"或非"逻辑的功能。逻辑表达式为 $Y=\overline{A+B}$。

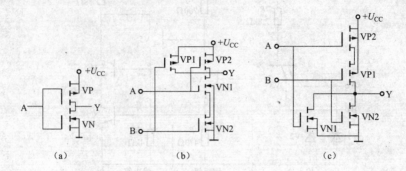

图 4-15　CMOS 门电路

(a) CMOS "非"门；(b) CMOS "与非"门；(c) CMOS "或非"门

(2) 使用 CMOS 门电路应注意的问题。

1) CMOS 门电路的输入端不允许悬空，因为悬空时容易受外界干扰信号的影响，使电路产生误动作；另外易发生静电感应，造成栅极被击穿。

2) 多余输入端要根据门电路的逻辑功能不同，分别进行处理。CMOS 与非门的多余输入端应接电源或高电平，CMOS 或非门的多余输入端应接地或低电平。

3) 如果电路工作速度要求不高，也可将多余输入端和使用端并接。

4) 焊接 CMOS 门电路时，电烙铁应接地良好。测试设备均应可靠接地，以防静电感应击穿。

5) 存放 CMOS 门电路时，要将管脚短接，或置于金属包装容器中，以防静电感应击穿。

6) 使用电源电压必须在规定范围之内，不能将电源极性接反，以防烧毁门电路。

3. TTL 电路和 CMOS 电路的优缺点

TTL 电路的优点是开关速度高，抗干扰能力强，带负载的能力也比较强，缺点是功耗大。CMOS 集成电路与 TTL 相比具有静态功耗低、电源电压范围宽、输入阻抗高、扇出能力强、抗干扰能力强、温度稳定性好、制造工艺简单、集成度高等优点，主要的缺点是工作速度低，但随着集成工艺的不断改进，CMOS 电路的工作速度也有了大幅度的提高。

三、组合逻辑电路

组合逻辑电路与后面将要介绍的时序逻辑电路共同构成数字电路的两大分支。

1. 组合逻辑电路的特点

(1) 功能特点。组合逻辑电路任何时刻的输出仅仅取决于该时刻输入信号的状态，与电路原来的状态无关。

(2) 结构特点。

1) 不包含具有记忆（存储）功能的元件或电路。

2) 不存在反馈回路。

2. 组合逻辑电路的分析方法

(1) 由逻辑图写出各输出端逻辑表达式。

(2) 化简和变换各逻辑表达式。

(3) 列出真值表。

(4) 根据真值表和逻辑表达式对逻辑电路进行分析，最后确定其功能。

3. 组合逻辑电路的设计方法

（1）根据对电路逻辑功能的要求，列出真值表。

（2）由真值表写出逻辑表达式。

（3）化简和变换逻辑表达式。

（4）根据简化和变换后的函数式，画出逻辑电路的连接图。

4. 常用组合逻辑电路

常用组合逻辑电路有编码器、译码器、数据选择器和加法器等。

（1）编码器。在数字电路中，用二进制代码表示一个具有特定含义的信息称为编码，具有编码功能的逻辑器件称为编码器。一般的编码器有多个输入端和多个输出端，每一个输入端代表一种信息，而全部输出线表示与这个信息对应的二进制代码。

按照输出代码种类的不同，可分为二进制编码器和二—十进制编码器。

1）二进制编码器。二进制编码器是用 2^n 个输入信号编成对应的 n 位二进制代码输出的逻辑器件。如图 4-16 所示，为三位二进制编码器示意图。电路有 8 个输入端 $I_0 \sim I_7$，代表 8 个信息，有 3 个输出端，输出三位二进制代码，又称为 8 线—3 线编码器。为了克服电路的局限性，常采用优先编码方式。优先编码器中，允许同时向一个以上输入端输入，按优先顺序排队，当几个编码器输入同时为 1 时，只对其中优先级最高的一个输入进行编码，保证编码的唯一性，不会产生混乱。由于它不必对输入信号提出严格要求，而且使用可靠、方便，所以应用甚为广泛。

2）二—十进制编码器。二—十进制编码器是将十进制数的 10 个数字 0~9 编成二进制代码的电路。对 10 个信号进行编码，需要 4 位二进制代码，常用的是 8421BCD 码。所谓 8421BCD 码，是二进制代码从左至右每一位权分别为 8、4、2、1。每位代码加权数之和作为代表的十进制数。二—十进制编码器有 10 个输入端，4 个输出端，又称为 10 线—4 线编码器。

（2）译码器。译码和编码的过程相反，是把二进制代码所表示的信息翻译出来。能实现译码功能的组合逻辑电路称为译码器。译码器按功能可分为二进制译码器、二—十进制译码器和显示译码器。

1）二进制译码器。是指将二进制代码"翻译"成对应的输出信号的电路，如图 4-17 所示。若输入是 n 位二进制代码，译码器必然有 2^n 条输出线。可见，三位二进制译码器有 3 个输入端，8 个输出端，又称为 3 线—8 线译码器，最大可以控制的是 8 个存储器芯片。一般情况下，选取低电平有效。

图 4-16 三位二进制编码器示意图

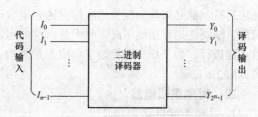

图 4-17 二进制译码器示意图

2）二—十进制译码器。是指将二进制代码译成 0~9 十个十进制数信号的电路。二—十进制译码器中有 4 位二进制代码，所以有 4 个输入端，10 个输出端，又称为 4 线—10 线译码器，8421 BCD 码是最常用的二—十进制码，低电平有效。

3）显示译码器。在数字系统中，常常需要将译码器输出显示成十进制数字，显示译码器就是这种类型的译码器，它一般由计数器、译码器、驱动器及显示器组成。十进制计数器输出的 BCD 码经译码器译码后，驱动显示器件显示出对应的十进制数字。最常见的数码显示器按结构特点可分为：辉光数码显示器、荧光数码显示器、发光二极管显示器和液晶显示器等。

① 辉光数码显示器是由玻璃壳内的气体辉光放电来显示数字的，管内有一个公用的阳极和10个阴极，10个阴极分别做成0～9十个数字的形状，它们互相重叠又有些绝缘间隙。辉光数码显示器的特点是：显示字形清晰，工作电流小，稳定可靠；但工作电压高，体积比较大，采用较少，一般只在数字仪表和数控装置上使用。

② 荧光数码显示器是一种指形电子管，由直热式阴极、网状栅极和七段互相独立的阳极组成。荧光数码显示器工作时，阴极加热后发射出来的电子，经栅极电压形成电场加速，撞到加有正电压的阳极上，使涂在阳极上的荧光粉发出绿色荧光。没有加正电压的阳极不会有电子撞击，就不会发光。荧光数码显示器特点是：驱动电流较小，字形清晰，工作电压不高；因需加热灯丝，功率消耗较大，寿命及可靠性稍差，机械强度也较差。

③ 发光二极管显示器简称为LED显示器，有两种接法：共阴极接法和共阳极接法。各段是否发光，由所接的译码电路决定。发光二极管显示器的特点是工作电压低，体积小，寿命长，响应时间短，可靠性高，亮度也较高；但要求驱动电流比较大。

④ 液晶显示器简称为LCD显示器，是利用液晶在电场作用下产生光电效应的原理制成的显示器件。其特点是：工作电压低，功耗极小；但亮度差，响应速度慢，要求外界亮度较小。它们的发光原理不同，但要显示数字，必须按数字符号的笔段制作发光电极，才能构成显示器。数字0～9可用7个显示器 a、b、c、d、e、f、g 的不同组合来表示，如图4-18所示。

图4-18　十进制笔段显示器

（3）全加器。两个一位二进制数相加，称为半加，从二进制数加法的角度看，只考虑两个加数本身，不考虑低位来的进位，就是半加器。能够实现全加运算的电路叫作全加器，常采用异或门来实现，也可以采用与非门、与或非门来实现。

对于多位二进制数相加，就要采用逐位进位加法器。低位的进位需送给高位，任意一位的加法运算，都必须等到低位加法作完送来进位时才能进行。逐位进位加法器的优点是电路比较简单，缺点是运算速度不高，原因是高位的运算一定要等到所有低位的运算完成送来进位信号后才能进行。为了提高运算速度，应尽量缩短高位形成全加和的时间。为此，可采用提前进位的方法。

四、时序逻辑电路

1. 时序逻辑电路的特点

（1）功能特点。在任何时刻，电路的输出不仅取决于该时刻的输入，而且还取决于电路原来的状态。

（2）结构特点。

1）时序逻辑电路包含储存电路和组合逻辑电路两部分。

2）储存电路和组合逻辑电路的连接形成反馈。

2. 时序电路逻辑功能的表示方法

时序电路逻辑功能的表示方法主要有以下4种。

（1）逻辑方程式。

1）输出方程。时序电路输出端的逻辑表达式：$Y=F_1(X，Q^n)$。

2）驱动方程。时序电路中各触发器输入端的逻辑表达式：$Z=F_2(X，Q^n)$。

3）状态方程。把驱动方程代入相应触发器的特性方程所得的方程：$Q^{n+1}=F_3(Z，Q^n)$，式中 Q^n 表示现态，Q^{n+1} 表示次态。

（2）状态表。用表格的形式反映电路状态和输出状态在时钟序列作用下的变化关系。

（3）状态图。用图形反映电路状态的转换规律和转换条件。

（4）时序图。在时钟脉冲输入信号作用下，电路状态、输出状态随时间变化的波形图。

3. 触发器

时序电路的核心是存储电路，存储电路通常是由触发器组成的。触发器具有记忆功能，是可以存储数字信息的最常用的一种基本单元电路。

（1）触发器的特点。为了实现记忆功能，触发器必须具备以下基本特点。

1）有两个稳定的工作状态，用 0、1 表示。

2）在适当信号作用下，两种状态可以转换。触发器输出状态的变化，除与输入信号有关外，还与触发器的原来状态有关。

3）信号消失后，能将获得的新状态保持下来。触发器能把输入信号寄存下来，保持一位二进制信息，这就是触发器的记忆功能。

（2）触发器的分类。触发器种类较多，不同的分类方法有不同的触发器名称。

1）按逻辑功能划分。触发器按逻辑功能划分主要有 RS 触发器、JK 触发器、D 触发器、T 触发器几种类型。

2）按电路结构划分。触发器按电路结构划分有基本 RS 触发器、同步触发器、主从触发器、维持阻塞触发器。

（3）几种触发器的比较（见表 4-22）。在逻辑符号中，$\overline{S}_d$ 为强制置 "1" 端，低电平起作用，$\overline{R}_d$ 为强制置 "0" 端，低电平起作用。

表 4-22　　　　　　　　　　　　　4 种逻辑功能的触发器

	RS 触发器	JK 触发器	D 触发器	T 触发器
逻辑符号				
特性方程	$Q^{n+1}=S+\overline{R}Q^n$ $SR=0$	$Q^{n+1}=J\overline{Q^n}+\overline{K}Q^n$	$Q^{n+1}=D$	$Q^{n+1}=T\oplus Q^n$
状态图				
特点	1. 信号双端输入 2. 具有置 0、置 1 和保持功能 3. S 和 R 具有约束关系 $SR=0$	1. 信号双端输入 2. 具有置 0、置 1、保持功能和反转功能 3. 输入无约束条件	1. 信号单端输入 2. 具有置 0、置 1 功能	1. 信号单端输入 2. 具有保持功能和反转功能

4. 时序逻辑电路的一般分析方法

时序逻辑电路可分为同步时序电路和异步时序电路两大类。

（1）同步时序电路的特点。电路有统一的时钟脉冲，所有触发器的状态变化都在时钟脉冲作用下同时发生。

（2）异步时序电路的特点。电路没有统一的时钟脉冲，所有触发器的状态变化不是同时发生。

5. 常用时序逻辑电路

常用时序逻辑电路包括各种形式的计数器、寄存器等。

统计输入脉冲的个数称为计数，能实现操作计数的电路称为计数器。计数器在数字电路中应用广泛，它除了用于计数外，还用作分频、定时和数字运算等。

计数器按计数的进制不同，可分为二进制、十进制和 N 进制计数器。在同步计数器中，时钟脉冲同时加到各触发器上，时钟脉冲到达时，各个触发器的翻转是同时发生的；在异步计数器中，当时钟脉冲到达时，各触发器的翻转有先有后，不是同时发生的。

计数器按计数过程中的增减，可分为加法计数器、减法计数器和既能作加法计数、又能作减法计数的可逆计数器。

（1）异步二进制加法计数器。异步二进制加法计数器如图 4-19 所示。二进制的两个数码 0 和 1，可以用触发器的两个稳态来表示，即一个触发器可以表示一位二进制数。

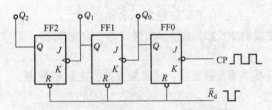

图 4-19　三位异步二进制加法计数器

图 4-19 中，每个触发器的 J、K 端均悬空（$J=K=1$），到处于计数状态，三个触发器中只有最低位的控制端接收计数脉冲 CP，低位触发器的输出端 Q 接至高位触发器的 CP 端，由于都是下降沿触发，所以，当各触发器的 CP 端信号由 1 变为 0 时，触发器的状态将翻转。

计数器工作前应先清零，令 $\overline{R_d}=0$，则 $Q_2Q_1Q_0=000$；第一个 CP 脉冲下降沿到来时 FF0 翻转，Q_0 由 0 变到 1；Q_0 产生的正跳变加至 FF1 的 CP 端，不能触发 FF1，故 Q_1 不变；FF2 的 CP 端无触发信号，Q_2 也不变，于是第一个脉冲过后，计数器状态为 $Q_2Q_1Q_0=001$。

第二个 CP 脉冲输入后，在 CP 的下降沿到来时，FF0 又翻转，Q_0 由 1 变到 0；Q_0 产生的负、跳变加到 FF1 的 CP 端，FF1 翻转，Q_1 由 0 变到 1；而 Q_1 产生的正跳变加至 FF2 的 CP 端，不能触发 FF2，故 Q_2 不变，于是第二个脉冲过后，计数器的状态为 $Q_2Q_1Q_0=010$。

同理，第 7 个脉冲输入后，计数器的状态为 $Q_2Q_1Q_0=111$。第 8 个 CP 脉冲输入后，FF0 翻转，Q_0 由 1 变到 0；在 Q_0 的负跳作用下，FF1 翻转，Q_1 由 1 变到 0；在 Q_1 的负跳作用下，FF2 由 1 变到 0，于是三个出发器又全部重新复位到 000 状态。以后 CP 脉冲输入后，计数器又开始新的计数周期，进入下一个循环。

（2）同步计数器。为了提高计数速度，可将 CP 计数脉冲同时送到每个触发器的 CP 端，使每个触发器的状态变化与计数脉冲同步，这种计数器称为同步计数器；同步计数器也可分为加法和减法两种计数器，以及二进制计数器等。图 4-20 是由 $J K$ 触发器组成的三位同步二进制加法计数器的逻辑图，计数脉冲 CP 同时加到三个触发器的 CP 端，各位触发器的状态翻转与计数脉冲 CP 同步。

（3）异步十进制加法计数器。十进制计数器同样有加法计数和减法计数之分，如图 4-21 所示，为采用 8421 码的二——十进制计数器的逻辑图，它由 4 个 $J K$ 触发器组成，其中 FF3 的输入端J的信号$J_3 = Q_1Q_2$，FF3的输出Q_3反送到FF1的J端，即$J = \bar{Q}_3$，这种结构可使该计数器在计数到9时，即计数器的状态为$Q_3Q_2Q_1Q_0 = 1001$时，再来一个脉冲，翻转成0000。8421码就是去掉1010～1111六个状态，实现十进制计数。

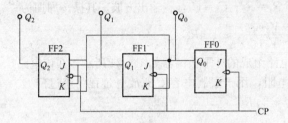

图4-20 三位同步二进制加法计数器

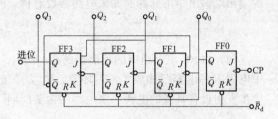

图4-21 8421码异步十进制加法计数器

（4）寄存器。寄存器是用来暂存一组二值代码"0"和"1"的电路，可分为基本寄存器和移位寄存器两大类。在时钟脉冲的作用下，它们能完成对数据的清除、接收、保存和输出（或移位）功能。

寄存器通常由触发器构成。一个触发器能够存储一位二进制代码，能够存储n位二进制代码的n位寄存器就是由n个触发器构成的。

图4-22为由D触发器构成的4位寄存器的逻辑图。$D_0 \sim D_3$为输入端，$Q_0 \sim Q_3$为输出端，时钟脉冲同时送入4个触发器，4个触发器的复位端也连在一起，作为寄存器的总清零端$\bar{R}_d$，低电平有效。

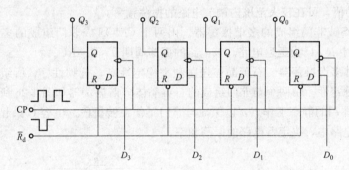

图4-22 4位数码寄存器逻辑图

寄存器的工作过程主要有以下三步。

1）令$\bar{R}_d = 0$，清0，即$Q_3Q_2Q_1Q_0 = 0$。

2）寄存数据。把要存放的数据送到对应的输入端D_3、D_2、D_1、D_0。当接收指令脉冲CP的下降沿一到，各触发器的状态就与输入端状态相同，于是，4位数据就寄存在寄存器中。

3）保存数据。CP脉冲消失后，各触发器处于保持状态。

由于此寄存器同时输入、输出各位数据，故称为并行输入、并行输出寄存器。

五、脉冲波形的产生及整形电路

1. 多谐振荡器

在数字电路中，能产生矩形脉冲的电路称为多谐振荡器。它没有稳定状态，只有两个暂稳态，不需外加触发脉冲。两个暂稳态会自动地不断相互转换，因此多谐振荡器又称为无稳态电路。常用的有 TTL 与非门 RC 环形多谐振荡器和 TTL 与非门多谐振荡器。

（1）由 TTL 与非门组成的多谐振荡器。由两个 TTL 与非门组成的多谐振荡器如图4-23所示。门 D_1、D_2 的输入、输出之间都采用 RC 耦合电路。选择电阻 R_1、R_2 的值，使 TTL 与非门静态工作点处于传输特性的转折段，接通电源后，由于门 D_1、D_2 处于传输特性的转折段，将使电路产生振荡。该电路在电容充放电的作用下，自动地在两个暂稳态中来回转换，并在门 D_1、D_2 的输出端输出矩形脉冲。如果电路参数对称，即 $R_1 = R_2$、$C_1 = C_2$，将输出方波。其振荡周期为

$$T = 2\tau \ln \frac{V_0(\infty) - V_0(0^+)}{V_0(\infty) - V_0(t_{\text{w}})} \approx 1.4RC$$

（2）由 RC 电路组成的环形振荡器。由 RC 电路组成的环形振荡器如图 4-24 所示。在该电路中电阻 R 和电容 C 构成了延迟环节，R_5 为限流电阻，用于限制电容 C 充放电过程中流过门 D_3 中多发射极管基极的电流。该电路的振荡周期 $T \approx 2.2RC$。

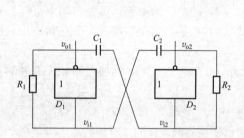

图 4-23　由 TTL 与非门组成的多谐振荡器

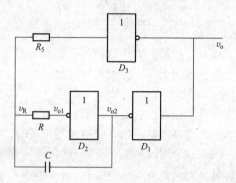

图 4-24　由 RC 电路组成的环形振荡器

调整 R、C 的值，可在较大范围内调节电路的振荡频率。

（3）由 CMOS 或非门组成的多谐振荡器。由两个 CMOS 或非门组成的多谐振荡器电路如图 4-25 所示，其中 R、C 为延迟电路。该电路的振荡周期 $T \approx 1.4RC$。

（4）石英晶体多谐振荡器。石英晶体振荡频率稳定性高，选频性好，所组成的多谐振荡器具有很高的频率稳定性。由两个与非门组成的石英晶体多谐振荡器如图 4-26 所示。电路中的电阻 R 用来调整与非门的静态工作点，以保证与非门工作在转折段。电容 C 只起耦合作用。石英晶体串联在反馈电路中，决定着电路的振荡频率。

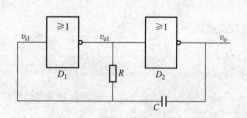

图 4-25　由两个 CMOS 或非门组成的多谐振荡器

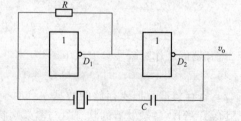

图 4-26　由两个与非门组成的石英晶体振荡器

CMOS 石英晶体振荡器的电路如图 4-27 所示。电路中电容 C_1 可进行频率微调，石英晶体和门 D_1 并接，作为反馈回路。只有在石英晶体的固有频率 f_0 时，电路的反馈最强，对于其他频率呈现高阻抗，阻止其电流通过。门 D_2 作为整形门，输出矩形脉冲。

2. 555 定时器的工作原理

555 定时器是一种数字与模拟混合型的中规模集成电路，应用广泛。除了作定时器外，如果外加电阻、电容等元件还可以构成多谐振荡器、单稳态触发器、施密特触发器和脉冲调制电路等。

项目四

如图 4-28 所示，555 定时器内部由比较器、分压电路、RS 触发器及放电晶体管等组成。

⑧脚为电源端（V_{CC}）、①脚为接地端（⊥），作用是给 555 电路施加工作电压。TTL 型应加 5V 电压，CMOS 型应视具体情况加 $3\sim18$V 电压。③脚为输出端、⑥脚为复位控制端（TH），作用是当 $U_{TH}\geqslant\dfrac{2}{3}V_{CC}$ 时触发有效，即 A1 比较器输出低电平，而 A2 比较器输出高电平，因此③脚输出端为低电平。②脚为置位

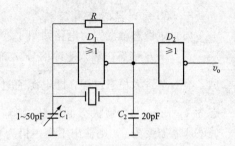

图 4-27 CMOS 石英晶体振荡器

控制端（TL），作用是当 $U_{TL}\leqslant\dfrac{1}{3}V_{CC}$ 时触发有效，即 A1 比较器输出高电平，而 A2 比较器输出低电平，因此③脚输出端为高电平。⑤脚为控制电压端（VC），作用是当控制电压端加控制电压 U_{VC} 时，则 $U_{TH}\geqslant U_{VC}$ 时触发有效；$U_{TL}\leqslant\dfrac{1}{2}U_{VC}$ 时触发有效。若⑤脚不用时，通常做法是对地接一个旁路电容 $C(0.01\mu\text{F})$。⑦脚为放电端（DIS），作用是当③脚输出端为高电平时，三极管截止，⑦脚对地呈高阻状态；而当③脚输出端为低电平时，三极管饱和导通，⑦脚对地呈短路状态。④脚为直接复位端（$\overline{R_D}$），作用是当 $\overline{R_D}$ 端低电平触发，③脚输出端为低电平。④脚若不用时，常接电源端 V_{CC}。其功能见表 4-23。

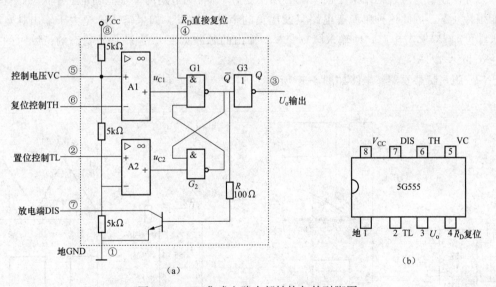

图 4-28 555 集成电路内部结构与外引脚图

表 4-23　　　　　　　　　　　　　555 定时器功能表

输　入			输　出	
⑥脚	②脚	④脚	③脚	⑦脚
X	X	0	0	不变
$\leqslant\dfrac{2}{3}V_{CC}$	$\leqslant\dfrac{1}{3}V_{CC}$	1	1	截止
$\leqslant\dfrac{2}{3}V_{CC}$	$\geqslant\dfrac{1}{3}V_{CC}$	1	不变	不变
$\geqslant\dfrac{2}{3}V_{CC}$	$\geqslant\dfrac{1}{3}V_{CC}$	1	0	导通

3. 555 定时器的应用

（1）单稳态触发器。电路如图 4-29 所示。其工作原理如下。

1）$t_0 \sim t_1$ 稳态。输入脉冲信号 u_1 加在置位控制输入端②脚上时为高电平。在电路接通电源后，有一个进入稳态过程，即电源通过 R 向电容 C 充电，当电容上电压 $u_C \geqslant \frac{2}{3} V_{CC}$，则⑥脚状态为 1，而 u_1 的②脚状态也为 1，则输出为 0，放电管 T 导通，电容上电压 u_C 通过⑦脚放电，使⑥脚状态变为 0，则输出不变，仍为 0，电路处于稳定状态。

2）$t_1 \sim t_3$ 稳态。在 t_1 时刻，输入 u_1 为下降沿触发信号，②脚状态为 0，而⑥脚状态仍为 0，这时电路输出发生翻转为 1，放电管 T 截止，电容开始充电，电路进入暂稳态。此后，在 t_2 时刻，电容电压还未充到 $\frac{2}{3} V_{CC}$，输入 u_1 必须由 0 变为 1，故⑥脚、②脚状态在 $t_1 \sim t_3$ 为 0、0 和 0、1，输出一直为 1，放电管处于截止状态。

3）t_3 时刻恢复稳态。在 t_3 时刻，电容上电压被充到 $\geqslant \frac{2}{3} V_{CC}$ 时，⑥脚、②脚状态为 1、1，使输出由 1 翻转为 0，暂稳态结束，电路又恢复稳态。这时放电管 T 导通，u_C 立即快速放电，使⑥脚、②脚状态为 0、1，输出维持不变，为 0 态，电路处于稳态。

由上述可知，555 定时器组成的单稳态电路是由输入脉冲信号的下降沿触发使输出状态翻转的，另外，在暂稳态过程结束之前，u_1 必须恢复为 1，否则电路内部不能确定工作状态，且输出不能维持 0 态。因此这种单稳态电路只能用负的窄脉冲触发。如果输入脉宽大于输出脉宽，则输入端可加 RC 微分电路，使输入脉宽变窄。输出的脉冲宽度 t_w 也就是暂稳态的持续时间，即 $t_w = RC\ln3 \approx 1.1RC$。

（2）施密特触发器。电路如图 4-30 所示。

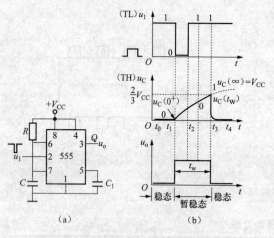

图 4-29　555 构成的单稳态触发器电路
（a）电路图；（b）波形图

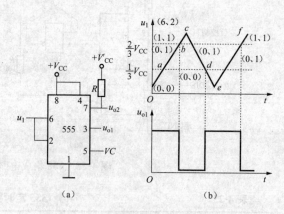

图 4-30　555 构成的施密特触发器电路
（a）电路图；（b）波形图

只要将⑥脚、②脚相连，作为信号输入端，就构成了施密特触发器电路。现设输入信号 u_1 为三角波，根据定时器工作原理可知，在 u_1 的 a—b 段，u_1 由小到大，在未达到 $\frac{2}{3} V_{CC}$ 之前，⑥脚、②脚状态为 0、0 和 0、1，故③脚输出 u_{o1} 为 1 态；当 u_1 达到 b 点为 $U_{T+} = \frac{2}{3} V_{CC}$ 时，

⑥脚、②脚状态为 1、1，输出 u_{o1} 翻转为 0；当 u_i 在 b—c—d 期间，⑥脚、②脚状态为 1、1，0、1，输出 u_{o1} 仍维持为 0；当 u_i 达到 d 点为 $U_{T-}=\frac{1}{3}V_{CC}$ 时，⑥脚、②脚状态为 0、0，输出 u_{o1} 又翻转为 1 态。此后 u_i 在 d—e—f 期间，⑥脚、②脚状态为 0、0 和 0、1，输出 u_{o1} 仍维持为 1，直到 u_1 达到 f 点为 $\frac{2}{3}V_{CC}$，u_{o1} 又变为 1 态。这样将输入 u_1 的三角波转换为方波输出，因此称之为整形。

上述 555 定时器组成的施密特触发器电路的阈值电压 $U_{T+}=\frac{2}{3}V_{CC}$，$U_{T-}=\frac{1}{3}V_{CC}$，回差电压 $\Delta U_H=\frac{1}{3}V_{CC}$。

若在⑤脚控制电压输入端 VC 外加控制电压，则可改变电路内部比较器 A1、A2 的参考电压，也就改变 U_{T+}、U_{T-} 和 ΔU_H 的值。

（3）多谐振荡器。电路如图 4-31 所示。其工作过程是：在接通电源后，电源通过 R_1、R_2 对电容 C 充电，在 u_C 未达到 $\frac{1}{3}V_{CC}$ 和 $\frac{2}{3}V_{CC}$ 之前，⑥脚、②脚状态为 0、0 和 0、1，故输出 u_o 为 1，放电管 T 截止。当电容 C 被充电达到 $u_C \geqslant \frac{2}{3}V_{CC}$ 时，⑥脚、②脚状态为 1、1，则输出 u_o 翻转为 0，放电管 T 导通。此时电容 C 开始通过 R_2 和 T 放电，使 u_C 按指数曲线下降。当 u_C 处于 $\frac{2}{3}V_{CC}$ 和 $\frac{1}{3}V_{CC}$ 之间时，⑥脚、②脚状态为 0、1，输出维持为 0，电容 C 继续放电，直到 $u_C \leqslant \frac{1}{3}V_{CC}$，使⑥脚、②脚状态为 0、0，输出 u_o 又翻转为 1 态，放电管 T 截止，电容 C 又开始充电，这样周而复始振荡下去，输出矩形波信号。输出高电平的脉冲宽度为 $t_{WH}=0.7(R_1+R_2)C$；输出低电平的脉冲宽度为 $t_{WL}=0.7R_2C$；故振荡频率为 $f=\dfrac{1}{0.7(R_1+2R_2)C}$。

由上可知，在改变输出占空比的同时，振荡频率也将改变。如果改变占空比的同时，要求振荡频率 f 保持不变，可采用占空比可调而振荡频率保持不变的矩形波发生器，如图 4-32 所示。输出高电平的脉冲宽度为 $t_{WH}=0.7R_AC$；输出低电平的脉冲宽度为 $t_{WL}=0.7R_BC$；故振荡频率为 $f=\dfrac{1}{0.7(R_A+R_B)C}$。

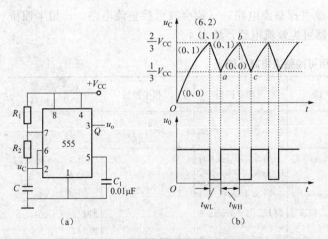

图 4-31　555 构成的多谐振荡器
(a) 电路图；(b) 波形图

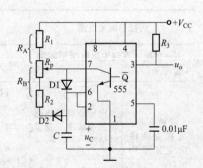

图 4-32　占空比可调的多谐振荡器

课题七 电力电子电路

一、可控整流电路

1. 单相可控整流电路

单相可控整流电路主要包括单相半波可控整流电路、单相全控桥可控整流电路、单相半控桥可控整流电路、单相全波可控整流电路四大类，每种类型都可以是电阻型负载，也可以是阻感型负载，两者的工作情况是很不相同的，见表4-24。

表 4-24　　　　　　　　　　　　　　　　　　　**单相可控整流电路比较表**

可控整流主电路		单相半波	单相全波	单相全控桥	单相半控桥
$\alpha=0°$时，直流输出电压平均值 U_{do}		$0.45U_2$	$0.9U_2$	$0.9U_2$	$0.9U_2$
$\alpha\neq0°$时，空载直流输出电压平均值 U_{do}	电阻负载或电感负载有续流二极管的情况	$\dfrac{1+\cos\alpha}{2}U_{do}$	$\dfrac{1+\cos\alpha}{2}U_{do}$	$\dfrac{1+\cos\alpha}{2}U_{do}$	$\dfrac{1+\cos\alpha}{2}U_{do}$
	电阻加大电感的情况	—	$U_{do}\cos\alpha$	$U_{do}\cos\alpha$	—
$\alpha=0°$时的脉冲电压	最低脉动频率	f	$2f$	$2f$	$2f$
	脉动系数 K_f	1.57	0.67	0.67	0.67
晶闸管承受的最大正反向电压		$\sqrt{2}U_2$	$2\sqrt{2}U_2$	$\sqrt{2}U_2$	$\sqrt{2}U_2$
移相范围	电阻负载或电感负载有续流二极管的情况	$0\sim\pi$	$0\sim\pi$	$0\sim\pi$	$0\sim\pi$
	电阻加大电感的情况	不采用	$0\sim\pi/2$	$0\sim\pi/2$	不采用
晶闸管最大导通角		π	π	π	π
特点与适用场合		最简单，用于波形要求不高的小电流负载	较简单，用于波形要求稍高的低压小电流场合	各项整流指标好，用于要求较高或要求逆变的小功率场合	各项整流指标好，用于不可逆变的小功率场合

2. 三相可控整流电路

三相可控整流电路可分为：三相半波可控整流电路、三相全波可控整流电路、三相半控桥可控整流电路以及双反星形带平衡电抗器可控整流电路，见表4-25。

表 4-25　　　　　　　　　　　　　　　　　　　**三相可控整流电路比较表**

可控整流主电路		三相半波	三相全控桥	三相半控桥	双反星形带平衡电抗器
$\alpha=0°$时，直流输出电压平均值 U_{do}		$1.17U_2$	$2.34U_2$	$2.34U_2$	$1.17U_2$
$\alpha\neq0°$时，空载直流输出电压平均值 U_{do}	电阻负载或电感负载有续流二极管的情况	当 $0\leqslant\alpha\leqslant\pi/6$ 时 $U_{do}\cos\alpha$ 当 $\pi/6\leqslant\alpha\leqslant\dfrac{5}{6}\pi$ 时 $0.675U_2$ $[1+\cos(\alpha+\pi/6)]$	当 $0\leqslant\alpha\leqslant\pi/3$ 时 $U_{do}\cos\alpha$ 当 $\pi/3\leqslant\alpha\leqslant\dfrac{2}{3}\pi$ 时 $U_{do}[1+\cos(\alpha+\pi/3)]$	$U_{do}\dfrac{1+\cos\alpha}{2}$	当 $0\leqslant\alpha\leqslant\pi/3$ 时 $U_{do}\cos\alpha$ 当 $\pi/3\leqslant\alpha\leqslant\dfrac{2}{3}\pi$ 时 $U_{do}[1+\cos(\alpha+\pi/3)]$
	电阻加大电感的情况	$U_{do}\cos\alpha$	$U_{do}\cos\alpha$	$U_{do}\dfrac{1+\cos\alpha}{2}$	$U_{do}\cos\alpha$

续表

可控整流主电路		三相半波	三相全控桥	三相半控桥	双反星形带平衡电抗器
$\alpha = 0°$ 时的脉冲电压	最低脉动频率	$3f$	$6f$	$6f$	$6f$
	脉动系数 K_f	0.25	0.057	0.057	0.057
晶闸管承受的最大反向电压		$\sqrt{6}U_2$	$\sqrt{6}U_2$	$\sqrt{6}U_2$	$\sqrt{6}U_2$
晶闸管平均电流		$\frac{1}{3}I_L$	$\frac{1}{3}I_L$	$\frac{1}{3}I_L$	$\frac{1}{6}I_L$
移相范围	电阻负载或电感负载有续流二极管的情况	$0 \sim \frac{5}{6}\pi$	$0 \sim \frac{2}{3}\pi$	$0 \sim \pi$	$0 \sim \frac{2}{3}\pi$
	电阻加大电感的情况	$0 \sim \frac{1}{2}\pi$	$0 \sim \frac{1}{2}\pi$	不采用	$0 \sim \frac{1}{2}\pi$
晶闸管最大导通角		$\frac{2}{3}\pi$	$\frac{2}{3}\pi$	$\frac{2}{3}\pi$	$\frac{2}{3}\pi$
特点与适用场合		最简单,但元件承受电压高,对变压器或交流电源因存在直流分量,故较少采用或用在小功率的场合	各项整流指标好,用于电压控制要求高或要求逆变的场合。但晶闸管要6只触发,比较复杂	各项整流指标好,适用于较大功率、高电压场合	在相同 I_d 时,元件电流等级最低,因此适用于大电流、低电压的场合

二、晶闸管触发电路

1. 对触发电路的要求

晶闸管触发电路的触发信号可以是交流、直流信号,也可以是脉冲信号。为了减少触发功率与控制极损耗,通常用脉冲信号触发晶闸管。产生脉冲信号的触发电路,其作用和要求如下。

(1) 能产生一定功率和宽度的触发脉冲信号。由于温度不同,晶闸管的触发电流与电压值也不同。为了使元件在各种工作条件下都能可靠地触发,触发电流、电压必须大于控制极触发电流和触发电压。触发脉冲信号应有一定的宽度,脉冲前沿要陡。电阻负载脉冲宽度为 $20 \sim 50\mu s$。电感性负载一般是 1ms,相当于 50Hz 正弦波的 18°。如果触发脉冲太窄,在脉冲终止时主回路电流还未上升到晶闸管的挚住电流,晶闸管就会重新关断。对于三相全控桥式整流电路,要求脉冲信号是间隔 60° 的双窄脉冲(宽度 18° 左右)或宽度大于 60° 小于 120° 的脉冲。

(2) 触发脉冲具有需要的移相范围。为了使整流器、变流器能在给定范围工作,必须在相应的移相范围内保证触发脉冲移相。

(3) 触发脉冲同步。为了使每一周波重复在相同相位上触发晶闸管,触发信号与主电路对应元件,触发延迟角的起始点必须一致,即触发信号必须与电源同步。否则会使主回路输出的直流电压忽大忽小,逆变运行时甚至会造成短路事故。同步作用由接在交流电网上同步变压器输出的同步信号实现。

2. 晶闸管简单触发电路

由电阻、电容、二极管以及光耦合器件组成的简易触发电路得到了广泛应用。其中主要有以下几种类型。

(1) 交流静态无触点开关电路。在交流电路中,接通晶闸管毫安级的门极电路,可控晶闸管阳极大电流电路的导通,当门极断开时,将交流电压反向,晶闸管自动断开。晶闸管就相当于交流接触器的一个主触点,由门极控制它导通。这种无触点开关,具有无声、无火花、动作快以及寿命长的优点。

（2）用光耦合器组成的触发电路。光耦合器是一种将电信号转为光信号，又将光信号转为电信号的半导体器件，它将发光元件和受光元件密封在同一管壳里，以光为媒介传递信号。光耦合器的发光源通常选用砷化镓和镓铝砷发光二极管，而受光部分采用硅光敏二极管及光敏晶体管。光耦合器具有可实现电的隔离、输入和输出间绝缘性能好、抗干扰能力强等突出优点，所以常用来组成触发电路，从而使微处理器控制强电自动控制系统更加可靠，而且更加简便。

（3）阻容移相桥触发电路。利用阻容移相桥可组成移相触发电路。阻容移相桥触发电路简单可靠，并且调试方便，但由于触发电压是正弦波，前沿不是很陡，受电网电压波动的影响大。由于不是触发脉冲，因此门极电流大，晶闸管管耗增加，而且移相范围受限制，只能应用在要求不高的小容量可控整流电路中。

3. 单结晶体管触发电路

单结晶体管触发电路利用单结晶体管的负阻效应及 RC 充放电特性完成触发，它产生的输出电压波形是尖脉冲。适当地改变 RC 电路参数，可改变电容充放电的快慢，使输出的脉冲波形移前或移后，从而控制晶闸管的触发导通时刻。

单结晶体管触发电路，具有电路简单、可靠、调试方便、脉冲前沿陡以及抗干扰能力强的优点，但存在着触发脉冲宽度窄和触发功率小的缺点，在小容量单相与要求不高的三相晶闸管装置中得到了广泛的应用。

4. 正弦波同步触发电路

正弦波同步触发电路由同步移相控制、脉冲形成整形与脉冲放大三个环节组成。同步移相控制环节一般采用正弦波同步电压与控制电压的相量叠加，来改变净控制电压的大小，从而改变晶体管的翻转时刻。脉冲形成整形环节通常利用电容充放电与晶体管的开关特性，在同步移相信号的控制下，产生前沿陡和宽度都符合要求的触发脉冲。脉冲功率放大环节放大触发脉冲，使得输出幅度也符合相控整流电路的要求。

正弦波同步触发电路，其输出脉冲为单宽触发脉冲，触发功率大，可触发 200A 以下的晶闸管。电路全部采用硅晶体管，热稳定性较好，适用于三相全控桥和大电感负载的可控整流电路。

正弦波触发电路能部分地自动补偿电网电压波动对输出电压平均值的影响。当电网电压 U_2 下降时，如果触发延迟角 α 不变，则输出平均电压就要减小。但电网电压下降的同时，同步电压也随之下降，在控制电压不变的情况下，触发延迟角 α 就要减小，使输出电压平均值变大，这样就能基本保持输出整流平均电压的不变。对于全控整流电感性负载电路来说，负载电流连续，当采用正弦触发电路时，直流输出电压与控制电压呈线性关系。

但是，正弦波同步触发电路的同步电压易受电网电压波形畸变的影响，从而引起误触发。所以，触发电路对引入的同步电压要经过阻容滤波环节，以消除同步电压的高频"毛刺"。同时，正弦波触发电路理论上分析移相范围可达 $0°\sim180°$，但实际上正弦波触发电路移相范围只能达到 $150°$。

5. 锯齿波同步触发电路

锯齿波同步触发电路由于同步电压采用锯齿波，不受电网电压波动和波形畸变的影响，增强了电路抗干扰能力，克服了正弦波触发电路的缺点，电路全部采用硅管，温度稳定性好，因而在大中容量系统中得到广泛应用。

电路由 4 个基本环节组成：锯齿波形成和脉冲移相控制环节、脉冲形成整形和放大输出环节、强触发环节、双窄脉冲产生环节。

锯齿波同步的触发电路移相原理与正弦波触发电路相似，以锯齿波电压为基础，再叠加上直流偏置固定直流电压（为选定触发脉冲初相位而设置的）和控制移相电压，通过调节控制移

相电压来调节 α。

采用强触发脉冲可以缩短晶闸管导通的时间，用来提高晶闸管承受电流变化率的能力。另外，强触发脉冲也有利于改善晶闸管串联或并联使用时动态均压或动态均流，以增加系统的可靠性。因此，大中容量的触发电路一般都带有强触发脉冲环节。

双窄脉冲是三相全控桥和三相双反星形可控整流电路的特殊要求。实现双窄脉冲控制有两种电路：一种是"外双窄脉冲电路"。它的每一个触发单元在一周期内只产生一个脉冲，是通过脉冲变压器的两个二次绕组，同时去触发本相和前相的晶闸管。这种电路脉冲变压器二次绕组数要增多，每单元触发电路输出功率也要增大。另一种是"内双窄脉冲电路"，每一触发单元经过脉冲变压器输出的触发脉冲仅能触发本相晶闸管，可在一周期内发出间隔 $60°$ 的两个窄脉冲，所以这种触发电路输出功率较小，应用很广泛。

6. 集成触发器

与分立元件触发电路一样，集成触发器也有同步与移相、脉冲形成与输出环节。集成触发器与分立元件电路相比，提高了电路的可靠性和通用性，具有体积小、耗电少、成本低、调试方便等诸多优点。但是集成触发器也需要与外接元件连接使用。在选择和使用集成电路触发器时要根据集成电路的性能，结合使用实际，选择合适的集成触发器，并要注意根据外接电路的要求配合使用。

7. 触发脉冲与主电路电压的同步

在安装或调试变流电路时，人们经常会发现这样的现象：检查主电路和各相触发单元都正常，但是连在一起却不能正常工作，并且用示波器显示其波形时发现输出的波形很不规则。其原因可能是触发电路与主电路电压不同步，从而触发脉冲出现的时刻在主电路的每一个周期都不一致，即每一周期的触发延迟角 α 都不一样。所以在三相交流装置中，触发电路与主电路电压的同步是很重要的。要做到同步，一个方面是触发脉冲的频率与主电路电压的频率必须一致，解决的方法是主电路整流变压器与触发电路的同步变压器由同一电源供电；另一个方面是输出触发脉冲的相位要符合主电路电压相位的要求，解决的方法是同步变压器二次侧采用星形联结，接到各单元触发电路。通过触发电路的同步变压器的不同联结组标号，再配合阻容滤波移相电路，得到所要求相位的同步信号电压。一般情况下，同步变压器的联结组标号与主电路整流变压器联结组标号、主电路形式、负载性质以及采用何种触发电路都有很大的关系。

8. 脉冲变压器与防止误触发措施

(1) 脉冲变压器。使用脉冲变压器可以降低脉冲电压，增大输出的触发电流，也能够实现触发电路与晶闸管主电路在电气上的隔离，安全而且防止干扰。另外，还可以通过脉冲变压器多个二次绕组进行脉冲分配，达到同时触发多个晶闸管的目的。脉冲变压器一般传递的是矩形脉冲信号，脉冲变压器工作频带很宽，且传递的是单向性的脉冲信号，脉冲的前沿相当于工作在高频带，脉冲的平顶相当于工作在低频带。要使脉冲前沿失真小，就要减小高频等效电路的时间常数，也就是减小脉冲变压器的漏抗，可采用减少绕组匝数及增强一次与二次绕组耦合程度等方法来实现。要使平顶部分不失真，就要增大低频等效电路的时间常数。可采用高导磁的铁心材料（如硅钢片），或适当增多绕组匝数。但值得注意的是，增多绕组的匝数又会影响脉冲前沿的陡度，两者要兼顾。

(2) 防止误触发的措施。晶闸管的误触发，一般情况下是干扰信号输入门极引起的，也可能是触发电路本身夹杂着干扰信号输出造成的。可采取以下措施加以解决。

1) 门极回路的导线采用金属屏蔽线，而且金属屏蔽层应可靠接地。

2) 控制电路走线应远离主电路，同时尽可能避开会产生干扰的器件，如避免电感元件靠近门极回路。

3）触发电路的电源应采用静电屏蔽变压器，必要时在同步电压输入端增加阻容滤波移相环节，以消除电网高频的干扰。脉冲变压器一、二次绕组间必要时也应加设静电屏蔽。

4）在多相和大功率晶闸管装置中，选用触发电流稍大的晶闸管。

5）在晶闸管门极与阴极之间并接 $0.01\sim0.1\mu F$ 小电容，可以有效地吸收高频干扰。

6）在门极与阴极间加反向偏置电压，一般为 3V 左右。可以用固定负压，也可以由串联二极管的正向压降产生反压，还可以用稳压管代替串联的二极管，但稳压管的稳压值以 $2\sim4V$ 为宜。

值得注意的是，如果干扰信号来自触发电路本身，采取这些措施都不能解决问题，必须在触发电路内找到原因加以解决。

三、斩波器

1. 双向晶闸管

双向晶闸管可在交流调压、可逆直流调速等电路中代替两个反并联的普通晶闸管，这样大大简化电路；并且因为只有一个门极，不管是正脉冲还是负脉冲都能使它触发导通，从而它的触发电路是很灵活的。

双向晶闸管在交流电路中使用时，需承受正、反两个半波电流和电压。它在一个方向导电结束时，管芯硅片各层中的载流子还没恢复到截止状态的位置，这时在相反方向承受电压，这些载流子电流有可能作为晶闸管反向工作时的触发电流而误导通，从而失去控制能力，造成换流失败。换流能力随结温的升高而下降。

双向晶闸管常用在交流电路中，不能用平均值，应用有效值表示它的额定电流。例如，一个 200A（有效值）的双向晶闸管，峰值电流为 $200\times\sqrt{2}A=283A$，而普通晶闸管的通态电流是以正弦波平均值表示的，一个峰值电流为 283A 的正弦半波电流，它的平均值为 $(283/\pi T)A=90A$。可见，一个 200A（有效值）的双向晶闸管可代替两个反并联的 90A（平均值）的普通晶闸管。

双向晶闸管是一种快速的交流开关，响应速度快，无触头、无电弧熔焊的问题，与机械开关和接触器相比具有明显的优点，适用于操作频繁、可逆运行及有易燃易爆气体、多粉尘的场合，尤其是双向晶闸管组成的交流开关，电路更加简单。

双向晶闸管的工作特点是晶闸管在承受正半周电压时触发导通，而它的关断则利用电源负半周在管子上加反向电压来实现，在电流过零时自然关断。

2. 单相交流调压电路

交流调压电路是用来变换交流电压幅值（或有效值）的电路，广泛应用于工业加热控制、灯光调节、异步电动机的软起动和调速以及电焊、电解、电镀、交流调压等场合。

图 4-33 是单相交流调压电路（电阻性负载）的主电路原理图，在电源和负载间用两个反并联的晶闸管 VT1 和 VT2 或采用双向晶闸管相连。当电源处于正半周时，触发 VT1 导通，电源的正半周施加在负载上；当电源处于负半周时，触发 VT2 导通，电源的负半周施加在负载上。负载得到的仍是交流电压，其大小显然与晶闸管的触发延迟角 α 有关。

（1）负载电压的有效值。其计算公式如下

$$U_。 = \sqrt{\frac{1}{2\pi}\sin2\alpha + \frac{\pi - \alpha}{\pi}}$$

单相交流调压电路（电阻性负载）的电压可调范围为 $0\sim U$，触发延迟角 α 的移相范围为 $0°\sim180°$。

图 4-34 是单相交流调压电路（阻感性负载）的主电路原理图。其工作情况与可控整流电路带阻感负载相似。当电源反向过零时，由于电感阻碍电流的变化，故电流不能立即为零，此时

晶闸管的导通角 θ 的大小不但与触发延迟角 α 有关还与负载阻抗角 ϕ 有关。

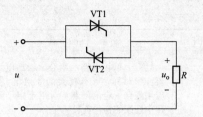

图 4-33 电阻性负载单相交流调压电路

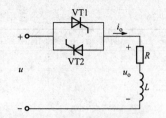

图 4-34 阻感性负载单相交流调压电路

（2）单相交流调压的特点。

1）电阻性负载时，负载电流波形与单相桥式可控整流交流侧电流波形一致。改变触发延迟角，可以连续改变负载电压有效值，达到交流调压的目的。单相交流调压的触发电路完全可以套用整流触发电路。α 的移相范围为 $0°\sim180°$。

2）电感性负载时，最小触发延迟角 $\alpha_{min}=\phi$（阻抗角）。不能用窄脉冲触发，只能用宽脉冲或脉冲列触发。否则当 $\alpha<\phi$ 时，会出现一个晶闸管无法导通，从而出现波形丢失现象，产生很大直流分量电流，烧毁熔断器或晶闸管。α 的移相范围为 $0°\sim180°$。

3．三相交流调压电路

单相交流调压电路适用于单相负载。容量较大的负载绝大多数为三相，可用三相交流调压。

常用的三相交流调压电路有 4 种接线方式：星形联结带中线的三相交流调压电路（见图 4-35）、晶闸管与负载连接成内三角形的三相交流调压电路（见图 4-36）、用三对反并联晶闸管连接成的三相三线交流调压电路（见图 4-37）、三个晶闸管连接在星形负载中点的三相交流调压电路（见图 4-38）。

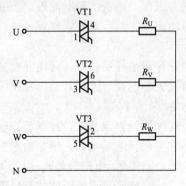

图 4-35 星形联结带中线的
三相交流调压电路

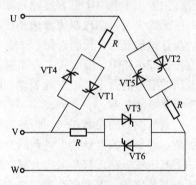

图 4-36 晶闸管与负载连接成内
三角形的三相交流调压电路

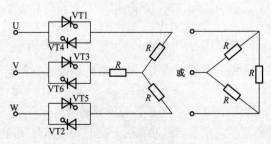

图 4-37 用三对反并联晶闸管连接成的
三相三线交流调压电路

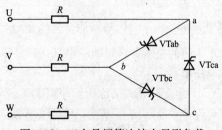

图 4-38 三个晶闸管连接在星形负载
中点的三相交流调压电路

三相交流调压电路 4 种接线方式比较见表 4-26。

表 4-26 　　　　　　　　　　　三相交流调压电路 4 种接线方式比较

电路	晶闸管工作电压	晶闸管工作电流	移相范围	性能特点
图 4-35	$\frac{2}{3}U_{线}$	$0.45I_{线}$	$0°\sim180°$	是三个单相电路的组合，输出电压、电流波形对称，含有较大的 3 次谐波电流，应用受到一定的限制，适用于中小容量可接中性线的各种负载
图 4-36	$\sqrt{2}U_{线}$	$0.26I_{线}$	$0°\sim150°$	是三个单相电路的组合，输出电压电流波形对称，在同样线电流情况下，管子容量可减少。由于负载必须分拆成三部分，实际应用较少
图 4-37	$\sqrt{2}U_{线}$	$0.45I_{线}$	$0°\sim150°$	负载对称时如同三个单相电路的组合，应用双窄脉冲或大于 60°的宽脉冲触发，不存在 3 次电流谐波，应用广泛
图 4-38	$\sqrt{2}U_{线}$	$0.68I_{线}$	$0°\sim210°$	电路简单，适用于丫联结、且中线点能拆开的场合，线间只有 1 个晶闸管，属于不对称控制

4. 直流调压电路

直流调压电路是指通过电力电子器件的开关作用，将直流电源的恒定电压变换为另一固定电压或可调直流电压的装置，也称直流斩波器。如果采用晶闸管作开关元件，则称为晶闸管直流斩波器。主要用于电力牵引方面，如城市无轨电车、电力机车、地铁、蓄电池搬运车和铲车等。它与传统的串电阻调压调速方法相比较，不仅能容易地实现平稳起动、无级调速，以及再生制动，而且结构轻便、控制简便，又能节省大量电能。

在直流斩波电路中，晶闸管工作在直流阳极电压，触发导通很容易，但如何使导通的管子关断，是斩波电路能否正常工作的关键，因此必须设置换流关断电路，强迫导通的晶闸管在反压脉冲作用下可靠关断。

(1) 直流斩波器的控制方式。斩波器以电力电子开关器件作为直流开关，控制负载电路的接通与关断，使负载端得到大小可调的直流平均电压。不论是由普通晶闸管，还是由全控型器件组成的直流斩波电路，都是由三大部分组成的：直流电源（电压源、电流源等）、由开关器件组成的斩波器及负载（串励直流牵引电动机等），如图 4-39（a）所示。直流斩波器有以下三种控制方式。

1) 定频调宽式。又称为脉冲宽度调制（PWM），如图 4-39（b）所示。$f=\frac{1}{T}$ 恒定，只改变脉冲宽度，开关的控制周期 $T=t_{on}+t_{off}$，斩波电路的占空比为 $K=\frac{t_{on}}{T}$。调节占空比，可实现对输出电压的控制。在周期一定时，开关导通时间 t_{on} 越长，占空比越大，输出脉冲宽度越宽，负载电压越高。

2) 定宽调频式又称为脉冲频率调制（PFM），如图 4-39（c）所示。保持导通时间 t_{on} 不变，或者保持断开时间 t_{off} 不变，而改变斩波周期 T 或频率 f，在输出脉冲宽度一定时，周期时间越短，占空比越大，负载电压越高。

3) 调频调宽式又称为混合控制，如图 4-39（d）所示。既改变频率 f 又改变 t_{on} 或 t_{off}。

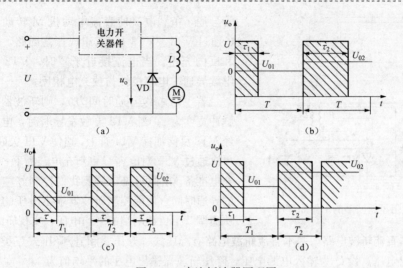

图 4-39　直流斩波器原理图
(a) 斩波器的组成；(b) 定频调宽式；(c) 定宽调频式；(d) 调频调宽式

控制电路通断的开关器件是斩波器中的关键器件，可由普通晶闸管、GTR、IGBT 或自关断电力电子器件构成。若采用普通晶闸管，因其没有自关断能力，还需设置使晶闸管关断的换流电路。采用自关断器件构成斩波器，就省去了换流电路，从而减少了电路的电能损耗，有利于提高斩波器的效率。

用脉冲频率调制，其频率必须在宽范围内改变，以满足输出电压调节范围的要求；变频调制时滤波电抗设计比较困难，对信号传输的干扰可能性较大；另外，在输出电压很低的情况下，较小的占空比和较长的关断时间会使负载电流断续。对于调频调宽的控制方式，其突出优点是：如果使占空比和频率的变化保持一定的关系，滤波电感只由 E 和 I 决定。但因定频调宽控制比较简单，被多数斩波器采用。

(2) 斩波器的分类。直流斩波器的类型很多，如果按晶闸管器件的类型可分为逆阻型（用普通晶闸管器件）和逆导型（用逆导晶闸管器件）两种。普通晶闸管组成的逆阻型斩波器的特点是：采用自振式换流环节，电能损耗较少；工作在低压大电流，又常遇重载起动，冲击电流值很大，持续时间也较长。逆导型直流斩波电路可以采用逆导晶闸管或普通晶闸管与二极管并联的形式。逆导型直流斩波的优点是：正向压降小；关断时间短且高温性能好；消除了接线分布电感，构成振荡回路的电容 C 可以选小。

不同斩波器工作中的区别不在于晶闸管的导通电路，而在于它的关断电路。由于选用的晶闸管不同（逆阻管或逆导管），调制方法不同（定宽调频或定频调宽），关断晶闸管的换流电路也就不同，从而构成了斩波器的不同电路。

(3) 逆阻型斩波器。逆阻型斩波器广泛用于电力牵引方面，如蓄电池叉车及城市无轨电车等。其中，控制电路可以改变斩波器所输出脉冲电压的宽度 τ 以及通断时间 $T(1/f)$，而电路的导通比 τ/T 将决定着输出电压的平均值 $U_d = (\tau/T) \cdot U_G$。可见，调节斩波器输出电压平均值的方法有三种：只改变 τ 或只改变 T 或同时改变 τ 和 T。

下面介绍逆阻型斩波器的工作原理，如图 4-40 所示。图中 E 为直流电源，VT1 为主晶闸管，VT2、VT3 为辅助晶闸管，VD 为续流二极管，C 为换流电容，M 为直流电动机。

接通直流电源 E 触发辅助晶体管 VT2 使之导通，给换向电容 C 预充电，当电容上电压 U_C 等于电源电压时，充电电流接近于零，VT2 将自行关断。然后触发电路同时触发 VT1 和 VT3

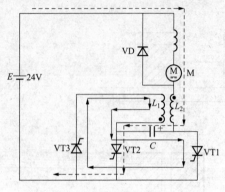

图 4-40　逆阻型斩波器的工作原理图

管导通，负载电流使直流电动机 M 转动，同时电容 C 通过 VT1、VT3 及 L1 组成振荡回路，使电容放电和反向充电。当电流接近于零时，VT3 关断，VT1 继续导通，电容极性与预充电相反。

若 VT1 持续导通时间为 τ，则斩波器的输出电压脉冲宽度为 τ。当 VT2 再触发导通时，电容上的电压经 VT2 反向加在 VT1 管上，迫使 VT1 关断。负载电流再次通过 VT2 对电容 C 重新充电，为下一个周期做预充电准备。由此可见，只要我们控制好主晶闸管 VT1 的导通时间，便能控制斩波器输出电压的脉冲宽度 τ，从而调节了负载两端的平均电压，实现斩波调速。

（4）基本直流斩波电路。基本直流斩波电路有降压式、升压式和升/降压式三类，它们可得到稳定的输出电压。设 U 为输入电源电压，降压斩波器输出电压的平均值为

$$U_。 = \frac{t_{on}}{T}U = KU$$

升压斩波器输出电压的平均值为

$$U_。 = \frac{1}{K}U$$

升/降压斩波器输出电压的平均值为

$$U_。 = \frac{K}{1-K}U$$

库克斩波器电路与升/降压斩波电路输出电压的平均值完全相同，即

$$U_。 = \frac{K}{1-K}U$$

库克斩波器电路可得到稳定的输出电流，可实现斩波电路的斩波变换。对直流电压源可串联大电感，转换为电流源后，再进行斩波变换。库克斩波电路输出电流平稳，脉动小，适用于要求电流源的场合。

复合式直流斩波电路是将升压式斩波电路与降压式斩波电路相互结合构成的，能实现第 II 象限或第 IV 象限运行。复合式斩波电路用于直流电力拖动系统中可方便、快速地实现直流电动机的正、反转和再生制动运行状态的转换，对节约电能具有重要的意义。

四、逆变器

将交流电变成直流电的过程称为整流，而逆变器的作用是把直流电变成交流电。利用晶闸管等开关元件组成的逆变电路分为两类：一类是有源逆变，它是通过直流电—逆变器—交流电—交流电网，将直流电逆变成和电网同频率的交流电并反送到交流电网，它用于直流电动机的可逆调速、绕线转子异步电动机的串级调速、高压直流输电和太阳能发电等；另一类是无源逆变，它是通过直流电—逆变器—交流电（频率可调）—用电设备，将直流电逆变为某一频率（或频率可调）的交流电并直接供给用电设备，它在交流电动机变频调速、感应加热、中频电源、不间断电源等方面应用十分广泛。

1. 有源逆变电路

（1）三相半波有源逆变器。三相半波有源逆变电路有共阴极和共阳极两种接法，下面以共阴极电路为例进行讨论。

1）整流状态（$0° < \alpha < 90°$）。三相半波共阴极整流电路如图 4-41 所示，负载是电动机。只

要在 $0° < \alpha < 90°$ 的整流状态，u_d 总是正值，极性必是上正下负，整流电压瞬时波形总是正面积大于负面积。电流 I_d 从 u_d 正端流出，流入电动机 M。整流器将交流电能变成直流电能供给电动机。

2）逆变状态（$90° < \alpha < 180°$）。由于晶闸管的单向导电性，电动机反电动势必须改变极性才能进入逆变状态，如图 4-42 所示。

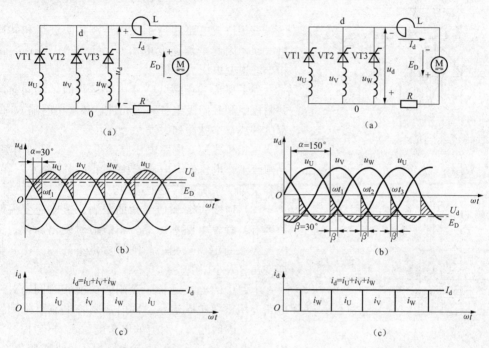

图 4-41 三相半波共阴极整流电路　　图 4-42 三相半波共阴极逆变状态

以 $\alpha = 150°$ 为例，ωt_1 时刻触发 U 相晶闸管 VT1，虽然 $u_U = 0$，VT1 承受的正向电压 E_D 而导通，在 $|E_D > u_U|$ 时，VT1 承受正向电压继续导通，W 相负半波交流电通过 VT1 送到直流负载侧，同时电抗器储存磁能。ωt_2 时刻以后，$|E_D| < |u_U|$，电抗器放出磁能产生感应电动势，使 VT1 继续导通。电抗器电感量足够大，可使主回路的电流继续。VT1 导通 120°，直到 ωt_3 时刻触发 V 相晶闸管 VT2 为止。ωt_3 时刻 $u_V > u_U$，VT2 导通。VT1 因承受反相电压而关断。V 相交流电通过 VT2 送到负载侧，VT2 导通 120°，然后触发 W 相晶闸管 VT3，W 相导通 120°，以后依次触发，情况同上。需指出的是，ωt_3 时刻发出 VT2 的触发脉冲，由于 E_D 使 VT2 导通，VT1 关断。若在 ωt_2 时 VT2 没有接到触发脉冲，或者 V 相缺相，VT1 将继续导通，将 U 相正半周电压送到共阴极 d 点，与电动机反电动势顺向串联，形成短路，这种情况叫作逆变颠覆或逆变失败，必须竭力避免。

逆变运行时，为计算方便，引入逆变角 $\beta = 180° - a$，逆变电压平均值 $U_d = -1.17U_2\cos\beta$。

三相半波共阳极电路与共阴极电路只是电压、电流方向不同，基本工作原理完全相同。

三相半波逆变电路接线简单，元件少，但性能比三相桥式电路差，变压器利用率低，只适用于中、小容量的可逆系统。

（2）三相桥式有源逆变电路。三相桥式有源逆变电路和电压波形如图 4-43 所示。直流侧有足够大的电感，三相桥式逆变器与整流电路的区别在于逆变电路中直流侧有与通流方向一致的电势源 E_D，且必须是全控桥。三相全控桥工作时，必须共阴极组、共阳极组各有一个元件成对

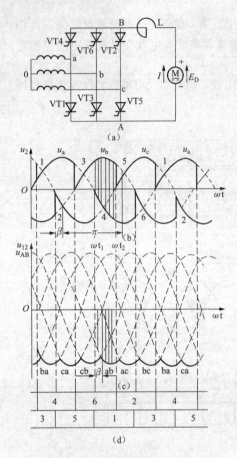

图 4-43 三相桥式有源逆变电路和
电压波形图

导通，以构成通路。每个元件导通 120°，每隔 60°换相一次，元件导通顺序是 VT1，VT2，VT3，…，VT6。共阴极组元件 VT1、VT3、VT5 自然换相点是 1、3、5，共阳极组元件 VT6、VT4、VT2 自然换相点是 4、6、2，自然换相点向后推移 180°就是该元件的 β 起算点。

三相桥式电路相当于三相半波共阴极组和共阳极组串联，因此平均逆变电压 $U_d = -2.34 U_2 \cos\beta$，比三相半波逆变电压大一倍。

为了保证三相桥式逆变电路运行时，能同时触发共阴极组和共阳极组各一个元件，必须用间隔 60°的双窄脉冲或双窄脉冲列触发。

三相桥式逆变电路电压脉动小，变压器利用率高，晶闸管工作电压低，电抗器比三相半波电路小，在大、中容量可逆系统中广泛地应用。

（3）逆变失败和逆变角的限制。造成逆变失败的原因有：触发电路不可靠，不能适时发出脉冲；交流电源突然断电、缺相；晶闸管质量不好等。还有就是逆变角 β 太小。

电路中的电抗延长了晶闸管的换相时间，对应的电角度用重叠角 γ 表示。同时晶闸管电流下降到零后有一个关断时间 t_q，对应的电角度为 δ。再考虑一定的安全裕量角 θ_a，为了保证正常换相，最小逆变角 $\beta_{min} = \gamma + \delta + \theta_a$。一般角度为 $\beta_{min} = 30° \sim 35°$。触发电路中一般设有最小逆变角保护，确保 β 不小于 β_{min}。

（4）可逆电路。在需要他励直流电动机可逆运转的地方，如可逆扎机、龙门刨床、电梯等，一般采用改变电枢电压极性的方案，由极性相反的两组变流器给电动机供电，常见的可逆主电路连接方式有反并联和交叉连接两种；从控制方式上可分为有环流可逆系统和无环流可逆系统。

1）三相桥式反并联可逆电路。如图 4-44 所示，是两组三相全控桥给他励直流电动机供电反并联电路。左边是 I 组，工作在整流状态，电动机正转，机械特性在第一象限。右边是 II 组，若工作在整流状态，则电动机反转，机械特性在第三象限。采用 $\alpha = \beta$工作制，又称为配合控制。控制方法是 I 组工作在整

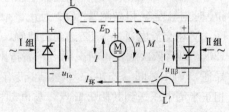

图 4-44 三相桥式反并联有环流可逆电路

流状态，控制角为 α_I，II 组就工作在逆变状态，逆变角为 β_{II}，并且 $\alpha_I = \beta_{II}$。

起动时，I 组控制角 α_I 由 90°逐渐减少，U_{dI} 逐渐增大，电动机正转，最后稳定运转在某一转速，$E_D = U_{dI} - RI$。II 组逆变角 $\beta_{II} = \alpha_I$，虽然在逆变区，但 $U_{dII} = U_{dI} > E_D$，不满足逆变条件，处于待逆变状态。

电动机制动时，首先让 I 组工作在逆变状态，使电动机电流迅速下降到零，本组逆变结束，令 I 组回到整流状态，II 组处于逆变状态，$\alpha_I = \beta_{II}$ 逐渐增大，$U_{dI} = U_{dII}$ 逐渐减少。电动机机械

惯性很大，E_D 几乎未变，当 $U_{dⅡ}=U_{dⅠ}<E_D$ 时，满足了Ⅱ组逆变条件，电动机电流反向，做发电制动运转，转速急剧下降，直至停车。

2）环流。直流环流产生的原因是整流电压平均值大于逆变电压平均值。为防止产生环流，必须满足 $U_{dα}≤U_{dβ}$，即 $α≥β$，但 $α>β$ 控制方式在他桥逆变开始时，$U_{dα}>U_{dβ}=E_D$ 不满足逆变条件，直到自然减速至 $U_{dβ}=U_{dα}<E_D$ 时，他桥逆变才开始，这段自由减速时间称为死区。为了减少死区，$α$ 只能稍大于 $β$ 或等于 $β$。

脉动环流产生的原因是整流电压和逆变电压瞬时值不等，即使两组电压平均值相等，但瞬时值不等，在Ⅰ组和Ⅱ组变流器中即会出现环流。

环流过大可增大电路的功率损耗，甚至烧毁线路或元件，所以必须加以限制。除直流环流采用 $α≥β$ 消除外，交流环流则采用回路中加入均衡电抗器的方法进行限制。

环流也有它好的一面，即可以改善电动机在电流断续区域的机械特性。在要求零位附近快速频繁改变转动方向，位置控制要求准确的生产机械，往往用可控环流可逆系统，即在负载电流小于额定值 $10\%\sim15\%$ 时，让 $α<β$，人为地造环流，使变流器电流连续，从而消除电流断续给电动机和控制系统带来的危害。

3）环流可逆电路。正反两组变流器同时导通才会引起环流，假如两组变流器任何时刻只有一组导通，就不会产生环流。也就是任何一组桥路无论工作在整流状态还是逆变状态，另一组桥路必须阻断，晶闸管承受的是交流电压，使其阻断的办法有两种：一是门极不加触发脉冲，如逻辑无环流系统就是采用这种方法；二是在晶闸管承受反向电压时给触发脉冲，采用这种方法的叫错位无环流系统。

2. 无源逆变电路

(1) 无源逆变器的基本工作原理。无源逆变器的原理如图 4-45 所示。U_d 是幅度可变的直流电源，晶闸管 VT1、VT4 和 VT2、VT3 为两组开关元件。当两组晶闸管轮流切换导通时，则在负载上便可得到交变电压 u_R，u_R 的幅值由可调直流电源 u_d 决定，u_R 的频率则由逆变器两组晶闸管切换的频率决定，这样就实现了直流到交流的逆变。

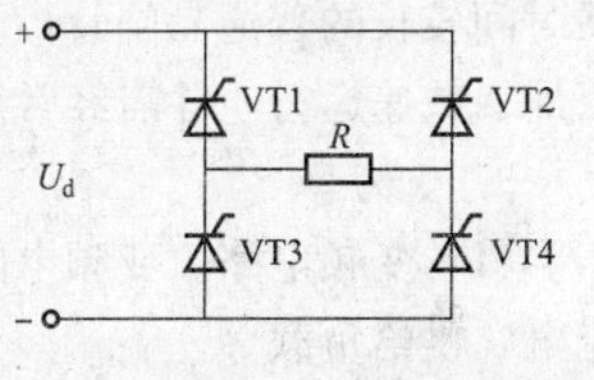

(2) 无源逆变的换流。无源逆变器的电源电压是直流，晶闸管一旦导通就失去了自关断的能力。因而在逆变器中，首先要解决晶闸管的换流问题，通常必须依靠换流装置。换流装置的作用是迫使原导通的晶闸管电流降至零而关断。为保证它可靠地关断，换流装置应使它承受一定的反压时间 t_v，t_v 应大于晶闸管的关断时间 t_q。

图 4-45 无源逆变器的原理图

逆变器中常采用的换流方法是以下几种。

1）负载振荡式换流。这种方法利用负载回路中的电阻、电感和电容所形成的振荡特性，使电流过零。只要负载电流超前于电压的时间大于晶闸管的关断时间，就能保证原导通晶闸管可靠地关断，再触发另一组晶闸管导通，实现换流。这种换流也称自然换流，只适用于负载、频率变化不大的场合。

2）强迫换流。这种方法是依靠专门的换流回路使晶闸管在需要的时刻关断，一般在换流回路中设置电感、电容元件，当辅助晶闸管或另一组晶闸管导通后，使换流回路产生一个短暂的换流脉冲使原导通的晶闸管电流下降至零，并在其上加一反向电压，持续时间 t_v 大于晶闸管关断时间 t_q。

3）采用可关断晶闸管（GTO）与大功率晶体管（GTR）换流。这两种元件具有自关断能力，可省去附加的换流装置，构成性能稳定的变速调速系统。目前由于元件的制造水平，只限于较小容量。

（3）谐振式逆变器。

1）并联谐振式逆变器。这种逆变器的换流电容与负载电路并联，换流方式基于并联谐振原理，较多用于金属熔炼、淬火的中频感应加热电源。保证可靠换流，晶闸管必须在 u_a 过零前 $t_\delta = t_r + t_v$ 触发。t_δ 称为触发引前时间，一般取逆变频率周期的 $1/7 \sim 1/10$。并联谐振逆变器输入的是恒定的电流，输出电压波形接近于正弦波，属于电流型逆变器。

2）串联谐振式逆变器。其负载和换流电容串联，利用负载回路串联谐振原理进行换流，适用于负载性质变化不大（如热加工、热锻等），需频繁起动和工作频率较高的场合。每个桥臂由一只晶闸管和一只二极管并联。当晶闸管关断时，二极管将负载能量反馈至电源端。

串联逆变器可以改变反压角（反压时间 t_v 所对应的电角度）来调节输出功率，反压角小，输出功率大。采用不可控整流电路，将工频交流电源变为直流。串联谐振逆变器输入的是恒定的电压，输出电流波形接近于正弦波，属于电压型逆变器。

（4）电压型逆变器与电流型逆变器。在交—直—交变频中，由于直流逆变到交流中间滤波环节的不同，可分为电压型与电流型。电压型逆变器中间环节采用大电容滤波。电源阻抗很小，类似电压源。逆变器输出电压为比较平直的矩形波，电流波形接近正弦波。电流型逆变器中间环节采用电抗器滤波，电源呈高阻，类似于电流源。逆变器输出电流为比较平直的矩形波，电压波形近似为正弦波。

电压型逆变器采用电容器滤波，输出矩形波电压，电流近似于正弦波。其特点是晶闸管承受电压低，但晶闸管关断时间短，需要换流电容和滤波电容，过电流保护困难。适用于向多台电动机供电，不可逆拖动，稳速工作，快速性要求不高的场合。

电流型逆变器采用电感滤波，输出电压近似于正弦波，电流为矩形波。其特点是可使用关断时间较长的普通晶闸管，不需要换流电容和滤波电容，电流保护容易。适用于单机拖动，频繁加、减速运行，并需经常反向的场合。

3. 变频器

（1）变频电路。变频电路（变频器）的任务是把直流电或工频交流电变换成频率可调的交流电，供给负载。

变频电路从变频过程可分为以下两大类。

1）交流—直流—交流变频。它将 50Hz 的交流电先整流成直流电，再由直流电逆变成所需频率的交流电。这种变频就是前面所讲的整流——无源逆变。

2）交流—交流变频。它将 50Hz 的交流电直接变成其他频率（低于 50Hz）的交流电，称为直接变频。

（2）单相交—交变频电路。它一般采用三相电源供电，电路由具有相同特征的两组晶闸管整流电路反向并联构成。正、反两组整流器一般采用相控整流电路。如果正组整流器工作，反组整流器被封锁，负载端输出电压为上正下负；如果反组整流器工作，正组整流器被封锁，负载端输出电压为上负下正。如此，只要交替地以低于电源的频率切换正、反组整流器的工作状态，在负载端就可以获得交变的输出电压。

如果在一个周期内触发延迟角 α 固定不变，则输出平均电压波形不是正弦波，而是矩形波，它含有大量谐波，这对电动机的工作很不利。如果触发延迟角 α 不固定，在正组工作的半个周期内让触发延迟角按正弦规律从 90° 逐渐减少到 0°，然后再由 0° 逐渐增加到 90°。那么正组整流器的输出电压的平均值就按正弦规律变化，由零增到最大，然后从最大减少到零。在负组工作的半个周期内采用同样的控制方法，就可以得到平均电压接近正弦波的输出电压。

（3）三相交—交变频电路。三相交—交变频电路由三相输出电压相位互差 120°的单相交—交变频电路组成，实际上包括三套可逆电路。接线方式有公共交流母线接线方式和输出星形接线方式两种。公共交流母线接线方式中电动机三相绕组既不能接成三角形，也不能接成星形，一般用于中等容量的交流调速系统。输出星形接线方式三相单相交—交变频电路的输出端采用星形联结，电动机绕组也采取星形联结。

（4）交—交变频电路的优缺点。同交—直—交变频电路（逆变器）比较，交—交变频电路有以下优缺点。

1）优点。

① 只有一次变流，且使用电网换相，提高了变流效率。

② 可方便地实现在第Ⅳ象限工作。

③ 低频时输出波形接近正弦波。

2）缺点。

① 接线复杂，使用晶闸管数量较多。

② 受电网频率和交流电路各脉冲数的限制，输出频率低，电网频率为 50Hz，变频电路的输出上限频率约为 20Hz。

③ 采用相控方式，功率因数较低。

由于以上优缺点，交—交变频电路主要用于 500kW 以上，转速 600r/min 以上的大功率低转速的交流调速装置中，既可以用于异步电动机传动，也可以用于同步电动机传动。

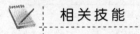

相关技能

技能训练一　常用电子器件的识别与检测

一、训练目的

（1）掌握电阻器、电容器结构、原理与检测。

（2）掌握二极管、三极管、晶闸管的结构、原理与检测。

（3）熟悉电子仪表使用方法。

二、训练器材

（1）万用表，MF500 或数字万用表，1 块。

（2）电阻元器件，各种规格，若干。

（3）电容元器件，各种规格，若干。

（4）二极管元器件，各种规格，若干。

（5）三极管元器件，各种规格，若干。

（6）晶闸管元器件，各种规格，若干。

（7）其他工具。

三、相关知识

1. 电阻器的标注方法

电阻器的标称阻值和允许误差参数一般都直接标注在电阻体表面上，具体标注方法通常有以下几种。

（1）直标法。是在电阻体表面直接标注主要参数和技术性能的一种方法，如图 4-46 所示。

（2）文字符号法。它是将需要标注的主要参数和技术性能用字母和数字符号有规律地结合起来标志在电阻体表面的一种方法。在标注时，文字、数字符号组合的一般规律是：阻值的整

图 4-46　电阻器阻值和允许误差直标法

数部分和小数部分分别标在阻值单位符号的前面和后面，如图 4-47 所示。

图 4-47　电阻器阻值和允许误差文字符号法

（3）色标法。它是指用不同颜色在电阻体表面标注主要参数和技术性能的方法。电阻器色标符号及意义见表 4-27。

表 4-27　　　　　　　　　　　　　　　　电阻器色标符号及意义

颜　色	有效数字	倍乘数	允许误差%	颜　色	有效数字	倍乘数	允许误差%
棕	1	10^1	±1	灰	8	10^8	—
红	2	10^2	±2	白	9	10^9	—
橙	3	10^3	—	黑	0	10^0	
黄	4	10^4		金	—	10^{-1}	±5
绿	5	10^5	±0.5	银	—	10^{-2}	±10
蓝	6	10^6	±0.25	无			±20
紫	7	10^7	±0.1				

固定电阻器的色环标注读数识别如图 4-48 所示。一般电阻器用两位有效数字表示，如图 4-48（a）所示。精密电阻器用三位有效数字表示，如图 4-48（b）所示。

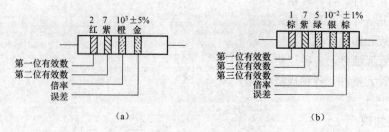

图 4-48　电阻器色环表示法
（a）阻值为 27kΩ，允许误差为 ±5%；（b）阻值为 1.75Ω，允许误差为 ±1%

（4）有数字法。例如，104→10×10^4Ω；53H→5×10^3Ω。

2. 电容器的标志方法

（1）直标法。具体方法与电阻器相同。有些电容器由于体积较小，在标注时为了节省空间，习惯上省略了单位，但必须遵照以下规则。

1）凡带小数点小于 1 的数，且无单位标志，则表示 μF。例如，0.47→0.47μF。

2）凡不带小数点大于 1 且小于 100 的数，且无单位标志，则表示 pF。例如，56→56pF。

3）凡不带小数点大于 100 且个位数为 0 的数，且无单位标志，则表示 pF，例如，560→560pF。

4）许多小型固定电容器如瓷片电容器等，其耐压 100V 以上，比一般晶体管电路工作电压要高得多，由于体积关系工作电压也不标注，但在特殊情况下，则选用标注符合要求的电容器。

（2）文字符号法。同电阻一样，由于电容器的计算单位是 F、μF、pF 且它们之间的相差 10^6。

（3）色标法。同电阻值一样，也可用色标标注工作电压。例如，棕色→6.3V、红色→10V、灰色→16V。

（4）数字法。例如，104→10×10^4pF，333→33×10^3pF。

（5）电容器允许误差标注方法。例如，D=$\pm0.5\%$，F=$\pm1\%$，G=$\pm2\%$，J=$\pm5\%$，K=$\pm10\%$，M=$\pm20\%$，N=$\pm30\%$。

3．二极管的识别与检测

（1）识别方法。一般情况下，二极管有标志环的一端为阴极，如图 4-49 所示。

（2）检测方法。将模拟万用表（指针式）置于 R$\times$100 或 R$\times$1k 挡，数字万用表则置于二极管测量挡，两表笔任意连接二极管两引脚，测量一次阻值；然后交换表笔，再测量一次阻值，测试结果与测试方法见表 4-28。

图 4-49　二极管的识别

表 4-28　　　　　　　　用万用表判别二极管极性、检测质量好坏的测试方法

测试项目	测试方法	正常数据	极性判别	质量好坏
正向电阻	Ω×1k　　本	几百欧姆至几千欧姆。锗管的正向电阻比硅管的稍小	模拟表黑表所接端为阳极；数字表红表所接端为阳极	1．正、反向电阻相差越大性能越好 2．均小或为零：短路损坏 3．均很大或无穷大：开路损坏 4．正向电阻较大或反向电阻偏小：性能不良
反向电阻	Ω×1k　　本	大于几百千欧姆。锗管的反向电阻比硅管的稍小	模拟表黑表所接端为阴极；数字表红笔所接端为阴极	

4．发光二极管的识别与检测

LED 的引脚极性和性能好坏可用数字万用表的二极管检测挡进行检测。如图 4-50 所示，正常 LED 在检测时，正、反两次测量，电压大小应当为一大一小，大的一次显示为"1"（溢出），

LED不发光；小的一次数值为正向压降（单位：mV），LED发出微弱光亮，此时，红表笔所接为阳极，黑表笔所接为阴极。如果两次测量均显示为"1"（溢出）或均为较小的数值，表明LED已损坏。LED一般不采用模拟万用表（指针式）检测。无数字万用表时，也可采用图4-51所示的电路进行检测。

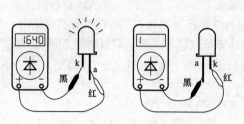

图4-50　用数字万用表检测LED

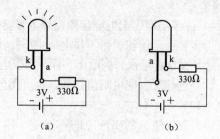

图4-51　LED检测电路
(a) 正向接法；(b) 反向接法

5. 稳压管的识别与检测

稳压管的极性测量同二极管判别相同。稳压管的稳压值测量方法一般有以下几种。

(1) 采用晶体管图示仪进行测量。

(2) 用万用表R×10kΩ挡（一般为9V或15V叠层电池），利用这个电压去测量9V或15以下的稳压管。测量稳压管时，用万用表（500型）黑表笔接稳压管负极，红表笔接稳压管正

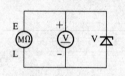

图4-52　绝缘电阻表
测稳压管的稳压值

极，这时万用表的指针偏转一定角度，根据角度大小可以判断稳压管的稳压值的大小。一般万用表（500型）指针偏转表头的中间位置为稳压值7.5V左右。

(3) 用绝缘电阻表测量稳压管的稳压值。

利用绝缘电阻表提供反向击穿电压来进行测量，具体测试如图4-52所示。摇动绝缘电阻表，当万用表的指针指示的电压值不再变化，此时万用表电压值的读数就为稳压管的稳压值。

6. 三极管的识别与检测

(1) 识别。与大多数元器件一样，三极管的识别可通过外形、体表标志来识别，图4-53为常用三极管引脚排列示意图。

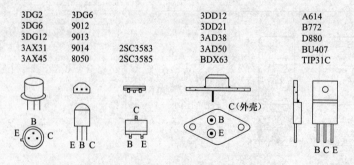

图4-53　常用三极管引脚排列示意图

(2) 管型和基极的判别。

1) 基极判别。在测量三极管两极间电阻中，无论表笔正方向还是反方向测试，极间阻值均

"大",说明这两极为集电极 C 和发射极 E,余下的一极即为基极 B。

2)管型（NPN 或 PNP）判别。在判别出基极 B 后,可将接电池正极的表笔连在基极上,若测得与其他两极之间的阻值均小,则此三极管为 NPN 型管;若测得与其他两极之间的阻值均大,则此三极管为 PNP 型管。

3)发射极、集电极的判别。在已知三极管管型（NPN 或 PNP）和基极 B 后,先假设其余两只管脚中的一只为集电极 C,另外一只为发射极 E,用手指捏住已知的基极 B 和假设的集电极 C 的管脚（两者不要相碰,相当于加上一个较大的偏置电阻）,然后用万用表测量假设集电极 C 和发射极 E 之间的电阻值,具体方法为:NPN 型管,将内电池为正极的表笔接在假设的集电极 C 上,内电池为负极的表笔接在假设的发射极 E 上;PNP 型管,表笔连接方向相反,即将内电池为负极的表笔接在假设的集电极 C 上,内电池为正极的表笔接在假设的发射极 E 上,如图 4-54 所示,然后再作相反的假设,即假设先假设为发射极的管脚为集电极 C,假设先假设为集电极的一只为发射极 E,按同样的方法重新测量两只管脚之间的电阻值,比较两次阻数的大小,阻值小的一次假设成立。

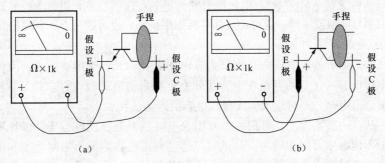

图 4-54　三极管发射极、集电极的判别
(a) NPN 型管；(b) PNP 型管

4)万用表判断三极管的好坏。根据三极管的极间电阻特性即 PN 结的单向导电性,我们可以检查三极管内各极间 PN 结的正、反向电阻阻值,如果"大"与"小"相差较大,说明三极管基本上是好的。如果"大"与"小"都很大,说明三极管内有断路或 PN 结性能不好;如果"大"与"小"都很小,说明三极管极间短路或被击穿了。如果"大"不是很大,"小"不是很小,说明三极管性能不好。

7. 单向晶闸管检测

一只好的单向晶闸管,应该是三个 PN 结良好,反向电压能阻断;阳极加正向电压情况下,当控制极开路时也能阻断。而当控制极施加正向电流时晶闸管导通,且在撤去控制极电流后仍维持导通。

(1)极间电阻测量。先通过测极间电阻检查 PN 结的好坏,由单向晶闸管可知,A-G、A-K 间正向电阻都很大。用万用表的任何电阻挡测试阻值都较小,表示被测管 PN 结已击穿,该晶闸管已损坏。当 A 极接黑表笔,K 极接红表笔,测得阻值越大,表明正向漏电流越小,管子的正向阻断特性越好;当 A 极接红表笔,K 极接黑表笔,测得阻值越大,表明反向漏电流越小,管子的反向阻断特性越好。应指出的是,测 G—K 极间的电阻,即为测一个 PN 结的正反向阻值,则宜用 R×100Ω 或 R×1kΩ 挡进行。G—K 极间的反向阻值应较大,一般为 80kΩ 左右,而正向阻值为 2kΩ 左右。若测得正向电阻（G 极接黑表笔,K 极接红表笔）极大,甚至接近无穷大,表示被测管的 G—K 极间已被烧坏。

（2）单向晶闸管导通性能试验。利用万用表可以很方便地检测单向晶闸管的导通特性。将万用表置 R×1Ω 挡，红表笔接 K 极，黑表笔接 A 极。然后用黑表笔再同时接触一下 G 极并松开，这相当于给 G 极施加一正向触发电压，此时应见到表针明显偏向小阻值方向，当松开 G 极后，且指针仍应保持不动，这就表明管子的触发特性基本正常，否则就是触发特性不良或不能触发。这种方法仅适合检查小功率晶闸管。对于大功率晶闸管，因其通态压降较大，并且 R×1Ω 挡提供的阳极低于维持电流 IH，故晶闸管不能完全导通，在开关断开时晶闸管也随之关断。为此可改用双表法，即把两块万用表的 R×1Ω 挡串联起来使用，获得 3V 的电源电压。也可在万用表 R×1Ω 挡的外部串联电池。

四、训练内容及步骤

1. 电阻器的检测方法

（1）固定电阻器。固定电阻器的识别既可通过外形、体表标志来识别，也可通过万用表测量其阻值来识别。

（2）电位器。电位器即可变电阻器，主要用在电路中需要调节电阻的位置。一般为三个引脚，分为固定端和可变端（滑动端）。电位器的种类很多，按调节方式可分为旋转式和直滑式。电位器的识别与电阻器一样，既可通过外形标志来识别，也可通过万用表测量其阻值来识别。

2. 电容器的检测方法

（1）识别方法。电容器按极性的有无分为有极性电容和无极性电容两种。有极性电容一般为容量较大的电解电容，正常的有极性电容在外壳上有很清晰的极性标志符号。使用时，正极接高电位，负极接低电位，不可接反。无极性电容引脚接法任意。

（2）检测方法。一般情况下，可用模拟万用表电阻挡对有极性电容器的极性和电容的质量进行判别。一般不用数字万用表检测。测试时，通过测定电容器漏电电阻大小和电容器充电现象强弱，来判断有极性电容的极性、容量的大小及其质量的好坏。具体测量方法参数、判断准则见表 4-29。

表 4-29   **电容器测量方法、参数、判断准则表**

测试项目	测试方法	正常数据	极性判别	质量好坏
无极性电容器	Ω×1k	漏电电阻：无穷大 容量：同一量程，指针摆动的角度越大，容量越大	无极性	漏电电阻越大，质量越好 实际容量与标称容量相差越小，质量越好
有极性电容器 正向	Ω×1k	漏电电阻：较大，几百千欧以上	接黑表笔端为电容器正极	漏电电阻与测量挡位（内电池电压）、电容耐压有关，一般：漏电阻值越大，质量越好

项目四

测试项目		测试方法	正常数据	极性判别	质量好坏
有极性电容器	反向		漏电电阻：较正向漏电电阻小	接黑表笔端为电容器负极	漏电电阻与测量挡位（内电池电压）、电容耐压有关，一般：漏电阻值越大，质量越好

（3）实际检测及测量数据。按上述方法测量实训电路中所有的电容器，并将测量的数据填入表 4-30 内。

表 4-30 电容器漏电电阻阻值及质量判别

序号 测试项目	正向电阻 挡位：R×	反向电阻 挡位：R×	质量判别	说明（型号）
电容 1				
电容 2				
电容 3				
电容 4				

将所有给出的半导体元器件判别出元器件名称与极性。

3. 二极管实际检测

按所给的二极管（各种）进行测量，并将测量的数据填入表 4-31 内。

表 4-31 二极管正、反向阻值及质量判别

序号 测试项目	正向电阻 万用表型号： 挡位：	反向电阻 万用表型号： 挡位：	质量判别	说明（型号）
二极管 1				
二极管 2				
二极管 3				
二极管 4				
稳压管				
发光二极管				

4. 三极管实际检测

按所给的三极管（各种）进行测量，并将测量的数据填入表 4-32 内。

表 4-32 三极管极间阻值及质量判别

序号 测试项目	正向电阻 万用表型号： 挡位：			反向电阻 万用表型号： 挡位：			质量判别	说明（型号）
三极管 1	$R_{be}=$	$R_{bc}=$	$R_{ce}=$	$R_{be}=$	$R_{bc}=$	$R_{ce}=$		
三极管 2	$R_{be}=$	$R_{bc}=$	$R_{ce}=$	$R_{be}=$	$R_{bc}=$	$R_{ce}=$		
三极管 3	$R_{be}=$	$R_{bc}=$	$R_{ce}=$	$R_{be}=$	$R_{bc}=$	$R_{ce}=$		
三极管 4	$R_{be}=$	$R_{bc}=$	$R_{ce}=$	$R_{be}=$	$R_{bc}=$	$R_{ce}=$		

5. 其他半导体器件实际检测

按所给的晶闸管、单结晶体管等器件进行测量，并将测量的数据填入表 4-33 内。

表 4-33 其他半导体器件极间阻值及质量判别

测试项目 器件	正向电阻 万用表型号： 挡位：			反向电阻 万用表型号： 挡位：			质量判别	说明（型号）
单向晶闸管	$R_{ak}=$	$R_{gk}=$	$R_{ga}=$	$R_{ak}=$	$R_{gk}=$	$R_{ga}=$		
双向晶闸管	$R_{T2T1}=$	$R_{GT1}=$	$R_{GT2}=$	$R_{T2T1}=$	$R_{GT1}=$	$R_{GT2}=$		
单结晶体管	$R_{b2b1}=$	$R_{eb1}=$	$R_{eb2}=$	$R_{b2b1}=$	$R_{eb1}=$	$R_{eb2}=$		

五、注意事项

（1）进行电阻、电容元器件识别与检测时，一定不要损坏电子元器件。

（2）进行电阻、电容元器件检测时，注意不要损坏仪表。

（3）进行半导体元器件识别时，一定要注意引脚顺序。

（4）进行半导体元器件识别与检测时，一定不要损坏电子元器件。

（5）进行半导体元器件检测时，一定不注意损坏仪表。

（6）操作正确，确保人身及设备的安全。

六、成绩评定

项目内容	配 分	评分标准	扣 分	得 分
电阻器	10 分	（1）识别不正确，每个元件扣 5 分 （2）检测不正确，每个元件扣 5 分		
电容器	10 分	（1）识别不正确，每个元件扣 5 分 （2）检测不正确，每个元件扣 5 分		
二极管	10 分	（1）识别不正确，每个元件扣 5 分 （2）检测不正确，每个元件扣 5 分		
三极管	20 分	（1）识别不正确，每个元件扣 5 分 （2）检测不正确，每个元件扣 5 分		
其他器件	20 分	（1）识别不正确，每个元件扣 5 分 （2）检测不正确，每个元件扣 5 分		
仪表使用	20 分	（1）仪器仪表使用不正确，每次扣 5 分 （2）测量步骤和方法不正确，每次扣 5 分		
安全文明生产	10 分	（1）工作台放置零乱或不清洁，扣 5 分 （2）损坏元器件，每只扣 5 分 （3）违反安全操作规程，扣 10 分		
工时：1h			评分	

技能训练二 直流稳压电源组装与调试

一、训练目的

（1）掌握用万用表识别与检测电路所用元器件的方法。

（2）掌握直流稳压电源的组成及基本原理。

（3）掌握直流稳压电源电路的安装与测试方法。

（4）掌握直流稳压电源电路的故障分析与排除方法。

二、训练器材

（1）电路焊接工具。电烙铁（20～35W）、烙铁架、焊锡丝、松香。

（2）机加工工具。剪刀、剥线钳、尖嘴钳、平口钳、螺钉旋具、套筒扳手、镊子、电钻。

（3）测试仪器仪表。万用表、示波器。

三、相关知识

1. 固定式三端集成稳压器介绍

三端固定输出稳压器输出电压有正、负之分。输出电压有 5V、6V、9V、12V、15V、18V 和 24V 7 种。CW78×× 系列为输出固定正电压的稳压器，CW79×× 系列为输出固定负电压的稳压器。其型号的意义表示如下：

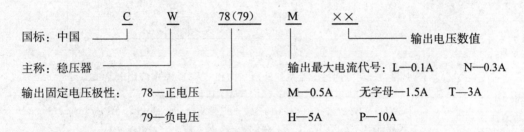

CW79×× 系列与 CW78×× 系列其外形结构相同，但管脚功能有较大差别。

2. 固定式三端集成稳压器的典型应用电路

CW78T15 外形结构和基本应用电路如图 4-55 所示。CW79T15 外形结构和基本应用电路如图 4-56 所示。

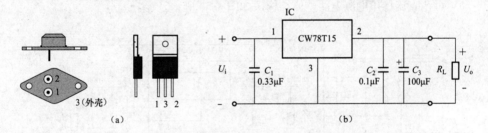

图 4-55 三端集成稳压器 CW78T15 外形结构和基本应用电路

（a）外形及引脚排列；（b）CW78T15 基本应用电路

1—输入；2—输出；3—公共

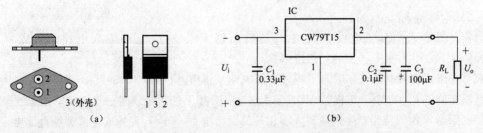

图 4-56 三端集成稳压器 CW79T15 外形结构和基本应用电路

（a）外形及引脚排列；（b）CW79T15 基本应用电路

1—公共；2—输出；3—输入

3. 可调式三端集成稳压器介绍

三端可调输出稳压器三端为一个输入端、一个输出端和一个电压调整端，其可调输出电压也有正、负之分，如 CW117/CW217/CW317 为可调正电压稳压器，CW137/CW237/CW337 为可调负电压稳压器。它们输出的电压绝对值在 1.2～37V 连续可调。其外形结构如图 4-57（a）所示。

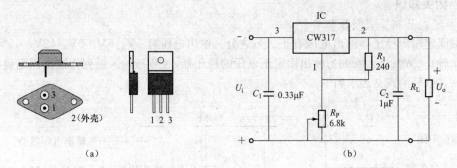

图 4-57　三端可调稳压器系列外形结构和 CW317 基本应用电路

（a）外形及引脚排列；（b）CW317 基本应用电路

CW117/CW217/CW317：1—调整端，2—输出端，3—输入端；

CW137/CW237/CW337：1—调整端，2—输入端，3—输出端

4. 可调式三端集成稳压器的典型应用电路

可调式三端集成稳压器 CW117/CW217/CW317 基本应用电路如图 4-57（b）所示。

四、训练内容及步骤

（一）电路整体结构图

5～30V 可调直流稳压电源电路整体结构图如图 4-58 所示。

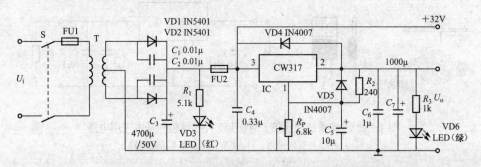

图 4-58　5～30V 可调直流稳压电源电路整体结构图

（二）电路分析

（1）电源输入电路。电源开关 S 以及熔断器 FU1 构成电源输入电路，完成将市电 U_i（220V/50Hz）引入变压器 T 的初级绕组。

（2）变压、整流电路。变压器 T 构成变压电路，将市电 U_i（220V/50Hz）变换为一对大小相等的低压交流电 U_2（26V）。二极管 VD1、VD2 与变压器 T 的次级绕组一起构成单相全波整流电路，将变压器 T 次级绕组产生的一对大小相等的交流电 U_2（26V）变换成全波脉动直流电。

（3）滤波、稳压电路。电容 C_3、C_4 构成电容滤波电路，将脉动直流电转换为波动较小的平滑直流电。集成电路 IC（CW317）、电阻 R_2、电位器 R_P、二极管 VD3、VD4 以及电容器 C_5、C_6 构成稳压电路，将平滑直流电转换为稳定的恒稳直流电，其中，集成电路 IC（CW317）起稳定

输出电压的作用；电阻 R_2、电位器 R_P 起调整输出电压大小的作用；二极管 VD3、VD4 起保护集成电路 IC 的作用；电容器 C_5、C_6 起进一步稳定输出电压的作用。

（4）电路状态指示电路。电阻 R_1、发光二极管 VD3 与电阻 R_3、发光二极管 VD6 构成电路状态指示电路，其中，电阻 R_1、发光二极管 VD3 指示电路整流、滤波电压后平滑直流电压的状态情况；电阻 R_3、发光二极管 VD6 指示平滑直流电稳压后输出恒稳直流电的状态情况。

（5）保护电路。熔断器 FU1、FU2 分别构成电路交流过流与直流过流保护电路。

（三）电路主要技术参数与要求

1．特性指标

（1）输入电压：220V/50Hz±10％。

（2）输出电压：1.5～30V。

（3）输出电流：1.5A。

2．质量指标

（1）纹波电压：≤5mV。

（2）稳压系数：≥1000。

（3）输出电阻：≤0.5Ω。

（四）电路装配

1．电路整体安装方案设计

电路整体安装方案设计如图 4-59 所示。

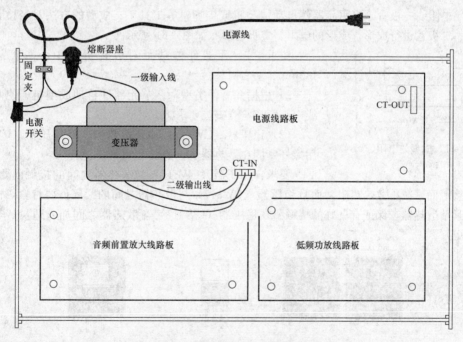

图 4-59 电路整体安装方案设计图

2．电路装配线路版设计

（1）电路装配线路版设计图如图 4-60 所示。

（2）电路装配线路版图设计说明。

1）本装配线路版图为采用 Protel99 设计软件（另有课程介绍）的从元件面向下看的透明装配线路版图。

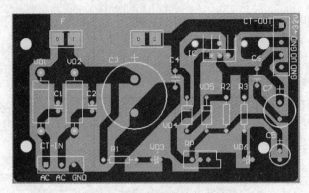

图 4-60　电路装配线路版设计图

2）插头 CT-IN 为变压器次级输入端口，电源线 CT、电源开关 S、熔断器 FU 与变压器 T 安装在整机外壳上。

3）插口 CT-OUT 为电路输出端口。

4）集成电路 IC（CW317）加装有 250mm×250mm 的散热片。

3. 元器件识别与检测

元器件识别与检测主要有：二极管、电容器、集成稳压器、发光二极管、电阻器、电位器、开关、熔断器、熔断器座的识别与检测。

4. 元器件成型与加工

（1）电阻、二极管。应用元器件自动成型机或尖嘴钳等工具手工成型的方法对经检验合格的电阻、二极管进行成形，成形的电阻、二极管形状如图 4-61 所示。

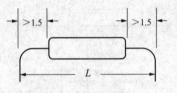

图 4-61　成型的电阻、
二极管形状

要求：1）元器件体端距对应转折线中心长度：大于 1.5mm、左右对称。

2）根据元器件类型，调节元器件自动成型机，使两转折线中心距离符合安装要求。

（2）稳压器（CW317）加装散热器。将稳压器（CW317）用螺杆紧固在散热器上，如图 4-62 所示。

要求：稳压器（CW317）与散热器之间的接触面要平整，

以增大接触面，减小散热热阻。而且稳压器（CW317）与散热器之间的紧固件要拧紧，使元器件外壳紧贴散热器，保证有良好的接触。在稳压器（CW317）与散热器之间加入适量传热硅胶效果会更好。

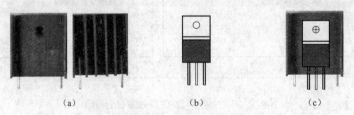

图 4-62　稳压器（CW317）加装散热器
(a) 散热器；(b) 塑封稳压器（CW317）；(c) 在稳压器上加装散热器

5. 导线加工与处理

按规定要求确定相应导线长度后，拨线、捻线、侵锡。捻线紧度：45°±5°。侵锡量：均匀，距胶皮 2mm±1mm。

（1）电源输入线。拨外护套层长度：50mm±5mm；内导线拨线长度：5mm±1mm；捻线紧度：适中；侵锡量：均匀；距胶皮2mm±1mm。

（2）变压器线端处理。

1）初级输入线端。导线剩余长度：65mm±5mm；拨线长度：5mm±1mm；捻线紧度：稍紧；侵锡量：均匀；距胶皮2mm±1mm。

2）次级输出线端。导线剩余长度：85mm±5mm；拨线长度：5mm±1mm；捻线紧度：稍紧；侵锡量：均匀；距胶皮2mm±1mm；压焊金属插针，插入连接线插座内，如图4-63所示。

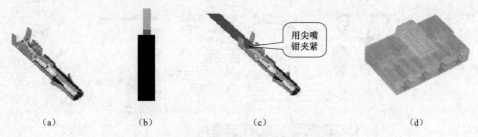

图4-63 插接式线端的制作
（a）金属插针；（b）处理后的线端；（c）线端与插针的压接；（d）连接线插座

（3）电源输出线。导线剩余长度：105mm±5mm；拨线长度：5mm±1mm；捻线紧度：稍紧；侵锡量：均匀；距胶皮2mm±1mm，压焊金属插针，插入连接线插座内。

6. 机壳打孔

根据整机装配方案与变压器、电源开关、交流熔断器座、电源输入线、电路板的实际安装尺寸，分别在机座的底板、侧板与背板上打上相应的安装孔。要求各安装孔应大小适宜、位置适当，且变压器、电源开关、交流熔断器座之间的距离应≥10mm。

（五）整机装配

1. 电路板装配步骤

电路装配遵循"先低后高、先内后外"的原则，先安装电阻 R_1、R_2、R_3 与二极管 VD4、VD5，后安装二极管 VD1、VD2、熔断器座 FU、无极性电容器 C_1、C_2、C_4、C_6、发光二极管 VD3、VD6，再安装插头 CT—IN、电解电容器 C_5、C_7、C_3、集成电路 IC 及散热片，最后装接电源输出线 CT—OUT。

2. 电路装配工艺要求

（1）将电路所有元器件（零部件）正确装入印制线路板相应位置上，采用单面焊接方法，无错焊、漏焊、虚焊。

（2）元器件（零部件）距印制线路板高度 H：0～1mm，如图4-64所示。

（3）元器件（零部件）引线保留长度 h：0.5～1.5mm，如图4-64所示。

（4）元件面相应元器件（零部件）高度平整、一致。

3. 机座装配步骤

（1）将变压器 T、电源开关 S、交流熔断器座 FU1 分别安装在机座的底板、侧板与背板上，将电源输入线的焊接端经背板电源线过孔穿入机内。

（2）按电路要求连接电源输入线 CTX、电源开关 S、交流熔断器座 FU1 与变压器 T。

4. 机座装配要求

（1）各器件应用相应紧固件拧紧固定或卡住，不应有松动感

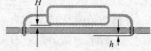

图4-64 电路装配
工艺要求示意图

且要防止由于振动而产生的松动。

（2）背板电源线过孔内应安装过孔橡皮圈。

（3）在电源开关、交流熔断器座上焊接时，不宜时间过长或使用功率过大的电烙铁。

（4）电源开关、交流熔断器座上的焊接点应加绝缘护套管。

（5）电源输入线应用固定夹固定。

机座装配工艺如图 4-65 所示。

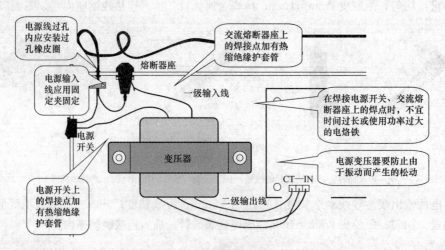

图 4-65　机座装配工艺

（六）整机装联

将装配好的电路板固定在装配完毕的机座上，将变压器次级输出线连接电路板 CT—IN，完成整机装配连接。

1. 电路调试步骤

先测试变压器输出电压 U_2，再测试整流、滤波后电压 U_3，最后测试调整稳压后输出电压 U_o。

2. 电路调试方法

（1）仔细检查、核对电路与元器件，确认无误后加入规定的交流电压 U_i：220V/50Hz±10%。

（2）拔出变压器次级输出线与电路板连接插头，用万用表交流电压挡测量变压器次级输出电压 U_2 并将数值填入表 4-34 内。

（3）如果变压器二级输出电压 U_2 正常，则在先拔出直流熔断器 FU2 切断后续稳压调整电路的情况下，再连接好变压器次级输出线与电路板连接插头，此时，发光二极管 VD3 应正常发光。用万用表直流电压挡测量整流、滤波后电压 U_3 并将数值填入表 12-9 内。

在空载的情况下，U_3 与 U_2 的正常数值关系为：$U_3 \approx 1.4U_2$。

（4）如果整流、滤波后电压 U_3 正常，则可连接好直流熔断器 FU2，若调整电位器 R_P，发光二极管 VD6 应发光且发光亮度随电位器调整变化。用万用表直流电压挡测量稳压后输出电压 U_o 并将数值变化范围填入表 4-34 内。

正常时，U_o 的调整范围为：1.5～30V。

（5）用示波器观测 U_2、U_3 和 U_o 的波形，并将观测的波形填入表 4-34 内。

（6）总结直流稳压电源的作用。

表 4-34 　　　　　　　　　　　　　　电路测试数据记录表

变压器二次级电压 U_2（万用表交流电压挡）		整流、滤波后电压 U_3（万用表直流电压挡）		稳压后输出电压 $U_。$		总　结
大　小	波　形	大　小	波　形	大　小	波　形	

（七）电路检修技巧

1. 实验电路关键点正常电压数据

（1）变压器次级交流电压：$U_{21} \approx 26V$、$U_{22} \approx 26V$（或变压器二级标称电压 U_2）。

（2）整流滤波后直流电压：$U_3 \approx 32V$［或按公式 $U_3 = (1.2 \sim 1.4)U_2$ 计算］。

（3）稳压后输出直流电压：$U_。= (1.5 \sim 30)V$。

2. 故障检修技巧

（1）U_2 数据不正常的故障分析与排除。U_2 测量数据不正常除了与电源输入电路、变压器有关外，还与测量用万用表使用的测量挡位和后续电路有关：测量 U_2 的万用表使用挡位为交流电压测量挡。在确认测量挡位正确的前提下，若测得 U_2 仍不正常（为 0 或过大、过小、两组电压不对称），其故障检修流程如图 4-66（a）所示。

（2）U_3 数据不正常的故障分析与排除。在 U_2 测量数据正常的前提下，U_3 测量数据不正常除了与整流、滤波电路有关外，还与后续稳压电路有关。其故障检测流程如图 4-66（b）所示。

（3）$U_。$ 数据不正常的故障分析与排除。在 U_2、U_3 测量数据正常的前提下，$U_。$ 测量数据不正常除了与稳压电路有关外，还与后续负载电路有关。其故障检测流程如图 4-66（c）所示。

（4）电路状态指示电路不正常的故障分析与排除。电路状态指示电路不正常与指示电路本身以及相应电路电压（U_3、$U_。$）有关。

在电路电压（U_3、$U_。$）的前提下，电路状态指示电路不正常主要与限流电阻（R_1、R_3）阻值的大小及发光二极管（VD3、VD6）的装配极性和装配质量有关。

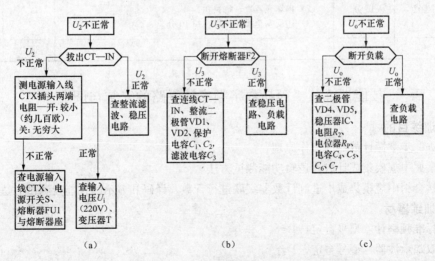

图 4-66 　U_2、U_3、$U_。$ 测量数据不正常故障检测流程图

（a）U_2 不正常检测流程图；（b）U_3 不正常检测流程图；（c）$U_。$ 不正常检测流程图

五、注意事项

(1) 进行电子元器件安装时，一定要注意电子元器件的极性。

(2) 进行整体安装时，一定要注意器件的安装顺序。

(3) 调试时，首先不通电检测一遍，确定安装无误，才能进行通电调试。

(4) 注意操作正确，确保人身及设备的安全。

六、成绩评定

项目内容	配　分	评分标准	扣　分	得　分
插件	25分	(1) 装错、漏装每只元器件扣5分 (2) 色环电阻标志方向不一致，每只扣1分 (3) 元器件高度超差，每只扣1分 (4) 元器件歪斜每只扣1分		
焊接	30分	(1) 虚焊、漏焊、假焊、搭焊、溅焊每处扣5分 (2) 印制电路板铜箔翘起脱落，每处扣5分 (3) 焊点毛刺、孔隙，每处扣2分 (4) 用锡量过多或过少，每处扣0.5分（最多扣10分） (5) 焊点不光亮，每处扣0.5分（最多扣10分） (6) 留引脚长度超差，每处扣0.5分（最多扣10分）		
总装	15分	(1) 错装、漏装每处扣5分 (2) 烫伤、划伤每处扣5分 (3) 紧固件松动每处扣2分 (4) 导线剥头尺寸超差每处扣1分 (5) 绝缘恢复不符合要求扣5分		
调试	20分	(1) 仪器仪表使用不正确，每次扣5分 (2) 调试步骤和方法不正确，每次扣5分 (3) 调试达不到技术要求，每项扣10分		
安全文明生产	10分	(1) 工作台放置零乱或不清洁，扣5分 (2) 损坏元器件，每只扣5分 (3) 违反安全操作规程，扣10分		
工时：4h			评分	

技能训练三　简易数字频率计电路的安装与调试

一、训练目的

(1) 进一步掌握计数器的工作原理。

(2) 掌握中规模集成计数器逻辑功能测试方法。

(3) 学会用中规模集成十进制计数器级联进行计数、译码和显示的技能及测试方法。

二、训练器材

(1) 标准频率计，型号自定，1台。

(2) 双踪示波器，型号自定，1台。

(3) 万用表，型号自定，1块。

(4) 电烙铁，型号自定，1把。

(5) 斜口钳,型号自定,1把。

(6) 镊子,型号自定,1把。

(7) 逻辑测试笔,型号自定,1支。

(8) 简易数字频率计电路元器件及相关材料,1套。

三、相关知识

一个确定型号的集成电路在使用前,必须对其作用、引脚排列及功能、各种电气性能参数等,作全面了解,了解的途径可通过查阅相关集成电路手册或浏览相关网站网页等获得。尽管集成电路种类繁多,功能各异,但其引脚的排列遵循一定的规律,图 4-67 为几种常见封装外形集成电路的引脚排列示意图。

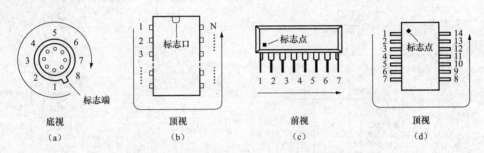

图 4-67 几种常见封装外形集成电路引脚排列示意图
(a) 圆壳式;(b) 双列直插式;(c) 单列直插式;(d) 扁平式

集成电路的检测包括外观检测和电气性能检测两部分。外观检测可采用人眼观测的方法看集成电路标志是否清晰,外表是否有划痕、裂纹、断脚等缺省,金属表明是否氧化、锈蚀等;电气性能检测一般需根据不同的集成电路类型,采用不同的专用仪器或设备进行检测,在没有条件的情况下,一般采用在电路中通过测量相关引脚上电压、电流及输入、输出波形等电参数的方法来判断其质量的好坏及性能的优劣。

四、训练内容及步骤

(一) 简易数字频率计电路图

数字频率计是一个实用的器件,经过技术的不断发展,数字频率计的方案有更多的选择性,其性能也大大提高。实现方案有:小规模集成电路实现、单片机实现、CPLD 实现、综合实现。根据现有的知识,我们只能采用小规模集成电路实现,这是以往传统的实现方案。该方案现在基本没有使用价值,但制作这样的一个简易频率计有助于同学们理解数字电路的逻辑概念。采用该方案只能制作简易的频率计,性能不高。

如图 4-68 所示,为简易数字频率计原理方框图,将待测频率的脉冲和取样脉冲一起送入与门中,在取样脉冲为高电平的 $t_1 \sim t_2$ 期间,与门开放,待测脉冲则通过与门进入十进

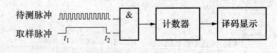

图 4-68 数字频率计原理方框图

制计数器计数。计数器的计数结果,就是 $t_1 \sim t_2$ 期间待测脉冲的个数 N。如果 $t_1 \sim t_2$ 宽度为 1s,则待测脉冲就是 $N(\text{Hz})$。

简易数字频率计取样脉冲电路可采用脉冲振荡电路,产生秒脉冲;也可利用单稳态电路产生 1s 的暂稳态。这里采用 555 构成的多谐振荡电路产生秒脉冲。具体电路如图 4-69 所示。

(二) 电路元器件功能表

简易数字频率计电路元器件功能表见表 4-35。

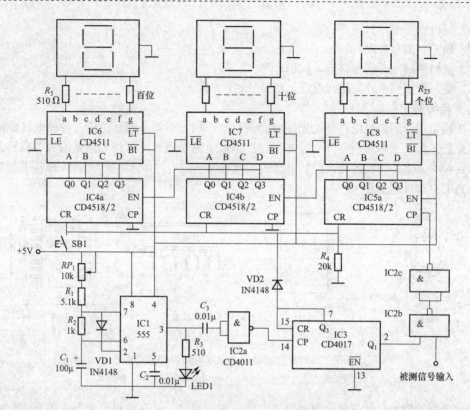

图 4-69 简易数字频率计电路图

表 4-35 简易数字频率计电路元器件功能表

序 号	元器件代号	型号及参数	功 能	备 注
1	IC1	555	组成多谐振荡器	
2	IC2a	CD4011	隔离作用	
3	IC2b、c	CD4011	控制门	
4	IC3	CD4017	产生取样脉冲	
5	IC4、IC5	CD4518	计数	
6	IC6、IC7、IC8	CD4511	七段码译码器	
7	R_{P1}、R_1、R_2、C_1		决定多谐振荡器的频率	
8	R_3、LED1		检测秒信号	

（三）电路逻辑功能分析

1. 计数、译码与显示

IC4—IC5 计数，IC6—IC8 译码、锁存，采用 3 位 LED 数码管显示。

2. 秒信号发生器

由 IC1（NE555）频率为 1Hz 方波振荡信号占空比大于 0.5（高电平持续时间长）。

3. 计数

IC1 输出的秒信号经 IC2a 反相后，作为时钟信号加到 IC3（CD4017）的 CP 输入端，产生时序控制信号，从而实现 1s 内的脉冲计数、数值保持及自动清零。IC2a 输出第一个高电平脉冲信号时 CD4017 的 Q1 端由低电平变为高电平，直至 CD4017 的 CP 端输入第二个高电平脉冲信号前，将一直保持高电平状态，保持时间为 1s；Q1 的输出信号即为 IC2a 与非门的控制信号，当

Q1 为高电平时，被测信号可以通过 IC2a、IC2c 进入 IC5（CD4518）的 CP 端，进行计数，于是，在 1s 内累计的计数脉冲个数即为被测信号的频率；频率显示由 CD4511 和数码管完成。

4. 数值保持

IC2a 输出第二个高电平脉冲信号时，CD4017 的 Q1 端由高电平变为低电平，Q2 端由低电平变为高电平，IC2b 被封锁，数显计数器停止计数，直至 CD4017 的 CP 端输入第三个脉冲信号前，Q2 保持高电平，此高电平持续时间（1s）为数值保持时间。

5. 自动清零

IC2a 输出第三个高电平脉冲信号时，CD4017 的 Q3 由低电平变为高电平，一方面通过 CD4017 的 CR 端使 CD4017 清零，一方面通过 D2 使计数器及数显也清零，以便下次重新计数，清零后 Q0 为高电平，保持时间 1s，然后，开始下一个循环。

6. 数值保持时间延长

将 CD4017 的 Q3 端与 CR 断开，使 Q4 与 CR 相连，则数值保持时间为 2s。

（四）电路元器件测试

1. 集成十进制计数器 4518 的测试

集成十进制计数器的测试方法很多，有 LED 逻辑电平指示法、示波器测试法、测频法、LED 数码管显示法以及万用表测内部电阻法。这里只介绍采用测频法来检测 CD4518。采用频率计测定计数器的输入脉冲重复频率 f_1 以及 CD4518 的 Q3 输出脉冲重复频率 f_0，f_1/f_0 应等于 10。因此，通过测定计数器输入和输出（进位）脉冲的重复频率，可以判断该计数器是否正常。

测试方法：将 CD4518 插入数字电路逻辑试验箱芯片座上，如图 4-70 所示，接上电源和地，使 CD4518 处于计数状态，CP 端接频率为 450kHz 左右的输入脉冲，用标准频率计分别测试 CP 端和 Q3 端的频率，验证 f_1/f_0 是否等于 10。

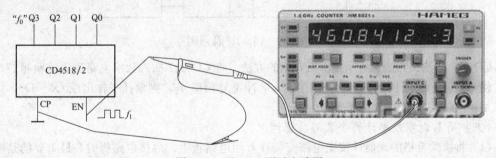

图 4-70　CD4518 测试电路图

2. 十进制计数、分配器 CD4017 的测试

图 4-71 为 CD4017 引脚排列图，表 4-36 为 CD4017 功能表，图 4-72 为 CD4017 波形图。

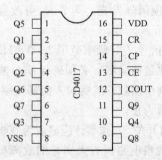

图 4-71　CD4017 引脚排列图

表 4-36　　　　　　　　　　　　　　　　CD4017 功能表

时钟 CP	时钟允许 $\overline{CE}$	复位 CR	输出状态
L	X	L	不变
X	H	L	不变
X	X	H	计数器复位 $Q_0 = H$，$Q_1 \sim Q_9 = L$
↑	L	L	计数
↓	X	L	不变
X	↑	L	不变
X	↓	L	计数

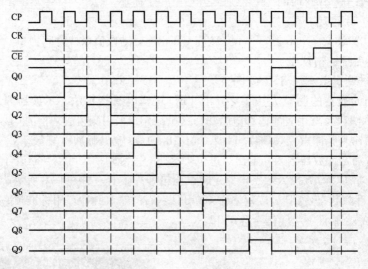

图 4-72　CD4017 波形图

CD4017 的测试方法也可采用上面介绍的方法。将 CD4017 插入数字电路逻辑试验箱芯片座上，使 CD4017 处于计数状态，CP 端接输入脉冲重复频率 f_1，测量任一输出端 $Q_0 \sim Q_9$，频率应该都相同，且与 f_1 之比应等于 10。

（五）简易数字频率计的安装与功能调试

（1）将检验合格的元器件按图电路安装在万用电路板上。焊接电路板时，最重要的是根据电路原理图画好电路板图；要使电路板美观，布局很重要。

（2）调试步骤。

1）仔细检查、核对电路与元器件，确认无误后加入规定的 +5V 直流电压。

2）通电后发光二极管 LED1 应闪烁发光，调节 R_p 可改变闪烁频率。说明 555 振荡电路工作正常。

3）测频功能调试。接入被测信号 f_x（频率范围 1~999 Hz），数码管过一段时间显示一次被测信号频率。为了保证频率计的测量精确度，必须确保 555 振荡电路的振荡周期为 1s。可以先将一被测频率接入标准频率计，读出读数；然后接入简易频率计中，调节 R_p 的值，直至简易频率计的读数等于标准频率计的读数为止。

（3）清零功能测试。按下按钮开关 S，频率计应显示为 000，然后又自动测量被测信号频率。

调试时一定要小心，通电前观察电路板有无明显的故障处。例如，元器件的短路、损坏以及脱落，导线有无搭桥、断路等明显痕迹。通电后，观察电路有无异常现象，如冒烟、发热现象，一旦有异常，马上关闭电源。

另外，在未接入被测信号时，与非门 IC2b 的被测信号输入端悬空，由于与非门采用 CMOS 电路，这样就会造成简易频率计显示随机数字；为避免这种情况发生，在 IC2b 的被测信号输入端与地之间接一个 $10k\Omega$ 左右的电阻。

（六）故障分析与排除

作为电子初学者，在安装电路当中出现一些故障在所难免。很多电子初学者一旦出现故障，就手足无措，忙得一头大汗，翻来覆去也找不到问题所在，甚至越修越坏。出现故障不要着急，准备必要的测量仪器、电路原理图以及电路中使用的集成电路芯片引脚图和功能表。下一步就是根据手上的资源找出故障所在。在了解电路结构的基础上，就可以用单元电路模块化和功能块流程图分析整个电路包含几个单元电路，进而分析故障出在哪一个或哪几个单元电路之中。这样，就有可能缩小搜索范围，找出故障所在功能和电路，迅速查出故障位置。

对于简易频率计故障来说，可将该电路分为取样脉冲产生、门坎（与门）电路、计数电路和译码显示电路等 4 部分。出现什么故障就查哪一部分电路。例如，如果出现数码管没有显示，那么可先查译码显示电路，测试有无 BCD 码数据输入、CD4511 有无七段码输出；如果无问题则查计数电路，检查计数器 CD4518 输出有无变化；如果无问题，再查与门电路，即查 IC2b 与 IC2c，测量 IC2c 有无被测信号脉冲；如果无问题，往下查，看采样脉冲产生电路有无秒脉冲；直至找出故障点。

五、注意事项

（1）进行电子元器件安装时，一定要注意电子元器件的极性与引脚。

（2）进行整体安装时，一定要注意器件的安装顺序。

（3）调试时，首先不通电检测一遍，确定安装无误，才能进行通电调试。

（4）注意操作正确，确保人身及设备的安全。

六、成绩评定

项目内容	配 分	评分标准	扣 分	得 分
元件检测与筛选	15 分	（1）测试方法不对，每次扣 5 分 （2）元件技术参数相差太大，每件扣 3 分		
元件安装与连线	25 分	（1）错装、漏装、排列不整齐，每处扣 5 分 （2）烫伤、划伤，每处扣 5 分 （3）紧固件松动，每处扣 2 分 （4）导线剥头尺寸超差，每处扣 1 分 （5）绝缘恢复不合要求扣 5 分		
焊接	20 分	（1）虚焊、漏焊、假焊、搭焊、溅焊，每只扣 5 分 （2）印刷电路板铜箔翘起脱落，每处扣 5 分 （3）焊点毛刺、孔隙，每处扣 2 分 （4）用锡量过多或过少，每处扣 0.5 分（最多扣 10 分） （5）焊点不光亮，每处扣 0.5 分（最多扣 10 分） （6）留引脚长度超差，每处扣 0.5 分（最多扣 10 分）		
调试	30 分	（1）仪器仪表使用不正确，每次扣 5 分 （2）调试步骤和方法不正确，每次扣 5 分 （3）调试达不到技术要求，每项扣 10 分		
安全文明生产	10 分	（1）工作台放置零乱或不清洁，扣 5 分 （2）损坏元器件，每只扣 5 分 （3）违反安全操作规程，扣 10 分		
工时：2h			评分	

技能训练四　台灯调光电路的安装与调试

一、训练目的

（1）了解常用电力电子元器件的检测方法。

（2）掌握单结晶体管触发电路与单相半控桥整流电路的原理及调试方法。

（3）掌握电力电子电路的基本故障分析与排除方法。

二、训练器材

（1）电路焊接工具：电烙铁（20～35W）、烙铁架、焊锡丝、松香。

（2）机加工工具：剪刀、剥线钳、尖嘴钳、平口钳、螺钉旋、套筒扳手、镊子、电钻。

（3）测试仪器仪表：万用表、示波器。

三、相关知识

为了说明晶闸管的工作过程，先做一个简单实验。

（1）晶闸管阳极接电源正极，阴极经过一个灯泡接到电路负极，也就是在晶闸管两端加正向电压。当控制极不加电压时，如图4-73（a）所示。这时灯不亮，说明晶闸管没有导通。

（2）晶闸管加正向电压，控制极与阴极之间加正向电压，这时灯亮，说明晶闸管导通，如图4-73（b）所示。如果去掉控制极上所加的电压，我们发现灯仍然亮着，说明晶闸管继续导通，控制极已失去了控制作用。

（3）晶闸管加反向电压，如图4-73（c）所示。此时，无论控制极有没有加上电压，灯都不会亮，即晶闸管是截止的。

（4）如果控制极加的是反向电压，则不管晶闸管的阳极和阴极之间是加正向电压还是反向电压，灯都不亮，说明晶闸管是截止的。

从上可以看出，要使晶闸管从截止转化为导通，必须具备两个条件：第一，晶闸管的阳极和阴极之间加正向电压；第二，控制极同时加上适当的正向电压（在实际工作中，控制极上加正触发脉冲信号）。晶闸管一旦导通，控制极就失去了控制作用。

要使晶闸管从导通变为截止（关断），一般是将晶闸管阳极与阴极之间的电源断开或加反向电压。如果阳极电流小于某一数值时，晶闸管也会自动关断的，使晶闸管保持导通状态所需要的这个最小阳极电流，叫晶闸管的维持电流。

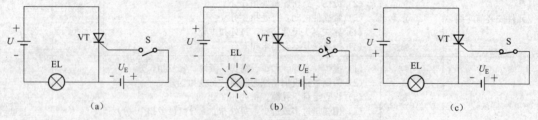

图4-73　晶闸管工作过程

(a) 晶闸管未导通；(b) 晶闸管导通；(c) 晶闸管截止

四、训练内容及步骤

（一）工作任务电路整体结构图

直流调光台灯电路整体结构图如图4-74所示。

（二）电路分析

1. 电路工作过程

220V交流电压经带开关电位器的开关S，再经变压器TC变压输出交流50V，由桥堆VC桥

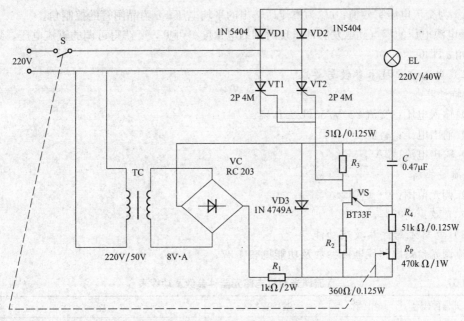

图 4-74　直流调光台灯电路整体结构图

式整流成直流的脉动电压，经削波、稳压电路 R_1、VD3 形成梯形波作为触发电路的电源。调节 R_P 电位器，即改变了对 C 充电时间常数，使电容 C 电压达到单结晶体管 VS 峰点电压的时间改变，调节了脉冲输出时刻，改变了 VT1、VT2 的导通角，即调节了灯的亮度，所以调节 R_P 可达到调光的目的。

2. 触发电路与晶闸管主电路的同步

晶闸管整流电路输出直流电压的大小，取决于触发脉冲出现的时刻。当 $\alpha=0°$ 时，晶闸管全导通，输出电压最大，为全波整流；当 $\alpha=180°$ 时，晶闸管不导通，输出电压最小，为 0V。由晶闸管的特性可知，晶闸管一经触发，它就保持导通状态，再触发是多余的，直到电源电压过零点，晶闸管才关断，因此晶闸管的导通取决于第一个脉冲出现的时刻。为了准确控制输出直流电压的大小，必须使主电路与触发电路同步。

(1) 单结晶体管振荡器要有零起点。为了准确地控制第一个脉冲出现的时刻，单结晶体管振荡器应有一个零点，且此零点与可控整流的主电路的零点为同一个，为此，电源采用梯形波电源。尽管在一个梯形波电源供电期间，可能会输出几个触发脉冲，但对被触发的晶闸管而言，只有第一个脉冲有效。第一个触发脉冲的充电起点即为电源零点。梯形波电源结束，电容电压全部放尽，保证下一个脉冲从零开始充电，即可做到触发电路与主电路同步。

(2) 主电路与触发电路采用同一交流电源。根据同步的要求，主电路的零点与触发电路的零点应是同一个，最简单的做法采用同一相电源。主电路工作在高压状态下，触发电路工作在低压状态时，应采用降压变压器。

(3) 晶闸管整流输出电压的计算。

由晶闸管原理可知，晶闸管导通的条件不仅要求阳极对阴极加正向电压，同时还要求触发极有正触发脉冲。利用晶闸管构成桥式可控整流电路，其整流输出电压与触发脉冲来到的时刻有关，可表达成

$$U_{\circ} = \frac{1+\cos\alpha}{2} \times 0.9U_2$$

式中：U_2 为交流电压有效值；$U_\circ$ 为整流后输出的平均电压；α 为晶闸管的控制角。

α 是电源电压的零点到触发脉冲出现时刻的电角度。可见，要获得可调的直流电压，只要改变控制角 α 即可。

（三）电路主要技术参数与要求

1. 特性指标

（1）输入电压：交流 220V/50Hz±10％。

（2）输出电压：直流 0～190V。

（3）输出电流：2A。

2. 质量指标

（1）调光范围：0～800Lx。

（2）光效：≥80％。

（四）电路元器件参数及功能

直流调光台灯电路元器件参数及功能见表 4-37。

表 4-37 直流调光台灯电路元器件参数及功能表

序号	元器件代号	名　称	型号及参数	功　能	备注
1	VD1、VD2	二极管	1N5404	可控整流电路：输出可调的直流脉动电压	
2	VT1、VT2	晶闸管	2P4M		
3	EL	白炽灯	220V 40W	负载：能量转换	
4	TC	变压器	DB—10—50　220V/50V	变压：将 220V/50Hz 交流电变换为 50V/50Hz 交流电	
5	VC	桥堆	RC203	整流：将 50V/50Hz 交流电变换为脉动直流电	
6	VD3	稳压二极管	1N4749A	削波、稳压：展宽移相范围和稳定电压	
7	R_1	电阻	RJ11—2W—1kΩ		
8	K、R_P	带开关电位器	WH111—1 470Ω/1W	开关：控制输入电源通断；移相调节：调节台灯亮度	
9	VS	单结晶体管	BT33F	构成弛张振荡	
10	R_2	电阻	RJ11—0.25W—360Ω	温度补偿	
11	R_3	电阻	RJ11—0.25W—51Ω	脉冲形成	
12	R_4	电阻	RJ11—0.25W—5.1kΩ	偏置电阻	
13	C	电容	CBB—100V/0.47μF	充放电，产生锯齿波	

（五）电路装配

1. 元器件识别与检测

元器件识别与检测有：整流堆、二极管、单向晶闸管、单结晶体管、电阻器、带开关电位器、电容器、变压器的识别与检测。

2. 电路装配

该电路可以采用印刷电路板或铆钉板进行安装，装配图由学生自制。安装过程如下。

（1）元器件识别筛选。

（2）元器件引脚清洁。

（3）元器件成型。

（4）元器件安装焊接及引脚处理（铆钉板要连线）。

(5) 组装焊接后的整体检查。

3. 电路调试

调试过程是：先调控制电路，再调主电路。具体调试方法如下：

第一步：首先不接主电路，只接控制电路；然后通电（在通电前检查是否正确），用万用表的 50V 直流电压挡测桥堆 VC 的直流输出端看有没有 32V 直流电压，如果正常，再测稳压管 VD5 两端的直流电压是否为稳压管的稳压值（正常为 19V 左右），如果正常，再测电容器 C 两端电压看是否改变 R_P 电位器电压在 2～4V 左右范围内变化，如果正常，再测电阻 R_3 两端电压看是否改变 R_P 电位器电压在 0.2～0.4V 左右范围内变化，如果正常，表明控制电路基本工作正常。

第二步：断掉电源再接上主电路，不接负载；通电调试（通电前一定要检查是否连接正确），用万用表的 250V 直流电压挡测半控桥式输出电压看是否改变 R_P 电位器电压在 0～190V 左右范围内变化，如果正常，表明电路工作已经正常，再接上负载即可。

4. 电路测试

电路测试一般有两种方法：万用表法和示波器法。万用表法的具体过程如电路调试过程，而示波器法测量的关键点跟万用表法大体相同，A 点测桥堆直流输出端电压波形；B 点测稳压管两端电压波形；C 点测电容两端电压波形；D 点测电阻 R_3 两端电压波形；E 点测负载 EL 两端电压波形。波形如图 4-75 所示。

（六）故障分析与排除

电路故障分析与排除可以采用万用表法，也可以采用示波器法，但考虑到各院校实训实验设备的条件，以下采用较为常用万用表法，但采用示波器法更直观明了。

（1）故障现象：调节 R_P 电位器，白炽灯泡始终发亮。故障分析与检修如图 4-76 所示。

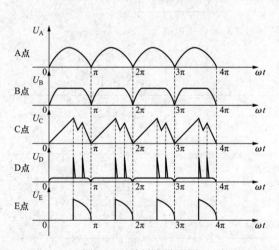

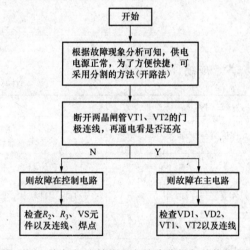

图 4-75　关键点波形图　　　　图 4-76　白炽灯泡始终发亮故障分析与检修流程图

（2）故障现象：调节 R_P 电位器，白炽灯泡始终不亮。故障分析与检修如图 4-77 所示。

五、注意事项

（1）进行电子元器件安装时，一定要注意电子元器件的极性。

（2）进行整体安装时，一定要注意器件的安装顺序。

（3）调试时，首先不通电检测一遍，确定安装无误，才能进行通电调试。

（4）注意操作正确，确保人身及设备的安全。

项目四

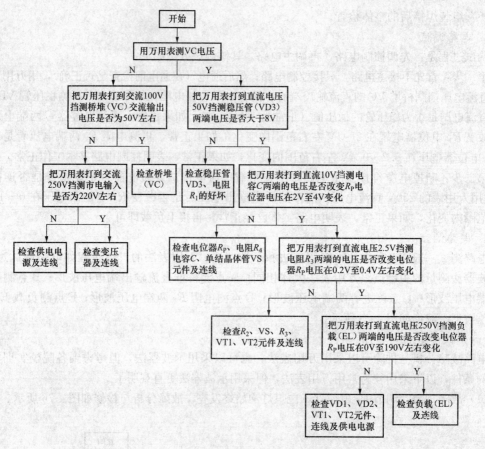

图 4-77　白炽灯泡不亮故障分析与检修流程图

六、成绩评定

项目内容	配　分	评分标准	扣　分	得　分
元件检测与筛选	15 分	(1) 测试方法不对，每次扣 5 分 (2) 元件技术参数相差太大，每件扣 3 分		
元件安装与连线	25 分	(1) 错装、漏装、排列不整齐，每处扣 5 分 (2) 烫伤、划伤，每处扣 5 分 (3) 紧固件松动，每处扣 2 分 (4) 导线剥头尺寸超差，每处扣 1 分 (5) 绝缘恢复不符合要求扣 5 分		
焊接	20 分	(1) 虚焊、漏焊、假焊、搭焊、溅焊，每只扣 5 分 (2) 印刷电路板铜箔翘起脱落，每处扣 5 分 (3) 焊点毛刺、孔隙，每处扣 2 分 (4) 用锡量过多或过少，每处扣 0.5 分（最多扣 10 分） (5) 焊点不光亮，每处扣 0.5 分（最多扣 10 分） (6) 留引脚长度超差，每处扣 0.5 分（最多扣 10 分）		
调试	30 分	(1) 仪器仪表使用不正确，每次扣 5 分 (2) 调试步骤和方法不正确，每次扣 5 分 (3) 调试达不到技术要求，每项扣 10 分		

项目内容	配　分	评分标准	扣　分	得　分
安全文明生产	10分	（1）工作台放置零乱或不清洁，扣5分 （2）损坏元器件，每只扣5分 （3）违反安全操作规程，扣10分		
工时：3h			评分	

项目五 常用电工材料的选用

 学习目标

✦ 应知：

> 1. 了解常用电工钢材名称、种类、性能与用途。
> 2. 了解导电材料的名称、种类、型号与规格。
> 3. 了解磁性材料的分类与主要工作特性。

✦ 应会：

> 1. 能根据电器装配内容正确选用电工材料。
> 2. 能根据电气控制设备控制线路进行绝缘导线、绝缘材料的选用。
> 3. 能正确识别与选用各类绝缘材料进行电气线路的安装与维修。

 建议学时

理论教学6学时，实验实训融合在其他课题内进行。

 相关知识

课题一 常用电工钢材

钢是一种碳的质量分数低于2%的铁碳合金，通常所说的钢，一般是指轧制成各种钢材的钢。电工常用的有角钢、槽钢、圆钢、扁钢、钢管、钢丝绳等。下面主要介绍这些钢材在电工中常用选用方法。

一、角钢

电工用角钢主要是热轧等边角钢，角钢的外形如图5-1所示。热轧等边角钢的外形、尺度和质量见表5-1。

二、槽钢

槽钢大都用于承重大的支撑物，热轧槽钢用得较多，其外形与尺寸的示意图如图5-2所示。

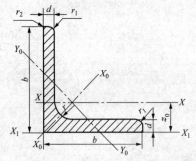

图5-1 热轧等边角钢外形、尺寸示意图
（b—边宽；d—边厚）

表5-1	热轧等边角钢的外形、长度和质量
外形	弯曲度：等边角钢每米弯曲度不大于4mm。5号以上型号的总弯曲度不大于总长度的0.4%，经双方协议，可供应总弯曲度不大于总长度0.2%的等边角钢 扭转：等边角钢不得有明显的扭转

续表

型号	2～9	10～14	16～20
通常长度/m	4～12	4～19	6～19
长度允许偏差	定尺、倍尺长度：等边角钢按定尺或倍尺长度交货时，应在合同中注明。 其长度允许为 0～50mm		
质量及允许偏差	等边角钢计算理论质量时，钢的密度为 7.85g/cm³ 根据双方协议：等边角钢每米质量允许偏差不得超过合同中注明。其长度允许偏差		

三、钢管

钢管有电焊钢管、无缝钢管、镀锌钢管等。钢管在电工上主要作为配线使用，以保护导线。

线管配线时，首先必须选择适当的管径，一般情况下，导线截面为 6mm² 及以下时，要求线管内导线包括绝缘层的总面积不超过管道内截面的 35%；10～50mm² 时为 30%；70～150mm² 时为 25%。更大截面的导线一般不宜穿管，必须穿管时可按 20% 计算。在任何情况下，导线总面积不得高于相应的标准加 5%。最小允许管径为内径 13mm。选择管径时可按管内导线的规格和数量，按表 5-2 选取。

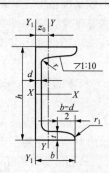

图 5-2　热轧槽钢外形、尺寸示意图

（h—高度；r_1—腿端贺弧半径；b—腿宽；d—腰厚）（r—内贺弧半径；z_0—YY 轴与 Y_1Y_1 轴间距离）

四、钢丝绳

钢丝绳一般由六股钢丝与一根绳芯拧在一起，每股钢丝由 7、19、37 或 61 根组成，钢丝直径为 0.4～5mm。

表 5-2　　　　　　导线穿管选用参照表

导线截面 /mm²	管子内径/mm					
	钢管			硬塑料管		
	穿二根	穿三根	穿四根	穿二根	穿三根	穿四根
1.0	15.9 (5/8in)			12.7 (1/2in)		
1.5						
2.5						19.0 ($\frac{3}{4}$in)
4		19.0 (3/4in)	25.4 (in)			25.4 (1in)
6				19.0 (3/4in)		
10	25.4 (1in)		31.7 (1¼in)	25.4 (1in)		31.7 ($1\frac{1}{4}$in)
16						
25	31.7 ($1\frac{1}{4}$in)	38.1 (1½in)		31.7 ($1\frac{1}{4}$in)	38.1 ($1\frac{1}{2}$in)	
35						
50			50.8 (2in)			50.8 (2in)
70						
95	50.8 (2in)	63.5 ($2\frac{1}{2}$in)		50.8 (2in)	63.5 ($2\frac{1}{2}$in)	
120			76.2 (3in)			76.2 (3in)
150						

钢丝绳的中间绳芯，通常是含油麻绳，在特殊地方，有的采用石棉绳芯，都浸过润滑油，其功能是润滑钢丝绳内部，减少钢丝之间的摩擦，另外，还起防锈作用。

钢丝以绕制股与成绳捻向，分为右交互捻、左交互捻、右同向捻、左同向捻。直径细的钢丝，制成的钢丝绳比较柔软、弹性较好，常用来提升构件或起重滑车。粗的钢丝制成的钢丝绳，弹性和柔性较差，一般适合作绑扎和拖拉绳索。

起重机常使用交互捻的钢丝绳，这种绳子的每根钢丝承受载荷较均匀，强度较高，受力时扭转纠缠倾向较小，安全性大，各股绳子不易散开，适用于起重机和滑车吊装工作。

使用钢丝绳时，应注意检查。当出现热老化、外观呈回火色、有一股被折断、沿轴线方向有螺旋形或呈波浪形笼状畸变、有硬弯、绳股挤出、钢丝挤出、直径局部增大或缩小、局部压偏、扭转等现象，<u>应立即报废、更换</u>。

现场选用钢丝绳而又没资料可查时，可根据经验公式进行估算

$$S \approx 50D^2$$

式中　　S——破断拉力，kgf；

　　　　D——钢丝直径，mm。

电工上一般使用钢丝绳作架空线路上电杆拉线或使用钢丝绳配线选择钢丝时，主要依据工程计算求出其所承受的拉力值，电工上一般是 1×7 和 1×19 规格的镀锌钢丝绳，一般直径为4.7mm、5.6mm 或 7.5mm，适用于拉力为 400kgf、600kgf 或 1000kgf。常用钢丝绳的线芯形状如图 5-3 所示。

单股钢丝绳（1×7）　　　　单股钢丝绳（1×19）　　　　钢丝绳（1×37）

图 5-3　常用钢丝绳的线芯形状

课题二　导　电　材　料

导电材料主要是用来传导电流的，有的电工导电材料也用来产生热、光、磁等。常用导电材料主要分为：高导电材料和特殊用途导电材料两大类。

高导电材料是以纯金属为主的一类材料，其特点是：具有很高的电导率，如铜、铝及其合金。特殊用途导电材料，是以高电阻、电热、电接触等为主要功能，主要包括：高电阻材料电热材料、电接触材料、电碳材料等。

一、常用的导电材料

1. 铜

铜的导电性能好，在高温时有足够的机械强度，具有良好的延展性，便于加热，化学性能稳定，不易氧化和腐蚀，容易焊接，广泛用于制造电动机、电器的线圈和要求较高的动力线、电气设备控制等。

导电用铜通常就选用含铜量大于 99.9% 的工业纯铜。按国标和部标分为普通纯铜（1、2 号铜）、无氧纯铜（1、2 号铜）和无磁性高纯铜等。根据铜的软硬程度，铜分为硬铜与软铜两种。铜材经过压延、拉制等工序加工后，硬度增加，变为硬铜，通常用作机械强度要求较高的导电零部件。硬铜经过退火处理后，硬度降低，变为软铜，软铜的电阻系数也比硬铜小，适合做电

动机电器等的线圈。

铜的性能优良，但影响其性能的因素有以下几个方面。

（1）杂质的影响。铜的电导率与其纯度有关，纯度越高，电导率越高。溶解于铜的杂质能不同程度地降低铜的导电性和导热性，并提高其强度和硬度。几乎不溶于铜的杂质，可以使铜热脆；铜中含有硫的杂质，会降低铜的塑性；有些杂质还会在铜高温加热过程中发生化学反应，产生高压水蒸气，形成微小气泡或显微裂纹，压力加工时易使铜开裂。

（2）冷变形的影响。冷变形后引起冷作硬化。

（3）温度的影响。铜在熔点以下，其电阻随温度升高呈线性增加。铜的蠕变极限、抗拉强度和氧化速度均与温度有关，因此，铜长期使用温度不得超过 110℃，短期工作不得超过250℃。铜无低温脆性。温度降低则抗拉强度、延伸率和冲击值等增高。

（4）耐蚀性。在室温干燥空气中，铜几乎不氧化，100℃时表面生成黑色氧化铜膜。为防止氧化可在铜导体上镀上一层锡、铬、镍。

铜在大气中耐蚀性很好，可与大气中的硫化物作用生成一层绿色的保护膜，降低腐蚀速度。但在有大量二氧化硫、硫化氢、硝酸、氨和氯等气体的场合会引起强烈腐蚀。沿海地区的盐雾会使多年使用的铜线表面出现一层细微的溃伤斑点，强度便有所下降。

2. 铝

铝的导电性能良好，稍次于铜，其电导率约为铜的 62%。导电性和耐蚀性好，易于加工成各种型材，无低温塑性。对光和热的反射率大，其机械强度比铜低，且资源丰富，价格低廉，是目前推广使用的导电材料。

铝的密度小，为铜的 33%。同样长度的两根导线，若要求它们的电阻值一样，则铝导线的截面要比铜截面大 1.68 倍，而其重量却只有铜导线的 0.54 倍。所以，采用铝线可以降低成本，选铝作为导电材料，唯一感到不足之处是焊接工艺比较复杂，随着焊接技术的不断改进与提高，铝线品种不断增加，铝仍是铜的良好代用品。

影响铝性能的因素有以下几个方面。

（1）杂质的影响。铝的物理和机械性能随其纯度而有所不同。杂质对电导率影响很大，特别是锰、铬、钒、钛的含量影响极大，要严格控制，绝不可忽视。铁和硅是导电用铝的主要杂质，会降低铝的塑性，提高其强度。

（2）冷变形的影响。铝经冷变形后，将产生冷作硬化，当冷变形度达 90% 以上时，电导率稍微降低，而抗拉强度却大有提高。

（3）温度的影响。温度对铝的影响与铜相似，同样由于铝的蠕变极限和抗拉强度与温度有关，低温下无低温脆性，适用于做低温导体。

（4）铝的耐蚀性。室温下铝极易生成一层极薄的氧化膜，能阻止铝的继续氧化，导电铝中铜、铁微量杂质对铝的耐腐蚀性影响较大。铝在大气中耐腐蚀性良好。如果大气中含有大量的二氧化硫或硫化氢、酸、碱等气体，在潮湿气候条件下铝表面形成电解液，会引起电化学腐蚀。大气中会有大量的尘埃及非金属夹杂物沉积在铝的表面，也易引起腐蚀。沿海地区盐雾所含的氯离子积聚在铝的表面，引起局部腐蚀形成孔洞和沟注。因此，要选用高纯度的铝需采用特殊防腐措施，如在钢芯铝线上涂上油脂，或在钢芯铝绞线的钢芯上包涂防腐涂料。

铜和铝虽是良好的导电金属，但在一些特殊要求下满足不了性能的需要，因此需在铜或铝中加入少量的其他元素，组成导电合金，也可制成复合金属导体，以适应电工技术发展的需要。

二、导线截面的选择

电线、电缆截面的选择应满足允许温升、电压损失和机械强度等要求。电缆线路还应校验热稳定，35kV 以上输电线路校验经济电流密度，以达到安全运行、降低电能损耗、减少运行费用的目的。

1. 按温升选择截面

为保证电线、电缆的实际工作温度不超过允许值，其按发热条件的允许长期工作电流（载流量），不应小于线路计算电流。

当负载为断续工作或短时工作时，应根据设备的工作制进行导线载流量的校正。绝缘导线和电缆在断续负载和短时负载下的允许载流量应为长期负载下允许载流量乘以校正系数。校正后的载流量，应不小于用电设备在额定负载持续率下的额定电流或短时工作电流。

（1）断续负载下的校正系数 K_j

$$K_j = \sqrt{\frac{1 - e^{-T/\tau}}{1 - e^{-\varepsilon T/\tau}}}$$

式中　T——断续负载的全周期时间（工作周期），min；

　　　τ——绝缘导线或电缆的发热时间常数，min；

　　　ε——负载持续率，$\varepsilon = 2.718$。

当 $T > 10$min 或 $\varepsilon > 0.65$ 时，校正系数取 1。断续工作用电设备的负载持续率与工作周期见表 5-3。

表 5-3　　　　　　　断续工作用电设备的名称、负载持续率和工作周期

用电设备名称			工作周期 T/min	负载持续率 ε（%）	供电方式（相数）
断续定额电动机			10	15、25、40、60	3
磁粉探伤机			一般＜15s 1＜个别＜61s	5、15	1、2、3
电焊机	弧焊机	手工弧焊机	5	60（65）	1
		半自动弧焊机	5	60（65）	1
		自动弧焊机	10	100（60）	1、3
	电阻焊机	对焊机	＜1	20（8、10、15、40）	1
		凸焊机	＜1	20	1
		点焊机	＜1	20（50） 20（7、8）	1 3
		缝焊机	＜1	50（10）	1
	其他焊机	钎焊机	1＜一般＜30s	50	1
		电渣焊机	1＜一般＜30s	(80、100)	3

（2）短时负载下的校正系数 K_j

$$K_j = \sqrt{\frac{1.15}{1 - e^{-t/\tau}}}$$

式中　t——短时负载的工作时间（工作周期），min；

　　　τ——绝缘导线或电缆的发热时间常数，min。

当工作时间 $t > 4\tau$ 或两次工作之间的停止时间小于 3τ 时，校正系数取 1。

导线或电缆的发热时间常数要在截面选定后才能确定，而校正系数是随发热时间常数变化的。因此根据常用导线和电缆的数据，直接给出了校正后载流量。

2. 按经济电流密度校验截面

按经济电流密度校验截面，见表 5-4。其中，对于 10kV 及以下配电线路，一般不按经济电流密度校验导线截面。

表 5-4 　　　　　　　　　　　　　按经济电流密度校验截面

最大负载利用小时（h/年）		＜3000（一班制）	3000～15 000（二班制）	＞15 000（三班制）
架空线	裸铝绞线、铜芯铝绞线	1.65	1.15	0.9
	裸铜绞线	3.0	2.25	1.75
电缆	铝芯	1.92	1.73	1.54
	铜芯	2.5	2.25	2.0

注 对于远离变电站的小面积工作场所，允许误差为−10％。

3. 按电压损失校验截面

按电压损失校验截面时，应使各种用电设备端电压符合表 5-5 的要求。

表 5-5 　　　　　　　　　　　用电设备端子电压偏移允许值

名　称	电压偏移允许值（％）	名　称	电压偏移允许值（％）
电动机：		照明灯：	
正常情况下	+5～−5	视觉要求较高场所	+5～−2.5
特殊情况下	+5～−10	一般工作场所	+5～−5
		事故照明、道路照明、警卫照明	+5～−10
		其他用电设备无特殊定时	+5～−5

注 对于远离变电站的小面积工作场所，允许误差为−10％。

三、常用绝缘导线

绝缘导线是在裸导线表面裹以不同种类的绝缘材料制成的。常用的有以下绝缘导线。

1. 聚氯乙烯（塑料）绝缘线

聚氯乙烯绝缘线的型号有：BV、BVR、BVV、BLVV、BVVB、LVVB、BV—105 等，型号含义如下。

（1）第一个 B 表示固定敷设、L 表示铝芯（铜芯无表示）、第一个 V 表示聚氯乙烯绝缘。

（2）第二个 V 表示聚氯乙烯护套、第二个 B 表示平形（圆形无表示）、R 表示软电线。

聚氯乙烯（塑料）绝缘线绝缘性能良好，制造工艺简便，价格较低，无论明敷或穿管都可取代橡胶绝缘线，但适应环境能力差，因此塑料绝缘电线不宜在室外敷设。适用于交流电压 450V/750V 及以下的动力装置的固定敷设。长期允许工作温度，BV-105 型不超过 105℃，其他不超过 70℃。电线敷设温度不低于 0℃。

2. 橡胶绝缘电线

橡胶绝缘电线适用于交流电压 500V 以下的电气设备和照明装置，一般固定敷设。长期允许工作温度不应超过 65℃，其主要用途及其截面、线芯结构、规格等参数见表 5-6。型号字母含义：B 表示固定敷设；X 表示橡胶绝缘；L 表示铝芯（铜芯无字母表示）；W 表示氯丁护套；Y 表示聚乙烯护套。胶绝缘电线型号统一用 BX 和 BLX 表示。

表 5-6 　　　　　　　　　　各种型号橡胶绝缘电线的主要用途

型　号	名　称	主要用途
BXW	铜芯橡胶绝缘氯丁护套电线	适用于户外和户内明敷特别是寒冷地区
BLXW	铝芯橡胶绝缘氯丁护套电线	
BXY	铜芯橡胶绝缘黑色聚氯乙烯护套线	适用于户外和户内穿管特别是寒冷地区
BLXY	铝芯橡胶绝缘黑色聚氯乙烯护套线	

（1）氯丁橡胶绝缘电线。适应环境能力强，因此适合在室外敷设。不过绝缘层机械强度比普通橡胶绝缘电线稍弱。

（2）橡胶绝缘电力电缆。弯曲性能较好，能够在严寒气候下，特别适用于水平高差大和垂直敷设的场合。它不仅适用于固定敷设的线路，也适用于定期移动的固定敷设线路。

3. 绝缘软电线

绝缘软电线基本上分为聚氯乙烯绝缘软电线和橡胶绝缘编织软电线，其中聚氯乙烯绝缘软电线适用于交流额定电压 450/750V 及以下的家用电器、小型电动工具、仪器仪表及动力照明等的连接；橡胶绝缘编织软电线适用于连接交流额定电压为 300V 及以下的室内照明灯具、家用电器和工具等。橡胶绝缘编织软电线线芯长期允许工作温度不应超过 65℃；聚氯乙烯绝缘软电线 RV—105 允许工作温度不超过 105℃，其他型号不允许超过 70℃。电线型号及名称如下。

（1）聚氯乙烯绝缘软电线。

1）RV——铜芯聚氯乙烯绝缘连接软电线。

2）RVB——铜芯聚氯乙烯绝缘平形连接软电线。

3）RVS——铜芯聚氯乙烯绝缘绞形连接软电线。

4）RVV——铜芯聚氯乙烯绝缘聚氯乙烯护套圆形连接软电线。

5）RVVB——铜芯聚氯乙烯绝缘聚氯乙烯护套平形连接软电线。

6）RV—105——铜芯耐热 105℃聚氯乙烯绝缘连接软电线。

其中，R——软电线；V——聚氯乙烯绝缘；V——聚氯乙烯护套；S——绞形；B——平形。

（2）橡胶绝缘编织软电线。

1）RXS——橡胶绝缘编织双绞软电线。

2）RX——橡胶绝缘编织圆形软电线。

3）RXH——橡胶绝缘、橡胶护套编织圆形软电线。

4. 聚氯乙烯绝缘屏蔽电线

聚氯乙烯绝缘屏蔽电线一般用在交流额定电压 250V 及 250V 以下的电器、仪表、电信、电子设备及自动化装置等屏蔽线路中。常用屏蔽电线的型号、名称及主要用途见表 5-7。

表 5-7　　　　　　　　　　聚氯乙烯绝缘屏蔽电线的型号、名称及主要用途

型　　号	产品名称	导线长期允许工作温度/℃	标称截面/mm²	主要用途
BVP BVP—105	铜芯聚氯乙烯绝缘屏蔽电线 铜芯耐热 105℃聚氯乙烯绝缘屏蔽电线	65 105	0.06～0.40	普通型 高温环境
BVP BVP—105	铜芯聚氯乙烯绝缘屏蔽软电线 铜芯耐热 105℃聚氯乙烯绝缘屏蔽软电线	65 105	0.08～1.50	普通型 高温环境
RVVP RVVP₁	铜芯聚氯乙烯绝缘屏蔽聚氯乙烯护套软电线 铜芯聚氯乙烯绝缘缠绕屏蔽聚氯乙烯护套软电线	65	0.08～1.50	移动频繁、要求特别柔软的场合

四、裸导线

裸导线是导线表面没有绝缘材料的金属导线，可分为圆单线、裸绞线、型线和软线等。圆铜线见表 5-8。其中，字母含义如下。

1. 圆铜线

圆铜线字母含义：T——铜线；Y——硬线；R——软线；T——特硬线。

表 5-8 圆铜线的代码及导线直径范围

型号代码	名　称	导线直径范围/mm
TR	软圆铜线	0.020～14.00
TY	硬圆铜线	0.020～14.00
TYT	特硬圆铜线	1.5～5.00

2. 绞线

绞线主要适用于架空电力线路。其常用类型有铝绞线、钢芯铝绞线、铝合金绞线、钢芯铝合绞线、铜绞线。各种绞线的型号和名称见表 5-9。

表 5-9 各种绞线的型号和名称

型　号	名　称
LJ	铝绞线
LGJ	铝芯铝绞线
LGJF	防腐铜芯铝绞线
LH$_A$J	热处理铝镁硅合金绞线
LH$_A$GJ	钢芯热处理铝镁硅合金绞线
LHJF$_1$	轻防腐钢芯热处理铝镁硅合金绞线
LHJF$_2$	中防腐钢芯热处理铝镁硅合金绞线
LH$_B$G	热处理铝镁硅稀土合金绞线
LH$_B$GJ	钢芯热处理铝镁硅稀土合金绞线
LH$_B$GJF$_1$	轻防腐钢芯热处理铝镁硅稀土合金绞线
LH$_B$GJF$_2$	中防腐钢芯热处理铝镁硅稀土合金绞线
TJ	裸铜绞线

型号字母含义如下：

L——铝线；J——绞线；H——合金；F——防腐；G——芯。

举例：LHBGJ—400/50，含义为铝合金标称截面为 400mm^2、钢芯标称截面为 50mm^2 的钢芯热处理铝镁硅稀土合金绞线。

五、常用电磁线

电磁线是一种具有绝缘层的金属电线。主要用于绕制电工产品以及仪器仪表的绕组或线圈，借以通过电流产生电磁场或切割磁力线产生电流，实现电能和磁能的相互转换。

电磁线的导电线芯有圆、扁、带、箔等型材，线芯多数采用铜、铝材料，根据不同情况也可采用其他材料，如铝合金线、镍包铜线等。

按绝缘层材料的特点和用途，电磁线可分为漆包线、绕包线、无机绝缘电线和特种电磁线 4 类。

（1）漆包线。其绝缘层是漆膜。漆膜较薄，均匀而光滑，广泛应用于中小型或微型电工产品。

（2）绕包线。用天然丝、玻璃丝、绝缘纸或合成树脂薄膜等紧紧绕包在导电线芯上，形成绝缘层，一般采用浸渍方式构成组合绝缘。其能承受过电压及过载，主要应用于大、中型电工产品。

（3）无机绝缘线。主要有氧化膜铝带（箔）及陶瓷绝缘，具有耐高温、耐辐照的特性。

（4）特种电磁线。适合于特殊场合。

（一）电磁线型号的编制方法

电磁线型号的编制方法见表 5-10。

表 5-10 电磁线型号编制方法

绝缘层				导 体		派 生
绝缘漆	绝缘纤维	其他绝缘层	绝缘特征	导体材料	导体特征	
Q：油性漆	M：棉纱	V：聚氯乙烯	B：编织	L：铝	B：扁线	—1：薄漆层
QA：聚氨酯漆	SB：玻璃丝	VM：氧化膜	C：醇酸胶粘漆浸渍	TWC：无磁性铜	D：带（箔）	—2：厚漆层
QG：硅有机漆	SR：人造丝				J：绞制	—3：特厚漆层
QH：环氧漆	ST：天然丝		E：双层		R：柔软	
QQ：缩醛漆	Z：纸		G：硅有机胶粘浸渍漆			
QXY：聚酰胺亚胺漆			J：加厚			
QY：聚酰亚胺漆			N：自黏性			
QZ：聚酯漆			F：耐致冷剂			
QZY：聚酯亚胺漆						

（二）电磁线的选用

不同类型的电工产品和仪器仪表等，对电磁线的性能要求也不相同，为满足要求，目前已生产出各种不同性能的电磁线可供选择。选择时应根据产品的使用条件和制造工艺，有主次地分析电磁线的有关性能要求，对所提供的电磁线进行比较，在满足主要性能要求的前提下选择合适的电磁线，达到保证质量、满足要求、降低成本的目的。

在选用电磁线时应重点考虑下列性能、指标。

（1）电性能。导电线芯的电导率要合格，绝缘层要有足够稳定的耐电压能力和绝缘电阻。另外还要根据具体情况考虑选用有合适的介质损耗因数、Q 值、无磁性等要求的电磁线。

（2）力学性能。根据所绕制的线圈形状和内径，选用柔软性适当的电磁线。在线圈绕制过程中，绝缘层应能承受磨刮、扭绞、弯曲以及拉伸压缩。为保护绝缘层不被损伤，应根据卷绕速度、弯曲半径、嵌线松紧等不同情况，选用具备适当性能的电磁线。

（3）耐热等级与热性能。根据产品所允许的温升或线圈和绕组中可能出现的最高热点温度，选用相应耐热等级的电磁线，同时还应留有适当的裕度。对经常出现过载的产品，要选用热冲击及软化击穿温度较高的电磁线。

（4）相容性。电磁线与有关组合绝缘材料的相容性，是选用和使用电磁线必须考虑的。绝缘浸渍漆对电磁线的相容性影响很大。

（5）空间因素。提高空间因素的利用率，缩小产品的体积。

（6）环境条件及其他因素。也是考虑电磁线使用的一个方面。

（三）常用漆包铜线

常用漆包铜线的技术特性见表 5-11。

表 5-11 常用漆包铜线的技术特性

型号	名　称	特　性	绝缘材料耐热等级	环境 40℃时允许温升
Q	油基性漆包圆铜线	耐汽油、强度较差	A	65℃

型号	名　称	特　性	绝缘材料耐热等级	环境40℃时允许温升
QQ	高强度聚乙烯醇缩醛漆包圆铜线	机械强度高、耐苯	E	80℃
QZ	高强度聚酯漆包铜线	耐热性能好、耐苯	B	90℃
QZY	高强度聚酯—亚胺漆包圆铜线	耐热性能好、耐苯	F	115℃
QY	耐高温聚酰亚胺漆包圆铜线	耐高温、耐溶剂、耐辐射	C	140℃以上

六、常用电缆

电缆是指将一根或数根导线线芯分别裹以相应的绝缘材料，外面包上密闭的铅（或铝、塑料等）皮制成的导线。

电缆按其传输电流的性质可分为交流电缆、直流电缆和通信电缆三类。交流系统中常用的电缆主要有电力电缆、控制电缆、通用橡套电缆、电焊机电缆和电梯电缆等。

1. 电力电缆

电力电缆主要用于电力系统传输和分配电能。电力电缆按绝缘材料分为：油浸纸绝缘、塑料绝缘、橡胶绝缘和气体绝缘。电力电缆按结构特征分为统包型、分相型、钢管型、扁平型与自容型。

统包型即缆芯外面包有统包绝缘，并置于同一内护套中，图5-4为三芯统包型电缆结构示意图。

分相型是指分相屏蔽。图5-5为分相铅包电缆结构示意图。

钢管型是指电缆绝缘外有钢管护套。

扁平型是指三芯电缆的外形呈扁平状，一般用于大长度海底电缆。

自容型是指护套内部有压力的电缆。

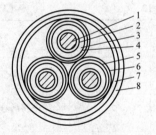

图5-4　三芯统包型电缆结构　　　　　　　图5-5　分相铅包电缆结构

1—导线；2—相绝缘；3—带绝缘；4—金属护套；　　1—导线；2—导线屏蔽；3—绝缘层；4—绝缘屏蔽；

5—内衬垫；6—填料；7—铠装层；8—外被层　　　　5—铅护套；6—内衬垫及填料；7—铠装层；8—外被层

按敷设环境条件分为：地下直埋、地下管道、高落差、多移动、水下等类型；按电压等级可分为高压电缆和低压电缆；按缆芯数量可分为单芯、双芯、三芯、四芯4种；按缆芯导电体形状，可分为圆形、扁形和椭圆形3种；按电缆导体的填充系数大小，可分为紧压和非紧压两种。

电力电缆的基本结构主要包括导体、绝缘层和保护三部分。通常采用导电性能良好的铜、铝做导体。绝缘层用以将导体与相邻导体以及保护层隔离，一般要求绝缘性能良好，经久耐用，有一定的耐热性能。保护层分为内护层和外护层两部分，用来保护绝缘层，以免外力损伤和水分浸入电缆。它具有一定的机械强度。电缆外护层具有"三耐"和"五防"功能。"三耐"即耐寒、耐热、耐油；"五防"即防潮、防雷、防蚁、防鼠、防腐蚀。电力电缆的主要品种如下：

（1）黏性浸渍纸绝缘电力电缆。

（2）不滴流浸渍纸绝缘电力电缆。

（3）聚氯乙烯绝缘电缆。

（4）聚乙烯绝缘电缆。

（5）交联聚乙烯绝缘电缆。

目前使用的电缆以聚氯乙烯绝缘电缆、交联聚乙烯电缆为多。因此后面以这两种电缆为主进行介绍。这两种电缆绝缘层由热塑性塑料挤包制成，或由添加交联剂的热塑性包交联而成。护套通常采用聚氯乙烯护套，当需要加强力学性能时，在护套的内、外层之间用钢带或铜丝铠装，称铠装护套。

聚氯乙烯绝缘电缆的主要特点如下。

（1）聚氯乙烯化学稳定性高，具有不可燃性，材料来源充足。

（2）适用于高落差敷设。

（3）安装工艺简单，且便于维护修理。

（4）工作温度明显影响它的力学性能。

交联聚乙烯绝缘电缆的主要特点如下。

（1）有良好介电性能，但抗电晕、游离放电性能差。

（2）耐热性能好，允许温度较高。

（3）适用于高落差和垂直敷设。

（4）接头制作工艺较严格，但对工艺技术水平要求不高。

聚氯乙烯绝缘聚氯乙烯护套电力电缆（PVC）适用于交流、额定电压 6kV 及 6kV 以下固定敷设的输配电线路。其线芯长期工作允许温度不超过 65℃。电缆的敷设温度不低于 0℃，弯曲半径应小于电缆外径的 10 倍。

VLV、VV 系列电缆型号及主要用途见表 5-12。

表 5-12　　　　　　　　　　VLV、VV 系列电缆型号及主要用途

型　号		名　称	主要用途
铝芯	铜芯		
VLV	VV	聚氯乙烯绝缘聚氯乙烯护套电力电缆	敷设于室内、管道及隧道中，不能承受机械外力作用
VLV29	VV29	聚氯乙烯绝缘聚氯乙烯护套内钢带铠装电力电缆	敷设在地下，能承受机械外力作用，但不能承受大的拉力
VLV30	VV30	聚氯乙烯绝缘聚氯乙烯护套，裸细钢丝铠装电力电缆	敷设在室内、矿井中，能承受相当的机械外力和拉力
VLV39	VV39	聚氯乙烯绝缘聚氯乙烯护套、内细钢丝铠装电力电缆	敷设在水中，能承受相当拉力
VLV50	VV50	聚氯乙烯绝缘聚氯乙烯护套、裸粗钢丝铠装电力电缆	敷设在室内、矿井中，能承受机械和外力作用，能承受较大拉力
VLV59	VV59	聚氯乙烯绝缘聚氯乙烯护套，内粗钢丝铠装电力电缆	敷设在水中，能承受较大拉力

2. 移动式通用橡套软电缆

移动式通用橡套软电缆适用于交流额定电压 450/750V 及以下家用电器、电动工具和各种移动式电气设备。电缆线芯采用多股软铜线绞制而成，线芯绝缘采用耐热无硫橡胶，在线芯绝缘包有橡套。按电缆能够承受机械力的能力分为轻型、中型和重型三种；按电缆额定电压可分为 300/300V（轻型）、300/500V（中型）和 450/750V（重型），电缆线芯允许的长期工作温度不超过 65℃。

电缆的型号如下：

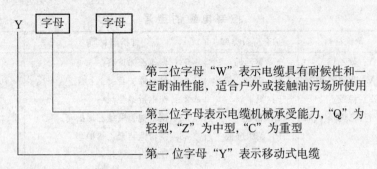

第三位字母"W"表示电缆具有耐候性和一定耐油性能，适合户外或接触油污场所使用

第二位字母表示电缆机械承受能力，"Q"为轻型，"Z"为中型，"C"为重型

第一位字母"Y"表示移动式电缆

注：型号后字母"ZR"表示电缆具有阻燃性能。

移动式通用橡套软电缆的规格见表5-13。

表5-13 移动式通用橡套软电缆规格

型 号	额定电压/V	芯 数	标称截面/mm²
YQ、YQW	300/300	2，3	0.3～0.5
YZ、YZW	300/500	2，3，4，5	0.75～6
YC、YCW	450/750	1	1.5～400
		2	1.5～95
		3，4	1.5～150
		5	1.5～25

3. 控制电缆

控制电缆主要适用于直流或交流50Hz、额定电压600/1000V及以下的控制、保护及测量线路。控制电缆常用于电气控制系统和配电装置内，一般固定敷设。一般控制电路中负载间断、电流不大，因此芯线截面较小，通常在10mm²以下。控制电缆线芯多采用铜导体。按其线芯结构型式可分为3种：A型（0.5～6mm²，单根实芯）；B型（0.5～6mm²，7根单线绞合）；R型（0.12～1.5mm²，软结构，单线直径0.15～0.2mm²）。

控制电缆按其绝缘层材质，分为聚乙烯、聚氯乙烯和橡胶3类。其中，以聚乙烯电性能为最好，也可应用于高频线路。控制电缆的绝缘芯主要采用同心式和绞合式。控制电缆线芯长期允许的工作温度为65℃。控制电缆的型号如下：

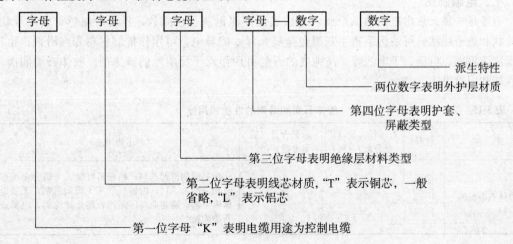

派生特性

两位数字表明外护层材质

第四位字母表明护套、屏蔽类型

第三位字母表明绝缘层材料类型

第二位字母表明线芯材质，"T"表示铜芯，一般省略，"L"表示铝芯

第一位字母"K"表明电缆用途为控制电缆

133

控制电缆的型号见表 5-14。

表 5-14 　　　　　　　　　　　**控 制 电 缆 的 型 号**

线芯材质	绝缘材料	护套屏蔽类型	外护层材质	派生特性
T：铜芯 L：铝芯	Y：聚乙烯 V：聚氯乙烯 X：橡胶 YJ：交联聚乙烯	Y：聚乙烯 V：聚氯乙烯 F：氯丁胶 Q：铅套 P：编织屏蔽	02：聚氯乙烯护套 03：聚乙烯护套 20：裸钢带铠装 22：钢带铠装聚氯乙烯护套 23：钢带铠装聚乙烯护套 30：裸细钢比铠装 32：细圆钢丝铠装聚氯乙烯护套 33：细圆钢丝铠装聚乙烯护套	80：耐热 80℃ 105：耐热 105℃ 1：铜丝缠绕屏蔽 2：铜带绕包屏蔽

控制电缆的选择应注意以下几个方面。

（1）控制电缆的选择必须以温升、经济电流密度、电压损失等参数为依据。

（2）控制电缆应尽量选用多芯电缆，力求减少电缆根数。当芯线截面为 1.5mm² 时，电缆芯数不宜超过 30 芯。当芯线截面为 2.5mm² 时，电缆芯数不宜超过 24 芯。当芯线截面为 4mm² 以上时，电缆芯数不宜超过 10 芯。

（3）较长的控制电缆在 7 芯及以上，截面小于 4mm² 时，应当留有必要的备用芯。但同一安装单位的同一起止点的控制电缆中不必每根电缆都留有备用芯，可在同类性质的一根电缆中预留。

（4）应尽量避免一根控制电缆同时接至控制屏上两侧的端子排，若芯数为 6 芯及以上时，应采用单独的电缆。

（5）对较长的控制电缆应尽量减少电缆根数，同时也应避免电缆芯的多次转接。同一根电缆内不宜有两个安装单位的电缆芯。在同一个安装单位内截面相同的交直流回路，必要时可共用一根电缆。

（6）测量表计电流回路用控制电缆的截面不应小于 2.5mm²，而电流互感器二次电流不超过 5A，所以不需要按额定电流校验电缆芯。另外，控制电缆按短路时校验热稳定也是足够的，因此也不需要按短路时热稳定性校验电缆截面。

（7）保护装置电流回路用控制电缆截面的选择，是根据电流互感器的 10％误差曲线进行的。

七、电碳制品

石墨是一种天然出产的结晶形碳，为铁黑色或深钢灰色，质软，具有滑腻感，成叶片状、鳞片状和致密块状，可沾污手指呈灰黑色金属光泽，能导电，可用作抗磨材料和润滑剂；也可用于制造坩埚、电极、干电池等，高纯度的石墨可用作原子反应堆的减速剂。胶体石墨润滑剂的性能和用途见表 5-15。

表 5-15 　　　　　　　　　　　**胶体石墨润滑剂的性能和用途**

名　称	代号	石墨粉含量（质量分数）（％）	灰分含量（质量分数）（％）	主要用途
胶体石墨粉剂	F—1 F—2 F—3	≥99 ≥98.5 ≥98	≤1 ≤1.5 ≤2	耐高温润滑剂基料；精密铸件砂；金属合金原料及粉末冶金原料；内燃机活塞干膜润滑剂；无线电碳膜原料；造船业高压蒸汽管路垫片涂料，电器业石墨阳极

续表

名　称	代号	石墨粉含量（质量分数）（%）	灰分含量（质量分数）（%）	主要用途
胶体石墨油剂	Y—1 Y—2 Y—3	≥24 ≥24 ≥24	≤1.5 ≤1.5 ≤2	金属零件减摩润滑剂；高转速机件润滑剂；航空润滑脂基料；锌铝合金铸模润滑剂；玻璃工业涂膜剂；高速切削用油减磨剂；可代替内燃机引擎润滑剂
胶体石墨水剂	S—0 S—1	≥17.5 ≥21	≤1.5 ≤2	电子管工业控制难熔金属丝润滑剂；机电工业压铸薄壁有色金属铸件涂膜剂；螺旋过热器隔热润滑剂；玻璃工业涂膜剂；非油性高温（60℃）润滑材料
试剂石墨粉（纯石墨粉密度为2.09～2.25g/cm³）		≥99.9	残渣≤0.1	热力化学工程耐火材料；原电池无感电阻、电极材料；无缝钢管、金属丝延展干膜润滑材料；炸药研磨剂等

石墨作为导电材料，主要是通过一定的工艺制成各种电碳制品，其中主要品种是电刷。电刷的结构型式如图 5-6 所示。

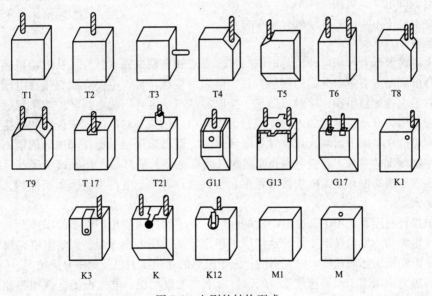

图 5-6　电刷的结构型式

电刷的使用、维护和保养方法如下。

（1）电刷与换向器表面的滑动接触，对于直流发电机，是电枢绕组内的感应电动势引至外电路；对于直流电动机，是外电源的直流电流引入电枢绕组内。电刷是一个容易磨损的部件，为了保证电刷和换向器表面有良好的滑动接触，每个电刷截面至少有 3/4 与换向器表面接触。电刷的压力应比较均匀，每组电刷间弹簧压力相差不超过 10%，避免各电刷通过的电流相差太大，否则将造成个别电刷磨损过快。当电刷弹簧压力不合适、电刷材料不符合要求、电刷型号不一致、电刷和刷盒间的配合太紧或太松、刷盒边离换向器表面距离太大时，均能使电刷和换向器滑动接触不良，产生有害火花。电刷的弹簧压力应根据不同型号的电刷而选用。

（2）对电压、电流、电动机用途和转速不同以及换向情况不同的电动机，选用的电刷型号也应不同，同一台电动机必须使用同型号的电刷。因为不同型号的电刷性能不同，所通过的电流、电压降等相差较大，对换向器不利。

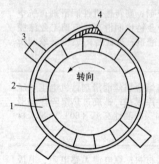

图 5-7　电刷的研磨方法

1—换向器；2—砂纸；

3—电刷；4—橡胶胶布

（3）电刷磨损过多或碎裂时，应及时更换牌号、尺寸相同的电刷。新更换或新装配后的电刷，应研磨表面使其与换向器表面相吻合，研磨方法如图 5-7 所示。

研磨电刷需用 00 号玻璃细砂纸，紧贴在换向器表面上，砂面朝向电刷截面，砂纸的宽度约为换向器的长度，可用一块橡皮胶布或一块橡皮胶布或塑料粘纸带，使其一半贴住砂纸的一端，另一半按电枢旋转方向贴在换向器上，然后转动电刷开始研磨。此方法研磨效果极佳，使电刷与换向器的接触面可达 90% 以上。经过研磨后的电刷，电动机可空载运转半小时，再在轻载下工作一段时间，即可投入正常运行。

正确选择和使用电刷，对电动机的正常运行有很大影响。通常电刷在工作时应满足以下要求。

（1）使用寿命长，同时，对换向器和集电环的磨损小。

（2）电刷的电气、机械损耗小。

（3）在电刷下不出现对电动机有危害的火花。

（4）噪声小。

选择电刷时要综合考虑电动机对电刷的技术要求和电刷的技术特性。从电动机运行的角度考虑，选择电刷时应着重于电刷的接触特性。电刷的接触特性，主要有瞬变接触电压降和摩擦因数。前者是电流通过电刷、接触点薄膜、换向器（或集电环）的电压降。如果超过了电刷接触电压降极限值，滑动接触点的电损耗将过大，并引起过热。对换向器来说，如果接触电压降值过低，则可能在电刷下出现火花。对集电环来说，则以采用接触电压降值低的电刷为宜。后者是衡量摩擦情况的参数，它受电刷和换向器（或集电环）的材质、接触面情况及运行条件的影响。在换向器或集电环上，电刷数量越多、摩擦因数越大，电动机的圆周速度越大时，则摩擦损耗也越大。

从机械损耗角度看，用于高速电动机的电刷，要求摩擦因数小。剧烈的摩擦会使电刷在运行过程中产生振动，发出噪声，并导致接触不稳定，甚至使电刷碎裂。影响电刷接触特性的因素主要有：电动机的圆周速度、电流密度、施于电刷的单位压力以及周围介质情况。

金属石墨电刷适用于圆周速度低（35m/s 以下）的电动机，电化石墨电刷和其他石墨电刷则适用于圆周速度高的电动机。在高速情况下，在电刷与换向器或集电环之间，易出现空气薄层，并导致接触电压降急速增加，摩擦因数急剧降低，致使电刷不稳定，称为气垫现象。特别是在并联多电刷时，容易在某些电刷下出现气垫现象，从而产生电流的不均匀分布。此时可以采用刻槽电刷、钻孔电刷或对集电环表面刻螺旋槽予以改善。

随着电刷的电流密度增加，电刷的接触电压降和电气损耗也增加，但在电流密度达到一定值后，接触电压降增加缓慢。电流密度超过允许范围后，由于发热过高，摩擦因数增大，极易引起火花。低电压、大电流的电动机，往往采用含铜量高的金属石墨电刷。换向性能、机械强度和韧性好的电化石墨电刷，能承受较大的电流密度，并适合电动机的轻载和空载运行。

选择施于电刷的弹簧压力时，应采用电动机运行中的总损耗和电刷磨损最小时相应的单位压力，施于同一台电动机各个电刷的单位压力应均匀，防止个别电刷产生过热或产生火花。

八、常用母排

母排即矩形母线，又称母线，是大截面的载流体，通常固定在绝缘子上使用。母排按材质分铜母排和铝母排两种，型号有硬铜母线 TMY、软铜母线 TMR、硬铝母线 LMY、软铝母线 LMR。母排常用尺寸范围中宽度为 16～125mm，厚度为 2.24～31.5mm。高低压配电装置多采用硬母线。硬母线的有关性能见表 5-16。

表 5-16　　　　　　　　　　　　硬 母 线 性 能

材　质	硬　铜	硬　铝
密度/(g/cm³)	8.9	2.7
抗拉强度/MPa	厚度 $\delta \leqslant 1.25$mm，>300 厚度 δ 在 1.35～3.28mm，>270 厚度 δ 在 3.5～7mm，>260 厚度 $\delta \geqslant 7$，>250	<120
20℃时电阻率/(Ω·mm³/m)	1.72×10^{-2}	2.95×10^{-2}
熔点/℃	1083	658
每1℃温度电阻系数	3.82×10^{-3}	3.6×10^{-3}
伸长率（%）	6	3
轧制截面误差	<1%	<3%

母线型号选择应根据使用环境、运行要求、额定电压、长期发热情况或经济电流密度等要求。母线截面则需按经济电流密度选择，选择后要经热稳定和动稳定校验。母线动稳定性可以归结为求最大允许跨距 l_{max}

$$l_{max} = \sqrt{10\sigma_{ux} W / f(3)}$$

式中　σ_{ux}——母线的允许应力，MPa，一般铜为 140MPa、钢为 160MPa，槽形铝排为 42MPa，矩形铝排为 70MPa；

　　　W——母线截面系数，当母线竖放时 $W = b^2 h/6$；横放时 $W = bh^2/6$，b 为母线的厚度，h 为母线的宽度；

　　　$f(3)$——三相短路时，母线单位长度（cm）所受的力（N）。

动稳定校验结果，若母线实际跨距小于 l_{max}，则认为动稳定性符合要求。

硬母线加工主要包括矫正母线、测量划线、切割下料、弯曲和接触面加工等工序。母线矫正方法有手工矫正和机械矫正。手工矫正是将母线放在平台上或平直的型钢等垫块上，采用敲打方式将母线锤平，敲打时用力要适当，以防止母线变形。截面较大的母线应采用母线矫正机进行矫正，是利用丝杠顶压顶板的方式将母线矫正。母线应按现场直接量出母线的实际安装尺寸下料。小截面的母线可用钢锯切割，大截面母线可使用电动圆齿锯切割，切口上的毛刺应用锉刀去掉。

矩形母线的弯曲有平弯、立弯和扭弯三种方式。一般为提高弯曲的精确度，通常应先用粗铁丝做好样模。矩形母线宜采用冷弯。如果采取热弯方式应注意加热温度不应超过以下规定值：铜——350℃；铝——250℃；钢——600℃。对于铝母排，为了不过热，一般采用在弯曲处表面涂上黑漆加热至母排表面出现红色为止。母线起始弯曲点距最近的绝缘子上的母线支持夹板的边缘应大于 50mm，且应不大于母线两支持点之间距离的 1/4，母线起始弯曲点距母线连接位置应大于 30mm。

　　母排平弯时一般采用平弯机弯曲，当母线弯曲到一定程度后，应及时用样模进行比较校核，使母线达到合适的弯度。母排立弯时，一般采用立弯机弯曲，母线弯曲处不应有裂纹及显著的折皱。母线最小允许弯曲半径详见表 5-17。

表 5-17　　　　　　　　　　　　　　　母排最小允许弯曲半径

弯曲类别	母排截面（宽/mm×厚/mm）	最小弯曲半径		
		铜	铝	钢
平弯	≤50×5	2δ	2δ	2δ
	≤125×10	2δ	2.5δ	2δ
立弯	≤50×5	$1B$	$1.5B$	$0.5B$
	≤125×10	$1.5B$	$2B$	$1B$

　　施工中母排拧麻花弯一般采用扭弯器。母线扭转 90° 时，扭转部分的长度不应小于母线宽度的 2.5 倍。母排与电气设备连接、母排间的螺栓连接需钻孔的孔眼直径应大于连接螺栓直径 1mm，孔眼应垂直，并去掉孔眼毛刺。孔眼位置及孔径大小应根据母线的尺寸和连接要求而定。孔眼间相互距离的误差应小于 0.5mm。硬母线一般采用焊接、螺栓搭接、夹板搭接和夹持螺栓搭接的方式连接。

　　硬母排采用螺栓搭接时应注意以下几个方面。

　　（1）母排连接处的接触面应平整、光滑、刮除氧化膜并涂以中性凡士林油，搭接长度应大于母线的宽度。

　　（2）母排搭接时，紧固件应使用镀锌螺栓、螺母和垫圈。螺栓两侧应加平垫，螺母侧应加弹簧垫。螺栓长度应在螺母拧紧后露出螺母 2～3 扣。

　　（3）母排安装时应考虑到便于螺母紧固。水平安装时，螺栓应由下向上穿，垂直安装时应由内向外穿，螺母应置于维护侧。

　　（4）接触面的连接应紧密，母排宽度大于等于 63mm 的，接触面缝隙应小于 6mm，母排宽度在 56mm 及以下的，接触面缝隙应小于 4mm。

　　（5）搭接处的直流电阻值应小于同长度原金属直流电阻值的 1.2 倍。

　　（6）所有搭接处不应受到任何外加应力。

　　硬母排采用焊接时应注意以下几个方面。

　　（1）母线焊接所用填充材料的物理性能与化学成分应与母排相一致，焊前应该将母排对口两侧表面 20mm 范围内氧化膜及杂质清除干净。对口焊接的母排应该开成 35°～40° 的坡口，1.5～2mm 的钝边。每个焊缝应一次性焊完。对焊的母排表面应有 2～4mm 的加强高度。

　　（2）焊接的对口应该中心线对齐，焊接应四面焊接牢固，焊缝表面应平滑，不应有凹陷、气孔、夹渣等缺陷。

　　（3）焊接头的直流电阻不应大于同长度原金属的电阻值。

九、熔体材料

　　熔体是熔断器的主要部件，当通过熔断器的电流大于规定值时，熔体即熔断而自动断开电路，从而达到保护电力线路和电气设备的目的。各类熔断器所使用的熔体材料不尽相同，而不同的熔体对相同的熔化电流其熔化时间相差也很大。低熔点熔体熔化时间长，高熔点熔体熔化时间短。单纯为保护短路，希望熔化时间越短越好，这时应选用快速熔体。若为保护过载，则希望有一定的延时，这时应选用慢速熔体。

常用的熔体材料有银、铜、铝、锡、铅和锌等纯金属，是常用的熔体材料。常用低压熔体常做成丝状和片状，在低压电路中，常用的是熔丝，有铅熔丝和铜熔丝两种。每一种规格的熔体都有额定电流和熔断电流两个参数。选用时，必须注意：当通过熔体的电流小于其额定电流时，熔体不会熔断，只有在超过其额定电流并达到熔断电流时，熔体才会发热熔断。铅熔丝允许通过的额定电流及熔断电流见表 5-18。铜熔丝的额定电流及熔断电流见表 5-19。

表 5-18　　　　　　　　　　　铅熔丝的额定电流及熔断电流

直径/mm	截面积/mm²	近似于SWG♯	额定电流/A	熔断电流/A	直径/mm	截面积/mm²	近似于SWG♯	额定电流/A	熔断电流/A
0.08	0.005	44	0.25	0.5	0.98	0.75	20	5	10
0.15	0.018	38	0.5	1.0	1.02	0.82	19	6	12
0.20	0.031	36	0.75	1.5	1.25	1.23	18	7.5	15
0.22	0.038	35	0.8	1.6	1.51	1.79	17	10	20
0.25	0.049	33	0.9	1.8	1.67	2.19	16	11	22
0.28	0.062	32	1	2	1.75	2.41	15	12	24
0.29	0.066	31	1.05	2.1	1.98	3.08	14	15	30
0.32	0.080	30	1.1	2.2	2.40	4.52	13	20	40
0.35	0.096	29	1.25	2.5	2.78	6.07	12	25	50
0.36	0.102	28	1.35	2.7	2.95	6.84	11	27.5	55
0.40	0.126	27	1.5	3	3.14	7.74	10	30	60
0.46	0.166	26	1.85	3.7	3.81	11.40	9	40	80
0.52	0.212	25	2	4	4.12	13.33	8	45	90
0.54	0.229	24	2.25	4.5	4.44	15.48	7	50	100
0.60	0.283	23	2.5	5	4.91	18.93	6	60	120
0.71	0.40	22	3	6	5.24	21.57	4	70	140
0.81	0.52	21	3.75	7.5					

表 5-19　　　　　　　　　　　铜熔丝的额定电流及熔断电流

直径/mm	截面积/mm²	近似于SWG♯	额定电流/A	熔断电流/A	直径/mm	截面积/mm²	近似于SWG♯	额定电流/A	熔断电流/A
0.234	0.043	34	4.7	9.4	0.70	0.385	22	25	50
0.254	0.051	33	5	10	0.80	0.5	21	29	58
0.274	0.059	32	5.5	11	0.90	0.6	20	37	74
0.295	0.068	31	6.1	12.2	1.00	0.8	19	44	88
0.315	0.078	30	6.9	13.8	1.13	1.0	18	52	104
0.345	0.093	29	8	16	1.37	1.5	17	63	125
0.376	0.111	28	9.2	18.4	1.60	2	16	80	160
0.417	0.137	27	11	22	1.76	2.5	15	95	190
0.457	0.164	26	12.5	25	2.00	3	14	120	240
0.508	0.203	25	15	29.5	2.24	4	13	140	280
0.559	0.245	24	17	34	2.50	5	12	170	340
0.60	0.283	23	20	39	2.73	6	11	200	400

课题三 绝 缘 材 料

绝缘材料，在研究它的基本性能时称为电介质，在实际工作中称为绝缘材料，电阻率大于 $10^7\,\Omega$，在外加电压作用下，会有极微弱的电流通过，一般认为是不导电的。绝缘材料按物态分为：气体绝缘材料、液体绝缘材料、固体绝缘材料。

绝缘材料的主要作用是隔断不同电位的电流，使电流仅沿导体内流通。它在不同的电工产品中还起着不同的作用，如散热冷却、机械支撑、固定、储能、灭弧、改善分布、防潮、防霉以及保护导体等作用。

一、电介质的老化

绝缘材料在电气设备的工作运行中，受温度、湿度、大气中的氧气、电场作用、机械振动和电动力等各种因素的作用，不可能无限期使用而不受损坏。电介质受这些方面长期作用会发生电导、极化、损耗、老化、击穿等一系列缓慢而不可逆的物理、化学变化，从而导致其电气性能和机械性能的恶化，最后丧失绝缘性能，这一不可逆的变化称为电介质的老化。影响老化的因素很多，主要因素是过度质变和局部放电。在低压电气设备中促使介质老化的主要因素是过热，在高压电气设备中促使介质老化的主要因素是局部放电。为了保证电介质的使用寿命，针对介质老化的各种情形，需采取不同的防老化措施。

二、电介质的击穿

任何电介质，当外加电压超过某一临界值时，通过电介质的电流剧增，从而完全推动绝缘性能的现象称为电介质的击穿。使电介质发生击穿的最低电压称为击穿电压。击穿时的电场强度是单位厚度上所承受的击穿电压。

气体在外施电压作用下击穿而发生导电的现象称为气体放电。气体击穿后，若去掉外加电压，气体又恢复它的绝缘性能。

固体电介质在强电场的作用下，会有极微小的泄漏电流而产生热损耗，若产生的热量不能及时散发出去，就会使电介质温度升高，温度升高又会使电导率增加，如此恶性循环，最后导致固体介质熔化或烧毁而引起击穿。固体电介质的击穿主要有电击穿和热击穿两种形式。

电气设备的固体绝缘材料表面在空气中，当带电体的电压超过一定限度时，常常在固体绝缘表面与空气的交界面上出现放电现象，这种沿固体表面所发生的放电现象称为沿面放电。当沿面放电扩展到固体介质整个表面空气层被击穿时称为沿面击穿或沿面闪络，简称闪络。沿面闪络电压比相同条件下纯气体介质击穿电压低得多。因为固体介质的表面、脏污或受潮而使电场变得不均匀，在电场较强处首先发生气体游离，最后导致沿固体介质表面气体的击穿。

三、绝缘材料耐热性和耐热等级

耐热性是表示绝缘材料在高温作用下，不改变介电、机械、理化等特性的能力。绝缘材料能长期（15～20 年）保持所必需的理化、机械和介电性能而不会显著劣变的温度称绝缘材料的最高允许工作温度。

为了便于电工产品设计、制造和维修时合理选用绝缘材料，一般将绝缘材料按其最高允许工作温度进行统一的耐热分级，称为耐热等级。我国将绝缘材料分为：Y、A、E、B、F、H、C 7 个耐热等级，它的最高允许工作温度，分别为 90℃、105℃、120℃、130℃、155℃、180℃、180℃以上。

四、气体绝缘材料

气体绝缘材料的功能是电气绝缘、冷却、散热、灭弧等，在电动机、变压器、电缆、电容器中得到广泛应用。

空气是常用的气体绝缘材料，空气击穿后若去掉外加电压能自动恢复其绝缘性能，且电气性能和物理性能稳定，在开关中广泛应用空气作为绝缘介质。增加气体压力且抽成真空，可以提高气体的击穿电压。

六氟化硫的绝缘性能和灭弧性能好，灭弧能力为空气灭弧能力的 100 倍。纯六氟化硫无毒，但在制造过程中总有少量的有毒副产品产生，低六氟化硫易被潮气水解而产生氟化氢剧毒物，因此，使用时要严格控制其含水量，要采取除潮与防潮措施。

五、绝缘油

绝缘油在电气设备中的主要作用有：绝缘、冷却、灭弧和填充等，在不同的设备中其主要作用不同。根据来源可分为天然油和合成油两类。

绝缘油长期运行会发生老化，实践证明，空气中的氧和温度是引起油老化的主要因素。常温下的氧化并不明显，温度达到 $60 \sim 70℃$ 以上氧化作用加快，达到 $160℃$ 时氧化最激烈，据测定平均每升高 $10℃$，老化速度增加 $1.5 \sim 2$ 倍。同时有些金属对油的老化起催化作用。因此，应避免铁、铜等金属与油接触。

防止油老化，一般可采取加强散热以降低油温，用充氮和橡胶薄膜使变压器油与空气隔绝，添加高氧化剂，防止日光照射，采用热虹吸过滤器使变压器油连续再生等措施。还应经常进行日常检查，如检查油面高度、定期检查油的理化性能。如果油面下降需补充新油时，所添新油的性能不得低于运行中油的性能，且必须进行混合试验，以保证安定度合格。不同牌号的油不宜混用。

六、固体绝缘材料

塑料具有质量轻、电气性能优良、足够的硬度和机械强度、易于加工成型等特性。塑料是填料和各种添加剂制成的粉状、粒状或纤维状材料。加热成型后冷却硬固，再加热又软化，可以反复成型，内有可熔性的塑料为热塑性塑料，如聚乙烯、聚丙烯、聚氯乙烯等。在加热成型后为不熔性的固化物，再加热也不软化，只能塑制一次的塑料为热固性塑料，如聚酯塑料、酚醛塑料、氧基塑料。

电线电缆用热塑性塑料主要有聚氯乙烯、聚乙烯、聚丙烯、氟塑料等。聚氯乙烯的机械性能优越，电气性能良好，耐酸耐碱，对化学药品也较稳定，具有耐潮、耐电晕、不延燃、成本低、加工方便等优点。既能做电线电缆护套和绝缘，又能做电缆金属护套的外护层，以防止金属护套被腐蚀。聚氯乙烯做绝缘时，其电压等级最高为 $10kV$。

聚乙烯具有优异的电气性能，其相对介电介质损耗几乎不变，而且具在优良的耐水性，主要用于做通信电缆和电力电缆的绝缘和护层材料，用于电力电缆时，其电压等级高达 $225kV$。

七、云母制品

电工用云母分为天然云母、合成云母和粉云母等。云母制品由云母或云母粉和胶粘剂、补强材料（纸、绸、下班丝制品等）组成。云母具有很高的击穿电压，抗电击和抗电火花能力高于所有的有机绝缘材料。在电气工业中被广泛采用，特别是对大型高压电动机的绝缘，云母制品更是不可缺少的。

八、绝缘薄膜及其复合制品

电工用薄膜是由高分子化合物制成的一种薄而软的绝缘物，特点是薄、柔软、耐潮、电气性能和机械性能好。主要用作电动机、电器线圈和电线电缆包扎绝缘，以及作为电容器的介质。

薄膜复合制品是在薄膜的一面或两面黏合纤维材料组成的一组复合绝缘材料。纤维材料主要作用是加强薄膜的机械性能，提高抗撕强度和表面挺度。主要用于做电动机、电器的槽绝缘、衬垫绝缘和匝间绝缘。薄膜复合绝缘材料简称薄膜复合箔。复合制品主要有聚酯薄膜绝缘纸复合箔，聚酯薄膜玻璃漆布复合箔、聚酯薄膜聚酯纤维纸复合箔等。

九、电工用各种包扎绝缘带

白纱带用 42 支/2 股或 60 支/2 股棉纱纺织成，质地柔软、价格低廉，宽度有 13mm、20mm、25mm 三种，每盘长 50m，主要供电动机、变压器、电器绕组做绝缘包扎材料。

布绝缘脐带（黑胶布）是在棉布上刮胶、卷切而成，有较好的黏着性和绝缘性能，适用于交流电压为 380V 及以下的电线电缆包扎绝缘用。

聚氯乙烯带（塑料带）绝缘性能好、耐潮性及耐蚀性好，电缆用的聚氯乙烯带是专门用来包扎电缆接头的，一般制成红、绿、黄、黑 4 色，因此也称它为相色带。

课 题 四　磁 性 材 料

根据磁导率的大小，磁性材料可分为三类：反磁物质、顺磁物质、强磁物质。

相对磁导率小于 1 的为反磁物质，如铜、银等；相对磁导率稍大于 1 的为顺磁物质，如空气、锡、铝等；相对磁导率远远大于 1 的为强磁物质，也叫铁磁物质，如铁、镍、钴及其合金等。由于反磁物质和顺磁物质的磁性表现均很微弱，相对磁导率都近似等于 1，不能作为磁性材料使用，因此，工程上提到的磁性材料均指强磁材料。

磁性材料可按其特性与应用情况分为软磁材料和硬磁材料两大类。

一、软磁材料

软磁材料的磁滞回线很窄，磁导率 μ 很大、剩磁和矫顽力都很小，容易磁化和去磁，因而磁滞损耗小，这类材料有：电工纯铁、硅钢片、铁镍合金、软磁铁氧体等，它具有不同的品种和特性。

软磁材料在强磁场下使用，要求具有低的铁损和高的磁感应强度。低铁损可降低产品总损耗，提高产品经济指标，磁感应强度高可以缩小铁心荷重，减轻产品重量，节省导线，降低产品成本。在电气设备中主要用来减小磁回路的磁阻，增强回路的磁通量，改善交流磁路和直流磁路的功能。

在弱磁场下使用的软磁材料，要求具有高的磁导率和小的矫顽力。

在高频下工作的软磁材除了要求磁导率高、矫顽力小外，还必须考虑材料具有大的电阻率以降低材料的涡流损耗。铁氧体就是典型的高频软磁材料。

硅钢片是含硅的铁合金经轧制而成的片状材料，是制造电动机、变压器铁心材料，主要作用是降低磁滞损耗，提高磁导率。按工艺的不同分为热轧和冷轧两种。冷轧硅钢片在磁性能和结构、工艺性能方面都比热轧硅钢片优异，但价格较贵。在电动机工业中的硅钢片，其厚度有 0.30mm、0.35mm、0.5mm。在电信高频技术中，其常用的厚度有 0.05～0.20mm。

铁镍合金，在弱磁场下的磁导率比硅钢片高 10～20 倍，广泛应用于灵敏继电器、磁屏蔽、电话、无线电变压器、精密的交直仪表和电流互感器等。

二、硬磁材料

硬磁材料的磁滞回线较宽，必须用较强的外磁场才能使它们磁化，一经磁化，取消外磁场后磁性就不易消失，具有很强的剩磁，能长期保持磁性基本不变，而且矫顽力很大。主要用于制造各种形状的永久磁铁和恒磁，这类材料有：合金碳钢、铝镍钴、稀土钴、硬磁铁氧体等。广泛用于磁电式测量仪表、扬声器、永磁发电机。

相关技能

技能训练　装配材料的识别与使用

一、电线的组成
电线的组成如图 5-8 所示。

二、导线绝缘层的切削
导线绝缘层切削较好样式如图 5-9 所示，导线绝缘层切削不好样式如图 5-10 所示。

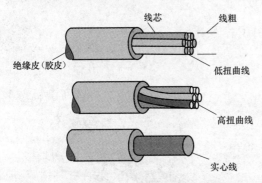

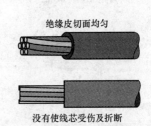

图 5-8　电线的组成

图 5-9　导线绝缘层切削较好样式

三、导线绝缘层的切削不良对导电性能的影响
导线绝缘层的切削不良对导电性能的影响如图 5-11 所示。

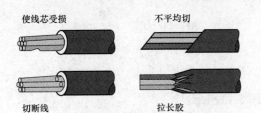

图 5-10　导线绝缘层切削不好样式

图 5-11　导线绝缘层的切削不良对导电性能的影响

四、导线端子
（1）端子的种类如图 5-12 所示。

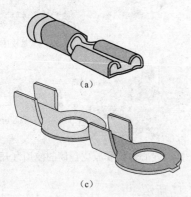

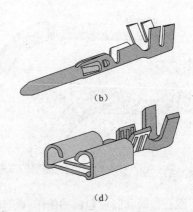

图 5-12　端子的种类（一）

（a）闭筒式插孔端子；（b）开筒式针型端子；（c）开筒式，后送料环形端子；（d）开筒式插孔端子

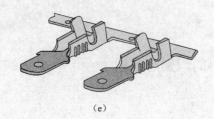

（e）   （f）

图 5-12　端子的种类（二）

（e）开筒式，侧边送料接片端子；（f）闭筒工铲型端子

（2）开筒式端子的组成如图 5-13 所示。

（3）闭筒端子的组成如图 5-14 所示。

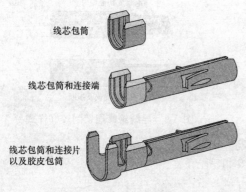

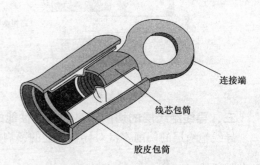

图 5-13　开筒式端子的组成　　　　　图 5-14　闭筒端子的组成

（4）胶皮包筒的外形如图 5-15 所示。

五、导线与端子的使用

（1）线心包筒和胶皮包筒的使用（开筒式）如图 5-16 所示。

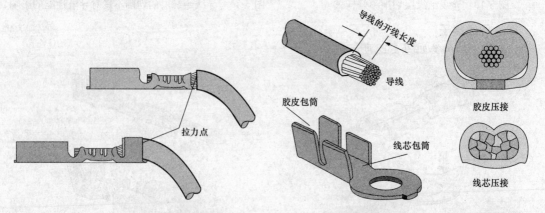

图 5-15　胶皮包筒的外形　　　　图 5-16　线心包筒和胶皮包筒的使用（开筒式）

（2）线心包筒和胶皮包筒的使用（闭筒式）如图 5-17 所示。

（3）导电性的对比如图 5-18 所示。

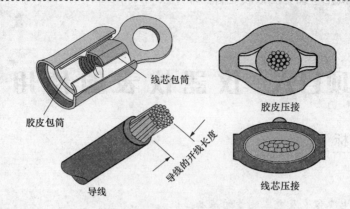

图 5-17 线心包筒和胶皮包筒的使用（闭筒式）

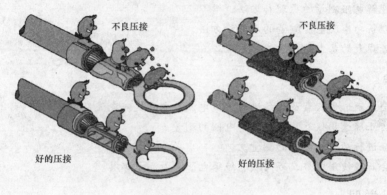

图 5-18 导电性的对比

项目六　仪器仪表的使用

 学习目标

应知：

1. 了解电工仪表及电工测量的基本知识。
2. 理解电流测量、电压测量的原理和方法。
3. 理解电阻测量的原理和方法。
4. 理解功率及电能测量的原理和方法。
5. 万用表的基本结构及工作原理。

应会：

1. 会正确选用仪表及设备进行直流电流、电压交流电流及电压的测量。
2. 会正确选用仪表及设备进行电阻的测量。
3. 会进行功率及电能的测量。
4. 会正确使用电桥、万用表、绝缘电阻表等测量工具。

 建议学时

理论教学 12 学时，技能训练 10 学时。

 相关知识

课题一　仪器仪表基础知识

在生产、科研、军事及社会生活等各个领域中，经常需要对各种物理量进行测量，一般来说，物理量可分为电量及非电量两大类。对电量（如电压、电流、电能、电功率等）常使用电工仪表进行测量，通常称为电工测量。对非电量（如压力、速度、温度、湿度等）除用专门的测量仪器进行测量外，也广泛地采用通过传感器将其变换成电量再进行测量，目前电工测量在各种测量技术中已占有重要的地位。本章主要讲解电工仪表。

电工仪表是指将被测电量或非电量变成仪表指针的偏转角或计算机构的数字显示，因此它也称为机电式仪表，即用仪表可动部分的机械运动来反映被测电量的大小。

一、仪器仪表的分类

电工仪表是指用来测量各种电量、磁量及电路参数的仪器和仪表。电工仪表主要分为指示仪表、比较仪表（仪器）和数字仪表三类。

指示仪表是应用较为广泛的电工仪表，其特点是能将被测量转换为仪表可动部分的机械偏转角，并通过指针、指示器直接显示出被测量的大小，故又称为直读式仪表。常用指示仪表的工作原理、结构以及特点等见表 6-1。

表 6-1 常用指示仪表的工作原理、结构

类型	结构图	工作原理	使用场合	特　点
磁电系	圆柱铁心 指针 转轴 可动线圈 永久磁铁 游丝 平衡锤 调节器	利用通电的可动线圈在永久磁场中受到电磁力矩的作用而发生偏转	可进行直流电的直接测量；加上整流器还可进行交流电的测量（整流系）	准确度和灵敏度较高；标度均匀；功耗较小；受外界磁场影响小；过载能力差
电磁系（吸引型）	线圈 阻尼器 指针 永久磁铁 游丝 可动器	利用通电线圈产生的磁场将可动器磁化，并对可动器产生吸引力而发生偏转	可进行交流电、直流电的测量	过载能力强；结构简单；标度不均匀；准确度不高；受外界磁场影响大
电磁系（排斥型）	指针 固定线圈 平衡重物 固定铁片 可动铁片 调零螺钉 空气阻尼器	利用通电线圈的磁场将固定铁片和可动铁片磁化，两铁片同极性产生排斥力而发生偏转	可进行交流电、直流电的测量	过载能力强；结构简单；标度不均匀；准确度不高；受外界磁场影响大
电动系	指针 固定线圈 可动线圈 游丝 空气阻尼器	利用通电的固定线圈和可动线圈的磁场之间产生的电磁力矩而发生偏转	可进行交流电、直流电的测量	准确度高；功耗较大；受外界磁场影响大；过载能力差

指示仪表的常用分类方法如下。

（1）按仪表的测量对象分类。按仪表的测量对象可分为电流表、电压表、功率表、相位表、电能表、欧姆表、绝缘电阻表、万用电表等。

（2）按仪表所使用的电源种类分类。按仪表所使用的电源种类可分为直流表、交流表、交直流两用表。

（3）按仪表的准确度等级分类。按仪表的准确度等级可分为7级仪表，指示仪表的准确度等级见表6-2。

表 6-2   指示仪表的准确度等级

仪表的准确度等级	0.1	0.2	0.5	1.0	1.5	2.5	5.0
基本误差（%）	±0.1	±0.2	±0.5	±1.0	±1.5	±2.5	±5.0
适用场合	标准仪表		实验室测量仪表		工程测量仪表		

二、测量仪表的符号及其含义

为了说明测量仪表的各种技术性能，通常在指示仪表的表盘上通过一些标志符号来表示其各种技术性能。常见的符号及其含义见表 6-3。

表 6-3   电工测量仪表常见的符号及其含义

分类	名　称	标志符号	含义及其适用场合
结构和工作原理	磁电系仪表	⌂	可构成各种直流电流、电压表、欧姆表、检流计等
	电磁系仪表		可构成各种交、直流电流、电压表、频率表、相位表等
	电动系仪表		可构成各种交、直流电流、电压表、频率表、相位表等，特别适合构成功率表
	静电系仪表		可构成高电压测量仪表
	感应系仪表		可构成交流电能表
	整流系仪表		带整流器的磁电系仪表，可构成专用或多用仪表（如万用电表）
电源种类	直流表	──	测量直流信号
	交流表	∼	测量正弦交流信号
	交、直流两用表	≂	测量交、直流信号
	对称三相交流表	≋	测量三相平衡负载的交流信号
电源种类	三相交流表		测量三相不平衡负载的交流信号
			测量三相四线不平衡负载的交流信号
准确度	1.5 级表	1.5	以标度尺上量程百分数表示的准确度
		1.5 V	以标度尺长度百分数表示的准确度
		(1.5)	以指示值的百分数表示的准确度
工作位置	水平使用	⊓	仪表水平放置
	垂直使用	⊥	仪表垂直放置
	倾斜使用	∠30°	仪表倾斜 30° 放置

续表

分类	名称	标志符号	含义及其适用场合
防御性能	防御级别	$\boxed{I}$	仪表防御外界磁场或电场的级别（如 I 级）
使用条件	环境级别	Ⓑ	仪表允许的工作环境级别（如 B 级）
绝缘试验	绝缘场度	☆	仪表绝缘经 2kV 耐压试验
		☆	仪表绝缘经 500V 耐压试验
端钮	端钮	−	负端钮
		+	正端钮
		~	交流端钮
		✳	公共端钮
		⏚	接地端钮
		⏛	与外壳或机壳相连接的端钮
		◯	与屏蔽相连接的端钮

三、仪器仪表的正确使用方法

（1）不能随意拆装和调试，以免影响准确度和灵敏度。

（2）交流、直流电能表（挡）要分清，多量程表在测量中不能更换挡位，严格按使用说明接线，以免出现烧表事故。

（3）注意仪器仪表的工作环境和工作条件。一般的仪器仪表都有工作条件的规定，如工作环境温度、湿度等，必须严格遵守。使用前先检查合格证，无合格证的仪器仪表不能投入使用。正常情况下，仪器工作处要通风，没有强磁场，无腐蚀物和强烈震动，注意防尘。

（4）注意仪器仪表的操作规程。使用前应检查电源或其他动力源是否与仪器仪表型号匹配、接触或密封是否良好，各外设附件是否配置得当。凡无线电仪器都有预热稳定过程，使用中应予以注意。其他操作顺序、方法、连续使用时间、使用精度、使用极限等，应按规程进行。

（5）搞好仪器仪表的维护保养工作。仪器仪表维护保养的主要内容是防尘、防潮、防腐、防老化工作。每天要用干布擦拭外壳，停用时应用布罩遮盖。部分仪器还有避光的要求，对于仪器仪表中的灰尘要请有关人员定期清除。

四、电工仪表的选择

（1）正确理解准确度。选择仪表时，不能只想着"准确度越高越精确"。事实上，准确度高的仪表，要求的工作条件也越高。在实际测量中，若达不到仪表所要求的测量条件，则仪表带来的误差将更大。

（2）正确选择表的量限。测量值越接近表的满偏值误差越小，应尽量使测量的数值在仪表量限的 2/3 以上。

（3）有合适的灵敏度。要求对变化的被测量有敏锐的反应。

（4）有良好的阻尼性。要求阻尼时间短，一般不超过 4～6s。

（5）受外界的影响小。即温度、电场、磁场等外界因素对仪表影响所产生的误差小。

五、仪表误差的表示方法

测量值与实际值之间总是不可能绝对相等，总有或多或少的误差存在，其中由仪表引起的误差称为仪表误差，仪表误差又包括基本误差和附加误差。基本误差是在标准条件下使用的误差，是由于仪表结构、材料及制造工艺上的不完善造成的，是仪表本身的固有误差。附加误差是仪表在非标准条件下使用产生的"额外"误差。

仪表误差的表示方法有绝对误差、相对误差、基准误差三种。

（1）绝对误差。是指仪表的指示值与实际值之差，用 ΔA 表示，$\Delta A = A_x - A_0$，其值或正或负。用绝对误差表示仪表误差比较直观，但它并不能反映测量的准确程度，为此引用相对误差。

（2）相对误差。是指绝对误差与实际值的比值，用 γ 表示，即 $\gamma = \Delta A / A_0 \times 100\%$。相对误差表明了误差对测量结果的相对影响。它能正确地反映误差程度。由于相对误差可以对不同测量结果的误差进行比较，所以它是误差计算中常用的一种表示方法。工程上凡是确定或评价测量结果的误差，一般都采用相对误差。

（3）基准误差。是指绝对误差 ΔA 与仪表量程 A_m 之比，用 γ_n 表示，$\gamma_n = \Delta A / A_m \times 100\%$，其值有大小，符号有正负。仪表在规定的正常工作条件下进行测量时，产生的最大绝对误差 ΔA_m 与仪表量程 A_m 之比称为最大基准误差，用 γ_{nm} 来表示，$\gamma_{nm} = \Delta A_m / A_m \times 100\%$。

课题二 万 用 表

万用表是测量电阻、电压、电流等参数的电工仪表。它具有携带方便、使用灵活、检查项目多、检测精度高、造价低廉等优点。它是从事电工、电器、无线电设备生产和维修人员最常用的工具，应用极为广泛，是一种普及型的测试仪表。万用表再附加一些电子元器件，还可以对交流电流、电容量、电感量和三极管的直流放大倍数等参数进行测量。万用表的种类很多，但根据其显示方式的不同，一般可分为指针式万用表和数字式万用表两大类。

一、指针式万用表

指针式万用表的主要部件是指针式仪表，测量结果为指针式显示，其基本原理是利用一只灵敏的磁电式直流电流表（微安表）做表头，当微小电流通过表头，就会有电流指示。但表头不能通过大电流，所以，必须在表头上并联或串联一些电阻进行分流或降压，从而测出电路中的电流、电压和电阻。下面分别介绍使用万用表对不同物理量进行测量时的基本工作原理，图6-1是不同物理量测试的等效原理图。表6-4是不同物理量测试的测量原理。

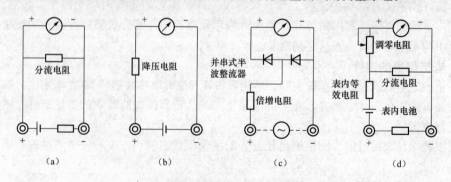

图 6-1 万用表测试等效原理图

（a）被测直流电阻；（b）被测直流电源；（c）被测交流电源；（d）被测电阻

表 6-4   各种电量的测量原理

类 别	结构、原理电路图	说 明
电阻的测量		① 电阻的测量实际是一只多量程的欧姆表 ② 通过改变表头的分流电阻来改变电阻量程，由 R_3、R_4、R_5、R_6 组成闭路式分流器 ③ R_2 为欧姆调零器 ④ 被测电阻的实际值等于标度尺上的读数乘以所用电阻挡的倍率
直流电流的测量		① 直流电流的测量实际是一只采用分流器的多量程直流电流表 ② 由 R_1、R_2、R_3、R_4 组成闭路式分流器，通过改变开关 K 的位置来改变分流电阻的阻值，从而改变电流量程 ③ 被测电流的实际值等于标度尺上的读数
直流电压的测量		① 直流电压的测量实际是一只采用分压电阻的多量程直流电压表 ② 由 R_1、R_2、R_3 组成公用式分压器，通过改变开关 K 的位置来改变分压电阻的阻值，从而改变电压量程 ③ 被测电压的实际值等于标度尺上的读数
交流电压的测量		① 交流电压的测量是一只采用半波整流再接分压电阻的多量程交流电压表 ② 由 R_1、R_2、R_3 组成公用式分压器，通过改变开关 K 的位置来改变分压电阻的阻值，从而改变电压量程 ③ 被测电压的实际值等于标度尺上的读数
		① 交流电压的测量是一只采用桥式整流再接分压电阻的多量程交流电压表 ② 由 R_1、R_2、R_3 组成公用式分压器，通过改变开关 K 的位置来改变分压电阻的阻值，从而改变电压量程 ③ 被测电压的实际值等于标度尺上的读数

　　指针式万用表也有很多种型号，但是各种型号万用表的基本测量原理都是上面所述的，只是不同的型号其实际电路结构都不一样，图 6-2 为 500 型万用表电路原理图。

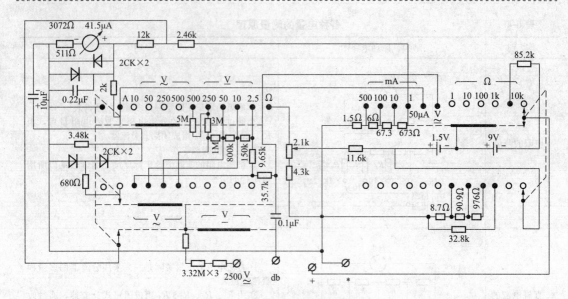

图 6-2　500 型万用表电路原理图

500 型万用表是应用最广泛的万用表之一，它是一种用作交、直流电压、直流电流以及电阻和音频电平测量的多功能、多量程仪表。500 型万用表的面板功能如图 6-3 所示。它有两个"功能/量程"转换开关，每个开关的上方均有一个箭头形标志。如欲测量直流电压，应首先旋动右边的"功能/量程"开关，使开关上的符号"V"对准标志位；然后将左边的"功能/量程"开关旋至所需直流电压量程（有"V"标志者为直流电压量程）后才可进行测量。利用两个转换开关的不同位置组合，可以实现上述多种测量。

500 型万用表表盘上有 4 条刻度线，如图 6-3 所示，第一条（从上到下）标有 R 或 Ω，指示的是电阻值，转换开关在欧姆挡时，即读此条刻度线。该刻度线最左端是无穷大，右端为零，当中刻度不均匀。电阻挡有 R×1、R×10、R×100、R×1k、R×10k 各挡，分别说明刻度的指示需要乘上其倍数，才得到实际的电阻值（单位为欧姆）。例如，用 R×100 挡测一电阻，指针指示为"10"，那么它的电阻值为 $10×100=1000Ω$ 即 1kΩ。

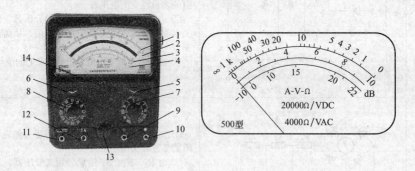

图 6-3　500 型万用表的外形及面板示意图

1—欧姆刻度；2—直、交流刻度；3—交流 10V 专用刻度；4—音频电平（分贝刻度）；5、6—箭头形标志符；

7、8—功能/量程开头 S2、S1；9—通用测量插孔；10—公共插孔；11—测高压插孔（直、交流通用）；

12—音频电平测量插孔；13—欧姆调零旋钮；14—机械调零旋钮

第二条标有 ∽ 和 VA，指示的是交、直流电压和直流电流值，当转换开关在交、直流电压或直流电流挡，量程在除交流 10V 以外的其他位置时，即读此条刻度线。

第三条标有 10V，指示的是 10V 的交流电压值，当转换开关在交流电压挡，量程在交流 10V 时，即读此条刻度线。

第四条标有 dB，指示的是音频电平（分贝刻度）。

万用表是比较精密的仪器，如果使用不当，不仅造成测量不准确而且极易损坏。但是，只要我们掌握万用表的使用方法和注意事项，那么万用表就能经久耐用。使用万用表应注意以下事项。

（1）使用之前要调零。使用万用表应先进行机械调零。在测量电阻之前，还要进行欧姆调零。并且每换一次欧姆挡就要进行一次欧姆调零。如图 6-4 所示，红、黑表笔短接，调节欧姆调零旋钮，指针指向欧姆刻度线零位。如果将两支表棒短接，调"零欧姆"旋钮至最大，指针仍然达不到 0 点，这种现象通常是由于表内电池电压不足造成的，应换上新电池方能准确测量。

（2）要正确接线。万用表面板上的插孔和接线柱都有极性标注。使用时将红表笔与"通用测量插孔"（或"＋"极性孔相连），黑表笔与"公共插孔"（或"－"极性孔相连）。测直流量时要注意正、负极性，以免指针反转。测电流时，万用表应串联在被测电路中；测电压时，万用表应并联在被测电路两端。

（3）要正确选择测量挡位。测量挡位包括测量对象和量程。测量电量时应将转换开关置于相应的挡位，所选用的挡位越靠近被测值，测量的数值就越准确。如果误用电流挡测量电压，将造成仪表损坏。选择电压或电流量程时，最好使指针处在

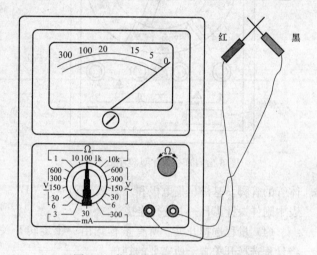

图 6-4　指针式万用表的欧姆调零

标度尺 2/3 以上的位置；选择电阻量程时，最好使指针处在标度尺的中间。测量时，如果不能确定被测电压、电流的数值范围，应先将转换开关转置相应的最大量程。

严禁在被测电阻带电的情况下用欧姆挡测量电阻。否则，极易造成万用表损坏。

（4）要正确读数。万用表在使用时，必须水平放置，以免造成误差。测量时应在对应的标度尺上读数，同时注意标度尺上读数与量程的配合，避免出错。

（5）要注意操作安全。在进行高电压测量或测量点附近有高电压时，一定要注意人身和仪表的安全。在测量高电压或大电流时，严禁带电切换量程开关。否则，有可能损坏转换开关。在使用万用表过程中，不能用手去接触表笔的金属部分，这样既可保证测量的准确，也可保证人身安全。

另外，万用表使用完毕，应将左右两个"功能/量程"开关旋至"·"位上，或置电压最大量程挡。不要旋在电阻挡，因为表内有电池，如果不小心易使两根表棒相碰短路，不仅耗费电池，严重时甚至会损坏表头。如果长期不使用，还应将万用表内部的电池取出来，以免电池腐蚀表内其他器件。

二、数字式万用表

数字式万用表又称数字多用表（DMM），是最常用的一种数字仪表。数字式万用表应用了数字集成电路技术，其测试功能远远超过指针式万用表。多功能数字式万用表是把所测量的电压、电流、电阻等值，直接以数字的形式显示出来，不仅可以测量直流电流、交流电流、直流

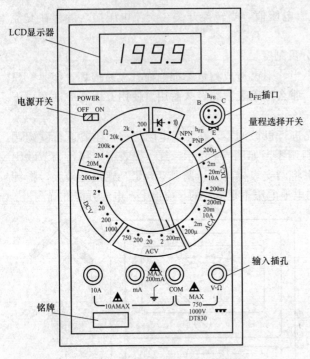

LCD显示器

电源开关

POWER OFF ON

hFE插口

量程选择开关

输入插孔

铭牌

10AMAX

MAX 750 1000V DT830

图 6-5 DT—830 型数字式万用表

电压、交流电压、电阻等参量，还可以测量电容、电感，可用来识别二极管、三极管的电极和类型，检测二极管、三极管的质量等，并可以测量三极管放大倍数。这种输出方式的仪表具有测量速度快，分辨率高、灵敏度高、性能好、体积小、携带方便等优点。

目前使用较多的有 DT—830、DT—860、DT—890 等型号数字万用表，图 6-5 所示为 DT—830 型数字万用表面板布置。

DT830 型数字式万用表面板功能如下。

（1）LCD 显示器。LCD 屏上显示数字、小数点、"—" 及 "←" 符号。

（2）电源开关。当开关置于 "ON" 位置时，电源接通。不用时，应置于 "OFF" 位置。

（3）h_{FE} 插口。h_{FE} 插口用于插放晶体管的管脚。基极、集电极和发射极分别插入 "B"、"C" 和 "E"。对于难以插入的晶体管可用表中附件探针 UP—11 进行连接。

（4）量程选择开关。所有量程均由一个旋转开关进行选择。根据被测信号的性质和大小，将量程选择开关置于所需要的挡位。

（5）输入插孔。根据测量范围选定测试表笔插入的插孔。黑表笔始终插入 "COM" 孔。测量直流电压、交流电压、电阻（Ω）、二极管和通断检验时，红表笔插入 "V·Ω" 孔。测量电流时，当被测的交、直流电流小于 200mA，红表笔插入 "mA" 孔；当被测的交、直流电流大于 200mA，则红表笔应插入 "10A" 孔。

数字万用表是比较精密的仪器，如果使用不当，不仅造成测量不准确而且极易损坏。

数字万用表使用时要注意以下事项。

（1）注意正确选择量程及红表笔插孔。对未知量进行测量时，应首先把量程调到最大，然后从大向小调，直到合适为止。若显示 "1"，表示过载，应加大量程。

（2）不测量时，应随手关断电源。

（3）改变量程时，表笔应与被测点断开。

（4）测量电流时，切忌过载。

（5）禁止用电阻挡或电流挡测电压。

课题三 绝缘电阻表

电气设备正常运行的条件之一就是其绝缘材料的绝缘程度即绝缘电阻的数值必须符合要求。当受热和受潮时，绝缘材料便老化，其绝缘电阻便降低，从而造成电器设备漏电或短路事故的发生。为了避免事故发生，就要求经常测量各种电器设备的绝缘电阻，判断其绝缘程度是否满足设备需要。绝缘电阻数值较高（一般为兆欧级），在低电压下的测量值不能真实反映在高电压条件下工作的真正绝缘电阻值。绝缘电阻表（通称摇表）是一种用于测量电动机、电气设备、供电线路绝缘电阻的指示仪表，它在测量绝缘电阻时本身就有高电压电源，这就是其与其他测电阻仪表的不同之处。

一、绝缘电阻表的结构

按绝缘电阻表试验电压来源可以分为两类：晶体绝缘电阻表和手摇发电机绝缘电阻表，后者俗称摇表。摇表是一种简便常用的测量高电阻的直读式仪表，一般用来测量电路、电动机绕组、电缆线等电气设备的绝缘电阻，计量单位为绝缘电阻，用 MΩ 符号表示，本书绝缘电阻表都是指手摇发电机绝缘电阻表。

绝缘电阻表规格的选择是根据其内部的手摇发电机所发出最高的等级来确定的，分别有：250V、500V、2500V 和 5000V 等，选用绝缘电阻表时，要根据被测设备的工作电压来进行选择。绝缘电阻表上有三个分别标有接地（E）、线路（L）和保护环（G）的接线柱。一般常用接地和线路两个接线柱接线进行测量。

绝缘电阻表由磁电式比率表（测量机构）及手摇发电机组成，直流电源通过手摇发电机产生。图 6-6 是手摇发电机绝缘电阻表的结构示意图。

二、绝缘电阻表的工作原理

图 6-7 是绝缘电阻表工作原理图。R_x 是待测的绝缘电阻，它接在线路端钮 L 和接地端钮 E 之间。测量时，直流发电机产生的电压 U 加在线圈 A、B 所在的回路。

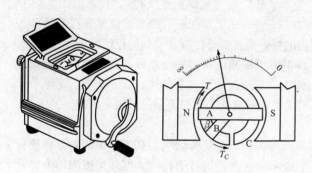

图 6-6　手摇发电机绝缘电阻表

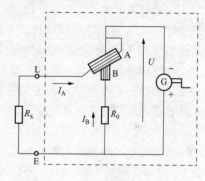

图 6-7　绝缘电阻表工作原理图

$$T = k_1 B_A(\alpha) I_A \tag{6-1}$$

$$T_C = K_2 B_B(\alpha) I_B \tag{6-2}$$

$$I_A = \frac{U}{R_X + R_A} \tag{6-3}$$

$$I_B = \frac{U}{R_0 + R_B} \tag{6-4}$$

式中：R_A、R_B 分别为线圈 A、B 的电阻；R_0 为摇表内附加电阻。当 $T = T_C$ 时，有

$$K_1 B_A(\alpha) I_A = K_2 B_B(\alpha) I_B \tag{6-5}$$

$$\alpha = F'\left(\frac{R_0 + R_B}{R_X + R_A}\right) = F(R_X) \tag{6-6}$$

可见，绝缘电阻表可动部分的转角 α 取决于被测绝缘电阻 R_X 的大小。

三、绝缘电阻表的正确使用方法

1. 绝缘电阻表的选择

主要根据被测电气设备的工作电压来选择绝缘电阻表的电压及其测量范围。对于额定电压在 500V 以下的电气设备，应选用电压等级为 500V 或 1000V 的绝缘电阻表；额定电压在 500V 以上的电气设备，应选用 1000～2500V 的绝缘电阻表，具体见表 6-5。

表 6-5　　　　　　　　　　绝 缘 电 阻 表 的 选 择

被测对象	被测设备的额定电压	绝缘电阻表的额定电压（V）
线圈绝缘电阻	500V 以下	500
	500V 以上	1000
电力变压器绕组、电动机绕组的绝缘电阻	500V 以上	1000～2500
发电机绕组的绝缘电阻	500V 以下	1000
电气设备的绝缘电阻	500V 以下	500～1000
	500V 以上	2500
绝缘子（瓷瓶）的绝缘电阻		2500～5000

2. 测试前的检查

绝缘电阻表在使用前应平稳放置在远离大电流导体和有外磁场的地方，测量前应先检查绝缘电阻表是否完好。检查的方法是，摇动发电机的手柄，当 L、E 端钮未接测试设备，也就是两表笔开路时，绝缘电阻表指针应指在"∞"位置，如果在此时，瞬间短接一下 L、E 端钮，指针应立即回零，若零位或无穷大达不到，说明绝缘电阻表有毛病，必须进行检修。

3. 接线

一般绝缘电阻表上有三个接线柱，"L"表示"线"或"火线"接线柱；"E"表示"地线"接线柱，"G"表示屏蔽接线柱。一般情况下，"L"和"E"接线柱，用有足够绝缘强度的单相绝缘线将其分别接到被测物导体部分和被测物的外壳或其他导体部分（如测相间绝缘）。

在特殊情况下，如果测量电缆对地的绝缘电阻或被测设备的漏电流较严重，或者被测物表面受到污染不能擦干净、空气太潮湿或者有外电磁场干扰等，就要使用"G"端，必须将"G"接线柱接到被测物的金属屏蔽保护环上，以消除表面漏流或干扰对测量结果的影响。

4. 测量

测量电动机的绝缘电阻时，E 端接电动机的外壳，L 端接电动机的绕组。摇动发电机使转速达到额定转速（120r/min）并保持稳定。一般采用一分钟以后的读数为准，当被测物电容量较大时，应延长时间，以指针稳定不变时为准。在绝缘电阻表没停止转动和被测物没有放电以前，不能用手触及被测物和进行拆线工作，必须先将被测物对地短路放电，然后再停止绝缘电阻表的转动，防止电容放电损坏绝缘电阻表。

不允许被测试电气设备在带电情况下用绝缘电阻表对其进行绝缘电阻的测量。测量前将被测设备切断电源，并短路接地放电 3～5min，特别是有些电气设备带有大容量的电容，更应充分放电以消除残余静电荷引起的误差，保证正确的测量结果以及人身和设备的安全；被测物表面应擦干净，因为绝缘物表面的污染、潮湿，对绝缘的影响较大，而测量的目的是了解电气设备内部的绝缘性能，所以一般都要求测量前用干净的布或棉纱擦净被测物，否则达不到检查的目的。

四、使用绝缘电阻表的注意事项

（1）禁止在雷电时或高压设备附近测绝缘电阻，只能在设备不带电，也没有感应电的情况下测量。

（2）摇测过程中，被测设备上不能有人工作。

（3）摇表线不能绞在一起，要分开。

（4）摇表未停止转动之前或被测设备未放电之前，严禁用手触及，拆线时，也不要触及引线的金属部分。

（5）测量结束时，对于大电容设备要放电。

（6）要定期校验其准确度。

课题四　钳形电流表

一、钳形电流表的结构与工作原理

通常，当用电流表测量负载电流时，小电流的电路中可以把电流表串联在电路中直接进行测量，大电流的电路中可以使用电流互感器进行电流的测量。在现场需要临时检查电气设备的负载情况或线路流过的电流时，如果先把线路断开，然后把电流表串联到电路中，或者接电流互感器，操作起来就会很不方便，此时应采用钳形电流表测量电流，这样就不必把线路断开，可以直接测量负载电流的大小了。在不切断电路的情况下测量电流是钳形电流表最明显的优点。钳形表一般准确度不高，通常为 2.5～5 级。

钳形电流表有多种分类方式。从读数显示分，钳形电流表可分为数字式与指针式两大类；从测量电压分，可分为低压钳形电流表与高压钳形电流表；从功能分，可分为普通交流钳形表、交直两用钳形表、漏电流钳形表及带万用表的钳形表。图 6-8 是几种不同类型的钳形电流表的外形。

（a）　　　　　　　　　　　　　　　　（b）

图 6-8　钳形电流表的外形

（a）指针式钳形表；（b）数字式钳形表

图 6-9 是交流钳形电流表指针式结构示意图，其工作原理如下：钳形电流表是由电流互感器和电流表组合而成的。电流互感器的铁心在捏紧扳手时可以张开，被测电流所通过的导线可以不必切断就可穿过铁心张开的缺口，当放开扳手后铁心闭合。穿过铁心的被测电路导线就成为电流互感器的一次线圈，当被测电路的导线中通过电流时，便在二次线圈中感应出电流，从而使与二次线圈相连接的电流表有指示，测出被测线路的电流。为了使用方便，表内还有不同量程的转换开关供测不同等级电流和电压。钳形表可以通过转换开关的拨挡，改换不同的量程，但拨挡时不允许带电进行操作。

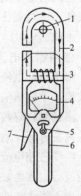

图 6-9　交流钳形电流表指针式
结构示意图

1—被测导线；2—铁心；3—二次绕
组；4—表头；5—量程调节开关；
6—胶木手柄；7—铁心开关

二、钳形电流表的正确使用方法

钳形电流表使用方便，无须断开电源和线路就可直接测量运行中电气设备的工作电流，便于及时了解设备的工作状况。我们在平时工作中使用钳形电流表应注意以下问题。

1. 测量前的检查与选型

首先，根据被测电流的种类和电压等级正确选择钳形电流表，被测线路的电压要低于钳形表的额定电压。测量高压线路的电流时，应选用与其电压等级相符的高压钳形电流表。低电压等级的钳形电流表只能测低压系统中的电流，不能测量高压系统中的电流。

其次，在使用前要正确检查钳形电流表的外观情况，一定要检查表的绝缘性能是否良好，外壳应无破损，手柄应清洁干燥。若指针不在零位，应进行机械调零。钳形电流表的钳口应紧密接合，若指针抖晃，可重新开闭一次钳口，如果抖晃仍然存在，应仔细检查，注意清除钳口杂物、污垢，然后进行测量。

2. 测量方法

首先，在使用时应按紧扳手，使钳口张开，将被测导线放入钳口中央，然后松开扳手并使钳口闭合紧密。钳口的结合面如果有杂声，应重新开合一次，仍有杂声，应处理结合面，以使读数准确。用钳形电流表检测电流时，只能夹住电路中的一根被测导线（电线），如果在单相电路中夹住两根（平行线）或者在三相电路中夹住三相导线，则检测不出电流。

在检查家电产品的耗电量时，使用线路分离器比较方便，有的线路分离器可将检测电流放大 10 倍，因此 1A 以下的电流可放大后再检测。用直流钳形电流表检测直流电流（DCA）时，如果电流的流向相反，则显示出负数，可使用该功能检测汽车的蓄电池是充电状态还是放电状态。

其次，要根据被测电流大小来选择合适的钳型电流表的量程。选择的量程应稍大于被测电流数值，若无法估计，为防止损坏钳形电流表，应从最大量程开始测量，逐步变换挡位直至量程合适。严禁在测量进行过程中切换钳形电流表的挡位，换挡时应先将被测导线从钳口退出再更换挡位。

当测量小于 5A 以下的电流时，为使读数更准确，在条件允许时，可将被测载流导线绕数圈后放入钳口进行测量。此时被测导线实际电流值应等于仪表读数值除以放入钳口的导线圈数。

测量低压可熔保险器或水平排列低压母线电流时，应在测量前将各相可熔保险或母线用绝缘材料加以保护隔离，以免引起相间短路。当电缆有一相接地时，严禁测量，防止出现因电缆头的绝缘水平低发生对地击穿爆炸而危及人身安全。

漏电检测与通常的电流检测不同，两根（单相 2 线式）或三根（单相 3 线式、三相 3 线式）要全部夹住，也可夹住接地线进行检测。在低压电路上检测漏电电流的绝缘处理方法已成为首要的判断手段。

三、使用钳形电流表注意事项

（1）由于钳形电流表要接触被测线路，所以测量前一定要检查表的绝缘性能是否良好，即外壳无破损，手柄清洁干燥。

（2）测量时，应戴绝缘手套或干净的线手套。

（3）测量时应注意身体各部分与带电体保持安全距离，低压系统安全距离为 0.1～0.3m。测量高压电缆各相电流时，电缆头线间距离应在 300mm 以上，且绝缘良好，待认为测量方便时，方能进行。观测表计时，要特别注意保持头部与带电部分的安全距离，人体任何部分与带电体的距离不得小于钳形表的整个长度。

（4）严禁在测量进行过程中切换钳形电流表的挡位；若需要换挡，应先将被测导线从钳口退出再更换挡位。

（5）严格按电压等级选用钳形电流表。低电压等级的钳形电流表只能测低压系统中的电流，不能测量高压系统中的电流。严禁将钳形电流表用于 380V 以上电路的电流测量，以免发生触电危险；不能测量裸导体的电流。

（6）由于钳形电流表要接触被测线路，所以钳形电流表不能测量裸导体的电流。用高压钳形表测量时，应由两人操作，测量时应戴绝缘手套，站在绝缘垫上，不得触及其他设备，以防止短路或接地。使用时要将被测载流导体或载流导线置于钳形表的钳口中央，才可读数。

（7）测量结束后钳形电流表的开关要拨至最大量程挡，以免下次使用时不慎过流，并应保存在干燥的室内。

课题五　单、双臂电桥

电桥在工程技术中的应用十分广泛，是电磁测量中的一种常用测量仪表。由于它测量准确，使用方便，所以得到广泛应用。电桥有直流电桥和交流电桥之分。直流电桥主要用于电阻测量，它有单臂电桥和双臂电桥两种，前者称为惠斯登电桥，用于 $1\sim10^5\Omega$ 中值电阻测量，后者称为开尔文电桥，用于 $10^{-6}\sim10\Omega$ 低值电阻测量。交流电桥除了测量电阻之外，还可以测量电容、电感等电学量。通过传感器，利用电桥电路还可以测量一些非电学量，如温度、湿度等，在非电学量测量中有着广泛应用。

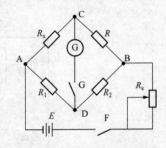

图 6-10　直流平衡单臂电桥原理电路图

一、直流平衡单臂电桥

直流平衡单臂电桥又称为惠斯登电桥，它是电桥中原理结构最简单的电桥，学习直流平衡单臂电桥是掌握电桥原理和使用的基础。直流平衡单臂电桥的原理电路如图 6-10 所示，开关 F、G 分别为电源开关与检流计开关，E 为电源，电阻 R_x、R、R_1 和 R_2 连成一个四边形，每一边称为电桥的一个桥臂。以四边形对角顶点 A、B 作为输入端，与电源 E 相连；另两顶点 C、D 作为输出端，与检流计相连。检流计用来比较两输出端的电位，检验有无电流输出。支路 A—E—B 和 C—G—D 称为电桥的两个桥路。

电桥的平衡条件：设 R_x 是待测电阻，其他三个是已知电阻，且其阻值可调。调节电阻 R 的大小，或调节 R_1 和 R_2 的比值，可使 C、D 两点电位相等，电桥无输出，通过检流计的电流 I 为零（指针不偏转），这种状态称为电桥平衡。此时，通过 R_1 和 R_2 的电流相同，设为 I_1，通过 R 和 R_x 的电流也相同，设为 I_2，4 个桥臂上的电压有如下关系

$$U_{AC} = U_{AD}, \quad U_{CB} = U_{DB}$$

即
$$I_2 \times R_x = I_1 \times R_1, \quad I_2 \times R = I_1 \times R_2 \tag{6-7}$$

两式相除，得平衡条件

$$\frac{R_1}{R_2} = \frac{R_x}{R} \tag{6-8}$$

或
$$R_2 \times R_x = R \times R_1 \tag{6-9}$$

即任一相对两个桥臂上电阻的乘积等于另外两个相对桥臂上电阻的乘积。

由平衡条件得待测电阻

$$R_x = \frac{R_1}{R_2} R \tag{6-10}$$

式中：R_1 和 R_2 称为比例臂，R 称为比较臂。根据式（6-10），测 R_x 时有两种调平衡的方法：一种是选定比例臂的比率（倍率）$\dfrac{R_1}{R_2}$，调比较臂电阻 R；另一种是选定比较臂电阻 R，调比例臂电阻之比 $\dfrac{R_1}{R_2}$，当 $\dfrac{R_1}{R_2}=1$ 时，$R_x=R$，电桥就好似一架等臂天平，R_x 与 R 分别相当于待测质量和

砝码。$\dfrac{R_1}{R_2} \neq 1$ 的情况，则相当一个杆秤。

电桥平衡后，若改变任一桥臂电阻，必然会破坏平衡，使检流计指针发生偏转。设电桥平衡后，将某一桥臂 R 改变一小量 ΔR，引起检流计偏转为 Δn，则定义电桥灵敏度为

$$S = \frac{\Delta n}{\dfrac{\Delta R}{R}} \tag{6-11}$$

可以证明，由于桥臂电阻所处位置的对称性，改变任一桥臂电阻得到的灵敏度是相同的。因为待测电阻 R_x 是不变的，所以通常改变比较臂上的电阻 R 来测定电桥的灵敏度。电桥灵敏度的高低主要与电桥的输入电压和检流计的灵敏度有关。输入电压越高或检流计的灵敏度越高，电桥的灵敏度也越高。电桥的灵敏度与桥臂总阻值及桥臂电阻之比也有关，所以测量不同电阻或用不同比较臂测同一电阻时电桥灵敏度也不一样。

图 6-11 为常用的 QJ23 型直流单臂电桥。

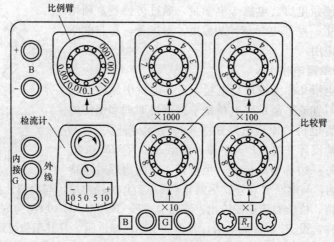

图 6-11　直流平衡单臂电桥

QJ23 型直流单臂电桥的数据见表 6-6。

表 6-6　　　　　　　　　　　　QJ23 型直流单臂电桥的数据

测量范围/Ω	倍率（比例臂）	测量电阻/Ω	相对误差（%）
1~9999000	×0.001	1~9.999	±1
	×0.01	10~99.99	±0.5
	×0.1，×1，×10	100~99990	±0.2
	×100	1000~999900	±0.5

交流电桥平衡的基本原理与直流电桥相似，只是交流电桥的 4 个桥臂用电阻、电感、电容组成一个复杂的复数形式的阻抗代替了直流电桥的 4 个电阻。由于桥臂的参数是复数，其调节方法与平衡过程变得相对复杂，这里不作详细介绍。

二、直流双臂电桥

单臂电桥测量中值电阻时是较精确的仪器，但是在测 10Ω 以下低阻时，由于导线电阻、接触电阻的影响，误差相对较大。为解决这个问题，在单臂电桥的基础上发展了双臂电桥，直流双臂电桥又称为凯尔文电桥。

如图 6-12 所示，电路中 R_X 为待测低电阻，R_s 为比较用的标准电阻。R_1、R_2、R_3、R_4 组成电桥双臂电阻，且阻值较大（$10 \sim 10^3\,\Omega$）。桥路中 S1、S2、P1、P2 处的导线电阻、接触电阻相对于桥臂电阻来说其值很小，其对测量结果的影响可忽略不计。C1、C2、D1、D2 处的导线电阻和接触电阻（总称附加电阻）在电桥的外路上，与电桥平衡无关。设 r 为 D2C1 间附加电阻的总和，且 C2 和 D2 间用短而粗的导线连接。只要适当调节 R_1、R_2、R_3、R_4 和 R_s 的阻值，就可以消除 r 对测量结果的影响。

忽略 C1、C2、D1、D2、S1、S2、P1、P2 处的导线电阻、接触电阻后，S2、D2、C1、P1 相当于一点。为了求得双臂电桥的平衡条件，把图 6-12 中 B、S2D2 和 C1P1 三点构成的三角形电路转换成星形电路，如图 6-13 所示，图中 R_a、R_b、R_c 分别为

$$\begin{cases} R_a = \dfrac{rR_3}{r+R_3+R_4} \\[2mm] R_b = \dfrac{R_3R_4}{r+R_3+R_4} \\[2mm] R_c = \dfrac{rR_4}{r+R_3+R_4} \end{cases} \tag{6-12}$$

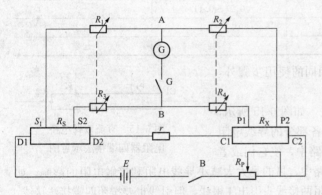

图 6-12 双臂电桥电路原理图

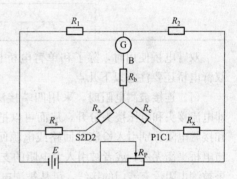

图 6-13 双臂电桥等效电路

转换后的电桥等效电路就是一个单桥等效电路了，当电桥平衡时，根据式（6-9）可得

$$R_1 \times (R_X + R_c) = (R_s + R_a) \times R_2 \tag{6-13}$$

把式（6-12）代入式（6-13）中可得

$$R_X = \frac{R_2}{R_1}R_s + \frac{rR_3}{r+R_3+R_4}\left(\frac{R_2}{R_1} - \frac{R_4}{R_3}\right) \tag{6-14}$$

令 $\dfrac{rR_3}{r+R_3+R_4}\left(\dfrac{R_2}{R_1} - \dfrac{R_4}{R_3}\right) = \Delta$，则有

$$R_X = \frac{R_2}{R_1}R_s + \Delta \tag{6-15}$$

式中：Δ 称为更正项或误差项。双电桥与单电桥相比，测量结果的表达式多了一项 Δ，减少 Δ 的值可以减少系统测量误差，为了减少 Δ 值，双电桥在结构上通常采用 R_1 和 R_3，R_2 和 R_4 联动的调节方法，并始终保持 R_1 等于 R_3，R_2 等于 R_4，以保证 Δ 值为零。但由于制造工艺上的原因，始终保持 R_1 等于 R_3，R_2 等于 R_4 不可能实现，为了减少 Δ 值，就尽量减小跨线电阻 r 的值，实际应用中一般采用很粗的铜线作为跨线以减小电阻，Δ 引起的误差一般可以降到 10^{-4} 以下，在一般的测量中可以忽略它的影响。

双臂电桥中，电阻 R_X 和比较用的标准电阻 R_s 都有 4 个接线端，如图 6-15 所示，即电流接

图 6-14 QJ44 直流双臂电桥

头和电压接头分开，从而可以 C1、C2 部分的导线电阻和接触电阻引入电源回路，使之与电桥平衡无关，P1、P2 部分的导线电阻和接触电阻被引入带大电阻的检流计回路中，相对桥臂大电阻，导线电阻和接触电阻都可以忽略不计。这样的接线方法大大减小了导线电阻和接触电阻的影响，这类接线方式的电阻称四端电阻。由于流经 C1、C2 的电流较大，C1、C2 常称"电流端"，流经 P1、P2 的电流较小，P1、P2 常称"电压端"。

图 6-14 是 QJ44 型直流双臂电桥的外形图，它的具体数据见表 6-7。

表 6-7   QJ44 型直流双臂电桥的数据

测量范围/Ω	倍率（比例臂）	测量电阻/Ω	相对误差（％）
0.0001～11	×0.01	0.0001～0.0011	±20
	×0.1	0.001～0.011	±2
	×1	0.01～0.11	±2
	×10	0.1～1.1	±2
	×100	1～11	±2

双臂电桥使用时，除了和单臂电桥相同的使用步骤外，双臂电桥还要注意以下几点。

（1）连接被测电阻时，采用四端接法，如图 6-15 所示，即电流接头和电压接头分开，从而可以把各部分的导线电阻和接触电阻分别引入检流计回路或电源回路中，使它们或者

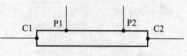

图 6-15 直流双臂电桥电阻器四端接法示意图

与电桥平衡无关，或者被引入大电阻的支路中，目的是大大减小导线电阻和接触电阻的影响。如果被测电阻没有专门的接线，可从被测电阻两接线头引出 4 根线，但引线也要按照四端接法接线。

（2）连接导线应尽量短而粗；接头要保持良好的导电性能，不能有漆和锈，要尽量拧紧以减少接触电阻。

（3）直流双臂电桥的操作电流较大，操作时要尽量快，以免耗电过多，测量结束要立即关断电源。

课题六 功率与电能的测量

一、功率的测量

1. 功率表的结构

功率表又称瓦特表、电力表，是一种用来测量直流电路和交流电路的功率的常用仪表。其结构主要由固定的电流线圈（定圈）和可动的电压线圈（动圈）组成，电流线圈与负载串联，电压线圈与负载并联。电动系功率表外形及测量原理如图 6-16 与图 6-17 所示。

电动系功率表用于功率测量时，其定圈串联接入被测电路；而动圈与附加电阻串联后并联接入被测电路。国家标准规定，在测量线路中，用一个圆加一条水平粗实线和一条竖直细实线来表示电压与电流相乘的线圈。显然，通过定圈的电流就是被测电路的电流 I，所以通常称定圈为电流线圈；动圈支路两端的电压就是被测电路两端的电压，所以通常称动圈为电压线圈，而动圈支路也常被称为电压支路。

图 6-16 功率表的外形

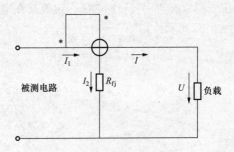

图 6-17 电动系功率表测量的原理电路图

2. 功率的测量原理

（1）当电动系功率表用于直流电路的功率测量时，通过电流线圈的电流 I_1 与被测电路电流相等，即

$$I_1 = I \tag{6-16}$$

而电压线圈中的电流 I_2 可由欧姆定律确定，即

$$I_2 = \frac{U}{R_2} \tag{6-17}$$

由于电流线圈两端的电压降远小于负载两端的电压 U，所以可以认为电压支路两端的电压与负载电压是相等的。式（6-17）中 R_2 是电压支路总电阻，它包括电压线圈电阻和附加电阻 R_f。对于一个已制成的功率表，R_2 是一个常数。因为电动系功率表可动部分的偏转角为

$$\alpha = K I_1 I_2 \tag{6-18}$$

因此

$$\alpha \propto UI = P \tag{6-19}$$

即电动系功率表用于直流电路的测量时，其可动部分的偏转角 α 正比于被测负载功率 P。

（2）当电动系功率表用于交流电路的测量时，通过电流线圈的电流 $\dot{I}_1$ 等于负载电流 $\dot{I}$，即

$$\dot{I}_1 = \dot{I} \tag{6-20}$$

而通过电压线圈的电流 $\dot{I}_2$ 与负载电压 $\dot{U}$ 成正比，即

$$\dot{I} = \frac{\dot{U}}{Z_2} \tag{6-21}$$

式中 Z_2——电压支路的总阻抗。

由于电压支路中附加电阻 R 总是比较大，在工作频率不太高时，电压线圈的感抗可以忽略不计。因此，可以近似认为电压线圈电流 I_2 与负载电压是同相的，即 I_2 与电压之间的相位差等于零，而 I_1 与 I_2 之间的相位差与 U 与 I_1 之间的相位差 ϕ 相等，如图 6-18 所示。

因此可得

$$\alpha \propto UI_1\cos\phi = P \tag{6-22}$$

3. 单相交流电路功率的测量

在交流电路中，电动式功率表指针的偏转角 α 与所测量的电压、电流以及该电压、电流之间的相位差 Φ 的余弦成正比，即

$$\alpha \propto UI\cos\Phi \tag{6-23}$$

可见，所测量的交流电路的功率为所测量电路的有功功率。

功率表的电流线圈、电压线圈各有一个端子标有"*"号，称为"发电机端"。测量时，功

率表应按照"发电机端守则"进行接线。电流线圈标有"＊"号的端子应接电源，另一端接负载；电压线圈标有"＊"号的端子一定要接在电流线圈所接的那条电线上，但有前接和后接之分，如图 6-19 所示。

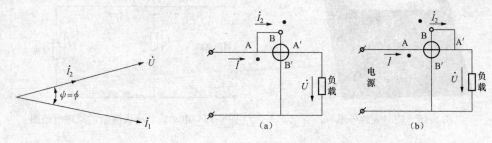

图 6-18　功率表中电压与
电流的相位关系

图 6-19　单相交流电路功率的测量
(a) 电压线圈前接；(b) 电压线圈后接

4. 三相电路有功功率测量

测量三相电路的功率有以下三种测量方法。

(1) 用一只单相功率表测对称三相电路的功率。在对称三相电路中，由于各相负载消耗的功率相等，只要一只功率表测量任一一相功率乘以 3 即为三相总功率，这种方法称为一表法。

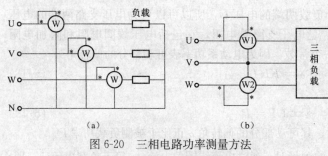

(2) 用三只单相功率表测对称三相电路的功率。如果电路不对称，可用三只单相功率表同时测量各相功率后相加得三相总功率，这种方法称为三表法，如图 6-20 (a) 所示。

(3) 用两只单相功率表测三相三线制电路的功率。三相三线制（无中性线）不对称三相电路常用

图 6-20　三相电路功率测量方法
(a) 三表法功率测量方法；(b) 两表法功率测量法

两只单相功率表来测量三相功率，称为两表法，如图 6-20 (b) 所示。

三相负载连接方式可以是星形或三角形，两功率表读数的代数和就是三相电路总功率。

$$P = P_1 + P_2 \tag{6-24}$$

此电路也可用于测量完全对称的三相四线制电路的功率。

5. 功率测量时的注意事项

(1) 正确选择量程。注意功率表电压和电流量程的选择，务必使电流量程能容许通过负载电流，电压量程能承受负载电压。在三相电路中，测线电流可选 2.5A，测线电压可选 600V，如图 6-21 所示。

(2) 正确接线。功率表应按照"发电机端守则"进行接线。电流线圈：使电流从发电机端（用"＊"表示）流入，电流线圈支路与负载并联。电压线圈：保证电流从发电机端（用"＊"表示）流入，电压线圈支路与负载串联，如图 6-22 所示。

(3) 正确读数。注意功率表的正确读数。先计算功率表的分格常数 $C = (U_N \times I_N) \cos\Phi$／满刻度格数，再读取指针所指格数，相乘后所得数据就是被测负载的功率。

二、电能的测量

电能表是计量电能的仪表，即能测量某一段时间内所消耗的电能。电能表按用途分为有功电能表和无功电能表两种，它们分别计量有功功率和无功功率；按结构分为单相表和三相表两种。

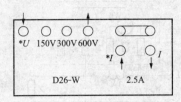

图 6-21　功率表量程选择

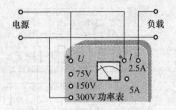

图 6-22　功率表的正确接线

1. 电能表的结构与工作原理

电能表的种类虽不同，但其结构是一样的。它由两部分组成：一部分是固定的电磁铁，另一部分是活动的铝盘。电能表都有驱动元件、转动元件、制动元件、计数机构等部件。单相电能表的结构如图 6-23 所示。

（1）驱动元件。由电压元件（电压线圈及其铁心）和电流元件（电流线圈及其铁心）组成。

（2）转动元件。由可动铝盘和转轴组成。

（3）制动元件。是一块永久磁铁，在转盘转动时产生制动力矩，使转盘转动的转速与用电器的功率大小成正比。

（4）计算机构。又叫计算器，它由蜗杆、蜗轮、齿轮和字轮组成。

当负载工作时，电压元件（电压线圈及其铁心）和电流元件（电流线圈及其铁心）产生的合成磁场，在铝盘中产生涡流，磁通与涡流相互作用产生电磁转矩，推动铝盘和转轴转动，同时通过蜗杆、蜗轮、齿轮装置带动数字计数器工作，从而显示出负载所消耗的电能。在转盘转动时

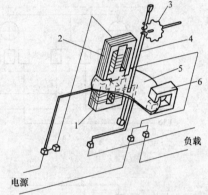

图 6-23　单相电能表的结构
1—电流元件；2—电压元件；3—蜗轮蜗杆传动机构；4—转轴；5—铝盘；6—永久磁铁

与永久磁铁作用产生制动力矩，使转盘转动的转速与用电器的功率大小成正比，使得铝盘匀速转动。

2. 电能表的安装和使用要求

（1）电能表应按设计装配图规定的位置进行安装，应注意不能安装在高温、潮湿、多尘及有腐蚀气体的地方。

（2）电能表应安装在不易受震动的墙上或开关板上，墙面上的安装位置以不低于 1.8m 为宜。

（3）为了保证电能表工作的准确性，必须严格垂直装设。

（4）电能表的导线中间不应有接头。

（5）电能表在额定电压下，当电流线圈无电流通过时，铝盘的转动不超过 1 转，功率消耗不超过 1.5W。

（6）电能表装好后，有负载工作时，电能表的铝盘应从左向右转动。

（7）单相电能表的选用必须与用电器总瓦数相适应。

（8）电能表在使用时，电路不容许短路及用电器超过额定值的 125%。

（9）电能表不允许安装在 10% 额定负载以下的电路中使用。

3. 有功电能表的接线

（1）单相电能表的接线。在低压小电流电路中，电能表可直接接在线路上，如图 6-24（a）所示。在低压大电流电路中，若线路负载电流超过电能表的量程，则须经电流互感器将电流变小，即将电能表间接连接到线路上，接线方法如图 6-24（b）所示。

（2）三相二元件电能表的接线。三相二元件电能表一般用于三相三线制，直接接线方式如图 6-25（a）所示，经电流互感器的接线方法如图 6-25（b）、图 6-25（c）、图 6-25（d）所示。

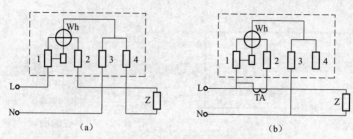

图 6-24　单相电能表的接线方法

（a）直接接入式；（b）经电流互感器接入

Wh—单相功率表；Z—负载；TA—电流互感器

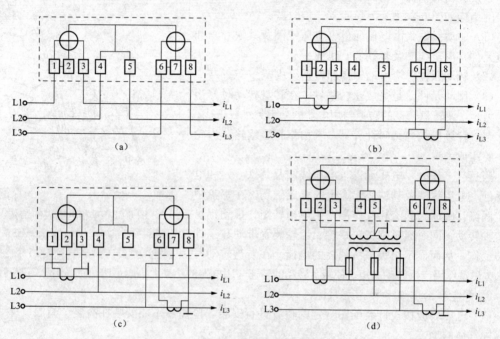

图 6-25　三相二元件电能表接线方法

（a）直接接入；（b）经电流互感器接入方法（1）；（c）经电流互感器接入方法（2）；（d）经电流互感器、电压互感器接入

（3）三相三元件电能表的接线。三相三元件电能表用于三相四线制，接线方法如图 6-26 所示。

4．无功电能表的接线

无功电能表的接线如图 6-27 所示。

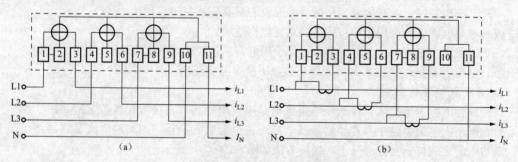

图 6-26　三相三元件电能表的接线方法（一）

（a）直接接入；（b）经电流互感器接入

项目六

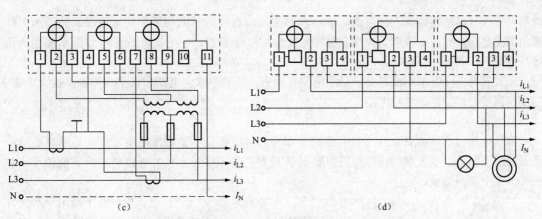

图 6-26　三相三元件电能表的接线方法（二）

（c）经电流互感器、电压互感器接入；（d）三只单相电能表接入三相四线制

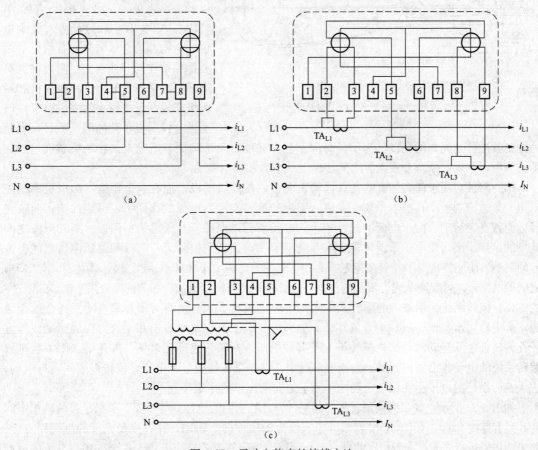

图 6-27　无功电能表的接线方法

（a）直接接入；（b）经电流互感器接入；（c）经电流互感器、电压互感器接入

课题七　示　波　器

一、示波器的结构

示波器是一种用途很广的电子测量仪器，它能将非常抽象的看不见的随着时间变化的电压

167

波形，变成具体的看得见的波形图，通过波形图可以看清信号的特征，并且可以从波形图上计算出被测电压的幅度、周期、频率、脉冲宽度及相位等参数。下面就以 SR8 型双踪示波器为例进行介绍。

示波器有 5 个基本组成部分：显示电路、垂直（Y 轴）放大电路、水平（X 轴）放大电路、扫描与同步电路、电源供给电路。

1. 显示电路

显示电路包括示波管及其控制电路两个部分。示波管是一种特殊的电子管，是示波器的一个重要组成部分。示波管的内部结构如图 6-28 所示，由图可见，示波管由电子枪、偏转系统和荧光屏 3 个部分组成。

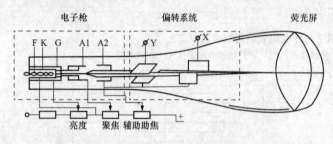

图 6-28　示波器的内部结构

F—灯丝；K—阴极；G—控制栅极；A1—第一阳极；
A2—第二阳极；X、Y—偏转板

（1）电子枪。电子枪用于产生并形成高速、聚束的电子流，去轰击荧光屏使之发光。它主要由灯丝 F、阴极 K、控制极 G、第一阳极 A1、第二阳极 A2 组成。除灯丝外，其余电极的结构都为金属圆筒，且它们的轴心都保持在同一轴线上。阴极被加热后，可沿轴向发射电子；控制极相对阴极来说是负电位，改变电位可以改变通过控制极小孔的电子数目，也就是控制荧光屏上光点的亮度。为了提高屏上光点亮度，又不降低对电子束偏转的灵敏度，现代示波管中，在偏转系统和荧光屏之间还加上一个后加速电极 A3。

第一阳极对阴极而言加有约几百伏的正电压，在第二阳极上加有一个比第一阳极更高的正电压。穿过控制极小孔的电子束，在第一阳极和第二阳极高电位的作用下，得到加速，向荧光屏方向做高速运动。由于电荷的同性相斥，电子束会逐渐散开。通过第一阳极、第二阳极之间电场的聚焦作用，使电子重新聚集起来并交汇于一点。适当控制第一阳极和第二阳极之间电位差的大小，便能使焦点刚好落在荧光屏上，显现一个光亮细小的圆点。改变第一阳极和第二阳极之间的电位差，可起调节光点聚焦的作用，这就是示波器的"聚焦"和"辅助聚焦"调节的原理。

（2）偏转系统。示波管的偏转系统大都是静电偏转式，它由两对相互垂直的平行金属板组成，分别称为水平偏转板和垂直偏转板。分别控制电子束在水平方向和垂直方向的运动。当电子在偏转板之间运动时，如果偏转板上没有加电压，偏转板之间无电场，离开第二阳极后进入偏转系统的电子将沿轴向运动，射向屏幕的中心；如果偏转板上有电压，偏转板之间则有电场，进入偏转系统的电子会在偏转电场的作用下射向荧光屏的指定位置。

如图 6-28 所示，如果两块偏转板互相平行，并且它们的电位差等于零，那么通过偏转板空间的、具有速度 v 的电子束就会沿着原方向（设为轴线方向）运动，并打在荧光屏的坐标原点上。如果两块偏转板之间存在着恒定的电位差，则偏转板间就形成一个电场，这个电场与电子的运动方向相互垂直，于是电子就朝着电位比较高的偏转板偏转。这样，在两偏转板之间的空间，电子就沿着抛物线在这一点上做切线运动。最后，电子降落在荧光屏上的 A 点，这个 A 点距离荧光屏原点有一段距离，这段距离称为偏转量，光点在荧光屏上偏移的距离与偏转板上所加的电压成正比，因而可将电压的测量转化为屏上的光斑偏离距离的测量，这就是示波器测量电压的原理。

（3）荧光屏。荧光屏位于示波管的终端，它的作用是将偏转后的电子束显示出来，以便观察。在示波器的荧光屏内壁涂有一层发光物质，因而，荧光屏上受到高速电子冲击的地点就显现出荧光。此时光点的亮度取决于电子束的数目、密度及其速度。改变控制极的电压时，电子束中电子的数目将随之改变，光点亮度也就改变。在使用示波器时，不宜让很亮的光点固定出现在示波管荧光屏一个位置上，否则该点荧光物质将因长期受电子冲击而烧坏，从而失去发光能力。

2. 垂直（Y 轴）放大电路

由于示波管的偏转灵敏度甚低，如常用的示波管 13SJ38J 型，其垂直偏转灵敏度为 0.86mm/V（约 12V 电压产生 1cm 的偏转量），所以一般的被测信号电压都要先经过垂直放大电路的放大，再加到示波管的垂直偏转板上，以得到垂直方向的适当大小的图形。

3. 水平（X 轴）放大电路

由于示波管水平方向的偏转灵敏度也很低，所以接入示波管水平偏转板的电压（锯齿波电压或其他电压）也要先经过水平放大电路的放大以后，再加到示波管的水平偏转板上，以得到水平方向适当大小的图形。

4. 扫描与同步电路

扫描电路产生一个锯齿波电压。该锯齿波电压的频率能在一定的范围内连续可调。锯齿波电压的作用是使示波管阴极发出的电子束在荧光屏上形成周期性的、与时间成正比的水平位移，即形成时间基线。这样，才能把加在垂直方向的被测信号按时间的变化波形展现在荧光屏上。

5. 电源供给电路

电源供给电路供给垂直与水平放大电路、扫描与同步电路以及示波管与控制电路所需的负高压、灯丝电压等。

二、SR8 型双踪示波器

1. SR8 型双踪示波器结构及面板示意图

图 6-29 是 SR8 型双踪示波器的面板示意图。

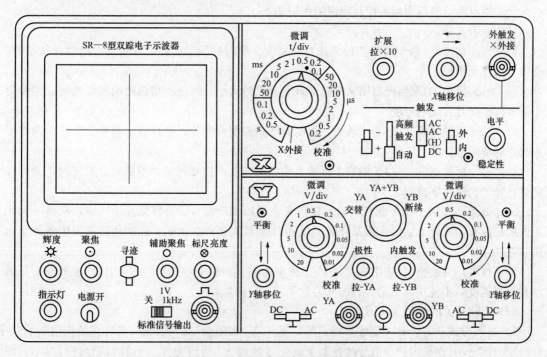

图 6-29　SR8 型双踪示波器的面板示意图

SR8 型双踪示波器是一种全晶体管化的小型宽频脉冲示波器，能用来同时观察和测定两种不同信号的瞬变过程。它不仅可以在荧光屏上同时显示两种不同的电信号，而且可以显示两种信号叠加后的波形，还可以任意选择独立工作，进行单踪显示。

2. SR8 型双踪示波器主要技术性能

表 6-8 是 SR8 型双踪示波器主要技术指标。

表 6-8   **SR8 型双踪示波器主要技术指标**

型号	种类	主要技术指标	
SR8	示波器（双踪型）	① 垂直系统（Y 轴）	偏转因数：10mVp-p/div～50Vp-p/div，共 11 挡 上升时间：≤24ns 输入阻抗：1MΩ/55pF（10∶1 探头为 10MΩ/15pF） 最大输入电压：400V（DC 或 ACp-p） 工作方式：CHl，CH2，（CHl+CH2），双踪 输入耦合：AC，⊥，DC 频带宽度：0～15MHz（输入耦合为 DC） 　　　　　10Hz～15MHz（输入耦合为 AC）
		② 水平系统（X 轴）	延迟时间：150ns 扫描方式：常态、自动 显示方式：断续、交替、x—y 扫描因数：02μs/div～1s/div，共 21 挡 扩展（×10）：2.5s/div（最慢扫描速度） 　　　　　　　20ns/div（最快扫描速度） 频带宽度：100Hz～250kHz 灵敏度：<3V/div
		③ 示波管	屏幕有效面积：6div×10div

3. 面板各部分功能

SR8 型双踪示波器面板各控制旋钮的作用如下。

（1）显示部分。

1）"＊—辉度"。用于调节波形或光点的亮度。顺时针转动时，亮度增加；逆时针转动时，亮度减弱直至消失。

2）"⊙—聚焦"。聚焦控制用来控制屏幕上光点的大小，以便获得清晰的波形轨迹，主要用于调节波形或光点的清晰度。

3）"○—辅助聚焦"。它与"聚焦"控制旋钮相互配合调节，提高显示器有效工作面内波形或光点的清晰度。

4）"⊕—标尺亮度"。用于调节坐标轴上刻度线亮度的控制旋钮。当顺时针旋转时，刻度线亮度将增加；反之则减弱。

5）"寻迹"按键。按下此按键时，偏离荧光屏的光迹便可回到可见显示区域，从而寻到光点的所在位置，实际上它的作用是降低 Y 轴和 X 轴放大器的放大量，同时使时基发生器处于自励状态。

6）"校准信号输出"。输出幅度为 1V、频率为 1kHz 的标准方波信号，用以校准 Y 轴的灵敏度和扫描速度，不使用时，把旁边的开关置于"关"位置。

（2）Y 轴开关的作用及使用方法。

1）显示方式开关。有"交替、Y_A、Y_B、Y_A+Y_B 和断续"5 种方式，各方式的作用如下。

"交替"——在机内扫描信号的控制下，交替地对 Y_A 通道和 Y_B 通道的信号进行显示，即第一次扫描显示 Y_B 通道的信号，第二次扫描显示 Y_A 通道的信号，第三次扫描又显示 Y_B 通道的信号……从而实现双踪显示。这种显示方式一般在输入信号频率较高时使用。

"Y_A"——Y_A通道单踪显示。

"Y_B"——Y_B通道单踪显示。

"$Y_A + Y_B$"——显示两通道信号叠加后的波形。通过"极性、拉—Y_A"开关选择，可以显示 Y_A 与两通道信号的和或差。

"断续"——在一次扫描的第一个时间间隔显示 Y_B 通道信号波形的某一段，第二个时间间隔显示 Y_A 通道信号波形的某一段，以后各间隔轮流地显示两信号波形的其余各段，以实现二踪显示。这种方式通常在信号频率较低时使用。

2）Y 轴输入耦合方式开关。有"DC、⊥、AC"三种方式，各方式的作用如下。

置于"DC"时能观察到包括直流分量在内的输入信号。

置于"AC"时能耦合交流分量，隔断输入信号中的直流成分。

置于"⊥"时表示输入端接地，Y 轴放大器的输入端与被测输入信号切断，仪器内放大器的输入端接地，这时很容易检查地电位的显示位置。

3）灵敏度选择开关。有"V/div"及微调两种方式。开关旋钮采用套轴形式，外旋钮为粗调，由 10mV/div～20V/div 分 11 个挡级，可按被测信号的幅度选择适当的挡级，以利于观察。当"微调"装置的红色旋钮以顺时针方向转至满度时，即"校准"位置，可按黑色旋钮所指示的面板上标称值读取被测信号的幅度值。"微调"的红色旋钮是用来连续调节输入信号增益的细调装置，当此旋钮以逆时针转到满度（非校准位置）处时，其变化范围应大于 2.5 倍，因此，可连续调节"微调"装置，以获得各挡级之间的灵敏度覆盖。只有在做定量测试时，此旋钮才处在顺时针满度的"校准"位置上。

4）Y_A 极性转换开关。有"极性、拉—Y_A"两种方式。此开关是按拉式开关。按下为常态，显示正常的 Y_A 通道输入信号；拉出时，则显示倒相的 Y_A 信号。

5）内触发选择开关。有"内触发、拉 Y_B"两种方式。也是按拉式开关。按下为常态，该位置常用于单踪显示，若作二踪显示只作一般波形观察，不能作时间比较。当"拉 Y_B"开关拉出时，通常适用于"交替"或"断续"的二踪显示状态，以对两种不同信号的时间与相位进行比较。

6）平衡电位器。Y 轴放大器输入信号后，所显示的波形，如果随灵敏度"微调"转动而出现 X 轴方向的位移，调此平衡电位器，可使位移最小。

（3）X 轴控制开关的作用与使用方法。

1）扫描时间选择开关。有"t/div"及微调两种方式。开关旋钮采用套轴形式，外旋钮为粗调。微调旋钮按顺时针方向转至满度为"校准"位置，此时面板上所指示的标称值就是粗调旋钮所在挡的扫描速度值。当粗调旋钮置"X 轴外接"时，X 轴信号直接由"X 外接"同轴插座输入。

2）扫描扩展开关。有"扩展、拉×10"两种方式。此开关是按拉式开关。按下为常态（正常位置），仪器正常使用；当在拉的位置时，荧光屏上的波形在 X 轴方向扩展 10 倍，此时的扫描速度增大 10 倍。

3）触发选择开关。有"内、外"两种方式。置于内时，触发信号取自机内 Y 通道的被测信号；置于"外"时，触发信号直接由"外触发、X 外接"同轴插座输入，此时外触发信号与被测信号在频率上应有整数倍关系。

4）触发信号耦合方式选择开关。有"CA、AC（H）、DC"三种方式。在外触发输入方式时，可以同时选择输入信号的耦合方式。

"AC"触发形式属交流耦合方式，由于触发信号的直流分量已被切断，因而其触发性能不受直流分量的影响。

"AC（H）"触发形式属低频抑制状态，通过高通滤波器进行耦合，高通滤波器起抑制低频噪声或低频信号的作用。

"DC"触发形式属直流耦合方式，可用于对变化缓慢的信号进行触发扫描。

5）触发方式开关。有"高频、常态、自动"三种方式。当开关置于"高频"时，用时基发生器产生约 200kHz 频率的自激信号去同步被测信号，使荧光屏上显示波形稳定。这种方式有利于观测频率较高的信号。置于"常态"时，触发信号来自机内 Y 通道或外触发输入，"电平"旋钮对波形的稳定有控制作用。置于"自动"时，用时基触发器产生的低频方波自激振荡信号去同步被测信号，使荧光屏上显示波形稳定。此时电平旋钮对波形的显示不起作用，这种方式有利于观测频率较低的信号。

6）触发极性选择开关。有"＋、－"两种方式。当开关置于"＋"时，用触发信号的上升沿触发；置于"－"时，用触发信号的下降沿触发。

7）触发电平。调节开关"电平"，用以选择输入信号波形的触发点，使电路在适合的电平上激励扫描。如果没有触发信号或触发信号电平不在触发区内，则扫描停止。使用"自动"方式，电平旋钮不起控制作用。

8）稳定性。此旋钮属半调整器件，有使显示波形同步、稳定的作用。正常使用时无须经常调节。

三、使用注意事项

（1）在用探头测量时，实际输入示波器的电压只有被测电压的 1/10。因此，在计算时，应将测量的电压乘以 10。

（2）探头的最大允许输入信号幅度为 400V。在使用探头测量加速变化的电压波形时，其接地点应选择在最靠近被测信号的地方。

（3）测量电压时，应使被测波形稳定地显示在荧光屏中央，幅度一般不宜超过 6div，以免非线性失真造成测量误差。

四、使用方法

1. 时基线的调节

将每个控制开关置于表 6-9 所要求的位置，打开电源，如果找不到光迹，可按下寻迹按键，估计原光点所在位置，然后松开按键，把光迹移至荧光屏中心位置。使荧光屏显示一条水平扫描线。

表 6-9　　　　　　　　　　　时基线显示时各控制开关的作用位置

控制开关名称	作用位置	控制开关名称	作用位置
辉度	适当	DC⊥AC	⊥
显示方式	Y_A	触发方式	自动或高频
极性—拉	常态（按）	扩展拉×10	常态（按）
Y 轴位移	居中	X 轴位移	居中

2. 电压的测量方法

示波器的电压测量，实际上是对所显示波形的幅度进行测量。SR8 型双踪示波器用直接读数法测量电压。

（1）直流电压的测量。

1）把本机的触发方式开关置于"自动"或"高频"位置，使屏幕显示一条水平扫描线。

2）将 Y 轴输入耦合开关"DC⊥AC"置于"⊥"位置。此时显示的水平扫描线为零电平的基准线，其高低位置可用 Y 轴"位移"旋钮调节。

3）将 Y 轴输入耦合开关扳至"DC"位置，被测信号由相应 Y 输入端输入，此时扫描线在 Y 轴方向上产生位移。

4）将"V/div"开关所指的数值（微调旋钮位于"校准"位置）与扫描线在 Y 轴方向上产生的位移格数相乘，即为测得的直流电压值。

例如，示波器的灵敏度开关"V/div"位于 10，微调位于"校准"位置，Y 轴输入耦合开关置于"⊥"位置，将扫描线用"Y 轴位移"旋钮移至屏幕的中心位置。然后将 Y 轴输入耦合开关由"⊥"位置扳至"DC"位置，此时，扫描线由中心位置（基准）向上移动 2 格，那么被测电压即为 $10 \times 2 = 20V$（不接探头）；如果向下移动，则电压极性为负。注意，微调旋钮应处于"校准"位置，极性"拉—Y_A"开关应处于常态位置。当被测电压较高时，需外接探头，其读出的电压值应增大 10 倍。

（2）交流电压测量。

1）将输入耦合开关置于"AC"位置，但是当输入信号的频率较低时，应将 Y 轴输入耦合开关置于"DC"位置。打开电源，应出现时基线，有时还要调节相应的旋钮，才能出现。

2）将信号从相应的 Y 通道输入，此时波形应显示在荧光屏上，然后把被测波形移至荧光屏的中心位置，按方格坐标刻度，读取整个波形所占 Y 轴方向的格数。

3）读取被测波形所占用的格数时，用"V/div"开关将被测波形控制在荧光屏的方格坐标范围内，并将它的"微调"旋钮按顺时针方向转到底，即处于"校准"位置。

例如，一正弦交流电压波形，在荧光屏上 Y 轴垂直方向峰峰值占的格数为 4div，Y 轴灵敏度选择开关"V/div"所置的挡级为 0.2，微调至"校准"位置。那么这一正弦交流电压的峰峰值为：$U_{pp} = 0.2 \times 4 \times 10 = 8V$。

 相关技能

技能训练一　电阻值的精确测量

一、训练目的
（1）掌握万用表、电桥、绝缘电阻表的正确使用方法。
（2）学习和掌握各种电阻的测量方法。

二、器材与工具
（1）单相变压器 500～1000V·A，1 台。
（2）指针式万用表 500 型或 MF—30 型，1 只。
（3）绝缘电阻表，500V，1 只。
（4）单、双臂电桥各 1 台。
（5）各值电阻若干。
（6）1.5V 干电池 1 节。
（7）粗多股铜芯导线若干。

三、训练内容及步骤
1. 使用万用表测量变压器绕组电阻与普通碳膜电阻值
（1）将万用表旋钮置于 R×1 挡，分别测量变压器一次绕组及二次绕组的直流电阻值 R_1 及 R_2 并记录如下：

$R_1 = \underline{\hspace{2cm}} \Omega$，$R_2 = \underline{\hspace{2cm}} \Omega$。

（2）根据电阻的阻值的大小，选择相应的挡位，测量表 6-10 中各电阻的阻值，将测量结果记录到下表中，并与其标示值比较。

表 6-10　　　　　　　　　　　　　　　　碳膜电阻万用表测量值

标示值	10	100	200	1k	2k	10k	47k	100k	200k
测量值									

2. 使用电桥测量变压器绕组电阻和普通碳膜电阻值

（1）使用单臂电桥测量变压器高压侧电阻。用导线将被测电阻连接到"R_x"两个接线端子上，根据上面万用表的测量值，选择适宜的 M 值（倍率值），尽可能使 R 的 *100 盘有一个字。将"内接、外接"开关打向"内接"，按下 B 开关和 G 开关。从高到低，调节 R 各盘值，使表头指针归零或接近零，使电桥平衡或接近平衡。将灵敏度逐渐调至最大，调节电阻盘，电桥再次平衡后，测试完毕，松开 G 开关，B 开关，按下式计算被测电阻值：$R_x = MR$。记录测量结果：$R_1 = $ _____ Ω。

（2）使用双臂电桥测量变压器的低压绕组。根据上面万用表的测量值，选择适宜的 M 值（倍率值）。被测电阻采用四端接法，将灵敏度逐渐调至最小，外接 1.5V 电源，采用干电池供电。打开电源开关，按下 B 开关和 G 开关。先调节粗调电阻盘，再调微调电阻盘，使表头指针归零或接近零，使电桥平衡或接近平衡。将灵敏度逐渐调至最大，微调电阻盘，电桥再次平衡后，测试完毕，松开 G 开关，B 开关，按下式计算被测电阻值：$R_x = MR$。记录测量结果：$R_2 = $ _____ Ω。

（3）用单臂电桥测量表 6-11 中电阻的阻值，并记录测量结果。

表 6-11　　　　　　　　　　　　　　　　碳膜电阻电桥测量值

标示值	10	100	200	1k	2k	10k	47k	100k	200k
测量值									

（4）比较两种测量方法的测量结果，哪种方法测得的电阻值较准确？

四、注意事项

（1）严禁在被测电路带电的情况下测量电阻。

（2）测量电阻时，注意不能用手触及电阻两端，以避免人体电阻对读数的影响及绝缘电阻测量时可能造成的触电事故。

（3）万用表使用完毕，应将左右两个"功能/量程"开关旋至"."位上，或置电压最大量程挡。不要旋在电阻挡，因为内有电池，如果不小心易使两根表棒相碰短路，不仅耗费电池，严重时甚至会损坏表头。

（4）绝缘电阻表使用中，指针未停止转动之前或被测设备未放电之前，严禁用手触及。测量结束时，对于大电容设备要放电，拆线时，也不要触及引线的金属部分。

（5）使用电桥时，要先按 B 再按 G，使用完毕，要先松开 G，再松开 B，以免损坏检流计。

五、成绩评定

项目内容	配分	评分标准	扣分	得分
万用表测电阻	40 分	（1）使用仪表不正确，扣 2～5 分 （2）测量结果不对或误差大，扣 5～10 分		

续表

项目内容	配分	评分标准	扣分	得分
电桥测电阻	40分	(1) 使用仪表不正确，扣 2~5 分 (2) 测量结果不对或误差大，扣 5~10 分		
安全、文明生产	20分	(1) 违反操作规程，产生不安全因素 (2) 迟到、早退，工作场地不整洁		
工时：1h.			评分	

技能训练二 绝缘电阻值的测量

一、训练目的

能正确使用绝缘电阻表测量电气设备的绝缘电阻。

二、器材与工具

(1) 500V 与 1000V 绝缘电阻表各 1 个。

(2) 三相异步电动机（5kW，380V），1 台。

(3) 高压电缆头，1 个。

(4) 电工工具，1 套。

三、训练内容与步骤

绝缘电阻测试是为了了解、评估电气设备的绝缘性能而经常使用的一种比较常规的试验类型。通常技术人员通过对导体、电气零件、电路和器件进行绝缘电阻测试来达到以下目的。

(1) 验证生产的电气设备的质量。

(2) 确保电气设备满足规程和标准（安全符合性）。

(3) 确定电气设备性能随时间的变化（预防性维护）。

(4) 确定故障原因。

1. 测量三相异步电动机绕组对地及相绕组之间的绝缘电阻

实验步骤如下。

(1) 正确进行选型。对于额定电压为 380V 的低压电动机，应该选用 500V 的绝缘电阻表，对于电压为 500~1000V 的电动机应选择 1000V 的绝缘电阻表。

(2) 测量前必须将电动机电源切断，并对地短路放电，绝不允许设备带电进行测量，以保证人身和设备的安全。

(3) 测量前要检查绝缘电阻表是否处于正常工作状态，主要检查其"0"和"∞"两点。即摇动手柄，使电动机达到额定转速，绝缘电阻表在短路时应指在"0"位置，开路时应指在"∞"位置。

(4) 当用绝缘电阻表摇测电动机绕组对地的绝缘电阻时，"L"和"E"端正确的接线方法是："L"线端钮接电动机绕组的引出线；"E"地端钮接电动机的外壳，如图 6-30 所示。外壳表面要清洁，减少接触电阻，确保测量结果的正确性。一般来说，对于低压电动机，对地绝缘电阻一般应大于 0.5MΩ，对于高压电动机，高压电动机每千伏工作电压定子的绝缘电阻值应不小于 1MΩ。

当用绝缘电阻表摇测电动机绕组相互之间的绝缘电阻时，"L"和"E"端正确的接线方法是："L"线端钮与"E"地端钮都接电动机绕组的引出线。

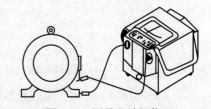

图 6-30 测量电动机绕组
对地电阻接线图

按图 6-30 接好线后，用手摇动发电机使转速达到额定转速（120r/min）并保持稳定。绝缘电阻表进行测量时，要以转动一分钟后的读数为准。绝缘电阻表引线必须绝缘良好，两根线不要绞在一起；在测量时，应使绝缘电阻表转数达到 120r/min。读取电动机绕组对地及相绕组之间的绝缘电阻值，将数据记录于表 6-12 中。

（5）使用兆欧表进行测量时，兆欧表应放在平稳、牢固的地方，且远离大的外电流导体和外磁场。

表 6-12   **电动机绕组的绝缘电阻值**

项　　目	相绕组对地	相绕组之间	
绝缘电阻/MΩ			

2. 高压电缆的绝缘电阻的测量

通常对电缆的绝缘性能要求较高，所以必须在规定时间进行检测，以防止因电缆绝缘达不到要求而引发的设备和人身危险。电缆在使用一段时间后，特别是室外电缆会由于常年的日晒雨淋导致表皮老化，使得绝缘性能下降，因此我们需要用绝缘电阻表对电缆的绝缘性能进行测量。对于要求严格的部门，即使是新的电缆，也需要对其进行额定电压的绝缘测量。

对电缆进行绝缘电阻的测量通常使用绝缘电阻表，有数字式、指针式、摇表式三种。根据电缆的额定电压可以分为低压绝缘表与高压绝缘表。1000V 以下的额定电压可以选用 500V、1000V 这两种绝缘电阻表，额定电压为 1000V 以上的一般使用 1000V 以上的高压绝缘表。

电缆形态一般有多股型、双绞型、同轴型等，而我们通常所说的电缆绝缘测量指的是导线与导线之间、导线与接地线之间、同轴芯线与金属外层之间的绝缘电阻测量。

对于低压电缆的绝缘测量，只需将绝缘表的两个表笔（N 与 E）分别接到电缆上（如双绞线的两导线），根据所需电压直接测量，只需连接"L"与"E"即可。

对于高压电缆的绝缘测量，测量仪器必须具备"G"保护接地端口，原因是测量电压很高，导致电缆的导线之间通过绝缘层会有泄漏电流产生，如果依然采用上述低压电缆的测量方法，会导致测量数据不准、误差很大，不符合国际上对电缆测量的标准。泄漏电流的大小与测试电压、绝缘层材质、环境温湿度、电缆使用周期等有关。而仪器的"G"连接端口所起的作用就是将泄漏电流通过仪器的内部线路流到接地部分，从而避免了泄漏电流对测量准确度的影响，如图 6-31 所示。

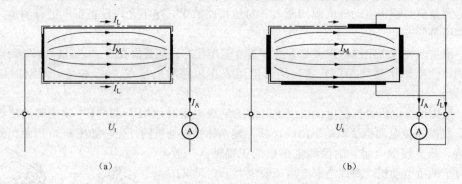

图 6-31 高压电缆泄漏电流示意图

（a）测量仪表没有"G"保护接地端口；（b）测量仪表有"G"保护接地端口

U_t 为测试电压；I_L 为电缆表面的水尘土与潮气引起的泄漏电流；I_M 为材料的特性引起的电流，I_A 为流过仪器内置电流表的电流。如果仪表没有 GUARD 保护端子，R（绝缘电阻）＝$U_t/I_A=U_t/(I_L+I_M)$，将会得出这样一个错误的结果。测量仪表有 GUARD 保护端子时，R（绝缘电阻)＝U_t/I_A＝U_t/I_M，这时的测量结果才是正确的。

实验步骤如下。

（1）正确进行选型。对于额定电压为10kV的电动机，应该选用高压绝缘表。

（2）测量前必须确认电缆电源被切断，并对地短路放电，绝不允许设备带电进行测量，以保证人身和设备的安全。

（3）正确进行接线。以同轴类高压电缆测量为例，测试仪的具体连接方法如图6-32所示。

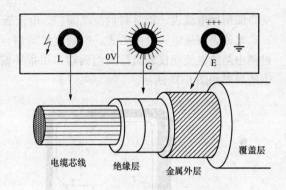

图 6-32　高压电缆测量接线示意图

四、注意事项

这里特别需要强调的是，在测量前必须确定被测电缆是不带电的，且必须将其对地短路彻底放电后方可进行绝缘电阻的测量，以保证人身和设备的安全。

五、成绩评定

项目内容	配分	评分标准	扣分	得分
电动机绕组绝缘电阻的测量	30分	（1）使用仪表不正确，扣2～5分 （2）测量结果不对或误差大，扣5～10分		
高压电缆的绝缘电阻测量	40分	（1）仪表选型不正确，扣2～5分 （2）使用仪表不正确，扣2～5分 （3）测量结果不对或误差大，扣5～10分		
安全、文明生产	30分	（1）违反操作规程，产生不安全因素，扣5～10分 （2）迟到、早退，工作场地不整洁，扣2～5分		
工时：1h			评分	

技能训练三　交、直流电流值的测量

一、训练目的

（1）掌握直流与交流电流的基本测量方法。

（2）掌握所用测量仪表的基本组成、原理以及仪表的正确使用方法。

二、器材与工具

（1）多量程磁电式电流表，1块。

（2）电磁式电压表，1块。

（3）0～15V可调直流电源，1个。

（4）可调变阻器，1个。

（5）自耦调压器，1个。

（6）刀开关，1个。

（7）电工工具，1套。

（8）导线若干。

三、相关知识

电流表是用来测量电路中的电流值的，按所测电流性质可分为直流电流表、交流电流表和交直流两用电流表。就其测量范围而言，电流表又分为微安表、毫安表和安培表。

电流表有磁电式、电磁式、电动式等类型，它们被串接在被测电路中使用。仪表线圈通过被测电路的电流使仪表指针发生偏转，用指针偏转的角度来反映被测电流的大小。常用的直流表的外形如图 6-33 所示。

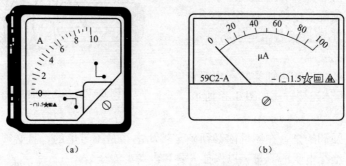

（a）　　　　　　　　　　　（b）

图 6-33　常用电流表的外形

（a）1T1—A 型；（b）59C2—A 型

1. 直流电流的测量

测量直流电流通常采用磁电式电流表。磁电式仪表的测量机构的结构如图 6-34 所示。

其中，线圈受到的转矩为

$$T = Fb = BLbNI = k_1 I \tag{6-25}$$

阻转矩为

$$T_C = k_2 \alpha \tag{6-26}$$

当线圈受到的转矩与阻转矩相平衡的时候 $T = T_C$，得

$$\alpha = \frac{k_1}{k_2} I = kI \tag{6-27}$$

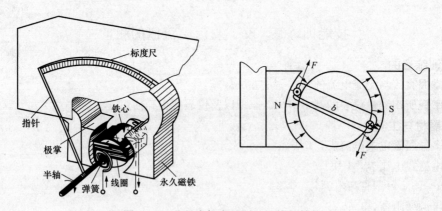

图 6-34　磁电式仪表的测量机构的结构

指针偏转的角度 α 与流过线圈的电流成正比。标度尺刻度是均匀的。铝框架起着阻尼器的作用，电磁阻尼力矩仅在可动部分摆动时存在，故能使其在平衡位置附近的摆动迅速停止。

磁电式测量机构本身只能测量很小的电流。要想测量较大的电流，可以采用并联分流电阻的方法来扩大量程。只要在测量机构两端并联一个低阻值电阻 R_A，R_A 称为分流电阻，如图 6-35 所示。

$$I_0 = I \frac{R_A}{R_0 + R_A} \qquad (6-28)$$

$$R_A = \frac{R_0}{\dfrac{I}{I_0} - 1} = \frac{R_0}{n-1} \qquad (6-29)$$

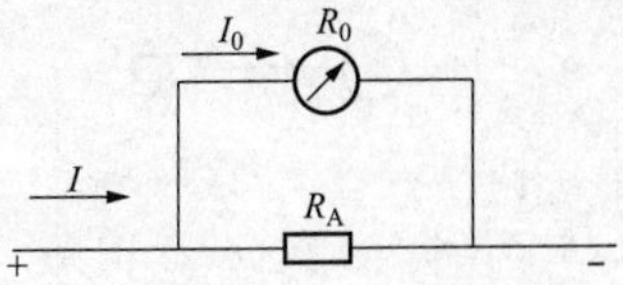

图 6-35　磁电式仪表量程扩大方法

I_0 / I 即为扩大倍数，量程扩大的程度越大，分流电阻就越小，通过测量机构的电流所占的比例就越小。

磁电式测量机构只能用来测量直流，因为通过交流电流时，线圈受到的转矩方向将迅速改变，而测量机构的可动部分具有一定的惯性，跟不上转矩的迅速变化，因而只能在某一位置上振动或静止不动。

在测量电路电流时，一定要将电流表串联在被测电路中。磁电式仪表一般只用于测量直流电流，测量时要注意电流接线端的"＋""－"极性标记，仪表接线端钮上标有"＋"者为电流流入端，标有"－"者为电流流出端，不可接错，以免指针反打，损坏仪表。对于有两个量程的电流表，它具有三个接线端，使用时要看清楚接线端量程标记，根据被测电流大小选择合适的量程，将公共接线端一个量程接线端串联在被测电路中。

由于测量时，电流表是串接在被测电路中的，为了减少对被测电路工作状态的影响，要求电流表的内阻越小越好，否则将产生较大的测量误差。

2. 交流电流的测量

测量交流电流主要采用电磁式电流表。电磁式仪表是测量交流电流与电压最常见的一种仪表，它的优点是：结构简单、过载能力强、造价低廉以及可交直流两用等，电磁式仪表在电力工程，尤其是固定安装的测量中得到了广泛的应用。尤其是开关板式交流电流、电压表，基本上都采用这种仪表。电磁式仪表测量机构的结构如图 6-36 所示。

固定部分是一个圆形线圈 1 及安放在线圈内壁上的软铁片 2。可动部分除转轴、指针、弹簧和阻尼簧片外，还有一块固定的转轴上的软铁片 3，软铁片 3 和软铁片 2 位置接近。

电磁式仪表指针偏转的角度与电流有以下关系

$$\alpha = KI^2 \qquad (6-30)$$

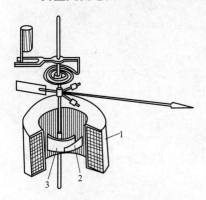

图 6-36　电磁式仪表的测量
机构的结构

1—圆形线圈；2、3—软铁片

由式（6-30）可知，由于电磁式仪表指针偏转角度与电流的平方成正比，所以仪表面板刻度是不均匀的。一般来说，只有当偏转角度较大时读数才较准确。

电磁式测量机构的固定线圈可选用截面较大的导线制作，能制成直接测量大电流的电流表。直接测量时量程通常不超过 100A，测量电流大于 100A 的交流电流时，可配用电流互感器扩大量程。开关板式电流表配用的电流互感器二次绕组电流均为 5A（或 1A），表内实际允许的最大电流不超过 5A，标尺刻度按配用某种规定的互感器扩大量程后数值标定，以便直接读取被测电流而省去推算。电磁式电流表不能采用分流器扩大量程，因为这将使仪表内部的功率损耗增大到不能允许的程度。

用电磁式电流表测量交流电流仍然与负载串联，但其接线柱没有极性要求。

四、训练内容与步骤

1. 直流电流的测量

按图 6-37 所示的电路图连接好电路。图中 E 为 0～15V 可调直流电源，A 为多量程磁电式

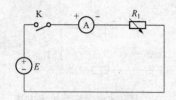

图 6-37 直流电流测量电路图

电流表。按图 6-37 连接好电路后，需检查电流表的正负极是否连线正确。在开关 K 合上之前，将变阻器的电阻置于最大值，同时将电流表置于最大量程，合上开关后，可以调节直流电流源或者调节变阻值的阻值，观察电流表读数的变化。在电路中的电流大小发生变化时，必须根据电流的大小进行量程的变换，以免量程太小烧坏电流表表头。

按图 6-37 接好线后，合上开关 K，改变 E 与 R_1 的大小，读出电流表的值，并将理论计算值与实际测量值进行比较，分析产生误差的原因（见表 6-13）。

表 6-13   **直 流 电 流 测 量 数 据**

E			
R_1			
测量值			
理论值			

磁电式电流表的正端有好几个接线端钮，分别用于测量不同量程的电流。也有些电流表采用插拔铜塞的方法选用量程，选用时要注意铜塞的位置。变换量程必须在仪表不通电的前提下进行，以防烧坏电流表，也可以用一根短路线把电流表两接线端钮短接后再改变量程，操作完成后再去除短路线，然后再读取测量值。

2. 交流电流的测量

接图 6-38 所示的电路图连接好电路。

图 6-38 中 E 为 0～220V 经过自耦调压器的可调交流电源，A 为电磁式电流表，R_1 为变阻器。开关合上之前，需将变阻器置于最大阻值，然后再通过调节变阻器或者调节自耦调压器，以改变电路中通过的交流电流。

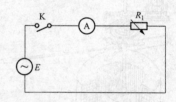

图 6-38   交流电流测量电路

按图 6-38 接好线后，合上开关 K，并改变 E 与 R_1 的大小，读出电流表的值，并将理论计算值与实际测量值进行比较，分析产生误差的原因（见表 6-14）。

表 6-14   **交 流 电 流 测 量 数 据**

E			
R_1			
测量值			
理论值			

五、注意事项

1. 量程的选择

实验室用仪表大多是多量程仪表，常有好几个接线端钮，而指示面板刻度通常只有一条基本量程刻度，故测量中要注意量程的选择应与对应的接线端钮相一致，并应根据选定的量程把读得的指示值再乘以选定量程与基本量程之间的倍率 K［K＝选定量程值（允许测量最大值）/指示量程值（最大刻度值）］才是实际测量值。

2. 电流表与电压表的机械零位校正

大多数指针式仪表设有机械零位校正，校正器的位置通常装设在指针转轴对应的外壳上，当线圈中没有电流时，指针应指在零的位置。如果指针在不通电时不在零位，应当调整校正器旋钮改变游丝的反作用力矩使指针指向零点。仪表在校正前要注意仪表的放置位置必须与该表规定的位置相符。只有在放置正确的前提下再确定是否需要调零，并且保证在全部测量过程中仪表都放置在正确位置，才能保证读数的正确性。

3. 连接

电流表与电压表接入电路时，应以尽量减少对原有电路的影响为原则。

(1) 测量电压时，若电路电阻较大，则应用高内阻电压表。若电压表已确定，则在保证允许误差的前提下选用较大的量程，因为在同一仪表中量程较大其内阻也相应增加，对电路影响就小。

(2) 测量电流时，若电路电阻很小，则应选用低内阻电流表。这在电路电阻与仪表内阻二者可以相比较时显得特别重要，以便减少仪表接入误差。

(3) 仪表与被测量的连接，测量直流量必须把正、负端分辨清楚，"＋"端与电路正极性端相连接，"－"端与电路负极性端相连接，不能反接，以防反偏而打坏指针。测量交流量应注意电路的相线和零线，从保证仪表和人身的安全角度考虑连接方式。虽然从原理上说一般无极性要求，但考虑到屏蔽和安全需要，通常把仪表黑端钮（公共端或用"＊"表示端）与电路中性端（或地端）相连，而把红端钮（用～表示端）与电路相线端相连。

4. 仪表的读数方法

读取仪表的示值应在指针指示稳定时进行，若因电路原因造成指针振荡性指示，一般可以读取其平均值，若测量需要，应把其振幅量读出（读出指针摆动范围）。为了得到正确的读数，在精度较高的仪表面板上设立了一个读数镜面，读数时应使视线置于实指针和镜中虚指针相重合的位置再读指示值，以保证读数的正确性，减少读数误差。

六、成绩评定

项目内容	配分	评分标准	扣分	得分
直流电流的测量	40分	(1) 仪表操作不规范，扣5～10分 (2) 接线不正确，扣5～10分 (3) 操作步骤不合要求，扣5～10分 (4) 读数不正确，扣5～10分		
交流电流的测量	40分	(1) 仪表操作不规范，扣5～10分 (2) 接线不正确，扣5～10分 (3) 操作步骤不合要求，扣5～10分 (4) 读数不正确，扣5～10分		
安全、文明生产	20分	(1) 违反操作规程，产生不安全因素 (2) 迟到、早退，工作场地不整洁		
工时：1h			评分	

技能训练四 交、直流电压值的测量

一、训练目的

(1) 了解直流与交流电压的基本测量方法。

(2) 掌握测量所用仪表的基本组成、原理以及仪表的正确使用方法。

二、器材与工具

(1) 磁电式直流电压表，1块。

(2) 电磁式交流电压表，1块。

（3）0～15V可调直流电源，1个。

（4）自耦调压器，1个。

（5）可调变阻器，1个。

（6）刀开关，3个。

（7）电工工具，1套。

（8）导线若干。

三、相关知识

电压表是用来测量电路中的电压值的，按所测电压的性质分为直流电压表、交流电压表和交直两用电压表；就其测量范围而言，电压表又分为毫伏表、伏特表。磁电式、电磁式是电压表的主要形式。电压表的选择原则和方法与电流表相同，主要从测量对象、测量范围、要求精度和仪表价格等方面考虑。

1. 直流电压的测量

测量直流电压通常使用磁电式电压表。

测量机构中的电流 $I = U/R_0$，测量机构可以直接测量电压。但是测量机构允许通过的电流很小，因而直接作为电压表使用只能测量很小的电压，一般只有几十毫伏左右。这时可以用一

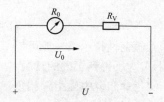

图 6-39　磁电式电压表
量程扩大方法

个大电阻 R_v 与测量机构串联以扩大量程，如图 6-39 所示，R_v 称为分压器或分压电阻。

$$U_0 = U \frac{R_0}{R_0 + R_v} \qquad (6\text{-}31)$$

$$R_v = R_0 \left(\frac{U}{U_0} - 1 \right) = R_0 (m - 1) \qquad (6\text{-}32)$$

由上式可知，量程扩大的程度越大，分压电阻就越大，测量机构上的电压所占比例也就越小。

磁电式电压表的优点是：刻度均匀、灵敏度高、准确度高、消耗功率小、受外界磁场影响小等。它的缺点是：结构复杂、造价较高、过载能力小，而且只能测量直流电压，不能测量交流电压。常用电压表的外形如图 6-40 所示。

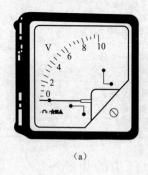
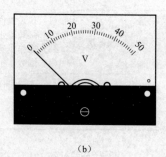

（a）　　　　　　　　　　　　　　（b）

图 6-40　常用电压表外形
（a）1T1—V 型；（b）59C2—V 型

在测量电压时，应把电压表并联在被测负载的两端，使用磁电式电压表时，要注意电压表必须与被测电路并联。为了使电压表并入后不影响电路原来的工作状态，要求电压表的内阻远大于被测负载的电阻。一般测量机构本身的电阻不是很大，所以在电压表内串有阻值很大的附加电阻。特别是测量直流高压时都采用串接电阻的方法扩大量程。而测量交流高压时，一般通

过电压互感器把电压降低后再测量。

测量电压的方法一般有电压表测量法和示波器测量法两种。

（1）电压表测量法。这种方法简便直观，是电压测量的最基本方法，即将电压表并接在被测电路两端，直接由电压表的读数确定测量结果（电压值）的测量方法。用此法进行测量时，首先应根据被测电压的特点（如频率的高低、幅度的大小等）和被测电路的状态（如内阻的数值等）来选择合适的电压表。一般以电压表的使用频率范围、测量电压范围和输入阻抗的高低作为选择电压表的依据。

（2）示波器测量法。用示波器测量电压最主要的特点是能够正确地测定波形的峰值及波形各部分的大小，因此在需要测量某些非正弦波形的峰值或某部分波形的大小时，就必须用示波器进行测量。

双踪示波器使用前，首先要用校准信号校准各挡灵敏度，然后，将被测信号接入 Y 输入端，从示波器荧光屏上直接读出被测电压波形的高度（格数），则被测电压幅值＝灵敏度（V/DIV数）×高度（DIV）。这种方法存在因 Y 轴放大器增益的不稳定所产生的测量误差。用示波器测幅值时需要注意的是，被测信号必须从直流输入端接入，否则将会造成信号的直流成分被滤去，只剩下交流成分，而使结果不符合实际值。

2. 交流电压的测量

测量交流电压通常使用电磁式电压表。电磁式测量机构串接分压电阻后，就构成了电压表。开关板式电压表，固定线圈匝数较多，导线较细，量程最大可达 600V。如果要测量更高的交流电压，则应采用电压互感器。电压互感器的二次侧绝对不允许短路；二次侧必须接地。

电磁式电压表测量时仍应并接在被测负载两端，但其接线柱没有极性要求。电压表及其量程的选择方法与电流表相同，量程和仪表的等级要合适。

四、训练内容与步骤

1. 直流电压的测量

接图 6-41 所示的电路图连接好电路。

图 6-41 中 E 为 0～15V 可调直流电源，V 为磁电式电压表。按图 6-41 连接好电路后，需检查电压表的正负极是否连线正确，表头的"＋"端接高电位，"－"端接低电位，如果接反，指针将反偏，甚至造成电压表的损坏。在开关 K 合上之前，将变阻器的电阻置于最大值，合上开关后，可以调节直流电流源或者调节变阻值的阻值，观察电压表读数的变化。

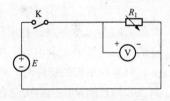

图 6-41 直流电压测量电路图

利用电压表测量的同时，可以利用示波器进行测量，并比较二者的读数。

按图 6-41 接好线后，合上开关 K，并改变 E 与 R_1 的大小，读出电压表的值，并将理论计算值与实际测量值进行比较，分析产生误差的原因（见表 6-15）。

表 6-15   直 流 电 压 测 量 数 据

E			
R_1			
电压表测量值			
示波器测量值			

2. 交流电压的测量

接图 6-42 所示的电路图连接好电路。

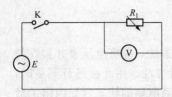

图 6-42　交流电压测量电路

图 6-42 中 E 为 0～220V 经过自耦调压器后的交流电源，V 为电磁式电压表，R_1 为变阻器。开关合上之前，需将变阻器置于最大阻值，然后再调节变阻器或者调节自耦调压器，通过电压表的读数观察变阻器两端电压的变化。

利用电磁式电压表测量的同时，可以利用示波器进行测量。利用示波器进行交流电压的测量，通过示波器观察到的只是交流电压的幅值，根据有效值与最大值的关系将观察到的最大值化为有效值，然后与电压表测量所得的读数进行对比。

按图 6-42 接好线后，合上开关 K，并改变 E 与 R_1 的大小，读出电压表的值，并将理论计算值与实际测量值进行比较，分析产生误差的原因（见表 6-16）。

表 6-16　　　　　　　　　交流电压测量数据

E			
R_1			
电压表测量值			
示波器测量值			

五、注意事项

使用电压表来测量电压时，应注意以下事项。

（1）在测量电压时，电压表并联在被测电路两端。因此，为了减小测量仪表对被测电路的影响，要求电压表的输入阻抗应尽可能高些。

（2）测量交流电压时，要注意电压表适用的频率范围，所测电压的频率应与这个频率范围相适应。一般交流电能表，如万用表的交流挡只适合于测几十赫兹到几十千赫兹的交流电压，毫伏表能测 1 赫兹到 2 兆赫兹的交流电压。

（3）要有较高的精度。指针式仪表的精度按引用误差分成 0.05、0.1、0.2、0.5、1.5、2.5、5.0 等几个等级。在电压测量中，直流电压的测量精度一般比交流电压高，通常在较高精度的电压测量中，采用数字式电压表。

（4）在量程的选择时，所选量程要大于被测量；指针指示应在不小于满标度值的 2/3 区域；对未知的被测量应选最大量程，并逐步减小至合适的量程。

六、成绩评定

项目内容	配分	评分标准	扣分	得分
直流电压的测量	40 分	（1）仪表操作不规范，扣 5～10 分 （2）接线不正确，扣 5～10 分 （3）操作步骤不合要求，扣 5～10 分 （4）读数不正确，扣 5～10 分		
交流电压的测量	40 分	（1）仪表操作不规范，扣 5～10 分 （2）接线不正确，扣 5～10 分 （3）操作步骤不合要求，扣 5～10 分 （4）读数不正确，扣 5～10 分		
安全、文明生产	20 分	（1）违反操作规程，产生不安全因素 （2）迟到、早退，工作场地不整洁		
工时：1h			评分	

技能训练五　单、三相负载电能的测量

一、训练目的

(1) 熟悉单相与三相电能表的工作原理。

(2) 掌握单相与三相电能表的接线方法。

二、器材与工具

(1) 单相自耦调压器，1kVA，0～250V，l台。

(2) 三相自耦调压器，2kVA，0～400V，l台。

(3) 三相电能表，3×380V，3×10A，300r\kWh，1只。

(4) 单相电能表 220V，10A，1000r\kWh，1只。

(5) 隔离开关，3个。

(6) 灯泡，40W、60W、100W 各一个。

(7) 电工工具，1套。

(8) 单相、三相断路器各一个。

(9) 秒表一只。

(10) 万用表一个。

(11) 导线若干。

三、训练内容及步骤

1. 单相负载电能测量

由于训练所采用的负载功率较小，电能表采用直接连接的方式。按照图 6-43 进行接线。负载 L 采用 100W 的白炽灯泡。QS 为断路器。电源采用市电通过单相自耦调压器后给实验电路供电。

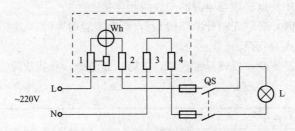

图 6-43　单相负载电能测量接线原理图

接线完毕，检查无误后，合上 QS，调节自耦调压器到输出电压为 220V，观察电能表的转盘速度，记录每分钟的转动圈数。更换负载为 60W 灯泡，重复观察并记录数据，更换负载为 40W 灯泡，重复观察并记录数据。

调节电压至 200V，重复上面的操作。将数据填入表 6-17 中，对比分析数据。

表 6-17　　　　　　　　　　　　单相负载电能测量数据

负载灯泡		40W	60W	100W
r/min	220V			
	200V			

2. 三相负载电能测量

三相负载电能测量，电能表也采用直接连接的方式。电能表接法如图 6-26（a）所示，负载

采用三相四线制星形连接，如图 6-44 所示。

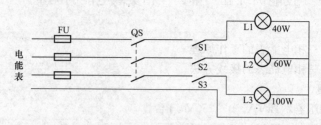

图 6-44　三相负载电路原理图

电路连接检查无误后，闭合开关 S1、S2、S3，闭合断路器 QS，调节三相调压器输出线电压 $U_L=380V$。观察电能表转盘，用秒表记录转盘每转一圈的时间。依次断开开关 S1、S2，分别记录转盘每转一圈的时间。断开 QS，调节调压器输出线电压 $U_L=350V$，重复前面的操作。将实验数据记入表 6-18。

表 6-18　　　　　　　　　　　　三相负载电能测量数据

负载灯泡		开关全部闭合	S1 断开	S2、S2 断开
r/s	380V			
	350V			

对比分析各实验数据，想想为什么会是这样？

四、注意事项

（1）实验操作前，自耦调压器的输入输出必须确认清楚，否则会烧毁调压器，调压器使用完毕后，要将电压调至零位，再断开电源。

（2）三相调压器的中性点必须与电源的中性线相连接。

（3）更换实验负载时，必须先断开断路器 QS，更换实验内容时，必须关闭电源，不得带电操作，以免造成设备及人身安全。

（4）注意人身及设备安全，发现异常现象，立即切断电源，查找故障。

五、成绩评定

项目内容	配分	评分标准	扣分	得分
单相负载电能的测量	40 分	（1）仪表操作不规范，扣 5~10 分 （2）接线不正确，扣 5~10 分 （3）操作步骤不合要求，扣 5~10 分 （4）读数不正确，扣 5~10 分		
三相负载电能的测量	40 分	（1）仪表操作不规范，扣 5~10 分 （2）接线不正确，扣 5~10 分 （3）操作步骤不合要求，扣 5~10 分 （4）读数不正确，扣 5~10 分		
安全、文明生产	20 分	（1）违反操作规程，产生不安全因素 （2）迟到、早退，工作场地不整洁 （3）训练过程中不严肃，嘻嘻哈哈		
工时：4h			评分	

项目七　变压器与电动机的结构、原理及检测

学习目标

应知：

1. 了解单、三相变压器的结构与各部件的作用。
2. 了解直流、交流（单相、三相）电动机的结构与各部件的作用。
3. 掌握变压器空载与负载运行时一、二次绕组电流与电压的变化，以及电动势平衡方程、磁动势平衡方程。
4. 了解三相变压器联结组别的判别。了解三相变压器并联运行条件。
5. 掌握直流、交流（单相、三相）电动机的工作原理及其的起动、调速、制动控制原理。
6. 了解直流、三相交流的工作特性的特性方程与特性曲线与机械特性。
7. 熟悉直流电动机的电枢反应，以及改善电机的换向火花的方向。

应会：

1. 能使用各种仪器仪表和测量手段进行变压器的质量检测。
2. 能使用各种仪器仪表和测量手段进行直流电动机的质量检测。
3. 能使用各种仪器仪表和测量手段进行三相交流电动机的质量检测。

建议学时

理论教学 8 学时，实验实训 4 学时。

相关知识

课题一　变　压　器

变压器是一种常见的静止电气设备，它利用电磁感应原理，将某一数值的交变电压变换为同频率的另一数值的交变电压。变压器不仅用于电力系统中电能的传输、分配，而且广泛用于电气控制、电子技术、测试技术及焊接技术等领域。

一、变压器的基本工作原理及分类

（一）工作原理

两个互相绝缘且匝数不同的绕组分别套装在铁心上，两绕组间只有磁的耦合而没有电的联系，其中接电源 u_1 的绕组称为一次绕组（曾称为原绕组、初级绕组），用于接负载的绕组称为二次绕组（曾称为副绕组、次级绕组）。

如图 7-1 所示，在一次绕组加上交流电压 u_1 后，绕组中便有电流 i_1 通过，在铁心中产生与

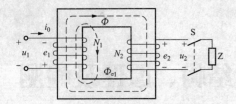

图 7-1 变压器工作原理图

u_1 同频率的交变磁通 Φ，根据电磁感应原理，将分别在两个绕组中感应出电动势 e_1 和 e_2

$$e_1 = -N_1 \frac{\Delta\Phi}{\Delta t}, \quad e_2 = -N_2 \frac{\Delta\Phi}{\Delta t}$$

式中：负号表示感应电动势总是阻碍磁通的变化。若把负载接在二次绕组上，则在电动势 e_2 的作用下，有电流 i_2 流过负载，实现了电能的传递。由上式可知，一、二次绕组感应电动势的大小（近似于各自的电压 u_1 及 u_2）与绕组匝数成正比，故只要改变一、二次绕组的匝数，就可达到改变电压的目的，这就是变压器的基本工作原理。

（二）分类

变压器种类很多，通常可按其用途、绕组结构、铁心结构、相数、冷却方式等进行分类。

1. 按用途分类

（1）电力变压器。用作电能的输送与分配，这是生产数量最多、使用最广泛的变压器。按其功能不同又可分为升压变压器、降压变压器、配电变压器等。电力变压器的容量从几十千伏安到几十万千伏安，电压等级从几百伏到几百千伏。

（2）特种变压器。在特殊场合使用的变压器，如作为焊接电源的电焊变压器；专供大功率电炉使用的电炉变压器；将交流电整流成直流电时使用的整流变压器等。

（3）仪用互感器。用于电工测量中，如电流互感器、电压互感器等。

（4）控制变压器。容量一般比较小，用于小功率电源系统和自动控制系统，如电源变压器、输入变压器、输出变压器、脉冲变压器等。

（5）其他变压器。如试验用的高压变压器；输出电压可调的调压变压器；产生脉冲信号的脉冲变压器；压力传感器中的差动变压器等。

2. 按绕组构成分类

按绕组构成分类，有双绕组变压器、三绕组变压器、多绕组变压器和自耦变压器等。

3. 按铁心结构分类

按铁心结构分类，有叠片式铁心、卷制式铁心和非晶合金铁心。

4. 按相数分类

按相数分类，有单相变压器、三相变压器和多相变压器。

5. 按冷却方式分类

按冷却方式分类，有干式变压器、油浸自冷变压器、油浸风冷变压器、强迫油循环变压器、箱式变压器、树脂浇注变压器及充气式变压器等。

二、变压器的结构与作用

不论是单相变压器、三相变压器或其他各类变压器，它主要由铁心和绕组（又称线圈）两大部分组成。

1. 铁心的作用及材料

铁心构成变压器磁路系统，并作为变压器的机械骨架。铁心由铁心柱和铁轭两部分组成，如图 7-2 所示。铁心柱上套装变压器绕组，铁轭起连接铁心柱使磁路闭合的作用。对铁心的要求是导磁性能要好，磁滞损耗及涡流损耗要尽量小，因此大多采用 0.35mm 以下的硅钢片制作。

2. 绕组的作用及材料

变压器的线圈通常称为绕组，它是变压器中的电路部分，小变压器一般用具有绝缘的漆包圆铜线绕制而成，对容量稍大的变压器则用扁铜线或扁铝线绕制。

在变压器中，接到高压电网的绕组称高压绕组，接到低压电网的绕组称为低压绕组。按高压绕组和低压绕组的相互位置和形状不同，绕组可分为同心式和交叠式两种。

同心式绕组是将高、低压绕组同心套装在一个铁心柱上，如图 7-3（a）所示，为了便于与铁心绝缘，把低压绕组套装在里面，高压绕组套装在外面，高、低压绕组之间留有空隙，可作为油浸式变压器的油道，既利于散热，也作为高低压绕组间的绝缘。同心式绕组按其绕制方法的不同又可分为圆筒式、螺旋式和连续式等多种。同心式绕组的结构简单、制造容易，小型电源变压器、控制变压器、低压照明变压器等均采用这种结构。

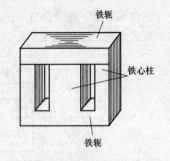

图 7-2　变压器铁心

交叠式绕组又称饼式绕组，是将高压绕组与低压绕组分成若干个"线饼"，沿着铁心柱的高度交替排列，为了便于绝缘，一般最上层和最下层安放低压绕组，如图 7-3（b）所示。交叠式绕组的主要优点是漏抗小、机械强度好、引线方便。这种绕组形式主要应用在低电压、大电流的变压器，如容量较大的电炉变压器及电阻电焊机（如点焊、滚焊、对焊电焊机）变压器等。

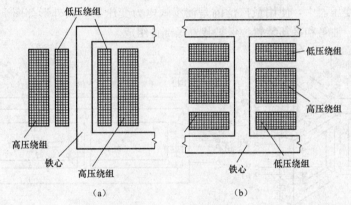

图 7-3　变压器绕组
(a) 同心式绕组；(b) 交叠式绕组

图 7-4 是单相变压器的结构示意图，心式变压器是在铁心柱的两侧放置绕组，形成绕组包绕铁心的形式；壳式变压器则是在中间的铁心柱上旋转绕组，开成铁心包围绕组的形状。

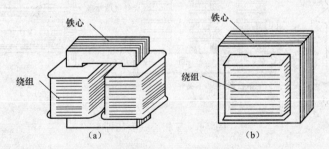

图 7-4　单相变压器结构
(a) 心式变压器；(b) 壳式变压器

3. 三相变压器的结构

现代的电力系统都采用三相制供电，因而广泛采用三相变压器来实现电压的转换。三相变压器可以由三台同容量的单相变压器组成，按需要将一次绕组及二次绕组分别接成星形联结或三角形联结。图 7-5 为一、二次绕组均为星形联结的三相变压器组。三相变压器的另一种结构型式是把三个单相变压器合成一个三铁心柱的结构型式，称为三相心式变压器，如图 7-6 所示。

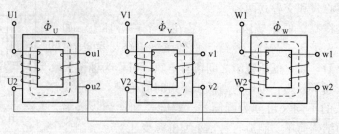

图 7-5 三相变压器组

由于三相绕组接至对称的三相交流电源时，三相绕组中产生的主磁通也是对称的，故有 $\dot{\Phi}_U + \dot{\Phi}_V + \dot{\Phi}_W = 0$，即中间铁心柱的磁通为零，因此中间铁心柱可以省略，成为图 7-6（b）形式，实际上为了简化变压器铁心的剪裁及叠装工艺，均采用将 U、V、W 三个铁心柱置于同一个平面上的结构型式，如图 7-6（c）所示。

在三相电力变压器中，使用最广泛的是油浸式电力变压器，其外形如图 7-6（d）所示。主要由铁心、线圈、油箱和冷却装置、保护装置等部件组成。

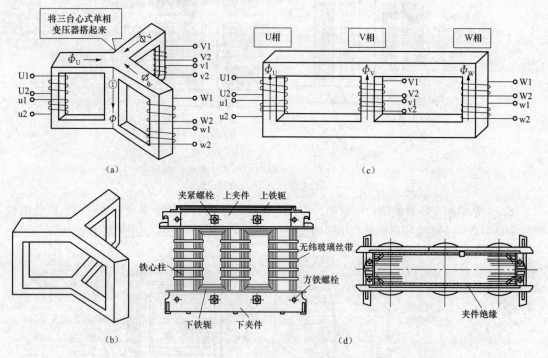

图 7-6 三相心式变压器

（1）铁心。三相电力变压器的铁心是由 0.35mm 厚的硅钢片叠压（基卷制）而成的，采用心式结构，外形结构如图 7-7 所示。图 7-7（b）是 S 系列变压器的外形图，其铁心与绕组的装配工艺较复杂，但铁心的功率损耗小，在国产电力变压器中得到广泛应用。

（2）线圈。三相变压器的绕组一般采用绝缘纸包的扁铜线或扁铝线绕成，结构型式与单相变压器一样有同心式绕组与交叠式绕组，电力变压器的外形如图 7-8 所示。

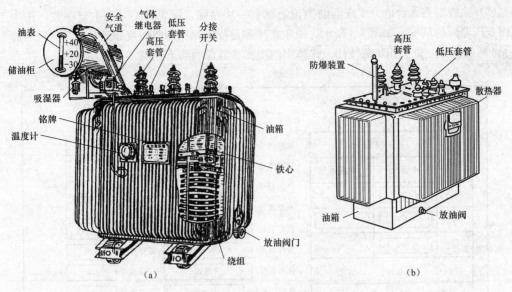

图 7-7　油浸式电力变压器

（a）SJI 系列变压器；（b）S 系列变压器

（3）油箱和冷却装置图。由于三相变压器主要用于电力系统进行电能的传输，因此其容量都比较大，电压也比较高，如目前国产的高电压、大容量三相电力变压器。为了铁心和绕组的散热和绝缘，均将其置于绝缘的变压器油内，而油则盛放在油箱内。为了增加散热面积，一般在油箱四周加装散热装置，老型号电力变压器采用在油箱四周加焊扁形散热油管。新型电力变压器以采用片式散热器散热为多。容量大于 10 000kVA 的电力变压器，采用风吹冷却或强迫油循环冷却装置。

较多的变压器在油箱上部还安装有储油柜，它通过连接管与油箱相通。储油柜内的油面高度随变压器油的热胀冷缩而变动。储油柜使变压器油与空气的接触面积大为减小，从而减缓了变压器油的老化速度。新型的全充油密封式电力变压器则取消了储油柜，运行时变压器油的体积变

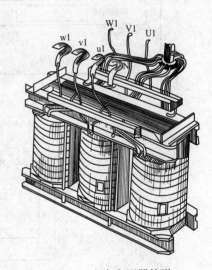

图 7-8　电力变压器外形

化完全由设在侧壁的膨胀式散热器（金属波纹油箱）来补偿，变压器端盖与箱体之间焊为一体，设备免维护，运行安全可靠，在我国以 S9—M 系列、S10—M 系列全密封波纹油箱电力变压器为代表，现已开始批量生产。

（4）保护装置。

1）气体继电器。在油箱和储油柜之间的连接管中装有气体继电器，当变压器发生故障时，内部绝缘物汽化，使气体继电器动作，发出信号或使开关跳闸。

2）防爆管（安全气道）。装在油箱顶部，它是一个长的圆形钢筒，上端用酚醛纸板密封，下端与油箱连通。若变压器发生故障，使油箱内压力骤增时，油流冲破酚醛纸板，以免造成变压器箱体爆裂。近年来，国产电力变压器已广泛采用压力释放阀来取代防爆管，其优点是动作精度高，延时时间短，能自动开启及自动关闭，克服了停电更换防爆管的缺点。

项目七

（5）铭牌。在每台电力变压器的油箱上都有一块铭牌，标志其型号和主要参数，作为正确使用变压器时的依据，如图 7-9 所示。图中变压器是配电站用的降压变压器，将 10kV 的高压降为 400V 的低压，供三相负载使用。铭牌中的主要参数说明如下。

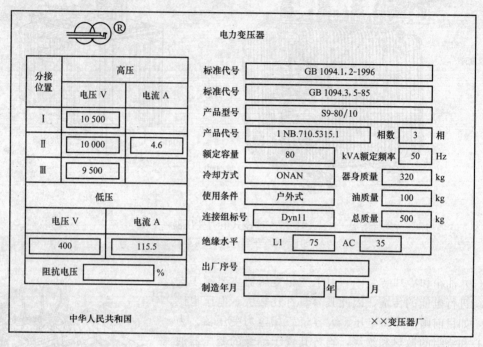

分接位置	高压	
	电压 V	电流 A
I	10 500	
II	10 000	4.6
III	9 500	

低压	
电压 V	电流 A
400	115.5

| 阻抗电压 | % |

电力变压器

标准代号	GB 1094.1, 2-1996
标准代号	GB 1094.3, 5-85
产品型号	S9-80/10
产品代号	1 NB.710.5315.1	相数	3	相
额定容量	80	kVA额定频率	50	Hz
冷却方式	ONAN	器身质量	320	kg
使用条件	户外式	油质量	100	kg
连接组标号	Dyn11	总质量	500	kg
绝缘水平	L1	75	AC	35
出厂序号	
制造年月	年	月

中华人民共和国　　　　　　　　　　　××变压器厂

图 7-9　电力变压器铭牌

1）型号如下：

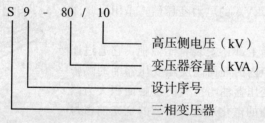

S 9 - 80 / 10

- 高压侧电压（kV）
- 变压器容量（kVA）
- 设计序号
- 三相变压器

2）额定电压 U_{1N} 和 U_{2N}。高压侧（一次绕组）额定电压 U_{1N} 是指加在一次绕组上的正常工作电压值。它是根据变压器的绝缘强度和允许发热等条件规定的。高压侧标出的三个电压值，可以根据高压侧供电电压的实际情况，在额定值的 ±5％ 范围内加以选择，当供电电压偏高时可调至 10 500V，偏低时则调至 9500V，以保证低压侧的额定电压为 400V 左右。低压侧（二次绕组）额定电压 U_{2N} 是指变压器在空载时，高压侧加上额定电压后，二次绕组两端的电压值。变压器接上负载后，二次绕组的输出电压 U_{2N} 将随负载电流的增加而下降，为保证在额定负载时能输出 380V 的电压，考虑到电压调整率为 5％，一般在变压器空载时将二次绕组的额定电压 U_{2N} 调至为 400V。在三相变压器中，额定电压均指线电压。

3）额定电流 I_{1N} 和 I_{2N}。额定电流是指根据变压器容许发热的条件而规定的满载电流值。在三相变压器中额定电流是指线电流。

4）额定容量 S_N。额定容量是指变压器在额定工作状态下，二次绕组的视在功率，其单位

三相变压器的额定容量为

$$S_N = \frac{U_{2N} I_{2N}}{1000}$$

5）联结组标号。是指三相变压器一、二次绕组的连接方式。Y（高压绕组作星形联结）、y（低压绕组作星形联结）；D（高压绕组作三角形联结）、d（低压绕组作三角形联结）；N（高压绕组作星形联结时的中性线）、n（低压绕组作星形联结时的中性线）。

6）阻抗电压。又称为短路电压，它反映了额定电流时变压器阻抗压降的大小。通常用它与额定电压 U_{1N} 的百分比来表示。

三、变压器的空载运行

如图 7-1 所示，在开关 S 断开状态下，变压器一次绕组接在额定频率和额定电压的电网上，而二次绕组开路，即 $I_2 = 0$ 的工作方式称变压器的空载运行。

1. 正方向的规定

由于变压器在交流电源上工作，因此通过变压器的电压、电流、磁通及电动势的大小及方向均随时间不断地发生变化，为了正确地表示它们之间的相位关系，必须首先规定它们的参考方向，或称为正方向。

参考方向在原则上可以任意规定，但是规定方法却不同，由楞次定律可以知道，同一电磁过程所列出的方程式，其正、负号也将不同。为了统一起见，习惯上都按照"电工惯例"来规定参考方向。

(1) 在同一支路中，电压的参考方向与电流的参考方向一致。

(2) 磁通的参考方向与电流的参考方向之间符合右手螺旋定则。

(3) 由交变磁通 Φ 产生的感应电动势 e，其参考方向与产生该磁通的电流参考方向一致（感应电动势 e 与产生它的磁通 Φ 之间符合右手螺旋定则时为正方向）。图 7-1 及图 7-2 中各电压、电流、磁通、感应电动势的参考方向即按此惯例标出。

2. 空载运行

空载时（见图 7-1），在外加交流电压 u_1 作用下，一次绕组中通过的电流称空载电流 i_0。在电流 i_0 的作用下，铁心中产生与一、二次绕组共同交链交变的磁通 Φ 称为主磁通，主磁通 Φ 同时穿过一、二次绕组，分别在其中产生感应电动势 e_1 和 e_2，大小与 $\mathrm{d}\Phi/\mathrm{d}t$ 成正比。还有很小一部分通过空气等非磁性物质构成的一次侧的漏磁通 $\Phi_{\sigma 1}$，因这部分的磁路磁阻很大，故 $\Phi_{\sigma 1}$ 只占总磁通的很小一部分。略去一次绕组中的阻抗不计，则外加电源电压 U_1 与一次绕组中的感应电动势 E_1 可近似看作相等，即 $U_1 \approx E_1$，而 U_1 与 E_1 的参考方向正好相反，即电动势 E_1 与外加电压 U_1 相平衡。

当 $\Phi = \Phi_m \sin\omega t$ 时，则

$$\Phi = 2\pi f N \Phi_m \sin(90° - \omega t) = E_m \sin(90° - \omega t)$$

感生电动势 e 在相位上滞后磁通 Φ 90°，有效值为

$$E = \frac{E_m}{\sqrt{2}} = \frac{2\pi f N \Phi_m}{\sqrt{2}} = 4.44 f N \Phi_m$$

因此

$$E_1 = 4.44 f N_1 \Phi_m$$

$$E_2 = 4.44 f N_2 \Phi_m$$

则

$$\frac{E_1}{E_2} = \frac{N_1}{N_2}$$

在空载情况下，空载电流 i_0 很小，在一次绕组中产生的电压降可忽略不计，则 $U_1 \approx E_1$，方向相反，即电动势 E_1 与外加电压 U_1 相平衡。由于二次侧开路，则 $U_2 = E_2$。因此

$$U_1 = E_1 = 4.44 f N_1 \Phi_\mathrm{m}$$

$$U_2 = E_2 = 4.44 f N_2 \Phi_\mathrm{m}$$

$$\frac{U_1}{U_2} \approx \frac{E_1}{E_2} = \frac{N_1}{N_2} = K$$

式中　K——变压器的变比。

由上分析可知：

（1）变压器一次、二次绕组的电压与一次、二次匝数成正比，即变压器有变换电压的作用；

（2）当频率 f 与匝数 N 为常数时，加在变压器上的交流电压 U_1 为恒定值，则变压器铁心中的磁通 Φ_m 基本上保持不变，这就是恒磁通概念。

例 7-1　低压照明变压器一次绕组匝数 $N_1 = 880$ 匝，一次绕组电压 $U_1 = 220\mathrm{V}$，现要求二次绕组输出电压 $U_2 = 36\mathrm{V}$，求二次绕组匝数 N_2 及变比 K_u。

解：

$$N_2 = \frac{U_2}{U_1} N_1 = \frac{36}{220} \times 880 = 144$$

$$K_\mathrm{u} = \frac{U_1}{U_2} = \frac{220}{36} = 6.1$$

通常把 $K > 1$（$U_1 > U_2$，$N_1 > N_2$）的变压器称为降压变压器；$K < 1$ 的变压器称为升压变压器。

四、变压器的负载运行

如图 7-1 所示，在合上开关 S，变压器一次绕组接额定电压，二次绕组与负载相连的运行状态称为变压器的负载运行，如图 7-10 所示。当变压器二次绕组接上负载后，二次绕组流过负载电流 I_2，并产生去磁磁势 $N_2 I_2$，为保持铁心中的磁通 Φ 基本不变，一次绕组中的电流由 I_0 增加为 I_1，磁通势变为 $N_1 I_1$ 以抵消二次绕组电流产生的磁通势的影响。

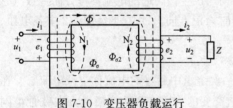

图 7-10　变压器负载运行

1. 磁动势平衡方程式

$$N_1 \dot{I}_0 = N_1 \dot{I}_1 + N_2 \dot{I}_2$$

$$\dot{I}_1 = \dot{I}_0 + \left(-\frac{N_2}{N_1} \dot{I}_2 \right)$$

$$= \dot{I}_0 + \left(-\frac{1}{K} \dot{I}_2 \right)$$

$$= \dot{I}_0 + \dot{I}_1'$$

由上可知，负载时一次侧电流 $\dot{I}_1$ 由建立主磁通 Φ 的励磁电流 $\dot{I}_0$ 和供给负载的负载电流分量 $\dot{I}_1'$ 组成，$\dot{I}_1'$ 用以抵消二次绕组磁通势磁作用，使主磁通保持不变。当二次绕组的输出功率增加，二次绕组的电流 $\dot{I}_2$ 增加，则一次绕组中的电流 $\dot{I}_1'$ 增加，一次侧输入功率也随之增加，从而实现了能量从一次侧到二次侧的传递。由于变压器的效率都很高，通常可近似将变压器的输出功率 P_2 与输入功率 P_1 看作相等，即

$$U_1 I_1 \approx U_2 I_2$$

也由于空载励磁电流 $\dot{I}_0$ 很小，公式可表示为

$$\dot{I}_1 = -\frac{N_2}{N_1}\dot{I}_2$$

式中："－"号表示 $\dot{I}_1$ 与 $\dot{I}_2$ 在相位上相差 $180°$。

由此可知，变压器一次、二次绕组中的电流与其绕组的匝数成反比，即变压器有变换电流的作用

$$\frac{U_1}{U_2} \approx \frac{E_1}{E_2} = \frac{N_1}{N_2} \approx \frac{I_2}{I_1} = K$$

由上式可知变压器的高压绕组匝数多、电流小，所需导线细；低压绕组匝数少、电流大，所需导线粗。

2. 电动势平衡方程式

一次绕组的电动势平衡方程式为

$$\dot{U}_1 = -\dot{E}_1 + \dot{Z}_{\sigma1}\dot{I}_0$$

二次绕组的电动势平衡方程式为

$$\begin{aligned}
\dot{U}_2 &= -\dot{E}_2 - \dot{E}_{\sigma2} + r_2 I_0 \\
&= -\dot{E}_2 - jx_{\sigma2}\dot{I}_0 + r_2\dot{I}_0 \\
&= -\dot{E}_2 + Z_{\sigma2}\dot{I}_0 \\
&= Z\dot{I}_2 = (r + jX_2)\dot{I}_2
\end{aligned}$$

式中　$Z_{\sigma1}$——二次绕组漏阻抗；

　　　Z——二次绕组的负载阻抗；

　　　r_2——二次绕组的负载电阻；

　　　X_2——二次绕组的负载电抗。

3. 变压器的阻抗变换

变压器不但具有电压变换和电流变换的作用，还具有阻抗变换的作用。

如图 7-11 所示，当变压器二次绕组接上阻抗为 Z 的负载后，则

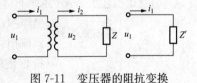

$$Z = \frac{U_2}{I_2} = \frac{\frac{N_2}{N_1}U_1}{\frac{N_1}{N_2}I_1} = \left(\frac{N_2}{N1}\right)^2 Z' \quad \left(Z' = \frac{U_1}{I_1}\right)$$

图 7-11　变压器的阻抗变换

式中：Z' 相当于直接接在一次绕组上等效阻抗，故 $Z' = K^2 Z$。可见，接在变压器二次绕组上负载 Z 与不经过变压器直接接在电源上等效负载 Z' 相减小了 K^2 倍，即负载阻抗通过变压器接在电源上时，相当于把阻抗增加了 K^2 倍。

在电路应用中，为了获得最好的功率输出往往对输出电路的输出阻抗与所接的负载阻抗要相匹配。为了在扬声器中获得最好的音响效果（最大的功率输出），要求音响设备输出的阻抗与扬声器的阻抗尽量相等。但实际上扬声器的阻抗很小，而音响设备等信号的输出阻抗却很大，因此通常在两者之间加接变压器来达到阻抗匹配的目的。

例 7-2　若例 7-1 中的变压器流过二次绕组的电流 $I_2 = 1.7\text{A}$，求一次绕组中的电流 I_1。

解：

$$I_1 = \frac{I_2}{K_u} = \frac{1.7}{6.1}\text{A} = 0.28(\text{A})$$

由此可得出，变压器的高压绕组匝数多，而通过的电流小，因此绕组所用的导线细；反之，

低压绕组匝数少,通过的电流大,所用的导线较粗。

五、变压器运行特性

1. 变压器的外特性与电压变化率

当变压器一次绕组电压和负载的功率因数 $\cos\Phi$ 一定时,二次绕组电压 U_2 与负载电流 I_2 的关系,称为变压器的外特性。变压器的外特性是用来描述输出电压随负载电流 I_2 变化而变化的情况。

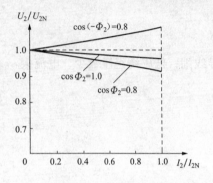

图 7-12 变压器的外特性

从图 7-12 可以看出,当 $\cos\Phi_2=1$ 时,U_2 随 I_2 下降得并不多;当在感性负载,$\cos\Phi_2$ 降低时,U_2 随 I_2 增加而下降的程度加大,主要是因为滞后无功电流对变压器磁路中的主磁通的去磁作用更为显著,而使 E_1 和 E_2 有所下降的原因;当在容性负载,$\cos\Phi_2$ 为负值时,超前的无功电流有助磁作用,主磁通会有所增加,使得 U_2 会随 I_2 的增加而提高。由此表明,负载的功率因数对变压器外特性的影响是很大的。

一般情况下,变压器的负载大多数是感性负载,当负载增加时,输出电压 U_2 总是下降的。当变压器从空载到额定负载运行时,二次绕组输出电压的变化值 ΔU 与空载电压 U_{2N} 之比的百分数称为变压器的电压变化率,由 $\Delta U\%$ 来表示。

$$\Delta U\% = \frac{U_{2N}}{U_2} \times 100\%$$

电压变化率反映了供电电压的稳定性。$\Delta U\%$ 越小,则变压器二次绕组输出的电压越稳定,图 7-12 是变压器的外特性曲线图。

2. 变压器的损耗与效率

变压器从电源输入的有功功率 P_1 与向负载输出的有功功率 P_2 之差为变压器的损耗功率 ΔP,它包括铜损耗 P_{Cu} 和铁损耗 P_{Fe} 两部分。

(1)铁损耗 P_{Fe}。具体如下:

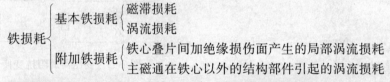

附加损耗为基本损耗的 $15\%\sim20\%$。变压器的铁损耗与一次绕组上所加的电源电压大小有关,而与负载的大小无关。当电源电压一定时,铁心中的磁通基本不变,则铁损耗也基本不变,因此铁损耗又称"不变损耗"。

(2)铜损耗 P_{Cu}。具体如下:

$$铜损耗 \begin{cases} 基本铜损耗 \\ 附加铜损耗 \end{cases}$$

基本铜损耗是由电流在一次、二次绕组电阻上产生的损耗,附加铜损耗是由漏磁通产生的集肤效应使电流在导体内部不均匀而产生的额外损耗。附加铜损耗为基本铜损耗的 $2\%\sim3\%$。在变压器中铜损耗与负载电流的平方成正比,所以铜损耗又称"可变损耗"。

(3)效率 η。是指变压器的输出功率 P_2 与输入功率 P_1 之比。其计算公式如下

$$\eta = \frac{P_1}{P_2} \times 100\% = \frac{P_1}{P_2 + \Delta P} \times 100\%$$

变压器在不同的负载电流时，输出功率与铜损耗都不同，因此变压器的效率，随负载电流的变化而变化。当铁损耗等于铜损耗时，变压器的效率最高。

六、三相变压器联结组别

1. 三相变压器绕组的连接方法

三相变压器一、二次绕组均采用Y与△联结方式。

星形联结是把三相绕组的末端 U2、V2、W2（或 u2、v2、w2）连接在一起，而把它们的首端 U1、V1、W1（或 u1、v1、w1）分别用导线引出。三角形联结是把一相绕组的首端与另一相绕组的首端连在一起，顺次连接成一个闭合回路，再从三个连接点引出导线（见图 7-13）。

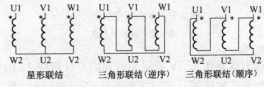

星形联结　　三角形联结（逆序）　三角形联结（顺序）

图 7-13　变压器三相绕组的联结

国家标准规定：高压绕组星形联结用 Y 表示，三角形联结用 D 表示，中性线用 N 表示。低压绕组星形联结用 y 表示，三角形联结用 d 表示，中性线用 n 表示。

三相变压器一、二次绕组不同接法的组合形式有：Y，y；Y_N，d；Y，y_n；D，y；D，d 等。不同形式的组合，各有优缺点，高压绕组接成星形可使绕组的对地绝缘要求降低，因为它的相电压只有线电压的 $1/\sqrt{3}$，当中性点引出接地时，绕组对地的绝缘要求降低了。大电流的低压绕组采用三角形联结，可使导线截面积比星形联结时减小到原来的 $1/\sqrt{3}$ 倍，而且线径小也便于绕制。所以大容量的变压器通常采用 Y_N，d 或 Y，d 联结，容量不太大且需要中性线的变压器广泛采用 Y，y_n 联结，以适应照明与动力混合负载两种电压。

2. 联结组别的判定

一、二次绕组线电压之间的相位关系是不同的，且一、二次绕组线电动势的相位差总是 30°的整数倍。因此，国际上用时钟法规定：一次绕组线电压为时钟的长针，永远指向钟面上"12"，二次绕组线电压为时钟的短针，它指向哪个数字，该数字则为该三相变压器联结组别的标号。

（1）Y，y 联结组。图 7-14（a）是变压器一、二次绕组的接线图，"＊"表示在同一个铁心柱上一、二次绕组为同极性端，如图中，在同一个铁心柱上的一次绕组 U1 与二次绕组 w1 为同极性端，一次绕组作为 U 相，二次绕组作为 w 相。图 7-14（b）是按右边接线的三相变压器一、二次绕组的电压相量图，各相电压在相位上相差 120°。一次边的 $\dot{U}_U$ 与二次边的 $\dot{U}_W$ 同相位，一次边 $\dot{U}_V$ 与二次边的 $\dot{U}_U$ 同相位，一次边 $\dot{U}_W$ 与二次边的 $\dot{U}_V$ 同相位，则一次边的线电压 $\dot{U}_{UV}$ 与二次边的线电压 $\dot{U}_{UV}$ 在相位上相差 120°。

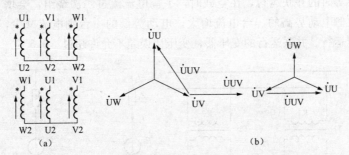

图 7-14　Y，y4 联结组

(a) 接线图；(b) 相量图

因此，按图 7-14（a）方式进行接线，一次边的线电压 $\dot{U}_{UV}$ 相量如时钟的分针指在 12 的位

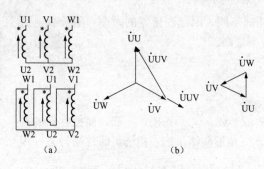

图 7-15 Y，d5 联结组
(a) 接线图；(b) 相量图

置，二次边的线电压 $\dot{U}_{UV}$ 相量如时钟的时针指在 4 的位置，该三相变压器的联结组别为 Y，y4。

（2）Y，d 联结组。按图 7-15（a）方式进行接线，一次边的 $\dot{U}_U$ 与二次边的 $\dot{U}_{WU}$ 同相位，一次边 $\dot{U}_V$ 与二次边的 $\dot{U}_{UV}$ 同相位，一次边 $\dot{U}_W$ 与二次边的 $\dot{U}_{VW}$ 同相位，则一次边的线电压 $\dot{U}_{UV}$ 与二次边的线电压 $\dot{U}_{UV}$ 在相位上相差 150°。

因此，按图 7-15（a）方式进行接线，一次边的线电压 $\dot{U}_{UV}$ 相量如时钟的分针指在 12 的位置，二次边的线电压 $\dot{U}_{UV}$ 相量如时钟的时针指在 5 的位置，该三相变压器的联结组别为 Y，d5。

三相电力变压器的联结组别有很多，为了制造与运行方便的需要，国家标准规定了三相电力变压器只采用 5 种标准联结组：Y，yn0；Y_N，d11；Y_N，y0；Y，y0；Y_N，d11；其中 Y，y0 不能用于三相变压器组，只能用于三铁心的三相变压器。

七、三相变压器的并联运行

1. 三相变压器并联运行的条件

变压器的并联运行是指几台三相变压器的高压绕组及低压绕组分别接到高压电源及低压电源母线上，共同向负载供电的运行方式。

为了使变压器能正常地投入并联运行，各并联运行的变压器必须满足以下条件。

（1）一、二次绕组电压应相持，即变比相等。

（2）联结组别必须相同。

（3）短路阻抗（短路电压）应相等。

实际并联运行的变压器，变比、短路电压不可能绝对相等，允许有极小的差别，但变压器的联结组别必须相等。

2. 变比不等时的并联运行

如图 7-16 所示，当两台变压比有微小的差别时，在同一电源电压 U_1 下，两个二次绕组产生的电动势就有差别，设 $E_1 > E_2$，则电动势差值 $\Delta E = E_1 - E_2$ 会在二次绕组之间形成环流 I_c，这个电流称为平衡电流，$I_c = \Delta E / (Z_1 + Z_2)$。

变压器变比不等时的并联运行，在空载时，平衡电流流过二次绕组，会增大空载损耗；变压器负载时，二次侧电动势高的一台电流增大，电动势低的一台则电流减少，会使前者过载，而使后者低于额定运行。并联运行的变压器，变压比误差不允许超过 ±0.5%。

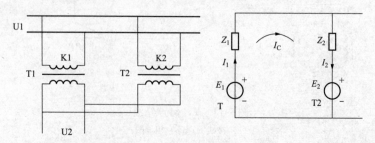

图 7-16 变压比不等时的并联运行

3. 联结组别不同时变压器的并联运行

当两台变压器联结组别不同时并联运行，两台变压器二次绕组电压的相位差就不同，它们线电压表示的相位差至少为30°，如图7-17所示，会产生很大的电压 ΔU_2

$$\Delta U = 2U_{2N}\sin\left(\frac{30°}{2}\right) = 0.518U_{2N}$$

图7-17 联结组别不同时的相量图

这样在电压差 ΔU_2 的作用下，将在两台并联变压器二次绕组中产生比额定电流大得多的空载环流，导致变压器损坏，所以联结组别不同的变压器绝对不允许并联运行。

4. 短路阻抗不等时变压器的并联运行

如图7-16所示，设两台容量相同、变比相等、联结组别相同运行、负载对称的三相变压器并联，如果短路阻抗不等，设 $Z_1 > Z_2$，则二次绕组的感应电动势及输出电压均相等，但由于短路阻抗不相等，由欧姆定律

$$Z_1 I_1 = Z_2 I_2$$

可知，并联运行时，负载电流的分配与各台变压器的短路阻抗成反比，短路阻抗小则变压器输出的电流要大，短路阻抗原输出电流较小，则其容量得不到利用。所以，国家标准规定：并联运行的变压器的短路电压比不应超过10%。

变压器的并联运行，还存在负载分配的问题。两台同容量的变压器并联，由于短路阻抗的差别很小，可以做到接近均匀的分配负载。当容量差别较大时，合理分配负载是困难的，特别是变压器过载，而使过载容量的变压器得不到充分利用。因此，要求投入并联运行的各变压器中，最大容量与最小容量之比不宜超过3∶1。

八、自耦变压器

自耦变压器的一、二次绕组之间除了有磁的耦合，输入、输出电压之间还要保持直接联系（见图7-18）。在高压输电系统中，自耦变压器主要用来连接两个电压等级相近的电力网，作联络变压器用。在实验室常用具有滑动触点的自耦调压器可以获得任意可调的交流电压。图7-18是实验室用自耦调压器的外形图与原理示意图，这种自耦变压器的铁心被做成圆环形，其上均匀分布绕组，滑动触点由碳刷构成，移到滑动触点，输出电压可调。

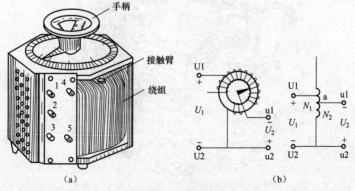

图7-18 自耦调压器

(a) 外形图；(b) 原理电路图

自耦变压器的一次绕组匝数 N，固定不变，并与电源相连，一次绕组的另一端点 U2 和滑动触点 a 之间的绕组 N_2 就作为二次绕组。当滑动触点 a 移动时，输出电压 U_2 随之改变，这种调压器的输出电压 U_2 可低于一次绕组电压 U_1，也可稍高于一次绕组电压。例如，实验室中常

用的单相调压器，一次绕组输入电压 $U_1 = 220V$，二次绕组输出电压 $U_2 = 0 \sim 250V$。

在使用时，要注意：一、二次绕组的公共端 U2 或 u2 接中性线，U1 端接电源相线（火线），u1 端和 u2 端作为输出。此外还必须注意自耦调压器在接电源之前，必须把手柄转到零位，使输出电压为零，以后再慢慢顺时针转动手柄，使输出电压逐步上升。

课题二 电 动 机

一、直流电动机

1. 直流电动机工作原理

在励磁绕组中通入直流电后，在磁极上产生了恒定磁场。转子（电枢）绕组通过换向片、

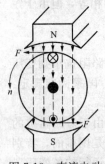

电刷与直流电源相连。根据左手定则，在磁场中的通电导体会产生力的作用，这样一个线圈的两个边分别在两个磁场的作用下，产生两个电磁力。当线圈转过180°，线圈在上面的边转到对面相反的磁极下，则流过线圈的电流反向，但在 N 磁极或 S 磁极下的线圈边电流方向保持不变，产生的电磁力矩方向也不变，这样电动机就沿着一个方向旋转起来，将电能转变为机械能，如图 7-19 所示。

图 7-19 直流电动机工作原理图

通过电刷将外加给电枢绕组的极性不变的直流电压变换成电枢绕组中的交变电流，从而得到一种在相同磁极下的导体内的电流方向不变的结果，即一个稳定的旋转力矩。在电枢绕组中的电流是交变的，电流方向发生改变的过程，称为换向。

2. 直流电动机的结构与作用

直流电动机由定子与转子组成（见图 7-20）。

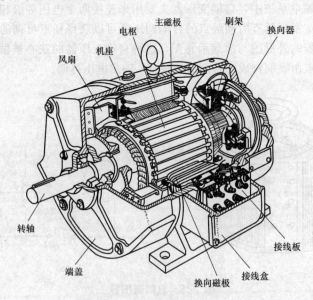

图 7-20 直流电动机结构示意图

（1）定子。由机座、主磁极、换向磁极、电刷装置、端盖和出线盒等部件组成。机座一方面用来固定主磁极、换向极、端盖和出线盒等定子部件，并借助底脚将电动机固定在地基上，另一方面它也是电动机磁路的一部分。主磁极的作用是产生主磁通，由铁心和励磁绕组组成。

换向磁极的作用是产生附加磁场，用来改善换向。电刷的作用是通过固定不动的电刷和旋转的控制器之间的滑动接触，将外部电源与直流电动机的电枢绕组连接起来。

（2）转子（电枢）。主要由电枢铁心、电枢绕组、换向器、转轴等组成。电枢铁心的作用是通过主磁通和安放电枢绕组。电枢绕组的作用是产生感应电动势，并在主磁场的作用下，产生电磁转矩，使电动机实现能量的转换。换向器的作用是与电刷将外部的直流电流变成电动机内部的交变电流，以产生恒定方向的转矩，由换向片与云母片组成。前后端盖用来安装轴承和支承整个转子的重量。转轴是用来传递转矩的。风扇降低电动机在运行中的温升。

3. 直流电动机励磁方式

励磁方式是指直流电动机主磁场产生的方式，直流电动机主磁场由永久磁铁与励磁电流两种方式获得。

在主磁极的励磁绕组内通入直流电，产生直流电动机主磁通，这个电流称为励磁电流。励磁电流由独立的直流电源供给，称为他励直流电动机。励磁电流由电动机自身供给，称为自励直流电动机。

根据主磁极绕组与电枢绕组的连接方式不同，直流电动机分为：他励电动机、并励电动机、串励电动机、复励电动机。励磁绕组与电枢绕组的不同联结方式如图 7-21 所示。

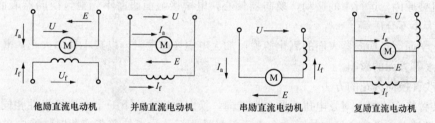

图 7-21　直流电动机的励磁方式

4. 直流电动机基本公式

（1）反电动势。直流电动机稳定运行时，高电枢两端外加电压为 U，电枢电流为 I_a，电枢绕组旋转时，在主磁通的作用下产生电动势 E_a，方向与电源电压方向相反，因此 E_a 称为直流电动机的反电动势，反电动势 E_a 的大小为

$$E_a = C_e \Phi n \quad （C_e 为直流电动机的电动势常数）$$

（2）电动势平衡方程。由图 7-22 可知，电源电压与反电动势的关系如下：

$$U = E_a + I_a R_a \quad （R_a 是电枢绕组电阻）$$

这就是直流电动机的电动势平衡方程，电源电压一部分用于平衡反电动势 E_a，一部分消耗在电枢绕组上。

（3）电磁转矩。直流电动机电枢通电后，电枢绕组在主磁场的作用下产生电磁转矩 T，其大小为

$$T = C_M \Phi I_a \quad （C_M 为直流电动机的电磁转矩常数）$$

对于电动机，电磁转矩为拖动转矩；对于发电机，电磁转矩为制动转矩。

（4）电磁转矩与输出功率。直流电动机的电磁转矩与功率的关系为

$$T = 9550 \frac{P_N}{n_N}$$

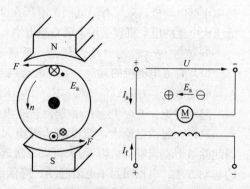

图 7-22　直流电动机的电流、电压与电动势的关系

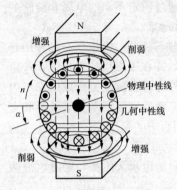

图 7-23　电动机电枢反应原理图

5. 直流电动机产生火花的原因与改善换向火花的方法

（1）直流电动机的电枢反应。电枢反应是指电枢电流磁场对主磁通的影响。电枢电流的磁场对主磁通影响的原理如图 7-23 所示，电动机电枢绕组电流所产生的磁场使主磁场在磁极的一边有去磁作用，在磁级的另一边有增磁作用，使几何中性线与物理中性线不重合，电动机的物理中性线逆着旋转方向偏移 α 角，发电机的物理中性线顺着旋转方向偏移 α 角。考虑磁路的饱和，去磁量将比增磁量多，最终使主极磁通发生畸变。这样，会使在几何中性线下处于换向绕组的感应电动势不为零，使电动机产生换向火花。为了消除因此产生的换向火花，需加装换向极。

（2）产生火花的原因。直流电动机电刷与换向器的接触在运转过程中产生火花，与换向过程电流变化的性质有着密切的关系，造成换向电流发生变化的原因有很多，主要原因如下。

1）电磁原因。在电流换向过程中，电枢式电感线圈总是会阻碍电流的变化，使电枢绕组在换向时电动势不为零；电动机的电枢反应磁势对换向的影响等。

2）机械原因。运行中的振动，换向器偏心，电刷接触面研磨不光滑，换向器表面不清洁，电刷压力大小不合适等。

3）化学原因。换向器表面的氧化薄膜可加大电枢换向电阻，以减小换向火花，薄膜受环境温度、湿度等方面的影响。

（3）改善换向火花的方法。

1）装置换向磁极。对发电机，顺电枢转向，换向磁极应与下一个主磁极极性相同。对电动机，顺电枢转向，换向磁极应与下一个主磁极极性相反。为了使负载变化时，换向磁极磁通势也能作相应变动，使在任何负载时换向元件中合成电势始终为零，换向磁极绕组必须与电枢串联，并保证换向磁极磁路不饱和。

2）移动电刷位置。对于直流发电机，应顺着电枢转向将电刷移动到某个角度的物理中性线上。对于直流电动机，应逆着电枢转向移动电刷到某个角度的物理中性线上。

3）正确选用电刷。从改善换向的角度来选择，增加电刷接触电阻以减小换向火花，但接触电阻大会增加电动机的能耗，使换向器发热，对换向也不利，因此，应合理选用电刷。常用的电刷有石墨电刷、电化石墨电刷、金属石墨电刷等。石墨电刷的接触电阻大，金属石墨电刷的接触电阻小，电化石墨电刷的接触电阻介于两者之间。当换向并不困难，负载均匀，电压在 80～120V 的中小型电动机，采用石墨电刷；电压在 220V 以上或换向困难的电动机，采用电化石墨；对于低压大电流的电动机宜采用金属石墨电刷。

6. 直流电动机的起动、调速、反转和制动控制

（1）直流电动机的起动。直流电动机起动时，若直接加额定电压，$n=0$，$E_a=C_e\Phi n=0$，则

起动电流：$I_s t=(U_N-E_a)/R_a=U_N/R_a$，起动电流很大；

起动转矩：$T_s t=C_M\Phi I_s t$，起动转矩很大；

这样，起动电流大，使得电动机换向困难，绕组发热，起动转矩大，会造成机械冲击大，因此除微型直流电动机因 R_a 大可以直接起动，一般直流电动机都不允许直接起动。直流电动机的起动方法：电枢回路串电阻起动、降低电枢电压起动。

（2）直流电动机的调速。根据 $n=E_a/C_e\Phi=(U-I_aR_a)/C_e\Phi$，可知直流电动机的调速方法有：改变电源电压调速、减小主磁通调速、电枢回路串入可调电阻调速。

（3）直流电动机的反转。根据直流电动机的工作原理可知，只要使电动机的磁场方向或流过电枢的电流方向改变就可以使电动机的旋转方向反向，使直流电动机反向的方法有：励磁绕组反接（串励电动机）、电枢绕组反接（并励电动机）。

（4）直流电动机的制动。电动机带负载工作时，有时需要快速停车，如机车进站的刹车；有时电动机需限速在一定转速下，如机车在下长坡时、起重机在下放重物时，因限速需要而进行抽动。电动机的制动是在电动机旋转方向上加上一个相反的转矩来实现的。用制动闸的方向进行制动为机械制动，用电气方法使电动机转子产生制动力进行制动的方法为电气制动。机械制动有机械磨损，而电气制动的制动转矩大，无机械磨损。在机车制动上，常是电气制动与机械制动相配合使用，在高速时，使用电气制动，在低速时使用空气管路制动。

1）能耗制动。如图7-24（a）所示，当切除电枢电源后，保持励磁电流，电枢回路通过电阻形成电流回路，电动机因惯性仍切割磁场产生电动势 E_a，因此在电枢回路中有感应电流流过，感应电流在主磁场的作用下产生制动力，使转子减速直至停止。这种制动是将电动机旋转的机械动能变成电能消耗在电枢回路电阻上。

2）反接制动。如图7-24（b）所示，将电枢电源通过电阻反接，反接电源与电动机因惯性而产生的电动势共同作用产生制动力。这种制动是从电源吸收电能产生制动力。

3）再生制动（回馈制动）。如图7-24（c）所示，当电动机由高速向低速调速，外力使电动机转速大于理想空载转速时，电动机进入发电运行状态，这时电枢电流改变方向，电磁转矩反向而起制动作用，使电动机减速。

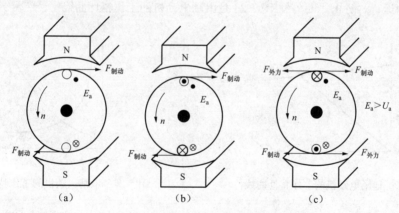

图 7-24 电动机电气制动原理图
（a）能耗制动；（b）电枢反接制动；（c）回馈制动

7. 直流电动机工作特性

直流电动机的工作特性主要有：转速特性和转矩特性。

当 $U=U_N$，$I_f=I_{fN}$ 时，转速 n 与负载电流 I_a 的关系 $n=f(I_a)$ 为转速特性。直流电动机的转速特性方程为

$$n = \frac{U_N}{C_e \Phi_N} - \frac{R_a}{C_e \Phi_N} I_a$$

当 $U=U_N$，$I_f=I_{fN}$ 时，电磁转矩 T 与负载电流 I_a 的关系 $T=f(I_a)$ 为转矩特性。直流电动机的转速特性方程为

$$T = C_M \Phi I_a$$

（1）并励电动机（他励电动机）工作特性。

1）转速特性：$n=f(I_a)$ 或 $n=f(P_a)$。具体计算如下：

$$n=\frac{U_N-I_aR_a}{C_e\Phi_N}$$

当负载增大时，电枢电流 I_a 增大，电枢压降 I_aR_a 也增大，使转速 n 下降；而电枢反应的去磁作用又使 Φ 减少，n 又上升，作用结果使电动机的转速变化很小。并励电动机的转速调整率很小，基本上可以认为是一种恒速电动机。图 7-25 是他励电动机的工作特性曲线。

2）转矩特性：$T=f(I_a)$ 或 $T=f(P_2)$。具体计算如下：

$$T=\frac{P_2}{\omega}=\frac{P_2}{2n\pi/60}=9550\frac{P_2}{n}$$

当 P_2 增加时，转速 n 略有下降，因此关系曲线不是直线，而是稍向上弯曲。

（2）串励电动机的工作特性。因为串励电动机的励磁绕组与电枢绕组串联，故有电动机电流 $I=I_a=I_f$，并与负载大小有关，励磁电流的磁通 Φ 也随负载的变化而变化。

1）转速特性：$n=f(I_a)$ 或 $n=f(P_a)$。具体计算如下：

$$n=\frac{U_N-I_aR_a}{C_e\Phi_N}$$

当串励电动机输出功率 P_2 增加时，电枢电流 I_a 随之增大，电枢回路的电阻压降也增大，使转速下降；同时磁通 Φ 增大，也使转速下降。当负载很轻时，I_a 很小，磁通 Φ 也很小，转速很高，这样才能产生足够的电动势与电源电压相平衡。因此，串励电动机绝对不允许过载或负载很小时起动运行，防止"飞车"。图 7-26 是串励电动机的工作特性曲线。

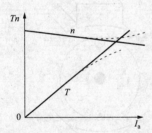

图 7-25 他励电动机的工作特性曲线

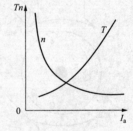

图 7-26 串励电动机的工作特性曲线

2）转矩特性。串励电动机的转速 n 随负载电流 I_a 的增加而迅速下降，轴上输出转矩 T 将随 I_a 的增加而增加。当磁路未饱和时，$\Phi\propto I_a$，$T\propto I_a$，所以 $T\propto I_a^2$，当负载较大时，磁路饱和，Φ 近似不变，$T\propto I_a$。

8. 直流电动机机械特性

对于电力拖动，在使用电动机时最关心的问题是：电动机输出的转矩大小、转速高低、转矩与转速之间的相互关系等。直流电动机的机械特性是转速与转矩的关系 $n=f(T)$，当负载转矩变化时，电动机的输出转矩也应随之变化，并在另一转速下稳定运行，因此电动机的转速与转矩关系，体现了电动机与拖动的负载能否配合得当，工作是否稳定。

（1）并励电动机（他励电动机）机械特性。由公式 $n=\dfrac{U_N-I_aR_a}{C_e\Phi_N}$，$T=C_M\Phi I_a$ 得，电动机的机械特性曲线方程为

$$n=\frac{E_a}{C_e\Phi}=\frac{U-I_aR_a}{C_e\Phi}=\frac{U}{C_e\Phi}-\frac{R_a}{C_e\Phi}\cdot\frac{T}{C_T\Phi}=n_0-\frac{R_a}{C_eC_T\Phi^2}T$$

式中：$n_0 = \dfrac{U}{C_e \Phi}$ 称为理想空载转速，$\dfrac{R_a}{C_e C_T \Phi^2}$ 为机械特性斜率。

当电动机的工作电压和磁通均为定值时，电枢回路没有串入附加电阻的机械特性称为固有机械特性，如图 7-27 中的曲线 1。由于电动机的内阻 R_a 很小，故并励电动机的机械特性是一条微向下垂的直线，基本上是"硬"特性。

人为地改变电动机的参数或电枢电压而得到的机械特性称人为机械特性，当电枢人为串接电阻 R_a' 后的机械特性曲线如图 7-27 所示，串入电阻越大，曲线下垂得越厉害，机械特性变"软"了。

如果改变他励电动机电枢电压时的人为机械特性曲线如图 7-28 所示，电枢电压下降时，理想空载转速 n_0 也下降了。

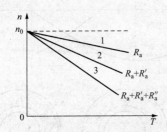

图 7-27 他励电动机固有机械特性与
串入电阻时人为机械特性

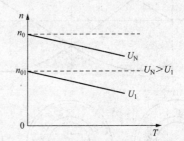

图 7-28 他励电动机改变电枢电压时
人为机械特性

（2）串励电动机的机械特性。当串励电动机磁路不饱和时，转矩—转速特性方程为

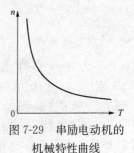

$$n = C_1 \frac{U}{\sqrt{T}} - C_2(R_a + R_f) \quad (C_1 、 C_2 \text{ 为系数})$$

当串励电动机磁路不饱和时，转矩—转速特性曲线如图 7-29 所示，转速随转矩增加而显著下降，机械特性很"软"，曲线方程为

$$n = \frac{U - I_a(R_a + R_f)}{C_e \Phi}$$

图 7-29 串励电动机的
机械特性曲线

二、三相交流异步电动机

三相交流异步电动机在定子铁心上冲有均匀分布的铁心槽，在定子空间各相差 120° 电角度的铁心槽中布置了三相对称性绕组 U1U2、V1V2、W1W2，三相绕组按星形联结或三角形联结，如图 7-30 所示。

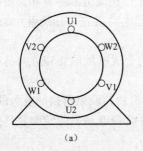
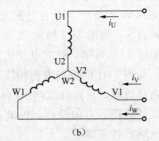
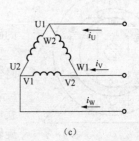

（a）　　　　　　　（b）　　　　　　　（c）

图 7-30 三相异步电动机定子绕组
（a）定子三相绕组的分布；（b）三相绕组 Y 形联结；（c）三相绕组三角形联结

1. 定子三相绕组通入三相交流电旋转磁场的产生

在定子三相绕组中分别通入三相交流电，U 相电源接电动机的 U 相绕组，V 相电源接电动机的 V 相绕组，W 相电源接电动机的 W 相绕组，各相电流 i_u、i_v、i_w 将在定子绕组中分别产生相应的磁场。

（1）在 $\omega t = 0$ 的瞬间，$i_u = 0$，U1U2 绕组中无电流；i_v 为负，电流从 V2 流入、从 V1 流出；i_w 为正，电流从 W1 流入、从 W2 流出。绕组中电流产生的合成磁场的方向如图 7-31 所示（$\omega t = 0$）。

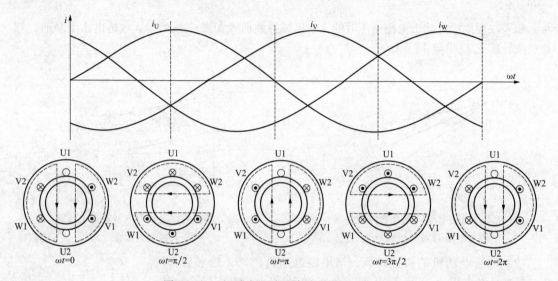

图 7-31　三相异步电动机旋转磁场的工作原理

（2）在 $\omega t = \pi/2$ 的瞬间，i_u 为正，电流从 U1 流入，U2 流出；i_v 为负，电流从 V2 流入、从 V1 流出；i_w 也为负，电流从 W2 流入、从 W1 流出。绕组中电流产生的合成磁场的方向如图 7-31 所示（$\omega t = \pi/2$），此时合成磁场顺时针转过了 90°。

（3）在 $\omega t = \pi$、$3\pi/2$、2π 的不同瞬间，三相交流电在三相定子绕组中产生的合成磁场见回转半径，由图 7-31 可知合成磁场的方向按顺时针方向旋转，并旋转了一周。

由分析得出，在三相异步电动机定子铁心中布置结构完全相同、在空间各相差 120°电角度的三相定子绕组，分别向三相定子绕组通三相交流电，则在定子、转子与空气隙中产生一个沿定子内圆旋转的磁场，该磁场称为旋转磁场。

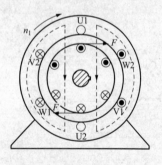

图 7-32　三相异步电动机
工作原理

2. 旋转磁场的旋转方向

假设 U 相交流电仍接电动机的 U 相绕组，将 V 相交流电改接电动机的 W 相绕组，W 相电源改接电动机的 V 相绕组。此时产生的旋转磁场，如图 7-32 所示。

由图 7-32 可知，此时电动机的合成磁场的旋转方向已变为逆时针，与图 7-31 的旋转方向相反。

由此可知，只要任意调换电动机两相绕组所接的电源的相序，就可以使旋转的方向反转。因此要改变电动机的转向，只要改变旋转磁场的转向即可。

3. 旋转磁场的转速

电动机的一相绕组通入交流电时产生 N、S 两极，即一对极，当三相交流电变化一周时，所产生的旋转磁场也旋转一周。此时，电动机的转速 $n_1 = 60f_1 = 3000r/min$。

当电动机的每相绕组通入交流电时产生 p 对极时，旋转磁场的转速为 n_0，又称同步转速 r/min。其计算公式如下

$$n_0 = 60f/p$$

4. 三相异步电动机的旋转

（1）转子的旋转。当三相定子绕组中通入三相交流电后，将在定子、转子与空气隙内产生一个同步转速为 n_1，且在空间按顺时针方向旋转的磁场。静止的转子绕组相对切割磁场，在转子导体中产生感应电动势，方向由右手定则确定。由于转子绕组是闭合回路，电动势产生感应电流，有感应电流的转子绕组在旋转磁场中受到电磁力 F 的作用，电磁力 F 由左手定则判定。在电磁力的作用下，转子顺着旋转磁场的方向旋转起来。

任意调换电动机两相绕组所接的电源的相序，即改变旋转磁场的方向，就可以改变电动机的旋转方向。

（2）转差率。如果因某种原因，使异步电动机转子转速 n 与旋转磁场转速 n_0 相等，那么转子绕组与旋转磁场之间没有相对运动而不能切割磁场，转子绕组就不能产生感应电动势和感应电流，因此电磁转矩也为零，转子将减速，这样会使转子转速又低于同步转速 n_0 运行，因此这种电动机称为异步电动机。

同步转速 n_0 与电动机转子转速 n 之差称为转速差 Δn，转速差 Δn 与同步转速 n_0 之比称为异步电动机的转差率 s

$$s = \frac{\Delta n}{n_0} = \frac{n_0 - n}{n_0}$$

（3）异步电动机的三种运行状态（见图 7-33）。

1）电动机运行状态（$0 < s < 1$）。电动机的电磁转矩方向与旋转磁场方向相同，电动机输入电功率，输出机械功率。

① 电动机刚起动时，转子转速 $n=0$，则转差率 $s=1$。

② 电动机正常运行时，转子转速 $0 < n < n_0$，转差率 $0 < s < 1$。

③ 如果转子转速 $n = n_0$，则转差率 $s = 0$。

④ 电动机工作在额定状态下，s 在 $0.01 \sim 0.06$，转子转速 n 接近同步转速。

⑤ 电动机工作在空载状态下，电动机只有空气阻力与转轴的摩擦力旋转，s 在 $0.004 \sim 0.007$，转子转速 n 几乎等于同步转速。

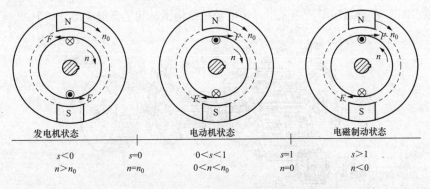

图 7-33 转差率与异步电动机运行状态

2）发电机运行状态（$s<0$）。电动机定子通入三相交流电后，转子由于外力的作用与旋转磁场同方向转动，且使转子转速 n 超过同步转速 n_0，$s<0$。此时，转子导体与旋转磁场的相对切割方向与电动状态时正好相反，转子绕组中的电动势及电流和电动状态时相反，电磁转矩 T 也反向成为阻力矩。机械外力必须克服电磁转矩做功，即电动机此时输入机械功率，输出电功率，处于发电状态运行。

3）电磁制动状态（$s>1$）。若异步电动机转子受外力的作用，使转子转向与旋转磁场转向相反，则 $s>1$，此时旋转磁场与其在转子导体上产生的电磁转矩属制动转矩性质。此状态时一方面定子绕组从电源吸取电功率，另一方面外加力矩克服电磁转矩做功，向电动机输入机械功率，它们均变成电动机内部的热损耗。

5．三相异步电动机结构

三相异步电动机种类繁多，按其外壳防护方式的不同可分为开启型（1P11）、防护型（1P22）（1P23）、封闭型（1P44）（1P54）三大类，如图 7-34 所示。由于封闭型结构能防止固体异物、水滴等进入电动机内部，并能防止人与物触及电动机带电部位与运动部位，运行中安全性好，因而成为目前使用最广泛的结构型式。

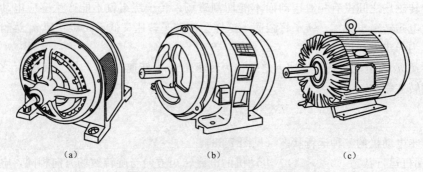

图 7-34　三相笼型异步电动机外形图

（a）开启型；（b）防护型；（c）封闭型

按电动机转子结构的不同又可分为笼型异步电动机和绕线转子异步电动机。另外，异步电动机还可按其工作电压的高低不同分为高压异步电动机和低压异步电动机。按其工作性能的不同可分为高起动转矩异步电动机和高转差异步电动机。按其外形尺寸及功率的大小可分为大型异步电动机、中型异步电动机、小型异步电动机等。

三相异步电动机虽然种类繁多，但基本结构均由定子和转子两大部分组成，定子和转子之间有空气隙。图 7-35 为封闭型三相笼型异步电动机结构图，其主要组成部分如下。

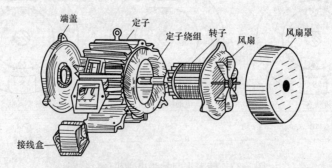

图 7-35　三相笼型异步电动机的组成部件

（1）定子。是指电动机中静止不动的部分，主要包括定子铁心、定子绕组、机座、端盖、罩壳等部件。定子铁心作为电动机磁通的通路，对铁心材料的要求是既要有良好的导磁性能，剩磁小，又要尽量降低涡流损耗，一般用 0.5m 厚表面有绝缘层的硅钢片（涂绝缘漆或硅钢片表面具有氧化膜绝缘层）叠压而成。在定子铁心的内圆冲有沿圆周均匀分布的槽，在槽内嵌放三相定子绕组。

定子绕组作为电动机的电路部分，通入三相交流电产生旋转磁场。它由嵌放在定子铁心槽中的线圈按一定规则连接成三相定子绕组。三相定子绕组之间及绕组与定子铁心槽间均垫以绝缘材料绝缘，定子绕组在槽内嵌放完毕后再用胶木槽楔固紧。三相异步电动机定子绕组的主要绝缘项目有以下三种。

1）对地绝缘。是指定子绕组整体与定子铁心之间的绝缘。

2）相间绝缘。是指各相定子绕组之间的绝缘。

3）匝间绝缘。是指每相定子绕组各线匝之间的绝缘。

定子三相绕组的结构完全对称，有 6 个出线端 U1、U2、V1、V2、W1、W2 分别置于机座外部的接线盒内，根据需要接成星形（丫）或三角形（△），如图 7-36 所示。

机座的作用是固定定子铁心和定子绕组，并通过两侧的端盖和轴承来支承电动机转子。同时可保护整台电动机的电磁部分和发散电动机运行中产生的热量。

机座通常为铸铁件，大型异步电动机机座一般用钢板焊成，而有些微型电动机的机座则采用铸铝件以降低电动机的质量。封闭式电动机的机座外面有散热筋以增加散热面积，防护式电动机的机座两端端盖开有通风孔，使电动机内外的空气可以直接对流，以利于散热。

电动机借助置于端盖内的滚动轴承将电动

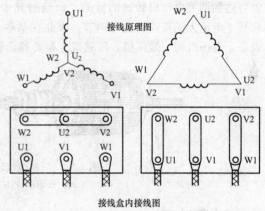

图 7-36　三相笼型异步电动机出线端

机转子和机座连成一个整体。端盖一般均为铸钢件，微型电动机则用铸铝。

（2）转子。是电动机的旋转部分，包括转子铁心、转子绕组、风扇和转轴等。

转子铁心作为电动机磁路的一部分，一般用 0.5mm 硅钢片冲制叠压而成，硅钢片外圆冲有均匀分布的孔，用来安置转子绕组。为了改善电动机的起动及运行性能，笼型异步电动机转子铁心一般都采用斜槽结构（转子槽并不与电动机转轴的轴线在同一平面上，而是扭斜了一个角度），如图 7-37 所示。

转子绕组用来切割定子旋转磁场，产生感应电动势和电流，并在旋转磁场的作用下受力而使转子转动，分为笼型转子和绕线型转子两类。

1）笼型转子。有铸铝式转子和铜条式转子两种不同的结构型式。中小型异步电动机的笼型转子一般为铸铝式转子，即采用离心铸铝法，将熔化了的铝铸在转子铁心槽内成为一个整体，并将两端的短路环和风扇叶片一起铸成。铜条转子是在转子铁心槽内放置没有绝缘的铜条，铜条的两端用短路环焊接起来，形成一个笼型的形状。铜条转子制造较复杂，价格较高，主要用在功率较大的异步电动机上。

2）绕线型转子。三相异步电动机的另一种结构型式是绕线型。它的定子部分构成与笼型异步电动机相同，即也由定子铁心、三相定子绕组和机座等构成。主要不同之处是转子绕组，

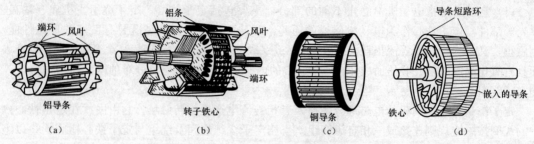

图 7-37　笼型异步电动机转子

（a）铸铝转子绕组；（b）铸铝转子外形；（c）铜条转子绕组；（d）铜条转子外形

图 7-38 为三相绕线转子异步电动机的转子结构及接线原理图。转子绕组的结构型式与定子绕组相似，也采用由绝缘导线绕成的三相绕组或成型的三相绕组嵌入转子铁心槽内，并作星形联结，三个引出端分别接到压在转子轴一端并且互相绝缘的铜制滑环（称为集电环）上，再通过压在集电环上的三个电刷与外电路变阻器相接，该变阻器也采用星形联结。调节该变阻器的电阻值就可达到调节电动机转速的目的。而笼型异步电动机的转子绕组由于被本身的端环直接短路，故转子电流无法按需要进行调节。因此在某些对起动性能及调速有特殊要求的设备中，如起重设备、卷扬机械、鼓风机、压缩机、泵类等，较多采用绕线转子异步电动机。

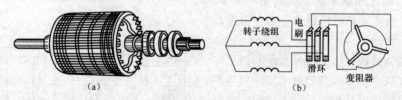

图 7-38　三相绕线转子异步电动机的转子

（a）外形图；（b）起动时转子接线图

其他附件如下。

1）轴承。用来连接转动部分与固定部分，目前都采用滚动轴承以减小摩擦阻力。

2）轴承端盖。保护轴承，使轴承内的润滑脂不致溢出，并防止灰、砂、脏物等浸入润滑脂内。

3）风扇。用于冷却电动机。

4）气隙。为了保证三相异步电动机的正常运转，在定子与转子之间有空气隙。气隙的大小对三相异步电动机的性能影响极大。气隙大，则磁阻大，由电源提供的励磁电流大，使电动机运行时的功率因数低。但气隙过小时，将使装配困难，容易造成运行中定子与转子铁心相碰，一般空气隙为 0.2～1.5mm。

6. 电动机铭牌数据

（1）型号如图 7-39 所示：

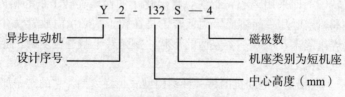

图 7-39　电动机铭牌数据

(2) 额定电压、电流和功率。

1) 额定电流 $I_N(A)$。电动机在额定工作状态下运行时，定子电路输入的线电流。

2) 额定电压 $U_N(V)$。电动机在额定工作状态下运行时，定子电路所加的线电压。

3) 额定功率 $P_N(kW)$。电动机在额定工作状态下运行时，允许输出的机械功率。

(3) 接法（丫、△）。是该三相异步电动机三相绕组的联结方式。国家标准规定 3kW 及以下采用星形联结，4kW 及以上采用三角形联结。

7. 三相异步电动机的运行原理

异步电动机的工作原理与变压器有许多相似之处，如异步电动机的定子绕组与转子绕组相当于变压器的一次绕组与二次绕组；变压器是利用电磁感应把电能从一次绕组传递给二次绕组，异步电动机定子绕组从电源吸取的能量也是靠电磁感应传递给转轴，因此可以说变压器是不动的异步电动机。

变压器与异步电动机的主要区别有：变压器铁心中的磁场是脉动磁场，而异步电动机气隙中的磁场是旋转磁场；变压器的主磁路只有接缝间隙，而异步电动机定子与转子间有空气隙存在；变压器二次侧是静止的，输出电功率，异步电动机转子是转动的，输出机械功率。因而当异步电动机转子未动时，则转子中各个物理量的分析与计算可以用分析与计算变压器的方法进行，但当转子转动以后，则转子中的感应电动势及电流的频率就要跟着发生变化，而不再与定子绕组中的电动势及电流频率相等，随之引起转子感抗、转子功率因数等也跟着发生变化。

(1) 旋转磁场对定子绕组的作用。三相异步电动机的定子绕组通入三相交流电后产生旋转磁场 Φ，有

$$\Phi = \Phi_m \sin\omega t$$

定子绕组在旋转磁场的作用下，产生感应电动势 E_1

$$E_1 = 4.44 K_1 N_1 f_1 \Phi_m$$

式中：N_1 为定子每相绕组的匝数；f_1 为定子绕组感应电动势频率，与电源频率相同，为 50Hz；Φ_m 为旋转磁场每极磁场最大值；K_1 为定子绕组的绕组系数，由于绕组是分布绕组和适中绕组，从而使感应电动势减少，因此 $K<1$。

由于定子绕组本身的阻抗压降比电源小得多，可近似认为电源电压 U_1 与感应电动势 E_1 相等

$$U_1 \approx E_1 = 4.44 K_1 N_1 f_1 \Phi_m$$

从上式可知，当外加电源电压 U_2 不变时，定子绕组中的主 Φ_m 也基本不变。

(2) 旋转磁场对转子绕组的作用。

1) 转子感应电势与感应电流的频率 f_2。转子的转速为 n，转子导体切割旋转磁场的相对转速为 n_0-n，则在转子中感应电势与电流的频率 f_2 为

$$f_2 = \frac{p(n_1 - n)}{60} = \frac{p(n_1 - n)n_1}{60n_1} = sf_1$$

即转子中的电动势与电流的频率和转差率 s 成正比。

当转子不动时，$s=1$，$f_2=f_1$。

当转子达到同步转速时，$s=0$ 则 $f_2=0$，转子导体中没有感应电动势与电流。

2) 转子感应电动势 E_2

$$E_2 = 4.44 K_2 N_2 f_2 \Phi_m = 4.44 K_2 N_2 sf_1 \Phi_m$$

当转子不动时（$s=1$）转子感应电动势 E_{20} 为

$$E_{20} = 4.44 K_2 N_2 f_1 \Phi_m$$

正常运行时

$$E_2 = sE_{20}$$

当转子刚起动时感应电势最大，随着转子转速的增加，转子的感应电势 E_2 下降。

3）转子的电抗和阻抗

转子电抗

$$X_2 = 2\pi f_2 L_2 = 2\pi s f_1 L_2$$

当转子不动时，$s=1$，则

$$X_{20} = 2\pi f_1 L_2$$

正常运行时

$$X_2 = sX_{20}$$

从上分析可知，转子绕组的阻抗在起动瞬间最大，随着转子转速的增加而减小。

4）转子电流和功率因数。

转子每相电流为

$$I_2 = \frac{E_2}{Z_2} = \frac{sE_{20}}{\sqrt{R_2^2 + (sX_{20})^2}}$$

当电动机刚起动时，$s=1$，I_2 很大；

当电动机正常运行时，$s \approx 0$，则 I_2 很小。

转子电路的功率因数为

$$\cos\varphi_2 = \frac{R_2}{Z_2} = \frac{R_2}{\sqrt{R_2^2 + (sX_{20})^2}}$$

当电动机刚起动时，$s=1$，$R_2 \ll X_{20}$，$\cos\varphi_2 \approx \frac{R_2}{X_{20}}$ 很低；

当电动机正常运行时，$s \approx 0$，$\cos\varphi_2 \approx 1$ 很高。

8. 三相异步电动机的功率和转矩

（1）功率、效率。异步电动机轴上输出功率 P_2 总是小于其从电网输入的电功率 P_1。异步电动机在运行中的功率损耗有以下几个方面。

1）电流在定子绕组中的铜损耗 P_{Cu1} 与转子绕组中铜损耗 P_{Cu2}。

2）交变磁通在电动机定子铁心中产生的磁滞损耗与涡流损耗，通称为铁损耗 P_{Fe}。

3）机械损耗。包括运行中的机械摩擦损耗、机械阻力与其他附加损耗。

其计算公式如下

$$P_2 = P - P_{Cu2} - P_t = P_1 - P_{Cu1} - P_{Fe} - P_{Cu2} - P_t = P_1 - \sum P$$

式中　　$\sum P$——功率损耗。

电动机的效率 η 等于输出功率 P_1 与输入 P_2 功率之比

$$\eta = \frac{P_2}{P_1} \times 100\%$$

（2）功率与转矩的关系

$$T_2 = \frac{P_2}{\omega} = \frac{P_2}{2n\pi/60} = 9550\frac{P_2}{n}$$

输出功率相同的异步电动机极数多，则转速低，转矩大；极数少，则转速高，转矩小。

9. 三相异步电动机的运行性能

对用来拖动其他机械的电动机而言，在使用中最关心的问题是电动机输出的转矩大小、转速高低、转矩与转速之间的相互关系等。经过数学分析，三相异步电动机的机械特性方程为

$$T_2 \approx \frac{C_s R_2 U_1^2}{f_1 [R_2^2 + (sX_{20})^2]}$$

三相异步电动机的机械特性曲线如图 7-40 所示，现以机械特性曲线为例来分析异步电动机的运行性能。

（1）起动状态。在电动机起动的瞬间，即 $n=0$、$s=1$ 时，电动机轴上产生的转矩称为起动转矩 T_{st}（又称堵转转矩），如果起动转矩 T_{st} 大于电动机轴上所带的机械负载转矩 T_L，则电动机就能起动；反之，电动机则无法起动。

（2）同步转速状态。当电动机转速达到同步转速，即 $n=n_1$，$s=0$ 时，转子电流 $I_2=0$，故转矩 $T=0$。

（3）额定转速状态。当电动机在额定状态下运行时，对应的转速称为额定转速，即 $n=n_N$，此时的转差率称为额定转差率，即 $s=s_N$，而电动机轴上产生的转矩则称为额定转矩，即 $T=T_N$。

（4）临界转速状态。当转速为某一值 s_C 时，电动机产生的转矩最大，称为最大转矩 T_m。异步电动机产生最大转矩 T_m 的转差率 s_C 称临界转差率（临界转速 n_C）。经数学分析，产生最大转矩时的临界转差率与电源电压 U 无关，但与转子电路的总电阻 R_2 成正比。故改变转子电路电阻 R_2 的数值，即可改变产生最大转矩时的临界转差率（临界转速），如图 7-41 所示，说明电动机在起动瞬间产生的转矩最大，换句话说，也就是电动机的最大转矩产生在起动瞬间。所以绕线转子异步电动机可以在转子回路中串入适当的电阻，使起动时能获得最大的转矩。经数学分析，电动机的最大转矩为

$$T_m \approx \frac{CU_1^2}{2X_{20}f_1}$$

由上式可知，电动机产生的最大转矩 T_m 的大小与转子电路的电阻 R_2 无关，而与电源电压 U_1 的平方成正比，故电源电压的波动对电动机最大转矩的影响很大。

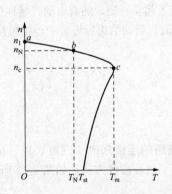

图 7-40 三相异步电动机的机械特性曲线

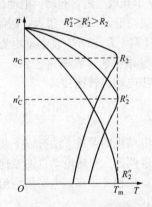

图 7-41 转子电阻不同时的机械特性曲线

10. 三相异步电动机起动控制

电动机的起动是指电动机通电后转速从零开始逐渐加速到正常运转的过程。由电动机所拖动的各种生产、运输机械及电气设备经常需要进行起动和停止，所以电动机的起动、调速和制动性能的好坏，对这些机械或设备的运行影响很大。在实际运行中，不同的机械或设备有不同的起动情况。在电动机起动时对电动机起动的要求主要有以下几个方面。

（1）电动机应有足够的起动转矩。

（2）在保证足够的起动转矩前提下，电动机的起动电流应小。

（3）起动所需的控制设备应发行量简单，力求价格低廉、操作及维护方便。

（4）起动过程中的能量损耗应小。

直接起动（全压起动）控制是指将电动机三相定子绕组直接接到额定电压的电网上来起动电动机，优点是所需设备简单，起动时间短，缺点是对电动机及电网有一定的冲击。

降压起动控制是指起动时降低加在电动机定子绕组上的电压，起动结束后加额定电压运行的起动方式。降压起动虽能降低电动机起动电流，但也降低了电动机的起动转矩，故适用于电动机空载或轻载起动。

（1）笼型异步电动机起动控制。

1）丫—△降压起动控制。起动时，先把定子三相绕组作星形联结，起动完毕后，再将三相绕组接成三角形。这种方法只能用于正常运行时作三角形联结的电动机的起动。丫—△降压起动时，起动电流、起动转矩只有正常运行时的1/3，最大的优点是所需设备较少，价格低。

2）定子回路串电阻（电抗器）起动。起动时，在定子绕组中串电阻降压，起动后再将电阻切除。串电阻起动具有起动平稳、工作可靠、起动时功率因数高等优点，但所需起动设备比丫—△降压起动多，投资较大，功率损耗大，不宜频繁起动。

3）自耦变压器降压起动。电动机在起动时，定子绕组通过自耦变压器接到电源上，起动完毕后，再将自耦变压器切除，定子绕组直接接在电源上正常运行。优点是变压器二次侧可有几个抽头，可根据需要选用，无论绕组是星形还是三角形都可使用。缺点是设备费用较高。

（2）绕线式异步电动机起动控制。绕线式异步电动机的转子采用三相对称绕组，均采用星形联结。起动时在转子三相绕组中串可变电阻或频敏变阻器起动。

1）转子串可变电阻起动。起动时，在转子绕组中串可变电阻降压，在起动过程中逐步将可变电阻切除。电动机在整个起动过程中起动转矩较大，适合于重载起动，主要用于桥式起重机、卷扬机、龙门吊车等。主要缺点是所需起动设备比较复杂，起动时有能量损耗在起动电阻器上。

2）转子串频敏变阻器起动。电动机刚起动时电流频率高，在频敏变阻器的铁心中产生的涡流损耗与磁滞损耗很大，即 R_2 很大，限制了起动电流，增大了起动转矩；随着电动机转速的增加转子电流频率下降，R_2 减小，使起动电流及转矩保持一定数值。起动结束后将转子绕组短接。

11. 三相异步电动机调速控制

根据异步电动机转速公式

$$n = n_1(1-s) = \frac{60f_1}{p}(1-s)$$

可知，电动机的调速方法有以下几种。

（1）变极调速。双速电动机的变速是通过改变定子绕组的连接来改变磁级对数，从而实现转速的改变。三相异步双速电动机绕组有△／丫丫和丫／丫丫两种接线方式，如图7-42所示。

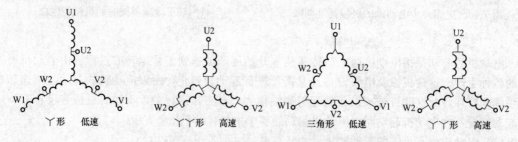

图 7-42 双速电动机接线原理图

△/丫丫联结的电动机，变速前后电动机的输出功率基本上不变，多用在金属切削机床上。丫/丫丫联结的电动机，变速前后电动机的输出转矩基本不变，适用于负载转矩基本恒定的调速。

△/丫丫联结的电动机，三相绕组在内部接成三角形，三个连接点引出线为 U1、V1、W1，每相绕组的中点各抽出一个头为 U2、V2、W2，共有 6 个出线端，改变这 6 个出线端与电源的连接方式，就可以得到两种不同的转速。当电源从 U1、V1、W1 进入时，电动机低速运行；当电源从 U2、V2、W2 进入，且将 U1、V1、W1 三个端短接，则电动机高速运行。

变极调速的优点是所需设备简单，缺点是电动机绕组引出头多，调级数少。

（2）变频调速。通过改变电源频率来改变电动机的同步转速进行调速控制。变频调速具有调速范围宽、平滑性好、机械特性较硬等优点，有很好的调速性能，是异步电动机最理想的调速方法。

为了使交流电动机保持较好的运行性能，要求在调节频率的同时，改变定子电压，以维持最大磁通的不变，或保持电动机的过载能力不变。

1）恒转矩变频。通过数学分析可得异步电动机的额定转矩公式

$$T_N = C \frac{U_1^2}{\lambda f_1^2}$$

在变频调速过程中，保持电动机的输出转矩不变，即需保持 U_1/f_1 为常数，使电源电压与频率成比例调节，是目前经常使用的一种变频调速控制方式。

2）恒功率变频调速。通过数学分析可得异步电动机的额定转矩公式

$$P = C' \frac{U_1^2}{f_1}$$

从上式可知，保持调速前后电动机的输出功率不变，只要保持 $P=U_1^2/f_1$ 为常数即可。异步电动机变频调速的主要特点是可以实现无级调速，调速范围宽，且可实现恒功率调速或恒转矩调速，但需要一套变频调速电源及控制、保护装置，价格较贵。

（3）变转差率。

1）改变转子电阻调速。改变转子电阻调速，只适用于绕线式异步电动机，即保持电源电压不变，改变转子绕组的电阻值进行调速控制。电源电压不变，转子绕组串电阻后，转子所产生的最大转矩保持不变，产生的临界转差率随转子电阻的增加而增加，即转子的转速随转子电阻的增大而下降。改变转子电阻调速的优点是所需设备较简单，缺点是调速电阻上有一定的能量损耗，调速特性曲线的硬度不大，转速随负载的变化较大，且电阻越大，特性越软。

2）改变定子电压调速。改变定子电压调速适用于笼型异步电动机。随着定子绕组电压的下降，转子产生的最大转矩下降，转子转速也下降。对于恒转矩负载，调速范围很窄，不实用。对于通风机负载，调速范围较宽，因此，大多数的电风扇采用串电抗器调速或用晶闸管调速。

12. 三相异步电动机制动控制

在电动机的轴上加一个与其旋转方向相反的转矩，使电动机减速或停转的方法称电动机的制动。根据制动转矩产生的方法不同，可分为机械制动和电气制动。机械制动一般采用电磁抱闸装置进行制动。电气制动的方式有以下几种。

（1）电源反接制动。是电动机在停机后，给定子加上与原电源相序相反的电源，使定子产生与转子旋转方向相反的旋转磁场，使转子产生的电磁转矩与电动机的旋转方向相反，为制动转矩，使电动机很快停转。

在开始制动的瞬间，转差率 $s>1$，电动机的转子电流比起动时还要大，为限制电流的冲击，需在定子绕组中串入电阻，并在电动机转速接近零时将电源切除。反接制动节约电源电能，经

济性能差，制动性能较好。

（2）倒拉反转制动。当电动机拖动的位能性负载，在提升负载时由于负载的重力作用使电动机转子的实际转向朝着下放的方向旋转，此时转子产生的电磁转矩对转子的转动起制动作用，故称倒拉反转制动运行状态。

（3）能耗制动。三相异步电动机的能耗制动是在断开电动机三相电源的同时，在定子绕组上加入直流电源，使电动机内形成了一个不旋转的空间固定磁场，电动机转子由于机械惯性而继续维持原方向旋转，转子绕组切割磁场产生感应电动势与感应电流，感应电流又在磁场的作用下产生制动转矩，使电动机迅速停车。制动停车过程中，系统原来储存的动能被电动机转换为电能消耗在转子回路中。能耗制动的优点是制动力较强，制动平稳，对电网影响小。缺点是需要一套直流电源装置，制动转矩随电动机转速的减小而减小。

（4）再生制动（回馈制动）。当异步电动机在电动运行状态时，转子转速超过了旋转磁场的同步转速，转子绕组切割旋转磁场的方向与电动运行状态时相反，从而使转子电流与其所产生的电磁转矩与转子转向相反，电磁转矩变为制动转矩，使电动机在制动状态下运行，这种制动称为再生制动。

在生产实践中，一种是出现在位能负载下放重物时，由于重物的作用使转子转速超过同步转速；另一种出现在电动机变极调速中，电动机由原来的调速挡调至低速挡时，转子转速大于同步转速。再生制动又向电网回输电能，所以经济性能好。

三、单相交流电动机

单相交流电动机是指在单相交流电源下工作的电动机。按其工作原理、结构和转速可分为三大类：单相异步电动机、单相同步电动机和单相串励电动机。

单相异步电动机是利用单相交流电源供电、其转速随负载变化而稍有变化的一种小容量交流电动机。由于它结构简单、成本低廉、运行可靠、维修方便，并可以直接在单相 220V 交流电源上使用，因此被广泛用于办公场所、家用电器等方面，在工、农业生产及其他领域中，单相异步电动机的应用也越来越广泛，如台扇、吊扇、洗衣机、电冰箱、吸尘器、电钻、小型鼓风机、小型机床、医疗器械等均需要单相异步电动机驱动。单相异步电动机的缺点是它与同容量的三相异步电动机相比较，体积较大、运行性能较差、效率较低。因此一般只制成小型和微型系列，容量在几十瓦特到几百瓦特之间。

单相串励电动机可在相同电压的单相交流电源或直流电源上使用，因此又称交直流两用电动机。它的结构与直流电动机相似，最大特点是：转速高，可高达 20 000～25 000r/min；机械特性软，随着负载转矩增加，其转速下降显著，因此特别适用于手电钻、电动吸尘器、小型机床等方面。

1. 单相异步电动机的结构

单相异步电动机的结构和三相异步电动机相似，也由定子和转子两大部分组成（见图 7-43）。定子部分由定子铁心、定子绕组、机座、端盖等部分组成，其主要作用是通入交流电，产生旋转磁场。转子部分由转子铁心、转子绕组、转轴等组成，其作用是导体切割旋转磁场，产生电磁转矩，拖动机械负载工作。

2. 单相异步电动机的工作原理

（1）单相绕组的脉动磁场。如图 7-44 所示，假设在单相交流电的正半周时，电流从单相定子绕组的左半侧流入，从右半侧流出，则由电流产生的磁场如图 7-44（b）图所示，该磁场的大小随电流的大小而变化，方向则保持不变。当电流过零时，磁场也为零。当电流变为负半周时，则产生的磁场方向也随之发生变化，如图 7-44（c）所示。由此可见，单向相异步电动机定子绕组通入

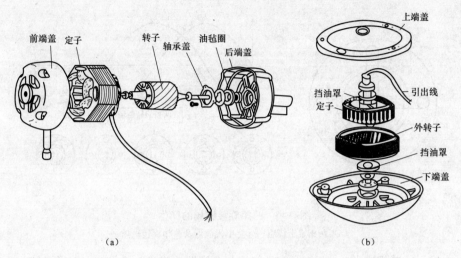

图 7-43 单相异步电动机的结构

（a）电容运行台扇电动机结构；（b）电容运行吊扇电动机结构

单相交流电后，产生的磁场大小及方向不断地发生变化，但磁场的轴线（图中纵轴）却固定不变，一般把这种磁场称为脉动磁场。

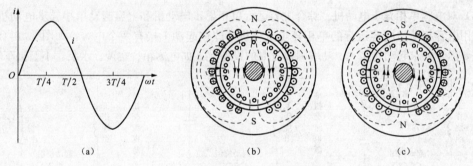

图 7-44 单相脉动磁场的产生

（a）交流电流波形；（b）交流正半周产生的磁场；（c）交流负半周产生的磁场

由于磁场只是脉动而不旋转，因此单相异步电动机的转子如果原来静止不动的话，则在脉动磁场作用下，转子导体因与磁场之间没有相对运动，而不产生感应电动势和电流，也就不存在电磁力的作用，此时转子仍然静止不动，即单相异步电动机没有起动转矩，不能自行起动。这是单相异步电动机的一个主要缺点。如果用外力去拨动一下电动机的转子，则转子导体就切割定子脉动磁场，从而产生电动势和电流，并将在磁场中受到力的作用，与三相异步电动机转动原理一样，转子将顺着拨动的方向转动起来。

（2）两相绕组的旋转磁场。如图 7-45（a）所示，在单相异步电动机定子上放置在空间相差 90°的两相定子绕组 U1U2 和 Z1Z2，向这两相定子绕组中通入在时间上相差约 90°电角度的两相交流电流 I_Z 和 I_U，如图 7-45（b）所示，此时产生的也是旋转磁场。由此可以得出结论：向在空间相差 90°的两相定子绕组中通入在时间上相差一定角度的单相交流电，则其合成磁场也是沿定子和转子空气隙旋转的旋转磁场。根据起动方法的不同，单相异步电动机一般可分为电容分相式、电阻分相式和罩极式。

（3）电容起动单相异步电动机。如图 7-46（a）所示，这类电动机的起动绕组和电容只在电动机的起动时起作用，当电动机起动即将结束时，将起动绕组和电容从电路中切除。

217

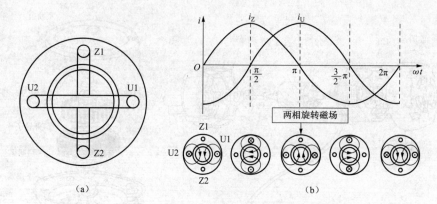

图 7-45　两相旋转磁场的产生

(a) 两相定子绕组；(b) 电流波形及两相旋转磁场

(4) 电容运行单相异步电动机。是起动绕组与电容器始终参与工作的电动机，如图 7-46 (b) 所示。电容起动单相电动机的起动转矩较大，起动电流也相应增大，因此它适用在小型空压缩机、电冰箱、磨粉机、医疗机械、水泵等满载起动的机械中。

电容起动单相异步电动机与电容运行单相异步电动机相比，起动转矩较大，起动电流也相应增大。

(5) 双电容单相异步电动机。综合电容运行单相异步电动机和电容起动单相异步电动机的优点，采用电容起动与电容运行的单相异步电动机，即在起动上接有两个电容，如图 7-46 (c) 所示。主要用于要求起动转矩大、功率因数较高的设备上，如电冰箱、空调、水泵、小型机车等。

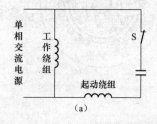
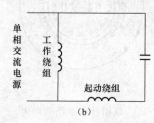
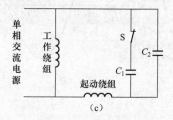

图 7-46　电容分相单相异步电动原理图

(a) 电容起动单相异步电动机；(b) 电容运行单相异步电动机；(c) 双电容单相异步电动机

3. 单相异步电动机调速

单相异步电动机的调速有改变电源频率、电源电压和改变绕组的磁极对数等方法。改变电源电压调速是常用的方法。

常用的调压调速又分为串电抗器调速、自耦变压器调速、绕组抽头调速、晶闸管调速、PTC 元件调速等。

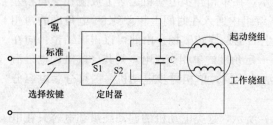

图 7-47　洗衣机电路原理图

4. 单相异步电动机的反转

单相异步电动机的反转有以下两种方法。

(1) 把工作绕组的首端和末端的接线对调。

(2) 把电容器从一组绕组中改接到另一组绕组中（洗衣机电动机用此法），图 7-47 是洗衣机电动机控制线路原理图，电动机正反转由开关 S2 来实现。S2 向上接通时，电动机正转，S2 向下接通时，电动机反转。

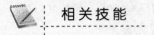 **相关技能**

技能训练一　变压器质量检测

小型变压器经制作或重绕修理后，为了保证制作或修理质量，必须对变压器进行检查和试验。因此，要求掌握小型变压器的测试技术、常见故障的分析与处理方法。

一、外观质量检查

（1）绕组绝缘是否良好、可靠。

（2）引出线的焊接是否可靠，标志是否正确。

（3）铁心是否整齐、紧密。

（4）铁心的固紧是否均匀、可靠。

二、绕组的检查

一般可用万用表和电桥检查各绕组的直流电阻，确认变压器绕组的通断情况。当变压器绕组的直流电阻较小时，尤其是导线较粗的绕组，用万用表很难测出是否有短路故障，必须用电桥检测，并可与同一批次好的变压器进行比较，来判断绕组有无匝间短路现象。

如果没有电桥，也可用简易方法判断：在变压器一次绕组中串入一只灯泡，其电压和功率可根据电源电压和变压器容量确定，若变压器容量在 100W 以下，灯泡可用 25～40W。

三、绝缘电阻的测量

用绝缘电阻表测量各绕组间、绕组与铁心间、绕组与屏蔽层间的绝缘电阻。对于 400V 以下的变压器，绝缘电阻不低于 50MΩ。

四、空载电压的测量

变压器测试线路如图 7-48 所示。将待测变压器接入线路，将试验变压器调压手柄放在零位，合上开关 S1，断开 S2，接通试验电源使变压器空载运行。一边观察电压表 V1，一边逐渐升高试验电压至被试变压器的额定电压，此时电压表 V2 的读数为变压器的空载电压。各绕组的空载电压允许误差为：二次高压绕组不超过 ±5%，二次低压绕组误差不超过 ±5%，中间抽头绕组不超过 ±2%。

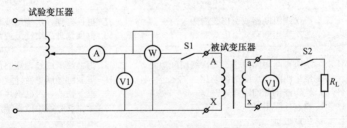

图 7-48　变压器测试线路

五、空载电流的测量

在空载试验时，电流表 A 的读数为空载电流，一般小容量变压器的空载电流约为额定电流的 5%～8%，若空载电流大于 10% 时，损耗较大；当空载电流超过额定电流时，变压器的温升会超过允许值而不能使用。

六、空载损耗的测量

测试变压器损耗功率与温升时，仍按图 7-48 测试线路进行。在被测变压器未接入线路前，断开，调节调压变压器使它的输入电压为额定电压，此时功率表的读数为电压表、电流表的功率损耗 P_1。再合上 S1 与 S2，将被测变压器接入试验线路，重新调节调压变压器，直至 V1 的读数为额定电压，这时功率表的读数为 P_2。则空载损耗功率 $\Delta P = P_2 - P_1$。

先用万用表或电桥测量一次绕组的冷态直流电阻 R_1，（因一次绕组常在变压器绕组内层，散热差、温升高，以它为测试对象较为适宜）；然后，加上额定负载，接通电源，通电数小时后，切断电源，再测量一次绕组热态直流电阻值 R_2。这样连续测量几次，在几次热态直流电阻值近似相等时，即可认为所测温度是终端温度，并用下列经验公式求出温升 ΔT 的数值

$$\Delta T = \frac{R_2 - R_1}{3.9 \times 10^{-3} R_1}$$

要求变压器的温升 ΔT 不得超过 50K。

七、变压器极性判别

变压器的同极性端（同名端、头或尾）判别的方法有多种，其中电磁感应法是一种方便、简单、快捷、常用的方法，因此这里只介绍电磁感应法。按图 7-48 进行接线，按下述方法判断变压器的极性。

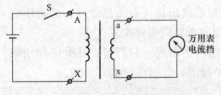

图 7-49　电磁感应法

（1）一、二次绕组的确定。用万用表电阻 R×10 挡，测量一、二次绕组的阻值。根据降压变压器的原边匝数多、线径细、电阻大，次边匝数少、线径粗、电阻小的原则，找出变压器的一、二次绕组。

（2）对于降压变压器，按图 7-49 将一次绕组通过开关 S 接直流电池，二次绕组接万用表的直流电流挡 50μA 挡。当合上开关 S 的瞬间，观察表针摆动情况，如果表针正偏（向右），则电池的正极所接的一端与万用表的正极（红表笔）所接的一端为同极性端，剩下的两端也为另一对同极性端。

八、变压器常见故障的分析与处理

小型变压器的故障主要是铁心故障和绕组故障，此外还有装配或绝缘不良等故障。这里只介绍小型变压器常见故障的现象、原因与处理方法，见表 7-1。

表 7-1　　　　　　　　　　小型变压器的常见故障与处理方法

故障现象	造成原因	处理方法
电源接通后无电输出	1. 一次绕组断路或引出线脱焊 2. 二次绕组断路或引出线脱焊	1. 拆换修理一次绕组或焊牢引出线接头 2. 拆换修理二次绕组或焊牢引出线接头
温升过高或冒烟	1. 绕组匝间短路或一、二次绕组间短路 2. 绕组匝间或层间绝缘老化 3. 铁心硅钢片间绝缘太差 4. 铁心叠厚不足 5. 负载过重	1. 拆换绕组或修理短路部分 2. 重新绝缘或更换导线重绕 3. 拆下铁心，对硅钢片重新涂绝缘 4. 加厚铁心或重做骨架、重绕绕组 5. 减轻负载
空载电流偏大	1. 一、二次绕组匝数不足 2. 一、二次绕组局部匝间短路 3. 铁心叠厚不足 4. 铁心质量差	1. 增加一、二次绕组匝数 2. 拆开绕组，修理局部短路部分 3. 加厚铁心或重做骨架、重绕绕组 4. 更换或加厚铁心
运行中噪声过大	1. 铁心硅钢片未插紧或未压紧 2. 铁心硅钢片不符合设计要求 3. 负载过重或电源电压过高 4. 绕组短路	1. 插紧铁心硅钢片或固紧铁心 2. 更换质量较高的同规格硅钢片 3. 减轻负载或降低电源电压 4. 查找短路部位，进行修复

故障现象	造成原因	处理方法
二次电压下降	1. 电源电压过低或负载过重 2. 二次绕组匝间短路或对地短路 3. 绕组对地绝缘老化 4. 绕组受潮	1. 增加电源电压，使其达到额定值或降低负载 2. 查找短路部位，进行修复 3. 重新绝缘或更换绕组 4. 对绕组进行干燥处理
铁心或底板带	1. 一次或二次绕组对地短路或绕组间短路 2. 绕组对地绝缘老化 3. 引出线头碰触铁心或底座 4. 绕组受潮或底板感应带	1. 加强对地绝缘或拆换修理绕组 2. 重新绝缘或更换绕组 3. 排除引出线头与铁心或底板的短路点 4. 对绕组进行干燥处理或将变压器置于环境干燥场合使用

技能训练二 电动机质量检测

电动机经局部修理或定子绕组拆换后，即可进行装配。为了保证修理质量，必须对电动机进行一些必要的检查和试验，以检验电动机质量是否符合要求。为此，要求掌握有关电动机修理的测试技术，并学会电动机常见故障的分析与处理方法。

一、三相交流电动机

（一）三相交流异步电动机的质量检测

电动机在试验开始前，要先进行一般性的检查。检查电动机的装配质量，各部分的紧固螺栓是否拧紧，引出线的标记是否正确，转子转动是否灵活；如果是滑动轴承，还要检查油箱的油是否符合要求。在确认电动机的一般情况良好后，才能进行试验。试验的项目和方法如下。

1. 绝缘试验

绝缘试验的内容有绝缘电阻的测定、绝缘耐压试验及匝间绝缘耐压试验。试验时将定子绕组的 6 个线头拆开。

（1）绝缘电阻的测定。定子绕组经过绝缘处理、检修和大修后，有可能使绕组的对地绝缘和相间绝缘受损，应对电动机的绝缘电阻进行测量，额定电压 380V 的电动机选用 500V 的绝缘电阻表进行测量。三相异步电动机绝缘电阻的测量项目如下：

U 相对 V 相、W 相、地的绝缘

V 相对 U 相、W 相、地的绝缘

W 相对 U 相、V 相、地的绝缘

测量 U 相绝缘电阻的方法如图 7-50 所示。

新电动机的绝缘电阻应不小于 $5M\Omega$。

（2）绝缘耐压试验。装配后绕组对机壳及各相之间进行绝缘电阻测量合格后，还需进行耐压试验，试验时的电动机的接线也如图 7-50 所示，所施的试验电压参考表 7-2 中规定，历时 1min，无击穿现象为合格。

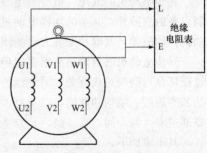

图 7-50 电动机绝缘电阻的测量

表 7-2	低压电动机定子绕组试验电压		
试验阶段	1kW 以下	1~3kW	4kW 以上
嵌线未接线	$2U_N+1000V$	$2U_N+2000V$	$2U_N+2500V$
嵌线后，浸漆前	$2U_N+750V$	$2U_N+1500V$	$2U_N+2000V$
总装后	$2U_N+500V$	$2U_N+1000V$	$2U_N+1000V$

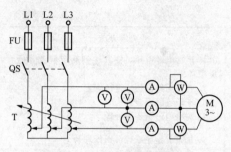

图 7-51　电动机空载试验

2. 空载试验

空载试验是在定子绕组上施加额定电压，使电动机轴上不带负载运行。空载试验是测定电动机的空载电流和空载损耗功率，并于电动机空转时检查电动机的装配质量和运行情况。

空载试验线路如图 7-51 所示。在试验中，应注意空载电流的变化，测定三相空载电流是否平衡、空载电流与额定电流百分比不大于 10%，要求空载试验 1h 以上。在电动空载运行时，检查电动机在旋转时是否有杂声、振动；铁心是否过热、轴承的温升及运转是否正常。

由于空载时电动机的功率因数较低，为了测量准确，宜选用低功率因数功率表来测量功率。电流表和功率表的电流线圈要按可能出现的最大空载电流来选择量程。起动过程中，要慢慢升高电压，以免过大的起动电流冲击仪表。三相空载电流不平衡应不超过 5%，如果相差较大及有嗡嗡声，则可能是接线错误或有短路现象。空载电流与额定电流百分比见表 7-3，如果空载电流过大，表明定子与转子间气隙超过允许值，或在大修定子绕组重绕时匝数太少；若空载电流过低，表明定子绕组匝数太多，或三角形误联成星形、两路误接成一路等。

表 7-3　　　　　　　　　　　　电动机空载电流与额定电流百分比

极数＼功率	0.125kW	0.55kW 以下	2.2kW 以下	10kW 以下	55kW 以下	125kW 以下
2	70～95	50～70	40～55	30～45	23～35	18～30
4	80～96	65～85	45～60	35～55	25～40	20～30
6	85～97	70～90	50～65	35～65	30～45	22～33
8	90～98	75～90	50～70	37～70	35～50	25～35

（二）故障的分析

异步电动机的故障一般分为电气故障和机械故障两类。电气方面除了电源、线路及起动控制设备的故障外，其余的均属电动机本身的故障；机械方面包括被电动机拖动的机械设备和传动机构的故障，基础和安装方面的问题，以及电动机本身的机械结构故障。

异步电动机的故障虽然繁多，但故障的产生总是和一定的因素相联系的，如电动机绕组绝缘损坏是与绕组过热有关，而绕组的过热总是和电动机绕组中电流过大有关。只要根据电动机的基本原理、结构和性能，以及有关的各方面情况，就可对故障作出正确判断。因此在修理前，要通过看、闻、问、听、摸，充分掌握电动机的情况，才能有针对性地对电动机作出必要的检查，其步骤如下。

1. 调查情况

对电动机进行观察，并向电动机使用人员了解电动机在运行时的情况，如有无异常响声和剧烈振动，开关及电动机绕组内有无窜火、冒烟及焦臭味等；了解电动机的使用情况和电动机的维修情况。

2. 电动机的外部检查

（1）机座、端盖有无裂纹，转轴有无裂痕或弯曲变形；转轴转动是否灵活，有无不正常的声响；风道是否被堵塞，风扇、散热片是否完好。

（2）检查绝缘是否完好，接线是否符合铭牌规定，绕组的首末端是否正确。

（3）测量绝缘电阻和直流电阻，判断绝缘是否损坏，绕组中有无断路、短路及接地现象。

（4）上述检查若未发现问题，应直接通电试验。用三相调压变压器开始施加约30％的额定电压，再逐渐上升到额定电压。若发现声音不正常，或有焦味，或不转动，应立即断开电源进行检查，以免故障进一步扩大。当起动未发现问题时，要测量三相电流是否平衡，电流大的一相可能有绕组短路；电流小的一相，可能是多路并联的绕组中有支路断路。若三相电流基本平衡，可使电动机连续运行1~2h，随时用手检查铁心部分及轴承端盖，若发现有烫手的过热现象，应停车后立即拆开电动机，用手摸绕组端部及铁心部分，如果线圈过热，则是绕组短路；如果铁心过热，则铁心硅钢片间的绝缘损坏。

3. 电动机的内部检查

经过上述检查后，确认电动机内部有问题时，就应拆开电动机，作进一步检查。

（1）检查绕组部分，查看绕组端部有无积尘和油垢，绝缘有无损伤，接线及引出线有无损坏；查看绕组有无烧伤，若有烧伤，烧伤处的颜色会变成暗黑色或烧焦，具有焦臭味。查看导线是否烧断，绕组的焊接处有无脱焊、假焊现象。

（2）检查铁心部分，查看转子、定子铁心表面有无擦伤痕迹。如果转子表面只有一处擦伤，而定子表面全部擦伤，这大都是转轴弯曲或转子不平衡所造成的；若转子表面一周都有擦伤痕迹，定子表面只有一处伤痕，这是定子、转子不同心所造成的，如机座和端盖止口变形或轴承严重磨损使转子下落；若定子、转子表面均有局部擦伤痕迹，是由于上述两种原因共同引起的。

（3）查看风叶有否损坏或变形，转子端环有无裂纹或断裂；然后再用短路侦察器检查导条有无断裂。

（4）检查轴承部分，查看轴承的内外套与轴颈和轴承室配合是否合适，同时也要检查轴承的磨损情况。

（三）常见故障现象与处理

异步电动机常见故障的现象、原因与处理方法见表7-4。

表 7-4　　　　　　　　　　　　　　异步电动机常见故障与处理方法

故障现象	造成原因	处理方法
电源接通后不能起动	1. 定子绕组相间短路、接地以及定子绕组断路 2. 定子绕组接线错 3. 负载过载 4. 轴承损坏或有异物卡住	1. 查找断路、短路、接地的部位，进行修复 2. 检查定子绕组接线，加以纠正 3. 减轻负载 4. 更换轴承或清除异物
起动后无力、转速较低，同时电流表指针来回摆动	1. 定子绕组短路 2. 定子绕组接线错误 3. 笼型转子断条或端环断裂 4. 绕线型转子绕组一相断路 5. 绕线型集电环或电刷接触不良	1. 查找短路的部位，进行修复 2. 检查定子绕组接线，加以纠正 3. 更换铸铝转子或更换、补焊铜条与端环 4. 查找断路处，进行修复 5. 清理与修理集电环，调整电刷压力或更换电刷
起动后运转声音不正常	1. 定子绕组局部短路或接地 2. 定子绕组接线错误 3. 定转子相擦 4. 轴承损坏或润滑脂干涸	1. 查找短路或接地的部位，进行修复 2. 检查定子绕组接线，加以纠正 3. 检查定转子相擦原因及铁心是否松动，并进行修复 4. 更换轴承或润滑脂

续表

故障现象	造成原因	处理方法
轴承过热	1. 轴承损坏或内有异物 2. 润滑脂过多或过少、型号选用不当或质量差 3. 轴承装配不良 4. 转轴弯曲	1. 更换轴承或清除异物 2. 调整或更换润滑脂 3. 检查轴承与转轴、轴承与端盖的状况，进行调整或修复 4. 检查转轴弯曲状况，进行修复或调换
起动后过热或冒烟	1. 负载过重 2. 定转子绕组断路 3. 定子绕组短路或接地 4. 定子绕组接线错误 5. 笼型转子断条或端环断裂 6. 定转子相擦 7. 通风不良	1. 减轻负载 2. 查找断路的部位，进行修复 3. 查找短路或接地部位，进行修复 4. 检查定子绕组接线，加以纠正 5. 更换铸铝转子或更换、补焊钢条与端环 6. 检查定转子相擦原因及铁心是否松动，并进行修复 7. 检查内外风道、清除杂物或污垢，使风路畅通；不可逆转的电动机要检查其旋转方向
绕线型集电环火花过大	1. 集电环上有污垢杂物 2. 电刷型号或尺寸不符合要求 3. 电刷压力太小，电刷在刷握内卡住或放置不正	1. 清除污垢杂物，灼痕严重或凹凸不平时，应进行表面全加工 2. 更换合适的电刷 3. 调整电刷压力，更换大小适当的电刷或把电刷放正
外壳带电	1. 接地不良 2. 绕组绝缘损坏 3. 绕组受潮 4. 接线板损坏或污垢太多	1. 查找原因，并采取相应措施 2. 查找绝缘损坏部位，进行修复，并进行绝缘处理 3. 测量绕组绝缘电阻，如果阻值太低，应进行干燥处理或绝缘处理 4. 更换或清理接线板

二、直流电动机

直流电动机拆装、修理后，必须经过检查和试验才能使用。这里简要介绍有关检查和试验项目及常见故障的分析与处理方法。

1. 装配质量检查

（1）各部分的紧固螺栓是否旋紧。

（2）引出线的标志是否正确。

（3）转子（电枢）转动是否灵活。

（4）换向器表面是否光滑，有无凹凸不平、毛刺等缺陷。

（5）电刷的型号、尺寸是否符合要求，压力是否均匀，与换向器表面吻合是否良好。

2. 直流电阻的测定

测定绕组直流电阻时，应同时测定周围环境的温度。通常采用电桥法，用电桥法测量电阻时，测量大于 1Ω 的电阻用单臂电桥，测量小于 1Ω 的电阻用双臂电桥。

电枢绕组直流电阻的测量：2 极电动机应在相距 $180°$ 的两换向片上进行测量，4 极电动机应在相距 $90°$ 的两换向片上测量。同时应在该换向片上做好记号，以便在电动机做温升试验时，可在同一换向片位置上测量冷态电阻与热态电阻的值。

3. 绝缘电阻的测定

一般电动机的绝缘电阻应不低于以下公式计算所得的数值

$$R_{绝缘电阻} = \frac{U_N}{\dfrac{P_N}{100} + 1000}$$

式中，绝缘电阻的单位为 MΩ；额定电压的单位为 V；电动机额定功率的单位为 kW。小电动机经大修后，其绝缘电阻值一般不低于 2MΩ。

4. 耐压试验

耐压试验包括绕组对机壳耐压试验和匝间耐压试验。后绕组对机壳耐压试验，可参照交流电动机的耐压试验方法进行，即在绕组对机壳施加一定的 50Hz 交流电压，历时 1min 而无击穿现象为合格。试验时，电压应施加于绕组与机壳之间，此时其他参与试验的绕组均应和铁心及机壳连接。有关各阶段试验电压的数值可按该电动机的标准与技术条件中的规定执行。

绕组的匝间耐压试验用以检查电枢绕组匝间绝缘有无损伤，试验线路还是用空载试验的线路，应在电动机空载试验后进行，试验时，把电源电压提高到额定电压的 130%，持续运行 5min，以不击穿为合格。对于绕组绝缘更换的电动机，可运行 1min。这里提高电源电压 30% 的规定适用于超过四极的电动机，极数很多时所提高的电源电压以不使相邻换向片间的电压超过 24V 为准。

5. 空载试验

空载试验的目的主要是测得空载特性曲线，并测量空载损耗（机械损耗与铁损耗之和）。空载特性试验时，把电动机作为他励发电机，并在额定转速下空载运行一段时间后，量取电枢电压对于励磁电流的关系曲线。

测空载损耗时，把电动机作为他励电动机，逐步增加电动机的励磁电流至额定值，用改变电枢电压的方法，调节电动机转速至额定值，测出并记录不同电枢电压时的电枢电流。将电动机输入功率减去电枢回路铜耗和电刷接触损耗，即为空载损耗。

6. 确定电刷中性线位置

在电动机试验前首先检查接线是否正确，与电动机转向是否一致，然后确定电刷中性线位置。确定中性线位置最常用的方法是感应法，一般在电动机静止状态下进行。将毫伏表接到相邻两组电刷上，同时在励磁绕组上，接上 1.5～6V 的直流电源，交替接通或断开，并逐步移动刷架的位置，在不同位置上测量出电枢绕组的感应电动势，当感应电动势为零时，电刷所在的位置即是电刷的中性线位置，试验时，仪表读数以断开励磁电流为准。

项目八 常用低压电器的选用、拆装及检测

学习目标

应知：

> 1. 掌握各常用低压电器的名称、用途、规格、基本结构、工作原理、图形及文字符号。
> 2. 熟悉常用低压电器的交、直流灭弧装置的构造与灭弧方法。
> 3. 了解其他低压电器的有关知识。

应会：

> 1. 掌握常用低压电器器件的分类、结构特点和应用场合，了解主要技术参数。
> 2. 能根据实际现场情况选用不同类型、不同技术参数的低压电器器件。
> 3. 能对接触器、中间继电器、时间继电器、万能转换开关等器件进行拆装。

建议学时

理论教学 18 学时，技能训练 12 学时

相关知识

课题一 电 器 概 述

电器是指用来接通和断开电路或对电路和电气设备进行控制、调节、转换和保护的电气设备。

一、电器的分类

1. 按工作电压等级区分

按工作电压等级区分，可分为高压电器和低压电器。

（1）高压电器。是用于交流电压 1200V、直流电压 1500V 及以上电路中的电器。高压电器常用于高压供配电电路中，实现电路的保护和控制，如高压断路器、高压隔离开关等。

（2）低压电器。是用于交流电压 1200V、直流电压 1500V 及以下电路中的电器。低压电器常用于低压供配电系统和机电设备自动控制系统中，实现电路的保护、控制、检测和转换，如各种刀开关、按钮、接触器等。

2. 按用途区分

按用途区分，可分为配电电器和控制电器。

（1）配电电器。主要用于供配电系统中实现对电能的输送、分配和保护，如熔断器、保护继电器等。

（2）控制电器。主要用于生产设备自动控制系统中对设备进行控制、检测和保护，如接触器、控制继电器、主令电器。

3. 按触点的动力来源区分

按触点的动力来源区分，可分为手动电器和自动电器。

（1）手动电器。通过人力驱动使触点动作的电器，如刀开关、转换开关等。

（2）自动电器。通过非人力驱动使触点动作的电器，如接触器、继电器等。

4. 按工作环境来区分

按工作环境来区分，可分为一般用途低压电器和特殊用途低压电器。

二、低压电器的用途

低压电器广泛应用于工厂供配电系统和生产设备自动控制系统。在工厂机电设备自动控制领域，低压电器是构成设备自动化的主要控制器件和保护器件。常用低压电器的主要用途见表 8-1。

表 8-1   常见低压电器的用途

分类名称		主要品种	用 途
配电电器	断路器	万能式空气断路器、塑料外壳式断路器、直流快速式断路器、灭磁式断路器、漏电保护式断路器	用于交、直流电路的过载、短路或欠电压保护、不频繁通断操作电路；灭磁式断路器用于发电机励磁保护；漏电保护式断路器用于漏电保护
	熔断器	半封闭插入式熔断器、有填料螺旋式熔断器、有填料管式快速熔断器、有填料封闭管式熔断器、保护半导体器件熔断器、无填料封闭管式熔断器、自复式熔断器	用于交、直流电路和电气设备的短路、过载保护
	刀开关	熔断器式刀开关、大电流刀开关、负载开关	用于电路隔离，也可不频繁接通和分断额定电流
	转换开关	组合开关、换向开关	主要用于两种及以上电源或负载的转换和线路功能切换；不频繁接通和分断额定电流
控制电器	接触器	交流接触器、直流接触器、真空接触器、半导体接触器	用于远距离频繁起动或控制交、直流电动机以及接通、分断正常工作的主电路和控制电路
	控制继电器	电流继电器、电压继电器、时间继电器、中间继电器、热继电器、速度继电器	在控制系统中作控制或保护之用
	起动器	电磁起动器、手动起动器、自耦变压器起动器、星形—三角形起动器	用于交流电动机起动
	控制器	凸轮控制器、平面控制器	用于电动机起动、换向和调速
	主令电器	按钮、行程开关、万能转换开关、主令控制器	用于接通或分断控制电路，以发布命令或用于程序控制
	电阻器	铁及其合金电阻器	用于改变电路参数或变电能为热能
	变阻器	励磁变阻器、起动变阻器、频敏变阻器	用于发电机调压以及电动机起动或调速
	电磁铁	起重电磁铁、牵引电磁铁、制动电磁铁	用于起重操纵或牵引机械装置、制动电动机等

三、低压电器的主要性能参数

（1）额定绝缘电压。这是一个由电器结构、材料、耐压等因素决定的名义电压值。额定绝缘电压为电器最大的额定工作电压。

（2）额定工作电压。低压电器在规定条件下长期工作时，能保证电器正常工作的电压值，通常是指主触点的额定电压。有电磁机构的控制电器还规定了吸引线圈的额定电压。

（3）额定发热电流。低压电器在规定条件下，电器长时间工作，各部分的温度不超过极限值时所能承受的最大电流值。

（4）额定工作电流。在具体的使用条件下，能保证电器正常工作时的电流值。它与规定的使用条件（电压等级、电网频率、工作制、使用类别等）有关，同一个电器在不同的使用条件下有不同的额定电流等级。

（5）通断能力。低压电器在规定的条件下，能可靠接通和分断的最大电流。通断能力与电器的额定电压、负载性质、灭弧方法等有很大关系。

（6）电气寿命。低压电器在规定条件下，在不需修理或更换零件时的负载操作循环次数。

（7）机械寿命。低压电器在需要修理或更换机械零件前所能承受的无载操作次数。

此外，还有线圈的额定参数及辅助触点的额定参数等。

课题二 开 关 电 器

一、刀开关

刀开关是一种配电电器，在供配电系统和设备自动控制系统中通常用于电源隔离，有时也可用于不频繁接通和断开小电流配电电路或直接控制小容量电动机的起动和停止。

刀开关的种类很多，通常将刀开关和熔断器合二为一，组成具有一定接通分断能力和短路分断能力的组合式电器，其短路分断能力由组合电器中熔断器的分断能力来决定。

在电力设备自动控制系统中，使用最为广泛的有胶壳刀开关、铁壳开关和组合开关。

1. 胶壳刀开关

胶壳刀开关又称为开启式负载开关，是一种结构简单、应用广泛的手动电器。主要用作电源隔离开关和小容量电动机不频繁起动与停止的控制电器。

隔离开关是指不承担接通和断开电流任务，将电路与电源隔开，以保证检修人员检修时安全的开关。

（1）胶壳刀开关的组成。胶壳刀开关由操作手柄、熔丝、静触点、动触点（触刀片）、瓷底座和胶盖组成。胶盖使电弧不致飞出灼伤操作人员，防止极间电弧短路；熔丝对电路起短路保护作用。

图 8-1 为刀开关的结构图，图 8-2 为刀开关的图形和文字符号。

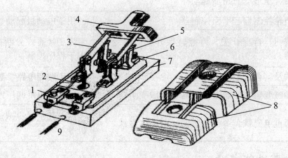

图 8-1　刀开关的结构图

1—出线座；2—熔丝；3—动触头；4—操作手柄；5—静触头；6—电源进线座；7—瓷底座；8—胶盖；9—接用电器

（2）胶壳刀开关的主要技术参数。

1）额定电压。是指刀开关长期工作时，能承受的最大电压。

2）额定电流。是指刀开关在合闸位置时允许长期通过的最大电流。

3）分断电流能力。是指刀开关在额定电压下能可靠分断最大电流的能力。

此外，还有熔断器极限分断能力、寿命与热稳定性电流等。

胶壳开关的型号及意义如下：

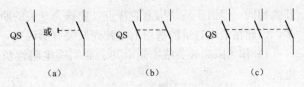

图 8-2　刀开关的图形及文字符号

（a）单极；（b）双极；（c）三级

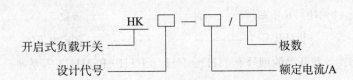

（3）胶壳开关的选用。

1）额定电压选择。刀开关的额定电压要大于或等于线路实际的最高电压。

2）额定电流选择。当作为隔离开关使用时，刀开关的额定电流要等于或稍大于线路实际的工作电流。当直接用其控制小容量（小于 5.5kW）电动机的起动和停止时，则需要选择电流容量比电动机额定值大的刀开关。

3）胶壳开关不适合用来直接控制 5.5kW 以上的交流电动机。

（4）安装及操作注意事项。

1）胶壳刀开关安装时，手柄要向上，不得倒装或平装。倒装时，手柄有可能因为振动而自动下落造成误合闸，另外分闸时可能电弧灼手。

2）接线时，应将电源线接在上端（静触点），负载线接在下端（动触点），这样，拉闸后刀开关与电源隔离，便于更换熔丝。

3）拉闸与合闸操作时要迅速，一次拉合到位。

常用刀开关的型号有 HK1、HK2、HK4 和 HK8 等系列。

2. 铁壳开关

铁壳开关又称为半封闭式负载开关，主要用于配电电路，作电源开关、隔离开关和应急开关之用；在控制电路中，也可用于不频繁起动 28kW 以下的三相异步电动机。

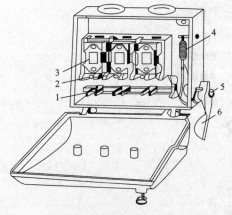

图 8-3　铁壳开关的结构图

1—闸刀；2—夹座；3—熔断器；
4—速断弹簧；5—转轴；6—手柄

（1）铁壳开关的组成。铁壳开关由钢板外壳、动触点、闸刀、静触点、储能操动机构、熔断器及灭弧机构等组成，其结构图如图 8-3 所示，铁壳开关的图形和文字符号与胶壳开关相同。

铁壳开关的操动机构有以下特点：一是采用储能合、分闸操动机构，当扳动操作手柄时，通过弹簧储存能量，当操作手柄扳动到一定位置时，弹簧储存的能量瞬间爆发出来，推动触点迅速合闸、分闸，因此触点动作的速度很快，并且与操作速度无关。二是具有机械联锁功能，当铁盖打开时，不能进行合闸操作；而合闸后不能打开铁盖。

（2）铁壳开关的选用。铁壳开关的技术参数与胶壳

229

开关相同，但由于其结构上的特点，使铁壳开关的断流能力比相同电流容量的胶壳开关要大得多，因此在电流容量的选用上与胶壳开关有所区别。

1）作为隔离开关或控制电热、照明等电阻性负载时其额定电流等于或稍大于负载的额定电流。

2）用于控制电动机起动和停止时其额定电流可按大于或等于两倍电动机额定电流选取。

半封闭式负载开关型号及意义如下：

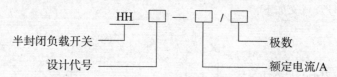

常用的半封闭式负载开关的型号有 HH3、HH4、HH10 和 HH11 等系列。

3. 组合开关

组合开关是刀开关的另一种结构型式，在设备自动控制系统中，一般用作电源引入开关或电路功能切换开关，也可直接用于控制小容量交流电动机的不频繁操作。常用于交流 50Hz、380V 以下及直流 220V 以下的电气线路中，供手动不频繁的接通和分断电路、电源开关或控制 5kW 以下小容量异步电动机的起动、停止和正反转，但每小时的接通次数不宜超过 15～20 次，开关的额定电流一般取电动机额定电流的 1.5～2.5 倍。

（1）组合开关的组成。组合开关由动触点、静触点、方形转轴、手柄、定位机构和外壳等组成。它的触点分别叠装在数层绝缘座内，动触点与方轴相连；当转动手柄时，每层的动触点与方轴一起转动，使动静触点接通或断开。之所以叫组合开关，是因为绝缘座的层数可以根据需要自由组合，最多可达六层。组合开关采用储能合、分闸操动机构，因此触点的动作速度与手柄速度无关。

图 8-4 为组合开关的外形、层结构和图形文字符号。

（2）组合开关的主要技术参数与选用。组合开关的主要技术参数与刀开关相同，有额定电压、额定电流、极数和可控制电动机的功率等。

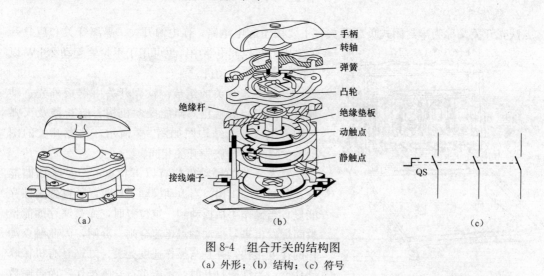

图 8-4　组合开关的结构图
(a) 外形；(b) 结构；(c) 符号

选用时可按以下原则进行。

1）当用于一般照明、电热电路时，其额定电流应大于或等于被控电路的负载电流总和。

2）当用作设备电源引入开关时，其额定电流稍大于或等于被控电路的负载电流总和。

3）当用于直接控制电动机时，其额定电流一般可取电动机额定电流的 2～3 倍。

组合开关的通断能力较低，故不用于分断故障电流。当用于电动机可逆控制时，必须在电动机安全停转后才允许反向接通。

组合开关的型号及意义如下：

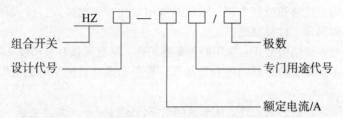

常用的组合开关的型号有 HZ5、HZ10 和 HZ15 等系列，一般在电气控制线路中普遍采用的是 HZ10 系列的组合开关。

组合开关有单极、双极和多极之分。普通类型的转换开关各极是同时通断的；特殊类型的转换开关是各极交替通断，以满足不同的控制要求。其表示方法类似于万能转换开关。

二、低压断路器

低压断路器又称为自动空气开关，自动空气断路器。它主要用在交直流低压电网中，既能带负载通断电路，又能在失电压、欠电压、短路和过载时自动跳闸，保护线路和电气设备，也可以用于不频繁起动电动机，是一种重要的控制和保护电器。断路器都装有灭弧装置；因此，它可以安全地带负载合闸与分闸。

1. 断路器的分类

断路器的种类很多，有多种分类方法。下面仅按结构型式和用途分类。

（1）按结构型式来分。

1）框架式（又称为万能式）。主要用作配电网络的保护开关，其实物结构如图 8-5（a）所示。

2）塑料外壳式（又称为装置式）。除用作配电网络的保护开关外，还用作电动机、照明线路的控制开关，其实物结构如图 8-5（b）所示。

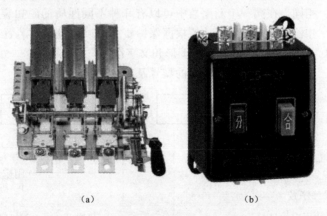

（a）   （b）

图 8-5　低压断路器的外形结构图
（a）万能式；（b）装置式

（2）按用途来分。可分为配电用断路器、电动机保护用断路器、照明用断路器、漏电保护用断路器。

断路器的结构型式很多，在自动控制系统中，塑料外壳式和漏电保护断路器由于结构紧凑、体积小、重量轻、价格低、安装方便，并且使用较为安全等特点，应用极为广泛。

2. 断路器的基本结构

低压断路器一般由触点系统、灭弧系统、操动机构、脱扣器及外壳或框架等组成。漏电保护断路器还需有电检测机构和动作装置等。各组成部分的作用如下。

（1）触点系统用于接通和断开电路。触点的结构型式有：对接式、桥式和插入式三种，一般采用银合金材料和铜合金材料制成。

（2）灭弧系统有多种结构型式，常用的灭弧方式有：窄缝灭弧和金属栅灭弧。

（3）操动机构用于实现断路器的闭合与断开。有手动操动机构、电动机操动机构、电磁铁操动机构等。

（4）脱扣器是断路器的感测元件，用来感测电路特定的信号（如过电压、过电流等），电路一旦出现非正常信号，相应的脱扣器就会动作，通过联动装置使断路器自动跳闸切断电路。脱扣器的种类很多，有电磁脱扣、热脱扣、自由脱扣、漏电脱扣，等等。电磁脱扣又分为过电流、欠电流、过电压、欠电压脱扣、分励脱扣等。

（5）外壳或框架是断路器的支持件，用来安装断路器的各个部分。

3. 断路器的基本工作原理

通过手动或电动等操动机构可使断路器合闸，从而使电路接通。当电路发生故障时，通过脱扣装置使断路器自动跳闸，达到故障保护的目的。

断路器工作原理分析如下：当主触点闭合后，若L3相电路发生短路或过电流（电流达到或超过过电流脱扣器动作值）事故时，过电流脱扣器的衔铁吸合，驱动自由脱扣器动作，主触点在弹簧的作用下断开；当电路过载时（L3相），热脱扣器的热元件发热使双金属片产生足够的弯曲，推动自由脱扣器动作，从而使主触点切断电路；当电源电压不足（小于欠电压脱扣器释放值）时，欠电压脱扣器的衔铁释放使自由脱扣器动作，主触点切断电路。分励脱扣器用于远距离切断电路，当需要分断电路时，按下分断按钮，分励脱扣器线圈通电，衔铁驱动自由脱扣器动作，使主触点切断电路。

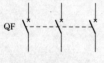

图8-6 断路器的
图形和文字符号

使用时要注意，不同型号、规格的断路器，内部脱扣器的种类不一定相同，在同一个断路器中可以有几种不同性质的脱扣装置。另外，各种脱扣器的动作值或释放值根据保护要求可以通过整定装置在一定的范围内调节。图8-6为断路器的图形和文字符号。

塑料外壳式断路器的型号及意义如下：

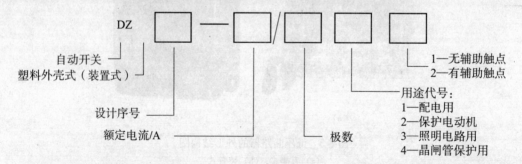

常用的框架结构低压断路器有DW10、DW15两个系列；塑料外壳式有DZ5、DZ10、DZ20等系列，在电气控制线路中，主要采用的是DZ5型和DZ10系列低压断路器，DZ5—20型低压断路器如图8-7所示。

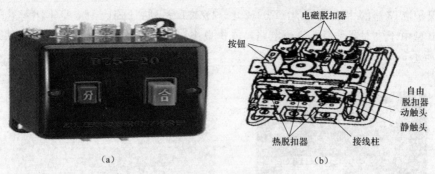

图 8-7　DZ5—20 型低压断路器

(a) 外形；(b) 结构

　　DZ10 系列为大电流系列，其额定电流的等级有 100、250、600A 三种，分断能力为 7～50kA。在机床电气系统中常用 250A 以下的等级，作为电气控制柜的电源总开关。DZ10 型低压断路器可根据需要装设热脱扣器（用双金属片作过载保护）、电磁脱扣器（只作短路保护）、复式脱扣器（可同时实现过载保护和短路保护）。DZ10 型低压断路器采用钢片灭弧栅，因为脱扣机构的脱扣速度快，灭弧时间短，一般断路时间不超过一个周期（0.02s），断流能力就比较大。其操作手柄有合闸位置、自由脱扣位置、分闸和再扣位置三个挡位，其外形结构和操作手柄位置如图 8-8 所示。

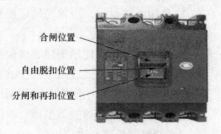

图 8-8　DZ10 型低压断路器
结构和操作手柄位置示意图

　　而 DZ20 为统一设计的新产品。

　　4. 漏电保护断路器

　　漏电保护断路器通常称为漏电保护开关，是为了防止低压电网中人身触电或漏电造成火灾等事故而研制的一种新型电器，除了起断路器的作用外，还能在设备漏电或人身触电时迅速断开电路，保护人身和设备的安全，因而使用十分广泛。

　　电磁式电流动作型漏电保护断路器的基本原理与结构如图 8-9 所示，它由主回路断路器（含跳闸脱扣器）和零序电流互感器、放大器三个主要部件组成。当设备正常工作时，主电路电流的相量和为零，零序电流互感器的铁心无磁通，其二次绕组没有感应电压输出，开关保持闭合状态。当被保护的电路中有漏电或有人触电时，漏电电流通过大地回到变压器中性点，从而使三相电流的相量和不为零，零序电流互感器的二次绕组中就产生感应电流，当该电流达到一定的值并经放大器放大后就可以使脱扣器动作，从而使断路器在很短的时间内动作而切断电路。

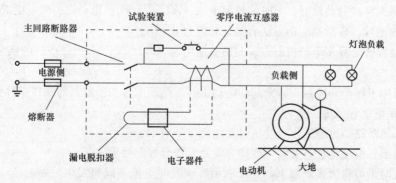

图 8-9　电磁式电流动作型断路器结构

233

漏电保护断路器的主要型号有 DZ5—20L、DZ15L 系列、DZL—16、DZL18—20 等，其中 DZL18—20 型由于放大器采用了集成电路，体积更小、动作更灵敏、工作更可靠。其实物外形如图 8-10 所示。

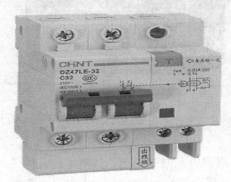

图 8-10　漏电保护断路器实物图

5. 断路器的选用

在选用断路器时，应首先确定断路器的类型，然后进行具体参数的确定。断路器的选择大致可按以下步骤进行。

(1) 应根据具体使用条件、被保护对象的要求选择合适的类型。一般在电气设备控制系统中，常选用塑料外壳式或漏电保护式断路器；在电力网主干线路中主要选用框架式断路器；而在建筑物的配电系统中则一般采用漏电保护式断路器。

(2) 在确定断路器的类型后，再进行具体参数的选择。选用的一般通则如下。

1) 断路器的额定工作电压（V）大于或等于被保护线路的额定电压（V）。

2) 断路器的额定工作电流（A）大于或等于被保护线路的计算负载电流（A）。

3) 断路器的额定通断能力（kA）大于或等于被保护线路中可能出现的最大短路电流（kA），一般按有效值计算。

4) 线路末端单相对地短路电流（A）大于或等于 1.25 倍断路器瞬时（或短延时）脱扣器整定电流（A）。

5) 断路器欠电压脱扣器额定电压（V）等于被保护线路的额定电压（V）。

6) 断路器分励脱扣器额定电压（V）等于控制电源的额定电压（V）。

7) 若断路器用于电动机保护，则电流整定值的选用应遵循以下原则。

① 断路器的延时电流整定值（A）等于电动机的额定电流（A）。

② 保护笼型异步电动机时，瞬时值整定电流（A）等于 K_f×电动机的额定电流（A）；系数 K_f 与电动机的型号、容量和起动方法有关，其值为 8～15。

③ 保护绕线转子异步电动机时，瞬时值整定电流（A）等于 K_f×电动机的额定电流（A）；系数 K_f 值为 3～6。

若断路器用于保护和控制不频繁起动电动机时，则还应考虑断路器的操作条件和电寿命。

6. 断路器使用注意事项

为保证低压断路器可靠工作，使用时要注意以下事项。

(1) 断路器要按规定垂直安装，连接导线必须符合规定要求。

(2) 工作时不可将灭弧罩取下，灭弧罩损坏应及时更换，以免发生短路时电流不能熄灭的事故。

（3）脱扣器的整定值一经调好就不要随意变动，但应作定期检查，以免脱扣器误动作或不动作。

（4）分断短路电流后，应及时检查主触点，若发现弧烟痕迹，可用干布擦尽；若发现触点烧毛应及时修复。

（5）使用一定次数（一般为 1/4 机械寿命）后，应给操动机构添加润滑油。

（6）应定期清除断路器的污垢，以免影响操作和绝缘。

课题三　熔　断　器

低压熔断器广泛用于低压供配电系统和控制系统中，主要用作短路保护，有时也可用于过载保护。熔断器串联在电路中，当电路发生短路或严重过载时，熔断器中的熔体将自动熔断，从而切断电路，起到保护作用。

熔断器结构简单、体积小巧、价格低廉、工作可靠、维护方便，是电气设备重要的保护元件之一。

一、低压熔断器的种类及型号

（1）低压熔断器的种类。熔断器的种类很多，按其结构可分为半封闭插入式熔断器、有填料螺旋式熔断器、有填料封闭管式熔断器、无填料封闭管式熔断器、有填料管式快速熔断器、半导体保护用熔断器及自复式熔断器等。熔断器的种类不同，其特性和使用场合也有所不同，在工厂电器设备自动控制中，半封闭插入式熔断器、螺旋式熔断器使用最为广泛。

（2）低压熔断器的型号及意义。

1）熔断器型号及意义。熔断器的型式：C—瓷插式熔断器；L—螺旋式熔断器；M—无填料封闭管式熔断器；T—有填料管式快速熔断器；S—快速熔断器；Z—自复式熔断器。

熔断器型号如下：

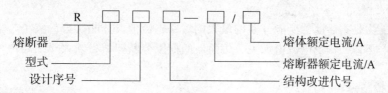

2）熔断器的图形和文字符号如图 8-11 所示。

二、熔断器的基本结构

熔断器的种类很多，使用场合也不尽相同，但从其功能上来区分，

图 8-11　熔断器图形和文字符号

可分为熔座（支持件）和熔体两个组成部分。熔座用于安装和固定熔体，而熔体则串联在电路中。当电路发生短路或者严重过载时，通过熔断器的电流超过某一规定值，以其自身产生的热量使熔体熔断，从而自动分断电路，起到保护作用，这也是熔断器的工作原理。

熔断器灭弧方法大致有两种。一种是将熔体装在一个密封绝缘管内，绝缘管由高强度材料制成，并且，这种材料在电弧的高温下，能分解出大量的气体，使管内产生很高的压力，用以压缩电弧和增加电弧的电位梯度，以达到灭弧的目的。另一种是将熔体装在有绝缘砂粒填料（如石英砂）的熔管内，在熔体断开电路产生电弧时，石英砂可以吸收电弧能量，金属蒸气可以散发到砂粒的缝隙中，熔体很快冷却下来，从而达到灭弧的目的。

熔体是熔断器的主要组成部分，常用形式有：丝状、片状或栅状。一般用铅、铅锡合金、

锌、银、铜等材料制成；铅、铅锡合金、锌等低熔点材料一般多用于小电流电路，银、铜等较高熔点的金属多用于大电流电路。熔体的熔点温度一般在 200～300℃左右。

三、熔断器的保护特性及主要参数

1. 熔断器的保护特性

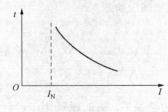

图 8-12　熔断器的保护特性

熔断器的保护特性又称为安秒特性，它表示熔体熔断的时间与流过熔体的电流大小之间的关系特性。熔断器的安秒特性如图 8-12 所示。

熔断器的安秒特性为反时限特性，即通过熔体的电流值越大，熔断时间越短。具有这种特性的元件就具备短路保护和过载保护能力。熔断器的熔断电流与熔断时间的数值关系见表 8-2。

表 8-2　　　　　　　　　　　熔断器的熔断电流与熔断时间的数值关系

熔断电流倍数	1.25～1.3	1.6	2	2.5	3	4
熔断时间	∞	1h	40s	8s	4.5s	2.5s

2. 熔断器的主要参数

（1）额定电压。这是从灭弧角度出发，规定熔断器所在电路工作电压的最高限额。如果线路的实际电压超过熔断器的额定电压，一旦熔体熔断就有可能发生电弧不能及时熄灭的现象。

（2）额定电流。实际上是指熔座的额定电流，这是由熔断器长期工作所允许的温升决定的电流值。配用的熔体的额定电流应小于或等于熔断器的额定电流。

（3）熔体的额定电流。是指熔体长期通过此电流而不熔断的最大电流。生产厂家生产不同规格的熔体供用户选择使用。

3. 极限分断能力

极限分断能力是指熔断器所能分断的最大的短路电流值。分断能力的大小与熔断器的灭弧能力有关，而与熔体的额定电流值无关。熔断器的极限分断能力必须大于线路中可能出现的最大短路电流值。

四、常用熔断器简介

1. 半封闭插入式熔断器

半封闭插入式熔断器又称为瓷插式熔断器，其结构如图 8-13 所示，它由瓷质底座和瓷插件两部分构成，熔体安装在瓷插件内。熔体通常用铅锡合金制成，也有用铜丝作为熔体。其结构简单、价格低廉、体积小、带电更换熔体方便，且具有较好的保护特性。主要用于中、小容量的控制电路和小容量低压分支电路中。

常用的型号有 RC1A 系列，其额定电压为 380V，额定电流有 5、10、15、30、60、100、200A 等 7 个等级。RC1A 系列插入式熔断器一般用在交流 50Hz、额定电压 380V 及以下，额定电流 200A 及以下的低压线路末端或分支电路中，作为电气设备的短路保护及一定程度的过载保护。

半封闭插入式熔断器的型号如下：

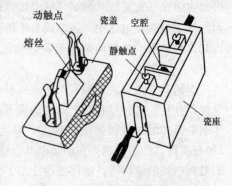

图 8-13　半封闭插入式熔断器结构图

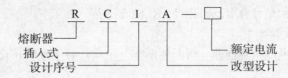

2. 螺旋式熔断器

螺旋式熔断器的结构如图 8-14 所示，它由瓷底座、瓷帽、瓷套和熔断管组成。熔断体安装在熔断体的瓷质熔管内，熔管内部充满起灭弧作用的石英砂。熔断体自身带有熔体熔断指示装置。螺旋式熔断器是一种具有填料的封闭管式熔断器，结构较瓷插式熔断器复杂。

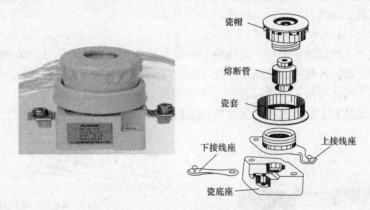

图 8-14　螺旋式熔断器外形与结构图

螺旋式熔断器具有较好的抗振性能，灭弧效果与断流能力均优于瓷插式熔断器，它广泛应用于控制箱、配电屏、机床设备及振动较大的场合，在交流额定电压 500V、额定电流 200A 及以下的电路中，作为短路保护器件。其实物与结构如图 8-15 所示。

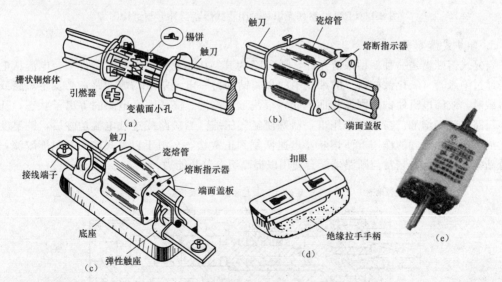

图 8-15　有填料封闭管式熔断器外形与结构图
（a）熔体；（b）熔管；（c）熔断器；（d）绝缘操作手柄；（e）实物

螺旋式熔断器接线时要注意，电源进线接在瓷底座的下接线端上，负载线接在与金属螺纹壳相连的上接线端上。

常用螺旋式熔断器的型号有 RL6、RL7、RLS2 等系列。

3. 有填料封闭管式熔断器

有填料封闭管式熔断器由瓷底座、熔断体两部分组成，熔体安放在瓷质熔管内，熔管内部充满石英砂作灭弧用。

有填料封闭管式熔断器具有熔断迅速、分断能力强、无声光现象等良好性能，但结构复杂，价格昂贵。是一种大分断能力的熔断器，广泛应用于短路电流较大的电力输配电系统中，作为电缆、导线和电气设备的短路保护及导线、电缆的过载保护。

常用的有填料封闭管式熔断器的型号有 RT0、RT12、RT14、RT15、RT17 等系列。RT0系列有填料封闭管式熔断器外形与结构如图 8-15 所示。

4. 无填料封闭管式熔断器

无填料封闭管式熔断器主要用于低压电力网以及成套配电设备中。无填料封闭管式熔断器由插座、熔断管、熔体等组成。适用于交流 50Hz、额定电压 380V 或直流额定电压 440V 及以下电压等级的动力网络和成套配电设备中，作为导线、电缆及较大容量电气设备的短路和连续过载保护。主要型号有 RM10 系列，其实物与结构如图 8-16 所示。

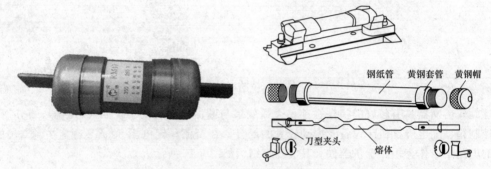

图 8-16　RM10 系列无填料封闭管式熔断器外形与结构图

5. 自复式熔断器

自复式熔断器是一种新型限流元件，图 8-17 为其结构示意图。在正常条件下，电流从电流端子通过绝缘管（氧化铍材料）的细孔中的金属钠到另一电流端子构成通路；当发生短路或严重过载时，故障电流使钠急剧发热而汽化，很快形成高温、高压、高电阻的等离子状态，从而限制短路电流的增加。在高压作用下，活塞使氩气压缩。当短路或过载电流切除后，钠温度下降，活塞在压缩氩气的作用下使熔断器迅速恢复到正常状态。由于自复式熔断器只能限流，不能分断电流，因此，它常与断路器配合使用以提高组合分断能力。

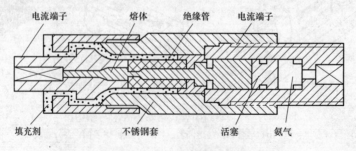

图 8-17　自复式熔断器结构图

自复式熔断器的优点是：具有限流作用，重复使用时不必更换熔体等。常用熔断器的熔体一旦熔断，必须更换新的熔体，这就给使用带来不便，而且延缓了供电时间。自复式熔断器是一种限流电器，其本身不具备分断能力，但是和断路器串联使用时，可以提高断路器的分断能力，可以多次使用。

它的主要技术参数为额定电压380V，额定电流有100、200A，与断路器组合后分断能力可达100kA。

6．快速熔断器

快速熔断器又称半导体器件保护用熔断器。主要用于半导体元件或整流装置的短路保护。由于半导体元件的过载能力很低，只能在极短的时间内承受较大的过载电流，因此要求短路保护器件具有快速熔断能力。快速熔断器能满足这种要求，且结构简单，使用方便，动作灵敏可靠，因而得到广泛应用。快速熔断器的结构与有填料封闭管式熔断器基本相同，但熔体材料和开头不同，一般熔体用银片冲成有V形深槽的变截面形状，如图8-18所示。

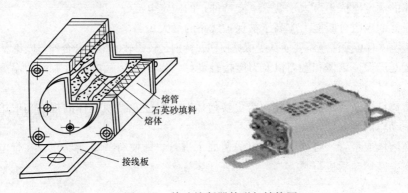

图8-18　快速熔断器外形与结构图

五、熔断器的选用

熔断器的选用包括熔断器的种类选择和额定参数选择。

1．熔断器种类选择

熔断器的选择应根据使用场合、线路的要求及安装条件作出选择。在工厂电器设备自动控制系统中，半封闭插入式熔断器、有填料螺旋式熔断器的使用极为广泛；在供配电系统中，有填料封闭管式熔断器和无填料封闭管式熔断器使用较多；而在半导体电路中，主要选用快速熔断器作短路保护。

2．熔断器额定参数选择

在确定熔断器的种类后，就必须对熔断器的额定参数作出正确的选择。

（1）熔断器额定电压 U_N 的选择。熔断器额定电压应大于或等于线路的工作电压 U_L，即 $U_N \geqslant U_L$。

（2）熔断器额定电流的 I_N 选择。实际上就是选择支持件的额定电流，其额定电流必须大于或等于所装熔体的额定电流 I_{RN}，即 $I_N \geqslant I_{RN}$。

（3）熔体额定电流 I_{RN} 的选择。按照熔断器保护对象的不同，熔体额定电流的选择方法也有所不同。主要有以下几个方面。

1）当熔断器保护电阻性负载时，熔体额定电流等于或稍大于电路的工作电流，即 $I_{RN} \geqslant I_L$。

2）当熔断器保护一台电动机时，考虑到电动机受起动电流的冲击，必须保证熔断器不会因为电动机起动而熔断。熔断器的额定电流可按下式计算，即 $I_{RN} \geqslant (1.5 \sim 2.5)I_N$，式中 I_N 为电动机额定电流，轻载起动或起动时间短时，系数可取得小些，若重载起动或起动时间长时，系数可取得大些。

3）当熔断器保护多台电动机时，额定电流可按下式计算，即 $I_{RN} \geqslant (1.5 \sim 2.5)I_{MN} + \sum I_N$，式中 I_{MN} 为容量最大的电动机额定电流；$\sum I_N$ 为其余电动机额定电流之和；系数的选取方法同前。

4）当熔断器用于配电电路中时，通常采用多级熔断器保护，发生短路事故时，远离电源端的前级熔断器应先熔断。所以一般后一级熔体的额定电流比前一级熔体的额定电流至少大一个等级，以防止熔断器越级熔断而扩大停电范围。同时必须校核熔断器的断流能力。

六、熔断器使用注意事项

为保证低压熔断器可靠工作，使用时要注意以下事项。

（1）低压熔断器的额定电压应与线路的电压相吻合，不得低于线路电压。

（2）熔体的额定电流不可大于熔管（支持件）的额定电流。

（3）熔断器的极限分断能力应高于被保护线路的最大短路电流。

（4）安装熔体时必须注意不要使其受机械损伤，特别是较柔软的铅锡合金丝，以免发生误动作。

（5）安装时应保证熔体和触刀以及刀座接触良好，以免因接触电阻过大而使温度过高发生误动作。

（6）当熔体已熔断或已严重氧化，需更换熔体时，要注意新换熔体的规格与旧熔体的规格相同，以保证动作的可靠性。

（7）更换熔体或熔管，必须在不带电的情况下进行，即使有些熔断器允许在带电情况下取下，也必须在电路切断后进行。

课题四 继 电 器

继电器是一种根据外界输入信号（电信号或非电信号）来控制电路"接通"或"断开"的自动电器，主要用于控制、线路保护或信号转换。

继电器的种类很多，分类方法也较多。按用途来分，可分为控制继电器和保护继电器；按反应的信号来分，可分为电压继电器、电流继电器、时间继电器、热继电器和速度继电器等；按动作原理来分，可分为电磁式、电子式和电动式等。

一、电磁式继电器

电磁式继电器主要有电压继电器、电流继电器和中间继电器等。

电磁式继电器的结构、工作原理与接触器相似，由电磁系统、触点系统和反力系统三部分组成，其中电磁系统为感测机构，由于其触点主要用于小电流电路中（电流一般不超过10A），因此不专门设置灭弧装置。

电磁式继电器工作原理与接触器相同，当吸引线圈通电（或电流、电压达到一定值）时，衔铁运动驱动触点动作。

通过调节反力弹簧的弹力、止动螺钉的位置或非磁性垫片的厚度，可以达到改变电器动作值和释放值的目的。

1. 电流继电器

电流继电器根据电路中电流大小动作或释放，用于电路的过电流或欠电流保护，电流继电器线圈的匝数少，导线粗，阻抗小，使用时其吸引线圈直接（或通过电流互感器）串联在被控电路中。电流继电器有直流电流继电器和交流电流继电器之分。

（1）过电流继电器。是指用于电路过电流保护，当电路工作正常时不动作；当电路出现故障、电流超过某一整定值时，引起开关电器有延时或无延时动作的继电器。主要用于频繁起动和重载起动的场合，作为电动机和主电路的过载和短路保护。其外形如图 8-19 所示，其图形和文字符号如图 8-20 所示。

图 8-19　过电流继电器外形图　　　　　　图 8-20　过电流继电器图形和文字符号

（2）欠电流继电器。欠电流继电器用于电路欠电流保护，电路在线圈电流正常时，继电器的衔铁与铁心是吸合的，当通过继电器的电流减小到某一整定值以下时，欠电流继电器释放。常用于直流电动机励磁电路和电磁吸盘的弱磁保护。其外形如图 8-21 所示。其图形和文字符号如图 8-22 所示。

图 8-21　欠电流继电器外形图　　　　　　图 8-22　欠电流继电器图形和文字符号

欠电流继电器动作电流为线圈额定电流的 $30\%\sim65\%$，释放电流为线圈额定电流的 $10\%\sim20\%$。

2. 电压继电器

电压继电器根据电路中电压的大小来控制电路的"接通"或"断开"。主要用于电路的过电压或欠电压保护，继电器线圈的导线细、匝数多、阻抗大，使用时其吸引线圈直接（或通过电压互感器）并联在被控电路中。

电压继电器有直流电压继电器和交流电压继电器之分，同一类型又可分为过电压继电器、欠电压继电器和零电压继电器。交流电压继电器用于交流电路，而直流电压继电器则用于直流电路中，它们的工作原理是相同的。

（1）过电压继电器。是指用于电路过电压保护，当电压大于其整定值时动作的电压继电器，主要用于对电路或设备作过电压保护，常用的过电压继电器为 JT4—A 系列，其动作电压可在 $105\%\sim120\%$ 额定电压范围内调整。

（2）欠电压继电器。是指用于电路欠电压保护，当电压降至某一规定范围时动作的电压继电器。

（3）零电压继电器。是欠电压继电器的一种特殊形式，当继电器的端电压降至 0 或接近消失时才动作。

欠（零）电压继电器正常工作时，铁心与衔铁吸合，当电压低于整定值时，衔铁释放，带动触点复位，对电路实现欠电压或零电压保护。JT4—P 系列欠电压继电器的释放电压：$40\%\sim70\%$ 额定电压；零电压继电器的释放电压：$10\%\sim35\%$ 额定电压。

欠电压、过电压继电器图形和文字符号如图 8-23 所示。

3. 中间继电器

中间继电器实际上是一种动作值与释放值不能调节的电压继电器，其输入信号是线圈的通电和断电，输出信号是触点的动作。它主要用于传递控制过程中的中间信号。中间继电器的触点数量比较多，可以将一路信号转变为多路信号，以满足控制要求。

中间继电器结构及工作原理与接触器基本相同。但中间继电器的触点对数多，且没有主辅之分，各对触点允许通过的电流大小相同，多数为5A，可用来控制多个元件或回路。

中间继电器图形与文字符号如图8-24所示，常用的中间继电器如图8-25所示。

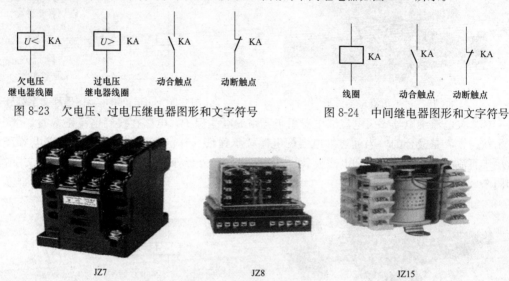

图 8-23　欠电压、过电压继电器图形和文字符号　　　　图 8-24　中间继电器图形和文字符号

JZ7　　　　　　　JZ8　　　　　　　JZ15

图 8-25　常见中间继电器外形图

4. 通用继电器

通用继电器的磁路系统是由U形静铁心和一块板状衔铁构成。U形静铁心与铝座浇铸成一体，线圈安装在静铁心上并通过环形极靴定位，之所以称为通用继电器，是因为可以很方便地更换不同性质的线圈，而将其制成电压继电器、电流继电器、中间继电器或时间继电器等。如果装上电流线圈就成为一个电流继电器。

二、时间继电器

当继电器的感测机构接收到外界动作信号、经过一段时间延时后触点才动作的继电器，称为时间继电器。时间继电器是一种利用电磁原理或机械的动作原理实现触点延时接通和断开的自动控制电器。它广泛用于需要按时间顺序进行控制的电气控制线路中。

时间继电器按动作原理可分为电磁式、空气阻尼式、电动式和电子式；按延时方式可分为通电延时和断电延时两种。

电磁式时间继电器结构简单，价格低廉，但体积和重量较大，延时较短。它利用电磁阻尼来产生延时，只能用于直流断电延时，主要用在配电系统。电动式时间继电器延时精度高，延时可调范围大，但结构复杂，价格贵。空气阻尼式时间继电器延时精度不高，价格便宜，整定方便。晶体管式时间继电器结构简单、延时范围广、精度高、消耗功率小、调整方便及寿命长。

图8-26为时间继电器的图形和文字符号。

1. 空气阻尼式时间继电器

空气阻尼式时间继电器又称为空气式时间继电器或气囊式时间继电器。利用气囊中的空气通过小孔节流的原理来获得延时动作。根据触点延时的特点，可分为通电延时动作型和断电延时复位型两种。

空气阻尼式时间继电器由电磁机构、触点系统和空气阻尼器三部分组成，图8-27为空气阻

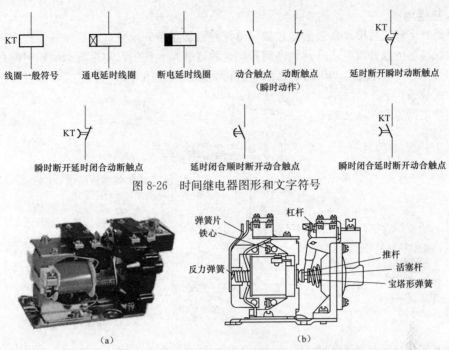

图 8-26 时间继电器图形和文字符号

图 8-27 JS7—A 系列空气阻尼式时间继电器外形和结构图
(a) 外形；(b) 结构

尼式时间继电器的外形和结构图。

空气阻尼式时间继电器工作原理：当线圈通电后衔铁吸合，活塞杆在塔形弹簧作用下带动活塞及橡皮膜向上移动，橡胶膜下方空气室空气变得稀薄而形成负压，活塞杆只能缓慢移动，其移动速度由进气孔气隙大小来决定。经一段时间延时后，活塞杆通过杠杆压动微动开关使其动作，达到延时的目的。当线圈断电时，衔铁释放，橡皮膜下方空气室通过活塞肩部所形成的单向阀迅速排放，使活塞杆、杠杆、微动开关迅速复位。通过调节进气孔气隙大小可改变延时时间的长短。通过改变电磁机构在继电器上的安装方向可以获得不同的延时方式。

空气阻尼式时间继电器的特点是：延时范围较大（0.4～180s），不受电压和频率波动的影响；结构简单、寿命长、价格低。缺点是：延时误差大，精确整定难，延时值易受周围环境温度尘埃等的影响，对延时精度要求较高的场合不宜采用。使用时要注意：刻度盘上的指示值是一个近似值，仅作参考用，主要型号有 JS7、JS16 和 JS23 等系列。JS7—A 系列断电延时型和通电延时型时间继电器的组成元件是通用的。如果将通电延时型时间继电器的电磁机构翻转 180°，安装即成为断电延时型时间继电器。

2. 电子式时间继电器

电子式时间继电器具有体积小、延时范围大、精度高、寿命长以及调节方便等特点，目前在自动控制领域应用十分广泛。

JS20 系列时间继电器采用插座式结构，所有元件装在印刷电路板上，用螺钉使之与插座紧固，再装上塑料罩壳组成本体部分，在罩壳顶面装有铭牌和整定电位器旋钮，并有动作指示灯。主要使用型号有 JS20、JS13、JS14 等系列，JS20 系列时间继电器采用的延时电路分为两类，一类是场效应晶体管电路，另一类是单结晶体管电路。JS20 晶体管时间继电器外形如图 8-28 所示。

图 8-28 JS20 晶体管时间继电器外形图

243

三、热继电器

电动机在运行过程中经常会遇到过载（电流超过额定值）现象，只要过载不严重、时间不长，电动机绕组的温升没有超过其允许温升，这种过载是允许的；如果电动机长时间过载，温升超过允许温升，轻则使电动机的绝缘加速老化而缩短其使用寿命，严重时可能会使电动机因温度过高而烧毁。

时间继电器型号及意义如下：

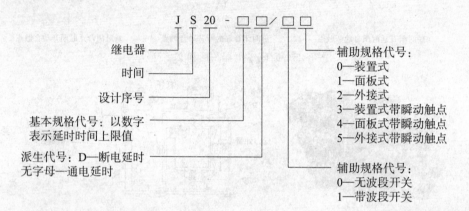

热继电器是利用电流通过发热元件时所产生的热量，使双金属片受热弯曲而推动触点动作的一种保护电器。它主要用于电动机的过载保护、断相保护以及电流不平衡运行保护，也可用于其他电气设备发热状态的控制。

1. 热继电器的保护特性

作为对电动机过载保护的热继电器，应能保证电动机不因过载烧毁，同时又要能最大限度地发挥电动机的过载能力，因此热继电器必须具备以下一些条件。

（1）具备一条与电动机过载特性相似的反时限保护特性，其位置应在电动机过载特性的下方。为充分发挥电动机的过载能力，保护特性应尽可能与电动机过载特性贴近。

（2）具有一定的温度补偿性，当周围环境温度发生变化引起双金属片弯曲而带来动作误差时，应具有自动调节补偿功能。

（3）热继电器的动作值应能在一定范围内调节以适应生产和使用要求。

2. 热继电器的结构与工作原理

（1）结构。热继电器由发热元件、双金属片、触点系统和传动机构等部分组成。有两相结构和三相结构热继电器之分；三相结构热继电器又可分为带断相保护和不带断相保护两种。图 8-29 为三相结构热继电器外形和内部结构示意图。

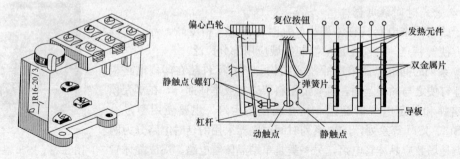

图 8-29　热继电器外形与内部结构图

（2）发热元件。由电阻丝制成，使用时它与主电路串联（或通过电流互感器）；当电流通过热元件时，热元件对双金属片加热，使双金属片受热弯曲。热元件对双金属片加热方式有三种：直接加热、间接加热和复式加热。

（3）双金属片。它是热继电器的核心部件，由两种热膨胀系数不同的金属材料辗压而成；当它受热膨胀时，会向膨胀系数小的一侧弯曲。此外，还具有调节机构和复位机构，热继电器图形和文字符号如图8-30所示。

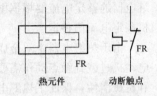

图8-30 热继电器图形和文字符号

（4）热继电器的工作原理。当电动机未超过额定电流时，双金属片自由端弯曲的程度不足以触及动作机构，因此热继电器不会工作；当电流超过额定电流时，双金属片自由端弯曲的位移将随着时间的积累而增加，最终将触及动作机构而使热继电器动作，切断了电动机控制电路。由于双金属片弯曲的速度与电流大小有关，电流越大时，弯曲的速度也越快，于是动作时间就短。反之，则时间就长，这种特性称为反时限特性。只要热继电器的整定值调整得恰当，就可以使电动机在温度超过允许值之前停止运转，避免因高温而造成损坏。

当电动机起动时，电流很大，但时间很短，热继电器不会影响电动机的正常起动。表8-3是热继电器动作时间和电流之间的关系表。

表 8-3 热 继 电 器 保 护 特 性

电流/A	动作时间	试验条件
$1.05I_N$	$>1\sim2h$	冷态
$1.2I_N$	$<20min$	热态
$1.5I_N$	$<2min$	热态
$6.0I_N$	$>5s$	冷态

3．具有断相保护能力的热继电器

电动机断相运行是造成大多数电动机烧毁的主要原因，因此对电动机断相保护的意义十分重大。

具有断相保护能力的热继电器其动作机构中有差分放大机构，这种差分放大机构在电动机断相运行时，对动作机构的移动有放大作用。当电动机正常运行时，由于三相双金属片均匀加热，因而整个差动机构向左移动，动作不能被放大；当电动机断相运行时，由于内导板被未加热的双金属片卡住而不能移动，外导板在另两相双金属片的驱动下向左移动，使杠杆绕支点转动将移动信号放大，这样使热继电器动作加速，提前切断电源。

由于差分放大作用，通过热继电器的电流在尚未到达整定电流之前就可以动作，从而达到断相保护的目的。

4．热继电器的选用

（1）热继电器种类的选择。

1）当电动机星形联结时，选用两相或三相热继电器均可进行保护。

2）当电动机三角形联结时，应选用三相带差分放大机构的热继电器才能进行最佳的保护。

（2）热继电器主要参数的选择。

1）额定电压。热继电器额定电压是指触点的电压值，选用时要求额定电压大于或等于触点所在线路的额定电压。

2）额定电流。是指允许装入的热元件的最大额定电流值。每一种额定电流的热继电器可以装入几种不同电流规格的热元件。选用时要求额定电流大于或等于被保护电动机的额定电流。

3) 热元件规格。用电流值表示，它是指热元件允许长时间通过的最大电流值。选用时一般要求其电流规格小于或等于热继电器的额定电流。

4) 热继电器的整定电流。是指长期通过热元件又刚好使热继电器不动作的最大电流值。热继电器的整定电流要根据电动机的额定电流、工作方式等情况调整而定。一般情况下可按电动机额定电流值整定。

由于热继电器主双金属片受热膨胀的热惯性及动作机构传递信号的惰性原因，热继电器从电动机过载到触点动作需要一定的时间，因此热继电器不能做短路保护。但也正是这个热惯性和机械惰性，保证了热继电器在电动机起动或短时过载时不会动作，从而满足了电动机的运行要求，避免电动机不必要的停车。同理，当电动机处于重复短时工作时，也不适合用热继电器作其过载保护，而应选择能及时反映电动机温升变化的温度继电器作为过载保护。

需要指出的是，对于重复短时工作制的电动机（如起重机），由于电动机不断重复升温，热继电器双金属片的温升跟不上电动机绕组的温升变化，因而电动机将得不到可靠保护。因此，不宜采用双金属片式热继电器。

热继电器主要型号有：JR20、JRS1、JR0、JR14 等系列，引进产品有 T 系列、3UA 系列和 LR1—D 系列等。热继电器型号及意义如下：

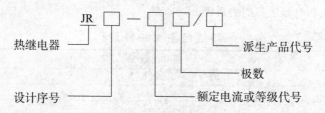

四、速度继电器

速度继电器主要用于电动机反接制动，也称反接制动继电器。电动机反接制动时，为防止电动机反转，必须在反接制动结束时或结束前及时切断电源。

1. 速度继电器结构

速度继电器主要由转子、定子和触点三个部分组成。转子是一块永久磁铁，固定在轴上。定子的结构与笼型异步电动机相似，是一个笼型空心圆环，由硅钢片叠压而成，并装有笼型绕组。

2. 速度继电器的工作原理

速度继电器使用时，其轴与电动机轴相连，外壳固定在电动机的端盖上。当电动机转动时带动速度继电器的转子（磁极）转动，于是在气隙中形成一个旋转磁场，定子绕组切割该磁场而产生感应电流，进而产生力矩，定子受到的磁场力的方向与电动机的旋转方向相同，从而使定子向轴的转动方向偏摆，通过定子拨杆拨动触点，使触点动作。在杠杆推动触头的同时也压缩反力弹簧，其反作用阻止定子继续转动。当转子的转速下降到一定数值时，电磁转矩小于反力弹簧的反用力矩，定子便回到原来位置，对应的触头恢复到原来状态。速度继电器的动作转速一般为120r/min，复位转速约在100r/min 以下。常用的速度继电器有 JY1、JFZ0 型，其中 YJ1 型能在3000r/min 以下可靠地工作，JFZ0 型的两组触点改用两个微动开关，使其触点的动作速度不受定子偏转速度的影响，额定工作转速有 300～1000r/min（JFZ0—1 型）和 1000～3600r/min（JFZ0—2 型）两种。

速度继电器的图形和文字符号如图 8-31 所示。

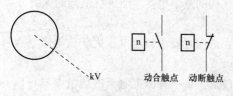

图 8-31　速度继电器图形和文字符号

速度继电器的型号如下：

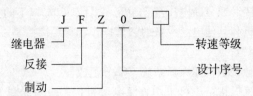

五、压力继电器

压力继电器是根据压力源压力的变化情况决定触点的断开或闭合，以便对机械设备提供某种保护或控制的继电器，常用于气动控制系统或多机床自动线中，或用于气路中做联锁装置，也可用于机床上的气动卡盘、管道中。当压力低于整定值时，压力继电器使机床自动停车，以保证安全。

压力继电器由缓冲器、橡皮薄膜、顶杆、压缩弹簧、调节螺母和微动开关组成。微动开关与顶杆距离一般大于 0.2mm。压力继电器安装在气路、水路或油路的分支管路中。当管道压力超过整定值时，通过缓冲器、橡皮膜抬起顶杆，使微动开关动作，当管道压力低于整定值后，顶杆脱离微动开关，使触头复位。常用的压力继电器有 YJ 系列、YT—1226 系列等，压力继电器的控制压力可通过放松或拧紧调整螺母来改变。压力继电器结构与图形文字符号如图 8-32 所示。

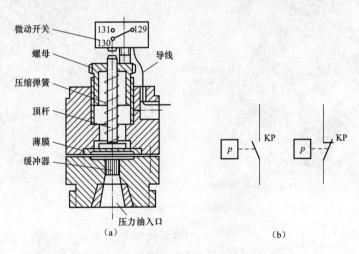

图 8-32　压力继电器结构与图形文字符号
(a) 结构；(b) 图形文字符号

课题五　接　触　器

接触器是一种用途最为广泛的开关电器。它利用电磁、气动或液动原理，通过控制电路来实现主电路的通断。接触器具有通断电流能力强、动作迅速、操作安全、能频繁操作和远距离控制等优点，但不能切断短路电流，因此接触器通常须与熔断器配合使用。接触器的主要控制对象是电动机，也可用来控制其他电力负载，如电炉等。

接触器的分类方法较多，可以按驱动触点系统动力来源的不同分为电磁式接触器、气动式接触器或液动式接触器；也可按灭弧介质的性质，分为空气式接触器、油浸式接触器和真空接触器等，还可按主触点控制的电流性质，分为交流接触器和直流接触器等。

一、交流接触器

交流接触器主要用于接通或分断电压至 1140V、电流 630A 以下的交流电路。在设备自动控制系统中,可实现对电动机和其他电气设备的频繁操作和远距离控制。

1. 基本结构与工作原理

接触器由电磁机构、触点系统和灭弧系统三部分组成。

电磁机构一般采用交流机构,也可采用直流电磁机构。吸引线圈为电压线圈,使用时并接在电压相当的控制电源上。当线圈通电后,衔铁在电磁吸力的作用下,克服复位弹簧的反力与铁心吸合,带动触头动作,从而接通或断开相应电路。当线圈断电后,动作过程与上述相反。

触点可分为主触点和辅助触点,主触点一般为三极动合触点,电流容量大,通常装设灭弧机构,因此具有较大的电流通断能力,主要用于大电流电路(主电路);辅助触点电路电流容量小,不专门设置灭弧机构,主要用在小电流电路(控制电路或其他辅助电路)中作联锁或自锁之用。图 8-33 为 CJ20 型接触器外形及结构图。其图形文字符号如图 8-34 所示。

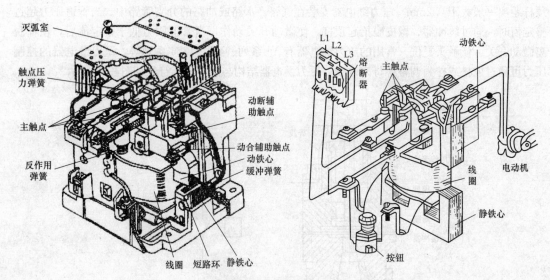

图 8-33　接触器外形与结构图

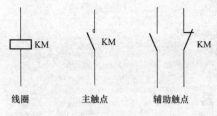

图 8-34　接触器图形和文字符号

接触器用于通断大电流电路,通常采用电动力灭弧、纵缝灭弧和金属栅片灭弧。

(1)电动力灭弧。当触头断开时,在断口处产生电弧。此时,电弧可以看作一载流导体产生磁场,依左手定则,将会对电弧产生一个电动力,将电弧拉断,从而起到灭弧作用。

(2)纵缝灭弧。依靠磁场产生的电动力将电弧拉入用耐弧材料制成的狭缝中,以加快电弧冷却,达到灭弧的目的。

(3)金属栅片灭弧。当电器的触头分开时,所产生的电弧在电动力的作用下被拉入一组静止的金属片中。这组金属片称为栅片,是互相绝缘的。电弧进入栅片后被分割成数股,并被冷却以达到灭弧的目的。

交流接触器的铁心和衔铁一般用 E 形硅钢片叠压铆成。是交流接触器发热的主要部件。E形铁心的中柱端面需留有 0.1～0.2mm 的气隙,以减小剩磁影响,避免线圈断电后衔铁粘住不能释放。线圈一般做成粗而短的圆筒形,并且绕在绝缘骨架上,使铁心与线圈之间有一定间隙,增加散热，避免线圈受热烧损。为了消除振动和噪声，在交流接触器铁心和衔铁的两个不同端部各开一个槽，槽内嵌装一个用铜、康铜或镍铬合金材料制成的短路环，又称减振环或分磁环，保证衔铁可靠吸合。

　　交流接触器的工作原理是：当吸引线圈通电后，衔铁被吸合，并通过传动机构使触点动作，达到接通或断开电路的目的；当线圈断电后，衔铁在反力弹簧作用下回到原始位置使触点复位。接触器电磁机构的动作值与释放值不需要调整，所以无整定机构。

　　2. 接触器的主要技术参数

　　（1）额定工作电压。是指在规定条件下，能保证电器正常工作的电压值。它与接触器的灭弧能力有很大的关系。根据我国电压标准，接触器额定工作电压为交流 380、660、1140V。

　　（2）额定电流。是指由接触器在额定的工作条件（额定电压、操作频率、使用类别、触点寿命等）下所决定的电流值。目前我国生产的接触器额定电流一般小于或等于 630A。

　　（3）通断能力。是以电流大小来衡量，接通能力是指开关闭合接通电流时不会造成触点熔焊的能力；断开能力是指开关断开电流时能可靠熄灭电弧的能力。通断能力与接触器的结构及灭弧方式有关。

　　（4）机械寿命。是指在无须修理的情况下所能承受的不带负载的操作次数。一般接触器的机械寿命可达 600 万～1000 万次。

　　（5）电寿命。是指在规定使用类别和正常操作条件下不需修理或更换零件的负载操作次数。一般电寿命约为机械寿命的 1/20 倍。

　　此外，还有操作频率，吸引线圈的参数，如额定电压、起动功率、吸持功率和线圈消耗功率等。

　　交流接触器的型号及意义如下：

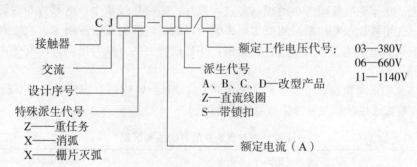

　　3. 交流接触器选用

　　由于使用场合及控制对象不同，接触器的操作条件与工作繁重程度也不相同。为了尽可能经济、正确地使用接触器，必须对控制对象的工作情况以及接触器性能有一全面了解。接触器铭牌上所规定的电压、电流、控制功率等参数是在某一使用条件下的额定数据，而电气设备实际使用时的工作条件是千差万别的，因此在选用接触器时必须根据实际条件正确选用。

　　（1）根据接触器控制负载的实际工作任务的繁重程度选用相应使用类别的接触器。接触器产品系列是按使用类别设计的，交流接触器使用类别有 5 类：AC—0～AC—4。

　　AC—0 类用于微感负载或电阻性负载，接通和分断额定电压和额定电流。

　　AC—1 类用于起动和运转中断开绕线转子电动机。在额定电压下，接通或断开 2.5 倍的额定电流。

　　AC—2 类用于起动、反接制动、反向接通与断开笼型异步电动机。在额定电压下接通或断开 2.5 倍的额定电流。

　　AC—3 类用于起动和运转中断开笼型异步电动机。在额定电压下接通 6 倍额定电流，在

0.17 倍额定电压下断开额定电流。

AC—4 类用于起动、反接制动、反向接通与断开笼型异步电动机。在额定电压下接通或断开 6 倍的额定电流。

(2) 根据电动机（或其他负载）的功率和操作情况确定接触器的容量等级。当选定合适负载使用类别的接触器后，再确定接触器的容量等级。接触器的容量等级应与被控制的负载容量相当或稍大一些，切勿仅仅根据负载的额定功率来选择接触器的容量等级，要留一定的余量。

(3) 根据控制电路要求确定吸引线圈参数。对同一系列、同一容量等级的接触器，其线圈的额定电压有好几种规格，所以应指明线圈的额定电压。线圈的额定电压应与控制回路的电压相同。

(4) 根据特殊环境条件选用接触器的派生产品以满足环境要求。交流接触器品种繁多，在自动控制系统中广泛使用的型号有 CJ10、CJ20、CJX1、CJ10X 等系列。CJ10 系列是早期全国统一设计的系列产品，使用较为广泛。CJ20 系列交流接触器是全国统一设计的新型接触器，主要用于交流 50Hz、电压 660V 以下、电流 630A 以下的电力线路中。CJ10X 系列消弧接触器是近年发展起来的新产品，它采用了与晶闸管相结合的形式，避免了接触器分断时产生的电弧现象，适用于条件差、频繁起动和反接制动的场合。

二、直流接触器

直流接触器主要用来远距离接通和分断电压至 440V，电流至 630A 的直流电路，以及频繁地控制直流电动机的起动、反转与制动。

直流接触器的结构与工作原理与交流接触器基本相同，只是采用了直流电磁机构。为了保证动铁心的可靠释放，常在磁路中夹有非磁性垫片，以减小剩磁的影响。

直流接触器的主触头在断开直流电路时，如果电流过大，会产生强烈的电弧，故多装有磁吹式灭弧装置。由于磁吹线圈产生的磁场经过导磁片，磁通比较集中，电弧将在磁场中产生更大的电动力，使电弧拉长并拉断，从而达到灭弧的目的。这种灭弧装置由于磁吹线圈同主电路串联，所以其电弧电流越大，灭弧能力就越强，并且磁吹力的方向与电流方向有关，故一般都用于直流电路中。

主触头多采用滚动接触的指形触头，做成单极或双极，常用的直流接触器有 CZ0、CZ18 等系列。表 8-4 是交流接触器与直流接触器的主要区别。

表 8-4　　　　　　　　　　　交流接触器与直流接触器的主要区别

	交流接触器	直流接触器
作用	通断交流电路	通断直流电路
结构	铁心用硅钢片叠成，减少涡流和磁滞损耗，铁心端面装有短路环，线圈短而粗，呈圆筒状，铁心发热为主要的发热	铁心用整块钢板制造，不装有短路环，线圈长而薄，呈圆筒状，线圈发热为主要的发热
灭弧	起动电流大，操作频率不能太高，600 次/h	无起动电流，操作频率较高，1200 次/h

课题六　主　令　电　器

主令电器主要用于接通或断开控制电路以发出指令或信号，达到对电力拖动系统的控制。因此，这类发布命令的电器称为"主令电器"。主令电器的种类很多，主要有按钮开关、位置开关和万能转换开关以及主令控制器等。

一、按钮

按钮在低压控制电路中用于手动发出控制信号，做远距离控制之用。按钮开关是一种用人力（一般为手指或手掌）操作，并具有储能（弹簧）复位的控制开关。按钮的触点允许通过的电流较小，一般不超过5A。一般情况下它不直接控制主电路，而是在控制电路中发出指令或信号去控制接触器、继电器等电器，再由它们去控制主电路的通断、功能转换或电气联锁。

1. 基本结构

按钮一般由操作头、复位弹簧、触点、外壳及支持连接部件组成。操作头的结构形式有按钮式、旋钮式和钥匙式等。按钮开关结构如图8-35所示，其图形和文字符号如图8-36所示。

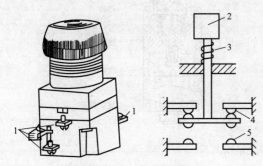

图 8-35　按钮开关结构

1—接线柱；2—按钮帽；3—复位弹簧；

4—常闭触头；5—常开触头

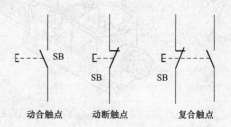

动合触点　　动断触点　　复合触点

图 8-36　按钮开关图形和文字符号

按钮开关的型号及意义如下：

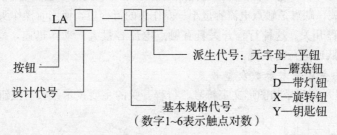

LA □□ — □□

按钮

设计代号

基本规格代号
（数字1~6表示触点对数）

派生代号：无字母—平钮
J—蘑菇钮
D—带灯钮
X—旋转钮
Y—钥匙钮

2. 按钮的选用方法

（1）根据使用场合，选择按钮的种类，如开启式、保护式等。

（2）根据用途，选用合适的形式，如手把旋钮式、钥匙式等。

（3）按控制回路的需要，确定不同按钮数，如单钮、双钮、三钮和多钮等。

（4）按工作状态指示和工作情况要求，选择按钮和指示灯的颜色（参照国家有关标准，如红色表示停止按钮，绿色表示起动按钮等）。

（5）核对按钮额定电压、电流等指标是否满足要求。

常用按钮型号有 LA4、LA10、LA18、LA20、LA25 等。

二、行程开关

行程开关又称为限位开关，它的作用是将机械位移转变为触点的动作信号，以控制机械设备的运动，在机电设备的行程控制中有很大作用。行程开关的工作原理与控制按钮相同，不同之处在于行程开关是利用机械运动部分的碰撞面而使其动作；按钮则是通过人力使其动作。行程开关是用以反映工作机械的行程，发出命令以控制其运动方向和行程大小的开关，主要用于机床、自动生产线和其他机械的限位及程序控制。

1. 行程开关的基本结构

行程开关的种类很多，但基本结构相同，主要由触点部分、操作部分和反力系统组成。根据操作部分运动特点不同，行程开关一般分为直动式、滚轮式、微动式以及能自动复位和不能自动复位等。行程开关结构如图 8-37 所示。

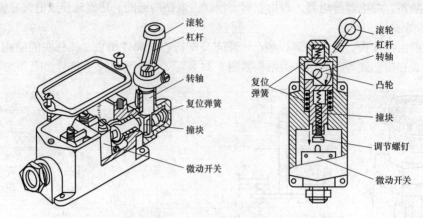

图 8-37　行程开关结构图

（1）直动式行程开关。直动式行程开关特点是结构简单，成本较低，但触点的运行速度取决于挡铁移动的速度。若挡铁移动速度太慢，则触点就不能瞬时切断电路，使电弧或电火花在触点上滞留时间过长，易使触点损坏。这种开关不宜用于挡铁移动速度小于 0.4m/min 的场合。

（2）微动式行程开关。这种行程开关的优点是有储能动作机构，触点动作灵敏、速度快并与挡铁的运行速度无关。缺点是触点电流容量小、操作头的行程短，使用时操作头部分容易损坏。

（3）滚轮式行程开关。这种行程开关具有触点电流容量大、动作迅速，操作头动作行程大等特点，主要用于低速运行的机械。

2. 行程开关的主要技术参数及型号意义

图 8-38 为行程开关型号和图形文字符号。行程开关的主要技术参数与按钮基本相同。

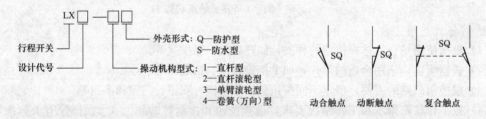

图 8-38　行程开关型号和图形文字符号

3. 行程开关的选用

行程开关可按下列要求进行选用。

（1）根据应用场合及控制对象选择，有一般用途行程开关和起重设备用行程开关。

（2）根据安装环境选择结构型式，如开启式、防护式等。

（3）根据机械运动与行程开关相互间的传力与位移的关系选择合适的操作头型式。

（4）根据控制回路的电压与电流选择系列。

常用行程开关的型号有 LX5、LX10、LX19、LX33、LXW-11 和 JLXK1 等系列。

三、接近开关

接近开关又称为无触点位置开关，是一种非接触型检测开关，其外形如图 8-39 所示。它通过其感辨头与被测物体间介质能量的变化来取得信号，其功能是当物体接近开关的一定距离时就能发出"动作"信号，起到行程控制、计数及自动控制的作用。不需要机械式行程开关所必须施加的机械外力。采用了无触点电子结构型式，克服了有触点位置开关可靠性差、使用寿命短和操作频率低的缺点。

1. 接近开关的分类

接近开关的种类很多，按工作原理可分为高频振荡型（检测各种金属）、电磁感应型（检测导磁或非导磁性金属）、电容型（检测各种导电或不导电的固体和液体）、永磁型及磁敏元件型（检测磁场或磁性金属）、光电型（检测不透光的所有物体）、超声波型（检测不透超声波的所有物体）等。

2. 接近开关的工作原理

接近开关具有体积小、可靠性高、使用寿命长、动作速度快以及无机械、电气磨损等优点。因此可替代行程开关，并已在设备自动控制系统中得到广泛应用。其中，高频振荡型接近开关使用最频繁。高频振荡型接近开关是由振荡器、检测器以及晶体管或晶闸管输出等部分组成，封装在一个较小的外壳内。

图 8-40 为振荡型接近开关工作原理方框图。

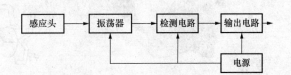

图 8-39　接近开关外形图　　　　图 8-40　振荡型接近开关工作原理方框图

当接通电源后，振荡器开始振荡，检测电路输出低电位，晶体管截止，负载中只有维持振荡的电流通过，负载不动作；当有金属物体靠近一个以一定频率稳定振荡的高频振荡器的感应头附近时，由于感应作用，该物体内部会产生涡流及磁滞损耗，使振荡回路因电阻增大、能耗增加而使振荡减弱，直至停止振荡。检测电路根据振荡器的工作状态控制输出电路的工作，输出信号去控制继电器或其他电器，以达到控制目的。

3. 接近开关的技术参数

接近开关的技术参数有工作电压、输出电流、动作距离、最高工作频率、复位行程和重复精度等。其说明如下。

（1）动作距离一般是指开关刚好动作时，被检测体与检测头之间的距离。

（2）重复精度是指在一定条件下，连续进行 10 次试验，其最大或最小值与平均值的差，是一个反映定位精度的指标。

（3）复位行程是指开关从"动作"到"复位"位置的距离。

（4）最高工作频率是指开关每秒最高的操作次数。

常用的高频振荡型接近开关有 LXJ6、LXJ7、LXJ3 和 LJ5A 等系列。引进生产的有 3SG、LXT3（德国西门子）等系列。接近开关型号如下：

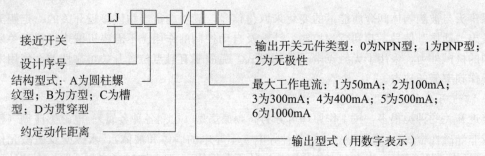

接近开关

设计序号

结构型式：A为圆柱螺纹型；B为方型；C为槽型；D为贯穿型

约定动作距离

输出开关元件类型：0为NPN型；1为PNP型；2为无极性

最大工作电流：1为50mA；2为100mA；3为300mA；4为400mA；5为500mA；6为1000mA

输出型式（用数字表示）

四、万能转换开关

万能转换开关实际是多挡位、控制多回路的组合开关，主要用作控制线路的转换及电气测量仪表的转换，也可用于控制小容量异步电动机的起动、换向及调速。由于这种开关触点数量多，因而可同时控制多余控制电路，用途较广，故称为万能转换开关。

1. 万能转换开关的基本结构

万能转换开关由触点系统、操动机构、转轴、手柄、定位机构等部件组成，用螺栓组装成整体。图8-41为典型的万能转换开关的外形与工作原理图。操作时，手柄带动转轴和凸轮一起旋转，凸轮推动触点接通或断开，由于凸轮的形状不同，当手柄处于不同的操作位置时，触点的分合情况也不同，从而达到换接电路的目的。

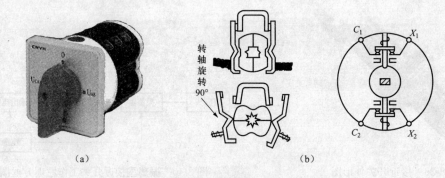

（a）　　　　　　　　　　　　　　　（b）

图8-41　万能转换开关的外形与工作原理图
（a）外形；（b）工作原理图

触点系统由许多层接触单元组成，最多可达20层。每一接触单元有2～3对双断点触点安装在塑料压制的触点底座上，触点由凸轮通过支架驱动，每一断点设置隔弧罩以限制电弧，增加其工作可靠性。

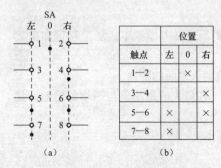

图8-42　万能转换开关符号与通断表
（a）图形及文字符号；（b）触头接线表

触点	位置		
	左	0	右
1—2		×	
3—4			×
5—6	×		×
7—8	×		

定位机构一般采用滚轮卡棘轮辐射型结构，其优点是操作轻便、定位可靠并有一定的速动作用，有利于提高触点分断能力。定位角度由具体的系列规定，一般分为300、450、600和900等几种。万能转换开关的符号表示如图8-42所示。

图8-42（b）显示了开关的挡位、触头数目及接通状态，表中用"×"表示触点接通，否则为断开，由接线表才可画出其图形符号。具体画法是：用虚线表示操作手柄的位置，用有无"·"表示触点的闭合和打开状态，如在触点图形符号下方的虚线位置上画"·"，则

表示当操作手柄处于该位置时，该触点处于闭合状态；若在虚线位置上未画"·"时，则表示该触点处于打开状态。

手柄型式有旋钮式、普通式、带定位钥匙式和带信号灯式等。

万能转换开关的型号及意义如下：

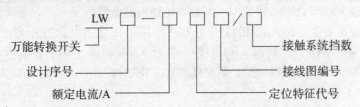

常用万能转换开关的型号有 LW2、LW4、LW5、LW6 和 LW8 等系列。

2. 万能转换开关的选用

(1) 按额定电压和工作电流等选择合适的系列。

(2) 按操作需要选择手柄型式和定位特征。

(3) 按控制要求确定触点数量与接线图编号。

(4) 选择面板型式及标志。

五、主令控制器

主令控制器是用于频繁切换复杂的多回路控制电路，以达到发布命令或与其他控制电路连锁、转换等目的的手动电器。其主要作用是与交流磁力控制盘配合共同控制起重机、轧钢机以及其他生产机械。

主令控制器的基本结构与工作原理和万能转换开关相似，也是利用安装在方轴上的不同形状的凸轮块的转动，来驱动触点按一定规律动作。

主令控制器主要有 LK1、LK4、LK5、LK14、LK15 和 LK16 等系列。

主令控制器的型号及意义如下：

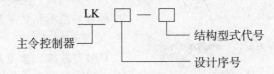

结构型式主要有凸轮调整式和凸轮非调整式两种。凸轮调整式主令控制器的凸轮块的位置可以按给定触点分合表进行调整，而凸轮非调整式则仅能按触点分合表作适当的排列组合。

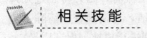

相关技能

技能训练一 交流接触器的拆装、调整与检测

一、训练目的

(1) 通过交流接触器的拆装，进一步熟悉接触器的结构、工作原理。

(2) 掌握交流接触器拆装的步骤，并能在交流接触器装配完毕后通电进行校验。

(3) 熟练掌握万用表的使用方法。

二、训练器材

(1) 交流接触器，CJ10-10，若干。

(2) 万用表、常用电工工具、导线等。

三、相关知识

1. 低压电器的基本知识

凡是根据外界特定的信号和要求，自动或手动接通与断开电路，断续或连续地改变电路参数，实现对电路或非电对象的切换、控制、保护、检测和调节的电工器械称为电器。低压电器通常指工作在交流 1200V 以下，直流 1500V 以下电路中的电器。

低压电器的种类很多，我国编制的低压电器产品共有 12 大类，即刀开关和转换开关（H）、熔断器（R）、断路器（D）、控制器（K）、接触器（C）、起动器（Q）、控制继电器（J）、主令电器（L）、电阻器（Z）、变阻器（B）、调整器（T）、电磁铁（M）、其他（A）。

2. 接触器的基础知识

接触器是一种自动的电磁式开关，利用电磁力作用下的吸合和反向弹簧力作用下的释放，使触头闭合和分断，从而控制电路的通断，其主要控制对象是电动机。接触器具有操作频率高、使用寿命长、工作可靠、性能稳定、维护方便等优点，在电力拖动自动控制系统中被广泛应用。

CJ10—10，CJ 表示交流接触器，10 表示设计序号，10 表示主触头的额定电流。常用型号有 CJ10—10、20、40、60、100、150 等。

接触器的结构较为复杂，主要包括电磁系统、触头系统、灭弧装置和其他部件。

电磁系统由吸引线圈、静铁心和动铁心（也称衔铁）组成。为减小振动和噪声，铁心上装有短路环。电磁系统主要完成电能向机械能的转换。

触头系统按动作方式分，有常开与常闭两种；按所允许的电流大小来分，有主触头和辅助触头两种。主触头容量大，用于通断主电路，有三对或四对常开触头。辅助触头容量小，用于控制辅助电路，通常有两对常开触头和两对常闭触头。

灭弧装置是接触器的重要组成部分，用以减小分断电流时电弧对主触头的损害，并避免造成相间短路。

线圈　　　主触头　　动合辅助触头　动断辅助触头

图 8-43　接触器图形与文字符号

其他部件有反作用弹簧、缓冲弹簧、触头压力弹簧、传动机构、接线端子和外壳等。

接触器的图形和文字符号如图 8-43 所示。

3. 常见故障检修

（1）触点故障。常见故障有触点过热、触点灼伤和熔焊、触点磨损等。

1）触点过热。触点因长期使用，会使触点弹簧变形、氧化和张力减退，造成触点压力不足，而触点压力不足使得接触电阻增大。触点接触电阻增大后，在通过额定电流时，温升将超过允许值，造成触点发热，使触点表面灼伤。常用的处理办法有保持触点的整洁，定期检查，清除灰尘和油垢，去除氧化物，修磨灼伤部件，使触点能正常工作，如弹簧损坏则进行更换，保证质量。

2）触点的灼伤和熔焊。

① 灼伤。触点在分断或闭合电路时，会产生电弧。由于电弧的作用会造成触点表面的灼伤。银触点在灼伤较轻时可以继续使用，不需修理。对铜触点和灼伤不太严重时可用细锉刀修平灼伤表面，即可继续使用，如果灼伤严重，使触点表面严重凹凸不平，则一般应更换触点。

② 熔焊。严重的电弧产生的高温，使动、静触点接触面熔化后，焊在一起断不开。熔焊现象通常是触点容量过小、操作过频繁、触点弹簧损坏、压力减小等原因造成的。

3）触点磨损。由于电弧高温使触点金属汽化蒸发，加上机械磨损，使触点的厚度越来越薄，这属正常磨损。当触点磨损到只剩下原厚度的 2/3～1/2 时，其超程将不符合规定，应更换触点。如果因触点压力因素和灭弧系统损坏造成非正常磨损，则必须排除故障。

（2）电磁系统的故障检修。常见的有噪声过大、线圈过热、衔铁不吸或不释放等，原因及故障处理如下。

1）噪声过大。有可能是交流电器的短路环断裂或动、静铁心端面不平，歪斜、有污垢等引起。一般则拆下线圈锉平或磨平铁心极面或用汽油将油污清洗干净。若是短路环断裂，可用铜材按原尺寸制作更换。铁心歪斜则应加以校正或紧固。

2）线圈过热。动、静铁心端面变形，衔铁运动受阻或有污垢等均造成铁心吸合不严或不吸合，导致线圈电流过大、过热，严重时会烧毁线圈。另外，电源电压过高或过低、操作频率高、线圈匝间短路等也会引起线圈过热或烧毁。

一般处理方法有以下几种。

① 首先检查电源电压与线圈额定电压是否相符，如电源电压过高或过低都可能引起线圈过热，此时必须调整电源电压。

② 在确认电源电压正常的情况下，可针对原因进行修理。修理铁心变形端面，清除端面污垢，使铁心吸合正常。若线圈匝间短路，应更换线圈。如果属操作频繁，则应降低操作频率。

3）衔铁不吸或衔铁吸合后不释放。线圈通电后衔铁不吸，可能是电源电压过低、线圈内部或引出线部分断线；也可能是衔铁机构可动部分卡死等造成的。衔铁吸后不释放的原因有：剩磁作用或者是铁心端面的污垢使动、静铁心黏附在一起。常见处理办法是，如果是衔铁可动部分受阻，可排除受阻故障；铁心端面有污垢，要用汽油清洗干净；若是引出线折断，则要焊接断线处；线圈内部断线则应更换线圈。

4）线圈严重过热或冒烟烧毁。原因是线圈匝间短路严重、绝缘老化或是线圈工作电压低于电源电压，或线圈受潮、被灰尘脏物沾污。

常见处理办法有，若是线圈匝间短路或绝缘老化，应更换线圈；如果是线圈工作电压与电源电压不相符，则应更换线圈工作电压与电源电压相符的线圈。

交流接触器的常见故障及处理方法见表8-5。

表8-5   **交流接触器的常见故障及处理方法**

故障现象	可能原因	处理方法
动铁心吸不上或吸力不足	（1）绕组电压不足或接触不良 （2）触点弹簧压力过大	（1）检修控制回路；查找原因 （2）减小弹簧压力
动铁心不释放或释放缓慢	（1）触点弹簧压力过小 （2）触点熔焊 （3）机械可动部分被卡 （4）反力弹簧损坏 （5）铁心截面有油污或灰尘	（1）提高弹簧压力 （2）排除熔焊故障，更换触点 （3）排除卡住部分故障 （4）更换反力弹簧 （5）清理铁心截面
电磁铁噪声过大	（1）机械可动部分被卡 （2）短路环断裂 （3）铁心截面有油污或灰尘 （4）铁心磨损过大	（1）排除机械被卡故障 （2）更换短路环 （3）清理铁心截面 （4）更换铁心
绕组过热或烧坏	（1）绕组额定电压不对 （2）操作频率过高 （3）绕组匝间短路	（1）更换绕组或调换接触器 （2）调换适合高频率操作的接触器 （3）排除故障，更换绕组
触点灼伤或熔焊	（1）触点弹簧压力过小 （2）触点表面有异物 （3）操作频率过高或工作电流过大 （4）长期过载使用 （5）负载侧短路	（1）调整触点弹簧压力 （2）清理触点表面 （3）调换容量大的接触器 （4）调换合适的接触器 （5）排除故障，更换触点

4. 模拟万用表的使用

万用表是电工测量中最常用的多功能仪表，它的基本用途是测量电流、电压和电阻。虽然它的准确度不高，但使用方便，便于携带，特别适合检查线路和修理电气设备。现以模拟 500 型万用表为例说明万用表的使用方法及注意事项。

（1）表棒的插接。测量时将红表棒插入"＋"插孔，黑表棒插入"－"插孔。测量高压时，应将红表棒插入 2500V 插孔，红表棒仍插入"－"插孔。

（2）交流电压的测量。首先将表右边的转换开关置于 V 位置、左边的转换开关选择到交流电压所需的某一量限位置上。表棒不分正负，将两表棒金属头分别接触被测电压的两端，观察指针偏转，并进行读数，然后分开表棒。交流电压量限有 10、50、250、500V 共四挡。读 50V 及 50V 以上各挡时，应读取第二条标度尺的值，选择交流 10V 量限时，应读第三条交流 10V 专用标度尺。

（3）直流电阻的测量。将左边转换开关置于"Ω"位置，右边转换开关置于所需的某一量限。再将两表棒金属头短接，使指针向右偏转，调节调零电位器，使指针指示在欧姆标度尺"0Ω"位置上。欧姆调零后，用两表棒分别接触测电阻两端，读取测量值。测量电阻时，每转换一次量限挡位都要进行一次欧姆调零，以保证测量的准确性。直流电阻的量限有 ×1、×10、×100、×1k、×10k 共五挡。读取电阻数值取第一条标度尺的值。将读的数再乘以倍率数就是被测电阻的电阻值。

（4）使用万用表时应注意的事项。

1）使用万用表时，应检查转换开关位置选择是否正确，用电流挡或电阻挡测量电压，会造成万用表的损坏。

2）测量电阻必须在断电状态下进行。

3）测量电压大小不清楚时，量限应拨在最大量限。量程改动时，表棒应离开被测电路，以保证转换开关接触良好。

4）为提高测试精度，倍率选择应使指针所指示被测电阻之值尽可能指示在标度尺中间段。电压的量限选择，应使仪表指针得到最大的偏转。

5）仪表每次使用完毕后，应将两转换开关旋至"."位置上，使表内部电路呈开路状态。

本次实训是在前面的理论基础上，进一步考查学生对接触器基础知识的掌握情况，提高学生的实际操作能力，因此操作要求应尽量按照拆装的操作流程进行。

四、训练内容及步骤

1. 拆装

接触器的零部件较多，在进行拆装时，要注意各零部件的作用、位置关系和结构特点，不要伤及吸引线圈，不要造成短路环断裂和铁心的破损，拆卸时，应将零部件放在盒子内，以免丢失零件。

拆装接触器的一般步骤如下。

（1）拆下灭弧罩上面的螺钉，取下灭弧罩。

（2）用手向上拉起压在触点弹簧上的拉杆，即可从侧面抽出主触点的动触桥，从而可以对主触点进行检修。

（3）拧出主触点与接线座铜条上的螺钉，即可将静主触点取下。

（4）将接触器倒置，底部朝上，拧下底部胶木盖板上的 4 个螺钉栓，将盖板取下，在拧螺钉时必须用另一只手压住胶木盖板，以防缓冲弹簧的弹力将盖板弹出。

（5）取下由胶木盖板压住的静铁心，金属框架及缓冲弹簧。

（6）拆除电磁线圈与胶木座之间的接线，即可取下电磁线圈。

（7）取出动铁心及上部的缓冲弹簧。

接触器的拆卸基本结束。接触器需修理或更换的零件主要有动、静触点和电磁线圈，修理后交流接触器的装配可按与拆卸的相反步骤进行。

2. 通电校验

首先用万用表欧姆挡检查线圈及各触点是否接触良好，并用手按下接触器，检查运动部分是否灵活，然后通以线圈额定电压进行试验，1min内，连续进行10次分、合试验，全部成功则为合格。

五、注意事项

(1) 接触器的零部件较多，在进行拆装时，不要丢失零件。

(2) 装配完毕后，一定要检测接触器静态和动态动作情况。

(3) 通电校验时，一定要注意接触器的类型、线圈电压等级等相关信息，不可盲目通电。

六、成绩评定

项目内容	配　分	评分标准	扣　分	得　分
根据题目内容作出图	20分	1. 题意不理解清楚，扣5分 2. 画不出交流接触器所有图形符号，错误每处扣3分 3. 画不出交流接触器所有文字符号，错误每处扣3分		
拆交流接触器	10分	1. 步骤、方法不正确，每处扣2分 2. 不全部解体，扣5分 3. 零件失落，每件扣5分		
交流接触器装配组合	20分	1. 步骤、方法不正确，每处扣2分 2. 元件失落，每件扣5分 3. 参数达不到技术要求，每处扣3分		
检测与调试	40分	1. 定位不准，扣10分 2. 装配不正确，每件扣5分 3. 不能实现控制功能，扣15分		
安全文明操作	10分	1. 防护用品不齐，每项扣1分 2. 工具、仪表有损坏，扣2分 3. 工具乱丢乱放及考完工位不清洁，扣1分 4. 违反安全操作本项全扣15分，对发生事故重大者取消考试资格		
工时：1h		在规定时间内完成	评分	

技能训练二　时间继电器的拆装、调整与检测

一、训练目的

(1) 通过对时间继电器的拆装，进一步熟悉时间继电器的结构、工作原理。

(2) 掌握时间继电器拆装的步骤，并能在时间继电器装配完毕后通电进行校验。

(3) 熟练掌握万用表的使用方法。

二、训练器材

(1) 时间继电器，JS7—A系列，若干。

(2) 万用表、常用电工工具、导线等。

三、相关知识

1. 时间继电器的基础知识

从得到输入信号（线圈的通电或断电）起，需经过一定的延时后才输出信号（触点的闭合或断开）的继电器称为时间继电器。延时原理有电磁的，也有机械的。它的种类很多，有电磁式、电动式、空气阻尼式（或称气囊式）和晶体管式等。使用较多的是气囊式，由于它的结构

简单，延时范围较大（0.4～180s），但延时精度不高；有通电延时和断电延时两种，常用型号为 JS7—A 系列。

（1）结构与电气图形符号。空气气囊式时间继电器的结构主要由电磁系统、微动开关组成的触点系统、空气室、传动机构和基座等部分组成。

1）电磁系统。包括铁心、线圈、衔铁、反力弹簧及弹簧片等。

2）触点系统。包括两对瞬时触点和两对延时触点。

3）空气室。空气室内有一块橡皮膜，随空气量的增减而移动。气室上面有调节螺钉，可调节延时的长短。

4）传动机构。包括推板、推杆、杠杆及宝塔弹簧等。

（2）时间继电器的图形和文字符号如图 8-44 所示。

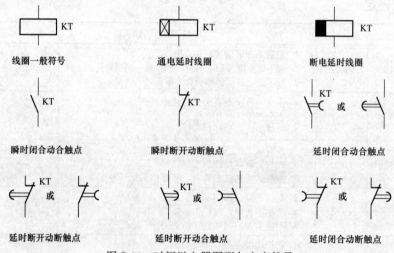

图 8-44 时间继电器图形与文字符号

2. 空气式时间继电器故障检修

空气式时间继电器故障主要分为电磁系统故障和延时不准确故障两大类。

（1）电磁系统故障。其检修方法与接触器相同。

（2）延时不准确故障。

1）空气室如果经过拆卸后重新装配时，由于密封不严或漏气，就会使延时动作缩短，甚至不产生延时。此时必须拆开，查找原因，排除故障后重新装配。

2）空气室内要求清洁，如果在拆装过程中或其他原因有灰尘进入空气道中，使空气道受到阻塞，时间继电器的延时就会变长。出现这种故障，清除气室灰尘，故障即可排除。

长期不使用的时间继电器，第一次使用时延时可能要长一些，环境温度变化时，对延时的长短也有影响。

本次实训是在前面的理论基础上，进一步考查学生对时间继电器基础知识的掌握情况，提高学生的实际操作能力，因此操作要求应尽量按照拆装的操作流程进行。

四、训练内容及步骤

1. 拆装

拆装时间继电器的一般步骤如下。

（1）松下线圈支架紧固螺钉→取下线圈和铁心总成部分→松开电磁系统上的瞬时动作的微动开关螺钉→取出微动开关。

（2）松下气室系统底座固定螺钉→取下气室系统→松下气室系统延时动作的微动开关螺钉→取出微动开关。

（3）松下空气室螺钉→取出气室。

（4）组装时顺序与拆卸时相反，要旋紧各安装螺钉，特别是装气室时要注意气室的密封，不可漏气。

（5）要求组装成通电延时，衔铁装在底板下方，断电延时衔铁装在底板上方。

2．通电校验

通电前按下衔铁，检查运动部分是否灵活，有无卡阻现象，再用万用表欧姆挡检查微动开关是否接触良好，并观察延时和瞬时触点的动作情况，将其调整到最佳位置。调整延时触点时，可旋松线圈和铁心总成部件的安装螺钉，向上或向下移动后再旋紧。调整瞬时触点时，可旋松安装瞬时微动开关底板上的螺钉，将底板向下或向下移动后再旋紧。然后通以线圈额定电压进行试验，延时时间整定为 4s，1min 内连续进行 10 次试验，做到各触点工作状况良好，吸合时无噪声，铁心释放无延缓，每次动作延时时间一致，试验全部成功则为合格。

五、注意事项

（1）在装配过程中，通电延时时间继电器不要与断电延时时间继电器相互混淆。

（2）新的时间继电器，在使用前一定要先轻微旋转延时旋钮。

（3）通电校验时，空气气囊式时间继电器的时间调整要多次进行，才能调到规定的时间，因此，空气气囊式时间继电器只适合于对延时时间要求不高的场合。

六、成绩评定

项目内容	配　分	评分标准	扣　分	得　分
根据题目内容作出图	20 分	1. 题意不理解清楚，扣 5 分 2. 画不出延时继电器所有图形符号，错误每处扣 3 分 3. 画不出延时继电器所有文字符号，错误每处扣 3 分 4. 写不出结构图中数字所指的元件名称，错误每处扣 3 分		
拆时间继电器	10 分	1. 步骤、方法不正确，每处扣 2 分 2. 不全部解体，扣 5 分 3. 零件失落，每件扣 5 分		
时间继电器装配组合	20 分	1. 步骤、方法不正确，每处扣 2 分 2. 元件失落，每件扣 5 分 3. 参数达不到技术要求，每处扣 3 分		
检测与调试	40 分	1. 定位不准，扣 10 分 2. 装配不正确，每件扣 5 分 3. 不能实现控制功能，扣 15 分		
安全文明操作	10 分	1. 防护用品不齐，每项扣 1 分 2. 工具、仪表有损坏，扣 2 分 3. 工具乱丢乱放及考完工位不清洁，扣 1 分 4. 违反安全操作本项全扣 15 分，对发生事故重大者取消考试资格		
工时：1.5h	在规定时间内完成		评分	

技能训练三　万能转换开关的拆装、调整与检测

一、训练目的

（1）通过对万能转换开关的拆装，进一步熟悉万能转换开关的结构、工作原理。

（2）掌握万能转换开关拆装的步骤，并能在万能转换开关装配完毕后通电进行校验。

（3）熟练掌握万用表的使用方法。

二、训练器材

（1）万能转换开关，LW5系列，若干。

（2）万用表、常用电工工具、导线等。

三、相关知识

1. 万能转换开关的基础知识

万能转换开关是一种多挡式且能对电路进行多种转换的主令电器。它用于各种配电装置的远距离控制，也可作为电气测量仪表的转换开关，或用作小容量电动机的起动、制动、调速和换向的控制。由于触点挡数多，换接的线路多，用途又广泛，故称万能转换开关。常用型号有LW2、5、6系列。

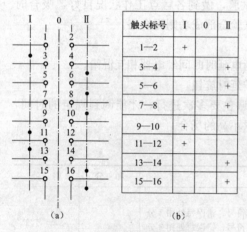

图8-45　万能转换开关电气符号

（a）符号；（b）触头通断表

结构及电气图形符号。从外形结构看，它的骨架采用热塑性材料，由多层触点底座叠装，而每层触点底座里装有一对或三对触点，以及一个装在转轴上的凸轮，操作时，手柄带动转轴和凸轮一起旋转。当手柄在不同的操作位置，利用凸轮顶开和靠弹簧恢复动触点，达到控制换接电路的目的。因此，万能转换开关由操动机构、转轴、触头系统、弹簧、手柄、定位机构及触点底座等部件组成。

万能转换开关的电气符号如图8-45所示。图形符号中"每一横线"代表一路触点，而用三条竖虚线代表手柄位置。哪一路接通就在代表该位置虚线上的触点下面用黑点"．"表示。触点通断用触头通断表来表示，"×"表示触点闭合，空白表示触点分断。

2. 万能转换开关常见故障与处理

万能转换开关的常见故障及处理方法见表8-6。

表8-6　　　　　　　　　万能转换开关的常见故障及处理方法

故障现象	可能原因	处理方法
手柄转动后，内部触点未动作	（1）手柄上的轴孔或绝缘杆磨损变形 （2）手柄与轴、轴与绝缘杆配合松动 （3）操动机构损坏	（1）调换手柄或绝缘杆 （2）紧固松动部件 （3）修理或更换
手柄转动后，动、静触点不能同时通、断	（1）触点角度装配不正确 （2）触点失去弹性或接触不良	（1）重新装配 （2）更换触点或清洁触点
接线柱间短路	因铁屑或油污附着在接线柱间，形成导电层，绝缘胶木被烧后形成短路	更换开关

本次实训是在前面的理论基础上，进一步考查学生对万能转换开关基础知识的掌握情况，提高学生的实际操作能力，因此操作要求应尽量按照拆装的操作流程进行。

四、训练内容及步骤

1. 拆装

万能转换开关结构复杂，拆卸时应做好触头动作情况记录，防止装错造成返工；拆卸和安装压力弹簧时应防止蹦掉；拆卸时按顺序一步一步地解体；组装时与拆卸步骤相反。

2. 通电校验

经检查无误，动作灵活，再用万用表欧姆挡检查各触点是否接触良好，才能使用。1min 内连续进行 10 次试验，做到各触点工作状况良好，试验全部成功则为合格。

五、注意事项

（1）万能转换开关的弹簧和零部件较多，在进行拆装时，不要丢失零件，也不要蹦掉弹簧。

（2）装配完毕后，一定要检测接触器静态和动态动作情况。

（3）万能转换开关结构复杂，拆卸前应先做好触头动作情况记录表，并随时进行记录。

六、成绩评定

项目内容	配　分	评分标准	扣　分	得　分
根据题目内容作出原理图及触点通断状态表	20分	1. 题意不理解清楚，扣 5 分 2. 画不出组合后控制原理图，错误每处扣 3 分 3. 画不出触点通断状态表，错误每处扣 3 分		
拆转换开关	10分	1. 步骤、方法不正确，每处扣 2 分 2. 不全部解体，扣 5 分 3. 零件失落，每件扣 5 分		
转换开关装配组合	20分	1. 步骤、方法不正确，每处扣 2 分 2. 元件失落，每件扣 5 分 3. 参数达不到技术要求，每处扣 3 分 4. 不符合触点通断表，每处扣 3 分		
检测与调试	40分	1. 定位不准，扣 10 分 2. 装配不正确，每件扣 5 分 3. 不能实现控制功能，扣 15 分		
安全文明操作	10分	1. 防护用品不齐，每项扣 1 分 2. 工具、仪表有损坏，扣 2 分 3. 工具乱丢乱放及考完工位不清洁，扣 1 分 4. 违反安全操作本项全扣 15 分，对发生事故重大者取消考试资格		
工时：2h		在规定时间内完成	评分	

项目九 常用高压电器的选用、拆装及检测

 学习目标

╋ 应知：

1. 了解高压断路器、隔离开关和互感器的分类及基本工作原理。
2. 掌握高压断路器、隔离开关和互感器的基本结构。
3. 掌握常用高压电器的选用原则。

╋ 应会：

1. 掌握常用高压电器的拆装、调整工艺。
2. 掌握常用高压电器的检测方法。

 建议学时

理论教学 10 学时，实验实训 8 学时。

 相关知识

课题一 高压电器基础知识

一、高压电器

国际上公认的高低压电器的分界线是交流 1.2kV（直流则为 1500V）。交流 1.2kV 及以上为高压电器，1.2kV 以下为低压电器。高压电器是在高压线路中用来实现关合、开断、保护、控制、调节、量测的设备。一般的高压电器包括开关电器、量测电器和限流、限压电器。

在高压电器产品样本、图样、技术文件、出厂检验报告、型式试验报告、使用说明书及产品名牌中，常采用各种专业名词术语，它们表示产品的结构特征、技术性能和使用环境。了解和掌握这些名词术语可为工作带来许多便利，现将高压电器常用的名语术语作一介绍。

二、高压电气术语

1. 高压开关设备术语

（1）高压开关。是指工频交流额定电压 1.2kV 及以上，主要用于开断和关合导电回路的电器。

（2）高压开关设备。是指高压开关与控制、测量、保护、调节装置以及辅件、外壳和支持件等部件及其电气和机械的联结组成的总称。

（3）户内高压开关设备。是指不具有防风、雨、雪、冰和浓霜等性能，适于安装在建筑场所内使用的高压开关设备。

（4）户外高压开关设备。是指能承受风、雨、雪、污秽、凝露、冰和浓霜等作用，适于安装在露天使用的高压开关设备。

（5）金属封闭开关设备（开关柜）。是指除进出线外，其余完全被接地金属外壳封闭的开关设备。

（6）铠装式金属封闭开关设备。是指主要组成部件（如断路器、互感器、母线等）分别装在接地的金属隔板隔开的隔室中的金属封闭开关设备。

（7）间隔或金属封闭开关设备。是指与铠装式金属封闭开关设备一样，其某些元件也分装于单独的隔室内，但具有一个或多个符合一定防护等级的非金属隔板。

（8）箱式金属封闭开关设备。是指除铠装式、间隔式金属封闭开关设备以外的金属封闭开关设备。

（9）充气式金属封闭开关设备。是指金属封闭开关设备的隔室内具有下列压力系统之一，用来保护气体压力的一种金属封闭开关设备：可控压力系统；封闭压力系统；密封压力系统。

（10）绝缘封闭开关设备。是指除进出线外，其余完全被绝缘外壳封闭的开关设备。

（11）组合电器。是指将两种或两种以上的高压电器，按电力系统主接线要求组成一个有机的整体而各电器仍保持原规定功能的装置。

（12）气体绝缘金属封闭开关设备。是指封闭式组合电器，至少有一部分采用高于大气压的气体作为绝缘介质的金属封闭开关设备。

（13）六氟化硫断路器。是指触头在六氟化硫气体中关合、开断的断路器。

（14）真空断路器。是指触头在真空中关合、开断的断路器。

（15）隔离开关。是指在分位置时，触头间符合规定要求的绝缘距离和明显的断开标志；在合位置时，能承载正常回路条件下的电流及规定时间内异常条件（如短路）下的电流开关设备。

（16）接地开关。是指用于将回路接地的一种机械式开关装置。在异常条件（如短路）下，可在规定时间内承载规定的异常电流；在正常回路条件下，不要求承载电流。

（17）负载开关。是指能在正常回路条件下关合、承载和开断电流以及在规定的异常回路条件（如短路）下，在规定的时间内承载电流的开关装置。

（18）接触器。是指手动操作除外，只有一个休止位置，能关合、承载及开断正常电流及规定的过载电流的开断和关合装置。

（19）熔断器。是指当电流超规定值一定时间后，以它本身产生的热量使熔化而开断电路的开关装置。

（20）限流式熔断器。是指在规定电流范围内动作时，以它本身所具备的功能将电流限制到低于预期电流峰值的一种熔断器。

（21）喷射式熔断器。是指由电弧能量产生气体的喷射而熄灭电弧的熔断器。

（22）跌落式熔断器。是指动作后载熔件自动跌落，形成断口的熔断器。

（23）避雷器。是指一种限制过电压的保护电器，它用来保护设备的绝缘，免受过电压的危害。

（24）无间隙金属氧化物避雷器。是指由非线性金属氧化物电阻片串联或并联组成、且无（或串联）放电间隙的避雷器。

（25）复合外套无间隙金属氧化物避雷器。是指由非线性金属氧化物电阻片和相应的零部件组成且其外套为复合绝缘材料的无间隙避雷器。

2．技术参数术语

（1）特性参量术语。

1）额定电压。是指在规定的使用和性能的条件下能连续运行的最高电压，并以它确定高压开关设备的有关试验条件。

2）额定电流。是指在规定的正常使用和性能条件下，高压开关设备主回路能够连续承载的电流数值。

3）额定频率。是指在规定的正常使用和性能条件下能连续运行的电网频率数值，并以它和额定电压、额定电流确定高压开关设备的有关试验条件。

4）额定电流开断电流。是指在规定条件下，断路器能保证正常开断的最大短路电流。

5）额定短路关合电流。是指在额定电压以及规定使用和性能条件下，开关能保证正常开断的最大短路峰值电流。

6）额定短时耐受电流（额定热稳定电流）。是指在规定的使用和性能条件下，在确定的短时间内，开关在闭合位置所能承载的规定电流有效值。

7）额定峰值耐受电流（额定热稳定电流）。是指在规定的使用和性能条件下，开关在闭合位置所能耐受的额定短时耐受电流第一个大半波的峰值电流。

8）额定短路持续时间（额定动稳定时间）。是指开关在合位置所能承载额定短时耐受电流的时间间隔。

9）温升。是指开关设备通过电流时各部位的温度与周围空气温度的差值。

10）功率因数（回路的）。是指开关设备开合试验回路的等效回路，在工频下的电阻与感抗之比，不包括负载的阻抗。

11）额定短时工频耐受电压。是指按规定的条件和时间进行试验时，设备耐受的工频电压标准值（有效值）。

12）额定操作（雷电）冲击耐受电压。是指在耐压试验时，设备绝缘能耐受的操作（雷电）冲击电压的标准值。

（2）绝缘距离。包括电气间隙、爬电距离、对地距离、漏电起痕和爬电比距。

1）电气间隙。是指导电部件间的最短空气距离。

2）爬电距离。是指不同电位的两个导电部件之间沿绝缘材料表面的最短距离。其与电器的额定绝缘电压或工作电压、污染等级和绝缘材料有关。

3）对地距离。是指任何导电部件与任何接地的或可能要接地的静止和运动中的部件间的电气间隙。

4）漏电起痕。是指固体绝缘材料的表面由于电场和电解液的共同作用而逐渐形成导电通路的过程。

5）爬电距离。是指电力设备外绝缘的爬电距离与设备最高电压之比，单位为 mm/kV。例如，高压一次设备在户内使用且额定电压为 35kV 时，带电部分至接地部分的最小空气绝缘距离为 300mm。

3. 操作术语

（1）操作。动触头从一个位置转换至另一个位置的动作过程。

（2）分（闸）操作。开关从合位置转换到分位置的操作。

（3）合（闸）操作。开关从分位置转换到合位置的操作。

（4）"合分"操作。开关合后，无任何有意延时就立即进行分的操作。

（5）操作循环。是指从一个位置转换到另一个装置再返回到初始位置的连续操作；如果有多位置，则需通过所有的其他位置。

（6）操作顺序。是指具有规定时间间隔和顺序的一连串操作。

（7）自动重合（闸）操作。是指开关分后经预定时间自动再次合的操作顺序。

（8）关合（接通）。是指用于建立回路通电状态的合操作。

（9）开断（分断）。是指在通电状态下，用于回路的分操作。

（10）自动重关合。是指在带电状态下的自动重合（闸）操作。

（11）开合。是指开断和关合的总称。

（12）短路开断。是指对短路故障电流的开断。

（13）短路关合。是指对短路故障电流的关合。

（14）近区故障开断。是指对近区故障短路电流的开断。

（15）触头开距。是指分位置时，开关的一极各触头之间或具连接的任何导电部分之间的总间隙。

（16）行程。是指触头的分、合操作中，开关动触头起始位置到任一位置的距离。

（17）超行程。是指合闸操作中，开关触头接触后动触头继续运动的距离。

（18）分闸速度。是指开关分（闸）过程中，动触头的运行速度。

（19）触头刚分速度。是指开关合（闸）过程中，动触头与静触头的分离瞬间运动速度。

（20）合闸速度。是指开关合（闸）过程中，动触头的运动速度。

（21）触头刚合速度。是指开关合（闸）过程中，动触头与静触头的接触瞬间运动速度。

（22）开断速度。是指开关在开断过程中，动触头的运动速度。

（23）关合速度。是指开关在关合过程中，动触头的运动速度。

4．触头的工作过程

触头是一切有触点电器的执行部件，一般电器就是通过触头的动作来接通或开断电路的。触头的工作情况有三种状态：闭合状态、开断过程和接通过程。

（1）闭合状态。是指动触头和静触头完全接触。

（2）开断过程。是指动触头和静触头在通电状态下脱离接触。

（3）接通过程。是指动触头和静触头由完全开断状态变为互相接触，并最终达到紧密接触。

三、高压电气试验项目

（1）交流高压电器在长期工作时的发热试验。

（2）高压电气绝缘试验。

（3）高压开关设备机械试验。

（4）交流高压电器动、热稳定试验。

（5）高压电器开断试验。

（6）电气及机械寿命试验。

课题二　高压断路器

一、高压断路器简介

高压断路器（文字符号为 QF）是高压输配电线路中最为重要的电气开关设备，能关合、承载、开断运行回路正常电流，也能在规定时间内关合、承载及开断规定的过载电流（包括短路电流）的开关设备；它具有可靠的灭弧装置，因此，它不仅能通断正常的负载电流，而且能接通和承担一定时间的短路电流，并能在保护装置作用下自动跳闸，切除短路故障。

高压断路器可按使用场合分为户内和户外两种；也可以按断路器采用的灭弧介质分为压缩空气断路器、油断路器、真空断路器、SF_6 断路器等多种形式。

高压断路器（除高压空气断路器外）的全型号表示和含义如下：

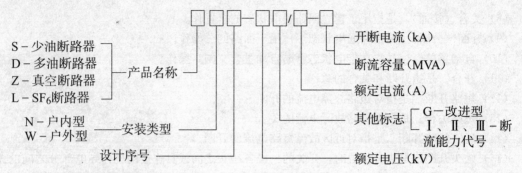

二、高压空气断路器

1. 高压空气断路器概述

高压空气断路器采用压缩空气作为灭弧介质。目前，在电力供配电系统中已基本不使用，由于在电力机车上有现成的压缩空气气源，因此，在韶山系列电力机车上广泛采用了空气断路器。电力机车上应用的高压压缩空气断路器其型号表示有其独特的一面，在 SS1 型、SS3 型、SS3B 型等电力机车上采用的是 TDZ1—200/25 型空气断路器〔T—铁路机车用；D—断路器；Z—主；1—设计序号；200—额定分断容量（MVA）；25—额定电压（kV）〕。在 SS4 型、SS4G 型、SS7C 型、SS7D 型、SS8 型等电力机车上采用的是 TDZ1A—10/25 型空气断路器〔T—铁路机车用；D—断路器；Z—主；1A—设计序号；10—额定分断电流（kA）；25—额定电压（kV）〕。

（1）空气断路器的优点。与其他类型的断路器相比，空气断路器具有下列优点。

1）压缩空气具有可压缩性，对灭弧室各零部件所产生的机械应力较小。

2）开断能力大，燃弧时间短，动作快。

3）防爆，使用安全可靠。

4）适用于温度变化较大的工作环境。

（2）空气断路器的不足。空气断路器的不足之处主要如下。

1）操作时噪声较大。

2）分断能力受电压恢复速度的影响较大。

3）在气压和分断能力一定的情况下，分断小电感电流时，常因灭弧能力过大而产生截流过电压。

4）结构复杂，制造工艺要求较高。

2. 整体结构

电力机车用 TDZ1A—10/25 型空气断路器结构如图 9-1 所示，它以安装在机车顶盖上铸铝制成的底板为界，分为上、下两大部分。露在车顶上的为高压部分，主要有灭弧室 1、非线性电阻绝缘子 2、支持绝缘子 20、隔离开关 6 和转动绝缘子 7 等部件。装在底板下部的为低压部分，主要有储风缸 21、主阀 18、延时阀 15、传动气缸 22、起动阀 12、辅助开关 23 等部件。

3. 工作原理

（1）高压部分。

1）灭弧室。其结构如图 9-2 所示，它是主断路器安装主触头、熄灭电弧的重要部件。其主体为灭弧室绝缘子 11，绝缘子一端装风道接头 15，通过支持绝缘子的中心空腔与主阀的气路相连；另一端装法兰盘 7，由此将高压电引入主断路器。

主触头装于灭弧绝缘子内，静触头 13 的头部为球状，端部镶着耐电弧的钼块，以提高耐弧性能。它固定在风道接头 15 上，通过套筒 16 与隔离开关静触头 17 相连。动触头 12 呈管状，其

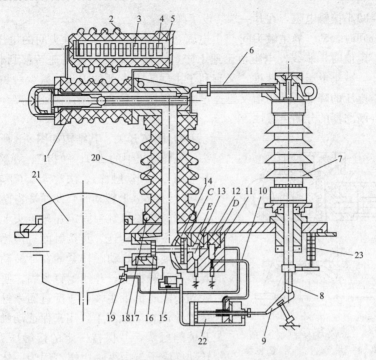

图 9-1 TDZ1A—10/25 型空气断路器

1—灭弧室；2—非线性电阻绝缘子；3—非线性电阻片；4—干燥剂；5—弹簧；6—隔离开
关；7—转动绝缘子；8—控制轴；9—传动杠杆；10—气管；11—合闸阀杆；12—起动阀；
13—分闸阀杆；14—主阀活塞；15—延时阀；16—阀门；17—气管；18—主阀；19—塞门；
20—支持绝缘子；21—储风缸；22—传动气缸；23—辅助开关

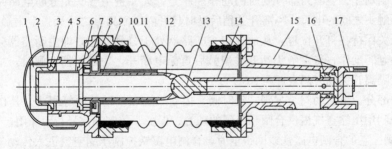

图 9-2 灭弧室

1—网罩；2—外罩；3—挡圈；4—缓冲垫；5—触头弹簧；6—弹簧座；7—法兰盘；8—固定
圈；9—导电管；10—弹簧；11—灭弧室绝缘子；12—动触头；13—静触头；14—静触头杆；
15—风道接头；16—套筒；17—隔离开关静触头

一端为工作端，工作端的管内壁作成弧形，呈一"喷口"，以利于与静主触头球面有良好接触及
产生良好的吹弧作用；另一端与一圆环形弹簧座 6 相贴，弹簧座接有张力较大的触头弹簧 5。弹
簧座后顺次接有触头弹簧 5、缓冲垫 4、挡圈 3、网罩 1 和外罩 2。

2）非线性电阻绝缘子。在非线性电阻绝缘子内，装了 10 个串联的非线性电阻片 3 和干燥
剂 4 等主要部件，并联在动、静主触头两端，用以防止主断路器分闸时的过电压。

非线性电阻片采用碳化硅和结合剂烧结而成，其电阻值随外加电压的升高而下降，置于灭
弧室绝缘子腔中。内部还装有干燥剂，用以防潮。为了保证非线性电阻片之间及与外部连接之

269

间的接触压力，减小接触电阻，在其一端装设了弹簧5。

　　主断路器分闸时，动、静主触头间产生电弧，在熄弧过程中，触头间的电压将急剧增加。当电压增加到一定值时，非线性电阻值迅速下降，主触头上的电流迅速转移到非线性电阻上，既可限制过电压，减小电压恢复速度，又有利于主触头上电弧的熄灭，减少触头电磨损。随着非线性电阻两端电压的降低，其阻值又迅速增大，以减小残余电流，保证隔离开关几乎在无电流下断开，提高断路器的分断可靠性。

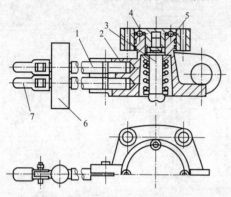

图 9-3　隔离开关

1—隔离开关闸刀；2—法兰盘；3—弹簧装置；
4—铜球；5—连接件；6—弹簧装置；7—触指

　　3）隔离开关。其结构如图9-3所示。它由静触头（见图9-2中的17）、触指7、弹簧装置6、隔离开关闸刀1（动触杆）、法兰盘2（下转动座）、铜球4、连接件5（上转动座）及弹簧装置3等组成。

　　隔离开关静触头固定在弯接头上，它与灭弧室内的静主触头相连。其接触面有沟槽，以便与动触指良好地接触。动触杆紧固在下转动座上。动触指套装在动触杆上，并用螺钉紧固，便于在动触指磨耗到极限时拆下更换，或反过面来继续使用。弹簧装置6设在动触杆上，用来保证动触指能夹紧隔离开关静触头，并保持一定的接触压力。下转动座、转动绝缘子与操纵轴用螺钉固为一体。上转动座通过铜球、轴承及弹簧固定在下转动座上。上、下转动座之间的铜球用来减小摩擦，同时又用作上、下转动座之间的电连接。在主断路器动作过程中，连接件5不转动，它与变压器一次绕组相连接。

　　隔离开关自身不带灭弧装置，不具有分断大电流的能力，它与主触头协调动作，完成主断路器的分、合闸动作。主断路器分闸时的动作顺序是：灭弧室主触头先分断电路并在灭弧室内熄灭主动、静触头之间的电弧，隔离开关稍后延时打开隔离闸刀，之后灭弧室主触头重新闭合。此时，隔离开关保持在打开位置，从而保持主断路器处于分闸状态，即主断路器分闸时，隔离开关比主触头延时动作，待主触头断开并熄弧后再无电断开，主断路器合闸时，主触头不再动作，仅需操纵隔离开关闸刀闭合即可。

　　（2）低压部分。由起动阀、主阀、延时阀、传动气缸和辅助开关等组成。其作用为空气断路器高压部分利用压缩空气提供合闸和分闸的动力、保护、控制和信号指示作用。

　　1）起动阀。它的合闸电磁铁线圈得电时，合闸电磁铁控制压缩空气进入传动气缸，带动主断路器闭合。当分闸电磁铁线圈得电时，分闸电磁铁控制主阀动作，带动主断路器分闸。

　　2）主阀。主阀保证灭弧室内始终有一个对外的正压力，防止外界潮湿空气进入灭弧室。当分闸电磁铁线圈得电时，分闸阀动作，主阀打开，储风缸内大量的压缩空气向上经主阀、支持绝缘子进入灭弧室，带动主触头动作；向下送入延时阀的进气孔。

　　3）延时阀。其作用是使传动气缸较灭弧室滞后一定时间得到储风缸的压缩空气，确保隔离开关比主触头延时动作，无电弧开断。

　　4）传动气缸。在分闸过程中，经主阀、延时阀的压缩空气一路从传动风缸进气孔1进入工作活塞左侧，推动工作活塞右移，带动控制轴使转动绝缘子转动，隔离开关分闸。与此同时，另一路压缩空气从传动气缸进气孔2进入，保证主断路器在分闸过程中先快后慢的动作要求，起到了缓冲的作用。在合闸过程中，起动阀的压缩空气经传动气缸进气孔3进入，一方面，工作活塞左移，带动隔离开关合闸；另一方面，保证主断路器在合闸过程中也具有先快后慢的特点。

5）辅助开关。其作用：一是接收机车整个控制电路的电信号，控制分、合闸电磁铁的动作；二是作分、合闸之间的电气联锁，即分闸完成后切断分闸线圈电路，接通合闸线圈电路，为下一步合闸动作做好准备，保证下一步只能是合闸动作而非分闸动作，反之亦然；三是与信号控制电路相连，显示主断路器所处的状态，分闸状态时信号灯亮，合闸状态时信号灯灭。

三、真空断路器

1. 概述

真空断路器是利用"真空"灭弧的一种断路器，因其灭弧介质和灭弧后触头间隙的绝缘介质都是高真空而得名；它利用真空耐压强度高和介质强度恢复速度快的特点进行灭弧。与其他断路器相比，真空断路器具有结构简单、工作可靠、分断容量大、动作速度快、绝缘强度高、整机检修工作量小等诸多优点，是一种新型断路器，因而在电力工业中得到了广泛应用。我国已成批生产 ZN 系列真空断路器。

20 世纪 80 年代以前，真空断路器处于发展的起步阶段，技术上在不断摸索，还不能制定技术标准，直到 1985 年后才制定相关的产品标准。

目前国内主要依据标准为：JB/T 3855—2008《高压交流真空断路器》、DL 403—2000《12kV～40.5kV 高压断路器订货技术条件》。

真空断路器在我国近 10 年得到了迅速的发展，至今方兴未艾。产品从过去的 ZN1～ZN5 几个品种发展到现在数十个型号、品种，额定电流达到 5000A，开断电流达到 50kA 的较好水平，并已发展到电压达 35kV 等级。

真空断路器的结构特点为：体积小、重量轻、灭弧不用检修；灭弧室作为独立的元件，安装调试简单、方便；触头开距短，故灭弧室小巧，操作功率小，动作快；灭弧能力强，燃弧时间短，一般只需半个周期，电磨损少，使用寿命长；防火、防爆，操作噪声小；适用于频繁操作，特别是适用于开断容性负载电流，开断能力强；具有多次重合闸功能，适合配电网要求，在配电网中应用较为普及。

2. 整体结构

真空断路器主要包含三大部分：真空灭弧室、电磁或弹簧操动机构、支架及其他部件。

图 9-4 是 ZN3—10 型高压真空断路器的外形图。它主要由真空灭弧室、操动机构、绝缘体传动件、底座等组成。真空灭弧室由圆盘状的动静触头、屏蔽罩、波纹管屏蔽罩、绝缘外壳（陶瓷或玻璃制成外壳）等组成，ZN3—10 型系列真空断路器可配用 CD 系列电磁操动机构或 CT 系列弹簧操动机构。其结构如图 9-5 所示。

3. 工作原理

真空断路器工作原理：断路器处于合闸位置时，其对地绝缘由支持绝缘子承受，一旦真空断路器所连接的线路发生永久接地故障，断路器动作跳闸后，接地故障点又未被清除，则有电母线的对地绝缘也要由该断路器断口的真空间隙承受；各种故障开断时，断口一对触头间的真空绝缘间隙要耐受各种恢复电压的作用而不发生击穿。因此，真空间隙的绝缘特性成为提高灭弧室断口电压，使单断口真空断路器向高电压等级发展的主要研究课题。

4. 工作特性

产品机械特性的优劣，对产品各项电气性能有重要的影响，而且影响产品的运行可靠性。衡量真空断路器的性能，虽然真空灭弧室本身很重要，但机械特性的作用不可低估。下面对各机械特性参数与产品性能的关系分述如下。

（1）开距。触头的开距主要取决于真空断路器的额定电压和耐压要求，一般额定电压低时

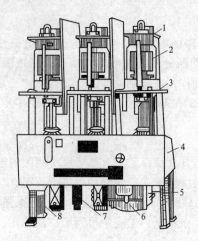

图 9-4　ZN3—10 型高压真空断路器外形

1—上接线端；2—真空灭弧室；3—下接线端；4—操作机构箱；5—合闸电磁铁；6—分闸电磁铁；7—分闸弹簧；8—底座

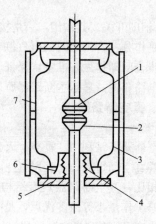

图 9-5　真空断路器灭弧室结构

1—静触头；2—动触头；3—屏蔽罩；4—波纹管；5—与外壳封接的金属法兰盘；6—波纹管屏蔽罩；7—绝缘外壳

触头开距选得小些。但开距太小会影响分断能力和耐压水平。开距太大，虽然可以提高耐压水平，但会使真空灭弧室的波纹管寿命下降。设计时一般在满足运行的耐压要求下尽量把开距选得小一些。10kV 真空断路器的开距通常在 8～12mm，35kV 的则在 30～40mm。

（2）触头接触压力。在无外力作用时，动触头在大气压作用下，对内腔产生一个闭合力使其与静触头闭合，称为自闭力，其大小取决于波纹管的端口直径。灭弧室在工作状态时，这个力太小不能保证动静触头间良好的接触，必须施加一个外加压力。这个外加压力和自闭力之和称为触头的接触压力。这个接触压力有以下几个作用。

1）保证动、静触头的良好接触，并使其接触电阻小于规定值。

2）满足额定短路状态时的动稳定要求。应使触头压力大于额定短路状态时的触头间的斥力，以保证在该状态下的完全闭合和不受损坏。

3）抑制合闸弹跳。使触头在闭合碰撞时得以缓冲，把碰撞的动能转为弹性势能，抑制触头的弹跳。

4）为分闸提供一个加速力。当接触压力大时，动触头得到较大的分闸力，容易拉断合闸熔焊点，提高分闸初始的加速度，减少燃弧时间，提高分断能力。触头接触压力是一个很重要的参数，在产品的初始设计中选取触头接触压力时要经过多次验证、试验才比较合适。如果触头压力选得太小，满足不了上述各方面的要求；但触头压力太大，一方面需要增大合闸操作功率，另一方面灭弧室和整机的机械强度要求也需要提高，技术上不经济。

（3）接触行程（或称压缩行程）。目前，真空断路器采用对接式接触方式。动触头碰上静触头之后就不能再前进了，触头接触压力是由每极触头压缩弹簧（有时称作合闸弹簧）提供的。所谓接触行程，就是开关触头碰触开始，触头压簧施力端继续运动至合闸终结的距离，也即触头弹簧的压缩距离，故又称压缩行程。

接触行程有两方面作用：一是令触头弹簧受压而向对接触头提供接触压力；二是保证在运行中触头磨损后仍然保持一定接触压力，使之可靠接触。一般接触行程可取开距的 20%～30%，10kV 的真空断路器为 3～4mm。

真空断路器的实际结构中，触头合闸弹簧设计成即使处于分闸位置，也有相当的预压缩量，有预压力。这是为了使在合闸过程中，当动触头尚未碰到静触头而发生预击穿时，动触头有相当力量抵抗电动力，而不至于向后退缩；当触头碰接瞬间，接触压力陡然跃增至预压力数值，防止合闸弹跳，足以抵抗电动斥力，并使接触初始就有良好状态；随着接触行程的前进，触头间的接触压力逐步增大，接触行程终结时，接触压力达到设计值。接触行程不包括合闸弹簧的预压缩量，它实际上是合闸弹簧的第二次受压行程。

（4）平均合闸速度。平均合闸速度主要影响触头的电磨蚀。如果合闸速度太低，则预击穿时间长，电弧存在的时间长，触头表面电磨损大，甚至使触头熔焊而粘住，降低灭弧室的电寿命。但速度太高，容易产生合闸弹跳，操动机构输出功也要增大，对灭弧室和整机机械冲击大，影响产品的使用可靠性与机械寿命。平均合闸速度通常以 0.6m/s 左右为宜。

（5）平均分闸速度。断路器的分闸速度一般而言越快越好，这样可以使首开相在电流趋近于 0 前 2～3ms 时能开断故障电流；否则首开相不能开断而延续至下一相，原来首开相变为后开相，燃弧时间加长了，增加了开断的难度，甚至使开断失败。但分闸速度太快，分闸的反弹也增大，反弹太大震动过剧也容易产生重燃，所以分闸速度也应考虑这方面因素。分闸速度的快慢，主要取决于合闸时动触头弹簧和分闸弹簧的储能大小。为了提高分闸速度，可以增加分闸弹簧的储能量，也可以增加合闸弹簧的压缩量，这都必然需要提高操动机构的输出功和整机的机械强度，降低了技术经济指标。经过多年试验认为，10kV 的真空断路器，平均分闸速度保证在 0.95～1.2m/s 比较合适。

（6）合闸弹跳时间。是断路器在合闸时，触头刚接触开始计起，随后产生分离，可能又触又离，到其稳定接触之间的时间。这一参数国外的标准中都没有明确规定，1989 年底能源部电力司提出真空断路器合闸弹跳时间必须小于 2ms。为什么合闸弹跳时间要小于 2ms 呢？主要是合闸弹跳的瞬间会引起电力系统或设备产生 LC 高频振荡，振荡产生的过电压对电气设备的绝缘可能造成伤害甚至损坏。当合闸弹跳时间小于 2ms 时，不会产生较大的过电压，设备绝缘不会受损，在关合时动静触头之间也不会产生熔焊。

（7）合、分闸不同期性。合闸的不同期性太大容易引起合闸的弹跳，因为机构输出的运动冲量仅由首合闸相触头承受。分闸的不同期性太大可能使后开相管子燃弧时间加长，降低开断能力。

合闸与分闸的不同期性一般是同时存在的，所以调好了合闸的不同期性，分闸的不同期性也就有了保障。产品中要求合分闸不同期性小于 2ms。

（8）合、分闸时间。是指从操动线圈的端子得电时刻计起，至三极触头全部合上或分离止的一段时间间隔。

合、分闸线圈是按短时工作制作设计的，合闸线圈的通电时间不到 100ms，分闸线圈的通电时间不到 60ms。分、合闸时间一般在断路器出厂时已调好，无须再动。

当断路器用在发电系统并在电源近端短路时，故障电流衰减较慢，若分闸时间很短，这时断路器分断的故障电流就可能含有较大的直流分量，开断条件更为恶劣，这对断路器的开断是很不利的。所以用于发电系统的真空断路器，其分闸时间尽可能地设计长些。

（9）回路电阻。回路电阻值是表征导电回路的连接是否良好的一个参数，各类型产品都规定了一定范围内的值。若回路电阻值超过规定值时，很可能是导电回路某一连接处接触不良。在大电流运行时接触不良处的局部温升增高，严重时甚至引起恶性循环造成氧化烧损，对用于大电流运行的断路器尤需加倍注意。回路电阻值测量，不允许采用电桥法测量，须采用 GB 763 规定的直流压降法。

（10）触头系统。真空断路器的触头常采取对接式触头。因为一般的真空断路器在分闸状态下动静触头的距离只有 16mm，这么小的距离很难制作出其他形状的接触面，而且平直的接触面瞬间动作电弧的损伤也较小。真空断路器的优点之一是体积小,动静触头要在一个绝对真空的空间内动作,如果制作成其他的对接方式就会增加断路器自身的体积。

5.技术参数

真空断路器的参数,大致可划分为选用参数和运行参数两个方面。前者供用户设计选型时使用;后者则是断路器本身的机械特性或运动特性,为运行、调整的技术指标。

(1)选用参数。表 9-1 是选用参数的列项说明,并以三种真空断路器数据为例。

表 9-1 中所列各项参数,均须按 JB 3855 和 DL 403 标准的要求,在产品的型式试验中逐项加以验证,最终数据以型式试验报告为准。

表 9-1　　　　　　　　　　　　　真空断路器的主要技术参数

参数名称			单位	型 号		
				ZN28—12/1250—20	ZN27—12/1250—31.5	ZN27A—12/3150—40
电压参数	额定电压		kV	10	10	10
	最高电压		kV	11.5	11.5	11.5
绝缘水平	工频耐压	极间、极对地	kV	42	42	42
		断口间	kV	48	48	48
	冲击耐压	极间、极对地	kV	75	75	75
		断口间	kV	84	84	84
电流参数	额定电流		A	1250	1250	3150
	额定短路开断电流		kA	20	31.5	40
	额定峰值耐受电流		kA	50	80	100
	4s 短时耐受电流		kA	20	31.5	40
	额定短时关合电流(峰值)		kA	50	80	100
	额定单个电容器组开断电流		A	630	630	800
寿命	额定短路开断电流次数		次	50	50	30
	机械寿命		次	10 000	10 000	10 000
其他	全开断次数		次	不大于 60	不大于 60	不大于 60
	配用操动机构			CD 或 CT 机构	CD 或 CT 机构	CD 或 CT 机构

(2)真空断路器的机械特性(运行参数)。为了满足真空灭弧室对机械参量的要求,保证真空断路器电气机械性能,确保运行可靠性,真空断路器须具有稳定、良好的机械特性。主要机械特性见表 9-2,同样以三种断路器技术指标为例。

表 9-2　　　　　　　　　　　　　真空断路器的机械特性参数

参数名称	单位	型 号		
		ZN28—12/1250—20	ZN27—12/1250—31.5	ZN27A—12/3150—40
触头开距	mm	11±1.0	10±1.0	11±1.0
接触行程	mm	4±1.0	3±0.5	3±0.5
触头接触压力	N	1500±200	3000±200	5000±300
平均合闸速度	m/s	0.6±0.2	0.6±0.2	0.6±0.2
平均分闸速度	m/s	1.1±0.2	1.1±0.3	1.1±0.3

续表

参数名称	单位	型 号		
		ZN28—12/1250—20	ZN27—12/1250—31.5	ZN27A—12/3150—40
合闸弹跳时间	ms	<2	<2	<2
分、合不同期性	ms	<2	<2	<2
合闸时间	ms	<100	<100	<100
分闸时间	ms	<60	<60	<60
主回路直流电阻	$\mu\Omega$	≤60	≤60	≤20
动静触头累积允许磨损厚度	mm	3.0	3.0	3.0

四、高压油断路器

1. 概述

高压油断路器是以密封的绝缘油作为开断故障的灭弧介质的一种开关设备，有多油断路器和少油断路器两种形式；它较早应用于电力系统中，技术已经十分成熟，价格比较便宜，广泛应用于各个电压等级的电网中。油断路器用来切断和接通电源，并在短路时能迅速可靠地切断电流的一种高压开关设备。

（1）高压多油断路器。高压多油断路器的油量多，它的油除了用来灭弧外，还要用作相对地（外壳）甚至相与相之间的绝缘，外壳是不带电的。多油断路器属于淘汰产品，已基本不用。

（2）少油断路器。少油断路器的油量很少，只有几千克，它的油只用来灭弧，不是用来绝缘的，开关触头在绝缘油中闭合和断开；结构简单，体积小，重量轻；外壳带电，必须与大地绝缘，人体不能触及；燃烧和爆炸危险少。少油断路器具有相当完善的灭弧结构和足够的断流能力，它的作用是接通和切断高压负载电流，并在严重的过载和短路时自动跳闸，切断过载电流和短路电流。一般 6～10kV 的户内高压配电装置中都采用少油断路器。由于少油断路器成本低，在输配电系统中还占据着比较重要的地位。

少油断路器的主要缺点是：检修周期短，在户外使用受大气条件影响大，配套性差。

2. 少油断路器整体结构

图 9-6 是 SN10—10 型高压少油断路器的外形图。图 9-7 是该型断路器油箱内的结构图。该断路器的特点是：开关触头在绝缘油中闭合和断开；油只作为灭弧介质，油量少；结构简单，体积小，重量轻；外壳带电，必须与大地绝缘，人体不能触及；燃烧和爆炸危险少。

SN10—10 型断路器可配用 CS2 型手动操作机构、CD 型电磁操动机构或 CT 型弹簧操动机构。CD 型和 CT 型操动机构都有跳闸和合闸线圈，通过断路器的传动机构使断路器动作。电磁操动机构需用直流电源操作，可以手动，也可以远距离跳、合闸。弹簧储能操动机构，可交、直流操作电源两用，可以手动，也可以远距离跳、合闸。

3. 少油断路器工作原理

当油断路器开断电路时，只要电路中的电流超过 0.1A，电压超过几十伏，在断路器的动触头和静触头之间就会出现电弧，而且电流可以通过电弧继续流通，只有当触头之间分开有足够的距离时，电弧熄灭后电路才断开。10kV 少油断路器开断 20kA 时的电弧功率，可达 1 万 kW 以上，断路器触头之间产生的电弧弧柱温度可达 6000～7000℃，甚至超过 1 万℃。

电弧熄灭过程：当断路器的动触头和静触头互相分离的时候产生电弧，电弧高温使其附近的绝缘油蒸发气化和发生热分解，形成灭弧能力很强的气体（主要是氢气）和压力较高的气泡，使电弧很快熄灭。

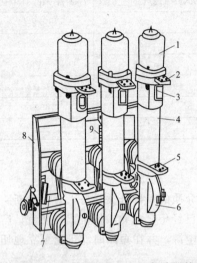

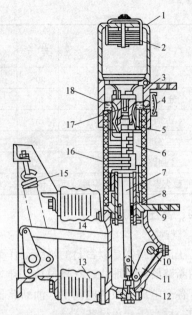

图9-6　SN10—10型高压少油断路器外形

1—铝帽；2—上接线端；3—油标；4—绝缘箱
（内装灭弧室及触头）；5—下接线端；6—基座；
7—主轴；8—框架；9—分闸弹簧

图9-7　SN10—10型高压少油断路器内部结构图

1—铝帽；2—油气分离器；3—上接线端子；4—油标；
5—静触头；6—灭弧室；7—动触头；8—中间滚动触
头；9—下接线端子；10—转轴；11—拐臂；12—基
座；13—下支柱绝缘子；14—上支柱绝缘子；15—断
路器弹簧；16—绝缘筒；17—逆止阀；18—绝缘油

4. 少油断路器工作特性

多油和少油断路器都要充油，其作用是灭弧、散热和绝缘。但断路器中的油存在一定的危险性，它的危险性不仅是在发生故障时可能引起爆炸，而且爆炸后由于油断路器内的高温油发生喷溅，形成大面积的燃烧，引起相间短路或对地短路，破坏电力系统的正常运行，使事故扩大，甚至造成严重的人身伤亡事故。少油断路器的爆炸燃烧原因有以下几种。

（1）油面过低。油断路器触点至油面的油层过薄，油受电弧作用而分解的可燃气体冷却不良，这部分可燃气体进入顶盖下面的空间而与空气混合，形成爆炸性气体，在自身的高温下就有可能爆炸燃烧。

（2）油箱内的油面过高。析出的气体在油箱内得不到空间缓冲，形成过高的压力，也可能引起油箱爆炸起火。

（3）油的绝缘强度劣化。杂质或水分过多，引起油断路器内部闪络。

（4）操动机构调整不当。部件失灵，会使操作时动作缓慢或合闸后接触不良。当电弧不能及时被切断和熄灭时，在油箱内产生过多的可燃气体，便可能引起爆炸和燃烧。

（5）遮断容量小。油开关的遮断容量对输配电系统来说是一个很重要的参数。当遮断容量小于系统的短路容量时，断路器无能力切断系统强大的短路电流，致使断路器燃烧爆炸，造成输配电系统的重大事故。

（6）其他。油断路器的进、出线都通过绝缘套管，当绝缘套管与油箱盖、油箱盖与油箱体密封不严时，油箱进水受潮，或油箱不洁，绝缘套管有机械损伤都可造成对地短路引起爆炸或火灾事故。

5. 注意事项

断路器在安装前应严格检查，是否符合制造厂的技术要求。断路器的遮断容量必须大于装设该断路器回路的短路容量。检修时，应进行操作试验，保证机件灵活可靠，并且调整好三相动作的同期性。断路器与电气回路的连接要紧密，并可用试温蜡片观察温度，触头损坏应调换。检修完毕应进行绝缘测试。投入运行前，还应检查绝缘套管和油箱盖的密封性能，以防油箱进水受潮，造成断路器爆炸燃烧。断路器切断严重发生短路故障后，应立即检查触点损坏情况和油质情况。

在运行时应经常检查油面高度，油面必须严格控制在油位指示器范围之内。发现异常，如漏油、渗油、有不正常声音等时，应采取措施，必要时须立即降低负载或停电检修。当故障跳闸重复合闸不良，而且电流变化很大，断路器喷油有瓦斯气味时，必须停止运行，严禁强行送电，以免发生爆炸。

五、高压六氟化硫（SF_6）断路器

1. 概述

高压六氟化硫（SF_6）断路器是利用 SF_6 气体作绝缘介质和灭弧介质的新型断路器。它与空气断路器同属于气吹断路器，不同之处在于：工作气压较低；在吹弧过程中，气体不排向大气，而在封闭系统中循环使用。SF_6 是一种无色、无臭、不燃烧的惰性气体，具有较高的热稳定性和化学稳定性，它在 150℃时不与水、酸、碱、卤素、氧、氢、碳、银、铜和绝缘材料等作用，500℃时仍不分解。SF_6 气体具有优异的绝缘及灭弧能力，在均匀电场中其击穿强度为空气或氮气的 2.3 倍，在不均匀电场中为 3 倍；在 3～4 个大气压下其击穿强度与 1 个大气压下的变压器油相似。在单断口的灭弧室中，其灭弧能力约为空气的 100 倍，也远比压缩空气强。高压六氟化硫（SF_6）断路器的外形尺寸小，占地面积少，开断能力很强，此外，电弧在 SF_6 中燃烧时，电弧电压特别低，燃弧时间也短，因而 SF_6 断路器触头烧损很轻微，适于频繁操作，检修周期长。由于这些优点，SF_6 断路器发展速度很快，电压等级也在不断提高。

SF_6 的分子和自由电子有非常好的混合性。当电子和 SF_6 分子接触时几乎 100% 的混合而组成重的负离子，这种性能对剩余弧柱的消电离及灭弧有极大的使用价值，即 SF_6 具有很好的负电性，它的分子能迅速捕捉自由电子而形成负离子。这些负离子的导电作用十分迟缓，从而加速了电弧间隙介质强度的恢复率，因此具有很好的灭弧性能。在 $1.01 \times 10^5 Pa$ 气压下，SF_6 的灭弧性能是空气的 100 倍，并且灭弧后不变质，可重复使用。

2. 整体结构

SF_6 断路器由本体结构（采用三相共箱式结构）、操动机构、灭弧装置三部分组成，具有结构简单、体积小、重量轻、断流容量大、灭弧迅速、允许开断次数多、检修周期长等优点，是今后电力系统推广应用的方向。常用的 SF_6 断路器有 LN1—35 型、LN2—10 型、HB36 型等，图 9-8 是 LN2—10 型 SF_6 断路器的外形图。

SF_6 断路器灭弧室的基本结构由动触头、绝缘喷嘴和压气活塞连在一起，通过绝缘连杆由操动机构带动。定触头制成管形，动触头是插座式，动、定触头的端部都镶有铜钨合金。绝缘喷嘴用耐高温、耐腐蚀的聚四氟乙烯制成。

3. 工作原理

SF_6 断路器内经常充满 3～5 个大气压的 SF_6 气体作为断路器的内绝缘，断路器的静触头和灭弧室中的压气活塞是相对固定的。当跳闸时，装有动触头和绝缘喷嘴的汽缸由断路器的操动机构通过连杆带动离开静触头，使汽缸和活塞产生相对运动来压缩 SF_6 气体并使之通过喷嘴吹出，用吹弧法来迅速熄灭电弧。

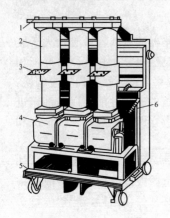

图 9-8　LN2—10 型 SF₆
断路器外形

1—上接线端；2—绝缘筒（内
为气缸及触头系统）；3—下接
线端；4—操动机构；5—小车；
6—分闸弹簧

开关进行分闸时，动触头、活塞一起向右运动。动、定触头分开后产生电弧，活塞向右迅速移动时使右侧的气体受压缩，产生气流通过喷嘴，对电弧进行纵吹，使电弧熄灭。此后，灭弧室内的气体通过定触头内孔和冷却器排入开关本体内。

开关进行合闸时，操动机构带动动触头、喷嘴和活塞向左运动，使静触头插入动触头座内，使动、静触头有良好的电接触，达到合闸的目的。

SF₆ 断路器的操动机构主要采用弹簧、液压操动机构。

4. 工作特性

SF₆ 气体优良的绝缘和灭弧性能，使 SF₆ 断路器具有如下优点：开断能力强，断口电压适于调较高，允许连续开断次数较多，适用于频繁操作，噪声小，无火灾危险，机电磨损小等，是一种性能优异的"无维修"断路器。在高压系统中应用越来越多。

SF₆ 断路器的缺点是：电气性能受电场均匀程度及水分等杂质影响特别大，故对 SF₆ 断路器的密封结构、元件结构及 SF₆ 气体本身质量的要求相当严格。

SF₆ 断路器的结构特点为：开关触头在 SF₆ 气体中闭合和断开；SF₆ 气体具有灭弧和绝缘功能；灭弧能力强，属于高速断路器；结构简单，无燃烧、爆炸危险。

SF₆ 气体在工作过程中存在以下一些特性。

（1）SF₆ 气体本身虽无毒，但它的比重大，比空气重 5 倍，往往积聚在地面附近，不易稀释和扩散，是一种窒息性物质，有故障泄漏时容易造成工作人员缺氧，中毒窒息。

（2）SF₆ 气体本身虽无毒，但在电弧的高温作用和电场中产生电晕放电时，会产生氟化氢等有强烈腐蚀性的剧毒物质，如氟化亚硫酸、氟化硫酸、十氟化二硫、二氧化硫、氟化硫、氢氟酸等近 10 种气体。这些氟、硫化物气体不但有毒，而且还有腐蚀性，如对铝合金、瓷绝缘子、玻璃环氧树脂等绝缘材料，能损坏它们的结构；对人体及呼吸系统有强烈的刺激和毒害作用。

SF₆ 气体的这些缺点，构成了 SF₆ 电气设备在安全防护方面的主要问题。

5. 注意事项

SF₆ 断路器二次接线在接线调试中应注意以下几点。

（1）分闸电气连锁靠转换 FK 来实现，机构内部已有可靠的分合闸机械连锁。手动分闸时，如果拉不动分闸环（分闸闭锁），不要用力拉；欲合闸而拉不动合闸环时，也不要用力拉。此时应观察指针位置，再进行分、合闸操作。

（2）电触点真空压力表引线在罩的下部，从该压力表的动合触点引出。出厂时已将下限指针调至 200kPa（按 200kPa，−10℃ 考虑），当 SF₆ 气压降低至少于 200kPa 时，触点即行关合，接通继电保护回路。用户可根据运行要求适当调高下限，但不得低于 0.2MPa。

（3）靠箱体外侧的是合闸拉环，靠箱体里边的是分闸拉环，手动操作时切勿拉错。

（4）储能电动机必须用交流电源。

SF₆ 断路器是利用 SF₆ 密度继电器来监视气体压力变化的。当 SF₆ 气体压力下降到第一报警值时，密度继电器动作，报出补气压力的信号。当 SF₆ 气体压力下降到第二报警值时，密度继电器动作，报出闭锁压力的信号，同时把开关的跳合闸回路断开，实现分、合闸闭锁。

课题三 高压隔离开关

一、概述

高压隔离开关（文字符号为 QS）是指额定电压在 1kV 及其以上的隔离开关，是高压开关电器中使用最多的一种电器，通常简称为隔离开关。主要用来隔离高压电源，使处于其后的高压母线、断路器等电力设备与电源或带电高压母线隔离，当它处于分闸状态时，具有明显的分断间隙，能保障检修工作的安全。

高压隔离开关本身的工作原理及结构比较简单，但是由于使用量大，工作可靠性要求高，对变电站、电厂的设计、建立和安全运行的影响均较大。由于不设灭弧装置，因此隔离开关不允许切断正常的负载电流，即不允许接通和分断负载电流，更不能用来切断短路电流。但可用来分合一定的小电流（如 2A 以下的空载变压器励磁电流、电压互感器回路电流、5A 以下的空载线路的充电电流）。因隔离开关没有专门的灭弧装置，具有明显的分断间隙，通常与断路器配合使用，但要严格遵守操作顺序，即停电时，应先使断路器跳闸，后拉开隔离开关；送电时，应先合隔离开关，再闭合断路器。

高压隔离开关按其安装方式的不同，可分为户外高压隔离开关与户内高压隔离开关。户外高压隔离开关指能承受风、雨、雪、污秽、凝露、冰及浓霜等作用，适于安装在露台使用的高压隔离开关。按其绝缘支柱结构的不同可分为单柱式、双柱式、三柱式，各电压等级都有可选设备。其中单柱式刀闸在架空母线下面直接将垂直空间用作断口的电气绝缘，因此，具有明显优点，即节约占地面积，减少引接导线，同时分合闸状态特别清晰。在超高压输电情况下，变电站采用单柱式刀闸后，节约占地面积的效果更为显著。按有无接地开关可分为不接地、单接地和双接地三类。

隔离开关全型号的表示和含义如下：

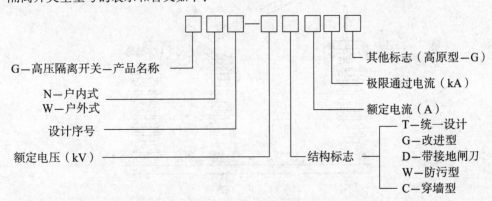

例如，GN19—10C/400 表示：隔离开关，户内式，设计序号为 19，工作电压为 10kV，瓷套管出线，额定电流为 400A。

GW9—10/600 表示：隔离开关，户外型，设计序号为 9，工作电压为 10kV，额定电流为 600A。这种开关常装设在供电部门与用电单位的分界杆上，称为第一断路隔离开关，它是由 3 个单极开关组成的。

二、整体结构

高压隔离开关型号较多，常用的 10kV 户内系列有 GN8、GN19、GN24、GN28 和 GN30 等。图 9-9 为户内使用的 GN8—10C/600 型高压隔离开关外形图，图 9-10 为户内使用的 GN19—

279

12/1250 型高压隔离开关外形图，它们的三相闸刀均安装在同一底座上，闸刀均采用垂直回转运动方式。GN 型高压隔离开关一般采用手动操动机构进行操作。

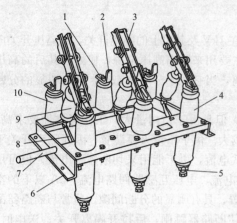

图 9-9　GN8—10C/600 型高压隔离开关

1—上接线端子；2—静触头；3—动闸刀；4—套管绝缘子；5—下接线端子；6—框架；7—转轴；8—拐臂；9—升降绝缘子；10—支柱绝缘子

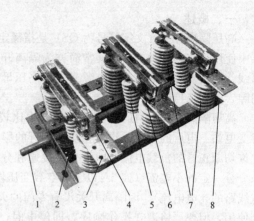

图 9-10　GN19—12/1250 型高压隔离开关

1—转轴；2—后接线端子；3—前接线端子；4—静触头；5—升降绝缘子；6—动闸刀；7—支柱绝缘子；8—框架

户外高压隔离开关常用的有 GW4、GW5 和 GW1 系列。图 9-11 为 GW4—35 型户外高压隔离开关的外形图。为了熄灭小电流电弧，该隔离开关安装有灭弧角条，采用的是三柱式结构。

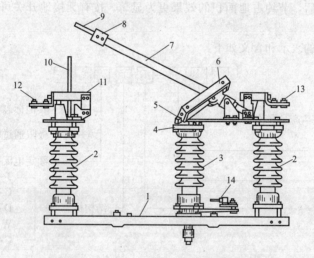

图 9-11　GW4—35 型户外高压隔离开关

1—角钢架；2—支柱绝缘子；3—旋转绝缘子；4—曲柄；5—轴套；6—传动装置；7—管形闸刀；8—工作动触头；9、10—灭弧角条；11—插座；12、13—接线端子；14—曲柄传动机构

隔离开关由以下 4 个部分组成。

（1）导电部分。由一条弯成直角的铜板构成静触头，其有孔的一端可通过螺钉与母线相连接；另一端较短，合闸时它与动刀片（动触头）相接触。两条铜板组成接触条，又称为动触头，可绕轴转动一定角度，合闸时它夹持住静触头。两条铜板之间有夹紧弹簧，用以调节动静触头间接触压力，同时两条铜板在流过相同方向的电流时，它们之间产生相互吸引的电动势，这就

增大了接触压力，提高了运行可靠性。在接触条两端安装有镀锌钢片叫磁锁，它保证在流过短路故障电流时，磁锁磁化后产生相互吸引的力量，加强触头的接触压力，从而提高了隔离开关的动、热稳定性。

（2）绝缘部分。动静触头分别固定在两套支持绝缘子上。对型号中带 C 的，动触头固定在套管绝缘子上。为了使动触头与金属接地的传动部分绝缘，采用了瓷质绝缘的拉杆绝缘子。

（3）传动部分。有主轴、拐臂、拉杆绝缘子等。

（4）底座部分。由钢架组成。支持绝缘子或套管绝缘子以及传动主轴都固定在底座上。底座应接地。总之，隔离开关结构简单，无灭弧装置，处于断开位置时有明显的断开点，其分合状态很直观。

三、工作原理

隔离开关在输配电装置中的用量很大，为了满足在不同连线和不同场地条件下达到经济、合理的布置，以及适应不同用途和工作条件的要求，隔离开关发展形成了不同结构型式的众多品种和规格。带有接地开关的隔离开关称接地隔离开关，是用来进行电气设备的短接、连锁和隔离，一般是用来将退出运行的电气设备和成套设备部分接地和短接。而接地开关是用于将回路接地的一种机械式开关装置。在异常条件下（如短路），可在规定时间内承载规定的异常电流；在正常回路条件下，不要求承载电流。大多与隔离开关构成一个整体，并且在接地开关和隔离开关之间有相互连锁装置。

四、注意事项

在操作隔离开关时，应注意操作顺序，停电时先拉线路侧隔离开关，送电时先合母线侧隔离开关。而且在操作隔离开关前，要检查断路器确实在断开位置后，才能操作隔离开关。

1. 合上隔离开关时的操作

（1）无论用手动传动装置或用绝缘操作杆操作，均必须迅速而果断，但在合闸终了时力不可过猛，以免损坏设备，使机构变形、绝缘子破裂等。

（2）隔离开关操作完毕后，应检查是否合上。合好后应使隔离开关完全进入固定触头，并检查接触的严密性。

2. 拉开隔离开关时的操作

（1）开始时应慢而谨慎，当刀片刚要离开固定触头时应迅速。特别是切断变压器的空载电流、架空线路和电缆的充电电流、架空线路小负载电流以及环路电流时，更应迅速果断，以便能迅速消弧。

（2）拉开隔离开关后，应检查隔离开关每相确实已在断开位置并应使刀片尽量拉到头。

3. 在操作中误拉、误合隔离开关时

（1）误合隔离开关时，即使合错，甚至在合闸时发生电弧，也不准将隔离开关再拉开。因为带负载拉开隔离开关，将造成三相弧光短路事故。

（2）误拉隔离开关时，在刀片刚要离开固定触头时，便发生电弧，这时应立即合上，可以消灭电弧，避免事故。如果隔离开关已经全部拉开，则绝不允许将误拉的隔离开关再合上。

如果是单极隔离开关，操作一相后发现误拉，对其他两相则不允许继续操作。

课题四 互 感 器

一、概述

互感器是按比例变换电压或电流的设备，分为电流互感器和电压互感器两种类型，也是一种特殊的变压器，在变配电系统中具有极其重要的作用。

电压互感器的功能是将高电压按比例变换成标准低电压（100V），可在高压和超高压的电力系统中用于电压和功率的测量等；电流互感器将大电流按比例变换成标准小电流（5A 或 10A，均指额定值）；可用在交换电流的测量、交换电量的测量和电力拖动线路中的保护及自动控制设备的标准化、小型化。互感器还可用来隔开高电压系统，以保证人身和设备的安全。

二、电流互感器

1. 电流互感器的整体结构

电流互感器的类型很多，如果按一次绕组的匝数分类，可分为单匝式和多匝式；按用途分类，可分成测量用和保护用；按绝缘介质分类，可分为油浸式和干式等。常用的电流互感器外形结构如图 9-12～图 9-14 所示。

图 9-12　电力互感器的外形结构

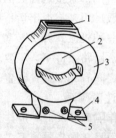

图 9-13　LMZJ1—0.5 型电流互感器
1—铭牌；2—一次母线穿孔；3—铁心（外绕二次绕组，环氧树脂浇注）；4—安装板；5—二次接线端子

2. 电流互感器的工作原理

电流互感器原理是依据电磁感应原理的。电流互感器是由闭合的铁心和绕组组成的。它的一次绕组匝数很少，串在需要测量的电流的线路中，因此它经常有线路的全部电流流过，二次绕组匝数比较多，串接在测量仪表和保护回路中，电流互感器在工作时，它的 2 次回路始终是闭合的，因此测量仪表和保护回路串联线圈的阻抗很小，电流互感器的工作状态接近短路。

在供电用电的线路中电流电压相差悬殊，从几安培到几万安培都有。为便于二次仪表测量需要转换为比较统一的电流，另外线路上的电压都比较高，如果直接测量是非常危险的。电流互感器就起到变流和电气隔离的作用。

测量用电流互感器主要与测量仪表配合，在线路正常工作状态下，用来测量电流、电压、功率等。测量用微型电流互感器主要要求：绝缘可靠；有足够高的测量精度；当被测线路发生故障出现的大电流时互感器应在适当的量程内饱和（如 500% 的额定电流）以保护测量仪表。

以前，显示仪表大部分是指针式的电流电压表，所以电流

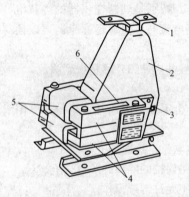

图 9-14　LQJ—10 型电流互感器
1—一次接线端子；2—一次绕组（环氧树脂浇注）；3—二次接线端子；4—铁心（两个）；5—二次绕组（两个）；6—警告牌（上写"二次侧不得开路"等字样）

互感器的二次电流大多数是安培级的（如5A等）。现在的电量测量大多数字化，而计算机采样的信号一般为毫安级（0～5V、4～20mA等）。微型电流互感器二次电流为毫安级，主要起大互感器与采样之间的桥梁作用。

微型电流互感器也有人称之为"仪用电流互感器"（"仪用电流互感器"是在实验室使用的多电流比精密电流互感器，一般用于扩大仪表量程）。

保护用电流互感器主要与继电装置配合，在线路发生短路过载等故障时，向继电装置提供信号切断故障电路，以保护供电系统的安全。保护用微型电流互感器的工作条件与测量用互感器完全不同，保护用互感器只是在比正常电流大几倍甚至几十倍的电流时才开始有效地工作。保护用互感器主要要求：绝缘可靠；足够大的准确限值系数；足够的热稳定性和动稳定性。

（1）电流互感器的原理接线如图9-15所示。电流互感器的一次电流 I_1 与其二次电流 I_2 之间有下列关系

$$I_1 \approx (N_2/N_1)I_2 \approx K_i I_2 \qquad (9-1)$$

式中 K_i——电流互感器的变流比。

变流比通常又表示为额定一次电流和二次电流之比，即 $K_i = I_{N1}/I_{N2}$，如100A/5A。

不同类型的电流互感器其结构特点不同，但归纳起来有下列共同点。

1）电流互感器的一次绕组匝数很少，二次绕组匝数很多，如芯柱式的电流互感器一次绕组为一穿过铁心的直导体；母线式和套管式电流互感器本身没有一次绕组，使用时穿入母线和套管，利用母线或套管中的导体作为一次绕组。

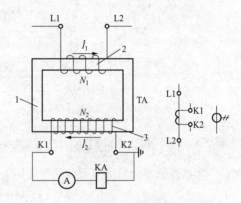

图9-15 电流互感器
1—铁心；2——一次绕组；3—二次绕组

2）一次绕组导体粗，二次绕组导体细，二次绕组的额定电流一般为5A（有的为1A）。

3）工作时，一次绕组串联在一次电路中，二次绕组串联在仪表、继电器的电流线圈回路中。二次回路阻抗很小，接近于短路状态。

（2）电流互感器的接线方案。电流互感器在三相电路中常见有4种接线方案，如图9-16所示。

1）一相式接线。如图9-16（a）所示，这种接线在二次侧电流线圈中通过的电流，反映一次电路对应相的电流。这种接线通常用于负载平衡的三相电路，供测量电流和接过载保护装置用。

2）两相电流和接线（两相V形接线）。如图9-16（b）所示，这种接线也称两相不完全星形接线，电流互感器通常接于A、C相上，流过二次侧电流线圈的电流，反映一次电路对应相的电流，而流过公共电流线圈的电流为 $\dot{I}_a + \dot{I}_c = -\dot{I}_b$，它反映了一次电路B相的电流。这种接线广泛应用于6～10kV高压线路中，测量三相电能、电流和作过载保护用。

3）两相电流差接线。如图9-16（c）所示，这种接线也常把电流互感器接于A、C相，在三相对称短路时流过二次侧电流线圈的电流为 $\dot{I} = \dot{I}_a - \dot{I}_c$，其值为相电流的 $\sqrt{3}$ 倍。这种接线在不同短路故障下，反映到二次侧电流线圈的电流各不相同，因此对不同的短路故障具有不同的灵敏度。这种接线主要用于6～10kV高压电路中的过电流保护。

4）三相星形接线。如图9-16（d）所示，这种接线流过二次侧电流线圈的电流分别对应主电路的三相电流，它广泛用于负载不平衡的三相四线制系统和三相三线制系统中，用作电能、电流的测量及过电流保护。

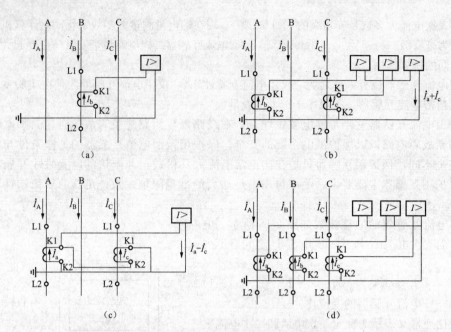

图 9-16　电流互感器四种常用接线方案

（a）一相式接线；（b）两相 V 形接线；（c）两相电流差接线；（d）三相星形接线

电流互感器全型号的表示和含义如下：

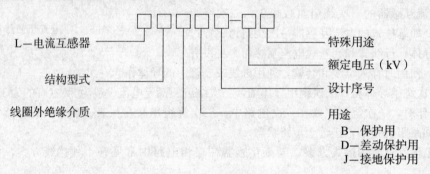

其中结构型式的字母含义如下：

R—套管式；Z—支柱式；C—瓷箱式；Q—线圈式；F—贯穿式（复匝）；D—贯穿式（单匝）；M—母线式；B—支持式；A—穿墙式；Y—低压式。

线圈外绝缘介质的字母含义如下：

Z—浇注绝缘；C—瓷绝缘；J—树脂浇注；K—塑料外壳；W—户外式；M—母线式；G—改进式；Q—加强式；P—中频。

字母后面的数字一般表示使用电压等级。例如，LMK—0.5S 型，表示使用于额定电压 500V 及以下电路，塑料外壳的穿心式 S 级电流互感器。LA—10 型，表示使用于额定电压 10kV 电路的穿墙式电流互感器。

3. 电流互感器的工作特性

电流互感器的运行和停用，通常是在被测量电路的断路器断开后进行的，以防止电流互感器的二次线圈开路。但在被测电路中断路器不允许断开，只能在带电情况下进行。

在停电时，停用电流互感器应将纵向连接端子板取下，将标有"进"侧的端子横向短接。在启用电流互感器时，应将横向短接端子板取下，并用取下的端子板将电流互感器纵向端子接通。

在运行中，停用电流互感器时，应将标有"进"侧的端子先用备用端子板横向短接，然后取下纵向端子板。在启用电流互感器时，应使用备用端子板将纵向端子接通，然后取下横向端子板。

在电流互感器启、停用时，应注意在取下端子板时是否出现火花。如果出现火花，应立即把端子板装上并拧紧，然后查明原因。工作中，操作员应站在绝缘垫上，身体不得碰到接地物体。

电流互感器在运行中，值班人员应定期检查下列项目：互感器是否有异声及焦味；互感器接头是否有过热现象；互感器油位是否正常，有无漏油、渗油现象；互感器瓷质部分是否清洁，有无裂痕、放电现象；互感器的绝缘状况是否良好。

电流互感器的二次侧开路是最主要的事故。在运行中造成开路的原因有：端子排上导线端子的螺钉因受震动而脱扣；保护屏上的压板未与铜片接触而压在胶木上，造成保护回路开路；可读三相电流值的电流表的切换开关经切换而接触不良；机械外力使互感器二次线断线等。

在运行中，如果电流互感器二次开路，则会引起电流保护的不正确动作，铁心发出异声，在二次绕组的端子处会出现放电火花。此时，应先将一次电流减少或降至零，然后将电流互感器所带保护退出运行。采取安全措施后，将故障互感器的端子短路，如果电流互感器有焦味或冒烟，应立即停用互感器。

4. 电流互感器的注意事项

电流互感器使用注意事项及处理方法如下。

(1) 电流互感器在工作时二次侧不能开路。如果开路，二次侧会出现危险的高电压，危及设备及人身安全。而且铁心会由于二次开路磁通剧增而过热，并产生剩磁，使得互感器准确度降低。因此，电流互感器安装时，二次侧接线要牢固，且二次回路中不允许接入开关和熔断器。

实际工作中，往往发现电流互感器二次侧开路后，并没有什么异常现象。这主要是因为一次电路中没有负载电流或负载很轻，铁心没有磁饱和的缘故。

在带电检修和更换二次仪表、继电器时，必须先将电流互感器二次侧短路，才能拆卸二次元件。运行中，如果发现电流互感器二次开路，应及时将一次电路电流减小或降至零，将所带的继电保护装置停用，并采用绝缘工具进行处理。

(2) 电流互感器的二次侧必须有一端接地，以防止其一、二次绕组间绝缘击穿时，一次侧的高压窜入二次侧，危及人身安全和测量仪表、继电器等设备的安全。电流互感器在运行中，二次绕组应与铁心同时接地运行。

(3) 电流互感器在连接时必须注意端子极性，防止接错线。例如，在两相电流和接线中，如果电流互感器的 K1、K2 端子接错，则公共线中的电流就不是相电流，而是相电流的 $\sqrt{3}$ 倍，可能使电流表损坏。

5. 电力互感器的选择

(1) 电流互感器选择与检验的原则。

1) 电流互感器额定电压不小于装设点线路额定电压。

2) 根据一次负载计算电流 I_c，选择电流互感器。

3) 根据二次回路的要求选择电流互感器的准确度并校验准确度。

4) 校验动稳定度和热稳定度。

(2) 电流互感器变流比选择。电流互感器一次额定电流 I_{1n} 和二次额定电流 I_{2n} 之比，称为电流互感器的额定变流比，计算公式如下

$$K_i = I_{1n}/I_{2n} \approx N_2/N_1$$

式中：N_1 和 N_2 为电流互感器一次绕组和二次绕组的匝数。

电流互感器一次侧额定电流标准比有 20、30、40、50、75、100、150（A）、2Xa/c 等规格，二次侧额定电流通常为 1A 或 5A。其中，2Xa/c 表示同一台产品有两种电流比，通过改变产品顶部储油柜外的连接片接线方式实现，当串联时，电流比为 a/c，并联时电流比为 2Xa/c。一般情况下，计量用电流互感器变流比的选择应使其一次额定电流 I_{1n} 不小于线路中的负载电流（计算 I_c）。如果线路中负载计算电流为 350A，则电流互感器的变流比应选择 400/5。保护用的电流互感器为保证其准确度要求，可以将变流比选得大一些。

三、电压互感器

1. 电压互感器的整体结构

电压互感器和变压器很相像，都是用来变换线路上的电压。但是变压器变换电压的目的是

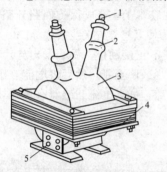

图 9-17　JDZJ—10 型电压互感器
1——次接线端子；2—高压绝缘套管；3—二次绕组；4—铁心；5—二次接线端子

输送电能，因此容量很大，一般都是以千伏安或兆伏安为计算单位；而电压互感器变换电压的目的，主要是用来给测量仪表和继电保护装置供电，用来测量线路的电压、功率和电能，或者用来在线路发生故障时保护线路中的贵重设备、电动机和变压器，因此电压互感器的容量很小，一般都只有几伏安、几十伏安，最大也不超过一千伏安。

电压互感器的种类也比较多，按相数分类，有单相电压互感器和三相电压互感器；按绝缘方式和冷却方式分类，有油浸式和干式；按用途分类，有测量用和保护用；按结构原理分类，有电磁感应式和电容分压式等。典型的电压互感器外形结构如图 9-17 所示。

2. 电压互感器的工作原理

电压互感器的基本结构和变压器很相似，也有两个绕组，一个叫一次绕组，一个叫二次绕组。两个绕组都装在或绕在铁心上。两个绕组之间以及绕组与铁心之间都有绝缘，使两个绕组之间以及绕组与铁心之间都有电的隔离。电压互感器在运行时，一次绕组 N_1 并联接在线路上，二次绕组 N_2 并联接仪表或继电器。因此在测量高压线路上的电压时，尽管一次电压很高，但二次却是低压的，可以确保操作人员和仪表的安全。

在测量交变电流的大电压时，为了能够安全测量在相线和零线之间并联一个变压器（接在变压器的输入端），这个变压器的输出端接入电压表，由于输入线圈的匝数大于输出线圈的匝数，因此输出电压小于输入电压，电压互感器就是降压变压器。

电压互感器的作用是：把高电压按比例关系变换成 100V 或更低等级的标准二次电压，供保护、计量、仪表装置使用。同时，使用电压互感器可以将高电压与电气工作人员隔离。电压互感器虽然也是按照电磁感应原理工作的设备，但它的电磁结构关系与电流互感器相比正好相反。电压互感器二次回路是高阻抗回路，二次电流的大小由回路的阻抗决定。当二次负载阻抗减小时，二次电流增大，使得一次电流自动增大一个分量来满足一、二次侧之间的电磁平衡关系。可以说，电压互感器是一个被限定结构和使用形式的特殊变压器。

电压互感器是发电厂、变电站等输电和供电系统不可缺少的一种电器。

（1）电压互感器的原理接线图如图 9-18 所示，它的结构特点如下。

1）一次绕组匝数很多，二次绕组匝数很少，相当于一个降压变压器。

2）工作时一次绕组并联在一次电路中，二次绕组并联接仪表、继电器的电压线圈回路，二次绕组负载阻抗很大，接近于开路状态。

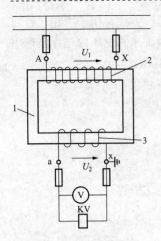

图 9-18 电压互感器
原理接线图
1—铁心；2—一次绕组；
3—二次绕组

3）一次绕组导线细，二次绕组导线较粗，二次侧额定电压一般为 100V，用于接地保护的电压互感器的二次侧额定电压为 $(100/\sqrt{3})$ V，开口三角形侧为 $(100/3)$ V。

（2）电压互感器的接线方案。电压互感器的接线方案也有 4 种形式，如图 9-19 所示。

1）一个单相电压互感器的接线。如图 9-19（a）所示，这种接线方式常用于供仪表、继电器接于三相电路的一个线电压。

2）两个单相电压互感器接成 V/V 形。如图 9-19（b）所示，这种接线方式常用于供仪表、继电器接于三相三线制电路的各个线电压，广泛应用于工厂变配电所 10kV 高压配电装置中。

3）三个单相电压互感器或一个三相双绕组电压互感器接成 Y_0/Y_0 形。如图 9-19（c）所示，这种接线方式常用于三相三线制和三相四线制线路，用于供电给要求接线电压的仪表、继电器，同时也可供电给要求接相电压的绝缘监察用电压表。

4）三个单相三绕组电压互感器或一个三相五芯柱式三绕组电

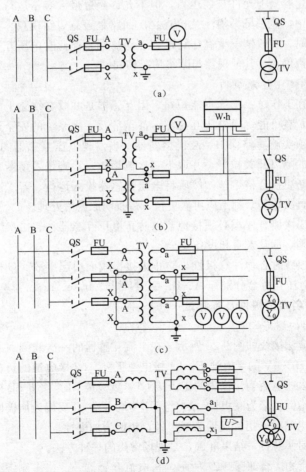

图 9-19 电压互感器 4 种接线方案
(a) 一个单相电压互感器的接线；(b) 两个单相电压互感器接成 V/V 形；(c) 三个单相电压互感器接成
Y_0/Y_0；(d) 三个单相三绕组电压互感器或一个三相五芯柱式电压互感器接成 $Y_0/Y_0/\triangle$

压互感器接成 $Y_0/Y_0/\triangle$（开口三角形）。如图 9-19（d）所示，这种接线方式常用于三相三线制线路。其接成 Y_0 形的二次绕组供电给要求线电压的仪表、继电器以及要求相电压的绝缘监察用电压表；接成开口三角形的辅助二次绕组，作为绝缘监察用的电压继电器。

电感互感器全型号的表示和含义如下：

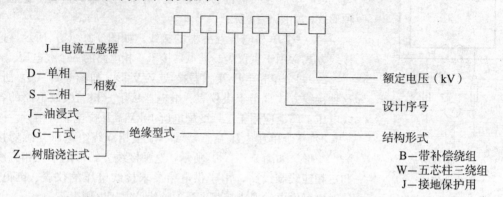

3. 电压互感器的工作特性

电压互感器在额定容量下允许长期运行，但不允许超过最大容量运行。电压互感器在运行中不能短路。在运行中，值班员必须注意检查二次回路是否有短路现象，并及时消除。当电压互感器二次回路短路时，一般情况下高压熔断器不会熔断，但此时电压互感器内部有异声，将二次熔断器取下后异声停止，其他现象与断线情况相同。

4. 电压互感器的使用注意事项

（1）电压互感器在工作时二次侧不能短路。因互感器是并联在线路上的，如果发生短路将产生很大的短路电流，有可能烧毁电压互感器，甚至危及一次系统的安全运行。所以电压互感器的一、二次侧都必须实施短路保护，装设熔断器。当发现电压互感器的一次侧熔丝熔断后，首先应将电压互感器的隔离开关拉开，并取下二次侧熔丝，检查是否熔断。在排除电压互感器本身的故障后，可重新更换合格熔丝，然后将电压互感器投入运行。若二次侧熔断器一相熔断时，应立即更换。若再次熔断，则不应再次更换，待查明原因后处理。

（2）电压互感器二次侧有一端必须接地，以防止电压互感器一、二次绕组绝缘击穿时，一次侧的高压窜入二次侧，危及人身和设备安全。

（3）电压互感器接线时必须注意极性，防止因接错线而引起事故。单相电压互感器分别标 A、X 和 a、x。三相电压互感器分别标 A、B、C、N 和 a、b、c、n。

四、互感器的同名端、极性及其测试

1. 互感器同名端的测定

（1）直流法。直流法接线如图 9-20 所示。在电流互感器的一次线圈（或二次线圈）上，通过按钮开关 SB 接入 $1.5\sim3\text{V}$ 的干电池 E，L1 接电池正极，L2 接电池的负极。在二次绕组两端接以低量程直流电压表或电流表。仪表的正极接 K1，负极接 K2，按下 SB 接通电路时，若直流电流表或直流电压表指针正偏为减极性（L1 与 K1 为同名端），反偏为加极性（L1 与 K1 为异名端）；若 SB 打开切断电路时，指针反偏为减极性，正偏为加极性。

直流法测定极性简便易行，结果准确，是现场常用的一种方法。

（2）交流法。交流法接线如图 9-21 所示。将电流互感器一、二次侧绕组的尾端 L2、K2 连在一起。在匝数较多的二次绕组上通以 $1\sim5\text{V}$ 的交流电压 u_1，再用 10V 以下的小量程交流电压表分别测量 u_2 及 u_3 的数值。若 $u_3=u_1-u_2$ 则为减极性，若 $u_3=u_1+u_2$ 则为加极性。

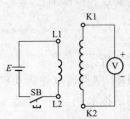

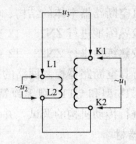

图 9-20　直流法测定绕组极性接线图　　　图 9-21　交流法测定绕组同名端

在试验中应注意通入的电压 u_1 尽量低，只要电压表的读数能看清楚即可，以免电流太大损坏线圈。为了读数清楚，电压表的量程应尽量小些。当电流互感器的电流比在 5 倍及以下时，用交流法测定极性既简单又准确；当电流互感器的电流比较大（10 倍以上）时，因 u_2 的数值较小，u_1 与 u_3 的数值很接近，电压表的读数不易区别大小，故不宜采用此测定方法。

（3）仪表法。一般的互感器校验仪都带有极性指示器，因此在测定电流互感器误差之前，便可以预先检查极性。若极性指示器没有指示，则说明被测电流互感器极性正确（减极性）。

2. 减极性与加极性

与变压器一样，互感器在运行中，其一次绕组与二次绕组的感应电动势 $\dot{E}_1$、$\dot{E}_2$ 的瞬时极性是不断变化的，但它们之间有一定的对应关系。一、二次侧绕组的首端要么同为正极性（末端为负极性），要么一正一负。当绕组的首、末端规定后，绕组间的这种极性对应关系就取决于绕组的绕向。我们把在电磁感应过程中，一、二次绕组感应出相同极性的两端称为同名端，感应出相反极性的两端称为异名端。

在一次绕组的同名端通入一个正在增大的电流，则该端将感应出正极性，二次绕组的同名端也感应出正极性。如果二次回路是闭合的，则将有感应电流从该端流出。根据电流的这一对应关系，可以判别绕组的同名端。此外，还可以采取这样的方法，按图 9-21 所示接线，把一、二次绕组的两个末端短接，在一侧加交流电压 u_1，另一侧感应出电压 u_2，测量两个绕组首端间的电压 u_3。若 $u_3 = |u_1 - u_2|$，则两个首端（或末端）为同名端；若 $u_3 = |u_1 + u_2|$，则两个首端（或末端）为异名端。

互感器若按照同名端来标记一、二次绕组对应的首尾端，这样的标记称为"减极性"标记法（L1 与 K1 为同名端），反之则称为"加极性"标记法（L1 与 K1 为异名端）。在电工技术中通常采用"减极性"标记法。

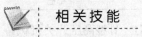　相关技能

技能训练一　高压断路器的拆装、调整与检测

一、训练目的

开关电器拆装、调整与检测技能训练，是不可缺少的实践性教学环节。通过技能训练，受训者应能掌握常见开关电器设备的结构、各部件的功能及检修、安装要点；掌握控制回路的接线方法；掌握简单的电气测试技术。实训中应注重培养和提高受训者的动手能力，并进一步巩固和深化高压电器理论知识，同时通过开关电器的安装检修实训，扩大了视野，达到理论与实践相辅相成、融会贯通的目的，使受训者的职业素养得以提高。要求：

（1）能根据 ZN28—12 真空断路器的结构、基本工作原理进行拆装检修；掌握 ZN28—12 型

号的室内高压真空断路器本体的结构、性能、作用、安装要点和检修工艺。

（2）能比较熟练地进行 ZN28—12 真空断路器的调整。

（3）能比较熟练地进行 ZN28—12 真空断路器的检测。

（4）能进行真空断路器控制回路的接线和控制原理的分析。

（5）掌握 CT8 型和 CT19 型等弹簧操动机构以及 CD17 型直流电磁操动机构的动作原理、操作方法，能进行传动机构的调试，并掌握简单的电气测试技术。

二、训练器材

（1）工作台全套。

（2）全套 10kV 高压开关柜及 ZN28—12 真空断路器。

（3）装配、测试 ZN28—12 真空断路器真空灭弧室时使用的工具，见表 9-3。

表 9-3   **装配、测试 ZN28—12 真空断路器真空灭弧室时使用的工具**

序 号	名 称	规 格	数 量
1	一字改锥（mm）	300、500	各1把
2	十字改锥	Ⅱ号、Ⅲ号、Ⅳ号	各1把
3	固定扳手（in）	16、17、18、19	各2把
4	套筒扳手		1套
5	钢丝钳		1把
6	剥线钳		1把
7	尖嘴钳		1把
8	电工刀		1把
9	带插板电源线		1个
10	木锤、铁锤		各1把
11	人字木梯子	高 2m	1架
12	汽油、机油、润滑油		适量

（4）装配、测试 ZN28—12 真空断路器真空灭弧室时使用的量具，见表 9-4。

表 9-4   **装配、测试 ZN28—12 真空断路器真空灭弧室时使用的量具**

序 号	名 称	规 格	数 量
1	游标卡尺	0～125mm	1把
2	钢直尺	1000mm	1把
3	塞尺		1把
4	高压试电笔		1把

（5）测试 ZN28—12 真空断路器真空特性参数时使用的设备有：GKJ—Ⅵ型高压开关机械特性测试仪、GKTJ 型断路器机械特性测试仪、25kV 绝缘电阻表、双臂电桥、电源测试车。

三、相关知识

（1）熟悉真空断路器的结构、基本工作原理，掌握真空断路器的拆装工艺流程。

（2）熟知各种工具、量具、仪器仪表的使用方法。

（3）熟知现场工作的安全注意事项和质量注意事项。

四、ZN28—12 真空断路器训练内容及步骤

1. 真空断路器的检修项目

（1）检修项目。

1）真空灭弧室的检修（测其真空度）。

2）绝缘部件的检修（检测绝缘电阻）。

3）操动机构的检修。

4）分闸电磁铁（储能电动机）的检修。

5）辅助开关的检修。

6）机械连锁装置的检修。

（2）调试、检测项目。

1）真空灭弧室的真空度检测。

2）绝缘部件的绝缘电阻检测。

3）进线与出线之间的接触电阻检测。

4）触头行程和超行程的检测。

5）手动、电动分、合闸的操作试验。

2. 真空断路器的拆装检修基本工艺要求

（1）各部转动轴销及机械摩擦部位用汽油清洗后注润滑油，组装后转动部分应灵活无卡滞现象。

（2）轴销窜动范围不应超过 1mm，开口销（锁片）应齐全，且尾部应打开（锁片应无损坏）。

（3）各部件应清洁、无损坏。

（4）各部螺栓应紧固，帽、垫、弹簧应齐全、完好。

（5）各弹簧应无永久变形、端裂及严重锈蚀现象。

（6）主导电回路的接触面应平整清洁，接触良好，无过热氧化现象。

（7）控制回路的接线端子应无松动、脱焊现象，端子排应完整、固定可靠。

（8）框架组件、焊口应无开裂、假焊。

3. 真空断路器的解体检修的工艺及质量标准

（1）ZN28—12 真空灭弧室的检修，见表 9-5。

表 9-5　　　　　　　　　　　ZN28—12 真空灭弧室的检修

分解检修工艺	质量标准
（1）真空灭弧室的分解顺序：按图 9-22，断路器分闸，拆下导向板 9、拐臂 8、导电夹紧固螺钉 12，拧下螺栓 17、14，取出灭弧室 （2）对真空灭弧室进行真空度检验 （3）真空灭弧室的安装顺序：按图 9-22，断路器分闸，将真空灭弧室放入下支架并拧紧螺栓 14，装上支架 11，拧紧螺钉 12，拧上导电夹紧固螺钉 10（注意导电夹下端面顶住导电杆台阶），装上拐臂 8 和导向板 9	（1）导电杆无过热变色，丝扣完整，导电夹应无裂纹锈蚀、氧化现象 （2）灭弧室的玻璃罩应无裂纹，上下橡胶垫无老化；对新安装的真空灭弧室进行工频电压 42kV 耐压 1min，管内无闪络击穿现象，导电夹两个紧固螺栓的紧力应均匀，上下开口处间隙一致 （3）灭弧室与支持绝缘子配合不应有别劲现象，相间距离应保证 230mm （4）对 ZN28 真空断路器安装导电杆时，应使导电杆上端伸出导向板（6±1）mm （5）紧固件紧固后，灭弧室不应受力弯曲，绝缘杆弯曲变形不得大于 0.5mm （6）上支架 11 安装时，拧下螺钉 12 后上支架 11 不可压在灭弧室导向套上，间隙为 0.5～1.5mm

（2）绝缘部件检查和调整，见表 9-6。

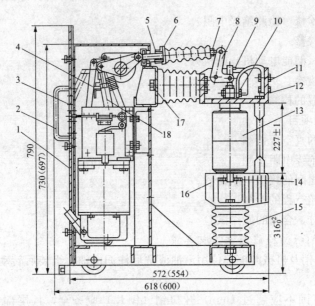

图 9-22　外形图（括号内尺寸为 20kA 时）

1—面板；2—把手；3—拉簧；4—开距调整垫圈；5—触头压力弹簧；6—弹簧座；7—超行程调整螺栓；
8—拐臂；9—导向板；10—导电夹紧固螺钉；11—上支架；12—螺钉；13—真空灭弧室；14—真空灭弧室
固定螺栓；15—绝缘子；16—T 支架；17—绝缘子固定螺栓；18—输出

表 9-6　　　　　　　　　　　　　　　　　**绝缘部件检查和调整**

检查调整工艺	质量标准
（1）擦净支持绝缘子、绝缘隔板、绝缘支柱表面，检查有无裂纹、破损等缺陷 （2）检查安装螺栓是否紧固，绝缘子铁部件的浇装是否良好 （3）检查各绝缘子是否横平竖直、高度一致，否则应加垫片后调整	（1）无裂纹、无积灰 （2）安装螺栓固定可靠。浇注部位无松动、裂纹，同相绝缘子应在一条垂线上，高度差不应大于 1mm

4. CT8 弹簧操动机构的检修

（1）CT8 弹簧操动机构检修，见表 9-7。

表 9-7　　　　　　　　　　　　　　　　　**CT8 弹簧操动机构检修**

检修工艺	质量标准
（1）分解 1）拆下输出轴拐臂与传动杆的轴销，使操动机构与断路器脱离 2）卸下操动机构外罩 3）卸下端子排 4）卸下左右侧板外面的合闸弹簧及拐臂 5）卸下合闸、分闸电磁铁 6）拆下左侧板 7）拆开扇形板 4 与凸轮连接机构的连板 3 间的轴销，如图 9-23 所示 8）打开备有的调节连杆 9）抽出储能轴、输出轴、驱动块轴、半轴、定位件轴、扇形板轴等，取下储能机构、凸轮连杆机构、合闸操动机构、合闸操动机构、脱扣分闸机构、脱扣分闸机构、扇形板等	（1）各零件应无变形、锈蚀损坏，焊缝应无开焊。合闸机构铆接部位应牢固灵活。棘轮无大牙掉齿。轴销与轴孔配合间隙不应大于 0.3mm。合闸弹簧特性符合要求 （2）轴承转动应灵活，滚针应无磨偏及损坏现象 （3）接线端子应紧固，行程开关动作应可靠。辅助开关切换应准确无卡涩现象 （4）各轴销窜动量不大于 1mm。各部螺栓应紧固，开口销、垫圈应齐全，开口销应开口。机构可动部位动作应灵活，各销扣接及脱离均应灵活可靠

续表

检修工艺	质量标准
（2）清洗、检查 1）用汽油清洗各部零件轴承、滚轮等 2）检查拆下的各轴销、操动块、偏心轮、棘轮、连板、滚轮、齿轮、拐臂、弹簧、扭簧等有无弯曲、变形、严重磨损等 3）检查各轴承及滚针，然后涂以润滑油或黄甘油 4）检查端子排接线端子紧固情况、行程开关动作情况及辅助开关切换情况，然后用毛刷清扫	（1）各零件应无变形、锈蚀损坏，焊缝应无开焊。合闸机构铆接部位应牢固灵活。棘轮无大牙掉齿。轴销与轴孔配合间隙不应大于 0.3mm。合闸弹簧特性符合要求 （2）轴承转动应灵活，滚针应无磨偏及损坏现象 （3）接线端子应紧固，行程开关动作应可靠。辅助开关切换应准确无卡涩现象
（3）将各轴销、轴孔等转动部分涂以润滑油后，按分解相反顺序装复。检查装复后零件的紧固情况及动作情况	（4）各轴销窜动量不大于 1mm。各部螺栓应紧固，开口销、垫圈应齐全，开口销应开口。机构可动部位动作应灵活，各销扣接及脱离均应灵活可靠

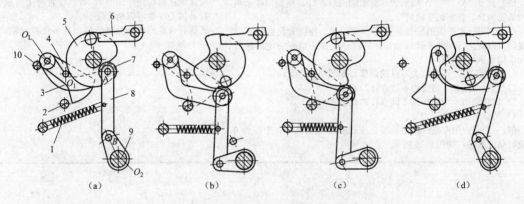

图 9-23　凸轮连杆机构的动作示意图

（a）分闸位置弹簧已储能；（b）合闸位置弹簧未储能；（c）合闸位置弹簧已储能；（d）分闸位置弹簧未储能

1—复位弹簧；2—半轴；3—连板；4—扇形板；5—凸轮；6—定位件；7—滚子；8—连板；9—输出轴；10—止钉

（2）电磁铁的检修，见表 9-8。

表 9-8　　　　　　　　　　　各电磁铁的检修

检修工艺	质量标准
（1）卸下罩、盖取出铁心、铜套、绕组等 （2）用毛刷清扫上下轭铁、侧轭铁、铜套、绕组等，检查绕组及引线绝缘情况并测量其直流电阻 （3）检查顶杆与铁心的结合是否牢固，顶杆有无弯曲、变形等现象 （4）装复	（1）铜套应无变形，绕组及引线绝缘应良好，直流电阻应符合标准 （2）铁心顶杆结合应牢固无松动现象，顶杆应无弯曲、变形，装复后的电磁铁心上下运动在各方位均应灵活，无卡涩现象

（3）CT8 弹簧操动机构装复后、配合断路器之前的调整，见表 9-9。

表 9-9　　　　　　　　CT8 弹簧操动机构装复后、配合断路器之前的调整

检修工艺	质量标准
（1）机构在合闸位置时，调整调节止钉 7，如图 9-24（a）所示，使半轴 2 与扇形板 8 间的扣接量达到要求 （2）机构在合闸位置时，调整手分按钮拉杆 3 的长度，如图 9-24（d）所示，使其螺母与脱扣杆 4 之间的间隙达到既不妨碍半轴完全复位又能满足手分按钮行程的要求 （3）机构脱扣后，半轴转动到极限位置时与扇形板间应仍有符合要求的间隙	半轴与扇形板间的扣接量应调在 1.8～2.8mm，如图 9-24（b）所示 在满足手分按钮行程的前提下，间隙不应小于 0.5mm，且应尽量大些 半轴转动到极限位置时与扇形板的间隙应大于 0.5mm，如图 9-24（c）所示

续表

检修工艺	质量标准
（4）当机构已储能并处于分闸位置时，凸轮连接机构的扇形板 2 复位后与半轴 3 间的间隙大于 1mm，调整限位止钉 1 使它达到要求值，如图 9-25 所示 （5）调整调节拉杆 11 的长度，如图 9-26 所示，使合闸连接销板 8 在机构输出轴处于分闸的极限位置时还能向下推动一定距离 （6）调整定位件 6 与脱扣板 5 之间的拉杆长度，如图 9-26 所示，使走位件与滚轮 4 间的扣接量满足要求 （7）把输出轴分别处于合闸位置和分闸的极限位置，通过调整输出轴上的调节止钉和辅助拉杆，把辅助开关调整到与输出轴相对应的合、分闸位置 （8）调节"分""合"指示牌与输出轴间的连杆，使其与指示机构的实际分、合闸位置相对应 （9）利用行程开关的安装长孔调整其位置，使持簧拐臂转道储能位置时能使行程开关储点动作，同时还应保证留有一定的超行程，以免顶坏行程开关 （10）失压脱扣器及有关零件的调整，如图 9-27 所示 1）调整动铁心 9 与锁扣 6 间连杆的长度 2）调整锁扣 4 与脱扣板 2 间连杆的长度 3）调整失压复位弹簧 （11）调整合闸电磁铁杆的长度，使铁心吸合到底时，定位件 6 能可靠地抬起，如图 9-26 所示	b_1 值大于 0，b_2 值应在 1mm 左右，机构输出轴在分闸极限位置使连销板应能向下推动 1～1.5mm 使滚轮靠在定位件定位圆弧面中部偏上一些辅助开关的转换应准确可靠。辅助开关转换过程中，其拐臂与拉杆不应出现"死点"，"分"、"合"指示要准确无误 应保证动铁心打开后能将扣与锁扣间的扣接可靠地脱开，应保证能将半轴带到图 9-24（c）所示位置 应保证在机构处于图 9-27（c）位置时失压脱扣器动铁心 9 能可靠地复位 要达到可靠的解除储能维持，且不致碰到轴，如图 9-26 所示

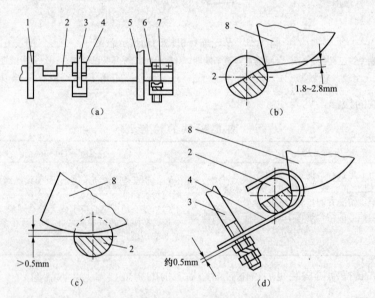

图 9-24　凸轮连杆机构半轴位置的调整

（a）半轴上需调整的拉杆与止钉；（b）半轴与扇形板间的扣接量；（c）半轴极限位置时与扇形板间的间隙；
（d）手分按钮拉杆的调整

1—左侧板；2—半轴；3—拉杆；4、6—脱扣板；5—右侧板；7—调节止钉；8—扇形板

（4）储能电动机构的检修，见表 9-10。

5. 操动机构与断路器组装

断路器配 CT8 弹簧操动机构的组装见表 9-11。

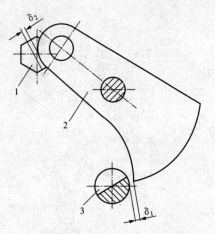

图 9-25　扇形板限位止钉的调整
1—限位止钉；2—扇形板；3—半轴

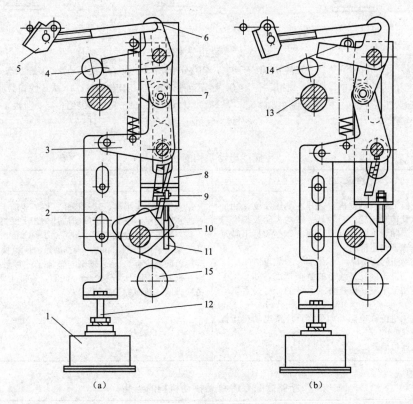

(a)　　　　　　　　　　　(b)

图 9-26　操动机构合闸动作示意图
(a) 弹簧已储能位置；(b) 进行合闸操作状态

1—合闸电磁铁；2—导板；3—杠杆；4 凸轮上的滚轮；5—脱扣板；6—定位件；7—滚子；8—连锁板；9—复位弹簧；10—输出轴；11—拉杆；12—螺栓；13—储能轴；14—轴；15—分闸限位止钉

CT8 弹簧操动机构的型号规格见表 9-12。

6. 整体安装

(1) 断路器整体组装前要求。

1) 安装前的各零件、组件必须检验合格。

295

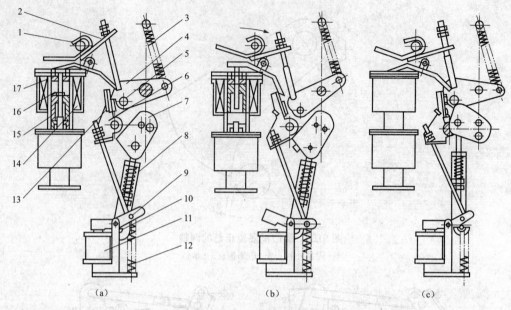

（a）　　　　　　　　　（b）　　　　　　　　　（c）

图 9-27　脱扣分闸机构

（a）机构处在合闸位置失压脱扣器吸合状态；（b）分闸动作状态；（c）失压动铁心复位状态

1—半轴；2—脱扣板；3—弹簧；4、6—锁扣；5—滚轮；7—凸轮板；8—失压复位弹簧；9—失压脱扣动铁心；10—轴销；11—失压脱扣绕组；12—失压脱扣器弹簧；13—横动复位弹簧；14—脱扣器绕组；15—动铁心；16—顶杆；17—脱扣板

表 9-10　　　　　　　　　　　储能电动机构的检修

检修工艺	质量标准
（1）从右侧板上卸下电动机，打开左端盖及变速箱底盖，清洗轴承及传动齿轮。对轴承、转动齿轮及偏心轮进行检查，无问题后重新涂以润滑油（如必须拆下转动齿轮时，须先卸下偏心轮轴） （2）检查电动机转动情况 （3）检查电动机碳刷及整流子的磨损情况，如整流子磨出深沟时应加工平整。检查整流子件的云母是否低于整流子 （4）测量电动机绝缘电阻，如受潮，应按电动机干燥方法进行干燥 （5）检修后即可装复	（1）轴承应无损坏，转动齿轮、偏心轮应无损坏 （2）电动机定子与转子间隙应均匀，无摩擦现象 （3）整流子磨损深度不应超过 0.5～1.0mm。云母片应低于整流子片 1～1.5mm。碳刷磨短时应更换，其下沿与连接点间最少有 5mm。碳刷与整流子的接触应良好，碳刷在刷架内应有 0.1～0.2mm 间隙，应能上下自由活动，更换碳刷时新旧牌号必须一致

表 9-11　　　　　　　　　　断路器配 CT8 弹簧操动机构的组装

组装工艺	质量要求
将检修后的断路器各项安装在框架上	安装正确、牢固
操动机构输出轴与断路器主轴取平行位置安装，用 4 只 M12 螺栓将操动机构安装在支架上，安装尺寸如图 9-28 所示 使断路器与操动机构均处于分闸位置，调整好相间的位置，利用连杆将二者连接起来，连杆上如果需装拐臂则必须用圆锥或弹性销连接，不得用螺栓代替	断路器各项中心尺寸不应小于 250mm，若受小车框架限制小于 250mm 时，应加绝缘隔板 连板不得有变形，其两端螺扣露出接头螺母不应少于 2 扣

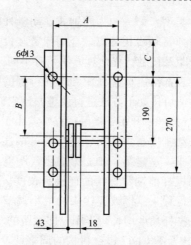

图 9-28 CT8 弹簧操动机构的安装尺寸

注：配手车柜时用 190 两孔，配固定柜时用 270 两孔。

表 9-12　　　　　　　　　　　　CT8 弹簧操动机构的型号

型　号	A	B	C
CT8 Ⅰ、Ⅱ	180	185	100
CT8 Ⅲ	190	187	105

2) 安装用的工位器具、工具必须清洁并满足装配要求。紧固件拧紧时应使用呆扳手或梅花、套筒扳手，在灭弧室附近拧螺钉，不得使用活扳手。

3) 安装顺序应遵守安装工艺规程，各元件安装的紧固件规格必须按设计规定采用。特别是灭弧室静触头端固定的螺栓，其长度规格绝不允许弄错。

4) 装配后的极间距离，上、下出线的位置距离应符合图样尺寸的要求。

5) 各转动、滑动件装配后应运动自如，运动摩擦处涂抹润滑油脂。

6) 调整试验合格后应清洁抹净，各零部件的可调连接部位均应用红漆打点标记，出线端处涂抹凡士林并用洁净的纸包封保护。

(2) 整体安装。真空断路器的装配一般可分成三个部分安装，即前部、上部和后部。前部安装顺序是：骨架入位→支柱绝缘子→水平绝缘子→托架→下母排→灭弧室与并排绝线杆→上母排→导电夹软连接→触头弹簧座滑套→三角拐臂。

上部安装顺序是：主轴及轴承座→缓冲器→绝缘推杆。

后部安装顺序是：操动机构→分闸弹簧→计数器，合、分闸指示，接地标志。

再将上述三大部分安装连接起来：前部与上部，由绝缘推杆可调活接头用销子与三角拐臂连接；后部与上部，由操动机构的可调传动连杆用销子与主轴拐臂连接。装配过程简单、直观、方便。

7. 调整

(1) 机械调整。

1) 初调。初调主要针对组装完毕的真空断路器各极的触头开距和接触行程进行初调整。初调整时应手动缓慢合闸操作，检查各部分安装连接是否正确。调整时切忌接触行程调得太大，以免触头合闸弹簧并死，因此在安装时应把绝缘推杆的可调活头调短（旋入）些为好。手力操作正常后便可进行开距、接触行程的测量与调整。

2) 开距和接触行程的调整。各类型真空断路器，按照动触杆运动轴线与触头合闸弹簧轴线的相对位置来看，大体分为两种类型：第一种为同轴式，动触杆轴与合闸弹簧轴相重合；第二种为异轴式，动触杆轴线与合闸弹簧轴线相分离，合闸弹簧装设于绝缘推杆的轴上，且两轴位置几近直角。这两类断路器的开距及接触行程计算方法稍有不同。

各种真空断路器的机械特性表都给出标称开距和接触行程的数据。先用手动进行合闸和分闸，测量出开距和接触行程后，便可按如下方法进行调整，使它们满足技术规范。

3）同轴式结构的调整。总行程（＝开距＋接触行程）若小于两者标称值之和时，意味着开关主轴转动量不够，此时应将操动机构与主轴拐臂连接的可调连杆调整得长一些；反之则调整得短一些，使总行程基本符合要求，这是第一步。第二步，调整总行程中开距和接触行程之间的分配，此时只需调整各极绝缘推杆前端带螺纹的连接头长度。调长时，则开距↑，而压缩行程↓；调短，则开距↑，而接触行程↓。螺纹连接头的最小调节范围为拧入（相当于绝缘推杆长度缩短）或旋出（相当于绝缘推杆长度增长）半圈，即螺距的一半。

（2）断路器配 CT8I 弹簧机构及配 CD17 电磁机构的调整见表 9-13。

表 9-13　　　　　　　断路器配 **CT8I** 弹簧机构及配 **CD17** 电磁机构的调整

检修工艺	质量标准
（1）调整触头接触行程（超行程）。 断路器合闸，测量接触行程，通过调节绝缘拉杆和真空灭弧室动导电杆的螺纹（ZN28 真空断路器只调绝缘拉杆的长度即可），每拧松 1/2 周，则触头行程约增大 0.75mm. 反之则减少 0.75mm（ZN28 真空断路器应调节绝缘杆螺栓，拧松 1/2 周触头行程增加 0.625mm，反之减少 0.625mm） （2）三相同期性调整。接触行程调整后通电操作，用测试仪测量三相分闸不同期不能满足表 1-2 的数据，可按上述方法调整各项触头接触行程 （3）调整触头开距。增减图 2-2 项 4 中开距调整垫片的片数，使之达到标准 （4）分、合闸速度的调整。 1）分闸速度。可调节分闸弹簧，拧紧分闸弹簧下端的螺母使弹簧压缩，分闸速度提高，反之减少，要注意分闸速度不要过大，过大将影响合闸速度 2）合闸速度。配 CT8I 操动机构可调整合闸弹簧的预拉杆伸长度和分闸弹簧的铁心，配 CDl7 操动机构可调整合闸铁心的缓冲器，增大合闸铁心的空程，合闸速度就高，但空程不宜过大，调整要适当	调整触头行程为（4±1）mm 分闸不同期≤2ms ZN28—10 真空断路器触头开距：（11±1）mm ZN28—10 真空断路器平均合闸速度：（1.1±0.2）m/s ZN28—10 真空断路器平均合闸速度：（0.6±0.2）m/s

8. 电气试验

电气试验见表 9-14。

表 9-14　　　　　　　　　电　气　试　验

试验项目	标　准
（1）绝缘拉杆的绝缘电阻 　　交接和大修后 　　运行中	 1000MΩ 300MΩ
（2）交流工频耐压 　　对地 　　断口 　　相间 　　氧化物避雷器（或压敏电阻）	 42kV，1min 42kV，1min 42kV，1min

续表

试验项目	标 准
(3) 主回路绝缘电阻	≤50MΩ
(4) 触头合闸弹跳时间	≤2ms
(5) 合闸时间	≤0.2s
(6) 分闸时间	≤0.06s
(7) 合闸接触器的最低动作电压	$30\%U_e \leqslant U_y \leqslant 65\%U_e$
(8) 断路器最低分闸电压	$65\%U_e$ 时应能可靠分闸
(9) 储能电动机及分、合闸绕组的绝缘电阻	用 1000V 绝缘电阻表测量绝缘电阻值,分、合闸绕组均不应小于 1MΩ,储能电动机不应小于 0.5MΩ
(10) 利用远方操作装置检查断路器和机构的动作情况 分闸:2 次 合闸:3 次 继电保护动作跳闸 2 次	

五、注意事项

学生在训练过程中一定要认真操作,注意力高度集中,避免损坏真空断路器的真空室等器件。不可嬉戏打闹,保证操作过程中人身与设备安全。

六、成绩评定

成绩评定方法见表 9-15。

表 9-15   **成 绩 评 定 方 法**

项目内容	配 分	评分标准	扣 分	得 分
拆卸真空断路器	30 分	(1) 使用方法不正确,扣 10~20 分 (2) 态度不严肃,扣 10~15 分		
组装、调整真空断路器	35 分	(1) 使用方法不正确,扣 10~20 分 (2) 态度不严肃,扣 10~15 分		
测试真空断路器	35 分	(1) 使用方法不正确,扣 10~20 分 (2) 态度不严肃,扣 10~15 分		
工时:4h	100 分		评分	

技能训练二　隔离开关的拆装、调整与检测

一、训练目的

通过隔离开关的拆装、调整与检测技能训练,使受训者掌握常见隔离开关的结构、各部件的功能及检修、安装要点;掌握简单的电气测试技术。实训中应注重培养和提高受训者的动手能力,并进一步巩固和深化高压电器理论知识,同时通过隔离开关的安装检修实训,达到理论与实践相辅相成、融会贯通的目的,使受训者的职业素养得以提高。要求:

(1) 能根据 GN19—10 隔离开关的结构、基本工作原理进行拆装检修;掌握 GN19—10 室内隔离开关本体的结构、性能、作用、安装要点和检修工艺。

(2) 能比较熟练地进行 GN19—10 隔离开关的调整。

(3) 能比较熟练地进行 GN19—10 隔离开关的检测。

(4) 能进行隔离开关机械连杆机构的动作原理分析与调整。

二、训练器材

(1) 工作台整套。

（2）全套 10kV 高压开关柜及 GN19—10C/630 高压隔离开关，如图 9-29、图 9-30 所示。

图 9-29　GN19—10C/630 高压隔离开关侧面图　　　图 9-30　GN19—10C/630 高压隔离开关顶视图

（3）GN19—10C/630 隔离开关主要技术参数见表 9-16。

表 9-16　　　　　　　　　GN19—10C/630 隔离开关主要技术参数

型　号	额定电压/V	额定电流/A	4s 热稳定电流/kA	动稳定电流/kA
GN19—10C/630	12	630	20	50

（4）装配、测试 GN19—10C/630 隔离开关时使用的工具，见表 9-17。

表 9-17　　　　　　装配、测试 GN19—10C/630 隔离开关时使用的工具

序　号	名　称	规　格	数　量
1	一字改锥（mm）	300、500	各 1 把
2	十字改锥	Ⅱ号、Ⅲ号、Ⅳ号	各 1 把
3	固定扳手（in）	16、17、18、19	各 2 把
4	套筒扳手		1 套
5	活动扳手	250mm	1 把
6	钢丝钳		1 把
7	尖嘴钳		1 把
8	木锤、铁锤		各 1 把
9	人字木梯子	高 2m	1 架
10	汽油、机油、润滑油		适量

（5）装配、测试 GN19—10C/630 隔离开关时使用的量具，见表 9-18。

表 9-18　　　　　　装配、测试 GN19—10C/630 隔离开关时使用的量具

序　号	名　称	规　格	数　量
1	游标卡尺	0～125mm	1 把
2	钢直尺	1000mm	1 把
3	塞尺		1 把

（6）测试 GN19—10C/630 隔离开关特性参数时使用的设备有：GKJ—Ⅵ型高压开关机械特性测试仪、2500V 绝缘电阻表、双臂电桥、工频耐压试验设备、0.5 级电压表、万用表、电源测试车各一套。

三、相关知识

（1）熟悉高压隔离开关的结构、基本工作原理，掌握高压隔离开关的拆装工艺流程。

（2）熟知各种工具、量具、仪器仪表的使用方法。

（3）熟知现场工作的安全注意事项和质量注意事项。

四、GN19—10C/630 隔离开关训练内容及步骤

1. 隔离开关的检修项目

（1）检修项目。

1）接线座和触头的检修：接线端子及载流部分检修；触头镀银层检查；触指弹簧检查有无锈蚀、变形、过热现象。

2）支柱绝缘子的检修：检查绝缘子表面是否清洁，有无裂纹、破损、焊接残留斑点等缺陷，检修瓷铁黏合部分；检修支柱绝缘子安装部分。

3）底座的分解检修：检修隔离开关的底座转动部分。

4）操动机构和拉杆的检修：检查竖拉杆销钉及万向节，检查拉杆销子针、各部分螺栓。

5）防误闭锁装置的检修。

6）各部铁件除锈刷漆。

（2）调试、检测项目。

1）绝缘部件的绝缘电阻检测。

2）机构二次回路绝缘电阻检测。

3）进线与出线之间的接触直流电阻检测。

4）检测触头的行程和超行程。

5）进行手动分、合闸操作试验。

2. 隔离开关的拆装检修基本工艺质量标准

（1）各部位尺寸是否符合要求。

（2）接线端子及载流部分应清洁，且接触良好，触头镀银层无脱落；触头清洗并涂导电膏或凡士林油，触指弹簧检查有无锈蚀、变形、过热现象。

（3）绝缘子表面应清洁，无裂纹、破损、焊接残留斑点等缺陷，瓷铁粘合应牢固；支柱绝缘子应垂直于底座平面，且连接牢固；同相各绝缘子柱的中心线应在同一垂直平面内；安装时可用金属垫片校正其水平或垂直偏差，使触头相互对准、接触良好。

（4）隔离开关的底座转动部分应灵活，并涂以适合当地气候的润滑脂。

（5）操动机构的零部件应齐全，所有固定连接部件应紧固，转动部分应涂以适合当地气候的润滑脂。

（6）隔离开关相间距离的误差：10kV 不应大于 10mm。相间连杆应在同一水平线上。

（7）将隔离开关连续操作数次，应无卡滞现象。

（8）电气闭锁及机械闭锁应可靠。

3. 施工准备工作

施工准备工作见表 9-19。

表 9-19 施工准备工作

准备项目		准备内容
组织准备	开工前人员准备	项目组负责人组织本组人员认真学习有关隔离开关的安装作业指导书、施工及验收规范、安规有关要求和本措施，熟悉安装工艺和质量标准，了解施工内容及要求。该项目总负责人应组织有关人员深入现场，仔细勘察现场，做好各项准备工作
	分工安排	各项目组负责人按工程处的方案，合理安排本班组的人员和施工进度
	施工、安全检查	各项目组负责人应检查防火、电气设施等是否齐全；落实施工设备布置场所，按照安规和现场工作实际需要检查安全措施是否完备

续表

准备项目		准备内容
材料准备	材料计划	各项目组负责人应事先做出详细的材料计划，包括检修备品、备件等，并逐项落实，同时检查其状态、性能，保证数量足够、质量合格，按照要求发放足够的工器具，并做好记录
	材料准备	各项目组负责人按工作任务准备相应的材料、施工工具和施工设备

4. 隔离开关的解体检修工艺及质量标准

GN19—10C/630 隔离开关的解体检修工艺及质量标准见表 9-20。

表 9-20　　　　　　　　隔离开关的解体检修及质量标准

拆装检修工艺	质量标准
隔离开关的分解： 1) 接线座装配拆解检查 2) 隔离开关的触头拆解检查 3) 隔离开关支持绝缘子检查 4) 底座装配拆解检查 5) 连杆装配拆解检查 6) 操动机构拆解检查：检查操动机构、各连杆、中间转动轴承及固定销子，清洗并加润滑脂或润滑油；清扫、检查辅助开关等部件；检查机构闭锁	1) 弹簧应良好有弹力；触指应完整无变形 2) 上下部法兰及绝缘子表面应完整无裂纹 3) 回装时紧固螺母松紧要适度 4) 检查连杆、叉子、螺杆、销子应完好
隔离开关清洗及检查： 1) 所拆零件用汽油清洗并擦干；清除绝缘子表面污垢，同时检查有无破损、龟裂等缺陷 2) 检查旋转轴与轴孔配合间隙 3) 检查底座接地线的焊接情况，有腐蚀的应进行补焊，接地线截面不够的应更换 4) 检查小拉杆两端接头的螺纹有无锈蚀、螺杆与螺母的公差配合、接头孔的内容与连接轴外径的间隙 5) 检查触头与接线座、触指的接触面有无氧化 6) 检查触指弹簧有无锈蚀、损坏	1) 铁金具与瓷件应黏合牢固，绝缘电阻合格 2) 旋转轴与轴孔间隙以 0.4～0.5mm 为宜 3) 导电触头接触面应清洁平整，无氧化膜，载流部分无严重凹陷及锈蚀。如果有轻微烧黑痕迹，可用细砂布研磨修理后用汽油清洗，再涂一层薄层工业用凡士林；烧损严重、无法修理的部件应予更换 4) 触指弹簧应无锈蚀、损坏 5) 接线端子及载流部分应清洁、接触良好 6) 绝缘子表面应清洁，无裂纹、破损、粘接残留斑点等缺陷
隔离开关的安装： 1) 安装前应清点产品及配件，仔细擦拭开关上的尘垢，检查接触表面及端子并涂上一层凡士林 2) 安装底座基础：将槽钢装于底座上 3) 隔离开关组装：将各单相组装好，将三相连杆组装好 4) 安装机构和垂直拉杆：安装好包箍；机构基础应水平；调整好机构位置紧固机构；连接万向节和机构转动轴并在刀闸、机构均合正时固定	1) 隔离开关的底座转动部分应灵活，并涂以润滑油 2) 操动机构的所有固定连接部件应紧固，转动部分应注入少量润滑油，转动多次使之灵活 3) 所有开口销应齐全并开口
隔离开关的调整： 1) 隔离开关合闸后，触头间的相对位置、备用行程以及分闸状态时触头间的净距或拉开角度应符合产品的技术规定 2) 调整各单相角度；调整接触同期；松开滑块上紧固螺钉，抽出摇臂与拉杆连接起来的轴销，即可旋动调节拉架，从而调节三相不同期（不大于 3mm）及断口距离（≥150mm）；调整触头插入尺寸；调整限位装置 3) 隔离开关的触头接触时，不同期值应符合产品的技术规定；开关处于合闸状态时（第一步动作完成，第二步动作即将开始时）调节摇杆上的 M4×25 调节螺钉，使摇杆斜面与顶销接触，即可保证二步动作三极同时转换	1) 接触程度标准为动触头闭合后与静触头的固定螺钉间留有 2～3mm 间隙 2) 三相位置应一致，合闸时三相刀闸应保证合闸同期性，各相前后相差不得大于 3mm，将开关缓慢合闸，当一相开始接触固定触头时，用尺测量其他两相可动刀闸与固定触头间的距离，此距离不应超过 3mm 3) 调整合格后操作时应灵活 4) 闸刀与静触头的接触紧密，用 0.005mm 塞尺检查，纵向塞入深度不大于 5mm；两侧弹簧的压力均匀，符合产品规定；对于线接触，应塞不进去，对于面接触，其塞入深度应不大于 4～6mm，否则，应对接触面进行整修

续表

拆装检修工艺	质量标准
4）触头间应接触紧密，两侧的接触压力应均匀，且符合产品的技术规定；使隔离开关合闸，用 0.05mm 塞尺检查触头接触是否紧密 5）触头表面应平整、清洁，并涂以凡士林；接触良好；载流部分表面应无严重的凹陷及锈蚀 6）设备接线端子应涂以薄层电力复合脂	5）拉杆、接地线应除锈刷漆 6）隔离开关的限位装置应准确可靠 7）触头弹簧各圈之间的间隙在合闸位置时应不小于 0.5mm，且间隙均匀
传动装置的安装与调整： 1）拉杆的内径应与操动机构轴的直径相配合，连接部分的销子不应松动 2）延长轴、轴承、连轴器、中间轴轴承及拐臂等传动部件，其安装位置应正确，固定应牢靠 3）定位螺钉应按产品的技术要求进行调整，并加以固定	1）所有传动部分应涂以适合当地气候条件的润滑脂 2）接地刀刃转轴上的扭力弹簧或其他拉伸式弹簧应调整到操作力矩最小，并加以固定；两者的间隙不应大于 1mm；传动齿轮应咬合准确，操作轻便灵活 3）在垂直连杆上应除锈刷漆
操动机构的安装调整： 1）在隔离开关安装完毕后，将机构装在基础构架上，先不要固紧机构背面的 4 个安装螺栓，应该用铅锤找好机构主轴和隔离开关转动主轴，使之同心，再将安装螺栓紧固 2）应进行多次手动分、合闸 3）限位装置的调整：慢慢分合隔离开关，一直分或合到开关的纸板靠到开关底座的角钢面上为止，此时，操动机构的定位销恰好能在此点自动进入手柄末端的定位孔中，如果达不到要求，则应调整拉杆的长度和机构舌头在扇形板上的位置 4）分、合位置调整好后，应连续分、合数次，观察刀闸与插口接触情况，检查有无偏卡现象，如果位置不正或有偏卡，可调整固定触头的位置，使刀闸刚好插入插口，且刀闸进入插口的深度应不小于 90%，但也不应过大，以免冲击绝缘子的端部 5）配好隔离开关转动主轴与机构输出轴之间的连接管，用接头连接。用手操动机构，再次检查隔离开关转动主轴与机构输出轴是否同心，有无卡滞现象，然后使隔离开关和机构都处于合闸终点位置 6）隔离开关及操动机构检修调整合格后应进行试操作。机械手柄向上到达终点时，隔离开关必须到达合闸终点；手柄向下到达终点时，隔离开关必须到达分闸终点。断开后同一极触头与闸刀间的距离应符合产品规定。操作过程中不允许有卡住或其他妨碍动作的不正常现象	1）操动机构应安装牢固；开关的主轴转角约 90°，无论配何种操动机构，都必须保证操作终了时磁锁板被顶杆推出，主轴转动到极限位置，停档与底架接触 2）同一轴线上的操动机构安装位置应一致；机构动作应正常；机构动作应平稳，无卡阻、冲击等异常情况 3）限位装置应准确可靠。当拉杆式手动操动机构的手柄位于上部或左端的极限位置时，应是隔离开关的合闸位置；反之，应是分闸位置。在合闸位置时，刀闸应与固定触头的绝缘子端面有 3～5mm 的间隙。可通过调整开关拉杆绝缘子连接螺杆的长度或改变轴的旋转角度来达到 4）接线端子接触良好，并与母线连接得当，不应使隔离开关受到机械应力 5）隔离开关和操动机构所有需要紧固的零件均应紧固。操动机构内辅助开关的动作应正确可靠
检修安装调整后试验项目。 检修安装调整后应进行下列测试： 1）相与相、相与地之间的绝缘电阻 2）导电回路接触电阻 3）相与相、相与地、断口间的耐压试验 4）操动机构的动作情况，触头接触情况及弹簧压力	1）采用 2500V 绝缘电阻表测量绝缘电阻不低于 3000MΩ 2）接触电阻的测量值应符合制造厂的规定；630A 隔离开关导电回路大修后的接触电阻值为 150～175$\mu\Omega$ 3）在工频交流耐压试验进行大修时，1min 试验电压标准为 42kV，交流耐压中不应击穿、闪络 4）操动机构动作正常；触头接触情况合乎标准值，检查刀闸最小拉出力，一般用弹簧测力计测量不应小于 20kg
收尾工作： 1）隔离开关刷漆 2）处理引线接触面，涂上导电膏，然后接上引线 3）整体清扫，检查接地线 4）填写隔离开关安装记录 5）清理现场	1）三相刷上相位漆（黄绿红），底座刷银粉漆 2）引线接触良好 3）现场清洁 4）记录应完整，无误

五、注意事项

学生在训练过程中一定要认真操作，注意力要集中，避免损坏隔离开关的触刀等器件。不可嬉戏打闹，保证操作过程中人身与设备安全。

六、成绩评定

项目内容	配　分	评分标准	扣　分	得　分
拆卸高压隔离开关	30 分	(1) 使用方法不正确，扣 10～20 分 (2) 态度不严肃，扣 10～15 分		
组装、调整高压隔离开关	35 分	(1) 使用方法不正确，扣 10～20 分 (2) 态度不严肃，扣 10～15 分		
测试高压隔离开关	35 分	(1) 使用方法不正确，扣 10～20 分 (2) 态度不严肃，扣 10～15 分		
工时：6h	100 分		评分	

项目十　机械识图和电气识图

 学习目标

应知：

> 1. 掌握机械识图的基本常识。
> 2. 了解装配图的作用和内容，熟悉装配图的表达方法。
> 3. 掌握装配图的识读方法和步骤，并能看懂一般的装配图。
> 4. 掌握电气识图的基本常识。
> 5. 能熟练识读电气原理图。
> 6. 能熟练识读电气安装接线图。

应会：

> 1. 能正确识读三相异步电动机连锁正反转控制线路。
> 2. 能对开关柜门板上红绿指示灯不亮故障进行分析。
> 3. 能正确识读断路器装配图。

 建议学时

理论教学 12 学时。

 相关知识

课题一　机械识图常识

在高低压电器的装配工作中，经常需要识读大量的机械图样，因此，看懂各种常用的机械图样，特别是装配图，是高低压电器装配工的基本要求。

一、机械图样的种类

生产中经常接触到技术文件中的"图样"。人们根据零件图中的要求加工零件，根据装配图的要求将零件装配成部件或机器设备。这些零件图和装配图以及其他一些机械生产中常用到的图样统称为机械图样。

机械图样按表达对象来分，最常见的有零件图和装配图两种。

（1）零件图是表达零件结构、大小以及技术要求的图样。

（2）装配图是表达产品及其组成部分的连接、装配关系的图样。产品装配图也称总装配图。

二、图样中的一般规定

1. 图纸幅面和图框格式

（1）图纸幅面。图幅有 A0、A1、A2、A3、A4 号共 5 种。A0 号图幅的尺寸：长边为 1189mm，宽边为 841mm。对折一次得到 A1 号图幅……对折 4 次得到 A4 号图幅。

（2）图框格式。在图纸上必须用粗实线画出图框。每张图纸上必须有标题栏，标题栏的位置在图纸的右下角，看图的方向一般与看标题栏的方向一致。

2. 图线

（1）图线形式及用途。在《机械制图》国家标准中规定了8种图线形式：粗实线、细实线、波浪线、双折线、虚线、细点画线、粗点画线、双点画线。

粗实线：用于可见轮廓线、可见过渡线等。

细实线：用于尺寸线、尺寸界线、剖面线，指引线、螺纹的牙底线等。

波浪线：用于视图与剖视图的分界线、断裂处的边界线等。

双折线：用于断裂处的边界线等。

虚线：用于不可见轮廓线、不可见过渡线等。

细点画线：用于轴线、对称中心线等。

粗点画线：用于有特殊要求的线等。

双点画线：用于假想投影轮廓线、极限位置轮廓线等。

（2）凸显的宽度。图线的宽度只有粗、细两种。粗线的宽度为 b，细线的宽度约为 $b/3$。宽度 b 应按图形大小和复杂程度在 $0.5\sim2$mm 的图线宽度系列中选用。除粗实线和粗点画线外，其余均为细线。

3. 比例

机械图样通常是按一定比例来绘制的。所谓比例，是指图形与其实物相应要素的线性尺寸之比。比值为1的比例为原值比例，即 $1:1$；比值大于1的比例为放大比例，如 $2:1$、$5:1$ 等；比值小于1的比例为缩小比例，如 $1:2$、$1:5$ 等。

在应用比例时必须注意以下两点。

（1）同一机件的各个视图应采用相同的比例，并在标题栏中填写，如 $1:1$、$1:2$ 等。当某个视图采用不同的比例时，必须在该视图名称的下方或右侧标出比例，如 $\dfrac{A向}{1:5}$；$\dfrac{B-B}{2.5:1}$；平面图 $1:100$ 等。

（2）不论图形按何种比例绘制，所注尺寸应按所表达机件的实际大小注出，且为机件的最后完工尺寸。

4. 尺寸的标注

在图样中，零件的大小由尺寸来标明。标注的尺寸是否清晰、合理、正确，直接关系到加工者能否准确地识读及加工零件。

（1）尺寸的组成。图样上的尺寸由尺寸界线、尺寸线和尺寸数字组成，如图10-1所示。

1）尺寸界线。应用细实线绘画，一般应与被注长度垂直，其一端应离开图样的轮廓线不小于2mm，另一端宜超出尺寸线 $2\sim3$mm。必要时可利用轮廓线作为尺寸界线。

2）尺寸线。应用细实线绘画，尺寸线的终端用箭头指向尺寸界线，也允许用与尺寸界线成 $45°$ 角的短细实线代替箭头，但同一张图纸只能用一种形式。尺寸线应与被注长度平行，但不宜超出尺寸界线之外（特殊情况下可以超出尺寸界线之外）。图样上任何图线都不得用作尺寸线。

3）尺寸数字。一般标注在尺寸线的上方或中断处。

常见的各种尺寸标注如图10-2所示。

小尺寸和角度的注法如图10-3所示。

（2）识读尺寸时要注意的问题。

1）机件的真实大小以图样上所注尺寸数字为准，不得从图上直接量取，与图形的大小、比

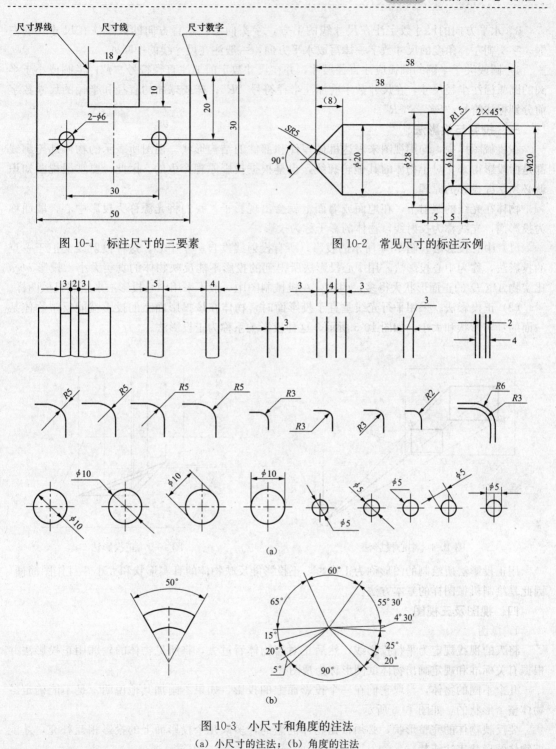

图 10-1　标注尺寸的三要素　　　　图 10-2　常见尺寸的标注示例

图 10-3　小尺寸和角度的注法

(a) 小尺寸的注法；(b) 角度的注法

例及绘图的准确性无关。

2）国标规定，图样上标注的尺寸，除总平面图以米（m）为单位外，其余一律以毫米（mm）为单位，图上尺寸数字都不再注写单位。本书文字和插图中的数字，如果没有特别注明单位，也一律以毫米为单位。

307

3）水平方向的尺寸数字注在尺寸线的上方，字头向上。垂直方向的数字注在尺寸线的左侧，字头朝左。角度的尺寸数字一律写成水平方向，一般注在尺寸线的中断处。

4）圆或大于半圆的圆弧应注直径尺寸，并在尺寸数字前加注直径符号"ϕ"；半圆或小于半圆的圆弧标注半径尺寸，在尺寸数字前加注半径符号"R"；球或球面的直径和半径的尺寸数字前分别标注符号"$S\phi$"、"SR"。

三、投影与投影法

在机械图样中，均用视图来表达机械零件和部件的结构形状。视图所表示的物体外轮廓线都是由投影得来，对于物体的其他轮廓线，也是根据投影原理产生的。因此，要掌握视图知识就必须掌握投影的原理。

物体在光线的照射下，在地面或墙面上就会出现影子，我们将光源称为投影中心，墙面称为投影面，光线称为投射线，物体的影子称为投影。

（1）中心投影法。图 10-4 所示的投影，所有投射线发自一个中心，这种投射线交汇于一点的投影法，称为中心投影法。用中心投影法所得到的投影不能反映物体的真实大小，投影 $abcd$ 比实物 $ABCD$ 的正面形状大得多，因此，在机械制图中一般不采用中心投影法来绘制机械图样。

（2）正投影法。采用平行光线垂直于投影面时，物体在该投影面上的投影就能反映物体某一面的真实形状和大小，如图 10-5 所示，这种投影关系称为正投影法。

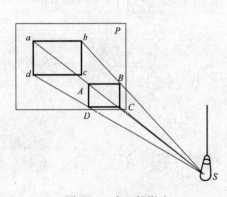

图 10-4　中心投影法

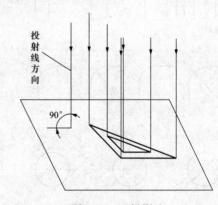

图 10-5　正投影法

用正投影法所绘制的图形称为正投影，正投影能反映物体的真实形状和大小，且作图简便，因此是绘制机械图样的基本方法。

四、视图及三视图

1. 视图

将人的视线规定为平行投影线，然后正对着物体看过去，将所见物体的轮廓用正投影法并根据有关标准和规定画出物体的图形称为视图。

几个不同的物体，只取它们在一个投影面上的投影，如果不附加其他说明，是不能确定各物体整个形状的，如图 10-6 所示。

要反映物体的完整形状，必须根据物体的繁简，多取几个投影面上的投影相互补充，才能把物体的形状表达清楚。

2. 三视图

（1）三视图的组成。三视图是观测者从三个不同位置观察同一个空间几何体而画出的图形。

一个物体有 6 个视图：正面投影（从物体的前面向后面投射所得的视图）称主视图，能反映物体的前面形状；水平面投影（由物体的上方向下方投射所得到的视图）称为俯视图，能反

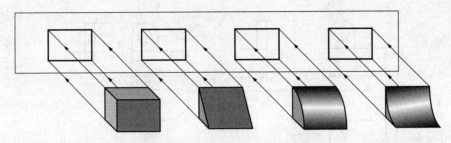

图 10-6　不同物体的一面视图

映物体的上面形状；侧面投影（由物体的左方向右方投射所得到的视图）称为左视图，能反映物体的左面形状。还有其他三个视图不是很常用。三视图就是主视图、俯视图、左视图的总称，如图 10-7 所示。

例如，飞机的三视图如图 10-8 所示。

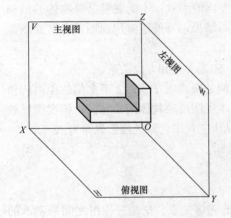

图 10-7　三视图的组成

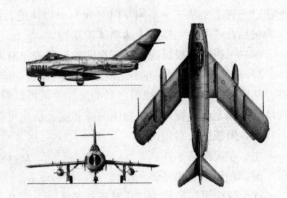

图 10-8　飞机的三视图

（2）三视图的形成。为了把空间的三个视图画在一个平面上，就必须把三个投影面展开摊平，如图 10-9 所示。

展开的方法是：正面（V）保持不动，水平面（H）绕 OX 轴向下旋转 90°，侧面（W）绕 OZ 轴向右旋转 90°，使它们和正面（V）展成一个平面，如图 10-9（b）、（c）所示。

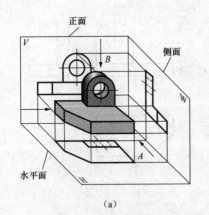

（a）

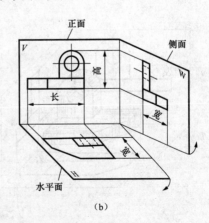

（b）

图 10-9　物体的三视图（一）

（a）三投影面体系；（b）展开三投影面

309

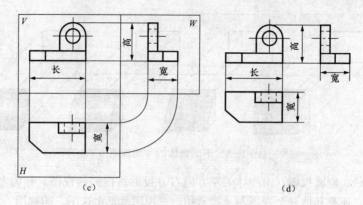

图 10-9　物体的三视图（二）

(c) 三视图；(d) 去掉投影面边框和轴线

（3）三视图的特点。一个视图只能反映物体的一个方位的形状，不能完整反映物体的结构形状。三视图是从三个不同方向对同一个物体进行投射的结果，另外还有剖面图、半剖面图等作为辅助，基本能完整地表达物体的结构。

（4）三视图的投影规律。三视图的投影规律有两个：三等关系和方位关系。

1）三等关系。物体左右之间的距离叫作长；前后之间的距离叫作宽；上下之间的距离叫作高。从图 10-9（c）中各视图之间的尺寸关系可以看出：主视图反映物体的长和高；俯视图反映物体的长和宽；左视图反映物体的高和宽。从而可以总结出三视图之间的投影规律为：

主、俯视图长对正；

主、左视图高平齐；

俯、左视图宽相等。

这个规律可以简称为"长对正、高平齐、宽相等"的三等关系。这是三视图之间最基本的投影规律，也是绘图和识图时都必须遵循的投影规律。

2）方位关系。是指每一视图能反映物体什么方位和不能反映什么方位。

当物体在三面投影体系中的位置确定以后，距观察者近的是物体的前面，离观察者远的是物体的后面，同时物体的上、下、左、右方位也确定下来了，如图 10-10 所示。

主视图反映了物体的上、下和左、右的位置关系；俯视图反映了物体的前、后和左、右的

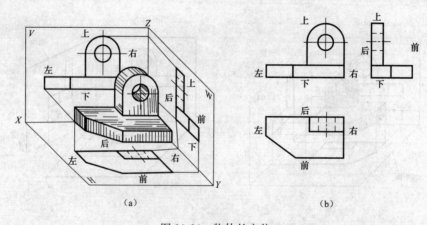

图 10-10　物体的方位

（a）物体的方位；（b）物体的方位在视图上的反映

位置关系；左视图反映了物体的上、下和前、后的位置关系。从图10-10中还可以看出，俯视图和左视图中靠近主视图的是物体的后面，远离主视图的是物体的前面。

五、识读三视图的基本要领

识读三视图，就是由三视图（平面图形）想象出物体（空间形状）的过程。

例10-1 识读托架的三视图，如图10-11（a）所示。

（1）三视图的位置分析。从图10-11中可知，水平排列的左边一个图为主视图，右边一个图为左视图，主视图的下方为俯视图。它们之间有长对正、高平齐、宽相等的投影关系。主视图表达了托架的主要形状特征。将主视图和左视图联系起来看，托架可以分为底板Ⅱ和竖立在底板上的耳板Ⅰ两部分。将主视图和俯视图联系起来看，托架是左右对称的。从俯视图和左视图联系起来看，可知耳板在托架的后面并与底板的后面平齐。

（2）各部分形状分析。底板Ⅱ是一平放的长方体，俯视图中两个小圆与主视图中虚线对应，表明底板Ⅱ上钻了两个圆通孔，如图10-11（b）所示。耳板Ⅰ由长方体和半圆柱组合而成，主视图中的圆与左视图、俯视图中的虚线相对应，表明耳板中间与半圆柱同心的位置有一圆通孔，如图10-11（c）所示。

（3）综合分析。通过上面的分析，可以想象出托架的整体形状为：托架由底板及耳板两部分组成，耳板与底板的后面靠齐并居中放置；耳板顶部呈半圆柱形，中间开一圆通孔；底板上左右对称位置钻了两个小圆通孔，如图10-11（d）所示。

由例10-1可知，识读三视图的过程，就是通过投影分析，想象出形体的空间形状的过程。掌握三视图的投影规律，是识读三视图的最基本要领。另外，在识读三视图时，还必须注意以下几点。

1）因为一个视图不能反映物体的全部形状，所以在识读三视图时，必须将三个视图联系起来看，如把主视图和左视图联系起来看高度；把主视图和俯视图联系起来看长度；把俯视图和左视图联系起来看宽度。再综合起来想象出物体的空间形状。同时还必须注意到图形上的方位与形体上的方位的对应关系，如俯视图与左视图上远离主视图的部位是物体的前方，靠近主视图的部位是物体的后方。

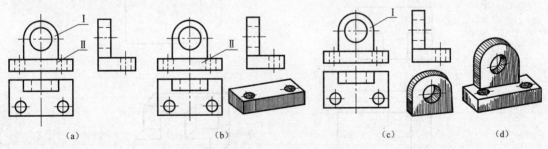

图10-11 识读托架的三视图

（a）托架三视图；（b）底板形状分析；（c）耳板形状分析；（d）托架立体图

2）从三视图的形成可知，它是由空间物体的投影转化为平面上的表达过程，而识读三视图则是由平面上的图形想象出物体空间形状的过程，所以在识读三视图时必须运用双向思维的方法，反复分析和验证，才能确定空间物体的形状。图10-12（a）所示的三视图，仅由主视图可以想象出几个不同的形体，由主、左视图也不能确定唯一的形体，如图10-12（b）所示。再结合俯视图的形状特征就可以确定该物体的形状，如图10-12（c）所示。然后再由三视图来验证想象出来的形体是否完全符合，若仍有部分不符合，需再反复地分析投影，最后想象出准确的形体和结构。

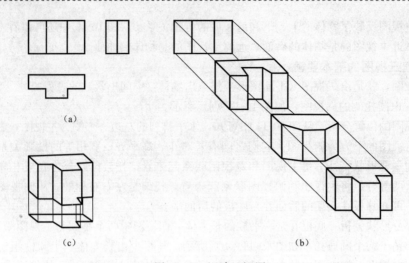

图 10-12　识读三视图

(a) 形体的三视图；(b) 由主视图可以想象出几个形体；(c) 结合俯视图确定形体

例 10-2　看懂三视图，做出物体模型，如图 10-13 所示。

(1) 从主视图、俯视图和左视图的外框都是矩形，可以想象出该物体的基本形状为一长方体。这时可用橡皮泥或萝卜等材料，切出一个长方体模型，如图 10-13（b）所示。

(2) 根据三个视图中图线的位置，在长方体模型上画出相应的线条，如图 10-13（c）所示。

(3) 用小刀将长方体模型前面左上角和右上角的两块切去，即得到符合三视图的物体模型。

用做模型的方法来帮助识图，验证想象出来的物体形状是否正确，对初学者来说，是一种很好的方法。

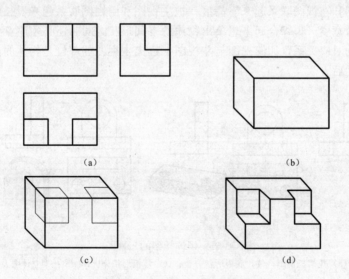

图 10-13　看懂三视图做模型

课题二　装　配　图

一、装配图的作用

装配图是表达设计思想及技术交流的工具，是指导生产的基本技术文件。无论是设计机器还是测绘机器都必须画出装配图。

装配图是表达机器或部件的图样，主要表达其工作原理和装配关系。在机器设计过程中，装配图的绘制位于零件图之前，并且装配图与零件图的表达内容不同，装配图主要用于机器或部件的装配、调试、安装、维修等场合，也是生产中一种重要的技术文件。

在产品或部件的设计过程中，一般是先设计画出装配图，然后再根据装配图进行零件设计，画出零件图；在产品或部件的制造过程中，先根据零件图进行零件加工和检验，再按照依据装配图所制定的装配工艺规程将零件装配成机器或部件；在产品或部件的使用、维护及维修过程中，也经常要通过装配图来了解产品或部件的工作原理和构造。

二、装配图的组成

图 10-14 是螺旋千斤顶装配图，参照图 10-15 所示螺旋千斤顶的分解立体图，可知一张完整的装配图应包括以下几方面的内容。

1. 一组视图

根据产品或部件的具体结构，选用适当的表达方法，用一组视图正确、完整、清晰地表达产品或部件的工作原理、各组成零件间的相互位置和装配关系及主要零件的结构形状。

图 10-14 所示的螺旋千斤顶装配图用了主、俯两个基本视图。主视图采用了全剖视的画法，用以表达主要零件的结构形状和装配连接关系。俯视图画成 A—A 剖视图并采用了省略画法，用以表达螺旋千斤顶下部螺套和底座的形状。B—B 剖面图和 C 向局部视图分别补充说明螺杆和顶垫的内、外结构形状。

2. 必要的尺寸

装配图上的尺寸与零件图上的尺寸标注不同。标注反映出产品或部件的规格、外形、装配、安装所需的必要尺寸和一些重要尺寸。

如图 10-14 所示，螺旋千斤顶装配图中的规格（性能）尺寸为 225mm 和 275mm，说明螺旋千斤顶的顶举高度为 50mm。图中 $\phi 65H9/h8$ 为配合尺寸，外形尺寸为 135mm×135mm、225mm 等。

3. 技术要求

在装配图中用文字或国家标准规定的符号注写出该装配体在装配、调试、检验、安装和使用等方面的要求和条件，统称为装配图中的技术要求。一般写在明细栏的上方或图纸下方空白处，也可写成技术要求文件作为图样的附件。

从图 10-14 的技术要求中知道，千斤顶的顶举力为 10 000N，顶举高度为 50mm 以及一些其他装配要求。

4. 零、部件序号和明细栏

按一定格式将零、部件进行编号，按国家标准规定的格式编制零部件明细栏，以说明零部件的名称、材料、数量等。

5. 标题栏

标题栏主要说明机器或部件的名称、图样代号、绘图比例和厂名等。

三、装配图的表达方法

零件图中所用的一切表达方法都适用于装配图，由于装配图表达的是设备或部件的整体结构而不只是单个零件的形状，故在装配图中还有一些规定画法和特殊表达方法，作为高低压电器装配工只有了解这些规定画法和特殊表达方法，才能看懂装配图。

1. 装配图中的规定画法

（1）剖视图中紧固件和实心件的画法。对于紧固件（如螺栓、螺钉、螺母、垫圈等）和实

项目十

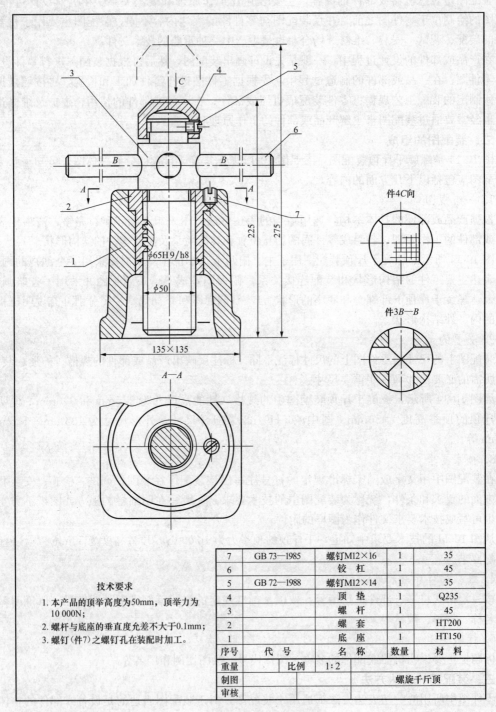

件4C向

件3B—B

A—A

技术要求

1. 本产品的顶举高度为50mm，顶举力为10 000N；
2. 螺杆与底座的垂直度允差不大于0.1mm；
3. 螺钉（件7）之螺钉孔在装配时加工。

序号	代 号	名 称	数量	材 料
7	GB 73—1985	螺钉M12×16	1	35
6		铰 杠	1	45
5	GB 72—1988	螺钉M12×14	1	35
4		顶 垫	1	Q235
3		螺 杆	1	45
2		螺 套	1	HT200
1		底 座	1	HT150
序号	代 号	名 称	数量	材 料

重量		比例	1：2	
制图			螺旋千斤顶	
审核				

图 10-14 螺旋千斤顶装配图

心件（如轴、手柄、连杆、键、销等），当剖切平面通过其基本轴线或对称面时，这些零件均按不剖画出，如图 10-14 中的螺杆、铰杠、螺钉等。当需要表达这些零件上的局部结构时，可采用局部剖视的方法，如图 10-14 中螺杆上的矩形螺纹。

（2）接触表面和非接触表面的画法。凡是有配合要求的两零件的接触表面，在接触处只画一条线，如图 10-14 中 $\phi 65H9/h8$ 的配合表面（螺套的外圆柱表面和底座的内圆孔表面）是用一条线来表示的。而没有配合要求的相邻两零件表面之间，即使间隙很小，也必须画出两条线，如图 10-14 螺套上端的螺孔与螺杆退刀处的外圆，在主视图上是用两条线画出，在俯视图中画成两个粗实线圆表示其间隙。

（3）装配图中剖面线的画法。在装配图中是按剖面线的倾斜方向不同，或者方向一致而间隔不同来区分相邻两个不同零件的，如图 10-14 中的底座和螺套。当剖面厚度在 2mm 以下时，图形允许用涂黑来代替剖面符号，如图 10-16 中的垫片。

2. 装配图的特殊表达方法

（1）假想画法。在装配图中，当需要表示某些零件的运动范围和极限位置时，可用双点划线画出该零件的极限位置轮廓图，如图 10-14 中螺杆升到最高位置时的顶垫就是用双点划线来表达的。在部件的装配图中，当需要表达该部件与相邻部件或零件的装配关系时，也可用双点划线画出相邻部分的轮廓线，如图 10-16 所示轴承座装配图中，就将皮带轮的部分形状用双点划线画出。

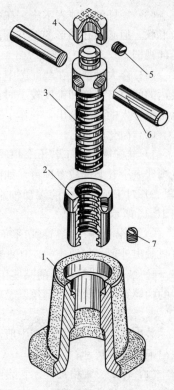

图 10-15　螺旋千斤顶分解立体图
1—底座；2—螺套；3—螺杆；4—顶垫；5、7—螺钉；6—铰杠

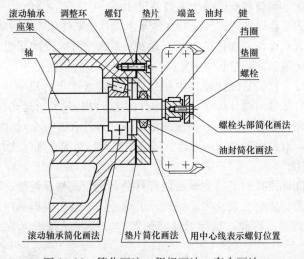

图 10-16　简化画法、假想画法、夸大画法

（2）拆卸画法。在装配图中，当某些零件遮住了需要表达的结构或装配关系时，可假想沿某些零件的结合面进行剖切或假想把某些零件拆卸后绘制。采用这种画法时，应在图形上方注明"拆去××"字样，如图 10-18 滑动轴承装配图中的俯视图就采用了这种画法。

315

（3）零件的单独表示法。在装配图中，可以用视图、剖视或剖面等单独表达某个零件的结构形状，但必须在图形的上方标注相应的说明，如图 10-14 中的"件 3B—B"剖面和"件 4C 向"局部视图。

（4）夸大画法。在装配图中，当图形中孔的直径或薄片的厚度等于或小于 2mm，或者需要表达的间隙、斜度和锥度较小时，允许将这些形状不按比例而夸大画出，如图 10-16 中的垫片就是按夸大的厚度画出，并作了涂黑处理。

（5）简化画法。

1）装配图中对于若干个相同的零件组，如螺栓、螺钉连接等，允许只画出一组，其余的用点画线表示其装配位置即可，如图 10-16 中的螺钉连接，下面一组就采用了简化画法。

2）对于装配图中的滚动轴承，允许一半按剖视绘制，另一半用交叉细实线简化画出，如图 10-16 所示。

3）在装配图中，当剖切平面通过某些标准组合件（如油杯、油标、管接头等）的轴线时，可只画出外形，如图 10-18 中的油杯。

4）装配图中零件上的某些工艺结构，如退刀槽、倒角、圆角等允许省略不画，如图 10-16 中的的螺钉、螺螺孔的倒角以及由倒角而产生的曲线均被省略。

3. 装配图中的尺寸标注

装配图和零件图在生产中所起的作用不同，对尺寸标注的要求完全不同，在装配图中只需注出下述几类尺寸。

（1）性能、规格尺寸。它表明部件的性能和规格，是设计、了解和选用产品的主要依据。例如，油缸的活塞直径、活塞的行程，各种阀门连接管路的直径等。

（2）装配尺寸包括作为装配依据的配合尺寸和重要的相对位置尺寸。

1）配合尺寸。它是表明两零件间配合性质的尺寸，一般在尺寸数字后面都注明配合代号，以便理解零件间的配合松紧或运动状态，是装配和拆画零件图时确定尺寸偏差的依据。

2）相对位置尺寸。它是表示设计或装配机器时需要保证的零件间较重要的距离、间隙等相对位置尺寸，也是装配、调整和校图时所需要的尺寸。

（3）安装尺寸。表示将设备或部件安装在地基上或其他部件相连接时所需要的尺寸。

（4）外形尺寸。表示设备或部件的总长、总宽、总高尺寸，反映了机器或部件的大小，是机器或部件在包装、运输和安装过程中确定其所占空间大小的依据。

（5）其他重要尺寸。它们是设计过程中经过计算确定或选定的尺寸，但又不属于上述几类尺寸之中的重要尺寸，如轴向设计尺寸、主要零件的主要结构尺寸、运动件极限位置尺寸等。

以上几类尺寸，在一张装配图中不一定全都具备，另外有时一个尺寸可兼有几种含义。装配图中尺寸数量不多，既要按种类逐一考虑，还应根据实际情况合理标注。

四、装配图的识读

通过识读装配图能够使我们了解到设备或部件的名称、规格、性能、功能和工作原理，了解零件的相互位置关系、装配关系及传动路线，了解使用方法、装拆顺序以及每个零件的作用和主要零件的结构形状等。因此，掌握识读装配图的方法并提高识读装配图的能力是非常重要的。

1. 识读装配图的方法和步骤

由于装配图比零件图复杂得多，所以识读装配图是一个由浅入深、由表及里、由此及彼的分析过程，下面以图 10-17 所示限位器装配图为例来说明识读装配图的方法和步骤。

（1）概括了解。从标题栏和明细栏中可以了解机器或部件的名称、功能；了解每种零件的

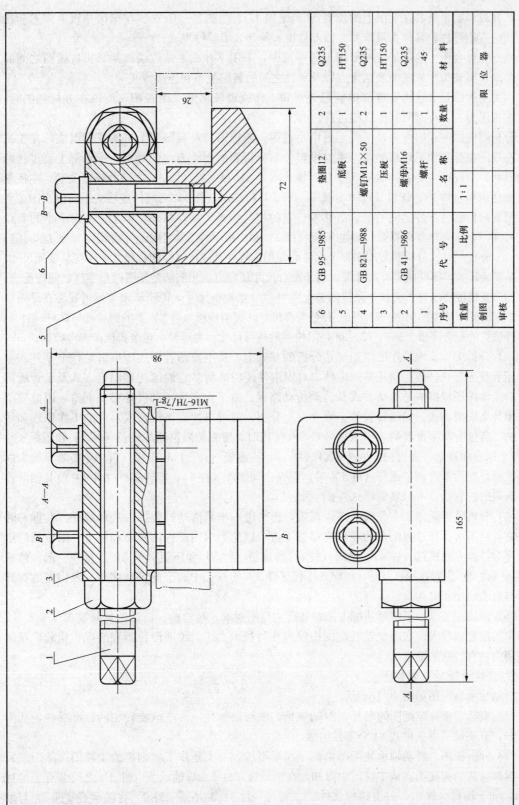

图 10-17 限位器装配图

6	GB 95—1985	垫圈12	2	Q235
5		底板	1	HT150
4	GB 821—1988	螺钉M12×50	2	Q235
3		压板	1	HT150
2	GB 41—1986	螺母M16	1	Q235
1		螺杆	1	45
序号	代 号	名 称	数量	材 料
重量		比例	1:1	限 位 器
制图				
审核				

名称、材料和数量及其在配图上的位置等。图 10-17 表达的是一个安装在车床导轨上限刀架位置移动的专用部件，名称为限位器。该部件由 6 种共 8 个零件组成。

（2）分析视图。搞清楚装配图用了哪些视图，采用了什么表达方法，并分析各视图之间的投影关系，明确每个视图的表达重点以及零件之间的装配关系和连接方式等。

因为主视图是表达机器或部件装配关系和工作原理较多的一个视图，所以在分析视图时，应以主视图为主，再对照其他视图进行。

分析限位器装配图可知，该装配图由主视图、俯视图和左视图三个基本视图组成，在主视图和左视图中分别作了局部剖视。通过投影关系分析和剖面线方向的判别，可看清主要零件的结构形状。主视图主要表达螺杆（件1）、螺线（件2）和压板（件3）之间的连接关系。左视图主要表达压板（件3）、螺钉（件4）、底板（件5）和垫圈（件6）之间的连接关系。俯视图主要表达组成限位器各零件之间的前、后和左、右的相对位置关系。另外，由主、左视图中的双点画线可知，车床导轨是夹在限位器的压板（件3）和底板（件5）之间，并由螺钉（件4）固定。

（3）分析尺寸。分析装配图中每个尺寸的作用，哪些是规格（性能）尺寸，哪些是装配尺寸，哪些是安装尺寸，哪些是外形尺寸等。对于配合尺寸还应进一步搞清楚是哪两个零件之间的配合、配合性质及精度要求等。例如，限位器装配图中，26 是规格尺寸，说明该限位器可安装在导轨厚度为 26mm 的车床上。M16—7H/7g—L 是配合尺寸，说明压板（件3）上的螺纹孔与螺杆（件1）上的外螺纹的配合要求。165、72、98 是限位器的外形尺寸，为运输、包装提供了参考数据。

（4）分析工作原理。在视图和尺寸分析的基础上，从主视图着手逐步搞清楚每个零件的主要作用和基本形状，是运动还是固定件。对固定件还应搞清楚它们的连接固定方式及是否能拆卸；对运动件还应搞清楚运动方式及运动传动路线。由于大多数运动件还需要润滑，因此应了解采用什么润滑方式、储油装置等。综合以上分析，就可以知道该机器或部件的工作原理和使用方法。通过分析限位器的工作原理可知，在使用时，应先把限位器的底板（件5）和压板（件3）与车床表面接触，通过拧紧两个螺钉（件4），使底板（件5）和压板（件3）夹紧导轨来固定其位置。然后通过调节螺杆（件1）时，应先松开螺母（件2），旋转螺杆（件1）使其轴向移动至所需的位置后，再拧紧螺母（件2）固定。

（5）分析装拆顺序。在分析工作原理后，还要进一步搞清楚其装拆方法和顺序。在拆卸时要注意，对不可拆和过盈配合的零件应尽量不拆，以免影响零部件的性能和精度。限位器的组装顺序为：首先用螺钉（件4）、垫圈（件6）将底板（件5）和压板（件3）连接在一起。然后将螺母（件2）旋套在螺杆（件1）旋入压板（件3）的螺孔中，至此组装完毕。限位器的拆卸顺序与组装顺序正好相反。

（6）读技术要求。了解对装配方法和装配质量的要求，对检验、调试的特殊要求以及安装、使用中的注意事项等。在限位器装配图中没有注写技术要求，说明限位器在装配、检验、调试和使用中没有特殊的要求。

2. 识读滑动轴承装配图

滑动轴承装配图如图 10-18 所示。

（1）概括了解。装配图的名称叫滑动轴承，滑动轴承是一种支承旋转轴的标准部件，从图中可知，滑动轴承由 9 种共 14 个零件组成。

（2）分析视图。滑动轴承装配图由两个图形组成，一个是作了半剖视的主视图，一个是采用了拆卸画法的俯视图。从主视图中可知，在轴承座（件1）与轴承盖（件2）之间装有上轴衬（件4）和下轴衬（件3），并由螺栓（件7）、螺母（件8）和垫圈（件9）将轴承盖（件2）与轴承座（件1）连接并紧固。在上轴衬（件4）与轴承盖（件2）之间有一轴承固定套（件5），用

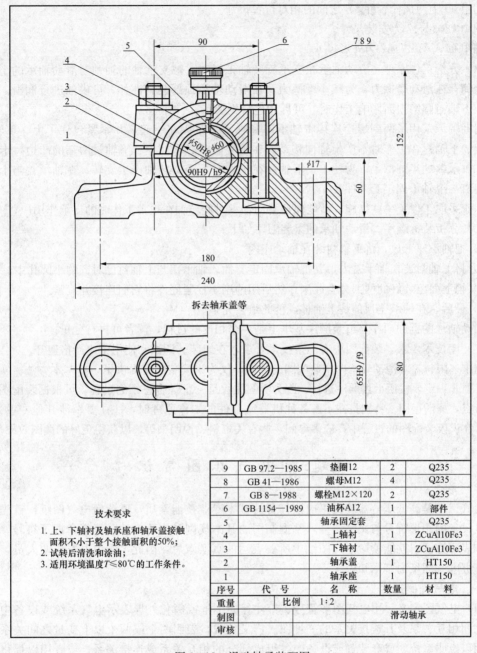

拆去轴承盖等

技术要求
1. 上、下轴衬及轴承座和轴承盖接触面积不小于整个接触面积的50%;
2. 试转后清洗和涂油;
3. 适用环境温度$T \leqslant 80℃$的工作条件。

9	GB 97.2—1985	垫圈12	2	Q235
8	GB 41—1986	螺母M12	4	Q235
7	GB 8—1988	螺栓M12×120	2	Q235
6	GB 1154—1989	油杯A12	1	部件
5		轴承固定套	1	Q235
4		上轴衬	1	ZCuAl10Fe3
3		下轴衬	1	ZCuAl10Fe3
2		轴承盖	1	HT150
1		轴承座	1	HT150
序号	代 号	名 称	数量	材 料
重量		比例	1:2	
制图				滑动轴承
审核				

图 10-18 滑动轴承装配图

于连接固定,在轴承盖(件2)的上方装有油杯(件6)。

(3)分析尺寸。

图中$\phi50H8$、60为规格尺寸,表明该轴承只能用来支承轴颈基本尺寸为$\phi50mm$的轴,且轴线到安装面的高度为60mm。

图中90H9/h9、65H9/h9为装配尺寸。90H9/h9表明轴承座(件1)与轴承盖(件2)之间在左、右方向上的配合要求。65H9/h9表明轴承座(件1)与下轴衬(件3)、轴承盖(件2)与上轴衬(件4)之间在前、后方向上的配合要求。

319

图中 90 为两螺栓（件 7）之间的相对位置尺寸。

图中 180、φ17 为安装尺寸。

图中 240、80、152 为外形尺寸。

（4）分析工作原理。滑动轴承在支承旋转轴工作时，被支承轴的轴颈与滑动轴承的上、下轴衬之间存在滑动摩擦力。为减小摩擦力，在滑动轴承顶部装有油杯，可供油进行润滑。当上轴衬或下轴衬围磨损而影响工作时，可拆卸进行更换。

滑动轴承采用了两副螺栓连接将轴承座和轴承盖紧固在一起，并紧紧包住了上、下轴衬。为使上、下轴衬在工作时不产生轴向移动，在组装时，必须使上、下轴衬两端的凸边，卡在轴承座和轴承盖的半圆槽上。为使上、下轴衬在工作时不随旋转轴产生旋转，在轴承盖与上轴衬之间装有一个轴承固定套（件 5）。

由于采取了以上一些措施，就能保证滑动轴承对旋转轴在正常工作时的支承作用。

（5）分析装拆顺序。滑动轴承的组装顺序如下。

1）把轴承座干放，将下轴衬装在轴承座内。

2）将上轴衬装在轴承盖内，并把轴承固定套插入轴承盖与上轴衬已对齐的小圆孔中。

3）把上面已装好的两部分合起来，然后用两副螺栓紧固件将它们连接并旋紧。

4）最后，在轴承盖顶部装上油杯，至此组装完毕。

滑动轴承的拆卸顺序与组装顺序基本上是一个相反的过程，读者可自行分析。

（6）读技术要求。装配图中有三条技术要求，在组装、调试和使用中应严格遵守。

对上述限位器和滑动轴承两个装配图的分析，仅为识读装配图提供了一些基本方法。实际看图时，并非一定要按照上述顺序进行，因为看图往往是一个综合思维的过程，可根据装配图的内容和特点，灵活运用。特别是在了解各种机器或部件的工作原理时，往往要牵涉其他专业知识。所以，在识读装配图的过程中，应多参阅一些有关资料、说明书等，以获得更好的读图效果。

课题三　电气识图常识

电气识图是高低压电器装配工应该具备的基本专业技能素质，要读懂电气图纸，首先要了解电气设备的图形符号与文字符号，掌握制图的基本规则和表示方法。读者掌握了符号、制图规则和表示方法，就能读懂电气图纸中所要表达的真实意思，因此，作为电类作业人员，很有必要掌握电气图纸的基本知识。

一、电气图概述

（1）电气图定义。用电气图形符号、带注释的围框或简化外形表示电气系统或设备中组成部分之间相互关系及其连接关系的一种图。广义地说，表明两个或两个以上变量之间关系的曲线，用以说明系统、成套装置或设备中各组成部分的相互关系或连接关系，或者用以提供工作参数的表格、文字等，也属于电气图之列。

（2）电气图的作用。电气图是用来阐述电的工作原理，描述产品的构成和功能，提供装接和使用信息的重要工具和手段。

（3）简图。是电气图的主要表达方式，是用图形符号、带注释的围框或简化外形表示系统或设备中各组成部分之间相互关系及其连接关系的一种图。

二、电气图分类

1. 概略图（系统图或框图）

概略图是指用符号或带注释的框，概略表示系统、分系统、成套装置、设备、软件中各项目之间的基本组成、相互关系及其主要特征的一种简图。其中，采用单线法表示多线系统或多相系统的简图，习惯称为系统图；主要采用方框符号的简图称为框图。

系统图通常用于表示系统或成套装置，而框图通常用于表示分系统或设备；系统图若标注项目代号，一般为高层代号，框图若标注项目代号，一般为种类代号。

层次划分：较高层次的系统图和框图，可反映对象的概况；较低层次的系统图和框图，可将对象表达得较为详细。

概略图的特点是：描述的对象是系统、分系统、成套装置、设备、软件等主项目；描述的内容是它的概貌，主要内部项目的主要特征、主要关系和主要连接方式，而不是全部组成、全部特征和全部关系，对内容的描述是概略的，而不是详细的。

概略图可作为编制功能图、电路图等更详细简图的依据；也可以作为教学、培训、操作和维修的基础文件；可供有关部门了解设计对象的整体方案、简要工作原理和主要组成的概况。

2. 电路图

电路图是指用图形符号并按工作顺序排列，详细表示电路、设备或成套装置的全部组成和连接关系，而不考虑其实际位置的一种简图。目的是便于详细理解作用原理、分析和计算电路特性。

电路图描述的对象不仅是系统、分系统、成套装置、设备、软件等主项目，而且还包括其组成部分：部件、基本件等分项目全体；描述的内容是它们的实际电路的全部关系、全部连接、全部项目代号、端子代号及必需的其他信息，而不考虑项目的尺寸、形状或位置；对内容的描述是最详细的，而不是概略或局部的。电路图与实际接线一一对应，描述最细致、清晰，并提供各方面的大量信息。

电路图具有如下用途：便于详细理解电路的作用原理；可作为编制接线文件的依据；便于安装和维护；便于测试和故障查找。

3. 功能图

功能图是指用理论的或理想化的电路来详细表示系统、分系统、成套装置、设备、软件的功能特性，而不考虑功能是如何实现的简图。其用途是提供绘制电路图或其他有关图的依据。

功能图的内容应包括必要的功能图形符号及其信号和主要控制连接线，还可以包括提供补充信息的波形、公式和算法，一般不包括实体信息（如位置、物理项目和端子代号）和组装信息。

4. 逻辑图

逻辑图是指主要用二进制逻辑（与、或、异或等）单元图形符号绘制的一种简图，其中只表示功能而不涉及实现方法的逻辑图称纯逻辑图。

5. 功能表图

功能表图是指表示控制系统作用和状态的一种图。

6. 端子功能图

端子功能图是指将项目的内部功能采用简图、表图或文字来表示，而其端子及外部连接则按实际电路详细表示的一种简图。

7. 等效电路图

等效电路图是指表示理论的或理想的元件（如 R、L、C）及其连接关系，专用于分析和计算电路详细物理特性或状态的表示等效电路的一种特殊功能图。

8. 设备元件表

设备元件表是指把成套装置、设备和装置中各组成部分和相应数据列成的表格，其用途表示各组成部分的名称、型号、规格和数量等。

9. 程序图

程序图是指详细表示程序单元和程序片及其互连关系的一种简图。

10. 接线图或接线表

接线图或接线表是指表示成套装置、设备或装置的连接关系，用以进行接线和检查的一种简图或表格。

（1）单元接线图或单元接线表。是指表示成套装置或设备中一个结构单元内的连接关系的一种接线图或接线表（结构单元指在各种情况下可独立运行的组件或某种组合体）。

（2）互连接线图或互连接线表。是指表示成套装置或设备的不同单元之间连接关系的一种接图或接线表（线缆接线图或接线表）。

（3）端子接线图或端子接线表。是指表示成套装置或设备的端子，以及接在端子上的外部接线（必要时包括内部接线）的一种接线图或接线表。

（4）电缆配置图或电缆配置表。是指提供电缆两端位置，必要时还包括电缆功能、特性和路径等信息的一种接线图或接线表。

11. 位置图

位置图是指表示成套装置、设备或装置中各个项目的位置的一种简图。是用图形符号绘制的图，用来表示一个区域或一个建筑物内成套电气装置中的元件位置和连接布线。

12. 数据单

数据单是指对特定项目给出详细信息的资料。

三、电气图符号

在新编的电气图标准中，电气图中元件、组件、设备、装置和线路等一般是采用图形符号、文字符号和项目代号来表示的。图形符号、文字符号和项目代号可看成是电气工程语言中的"词汇"，它们是电气图的主要组成部分。

阅读电气图，首先要了解和熟悉这些符号的形式、内容、含义以及它们之间的相互关系。一个电气系统或一种电气装置同各种元器件组成，在主要以简图形式表达的电气图中，无论是表示构成，表示功能，还是表示电气接线等，通常用简单的图形符号表示。

1. 图形符号

图形符号是指通常用于图样或其他文件以表示一个设备或概念的图形、标记或字符。图形符号由一般符号、符号要素、限定符号和方框符号等组成。

（1）一般符号。是表示一类产品或此类产品特性的一种通常很简单的符号，如图 10-19 所示。

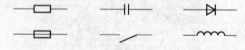

图 10-19 常用的一般符号

（2）符号要素。它是具有确定意义的简单图形，必须同其他图形组合以构成一个设备或概念的完整符号。

（3）限定符号。是用以提供附加信息的一种加在其他符号上的符号。它一般不能单独使用，但一般符号有时也可用作限定符号。限定符号的类型如下。

1）电流和电压的种类。例如，交、直流电，交流电中频率的范围，直流电正、负极，中性线等。

2）可变性。可分为内在的和非内在的。内在的指可变量取决于器件自身的性质，如压敏电阻的阻值随电压而变化。非内在的指可变量由外部器件控制的，如滑线电阻器的阻值是借外部手段来调节的。

3）力和运动的方向。用实心箭头符号表示力和运动的方向。

4）流动方向。用开口箭头符号表示能量、信号的流动方向。

5）特性量的动作相关性。它是指设备、元件与速写值或正常值等相比较的动作特性，通常的限定符号是＞、＜、＝、≈等。

6）材料的类型。可用化学元素符号或图形作为限定符号。

7）效应或相关性。是指热效应、电磁效应、磁致伸缩效应、磁场效应、延时和延迟性等。分别采用不同的附加符号加在元器件一般符号上，表示被加符号的功能和特性。限定符号的应用使得图形符号更具有多样性。

（4）方框符号。是表示元件、设备等的组合及其功能，既不给出元件、设备的细节，也不考虑所有连接的一种简单图形符号。

根据国家标准《电气图用图形符号》（GB 4728）的规定，将电气图形符号分为 11 类，见表 10-1。

表 10-1　　　　　　　　　　　常用电气图形符号和文字符号

名　称	图形符号	文字符号	说　明	名　称	图形符号	文字符号	说　明
直流正极	＋	L＋		扬声器		BL	
直流负极	＋	L－					
交流	∿	AC		插座或一个极	⊣ 或 ⌐	XS	内孔式
直流	---	DC		灯信号灯	⊗	H HL	红（RD） 黄（YE） 绿（GN） 蓝（BU） 白（WH）
交直流	≈						
断开		OFF					
闭合		ON					
电气连接	● 或 ○	X		变压器		T	
可拆卸的 电气连接	∅	X					
接机壳或 接地板	⊥	MM		自耦变压器		TS	
接地	⊥	E		电抗器扼流圈		L	
保护接地	⊕	PE		电流表	Ⓐ		
假定故障 位置				电压表	Ⓥ		
闪络击穿				千瓦时表	kWh		
导线对地 击穿				电池电池组		GB	
电阻器		R		导线连接			
电位器		RP		导线连接			交叉连接
电容器		C		导线不连接			
线圈		L		母线		WB	三根导线
熔断器		R					

续表

名　称	图形符号	文字符号	说　明	名　称	图形符号	文字符号	说　明
电缆中的三根导线		W		时间继电器触点		KT	断电延时触点
电缆密封终端头		WC		电流继电器线圈		KI	过电流
避雷器		F					欠电流
负载开关		QL					
断路器		QF		接触器线圈		KM	
隔离开关		QS					
熔断式隔离开关		QSF		按钮		SB	动合触点与动断触点
继电器线圈		K					
时间继电器线圈		KT	通电延时				
			断电延时	行程开关		SQ	动合触电与动断触点
时间继电器触点		KT	通电延时触点	连接片		XB	

(5) 常用图形符号应用的说明。

1) 电气图中的图形符号和文字符号必须符合最新国家标准。图形符号在同一张图中，同一符号的尺寸应保持一致，各符号间及符号本身比例应保持不变。其符号方位可根据图面布置的需要旋转或成镜像位置。文字符号在图中不得倒置，基本文字符号不得超过两位字母，辅助文字符号不得超过三位字母，文字符号采用拉丁字母大写正体字。

2) 图形符号的选用。在图形符号中，某些设备元件有多个图形符号，有优选形、其他形，形式1、形式2等。选用符号的原则：尽可能采用优选形；在满足需要的前提下，尽量采用最简单的形式；在同一图号的图中使用同一种形式。

3) 图形符号的大小和图线宽度。图形符号的大小和图线宽度一般不影响符号的含义，在有些情况下，为了强调某些方面或者为了便于补充信息，或者为了区别不同的用途，允许采用不同大小的图形符号和不同宽度的图线。

4) 图形符号的取向。大多数图形符号的取向是任意的。为了保持图面的清晰，尽量避免导线弯折或交叉。在不会引起错误理解的情况下，可根据图面布置的需要将符号旋转或取其镜像放置，但此时图形符号的文字标注和指示方向不得倒置。

5) 图形符号的引线。图形符号一般都画有引线，但在绝大多数情况下引线位置仅用作示例，在不改变符号含义的原则下，引线可取不同的方向。如果引线符号的位置影响到符号的含义，则不能随意改变，否则引起歧义。

6) 图形符号的派生。在GB/T 4728中比较完整地列出了符号要素、限定符号和一般符号，但组合符号是有限的。若某些特定装置或概念的图形符号在标准中未列出，允许通过已规定的一般符号、限定符号和符号要素适当组合，派生出新的符号。

2. 文字符号

(1) 文字符号的定义。在电气图中，除了用图形符号来表示各种设备、元件等外，还在图形符号旁标注相应的文字符号，以区分不同的设备、元件，以及同类设备或元件中不同功能的设备或元件。文字符号分为基本文字符号和辅助文字符号。基本文字符号分为单字母符号和双字母符号。

（2）单字母符号。用拉丁字母将各种电气设备、装置和元器件划分为 23 大类，每大类用一个专用单字母符号表示，如 R 为电阻器、Q 为电力电路的开关器件类等。

（3）双字母符号。表示种类的单字母与另一字母组成，其组合型式以单字母符号在前，另一个字母在后的次序列出。双字母符号中的另一个字母通常选用该类设备、装置和元器件的英文名词的首位字母，或常用缩略语，或约定俗成的习惯用字母。

（4）辅助文字符号。表示电气设备、装置和元器件以及线路的功能、状态和特性的，通常也是由英文单词的前一两个字母构成。它一般放在基本文字符号后边，构成组合文字符号。

（5）补充文字符号的原则。

1）在不违背前面所述原则的基础上，可采用国际标准中规定的电气技术文字符号。

2）在优先采取规定的单字母符号、双字母符号和辅助文字符号的前提下，可补充有关的双字母符号和辅助文字符号。

3）文字符号应按有关电气名词术语国家标准或专业标准中规定的英文术语缩写而成。同一设备若有几种名称时，应选用其中一个名称。当设备名称、功能、状态或特征为一个英文单词时，一般采用该单词的第一位字母构成文字符号，需要时也可用前两位字母，或前两个音节的首位字母，或采用常用缩略语或约定俗成的习惯用法构成；当设备名称、功能、状态或特性为二个或三个英文单词时，一般采用该二个或三个英文单词的第一位字母，或采用常用缩略语或约定俗成的习惯用法构成文字符号。

4）因 I、O 易与 1 和 0 混淆，因此，不允许单独作为文字符号使用。另外，字母"J"也未被采用。

3. 项目代号

（1）项目代号的定义。项目代号是指用以识别图、表图、表格中和设备上的项目种类，并提供项目的层次关系、实际位置等信息的一种特定的代码。通常项目代号可以将不同的图或其他技术文件上的项目（软件）与实际设备中的该项目（硬件）一一对应和联系在一起。

（2）项目代号的组成。项目代号由拉丁字母、阿拉伯数字、特定的前缀符号，按照一定规则组合而成的代码。一个完整的项目代号含有 4 个代号段：

高层代号段，其前缀符号为"="；

种类代号段，其前缀符号为"－"；

位置代号段，其前缀符号为"＋"；

端子代号段，其前缀符号为"："。

（3）高层代号。是指系统或设备中任何较高层次（对给予代号的项目而言）项目的代号，如 S2 系统中的开关 Q3，表示为＝S2－Q3，其中＝S2 为高层代号。

（4）种类代号。是指用以识别项目种类的代号，有如下三种表示方法。

1）由字母代码和数字组成。

种类代号段的前缀符号＋项目种类的字母代码＋同一项目种类的序号：－K2。

前缀符号＋种类的字母代码＋同一项目种类的序号＋项目的功能字母代码：－K2M。

2）用顺序数字（1、2、3…）表示图中的各个项目，同时将这些顺序数字和它所代表的项目排列于图中或另外的说明中，如－1、－2、－3…

3）对不同种类的项目采用不同组别的数字编号，如对电流继电器用 11、12、13…

325

如果用分开表示法表示的继电器，可在数字后加"."。

（5）位置代号。是指项目在组件、设备、系统或建筑物中的实际位置的代号。位置代号由自行规定的拉丁字母或数字组成。在使用位置代号时，就给出表示该项目位置的示意图，如＋204＋A＋4 可写为＋204A4，意思为 A 列柜装在 204 室第 4 机柜。

（6）端子代号。通常不与前三段组合在一起，只与种类代号组合。可采用数字或大写字母，－S4：A 表示控制开关 S4 的 A 号端子，－XT：7 表示端子板 XT 的 7 号端子。

（7）项目代号的应用。

＝高层代号段－种类代号段（空隔）＋位置代号段。

其中，高层代号段对于种类代号段是功能隶属关系，位置代号段对于种类代号段来说是位置信息。

例如，＝A1－K1＋C8S1M4 表示 A1 装置中的继电器 K1，位置在 C8 区间 S1 列控制柜 M4 柜中。

＝A1P2－Q4K2＋C1S3M6 表示 A1 装置 P2 系统中的 Q4 开关中的继电器 K2，位置在 C1 区间 S3 列操作柜 M6 柜中。

课题四　电气图的绘制

电气图是采用国家标准规定的电器图形文字符号绘制而成的，用以表达电气控制系统原理、功能、用途以及电气元件之间的布置、连接和安装关系的图形。主要有电气原理图、电气接线图和电气安装图。

一、电气绘图基本规则

电气图纸的格式与机械图纸、建筑图纸的格式基本相同，也是由图框线、边框线、标题栏、会签栏等组成的。

电气图绘制必须遵守国家标准局颁布的最新电气制图标准。目前主要有 GB/T 4728—2005《电气简图用图形符号》、GB 4026—2010《人机界面标志标识的基本和安全规则　设备端子和导体终端标识》、GB/T 6988.1—2008《电气技术用文件的编制　第 1 部分：规则》等。此外还须遵守机械制图与建筑制图的相关标准。

二、标注规则

1. 文字标注

电气图中文字标注遵循就近标注规则与相同规则。所谓就近规则，是指电气元件各导电部件的文字符号应标注在图形符号的附近位置；相同规则是指同一电气元件的不同导电部件必须采用相同的文字标注符号（如图 10-20 中，交流接触器线圈、主触头及其辅助触头均采用同一文字标注符号 KM）。

文字本身应符合 GB 4457.3—84《机械制图文件》的规定。汉字采用长仿宋体，字高有 20，14，10，7，5，3.5，2.5 等 7 种，字体宽度约等于字高的 2/3，而数字和字母笔画宽度约为字高的 1/10 等。

2. 项目代号的标注

（1）在系统图和框图上，各个框就标注项目代号。

（2）较高层次的系统图上标注高层代号；较低层次的框图上，标注种类代号。

（3）由于系统图和框图不具体表示项目的实际连接线和安装位置，所以一般不标注端子代号和位置代号。

（4）项目代号标注在各框的上方或左上方。

3. 线号、规格与接线端子标注

线号用 L1、L2、L3、U、V、W 等标注，连线规格按就近原则采用引出线标注。

例如，图 10-20 中就采用了引出线标注，冷却电动机主电路分区中的引出线端点处标注的 2.5mm² 表示连线截面积为 2.5mm²。连线规格标注过多，会导致图面混乱，可在电气元件明细表中集中标注。

图 10-20 是 CW6132 车床的电气原理图，图中包括了该机床所有电气元件导电部件标注方式和接线端点之间的连接关系。

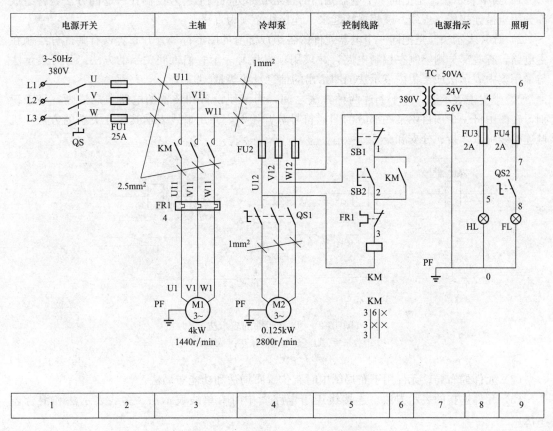

图 10-20　CW6132 车床电气原理图

电气图中各电器接线端子用字母数字符号标记，三相交流电引入线采用 L1、L2、L3、N、PE 标记，直流系统的电源正、负线分别用 L＋、L－标记。三相动力电路采用三相文字代号 U、V、W 的后面加上阿拉伯数字 1、2、3 等来顺序标记。控制电路采用阿拉伯数字编号标记。标注方法按"等电位"原则进行，在垂直绘制的电路中，标号顺序一般按由上而下、从左至右的规律编号。凡是被线圈、绕组、触点或电阻、电容等元件所隔开的接线端点，都应标以不同的线号。

4. 节点数字符号标注

为了注释方便，电气原理图各电路节点处还可标注数字符号，如照明电路区的 4、5、6、7、8。数字符号一般按支路中电流的流向顺序编排。节点数字符号除了注释作用外，还起到将电气原理图与电气接线图相对应的作用。

三、连线绘制规则

元件和连接线是电气图的主要表达内容。一个电路通常由电源、开关设备、用电设备和连接线4个部分组成，如果将电源设备、开关设备和用电设备看成元件，则电路由元件与连接线组成，或者说各种元件按照一定的次序用连接线连起来就构成一个电路。

1. 元件和连接线的表示方法

（1）元件连接的表示方法。元件用于电路图中时有集中表示法、分开表示法、半集中表示法，如图10-21所示。

1）集中表示法。是把同一个电器元件的各组成部分的图形符号绘制在一起的方法，各组成部分用机械连接线（虚线）互相连接起来。连接线必须为直线。

2）分开表示法。是把同一个电器元件的各组成部分的图形符号分开布置，有些部分绘制在主电路，有些部分则绘制在控制电路，并仅用项目代号表示它们之间关系的方法。分开表示法与采用集中表示法或半集中表示法的图给出的信息量要等量。

3）半集中表示法。介于上述两种方法之间，为了使设备和装置的电路布局清晰，易于识别，在图中将一个项目中某些部分的图形符号分开绘制，并用虚线表示其相互关系的方法。机械连接线可以弯折、分支和交叉。

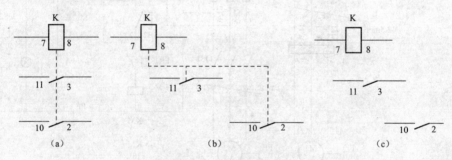

图10-21 电器元件的表示法
（a）集中表示法；（b）半集中表示法；（c）分开表示法

（2）元件的布局。元件用于布局图中时有位置布局法和功能布局法。

（3）元件连接的表示方法。连接线用于电路图中时有单线表示法、多线表示法和混合表示法。

1）单线表示法。是两根或两根以上的连接线或导线，只用一条线的方法，适用于三相或多线基本对称的情况。图10-22为某一中型工厂供电系统的系统图，每一连接线表示三相电力线路的三根电力线。

2）多线表示法。是每根连接线或导线各用一条图线表示的方法，能详细地表达各相或各线的内容，尤其在各相或各线内容不对称的情况下采用此法。

3）混合表示法。一部分用单线，一部分用多线，兼有单线表示法简洁精练的特点，又兼有多线表示法对描述对象精确、充分的优点，并且由于两种表示法并存，变化、灵活。如图10-23所示，表示直接动作式保护电路。

4）连接线用于接线图及其他图中时有连续线表示法和中断线表示法。用单线表示的连接线的连续表示法如图10-24所示。穿越图面的连接线较长或穿越稠密区域时，允许将连接线中断，在中断处加相应的标记，如图10-25所示。

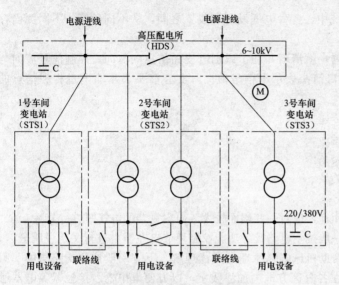

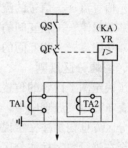

图 10-22 中型工厂供电系统的系统图　　　　图 10-23 直接动作式保护电路

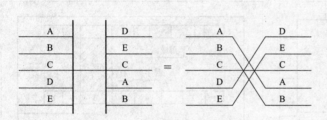

图 10-24 连续线表示法

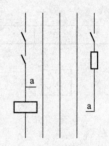

图 10-25 穿越图面的中断线

2. 元件和连接线形式

（1）连接方法。当采用带点划线框绘制时，其连接线接到该框内图形符号上，当采用方框符号或带注释的实线框时，则连接线接到框的轮廓线上。

（2）连接线型式。线条的粗细应一致，有时为了区别某些电路功能，可以采用不同粗细的线条，如电源电路和主电路用粗实线表示，辅助电路用细实线表示，而机械连接线用虚线表示。

3. 连线布置形式

（1）垂直布置形式。设备及电器元件图形符号从左至右纵向排列，连接线垂直布置，类似项目横向对齐，一般机床电气原理图均采用此布置方法。

（2）水平布置形式。设备及电器元件图形符号从上至下横向排列，连线水平布置，类似项目纵向对齐。

电气原理图绘制时采用的连线布置形式应与电气控制柜内实际的连线布置形式相符。

4. 交叉节点的通断

十字交叉节点处绘制黑圆点表示两交叉连线在该节点处接通，无黑圆点则无电联系；T字节点则为接通节点，如图 10-26 所示。

5. 对能量流、信息流、逻辑流、功能流的不同描述

对能量流、信息流、逻辑流、功能流的不同描述构

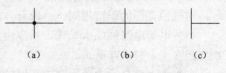

图 10-26 交叉节点的通断

(a) 有黑圆点十字交叉节点；(b) 无黑圆点十字交叉节点；(c) T字节点

成了电气图的多样性。一个电气系统中，各种电气设备和装置之间，从不同角度、不同侧面存在着不同的关系。

信号流向：系统图和框图的布局，就清晰并利于识别过程和信息的流向。控制信号流向与过程流向垂直绘制，在连线上用开口箭头表示电信号流向，实心箭头表示非电过程和信息的流向。

(1) 能量流——电能的流向和传递。

(2) 信息流——信号的流向和传递。

(3) 逻辑流——相互间的逻辑关系。

(4) 功能流——相互间的功能关系。

四、图幅分区规则

为了确定图上内容的位置及其用途，应对一些幅面较大、内容复杂的电气图进行分区。

垂直布置电气原理图中，上方一般按主电路及各功能控制环节自左至右进行文字说明分区，并在各分区方框内加注文字说明，帮助机床电气原理的阅读理解；下方一般按"支路居中"原则从左至右进行数字标注分区，并在各分区方框内加注数字，以方便继电器、接触器等电器触头位置的查阅。"支路居中"原则是指各支路垂线应对准数字分区方框的中线位置，如图 10-27 所示。

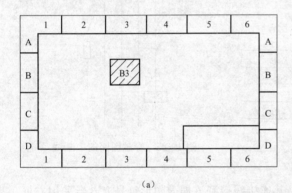
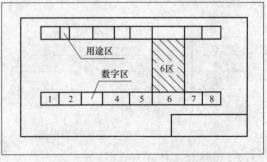

(a)　　　　　　　　　　　　　　　　(b)

图 10-27　电气图的图幅分区

(a) 普通电气图的图幅分区；(b) 机床电气控制电路图的图幅分区

对于水平布置的电气原理图，则实现左右分区。左方自上而下进行文字说明分区，右方自上而下进行数字标注分区。

五、电气原理图

电气原理图是为了便于阅读和分析控制线路工作原理而绘制的。其主要形式是把一个电气元件的各部件以分开的形式进行绘制，因此电路结构简单、层次分明，适用于研究和分析控制系统的工作原理。

1. 电气原理图的识读规则

电气原理图的识读规则，一般分为电源电路、主电路、控制电路、信号电路、照明电路。

(1) 电源电路画成水平线，相序由上而下排列，中性线和保护地线处在相线下面。直流电源正极在上，负极在下。

(2) 主电路是受电动力装置及保护器，处在原理图的左侧。

(3) 控制电路、信号电路、照明电路跨在两相电源线之间，依次垂直处在右侧，耗能元件（线圈、灯）处在电路下方，电器触点处在耗能元件上方。

（4）电气原理图中电器按照统一国家标号画出。

（5）电气原理图中同一电器的各元件按其作用分画在不同电路中，标以相同文字符号。

2. 触头索引代号

电气原理图中的交流接触器与继电器，因线圈、主触头、辅助触头所起作用各不相同，为清晰地表明机床电气原理图工作原理，这些部件通常绘制在各自发挥作用的支路中。在幅面较大的复杂电气原理图中，为检索方便，就需在电磁线圈图形符号下方标注电磁线圈的触头索引代号。

对于接触器触头索引代号分为左中右三栏，左栏数字表示主触头所在的数字分区号；中栏数字表示动合（常开）辅助触头所在的数字分区号。对于继电器触头索引代号分为左右两栏，左栏表示动合（常开）触头所在数字分区号，右栏表示动断（常闭）触头所在数字分区号，见表10-2。

表 10-2　　　　　　　　　　　　　　　**电磁线圈的触头索引代号说明**

分　类	标记示例	标记含义	示例说明
接触器	KM 3 6 × 3 × × 3	左列为主触头所处图中的区号	有3个主触头位于3区内
		中列为辅助动合（常开）触头所处图中的区号	有2个动合触头，一个位于6区内，另一个未用
		右列为辅助动断（常闭）触头所处图中的区号	有2个未用的动断触头
继电器	KT 6 × × ×	左列为动合触头所处图中的区号	有2个动合触头，一个位于6区内，另一个没有使用
		右列为动断触头所处图中的区号	有2个未用的动断触头

3. 各触头的绘制状态

（1）电气图中各电气元件触头按常态画出，所有图形符号均按该电器的不通电、不受力状态、没有发生机械动作时的位置绘制。

（2）对于接触器、电磁继电器触头按电磁线圈不通电时状态绘制。

（3）对于按钮、行程开关按不受外力作用时的状态绘制。

（4）对于低压断路器及组合开关按断开状态绘制；热继电器按未脱扣状态绘制。

（5）速度继电器按电动机转速为零时的状态绘制；事故、备用与报警开关等按设备处于正常工作时的状态绘制。

（6）标有"OFF"等多个稳定操作位置的手动开关则按拨在"OFF"位置时的状态绘制。

4. 电气原理图的绘制原则、绘制方法及有关事项

（1）主电路、控制电路和辅助电路应分开绘制。主电路用垂直线绘制在图的左侧，控制电路用垂直线绘制在图的右侧，控制电路中的耗能元件画在电路的最下端。

（2）使触点动作的外力方向必须是：当图形垂直放置时为从左到右，即垂线左侧的触点为动合触点，垂线右侧的触点为动断触点；当图形水平放置时为从下到上，即水平线下方的触点为动合触点，水平线上方的触点为动断触点。

（3）动力电路的电源电路绘成水平线，受电的动力装置（电动机）及其保护电器支路应垂直于电源电路。

（4）为读图方便，图中自左而右或自上而下表示操作顺序，并尽可能减少线条和避免线条交叉。

（5）图中有直接电联系的交叉导线的连接点（导线交叉处）要用黑圆点表示。无直接电联系的交叉导线，交叉处不能画黑圆点。

（6）原理图上应标明各个电源的电压值、极性或频率和相数；某些元件、器件的特性；不常用的电器的操作方式和功能。

（7）在原理图的上方将图分成若干图区，并标明该区电路的用途与作用；在继电器、接触器线圈下方列有触点表，以说明线圈和触点的从属关系。

5. 电气原理图的识读

熟练识读电气原理图，是掌握设备正常工作状态、迅速处理电气故障必不可少的环节。通过读图练习深化对电气原理图的识读过程，并掌握对常见故障的分析步骤和分析方法。

在阅读电气原理图时，必须熟悉图中各器件符号和作用。

阅读主电路时，应该了解主电路有哪些用电设备（如电动机、电炉等），以及这些设备的用途和工作特点。并根据工艺过程，了解各用电设备之间的相互联系、采用的保护方式等。在完全了解主电路的这些工作特点后，就可以根据这些特点再去阅读控制电路。

阅读控制电路时，一般先根据主电路接触器主触点的文字符号，到控制电路中去找与之相应的吸引线圈，进一步弄清楚电动机的控制方式。这样可将整个电气原理图划分为若干部分，每一部分控制一台电动机。另外，控制电路依照生产工艺要求，按动作的先后顺序，自上而下、从左到右、并联排列。因此读图时也应当自上而下、从左到右，一个环节、一个环节地进行分析。

对于机、电、液配合得比较紧密的生产机械，必须进一步了解有关机械传动和液压传动的情况，有时还要借助于工作循环图和动作顺序表，配合电器动作来分析电路中的各种连锁关系，以便掌握其全部控制过程。

最后阅读照明、信号指示、监测、保护等各辅助电路环节。

对于比较复杂的控制电路，可按照先简后繁，先易后难的原则，逐步解决。因为无论怎样复杂的控制线路，均是由许多简单的基本环节组成。阅读时可将它们分解开来，先逐个分析各个基本环节，然后再综合起来全面加以解决。

概括地说，阅读的方法可以归纳为：从机到电、先"主"后"控"、化整为零、连成系统。

六、电气安装接线图

1. 电气安装接线图的定义与作用

电气接线图表示电气控制系统中各项目（包括电气元件、组件、设备等）之间连接关系、连线种类和敷设路线等详细信息的电气图，是检查电路和维修电路不可缺少的技术文件，根据表达对象和用途不同，可细分为单元接线图、互连接线图和端子接线图等。

电气安装接线图是为安装电气设备和电气元件进行配线或检修电气故障服务的。主要描述对象是电器元件和连接线，在图中显示出电气设备中各个元件的实际空间位置与接线情况，并清楚地表明各电器元件的接线关系和接线走向。

电气安装接线图是根据电器位置布置最合理、连接导线最方便且最经济的原则来安排的。

故障维修时通常由原理图分析电路原理、判断故障，由接线图确定故障部位。

2. 电气安装接线图的绘制原则

（1）按规定清楚地标注配线导线的型号、规格、截面积和颜色。

（2）接线板上各接点按接线号顺序排列，并将动力线、交流控制线、直流控制线等分类排开。

3. 电气安装接线图的表示方法

（1）直接接线法。直接画出两元件之间的接线。它适用于电气系统简单、电器元件少、接线关系简单的场合，如图 10-28 所示。

（2）符号标准接线法。仅在电器元件接线端处标注符号，以表明相互连接关系。它适用于电气系统复杂、电器元件多、接线关系较为复杂的场合，如图 10-29 所示。

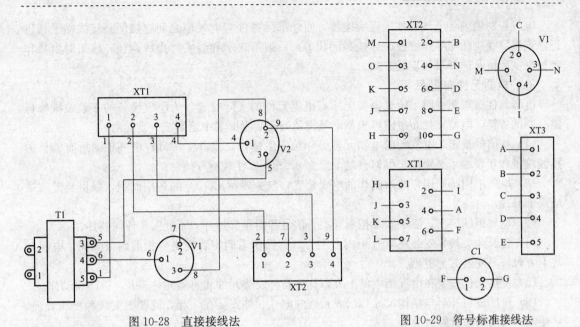

图 10-28　直接接线法

图 10-29　符号标准接线法

图 10-30 是 CW6132 车床电气互连接线图。接线图中各电气元件图形与文字符号均与 CW6132 车床电气原理图保持一致，但各电气元件位置则按电气元件在控制柜、控制板、操作台或操纵箱中的实际位置绘制。图中左方的点画线方框表示 CW6132 车床的电气控制柜，中间小方框表示照明灯控制板，右方小方框表示机床运动操纵板。

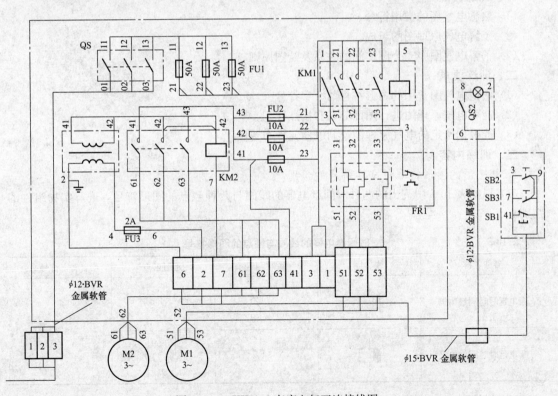

图 10-30　CW6132 车床电气互连接线图

电气控制柜内各电气元件可直接连接，而外部元器件与电气柜之间连接须经接线端子板进行，连接导线应注明导线根数、导线截面积等，一般不表示导线实际走线途径，施工时由操作者根据实际情况选择最佳走线方式。

七、电器元件布置图

电器元件布置图表明了电气设备上所有电器元件的实际位置，为电气设备的安装及维修提供必要的资料。电器元件布置图可根据电气设备的复杂程度集中绘制或分别绘制。

（1）按国标规定，电气柜内电器元件必须位于维修台之上 0.4～2m；电气柜内所有器件的接线端子和互联端子必须位于维修台之上至少 0.2m，以便装拆导线。

（2）电气柜内按照用户要求制作的电气装置，最少要留出 10％的备用面积，以供装置改进或局部修改。

（3）电气柜的门上，除了人工控制开关、信号和测量部件外，不能安装任何器件。

（4）电源开关最好安装在电气柜内右上方，其操作手柄应装在电气柜前面或侧面。电源开关上方最好不安装其他电器。

（5）发热元件安装在电气柜内的上方，并注意将发热元件和感温元件隔开，以防误动作。

（6）应尽量将外形与结构尺寸相同或相近的电气元件安装在一起，既便于安装和布线处理，又使电气柜内的布置整齐美观。

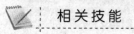 相关技能

技能训练　电气图的识读

一、训练目的

（1）熟悉电气图的常用符号。

（2）了解电气原理图的组成。

（3）了解电气图中三个图之间的关系及绘图原则。

二、训练要求

（1）熟记电气图常用的图形符号与文字符号。

（2）能对电气原理图进行图面分区和接点标记。

（3）能根据给定的电气原理图绘制电器元件布置图。

三、训练内容

1. 电气图的图形符号与文字符号的识别

（1）根据表 10-3 中列出的两种时间继电器的线圈与两种触点的图形符号，进行实物组件的判别。

表 10-3　　　　　　　　　　时间继电器的线圈与触点的图形符号

器件名称	线圈	瞬时触点	延时触点	文字符号
通电延时时间继电器				KT
断电延时时间继电器				

（2）根据表 10-4 中列出的电流继电器线圈与触点的图形符号，进行实物组件的判别。

表 10-4 电流继电器的线圈与触点的图形符号

器件名称	线 圈	触 点	文字符号
过电流继电器			KI
欠电流继电器			

（3）根据表 10-5 中列出的交流接触器线圈与触点的图形符号，进行实物组件的判别。

表 10-5 交流接触器的线圈与触点的图形符号

器件名称	线圈	主触点	辅助触点	文字符号
接触器	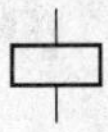	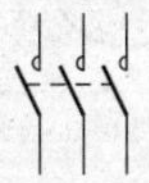	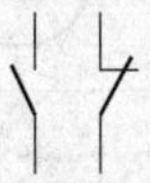	KM

（4）根据表 10-6 中列出的按钮和行程开关的图形符号，进行实物组件的判别，正确区分两种器件。

表 10-6 按钮和行程开关的图形符号

器件名称	动合触点	动断触点	复合触点	文字符号
按钮	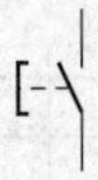	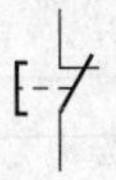		SB
行程开关		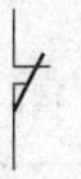		SQ

按钮和行程开关的区别在于：按钮是靠手指按下时触点动作，松开手指后触点复位。而行程开关工作原理与其相似，只是其触头的动作不是靠手指的按压的手动操作，而是利用生产机械某些运动部件上的挡块碰撞或碰压使触头动作，以此来实现接通或分断某些电路，使之达到一定的控制要求。

2. 电气原理图的识读

如图 10-31 所示，为某机床的电气原理图，要求：

（1）试对该图进行图面分区和接线标记；

（2）绘制出电气元件位置图；

（3）列出元器件清单。

答：（1）对该图进行图面分区和接线标记：

A. 图区的划分：

为了便于阅读查找，在图纸的下方（或上方）沿横坐标方向划分，并用数字 1、2、3…标明图区，在图区编号的上方表明该区的功能，如 1 图区所对应的是"电源开关"，使读者清楚地知道某个元件或某部分电路的功能，以便于理解整个电路的工作原理，如图 10-32 所示。

B. 接线标记：

为了便于电路分析及绘制接线图，电路图中各元件接线端子用字母、数字和符号标记。

335

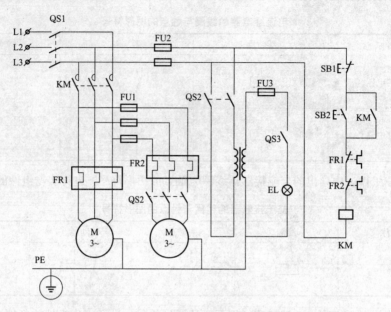

图 10-31　某机床的电气原理图

电源开关	主轴电动机	短路保护	冷却泵电动机	照明变压器	照明电路	起停控制电路

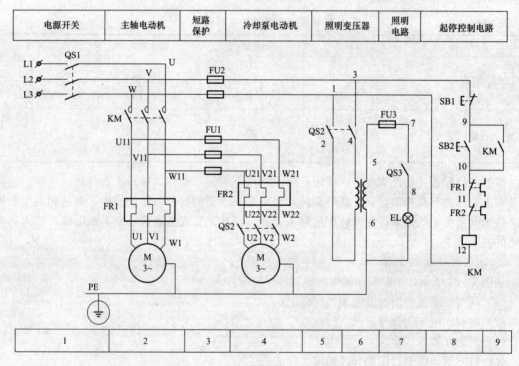

图 10-32　电气原理图的分区与标注

1）电动机绕组的标记：

有多台电动机时 M1 电动机绕组用 U1、V1、W1；M2 电动机绕组用 U2、V2、W2；M3 电动机绕组用 U3、V3、W3…标记。

2）主电路的标记：

一般三相交流电源引入线用 L1、L2、L3、N 标记，接地线用 PE 标记；三相交流电动机所在的主电路用 U、V、W 标志，凡是被器件、触点间隔的接线端子按双数字下标顺序标志，M1 电动机所在的主电路，用 U11、V11、W11；U12、V12、W12……标记，M2 电动机所在的主电路，用 U21、V21、W21；U22、V22、W22……标记，M3 电动机所在的主电路，用 U31、V31、W31；U32、V32、W32……标注，依此类推。

3）控制电路和辅助电路的标注：

控制电路和辅助电路各线号采用数字标志，其顺序一般从左到右、从上到下，凡是被线圈、触点等元件间隔的接线端点，都应标以不同的线号。

现场实际应用中有时为了便于区分，辅助电路也可采用双数字下标，视具体情况而定。

（2）绘制电气元件位置图。

在电气元件位置图中详细绘制了电气设备零件安装的位置。图中各电气元件代号应与有关电路图和清单上所有元器件代号相同，图中往往留有一定的备用面积及导线槽（管）的位置，以供改进设计时用，图中不需标注尺寸。如图 10-33 所示，FU1、FU2 为熔断器，KM 为接触器，FR1、FR2 为热继电器，TC 为照明变压器，XT 为接线端子板。

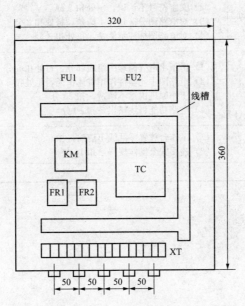

图 10-33 电气元件位置图

（3）列元器件清单。

代号	名　称	型　号	规　格	数　量
M1	主轴电动机	JO2—42—4	5.5kW，1410r/min	1 台
M2	冷却泵电动机	JCB—22 型	0.125kW，2790r/min	1 台
KM	交流接触器	CJO—20 型	380V，20A	1 个
FR1	热继电器	JRO—40 型	11.3A	1 个
FR2	热继电器	JRO—10 型	3.5A	1 个
QS1	三极开关	HZ1—10	380V，10A	1 个
QS2	三极开关	HZ1—10	380V，10A	1 个
QS3	单极开关	HZ1—10	220V，6A	1 个
SB1	按钮	LA2 型	1 组动断触点	1 个

续表

代号	名　称	型　号	规　格	数　量
SB2	按钮	LA2 型	1 组动合触点	1 个
FU1	熔断器	RL1 型	15A	1 个
FU2	熔断器	RL1 型	6A	1 个
FU3	熔断器	RL1 型	2A	1 个
TC	照明变压器	BK—50	50VA，380V/36V	1 个
EL	照明灯		40W，36V	1 个

四、成绩评定

项目内容	配　分	评分标准	扣　分	得　分
符号识读	30 分	(1) 图形符号不认识，每处扣 3 分 (2) 文字符号不认识，每处扣 3 分 (3) 对电路图分区划分不清楚，每处扣 3 分 (4) 对电路图标注不清楚，每处扣 3 分		
原理识读	60 分	(1) 讲不出电气原理图组成部分，每处扣 5 分 (2) 电路图中元器件作用讲述错误，每处扣 5 分 (3) 工作原理讲述不清楚，扣 20 分 (4) 电路功能讲述错误，扣 10 分		
安全文明生产	10 分	(1) 工作台放置零乱或不清洁，扣 5 分 (2) 违反安全操作规程，扣 10 分		
工时：0.5h			评分	

项目十一　高低压控制设备的装配与调试

　学习目标

✦ 应知：

1. 掌握高低压电器产品的装配工艺规程和工艺要求。
2. 掌握低压成套设备和控制设备的型号含义、技术要求及工作原理。
3. 掌握高压成套设备和控制设备的型号含义、技术要求及工作原理。

✦ 应会：

1. 掌握装配工具的特点、技术参数与使用。
2. 能根据实际典型高低压电器产品或设备，按照工艺要求进行装配。
3. 能根据实际典型高低压电器产品或设备，按照控制要求进行调试。

　建议学时

理论教学 8 学时，技能训练 28 学时。

　相关知识

课题一　高低压电器产品装配工艺

一、高低压电器产品的装配工艺规程

产品的工艺规程不仅是指导生产操作的技术文件，还是企业生产技术管理活动的重要组成部分。

要使工艺规程在生产中发挥应有的作用，不仅要求工艺规程经济合理、先进可行，而且要求操作者熟练掌握有关的工艺规程，在生产中贯彻执行。下面主要介绍高低压电器产品中的电气元件、零部件装配，电气配线及母线制作的有关工艺要求。

1. 电气元件、零部件的装配工艺要求

(1) 严格按照装配图样、工程图样及有关的工艺文件进行装配。

(2) 认真阅读元件的安装使用说明书，按要求装配。

(3) 电气元件在安装时，要注意与一次带电体的距离要求，见表 11-1。

表 11-1　　　　　　　　　　　电气元件与一次带电体的距离

电压等级/kV	与一次带电体的距离/mm	裸带电体部分/mm		
		正面金属封板	传动杆件	网状封板或网状门
3	75	105	100	175
6	100	130	120	200
10	125	155	130	225
35	300	330	320	400

（4）电气元件在安装时，要求安装端正、牢固，应尽可能将元件铭牌放置在容易观看的部位，同时方便元件上二次线的接线。

（5）电气元件、零部件安装要符合螺栓使用规范，螺栓的选用与固定力矩值要符合规范要求。

（6）与一次带电体接触的静刀、触点以及接地导轨等处，要求涂敷中性凡士林。对于额定电流在 2000A（含 2000A）以上时，接触面涂敷导电膏。

（7）柜内各传动部分的装配应灵活、可靠，并按要求注润滑油。

（8）应按照金属外壳保护等级标准规定进行零部件的安装，金属外壳保护等级标准见表11-2。

表 11-2   金属外壳保护等级标准

防护等级（符号）	定　义
IP2X	阻挡直径大于 12mm 的固体，阻挡长度不超过 80mm 的类似物
IP3X	阻挡直径或厚度大于 2.5mm 的工具、导线等及直径超过 2.5mm 的其他物体
IP4X	阻挡直径或厚度大于 1.0mm 的带或直径超过 1.0mm 的其他物体
IP5X	防尘

（9）机械参数测试、调整应符合工艺要求。

（10）产品中连锁的安装与调试在产品装配中占很重要的位置，它属于产品的心脏部位，所以保证产品中连锁的可靠也就是保证了人和设备的安全。

例如，高压开关设备中的五防连锁，虽然不同柜型五防方式不同，但基本具备的连锁应有：防止带负载分、合隔离开关（隔离插头）；防止误分误合断路器、负载开关、接触器；防止接地开关处于闭合位置时关合断路器、负载开关等；防止在带电时误合接地开关；防止误入带电间隔。

（11）电气元件、零部件在装配过程中，必须有保护措施，其周围应放置隔垫物。不允许在装配中用铁锤子及其他重物对其用力敲击，以免部件损坏。

2. 高低压电器配线工艺一般要求

（1）按图样施工，接线正确。

（2）导线与电气元件间采用螺栓连接、插接、焊接或压接等，均应牢固可靠。

（3）盘、柜内的导线不应有线头，导线芯线应无损伤。

（4）电缆芯线和所配导线的端部均应标明其回路编号，编号应正确、字迹清晰且不易褪色。

（5）配线应整齐、清晰、美观，导线绝缘应良好、无损伤。

（6）每个接线端子的每侧接线宜为 1 根，不得超过 2 根。对于插接式端子，不同截面的 2 根导线不得接在同一端子上；对于螺栓连接端子，当接 2 根导线时，中间应加平垫片。

（7）二次回路接地应设专用螺栓。

（8）盘、柜内的配线电流回路应采用电压不低于 500V 的铜芯绝缘导线，其截面积不应小于 2.5mm²；其他回路截面积不应小于 1.5mm²；对于电子元件回路、弱电回路采用焊锡连接时，在满足载流量和电压降及有足够机械强度的情况下，可采用不小于 0.5mm² 截面积的绝缘导线。

（9）用于连接门上的电器、控制台板等可动部位的导线应符合下列要求。

1）应采用多股软导线，敷设长度应留有适当余量。

2）线束应有外套塑料管等加强绝缘层。

3）与电器连接时，端部应绞紧，并应加终端附件或搪锡，不得松散、断股。

4）在可动部位两端应用卡子固定。

（10）引入盘、柜内的电缆及其芯线应符合下列要求。

1）引入盘、柜的电缆应排列整齐，编号清晰，避免交叉，并应固定牢固，不得使所接的端子排受到机械压力。

2）铠装电缆在进入盘、柜后，应将钢带切断，切断处的端部应扎紧，并应将钢带接地。

3）使用静态保护、控制等逻辑回路的控制电缆，应采用屏蔽电缆。其屏蔽层应按设计要求的接地方式接地。

4）橡胶绝缘的芯线应外套绝缘管保护。

5）盘、柜内的电缆芯线，应按垂直或水平有规律地配置，不得任意歪斜交叉连接。备用芯线长度应留有适当余量。

6）强、弱电回路不应使用1根电缆，并应分别成束分开排列。

（11）直流回路中具有水银接点的电器，电源正极应接到水银侧接点的一端。

（12）在油污环境中，应采用耐油的绝缘导线。在日光直射环境下，橡胶或塑料绝缘导线应采取预防暴晒措施。

3．母线安装一般工艺要求

（1）主母线、分支母线的规格及材料的选用应按图样要求执行。

（2）母线的规格与材料应符合国家标准，并且有出厂合格证。

（3）母线表面应光洁、平整，不应有裂纹、折皱、夹杂物、变形和扭曲现象。

（4）成套供应的封闭母线、插接母线槽的各段应标志清晰，附件齐全，外壳无变形，内部无损伤。

（5）各种金属构件的安装螺孔不应采用气焊割孔或电焊吹孔。

（6）金属构件及母线的防腐处理应符合下列要求。

1）金属构件除锈应彻底，防腐漆应涂刷均匀，黏合牢固，不得有起层、皱皮等缺陷。

2）母线涂漆应均匀，无起层、皱皮等缺陷。

3）在有盐雾、空气相对湿度接近100％及含腐蚀性气体的场所，室外金属构件应采用热电镀。

4）在有盐雾及含有腐蚀性气体的场所，母线应涂防腐涂料。

（7）母线相序排列，当设计无规定时应符合下列规定。

1）上、下布置的交流母线，由上到下排列为U、V、W相，直流母线正极在上，负极在下。

2）水平布置的交流母线，由盘后向盘面排列为U、V、W相，直流母线为正极在后，负极在前。

3）引下线的交流母线由左至右排列为U、V、W相，直流母线正极在左，负极在右。

（8）母线涂漆的颜色应符合下列规定。

1）三相交流母线：U相为黄色，V相为绿色，W相为红色。

2）直流母线：正极为赭色，负极为蓝色。

3）直流均衡汇流母线及交流中性汇流母线：不接地者为紫色，接地者为紫底色带黑色条纹。

4）封闭母线：母线外表面及外壳内表面涂无光泽黑漆，外壳外表面涂浅色漆。

（9）母线与母线、母线与分支母线、母线与电器接线端子搭接时，其搭接面的处理应符合下列规定。

1）铜与铜：室外、高温且潮湿或对母线有腐蚀性气体的室内，必须搪锡；在干燥的室内可直接连接。

2）铝与铝：直接连接。

3）钢与钢：必须搪锡或镀锌，不得直接连接。

4）铜与铝：在干燥的室内，铜导体应搪锡；室外或空气相对湿度接近100％的室内，应采用铜铝过渡板，铜端应搪锡。

5）钢与铜或铝：钢搭接面必须搪锡。

6）封闭母线螺栓固定搭接面应镀银。

（10）母线刷相色漆应符合下列要求。

1）室外软母线、封闭母线应在两端和中间适当部位涂相色漆。

2）单片母线的所有面及多片、槽形、管形母线的所有可见面均应涂相色漆。

3）钢母线的所有面应涂防腐相色漆。

4）刷漆应均匀、无起层、皱皮等缺陷，并应整齐一致。

二、高低压电器二次配线的工艺要求

（1）按二次配线图施工，接线正确。

（2）配线整齐、清晰、美观，导线绝缘应良好，无损伤。

（3）导线选用黑色，二次保护接地线为黄绿相间双色铜绞线，截面为 $1.5mm^2$，工程有特殊要求时则按工程要求选线。

（4）电流回路采用电压不低于 $500V$ 的铜芯绝缘导线，其截面为 $2.5mm^2$，其他回路截面为 $1.5mm^2$ 导线。用于连接可动部分的电器导线采用多股铜绞线，其余部分电器导线采用单股线。对于电子元件回路，弱电回路采用锡焊连接时，在满足载流量和电压降及有足够机械强度的情况下，可采用不小于 $0.5mm^2$ 截面的导线。工程有特殊要求时则按工程要求选线。

（5）当工程要求电流及电压回路二次导线采用大于 $4mm^2$（含 $4mm^2$）截面的导线时，电流互感器及电压互感器上的二次线要求采用多股铜绞线。

（6）导线与电器元件采用螺栓连接、插接、焊接等形式均应牢固可行。

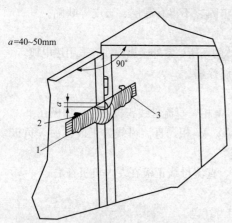

$a=40\sim50mm$

$90°$

a

1—二次线束；2—过门线卡子；3—螺旋缠绕管

图 11-1　门板过门线的固定方式

（7）导线不应有接头，导线的线芯应无损伤。允许专用接头进行过渡连接。

（8）用于连接可动部分如门上的电器元件导线应采用多股铜绞线，并留有适量的裕度。过门线应用螺旋缠绕管进行保护，当门上的元器件较多，过门线较粗时可将二次线分为多股进行捆扎，每股线分别缠上螺旋缠绕管，过门线两端用压线卡固定在柜体弯板上。导线超过 20 根时分 2 股捆扎，超过 40 根时分 3 股捆扎。当门上过门线束过多影响门板关启时，经工艺人员认可后，可取消仪表室中的过门线卡。另外，当门上无二次元件时，门板上的软连接不用螺旋缠绕管进行保护。门板过门线的固定方式如图 11-1 所示（二次线的捆扎股数可根据具体情况而定），过门线束螺旋缠绕管长度根据具体情况而定。

（9）多股铜绞线在与电器元件接点连接时，二次线端部应绞紧，并加终端附件（线鼻子或冷压端头）或搪锡，线芯不得有松散或断股现象。具体操作步骤如下。

1）用线钳剥去导线绝缘层，钳口与线径配合得当，不得损伤线芯。

2）用圆嘴钳将线芯拧紧。

3）线鼻子压接部分应上至芯线部位，上好并卡紧。

4）OT、UT 型冷压端头用冷压线钳进行压接。将端头放入冷压钳相应尺寸的钳口处，然后加压至钳口完全闭合。

5）开冷压钳将端头取出即可。

6）端头压接后用力拔一下端头，不允许出现端头松动或脱落现象。

（10）导线曲圆内径比接线螺钉直径大 0.5～1mm。

（11）所配导线的两端均应有符号标注，符号标注的编号应正确，发现有错时，不得用笔擅自涂改，应通知打字员重新打符号标注。符号标注的视读方向在装配位置以开关板维护面为准，字的顺序自下而上，自左而右，符号标注方向如图 11-2 所示。

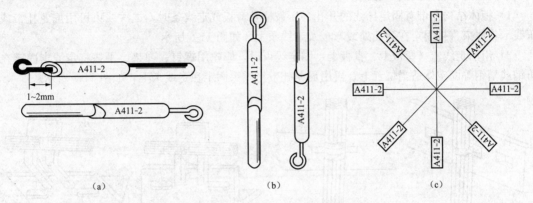

图 11-2　符号标注方向

(a) 文字自左而右；(b) 文字自下而上；(c) 符号板文字方向

（12）各导线的符号标注长度应基本一致。

（13）线束中导线不能有明显的交叉现象，应横平竖直，导线弯曲改变方向时应用手指或圆嘴钳弯曲，不得用尖嘴钳等锋利工具弯曲导线。

（14）导线弯曲半径（R）应大于导线直径（d）的 2 倍，如图 11-3 所示。

（15）线束穿越金属孔或在过门处、转角处时，应在线束穿越部分套橡胶圈或缠胶带，过门处胶带要求缠 2～3 层，长度 40mm，其他位置则视情况而定，如图 11-4 所示。

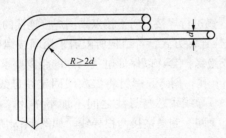

图 11-3　导线弯曲半径的要求

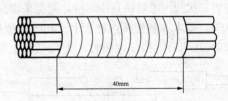

图 11-4　过门处线束缠胶带要求

（16）导线接入电器元件接点时，线芯曲圆应符合顺时针方向，同一接点接两根硬线时两硬线之间要加平垫片，如图 11-5 (a) 所示。当两根导线有 1 根硬线和 1 根软线（绞线）时，软线在下，硬线在上，其间可不加平垫片，如图 11-5 (b) 所示。

（17）线束与带电母线、电器出线端或带电裸线间有距离要求，其规定见表 11-3。二次回路带电体间或带电体与金属骨架间的电气间隙不应小于 4mm，漏电距离不应小于 6mm。

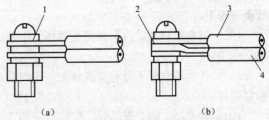

图 11-5　导线接入电器元件接点示意图

1—平垫片；2—冷压端头；3—硬线；4—软线

表 11-3 线束对一次带电体距离要求

额定电压/kV	0.5	3.6	7.2	12	40.5
距离/mm	15	75	100	125	300

（18）当悬挂线束未固定长度超过400mm时或线束对一次带电体距离达不到表11-3要求时，应用下列任意一种形式固定导线。

1）柜体结构上带有固定导线的开孔、压鼓槽及弯板或走线条时，二次线束可用尼龙扎带或压线卡将线束直接固定在开孔处或弯板及走线条上，如图11-6所示。

2）用活走线卡（弯板卡、直板卡）固定线束时，应先用螺钉、弹垫、平垫将走线卡固定在角钢或槽钢等固定体适当位置上，再用尼龙扎带将线束固定在走线卡上，如图11-7所示。

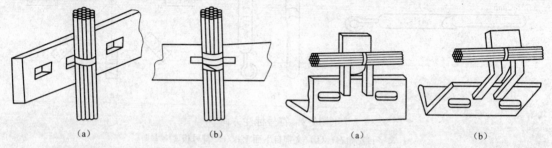

| 图 11-6　用尼龙扎带或压线卡固定线束 | 图 11-7　用活走线卡固定线束 |

注意：在固定活走线卡时，应将走线卡固定在柜体角钢或槽钢等固定体内侧，不应影响柜体的并柜及后盖板的安装。

3）线束在穿越过程中，柜体若无固定孔，可用定位片固定线束。定位片在固定前应首先将柜体固定处表面擦拭干净、无油污，然后撕下定位片底部的胶纸片将其用力粘贴在固定导线处，再用尖锐的工具在定位片的上部敲压使其固定牢固。注意：在粘贴时保证定位片粘贴方向与导线敷设方向一致，用尼龙扎带将线束固定至定位片上。

（19）当二次线需用电烙铁焊接时，要用松香、焊锡进行焊接。对于接点采用焊接连接的元器件，应将二次线用电烙铁直接焊接，避免采用间接螺栓连接方式。若结构所限需采用间接螺栓连接方式时，要求在各连接点处套上 ϕ6mm 的塑料管或绝缘护套，以保证电气间隙的距离要求。

（20）在母线上接二次线时，先在母线上钻 ϕ6mm 孔，用 M5 螺钉将二次线固定在母线上，导线线芯与母线之间不加平垫片，并且同一侧最多接两根导线，如图 11-8 所示。

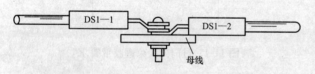

图 11-8　在母线上接二次线的示意图

（21）对于不使用的线头（如设计修改取消的导线）剪断后，其线芯侧应用胶带包扎起来尽量隐蔽，不要将其露在线束表面上。

（22）所有螺钉紧固件，必须加弹垫、平垫或弹垫、平垫、螺母后进行紧固，紧固后螺钉露出 2～5 螺纹。

（23）各接地点处不得有漆或锈斑，应将接地表面清理干净，涂一层凡士林后再装上接线头和紧固件。

（24）装配"三防"产品时，应按"三防"要求正确使用"三防"件，包括导线、软连接及柜体标示牌、线鼻子、冷压端头等附件，施工时戴"三防"手套或干净的线手套。

（25）二次回路有大线时（截面4mm² 以上的导线），按串联回路中电器元件的最大额定电流

（熔断器中的熔丝和热元件除外）选择导线截面，此截面的导线长期使用电流不得小于串联回路中电器元件的最大额定电流。常见导线选择参数见表 11-4。变压器柜、车导线选择参见表 11-5。

表 11-4 常见导线选择参数

安全载流量/A	11	16	20	27	36	46	69	92	122	146
标准截面/mm²	0.7	1	1.5	2.5	4	6	10	16	25	35

表 11-5 变压器柜、车导线的选择参数

变压器容量/kVA	20～30	50
接线柱至电流互感器、熔断器大线/mm²	10	16
插头至接线柱上的大线/mm²	10	16
手车变压器至插头上的大线/mm²	10	16

以变压器的容量选择大线截面，接至电流互感器及第一个熔断器上，其后的熔断器均以其下相并联的各开关的脱扣值之和来作为本开关大线选择的参考电流，依次递减，最小截面不得小于 4mm²，最大截面不大于变压器接至电流互感器及第一个熔断器上的大线。对于无变压器的柜体，则以电流互感器的额定一次电流选择到熔断器上的大线。

DZ10 系列塑料外壳式断路器，为保证过电流脱扣器的保护特性，导线截面规定值见表 11-6。

表 11-6 导线截面规定值

型号及名称	脱扣器额定电流/A	导线截面/mm²	导线名称
DZ10 系列塑料外壳式断路器	15～25	4	铜芯绝缘导线
	30～40	6	
	50～60	10	
	80～100	25	

（26）当所装配的元件上有保护接地点时，应将其接地点接 1 根截面 1.5mm² 黄绿相间双色铜绞线，并将其接到柜体牢固的接地点处。

（27）当选用屏蔽线作为二次连接线时，为了使屏蔽线起到屏蔽作用，有效地防止外来信号的干扰，要保证传递信号的纯真，要求屏蔽层的两端必须接地使其形成回路，故对屏蔽线作为二次连接线时提出以下工艺要求。

1）屏蔽线按配线尺寸截断后，线芯两端按工艺守则中的有关要求执行。屏蔽层两端剥开长度 30mm，然后将屏蔽层绞紧，再将屏蔽层与接地线（截面 1.5mm² 黄绿相间线）用 BV1.5mm² 中间接头连接，屏蔽层与接地线插入中间接头的深度各为中间接头的 1/2，用专用压线钳在中间接头距凸台 2mm 处各压一处，压接后要求两端接触牢固。

2）用黑色胶带将屏蔽层与线芯进行包扎，包扎长度应到屏蔽层中间接头端面处。

3）将屏蔽层两端的接地线接到相应的接地桩上，如屏蔽层一端线芯接到仪表室中的元器件上时，相对应的屏蔽层接地线应接在仪表室内的接地桩上。若屏蔽层另一端线芯接在仪表门的电器元件上时，相对应的屏蔽层接地线应接在仪表门上的接地桩上。

4）对于柜体上不使用的过线孔，在施工过程中，应用相应孔径的橡胶圈将其堵住。

三、高低压电器装配工艺术语与方法

1. 高低压电器装配工艺术语

（1）根据产品的技术条件把电器产品的各种零件和部件，按照一定的程序和方式结合起来的工艺过程称为装配工艺。

（2）装配精度是保证电器产品性能的一个重要因素，而装配精度与零部件的精度有着密切

的、内在的联系。零部件的每一个尺寸变化都会影响装配精度。

（3）零件的表面与表面间、中心线与中心线间或者零件与零件之间相互距离或偏转位置封闭形式的尺寸组合，构成尺寸链。

（4）零件在加工最后得到的尺寸或部件在装配过程中最后得到的尺寸称为封闭环，在加工过程中直接影响封闭环精度的各尺寸，称为组成环。

（5）尺寸链的主要特征是尺寸连接的封闭性，所有相互独立尺寸的偏差都将直接影响某一尺寸的精度。

（6）装配尺寸链特征。各尺寸链连接成封闭形式，其中每一尺寸均受其他尺寸的影响。

（7）分析尺寸链的基本任务是：根据装配图查明影响装配精度和电磁性能的有关零件尺寸，计算出这些尺寸的公差，以保证电器的装配精度和物理性能。

（8）查尺寸链要求。在查尺寸链的顺序时应首先明确封闭环，它是有关零部件装配过程中最后形成的环节。

（9）计算尺寸链要求。根据构造上或工艺上的要求，确定构成尺寸链各环的公称尺寸和公差（偏差），叫作正计算，在检查和验算图样上注明的各组成环的公差时使用；根据封闭环的公称尺寸及偏差来计算各组成环的公称尺寸和公差，叫作反计算，在设计时必须使用。

2. 高低压电器装配方法的分类

常用装配方式有4种：完全互换法装配、修配法装配、选择法装配和调整法装配。

（1）完全互换法装配要求及特点。整机中的各个零件不需要经过任何选择、修配和调整，装配后就能达到规定的装配技术条件，称为完全互换法装配。完全互换法装配特点是：对零件的加工精度要求较高，适用于生产中装配精度要求高、尺寸链环数少的装配。

（2）修配法装配要求。在加工时尺寸链中各组成环均按零件结构和生产条件下经济可行的公差进行加工，在装配时，修配尺寸链中某一组成环的尺寸，以保证封闭环所需要的精度要求。修配法装配的特点是扩大了零件的制造公差，但仍能保证较高的装配精度，适用于单件或小批生产。

（3）选择法装配要求及特点。选择法装配是将尺寸链中组成环公差放大到经济可行的程度，装配时必须选择合适的零件进行装配，以保证规定的装配技术要求。特点是可以扩大组成零件的加工公差，在保持零件原加工精度的情况下提高了装配精度。

（4）调整法装配要求。调整法装配是对尺寸链各组成环规定了经济可行的公差，即在装配时规定了平均经济精度。调整法装配分为固定调整法和可动调整法。固定调整法装配是在装配尺寸链中，选定一个或几个零件作为调整环，根据封闭环的精度和电气性能要求来确定它们的尺寸，以保证封闭环的精度要求；可动调整法装配是在装配尺寸链中，选定一个或几个零件作为调整环，根据封闭环的精度和电气性能要求，改变调整环的位置，以保证封闭环的精度和电气性能要求。

（5）装配工艺规程概念。装配工艺规程是指导整个装配工作顺利进行的技术文件。装配工艺规程内容包括根据装配图分析尺寸链、根据生产规模合理划分装配单元、确定装配方法、安排装配顺序、划分装配工序、编制装配工艺流程图、工艺程序卡片等。

3. 有关国家标准

（1）有关高压开关设备的国家标准包括 GB 3906—2006《3.6kV～40.5kV 交流金属封闭开关设备和控制设备》；GB/T 11022—2011《高压开关设备和控制设备标准的共同技术要求》等。

（2）有关高压电器的国家标准包括 GB 1984—2003《高压交流断路器》和 JB/T 3855—2008《高压交流真空断路器》等。

（3）IEC 60439—1《低压成套开关设备和控制设备》、GB 7251.1—1997《低压成套开关设备和控制设备》、GB/T 14048.1—93《低压开关设备和控制设备总则》等标准。

课题二 低压控制设备及成套设备

一、低压开关柜型号含义

低压开关柜型号的含义如下：

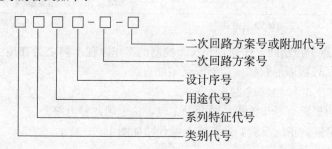

1. 类别代号

P—开启式配电柜；G—封闭式配电柜；X—封闭式配电箱；T—封闭式控制台。

2. 系列特征代号

B—固定安装式（正面不带电操作，维护不会触及带电部分）；C—抽屉式（主电路母线有绝缘层，或采用金属或绝缘隔离）；G—元件固定安装；F—分相隔插式；H—抽屉式与元件安装混合型。

3. 用途代号

L—动力；K—控制；B—变电站；J—无功补偿；M—照明。

二、低压开关柜主要技术参数

低压开关柜主要技术参数见表 11-7。

表 11-7　　　　　　　　　　　低压开关柜主要技术参数

项　目	单位符号	参数值	
		电源配电柜（PC）	电动机控制中心柜（MCC）
额定工作电压	V	380	380
水平母线额定电流	A	3150	3150
垂直母线额定电流	A	3150	680，800
母线短时耐受电流（Js 有效值）	kA	50	50，30
母线峰值耐受电流	kA	105	105，60

三、低压开关柜的应用与连锁关系

1. 低压开关柜在输配电线路中的应用

低压开关柜主要用于 1200V 以下系统输配电线路中，作为动力和照明配电、电动集中控制、无功功率补偿、计量、继电保护、直流控制等之用。

2. 低压开关柜的机械连锁和电气连锁的作用及相互关系

低压开关柜的机械连锁和电气连锁的作用是保证设备的操作程序，防止和大幅度减少电气误操作事故，同时保证操作者的人身安全。

四、低压成套开关设备和控制设备的工作原理

（一）电动机单向运行控制设备

（1）电动机单向运行控制原理图如图 11-9 所示。

（2）工作原理。

1）长车控制。合上电源开关 QS：

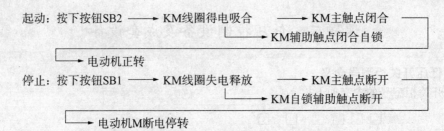

起动：按下按钮SB2 —— KM线圈得电吸合 —— KM主触点闭合

—— KM辅助触点闭合自锁

—— 电动机正转

停止：按下按钮SB1 —— KM线圈失电释放 —— KM主触点断开

—— KM自锁辅助触点断开

—— 电动机M断电停转

2）点车控制。点车控制的工作原理与长车控制的工作原理不同之处在按下 SB3 时，SB3 的动断触点断开，使 KM 线圈的自锁支路断开而不能自锁。

（二）电动机可逆运行控制设备

在机床控制中为了提高工作效率、减辅助工时，常采用此种电路。

（1）双重连锁可逆（正、反转）运行控制原理图如图 11-10 所示。

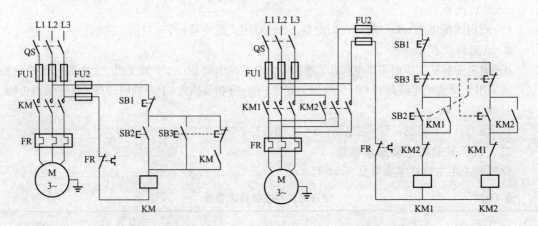

图 11-9　电动机单向运行控制原理图　　图 11-10　双重连锁可逆运行控制原理图

（2）双重连锁可逆（正、反转）控制工作原理。

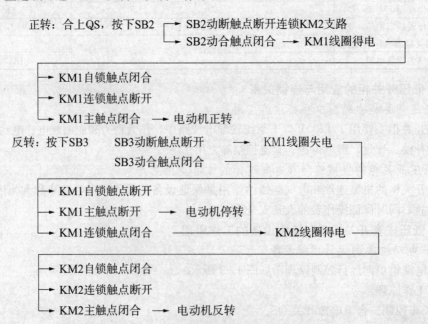

正转：合上QS，按下SB2 —— SB2动断触点断开连锁KM2支路

—— SB2动合触点闭合 —— KM1线圈得电

—— KM1自锁触点闭合

—— KM1连锁触点断开

—— KM1主触点闭合 —— 电动机正转

反转：按下SB3　　SB3动断触点断开 —— KM1线圈失电

SB3动合触点闭合

—— KM1自锁触点断开

—— KM1主触点断开 —— 电动机停转

—— KM1连锁触点闭合 —— KM2线圈得电

—— KM2自锁触点闭合

—— KM2连锁触点断开

—— KM2主触点闭合 —— 电动机反转

停车：跟单向运行相似（略）。

（三）丫—△降压起动运行控制设备

（1）时间继电器控制丫—△降压起动运行控制原理图如图 11-11 所示。

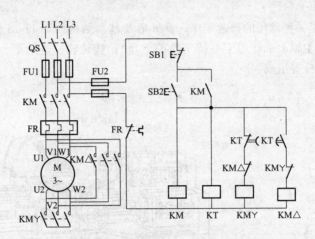

图 11-11　时间继电器控制丫—△降压起动运行控制原理图

（2）时间继电器控制丫—△降压起动工作原理。

控制线路主要由三个接触器、一个热继电器、一个时间继电器和按钮等组成。并用时间继电器来完成丫—△的自动转换。

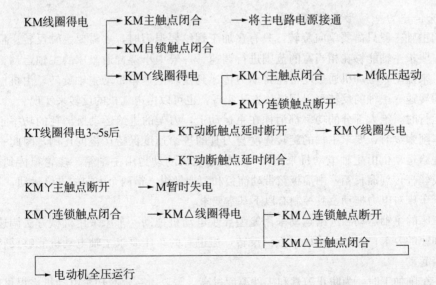

其他控制工程跟上面讲的相似。

（四）普通车床（CA6140 型）设备

1. CA6140 型普通车床的主要结构和运动形式

车床是使用最广泛的一种金属切削机床，主要用于加工各种回转表面（内外圆柱面、端面、圆锥面、成型回转面等），还可用于车削螺纹和进行孔加工。在进行车削加工时，工件被夹在卡盘上由主轴带动旋转；加工工具——车刀被装在刀架上，由溜板和溜板箱带动做横向和纵向运动，以改变车削加工的位置和深度。因此，车床的主运动是主轴的旋转运动，进给运动就是溜板箱带动刀架的直线运动（见图 11-12），而辅助运动则包括刀架的快速移动和工件的夹紧和放松。

CA6140 型车床是一种常用的普通车床，其外形及基本结构如图 11-13 所示，主要由床身、主轴变速箱、主轴（主轴上带有用于夹持工件的卡盘）、挂轮箱、进给箱、溜板箱、溜板与刀架、尾架、丝杆与光杆等组成。

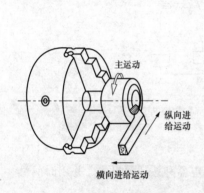

图 11-12　车床的主运动和进给
　　　　 运动示意图

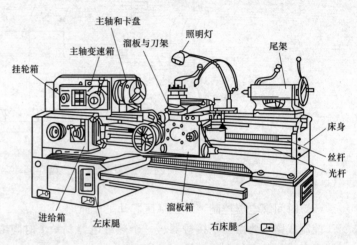

图 11-13　CA6140 型车床结构示意图

2. 车床的电力拖动形式和控制要求

车床的主轴一般只需要单向旋转，只有在加工螺纹要退刀时，才需要主轴反转。根据加工工艺要求，要求主轴能够在相当宽的范围进行调速。一般中小型普通车床的主轴运动都用笼型异步电动机来拖动，电动机通过皮带轮将动力传递到主轴变速箱带动主轴旋转，由机械变速箱调节主轴的转速。主轴的反转可以用机械方法实现，也可以由电动机的反转来实现。

车床运行时，绝大部分的功率都消耗在主运动上，刀架的进给运动所消耗的功率很小。而且由于在车削螺纹时，要求主轴的旋转速度与刀具的进给速度保持严格的比例，因此一般中小型车床的进给运动也由主轴电动机来拖动。主轴电动机的动力由主轴箱、挂轮箱传到进给箱，再由光杆或丝杆传到溜板箱，由溜板箱带动溜板和刀架做纵、横两个方向的进给运动。

因此，车床对电力拖动及其控制有以下基本要求。

（1）车床的主轴运动和进给运动采用笼型异步电动机拖动。车床采用机械方法调速，对电动机没有调速的要求；一般采用机械方法反转，但也有的车床要求主轴电动机能够反转；主轴电动机直接起动。

（2）在车削加工时，为防止刀具和工件温度过高，需要由一台冷却泵电动机来提供冷却液。一般要求冷却泵电动机在主轴电动机起动后才能起动，主轴电动机停机，冷却泵电动机也同时停机。

（3）有的车床（如 CA6140 型）还配有一台刀架快速移动电动机。

（4）具有必要的电气保护环节，如各电路的短路保护和电动机的过载保护。

（5）具有安全的局部照明装置。

3. CA6140 型普通车床电气控制电路分析

CA6140 型车床的电气控制电路如图 11-14 所示，电器位置示意图如图 11-15 所示，电器元件明细表见表 11-8。这种车床由三台电动机拖动：M1 为主轴电动机，拖动车床的主轴旋转，并通过进给机构实现车床的进给运动；M2 为冷却泵电动机，拖动冷却泵在切削过程中为刀具和工件提供冷却液；M3 为刀架快速移动电动机。

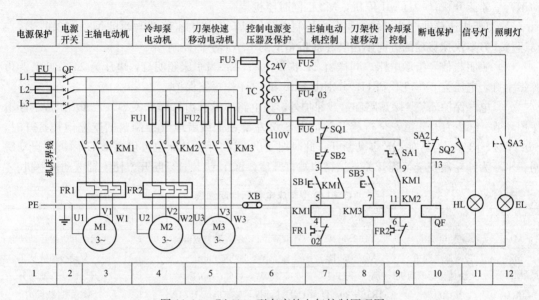

图 11-14　CA6140 型车床的电气控制原理图

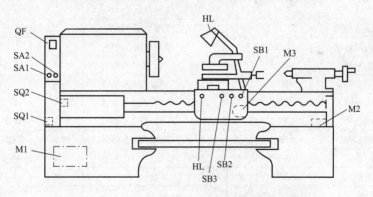

图 11-15　CA6140 型车床的电器位置示意图

（1）主电路。机床的电源采用三相 380V 交流电源，由漏电保护断路器 QF 引入，总熔断器 FU 由用户提供。主轴电动机 M1 的短路保护由 QF 的电磁脱扣器来实现，而冷却泵电动机 M2 和刀架快速移动电动机 M3 分别由熔断器 FU1、FU2 实现短路保护。三台电动机均直接起动，单向运转，分别由交流接触器 KM1、KM2、KM3 控制运行。M1 和 M2 分别由热继电器 FR1、FR2 实现过载保护，M3 由于是短时工作制，所以不需要过载保护。

（2）控制电路。由控制变压器 TC 提供 110V 电源，由 FU3 作短路保护。该车床的电气控制盘装在床身左下部后方的壁龛内，电源开关锁 SA2 和冷却泵开关 SA1 均装在床头挂轮保护罩的前侧面。在开机时，应先用锁匙向右旋转 SA2，再合上 QF 接通电源，然后就可以操作电动机了。

1）主轴电动机的控制。按下装在溜板箱上的绿色按钮 SB1，接触器 KM1 通电并自锁，主轴电动机 M1 起动运行；停机时，可按下装在 SB1 旁边的红色蘑菇形按钮 SB2，随着 KM1 断电，M1 停止转动；SB2 在按下后可自行锁住，要复位需向右旋。

2）冷却泵电动机的控制。冷却泵电动机 M2 由旋钮开关 SA1 操纵，通过 KM2 控制。由控制电路可见，在 KM2 的线圈支路中串入 KM1 的辅助动合触点（9—11）。显然，M2 需在 M1 起动运行后才能开机；一旦 M1 停机，M2 也同时停机。

3）刀架快速移动电动机的控制。由控制电路可见，刀架快速移动电动机 M3 由按钮 SB3 点动运行。刀架快速移动的方向则由装在溜板箱上的十字形手柄控制。

（3）照明与信号指示电路。同样由 TC 提供电源，EL 为车床照明灯，电压为 24V；HL 为电源指示灯，电压为 6V。EL 和 HL 分别由 FU5 和 FU4 作短路保护。

（4）电气保护环节。除短路和过载保护外，该电路还设有由行程开关 SQ1、SQ2 组成的断电保护环节。SQ2 为电气箱安全行程开关，当 SA2 左旋锁上或者电气控制盘的壁龛门被打开时，SQ2（03—13）闭合，使 QF 自动断开，此时即使出现误合闸，QF 也可以在 0.1s 内再次自动跳闸。SQ1 为挂轮箱安全行程开关，当箱罩被打开后，SQ1（03—1）断开，使主轴电动机停机。

表 11-8　　　　　　　　　　　CA6140 型车床电器元件明细表

符号	名称	型号	规格	数量	用途
M1	主轴电动机	Y132M—4	7.5kW，15.4A，1440r/min	1	主运动和进给运动动力
M2	冷却泵电动机	AO2—5612	90W，2800r/min	1	驱动冷却液泵
M3	刀架快速移动电动机	AO2—7114	250W，1360r/min	1	刀架快速移动动力
FR1	热继电器	JR16—20/3D	11 号热元件，整定电流 15.4A	1	M1 的过载保护
FR2	热继电器	JR16—20/3D	1 号热元件，整定电流 0.32A	1	M2 的过载保护
KM1	交流接触器	CJ10—40	40A，线圈电压 110V	1	控制 M1
KM2	交流接触器	CJ10—10	10A，线圈电压 110V	1	控制 M2
KM3	交流接触器	CJ10—10	10A，线圈电压 110V	1	控制 M3
FU1	熔断器	RL1—15	380V，15A，配 1A 熔体	3	M2 的短路保护
FU2	熔断器	RL1—15	380V，15A，配 4A 熔体	3	M3 的短路保护
FU3	熔断器	RL1—15	380V，15A，配 1A 熔体	2	TC 的一次侧短路保护
FU4	熔断器	RL1—15	380V，15A，配 1A 熔体	1	电源指示灯短路保护
FU5	熔断器	RL1—15	380V，15A，配 2A 熔体	1	车床照明电路短路保护
FU6	熔断器	RL1—15	380V，15A，配 1A 熔体	1	控制电路短路保护
SB1	按钮开关	LAY3—10/3	绿色	1	M1 起动按钮
SB2	按钮开关	LAY3—01ZS/1	红色	1	M1 停机按钮
SB3	按钮开关	LA19—11	500V，5A	1	M3 控制按钮
SA1	旋钮开关	LAY3—10X/2		1	M2 控制开关
SA2	旋钮开关	LAY3—01Y/2	带锁匙	1	电源开关锁
SA3	旋钮开关		250V，5A	1	车床照明灯开关
SQ1	挂轮架安全行程开关	JWM6—11		1	断电安全保护
SQ2	电气箱安全行程开关	JWM6—11		1	
HL	信号灯	ZSD—0	6V	1	电源指示灯
QF	断路器	AM1—25	25A	1	电源引入开关
TC	控制变压器	BK2—100	100VA，380/110，24，6V	1	提供控制、照明电路电压
EL	车床照明灯	JC11	带 40W、24V 灯泡	1	工作照明

（5）万能铣床（X62W型）设备。

1）铣床的主要结构和运动形式。铣床可用于加工平面、斜面和沟槽；如果装上分度头，可以铣切直齿齿轮和螺旋面；如果装上圆工作台，还可以加工凸轮和弧形槽等。铣床的种类很多，常用的万能铣床有 X62W 型卧式万能铣床和 X53t 型立式万能铣床。

X62W 型万能铣床的主要结构如图 11-16 所示。床身固定于底座上，用于安装和支承铣床的各部件，在床身内还装有主轴部件、主传动装置及其变速操纵机构等。床身顶部的导轨上装有悬梁，悬梁上装有刀杆支架。铣刀则装在刀杆上，刀杆的一端装在主轴上，另一端装在刀杆支架上。刀杆支架可以在悬梁上水平移动，悬梁又可以在床身顶部的水平导轨上水平移动，因此可以适应各种不同长度的刀杆。床身的前部有垂直导轨，升降台可以沿导轨上下移动，升降台内装有进给运动和快速移动的传动装置及其操纵机构等。在升降台的水平导轨上装有滑座，可以沿导轨做平行于主轴轴线方向的横向移动；工作台又经过回转盘装在滑座的水平导轨上，可以沿导轨做垂直于主轴轴线方向的纵向移动。这样，紧固在工作台上的工件，通过工作台、回转盘、滑座和升降台，可以在相互垂直的三个方向上实现进给或调整运动。在工作台与滑座之间的回转盘还可以使工作台左右转动 45°，因此工作台在水平面上除了可以作横向和纵向进给外，还可以实现在不同角度的各个方向上的进给，用以铣削螺旋槽。

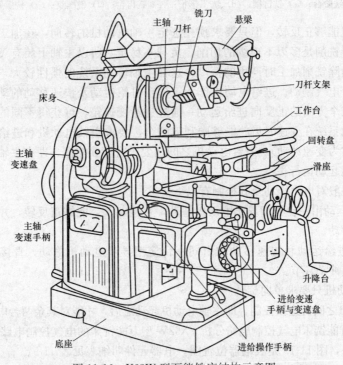

图 11-16 X62W 型万能铣床结构示意图

由此可见，铣床的主运动是主轴带动刀杆和铣刀的旋转运动，进给运动包括工作台带动工件在水平的纵、横方向及垂直方向三个方向上的运动，辅助运动则是工作台在三个方向上的快速移动。图 11-17 为铣床几种主要的加工形式的主运动和进给运动示意图。

2）铣床的电力拖动形式和控制要求。铣床的主运动和进给运动各由一台电动机拖动，这样铣床的电力拖动系统一般由三台电动机组成：主轴电动机、进给电动机和冷却泵电动机。主轴电动机通过主轴变速箱驱动主轴旋转，并由齿轮变速箱变速，以适应铣削工艺对转速的要求，电动机则不需要调速。由于铣削分为顺铣和逆铣两种加工方式，分别使用顺铣刀和逆铣刀，所

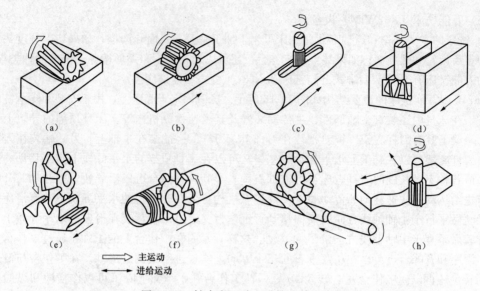

图 11-17　铣床主运动和进给运动示意图

(a) 铣平面；(b) 铣阶台；(c) 铣键槽；(d) 铣 T 形槽；(e) 铣齿轮；(f) 铣螺纹；(g) 铣螺旋线；(h) 铣曲面

以要求主轴电动机能够正反转，但只要求预先选定主轴电动机的转向，在加工过程中则不需要主轴反转。又由于铣削是多刃不连续的切削，负载不稳定，所以主轴上装有飞轮，以提高主轴旋转的均匀性，消除铣削加工时产生的振动，这样主轴传动系统的惯性较大，因此还要求主轴电动机在停机时有电气制动。进给电动机作为工作台进给运动及快速移动的动力，也要求能够正反转，以实现三个方向的正反向进给运动；通过进给变速箱，可获得不同的进给速度。为了使主轴和进给传动系统在变速时齿轮能够顺利地啮合，要求主轴电动机和进给电动机在变速时能够点动一下（称为变速冲动）。三台电动机之间还要求有连锁控制，即在主轴电动机起动之后另两台电动机才能起动运行。

因此，铣床一般对电力拖动及其控制有以下要求。

① 铣床的主运动由一台笼型异步电动机拖动，直接起动，能够正反转，并设有电气制动环节，能进行变速冲动。

② 工作台的进给运动和快速移动均由同一台笼型异步电动机拖动，直接起动，能够正反转，也要求有变速冲动环节。

③ 冷却泵电动机只要求单向旋转。

④ 三台电动机之间有连锁控制，即主轴电动机起动之后，才能对其余两台电动机进行控制。

3）X62W 型万能铣床电气控制电路分析。X62W 型万能铣床的电气控制电路有多种，图 11-18 是经过改进的电路，图 11-19 是其电器位置图，电器元件明细表见表 11-9。

① 主电路。三相电源由电源引入开关 QS1 引入，FU1 作全电路的短路保护。主轴电动机 M1 的运行由接触器 KM1 控制，由换相开关 SA3 预选其转向。冷却泵电动机 M3 由 QS2 控制作单向旋转，但必须在 M1 起动运行之后才能运行。进给电动机 M2 由 KM3、KM4 实现正反转控制。三台电动机分别由热继电器 FR1、FR2、FR3 作过载保护。

② 控制电路。由控制变压器 TC1 提供 110V 工作电压，FU4 作变压器二次侧的短路保护。该电路的主轴制动、工作台常速进给和快速进给分别由控制电磁离合器 YC1、YC2、YC3 实现，电磁离合器需要的直流工作电压由整流变压器 TC2 降压后经桥式整流器 VC 提供，FU2、FU3 分别作交、直流侧的短路保护。

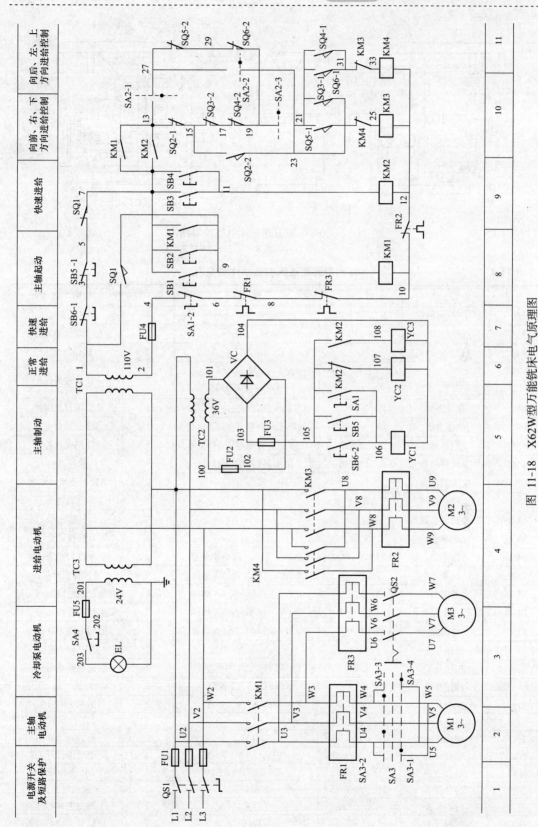

图 11-18 X62W型万能铣床电气原理图

355

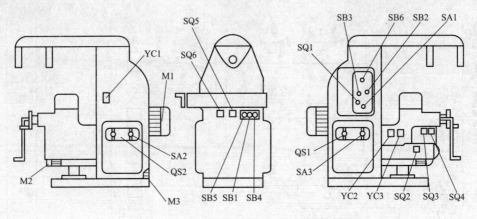

图 11-19　X62W 型万能铣床电器位置图

表 11-9 **X62W 型万能铣床电器元件明细表**

符　号	名　称	型　号	规　格	数量	用　途
M1	主轴电动机	JO2—51—4	7.5kW，1450r/min	1	主轴运动动力
M2	进给电动机	JO2—52—4	1.5kW，1410r/min	1	进给和辅助运动动力
M3	冷却泵电动机	JCB—22	0.125kW，2790r/min	1	提供冷却液
FR1	热继电器	JR0—40/3	热元件额定电流 16A，整定电流 13.85A	1	M1 的过载保护
FR2	热继电器	JR10—10/3	10 号热元件，整定电流 3.42A	1	M2 的过载保护
FR3	热继电器	JR10—10/3	1 号热元件，整定电流 0.145A	1	M3 的过载保护
KM1	交流接触器	CJ10—20	20A，线圈电压 110V	1	M1 的运行控制
KM2	交流接触器	CJ10—10	10A，线圈电压 110V	1	快速进给
KM3、KM4	交流接触器	CJ10—10	10A，线圈电压 110V	2	M2 的正反转控制
YC1	电磁离合器	定做		1	主轴制动
YC2	电磁离合器	定做		1	正常进给
YC3	电磁离合器	定做		1	快速进给
FU1	熔断器	RL1—60	380V，60A，配 60A 熔体	3	全电路的短路保护
FU2	熔断器	RL1—15	380V，15A，配 5A 熔体	1	整流器短路保护
FU3	熔断器	RL1—15	380V，15A，配 5A 熔体	1	直流控制电路短路保护
FU4	熔断器	RL1—15	380V，15A，配 5A 熔体	1	交流控制电路短路保护
FU5	熔断器	RL1—15	380V，15A，配 1A 熔体	1	照明电路短路保护
SB1、SB2	按钮开关	LA2	500V，5A，红色	2	M1 起动按钮
SB3、SB4	按钮开关	LA2	500V，5A，绿色	2	快速进给点动按钮
SB5、SB6	按钮开关	LA2	500V，5A，黑色	2	M1 停机、制动按钮
QS1	组合开关	HZ1—60/3J	三极，60A，500V	1	电源引入开关
QS2	组合开关	HZ1—10/3J	三极，10A，500V	1	M3 控制开关
SA1	组合开关	HZ1—10/3J	三极，10A，500V	1	换刀制动开关
SA2	组合开关	HZ1—10/3J	三极，10A，500V	1	圆工作台开关
SA3	组合开关	HX3—60/3J	三极，60A，500V	1	M1 换相开关
SA4	组合开关	HZ10—10/2	二极，10A	1	照明灯开关
SQ1	行程开关	LX1—11K	开启式，6A	1	主轴变速冲动开关
SQ2	行程开关	LX3—11k	开启式，6A	1	进给变速冲动开关

符　号	名　称	型　号	规　格	数　量	用　途
SQ3～SQ6	行程开关	LX2—131	单轮自动复位，6A	4	进给运动控制开关
TC1	控制变压器	BK—150	150VA，380/110V	1	提供控制电路电压
TC2	整流变压器	BK—100	100VA，380/36V	1	提供整流电路电压
TC3	照明变压器	BK—50	50VA，380/24V	1	提供照明电路电压
VC	整流器	4×2ZC		1	电磁离合器直流电源
EL	铣床照明灯	K—2	带 40W、24V 灯泡	1	工作照明

a. 主轴电动机 M1 的控制。M1 由交流接触器 KM1 控制，为操作方便，在机床的不同位置各安装了一套起动和停机按钮：SB2 和 SB6 装在床身上，SB1 和 SB5 装在升降台上。对 M1 的控制包括主轴的起动、停机制动、换刀制动和变速冲动。

第一，起动：在起动前先按照顺铣或逆铣的工艺要求，用组合开关 SA3 预先确定 M1 的转向。

按下SB1或SB2 ──→ KM1线圈得电 ──→ M1起动运行
　　　　　　　　　└─→ KM1辅助动合触点（7—13）闭合 ──→ 接通KM3、KM4线圈支路
　　　　　　　　　　　（确保在M1起动后M2才能起动运行）

第二，停机与制动：

按下 ┬─→ SB5或SB6动断触点（3—5）或（1—3）断开 ──→ KM1线圈失电 ──→ M1停机
SB5 ┤
（或SB6）└─→ SB5或SB6动合触点（105—107）闭合 ──→ 制动电磁离合器YC1线圈得电 ──→ M1制动

制动电磁离合器 YC1 装在主轴传动系统与 M1 转轴相连的第一根传动轴上，当 YC1 通电吸合时，将摩擦片压紧，对 M1 进行制动。停机时，应按住 SB5 或 SB6 直至主轴停转才能松开，一般主轴的制动时间不超过 0.5s。

第三，主轴的变速冲动。

主轴的变速是通过改变齿轮的传动比实现的。在需要变速时，将变速手柄拉出，转动变速盘调节所需的转速，然后再将变速手柄复位。在手柄复位的过程中，在瞬间点动了行程开关 SQ1，手柄复位后，SQ1 也随之复位。在 SQ1 动作的瞬间，由 SQ1 的动断触点（5—7）先断开其他支路，动合触点（1—9）然后闭合，点动 KM1→M1，使齿轮产生抖动以利于啮合；如果点动一次齿轮还不能啮合，可重复进行上述动作。

第四，主轴换刀控制。

在上刀或换刀时，主轴应处于制动状态，以避免发生事故。只要将换刀制动开关 SA1 拨至"接通"位置，其动断触点 SA1—2（4—6）断开控制电路，保证在换刀时机床没有任何动作；其动合触点 SA1—1（105—107）接通 YC1，使主轴处于制动状态。换刀结束后，要记住将 SA1 扳回"断开"位置。

b. 进给运动控制。工作台的进给运动分为常速（工作）进给和快速进给，常速进给必须在 M1 起动运行后才能进行，而快速进给属于辅助运动，可以在 M1 不起动的情况下进行。工作台在 6 个方向上的进给运动是由机械操作手柄带动相关的行程开关 SQ3～SQ6，通过控制接触器 KM3、KM4→控制进给电动机 M2 正反转来实现的。行程开关 SQ5 和 SQ6 分别控制工作台的向右和向左运动，而 SQ3 和 SQ4 则分别控制工作台的向前、向下和向后、向上运动。

进给拖动系统使用的两个电磁离合器 YC2 和 YC3 都安装在进给传动链中的第四根传动轴上。当 YC2 动作而 YC3 断开时，为常速进给；当 YC3 动作而 YC2 断开时，为快速进给。

第一，工作台的纵向进给运动。

将纵向进给操作手柄扳向右边→行程开关 SQ5 动作→其动断触点 SQ5—2（27—29）先断开，动合触点 SQ5—1（21—23）后闭合→KM3 通过（13—15—17—19—21—23—25）路径通电动作→M2 正转→工作台向右运动。

若将操作手柄扳向左边，则 SQ6 动作→KM4 通电→M2 反转→工作台向左运动。

SA2 为圆工作台控制开关，此时应处于"断开"位置，其三组触点状态为：SA2—1、SA2—3 接通，SA2—2 断开。

第二，工作台的垂直与横向进给运动。

工作台垂直与横向进给运动由一个十字形手柄操纵，十字形手柄有上、下、前、后和中间 5 个位置：将手柄扳至"向下"或"向上"位置时，分别压动行程开关 SQ3 和 SQ4，控制 M2 正转和反转，并通过机械传动机构使工作台分别向下和向上运动；而当手柄扳至"向前"或"向后"位置时，虽然同样是压动行程开关 SQ3 和 SQ4，但此时机械传动机构则使工作台分别向前和向后运动。当手柄在中间位置时，SQ3 和 SQ4 均不动作。下面就以向上运动的操作为例分析电路的工作情况，其余的可自行分析。

将十字形手柄扳至"向上"位置→SQ4 动作→其动断触点 SQ4—2 先断开，动合触点 SQ4—1 后闭合→KM4 线圈经（13—27—29—19—21—31—33）路径通电→M2 反转→工作台向上运动。

第三，进给变速冲动。

与主轴变速时一样，进给变速时也需要使 M2 瞬间点动一下，使齿轮易于啮合。进给变速冲动由行程开关 SQ2 控制，在操纵进给变速手柄和变速盘时，瞬间压动了行程开关 SQ2，在 SQ2 动作的瞬间，其动断触点 SQ2—1（13—15）先断开而动合触点 SQ2—2（15—23）后闭合，使 KM3 经（13—27—29—19—17—15—23—25）路径通电，点动 M2 正转。由 KM3 的通电路径可见：只有在进给操作手柄均处于零位（SQ3~SQ6 均不动作）时，才能进行进给变速冲动。

第四，工作台快速进给的操作。

要使工作台在 6 个方向上快速进给，在按常速进给的操作方法操纵进给控制手柄的同时，还要按下快速进给按钮开关 SB3 或 SB4（两地控制），使 KM2 通电动作，其动断触点（105—107）切断 YC2，动合触点（105—108）接通 YC3，使机械传动机构改变传动比，实现快速进给。由于与 KM1 的动合触点（7—13）并联了 KM2 的一个动合触点，所以在 M1 不起动的情况下，也可以进行快速进给。

c. 圆工作台的控制。在需要加工弧形槽、弧形面和螺旋槽时，可以在工作台上加装圆工作台。圆工作台的回转运动也是由进给电动机 M2 拖动的。在使用圆工作台时，将控制开关 SA2 扳至"接通"的位置，此时 SA2—2 接通而 SA2—1、SA2—3 断开。在主轴电动机 M1 起动的同时，KM3 经（13—15—17—19—29—27—23—25）的路径通电，使 M2 正转，带动圆工作台旋转运动（圆工作台只需要单向旋转）。由 KM3 的通电路径可见，只要扳动工作台进给操作的任何一个手柄，SQ3~SQ6 其中一个行程开关的动断触点断开，都会切断 KM3，使圆工作台停止运动，从而保证了工作台的进给运动和圆工作台的旋转运动不会同时进行。

③ 照明电路。照明灯 EL 由照明变压器 TC3 提供 24V 的工作电压，SA4 为灯开关，FU5 作短路保护。

课题三　高压控制设备

一、高压开关柜型号含义

高压开关柜型号的含义如下：

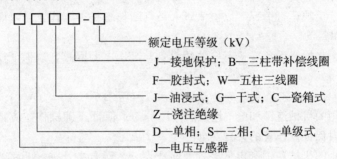

1. 产品名称

K—铠装式；J—间隔式；X—箱式；G—高压开关柜，原用代号。

2. 结构特征

Y—移开式或手车式；C—手车式，原角代号；F—封闭式，原用代号；G—固定式；S—双母线式；P—旁路母线式；K—矿用。

3. 使用条件

N—户内；W—户外。

4. 操动方式

D—电磁操动；T—弹簧操动；S—手动。

5. 环境特征代号

TH—湿热带型；G—高海拔型。

二、高压开关柜主要技术参数

高压开关柜主要技术参数见表11-10。

表 11-10　　　　　　　　　　　　高压开关柜主要技术参数

项　目		单位符号	参数值		
额定电压		kV	3，6，10		
最高工作电压		kV	3.6，7.2，12		
额定绝缘水平	1min 工频耐压	kV	42		
	雷电冲击耐压（全波）	kV	75		
额定频率		Hz	50		
主母线额定电流		A	630，1250，1600，2000，2500，3150，4000		
分支母线额定电流		A	630，1000	1250，1600，2000	1250，1600，2000，2500，3150，4000
额定短路开断电流		kA	25	31.5	40，63
额定热稳定电流/时间		kA/s	25/4	31.5/4	40/4，63/4
额定动稳定电流（峰值）		kA	63	80	100，176

三、高压开关柜的应用与连锁关系

1. 高压开关柜在输配电线路中的应用

高压开关柜主要用于 3kV 以上配电系统中，作为接受和分配电能的装置，起控制、保护、监测和安全隔离的作用。

（1）控制功能。根据运行需要，把一部分电力设备或线路投入或退出运行；达到供电、停电，或改变运行方式的目的。

（2）保护功能。在电力设备发生故障，如短路故障时将故障部分从电网中快速切除，保障电网中无故障部分正常运行。

（3）监测功能。反映运行情况，以供值班人员判断设备是否工作正常，如果有异常即可及时发现，并采取措施。

（4）安全隔离。将检修设备或进行安装的设备与高压电源隔离，以保证检修、安装人员及设备安全。

2. 高压开关柜的机械连锁和电气连锁的作用及相互关系

（1）高压开关柜的机械连锁和电气连锁的作用是为了保证正确操作，防止和大幅度减少电气误操作事故，同时保证操作者的人身安全。

（2）高压开关柜的机械连锁和电气连锁有防止误分、误合主开关（断路器、负载开关、接触器）；防止带负荷分、合隔离开关或抽出和插入一次隔离触头；防止带接地线（或接地开关）合闸；防止带电挂接地线（或合接地开关）；防止误入带电间隔等"五防"功能。

四、高压控制设备的工作原理

1. JYN3—10 高压开关柜的推进机构

JYN3—10 型手车式高压开关柜的推进系统采用了蜗轮、蜗杆机构。图 11-20 为推进系统的示意简图。

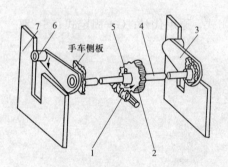

图 11-20　推进系统的示意简图

1—蜗杆；2—蜗轮；3—拐臂；4—操作轴；5—销钉；6—滚轮；7—勾板（用螺钉固定在柜体两内侧）

推进系统是由装在手车侧板上的推进机构与装在柜体两内侧的勾板组成。当操作摇把插入蜗杆 1 端头的六方部位，并做顺时针（图示箭头方向）转动时，蜗轮 2 被带动做图示箭头方向转动，由于蜗杆、拐臂 3 与操作轴 4 是用销钉 5 钢性连接的，所以拐臂与蜗轮同步方向转动。此时拐臂上的滚轮 6 进入固定在柜两侧的勾板 7 槽中，形成了一个变形的正弦机构。随着手把不断地顺时针转动，拐臂按图示箭头方向摆动，手车推进。当操作手把反时针方向转动时，手车推出。

2. CT19 弹簧操作机构中的凸轮连杆机构的动作原理

图 11-21 为 CT19 弹簧机构中的凸轮连杆机构动作示意图。图 11-21（a）为凸轮连杆机构处于合闸弹簧已储能的位置，图 11-21（b）为凸轮连杆机构处于合闸弹簧未储能的位置；图 11-21（c）为凸轮连杆机构处于分闸且弹簧已储能的位置；图 11-21（d）为凸轮连杆机构处于分闸弹簧未储能位置。

（1）凸轮连杆机构的合闸动作。当机构处于分闸弹簧已储能的位置时，如图 11-21（a）所示，扇形板上的定位板 1 在凸轮上的滚子 2 作用下向外转，紧靠在合闸半轴上，这时凸轮连杆机构完成了合闸准备动作，一旦接到合闸信号，半轴转过一个角度，解除储能维持，凸轮 12 在合闸弹簧带动下按逆时针方向转动。推动连杆机构上的滚子，向上向前运动；同时通过连杆 O_2B 推动分闸扇形板做顺时针方向转动，使扇形板与分闸半轴脱扣，这时受约束不能运动，使五连杆机构 $O_1ABO_2O_2'$ 变为四连杆机构 O_1ABO_2，从动臂 O_1A 在凸轮的推动下向顺时针方向转动，通过机构与断路器的连接使断路器合闸，当凸轮转到等圆面上时，便完成了合闸操作，如图 11-21（b）所示。

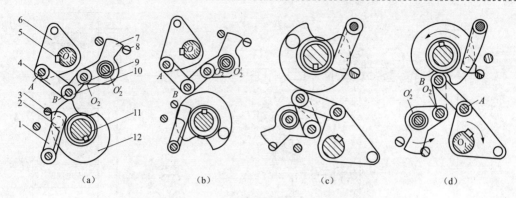

图 11-21 凸轮连杆机构动作示意图

(a) 合闸已储能；(b) 合闸未储能；(c) 分闸已储能；(d) 分闸未储能

1—定位板；2—凸轮上的滚子；3—合闸半轴；4—连板；5—输出轴；6—输出拐臂；7—分闸扇形板；
8—分闸半轴；9—连板；10—滚子；11—储能轴；12—凸轮

(2) 凸轮连杆的重合闸动作机构完成合闸动作后，凸轮连杆机构处于图 11-21 (b) 所示的位置，这时机构进行储能操作。因为凸轮与滚子相接触在等圆面上，所以整个储能过程中，输出轴 5 始终处于图 11-21 (b) 所示的位置，对断路器的合闸毫无影响。储能结束后，凸轮连杆机构处于图 11-21 (a) 所示位置，这时如果接到分闸信号并完成分闸动作，凸轮连杆机构便恢复到图 11-21 (c) 所示位置，只要接到合闸信号，便立即合闸，即实现一次自动重合闸操作。

(3) 凸轮机构的分闸动作与自由脱扣。合闸动作完成后，一旦接到分闸信号，分闸半轴在脱扣力作用下顺时针转动，分闸半轴对分闸扇形板的约束解除，完成分闸动作。如果是在合闸过程中接到分闸信号，扣接也同样解除，这时 O_2 不再受约束，四连杆 O_1ABO_2 变成五连杆 $O_1ABO_2O_2'$。由于五连杆的主动臂和从动臂之间没有确定的运动特性，所以尽管凸轮仍在继续转动，但从动臂 O_1A 已不再受凸轮的影响，断路器合不上闸实现自由脱扣。

3. 高压开关柜的控制原理

由于正常运行时，通过断路器的辅助触点 QF 准备好下一步的操作，即当断路器在合闸位置时，已准备好的是跳闸回路；当断路器在跳闸位置时，已准备好的是合闸回路。所以，断路器的辅助触点 QF1 在合闸位置时应闭合，辅助触点 QF2、QF3 和 QF4 在跳闸位置时应闭合（见图 11-22）。

红灯 RD 是监视跳闸回路的。当红灯亮时，不仅说明断路器在合闸位置，也说明断路器的跳闸回路良好。当绿灯 GN 亮时，不仅说明断路器在跳闸位置，也说明断路器的合闸回路无问题。

控制回路操作过程说明如下。

(1) 当手动操作控制开关 SA 手把合闸时。

1) 控制开关 SA 向顺时针方向转 90°至"预备合闸"位置，经 M100（+）→SA9-12→GN→QF3→KM→2FU→L—，回路接通，绿灯闪光。

2) 控制开关 SA 手把向顺时针方向转动 45°至"合闸"位置，经 L+→1FU→SA5-8→5KCF→QF3→KM→2FU→L—，回路接通，断路器合闸。

3) 当控制开关 SA 手把被松开后，立即向反时针方向返回 45°至"合闸后"位置，经 L+→1FU→SA16-13→RD→KCF→QF1→YT→2FU→L—，回路接通，红灯亮。

(2) 当手动操作开关 SA 手把跳闸时。

1) 控制开关 SA 向反时针方向转 90°至"预备跳闸"位置，经 M100（+）→SA14-15→RD→KCF→QF1→YT→2FU→L—，回路接通，红灯亮。

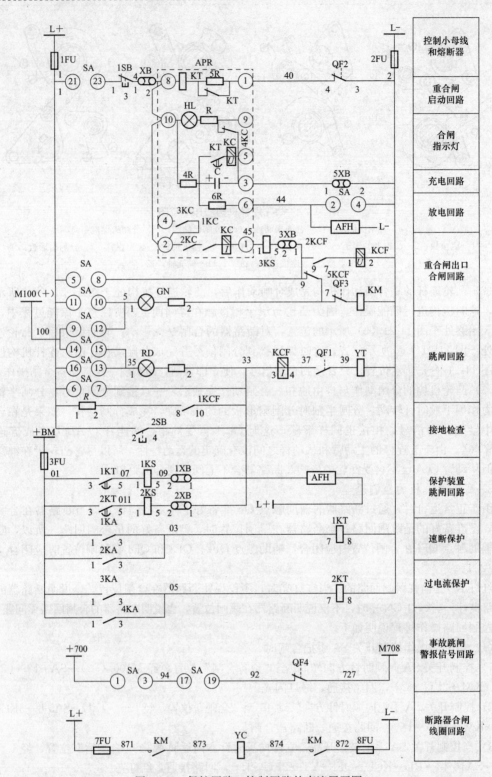

图 11-22　保护回路、控制回路的直流展开图

2）控制开关 SA 手把向反时针方向转动 45°至"跳闸"位置，经 L+→1FU→SA6-7→KCF→QFl→YT→2FU→L−，回路接通，断路器跳闸。

3）当控制开关 SA 手把被松开后，自动向顺时针方向转动返回 45°至"跳闸后"位置，经 L＋→1FU→SA11-10→GN→QF3→KM→2FU→L－，回路接通，绿灯亮。

（3）继电保护动作跳闸时，当断路器由过电流或时限速断保护装置动作跳闸时，断路器与控制开关位置不对应，经 M100（＋）→SA9-12→GN→QF3→KM→2FU→L－，回路接通，绿灯闪亮。

当控制开关 SA 手把在"跳闸后"位置，断路器与控制开关位置对应，经 L＋→1FU→SA11-10→GN→QF3→KM—2FU→L－，回路接通，绿灯亮。

4. SJL—2500kAV—10/0.4kV 三相配电变压器的测量、保护、监视、信号等的线路控制原理

（1）概况。图 11-23（a）为与二次接线有关的一次设备电气系统图。10kV 母线引下，经隔离开关 1GK、断路器 QF、电流互感器 1TA、2TA 接至变压器 T。1TA 供电气测量用，2TA 供继电保护用，两者的精确等级不同。三相五柱式电压互感器 TV 供测量、绝缘监视及接地保护用，它是经熔断器 FU、隔离开关 2GK 接至 10kV 母线的。

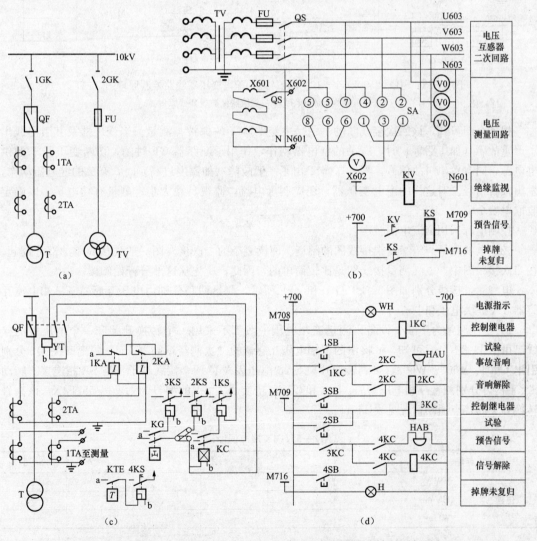

图 11-23　SJL—2500kAV—10/0.4kV 三相配电变压器线路控制原理图（一）
（a）一次电气系统图；（b）电压互感器二次线路图；（c）变压器保护整体式原理图；（d）信号系统图

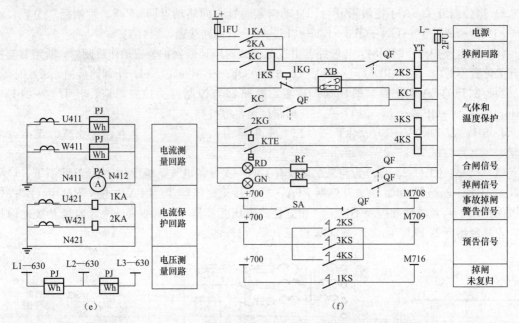

图 11-23　SJL—2500kAV—10/0.4kV 三相配电变压器线路控制原理图（二）

(e) 变压器测量原理图；(f) 变压器保护展开式原理图

根据全图可知，该二次接线图的主题是主变压器 T 的保护与测量。当变压器及其引出线出了严重故障（如短路等）时，有关的继电器动作，作用于断路器 QF 跳闸，切断变压器 T 的供电电源，同时发出事故信号，当变压器 T 出了一般故障（如温度过高）时，有关的继电器动作，发出预告信号。对这样的配电变压器，还应测量电流，监视负载大小；测量有功电量，以确定收取电费金额。

控制电源采用交流电源。

(2) 电气测量与绝缘监视接线图的阅读。阅读复杂的二次接线图一般先从简单的部分读起。在二次接线图中，电气测量接线图是比较简单的，因此，应先从这部分开始阅读。

电气测量接线分别如图 11-23（b）和（c）所示，测量回路分别由电压互感器 TV 和电流互感器 TA 提供电压和电流。

1) 电压测量为了减少设备，测量三相电压一般都不采用一个转换开关和一个电压表的接线。由图 11-23（b）可知，Y 接法的三相电压互感器的二次侧经熔断器 FU、隔离开关 QS 分别引出 U603、V603、W603，接到转换开关 SA，电压表 V 的两个接线端子也与 SA 相连接。转动 SA 手柄可分别测量三相电压 U_{UV}、U_{VW} 和 U_{WU}。转换开关 SA 的型号为 LW2—55/F4X，该型号转换开关的接点通断情况见表 11-11。

表 11-11　　　　　　　　　　　　　　　LW2—55/F4X 接点通断表

	接点号	1—2	2—3	1—4	5—6	6—7	5—8
位置	VW ↑	+	−	−	+	−	−
	UV ←	−	+	−	−	+	−
	WU →	−	−	+	−	−	+

对照图 11-23（b）与表 11-11 可知，当转换开关的手柄转到"←"位置时"2—3"接点接通，V603 与电压表一接线端接通；6—7 接点接通，U603 与电压表另一端接通，此时，电压表

测量的为 U_{UV}。

2）电流的测量如图 11-23（e）所示，电流互感器 TA 接成不对称星形接法。电流表 A 接在 N412 和 N411 之间，测量的是 U、W 相电流之和，即 V 相电流。这里的 N412 是对应于 N411 经过电流表 A 后变了一个号码，也可对应 U411、W411 变成 U412 或 W412。

3）电能的测量如图 11-23（e）所示，DS 型三相二元件有功电能表 PJ 的两个电流线圈分别接在电流互感器 1TA/U、1TA/W 的二次回路 U411—N412 之间和 W411—N412 之间，两个电压线圈分别接在电压互感器二次回路的三相母线 L1—630、L2—630、L3—630，即 U603—V603—W603 之间。

4）绝缘监视电压表接线。在图 11-23（b）的电压互感器二次接线图中，U603、V603、W603 与 N603 之间，分别跨接三个电压表 V_0，测量三个相电压。正常时，三个电压表读数相同；当高压侧线路一相绝缘击穿造成单相接地故障时，故障相电压表读数降低，其他两相电压表读数升高，从而监视线路绝缘情况。显然，这种首选电压表的量程应按接线电压值选择。

（3）保护接线图。本系统的保护装置有变压器的过电流保护、气体保护、温度保护以及线路的接地保护，这些保护装置有的作用于断路器的跳闸，有的只作用于事故的预告信号。

1）变压器的过电流保护。如图 11-23（c）、（e）和（f）所示，过电流继电器 1KA、2KA 分别接在电流互感器 2TA_U 和 2TA_W 的二次回路 U421、W421 和 N421 之间。当变压器内部及其进线发生 U 相或 U 相单相短路及 UV 或 VW 或 WU 相间短路（V 相单相短路不能反映），其电流值分别达到 1KA、2KA 的动作值时，1KA 和 2KA 动作，其动合接点闭合，接通了断路器 QF 的跳闸线圈 YT 回路，QF 自动跳闸，切断电源，保护变压器。

2）变压器的气体保护。变压器油箱内部发生故障（如相间、层间、匝间短路）时，伴随有电弧产生，或内部某些部件严重发热时，会使变压器内部的绝缘油及其他有机绝缘材料分解并产生挥发性气体。因气体比油轻，气体就会上升到变压器的最高部位油枕内。在严重故障时，大量气体会产生很大的压力，使油迅速向油枕流动。因此，变压器油箱内气体的产生和流动是变压器出现故障的重要特征，利用这一特征构成的保护称为气体保护，又称为瓦斯保护。构成气体保护的基本元件是气体继电器，又称为瓦斯继电器，符号为 KG。KG 有两对触点，当气体较多或油面下降，2KG 接通，发出信号；当气体流速达到一定值（一般为 1.2m/s）时，1KG 接通，作用于跳闸。前者称为轻气体保护，后者称为重气体保护。

因 QF 闭合，所以其辅助开关的动合触点应是闭合的，图中用虚线将其短接。由此可清楚地看出其动作关系是：1KG 闭合，接通中间继电器 KC，并通过 KC 的动合触点与 QF 的辅助开关动合触点，使 KC 线圈能自保持接通；中间继电器 KC 的另一对动合触点闭合，经信号继电器 1KS、辅助开关 QF、跳闸线圈 YT 回路接通，断路器 QF 跳闸。

3）变压器的温度保护。温度继电器的感温元件安装在变压器的油箱顶盖上，温度升高到一定值，其触点便接通，一般只发出信号。温度继电器 KTE 的触点闭合，接通信号继电器 4KS 而发出信号。

4）10kV 线路的接地保护。10kV 线路的中性点一般是不接地的，因此，一相接地并未形成单相短路，线路及其接在线路上的变压器和其他设备在单相接地后还可继续运行，但毕竟有一定的危害，所以单相接地时应发出信号。电压互感器的开口三角形绕组出线 X602 和 X601 之间接一电压继电器 KV 动作，作用于有关的信号。

（4）信号接线原理图。信号接线图在二次接线图中往往是单独的一张图或几张图。信号接线与保护接线、控制接线之间是通过电缆与信号母线沟通其联系的。阅读这类图时，一般来说，先从保护接线、控制接线看接点接通了哪一信号母线，然后再到信号接线图中，找对应的信号母线，从而判断出信号的类型。下面分别进行阅读。

1) 断路器通断位置信号如图 11-23 (f) 所示，断路器 QF 合闸，辅助开关动合触点同时闭合，红色信号灯 RD 亮；QF 分闸，辅助开关动断触点闭合，绿色信号 GN 灯亮。

2) 接地预告信号由图 11-23 (b) 可知，电压继电器 KV 动作后，动合触点闭合，接通了信号电源母线＋700（交流电源 U 相）与信号母线 M709（"预告信号"母线）之间的信号继电器 KS，KS 的动合触点闭合后，又接通了＋700 与信号母线 M716（"掉牌未复归"母线）。M709 与 M716 接通后，会发出何种信号，这就需要查看图 11-23 (e) 的信号接线图。将图 11-23 (b) 与 11-23 (e) 联系起来，才能看出接地预告信号。由此能清楚地看出发出接地信号的动作原理：10kV 线路单相接地后，电压互感器 TV 的开口三角形绕组两端产生约 100V 的电压；电压继电器 KV 动作，其动合触点闭合，通过预告信号小母线 M709，使＋700→KV→KS→M709→3KC→－700 的回路接通，信号继电器 KS 与中间继电器 3KC 动作；3KC 的动合触点闭合，接通了警铃 HAB 回路，警铃响，发出事故预告信号；信号继电器 KS 动作后，一方面，其动合触点闭合，接通了"掉牌未复归"小母线 M716，光字牌 H 显示出"10kV 线路接地"之类的字样，告诉值班人员故障类型；另一方面，信号继电器 KS 与触点连接的一带色指示牌掉下，显示出该继电器已动作，供值班人员进一步判断故障范围。如果要消除掉牌信号，只要拨动信号继电器外盖上一旋钮，继电器便复归成原状态。

图 11-23 (e) 中的 2SB 是试验按钮，4SB 是解除警铃音响按钮。按下 2SB，中间继电器 3KC 接通，以检验该继电器和警铃及其线路是否处于完好状态；按下 4SB，中间继电器 4KC 动作并自保持，其动断触点 4KC 断开了警铃 HAB 的回路，故障信号人为地被暂时消除。

3) 气体保护及温度保护预告信号。如图 11-23 (f) 所示，轻气体保护触点 2KG 和温度继电器 KTE 的触点闭合后，与之分别串联的信号继电器 3KS、4KS 分别动作，信号继电器的触点又同样分别接通了预告信号母线 M709，同样会发出警铃的音响信号。

调试气体继电器时，不应该使其触点作用于开关跳闸，由图 11-23 (e) 可知，将连接片 XB 转接到 2KS 回路，这时，只通过 2KS 的接点同样得到警铃的音响信号（原理同前）。

4) 断路器事故跳闸的事故信号在断路器的手动操动机构上安装了两个辅助开关和 SA。其中，QF 与断路器主触点对应，其动断触点在开关跳闸后闭合；SA 与操动机构的手柄位置对应，手柄拉下时，其动合触点断开。但事故跳闸时，手柄并不掉下，其动合触点仍然闭合。断路器事故跳闸以后，就是利用手柄位置与开关主触点通断位置不对应原理，构成事故音响回路。

如图 11-23 (e) 所示，由于电流继电器 1KA、2KA 或气体继电器 1KG 动作，断路器 QF 事故掉闸，从图中"事故掉闸警告信号"回路可以看出：辅助开关 QF 的动合触点闭合，辅助开关 SA 的动断触点因为是事故跳闸，操动机构的手柄未掉下，所以仍是闭合的。这样，信号电源小母线＋700 与事故音响小母线 M708 接通。如图 11-23 (d) 所示，M708 与－700 之间的中间继电器 1KC 接通，其动合触点闭合，接通了蜂鸣器 HAU 回路，蜂鸣器便发出事故音响信号，但究竟是何故障，值班人员可根据 1KA、2KA 或与有关的信号继电器的"掉牌未复归"信号，判断故障跳闸的原因与事故范围。

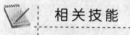
相关技能

技能训练一　双重连锁正反转电气控制线路的安装与调试

一、训练目的

（1）理解电力拖动电气控制系统图的分类及作用。

（2）巩固阅读三相异步电动机电气控制（双重连锁正反转）线路原理图的能力。

（3）学会绘制三相异步电动机控制（双重连锁正反转）线路的电器布置图和安装接线图。

（4）学会安装、调试三相异步电动机常用的电气控制（双重连锁正反转）线路。

二、训练器材

（1）网孔安装板，560mm×460mm，1块。

（2）交流接触器，CJ10—20或CJ20—20，2只。

（3）空气断路器，DZ47—63/3P D20，1只。

（4）热继电器，JRS2—63，1只。

（5）熔断器和熔体，RT18—32和10A，2套。

（6）三联组合按钮，LAY37，1套。

（7）接线端子板，TD2015，1条。

（8）连接导线（多股塑料铜线BVR）：主电路为1.5mm²，若干米；控制电路为1mm²，若干米。

（9）异型号码套管，$\phi2.5$，1m。

（10）记号笔，根据实际自定，1只。

（11）针绝缘端子，$\phi1—10$和$\phi1.5—10$，若干。

（12）三相异步电动机（试车用），根据实际自定，1台。

（13）万用表，MF—30或自定，1块。

（14）装配通用工具［验电笔、钢丝钳、螺钉旋具（包括十字口螺钉旋具、一字口螺钉旋具）、电工刀、尖嘴钳、活扳手、剪刀等］，根据实际自定，1套。

（15）装配专用工具（压线钳、剥线钳、力矩起子和力矩扳手），根据实际自定，1套。

（16）线槽板，型号规格自定，若干。

（17）配套的固定机螺钉，根据实际自定，若干。

（18）三相五线制电源，1处。

三、相关知识

1. 电气控制系统图

电力拖动中使用的电气控制系统图包括电气原理图及电气安装图（分电器布置图、电气安装接线图和电气互连图等）。

（1）电气原理图。用图形符号和文字符号（及接线标号）表示电路各个电器元件连接关系和电气工作原理的图称为电气原理图。电气原理图习惯上又称为电气控制电路图。由于电气原理图结构简单，层次分明，适用于研究和分析电路的工作原理，故在设计部门和生产现场得到了广泛的应用。

绘制电气原理图时应遵循以下一些主要原则。

1）电气原理图中所有电器元件的图形、文字符号必须采用国家规定的统一标准。

2）电器元件采用分离画法。同一电器元件的各部件可以不画在一起，但必须用统一的文字符号标注。若有多个同一种类的电器元件，可在文字符号后加上数字序号以示区别，如KM1、KM2等。

3）所有按钮或触点均按没有外力作用或线圈未通电时的状态画出。

4）电气控制电路按通过电流的大小分为主电路和控制电路。主电路包括从电源到电动机的电路，是大电流通过的部分，画在原理图的左边。控制电路通过的电流较小，由按钮、电器元件线圈、接触器辅助触点、继电器触点等组成，画在原理图的右边。

5）动力电路的电源电路绘成水平线，主电路则应垂直电源电路画出。

6）控制电路应垂直地绘在两条或几条水平电源线之间。耗能元件（如线圈、电磁铁、信号灯等）应直接接在下面的电源线一侧，而控制触点应接在另一电源线上。

7）为方便阅图，在图中自左至右、从上而下表示动作顺序，并尽可能减少线条数量和避免线条交叉。

下面以三相异步电动机双重连锁正反转控制线路的电气原理图为例来进行实训操作，如图 11-24 所示。

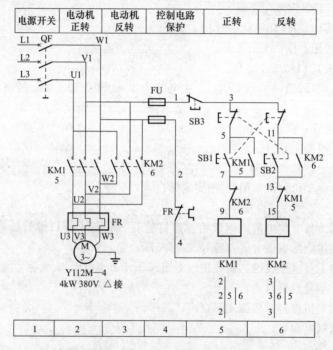

图 11-24　三相异步电动机双重连锁正反转控制线路电气原理图

（2）电气安装图。电气安装图用来表示电气控制系统中各电器元件的实际安装位置和接线情况，有电器布置图、电气安装接线图和电气互连图三部分，主要用于施工和检修，如图 11-25 所示。

1）电器布置图反映各电器元件的实际安装位置，各电器元件的位置根据元件布置合理，连接导线经济以及检修方便等原则安排。控制系统的各控制单元电器布置图应分别绘制。电器布置图中的电器元件用实线框表示，不必画出实际图形或图形代号。图中各电器元件的代号应与电气原理图和电器清单上所列元器件代号一致。在图中往往还留有一定备用面积空间及导线管（槽）位置空间，以供走线和改进设计时使用。有时图中还需标注必要的尺寸。电器元件一般均布置在柜（箱）内的铁板或绝缘板上。通常电源总开关一般位于左上方，其次是接触器、热继电器或变压器、互感器等。熔断器一般装在电源开关的近旁或右上侧；为便于操作，按钮一般装在右侧，而接线端子板应装在便于接线及更换的位置，通常以下部为多。电器元件间的排列应整齐、紧凑并便于接线。元件间的距离应考虑元件的更换、散热、安全和导线的固定排列。元件的左右间距一般为 50mm 左右，上下间距应在 100mm 左右。

2）电气安装接线图用来表明电气设备各控制单元内部元件之间的接线关系，是实际安装接线的依据，在具体施工和检修中能起到电气原理图所起不到的作用，主要用于生产现场。绘制

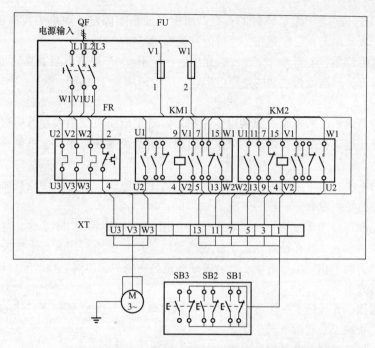

图 11-25　三相异步电动机双重连锁正反转控制线路电气安装接线图

电气安装接线图时应遵循以下原则。

① 各电器元件用规定的图形和文字符号绘制，同一电器元件的各部分必须画在一起，其图形、文字符号以及端子板的编号必须与原理图一致。各电器元件的位置必须与电器元件位置图中的布置对应。

② 不在同一控制柜、控制屏等控制单元的电器元件之间的电气连接必须通过端子板进行。

③ 电气安装接线图中走线方向相同的导线用线束表示，连接导线应注明导线规格（数量、截面积等）；若采用线管走线时，必须留有一定数量的备用导线。线管还应标明尺寸和材料。

④ 电气安装接线图中导线走向一般不表示实际走线途径，施工时由操作者根据实际情况选择最佳走线方式。

3）电气互连图反映电气控制设备各控制单元（控制屏、控制柜、操作按钮等）和用电动力装置（电动机等）之间的电气连接。它清楚地表明了电气控制设备各单元的相对位置及它们之间的电气连接。当电气控制系统较为简单时（如本技能训练中的三相异步电动机单向起动控制电路），可将各控制单元的电气安装接线图和电气互连图合二为一，统称为电气安装接线图；当电气控制系统较为复杂，控制电器、电源开关、按钮、电动机等分别安装在不同部位时（如后面介绍的各种机床电气控制系统），则需另行绘制电气互连图。

2. 电器元件的安装与固定

电器元件在安装与固定之前必须先进行一般性检测，对于新的电器元件可检查其外表是否完好，动作是否灵活，其参数是否与被控对象相符等。确认电器元件完好后再进入安装与固定工序。

（1）划线定位。将安装面板置于平台上（可以用绝缘板，也可以用金属板），把板上需安装的电器元件（断路器、接触器、热继电器、熔断器、线槽板等）按电器位置图设计排列的位置、间隔、尺寸摆放在面板上，用划针进行划线定位，即划出底座的轮廓和安装螺孔的位置。

（2）开孔。电器元件所用的固定螺钉一般略小于电器元件上的固定孔。如果安装面板为绝缘板，则钻孔的孔径略大于固定螺钉的直径，用螺母加垫圈固定。如果为线槽板、金属板等，则在板上钻孔、攻丝固定，可按钻孔、攻丝的有关知识进行加工。

（3）绝缘电阻检测。电器元件全部安装完毕后，应用 500V 绝缘电阻表测量元件正常工作时导电部分与绝缘部分及与面板之间的绝缘电阻，绝缘电阻应大于 2MΩ。

3. 电气控制电路的布线

连接导线的截面积由所控制对象的电流来决定，若主电路电流很大，可用铜母带制作。一般的小型三相异步电动机或金属切削机床主电路则可用绝缘铜线制作。这里仅介绍绝缘铜线的布线。

（1）导线的下线。最常用的导线是铜芯聚氯乙烯绝缘电线，主电路导线截面积视电动机容量而定，控制电路导线截面积一般为多股 $1\sim2.5\text{mm}^2$。

下线前要先准备好端子号管，成品端子号管常用的为 FHl 和 PGH 系列。自制端子号管的方法是在白色塑料套管（其孔径应稍大于导线绝缘层外径）上用医用紫药水按安装接线图上的编号标记，每组为两个相同编号的端子号，做好标记后在电炉上烘烤一段时间，即可永不褪色。

使用时用剪刀剪下，一对一对地使用。

按安装接线图中导线的实际走线长度下线，再将端子号管分别套在下好线的导线两端，并将导线打弯，防止端子号管落下。

（2）接线。先接控制电路及辅助电路主电路，后接主电路等。

按安装接线图从面板左上方的电器元件开始，将电路中所用到的接线端接上已备好相应编号的导线作为引出，另一端甩向应接的另一电器元件处。如此按照接线图自左至右、自上至下接线。并注意随时将相近元件的引出线按所去方向整理成束，遇到引出线的另一端电器元件接线端可随时整理妥当并接好（也可以整理好后暂不接，留待最后接），将连至端子板的导线接到端子板相应编号的端子，如此直到所用到的电器元件接线端接完为止。

每个接线端子都应用平垫圈与弹簧垫圈或瓦形片压接。用瓦形片压接在接线螺钉处，导线剥除绝缘后可直接插入瓦形片下，用螺钉紧固即可。如果用垫圈压接在接线螺钉处，则导线剥掉绝缘后需弯成顺时针的小圆环，直径略大于螺钉直径，用螺钉加弹簧垫圈和平垫圈一起拧紧。

一般导线从电器元件的接线端接出后拐弯至面板，并沿板面走竖直或水平直线到另一电器元件的接线端，一般不悬空走线。如果同一电器元件的接点之间连接，或相邻很近的元件之间的接点连接，则可以悬空接线。整个导线的布置应横平竖直，避免交叉，拐角处应为 90°并有一定的圆弧。

接线完毕后应对线束进行捆扎，捆扎部位主要是线束的拐角处和中间段，捆扎长度一般为每处 $10\sim20\text{mm}$，捆扎材料通常为塑料带、尼龙小绳或专用的捆线带。

4. 电气控制电路的检查和试车

（1）电气控制电路的检查。首先进行不通电检查，如采用观察法和电阻法等进行以下确认。

1）首先检查电气设备有无短路问题。

2）检查元器件是否安装正确、牢固可靠。

3）检查线号标注是否正确合理，有无漏错。

4）检查布线是否正确合理，有无漏错。

确认无误后，方可通电。

（2）电气控制电路的试车。正确操作电气设备控制线路，理解控制动作与工作过程是否正常；如果不正常，可以采用分段电压法测量和分阶电压法测量等方法，进行通电检查。

四、训练内容及步骤

（1）对照图纸检查所用电器元件规格是否与图纸要求相符，检查各电器元件是否完好，动作是否灵活。

（2）将检查合格后的电器元件参照电器元件布置图放在安装板上，调整合理后，可用划针进行安装位置及安装孔的划线。

（3）用钻子或大号钉子在固定安装孔位置钻出或打出一定深度的定位孔，以利于机螺钉的旋紧。

（4）选择合适的机螺钉将各电器元件固紧在安装板上。

（5）按操作工艺要求写好端子号管。

（6）按接线实际长度下线，将成对的端子号管套在下好的导线两端，并将导线端头打折。

（7）按安装接线图进行各电器元件之间的连接，边连接边整理导线的走向。

（8）全部导线连接完成后整理接线，并用捆扎带进行捆扎、固定。

（9）检查接线，并接通三相交流电源试车。

五、注意事项

（1）小心操作，切莫损坏电器元件。

（2）仔细确定导线的连接长度，节约用线。

（3）注意安装工艺及接线工艺。

（4）在实训前可先参观成品电气柜或开关板的安装与接线工艺。

六、成绩评定

项目内容	配分	评分标准	扣分	得分
元器件安装	20分	（1）不能按规程正确安装，扣10分 （2）元件松动、不整齐，每处扣3分 （3）损坏元器件，每件扣10分 （4）不用仪表检查元件，每件扣5分		
布线、接线	50分	（1）导线未进入线槽，有跨接，每处扣2分，不整齐美观扣5分 （2）导线不经过端子板每根线扣3分，每个接线螺钉压接超过两根每处扣5分 （3）接点松动、接头露铜过长、压接不正确、压绝缘层，标记线号不清楚、遗漏或误标，每处扣1分 （4）损伤导线绝缘或线芯，每根扣3分 （5）少接线，每根扣3分 （6）导线乱线敷设，扣10分 （7）完成后每少一处盖板扣5分		
通电试车	20分	（1）电器没整定值或错误，各扣5分 （2）配错熔体，每个扣3分 （3）一次试车不成功扣5分；二次试车不成功扣10分，没有试车扣10分		
安全、文明生产	10分	（1）违反安全操作者扣10分，发生事故者取消考试资格 （2）工具仪表乱丢乱放扣5分，损坏仪表扣10分 （3）考试结束场地不清、卫生差扣5分		
工时：4h		在规定时间内完成	评分	

技能训练二　车床设备（CA6140）电气控制的安装与调试

一、训练目的

（1）通过车床控制电路的模拟安装，初步了解普通机床电气控制电路的结构、工作原理和安装接线方法。

（2）初步学会根据生产机械对电力拖动控制电路的要求，合理地选配电器元件及导线，设计电器的安装布线方案，并按照工艺要求进行安装、接线。通过本次实训，进一步提高实际操作能力。

二、训练器材

1. CA6140 型普通车床电气设备明细表

CA6140 型普通车床电气设备明细表见表 11-12。

表 11-12　　　　　　　　CA6140 型普通车床电气设备明细表

符　号	名　　称	型　号	规　格	数　量
M1	主轴电动机	Y132M—4	7.5kW，15.4A，1440r/min	1
M2	冷却泵电动机	A02—5612	90W，2800r/min	1
M3	刀架快速移动电动机	A02—7114	250W，1360r/min	1
FR1	热继电器	JR16—20/3D	11 号热元件，整定电流 15.4A	1
FR2	热继电器	JR16—20/3D	1 号热元件，整定电流 0.32A	1
KM1	交流接触器	CJ10—40	40A，线圈电压 110V	1
KM2	交流接触器	CJ10—10	10A，线圈电压 110V	1
KM3	交流接触器	CJ10—10	10A，线圈电压 110V	1
FU1	熔断器	RL1—15	380V，15A，配 1A 熔体	1
FU2	熔断器	RL1—15	380V，15A，配 4A 熔体	1
FU3	熔断器	RL1—15	380V，15A，配 1A 熔体	1
FU4	熔断器	RL1—15	380V，15A，配 1A 熔体	1
FU5	熔断器	RL1—15	380V，15A，配 2A 熔体	1
FU6	熔断器	RL1—15	380V，15A，配 1A 熔体	1
SB1	按钮开关	LAY3—10/3	绿色	1
SB2	按钮开关	LAY3—01ZS/1	红色	1
SB3	按钮开关	LA19—11	500V，5A	1
SA1	旋钮开关	LAY3—10X/2		1
SA2	旋钮开关	LAY3—01Y/2	带钥匙	1
SA3	旋钮开关		250V，5A	1
SQ1	挂轮架安全行程开关	JWM6—11		1
SQ2	电气箱安全行程开关	JWM6—11		1
HL	信号灯	ZSD—0	6V	1
QF	断路器	AM1—25	25A	1
TC	控制变压器	BK2—100	100VA，380V/110V，24V，6V	1
EL	车床照明灯	JC11	带 40W、24V 灯泡	1

2. 其他器材

（1）控制电路板（配好相应的线槽、接线端子）。

（2）绝缘导线、金属（或塑料）软管、编码套管、有关工具等。

三、相关知识

1. 车床结构

CA6140 型普通车床的控制电路是最基本且较典型的生产机械电气控制电路之一，电路主要由 M1、M2、M3 三台电动机及有关的控制、保护电器组成。车床的大部分电器装在位于车床床身左下部分后方的壁龛内，电源开关锁 SA2 和冷却泵开关 SA1 均装在床头挂轮保护罩的前侧面。在开动机床前，应先用锁匙向右旋转 SA2，再合上 QF 接通电源，然后就可以开启照明灯及按动电动机控制按钮。控制原理图如图 11-26 所示。

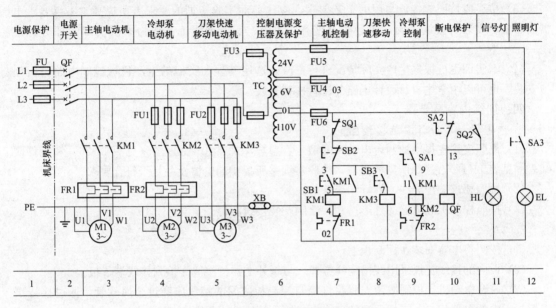

图 11-26 CA6140 型车床电气原理图

2. 机床电器的布置、安装、配线的一些基本原则

（1）体积较大和较重的电器一般装在控制板（箱）的下方。

（2）熔断器一般装在上方，有发热元件的电器也应装在上方或装在易于散热的位置，并注意使感温元件和发热元件隔开。

（3）经常需要调节或更换的电器部件应考虑装在便于操作的位置。

（4）应注意使用不同电压等级的电器分开安装，如电源直接供电的电器和经变压器降压供电的电器应分别装在一起。

（5）电器之间、电器与控制板边缘之间应有一定的距离（通常为 15～25mm），以便于布线和维修。

（6）控制板内电器间的接线，可采用在板上正面用线槽走线或用明敷线两种方式；板内、外的电气接线必须通过接线端子板引出。接线端子板可根据需要布置在控制板的下方或侧面。

（7）机床电路的配线应采用截面积≥0.75mm² 的塑料铜线，在控制板（箱）内允许采用小于 0.75mm² 的导线。不同电路应采用不同颜色的电线区分，规定接地线应采用黄绿双色线。所有电线的端头都应套上标注有与原理图相同号码的套管。

（8）控制板（箱）外的配线应通过管道进行，在机床内可采用塑料管或金属软管，机床外部可采用包塑金属软管。管内的电线不能有接头和纽结。管的长度超过 1.5m 应留有备用线（按管内电线根数的 1/10 配置）。

本次实训是在前面的实验实训的基础上，进一步提高学生对继电器—接触器控制电路安装、接线的实际操作能力，因此操作要求应尽量贴近实际应用的要求。

（1）在操作前应尽可能组织学生参观车床（及其他机床），让学生通过现场观察了解机床电路的安装、接线工艺标准和要求。

（2）要求学生根据所提供的电动机选择合适的电器和导线等电气设备和器材。因为是模拟安装实训，原则上 M1 可选择 2～7.5kW 三相笼型异步电动机，M2 可选择 1kW 以下的三相笼型异步电动机，车床的照明灯具可用带灯座的灯泡代替。

（3）接线应按照或接近实用的工艺要求，应比前面实验实训的要求有所提高。不仅要求电器的布置、安装、接线正确，而且要求整齐、美观。安装接线工艺作为本次实训的评分标准之一。

（4）本实训也可根据生产实际情况进行更改，选用其他相类似的生产机械控制电路进行模拟安装，也可以由学生自行设计电路并进行模拟安装。

四、训练内容及步骤

1. 选配器材，设计安装接线图

（1）按照实训室提供的两台电动机的型号、参数，对照电气原理图（见图 11-26）和元件明细表（见表 11-12），选择所需的电器，检验实训室所提供的电器设备是否符合要求。

（2）按照要求选配导线、软管和套管等。

（3）按照控制板和电器的外形尺寸，绘制安装接线图。

2. 安装、接线

（1）按图将电器安装在控制板上。

（2）板内的接线建议采用线槽配线方式，与板外电器的接线先接到接线端子板上。

（3）三台电动机、控制按钮、照明灯等与控制板之间的接线应穿过金属软管，通过接线端子板与板内的电器相连。三相电源的进线也应接到接线端子板上。

3. 试运行

（1）接线完毕，应经过检查确认无误后，方可合上电源开关通电试运行。

（2）依照电路原理图，检查各电动机与灯能否正常工作。

（3）如果出现故障则进行排除，并记录运行和排除故障的情况。

五、注意事项

（1）在控制板上安装电器要注意定位准确，使电器排列整齐。拧紧螺钉时用力要适中，注意不要过紧致使电器的底座（如熔断器的陶瓷底座）破裂。

（2）接线不要接错（特别是穿过软管的接线），应接一个线头套上一个编码套管，并随后在接线图上做标记。

（3）如果是用车床实物作电路的试运行，应在教师的指导下进行，注意安全，不要让车床的运动部件在运行时发生碰撞。

六、成绩评定

项目内容	配 分	评分标准	扣 分	得 分
元件安装	20分	（1）元件布置不整齐、不匀称、不合理，每个扣 4 分 （2）元件安装不牢固，安装元件时漏装螺钉，每个扣 4 分 （3）损坏元件每个扣 8 分		

项目内容	配　分	评分标准	扣　分	得　分
布线、接线	30分	（1）如果不按电气原理图接线，每处扣4分 （2）接线不规范、交叉跨越，主电路、控制电路每根扣2分 （3）接点松动、露铜过长、反圈、压绝缘层，标记线号不清楚、遗漏或误标，每处扣2分 （4）损伤导线绝缘或线芯，每根扣2分		
通电调试	40分	送电时，一人操作一人监护，防止安全事故的发生。 （1）热继电器整定值错误，每只扣5分 （2）主电路、控制电路配错熔体，每个扣2分 （3）主电路不能实现控制要求错一处扣10分，控制电路不能实现控制要求每处扣10分 （4）一次试车不成功扣10分；二次试车不成功扣20分；三次不成功评定为不及格 （5）乱线敷设，扣10分		
安全文明生产	10分	（1）未穿戴好防护用品，扣5分 （2）操作时工具仪表乱丢乱放及考试结束工位卫生差扣5分 （3）有违反安全操作者扣10分，损坏元件扣10分，对发生事故者取消考试资格 （4）不超时		
工时：6h		在规定时间内完成	评分	

技能训练三　摇臂钻床（Z3050）设备电气控制的检查与调试

一、训练目的

（1）通过对 Z3050 摇臂钻床控制电路的检查与调试，进一步熟悉 Z3050 摇臂钻床的结构、工作原理和布线，掌握常用的设备电气控制的检查与调试。

（2）通过对 Z3050 摇臂钻床控制电路的检查与调试，加深对 Z3050 摇臂钻床控制原理图的理解与分析。通过本次训练，进一步提高实际操作能力。

二、训练器材

1. Z3050 型摇臂钻床电气设备明细表

Z3050 型摇臂钻床电气设备明细表见表 11-13。

表 11-13　　　　　　　　　　　Z3050 型摇臂钻床电气设备明细表

符　号	名　称	型　号	规　格	数　量
M1	主轴电动机	Y100L2—4	3kW，6.8A，1420r/min	1
M2	摇臂升降电动机	Y90L—4	1.5kW，3.7A，1400r/min	1
M3	液压泵电动机	Y802—4	0.75kW，2.1A，1390r/min	1
M4	冷却泵电动机	AOB—25	90W，2800r/min	1
FR1	热继电器	JR16—20/3D	9 号热元件，整定电流6.8A	1
FR2	热继电器	JR16—20/3D	6 号热元件，整定电流2.1A	1
KM1	交流接触器	CJ10—20	20A，线圈电压127V	1
KM2	交流接触器	CJ10—10	10A，线圈电压127V	1
KM3	交流接触器	CJ10—10	10A，线圈电压127V	1
KM4	交流接触器	CJ10—10	10A，线圈电压127V	1
KM5	交流接触器	CJ10—10	10A，线圈电压127V	1

续表

符　号	名　称	型　号	规　格	数　量
KT	时间继电器	JJSK2—4	线圈电压 127V	1
FU1	熔断器	RL1—60	380V，60A，配 30A 熔体	3
FU2	熔断器	RL1—15	380V，15A，配 10A 熔体	3
FU3	熔断器	RL1—15	380V，15A，配 2A 熔体	1
SB1	按钮开关	LA19—11	500V，5A	1
SB2、HL3	按钮开关	LA19—11D	500V，5A，带 6V 指示灯（绿色）	1
SB3	按钮开关	LA19—11	500V，5A	1
SB4	按钮开关	LA19—11	500V，5A	1
SB5、HL1	按钮开关	LA19—11D	500V，5A，带 6V 指示灯（黄色）	1
SB6、HL2	按钮开关	LA19—11D	500V，5A，带 6V 指示灯（绿色）	1
SA	旋钮开关			1
QS1	电源开关	HZ10—25/3	25A，3 极	1
QS2	转换开关	HZ10—10/3	10A，3 极	1
SQ1	行程开关			1
SQ2	行程开关	LX5—11		1
SQ3	行程开关	LX5—11		1
SQ4	行程开关	LX5—11K		1
TC	控制变压器	BK—150	150VA，380V/127V，36V，6V	1
EL	钻床照明灯	JC2	带 40W、36V 灯泡	1
YV	电磁阀	MFJ1—3	线圈电压 127V	1

2. 其他器材

（1）万用表。

（2）绝缘导线、金属（或塑料）软管、编码套管、有关工具等。

三、相关知识

1. 摇臂钻床的电力拖动形式和控制要求

由以上对摇臂钻床机械运动的分析可见，摇臂钻床的运动部件较多，为简化传动装置，也是采用多台电动机拖动，一般有主轴电动机、摇臂升降电动机、液压泵电动机和冷却泵电动机。摇臂钻床对电力拖动及控制、保护的具体要求如下。

（1）为了适应多种加工方式的要求，主轴及进给应在较大范围内调速。但这些调速都是机械调速，用手柄操作变速箱调速，对电动机无任何调速要求。从结构上看，主轴变速机构与进给变速机构应该放在一个变速箱内，而且两种运动由一台电动机拖动是合理的。

（2）加工螺纹时要求主轴能正反转。摇臂钻床的正反转一般用机械方法实现，电动机只需单方向旋转，也无降压起动的要求。

（3）摇臂沿外立柱上下移动，是由一台摇臂升降电动机驱动丝杠正反转来实现的，只有一些小型的摇臂钻床才靠人力摇动丝杠升降摇臂。摇臂升降电动机要求能实现正反转，直接起动。

（4）摇臂的夹紧与放松以及立柱的夹紧与放松由一台异步电动机配合液压装置来完成，要求这台电动机能正反转。摇臂的回转和主轴箱的径向移动在中小型摇臂钻床上都采用手动。

（5）钻削加工时，为对刀具及工件进行冷却，需由一台冷却泵电动机拖动冷却泵输送冷却液。

（6）各部分电路及电路之间需要有常规的电气保护和连锁环节。

2. Z3050 型摇臂钻床电气控制电路原理

Z3050 型摇臂钻床是在 Z35 型钻床的基础上进行改进的新产品，其电气控制电路有多种形式，图 11-27 是常见的一种摇臂钻床的电气控制电路。

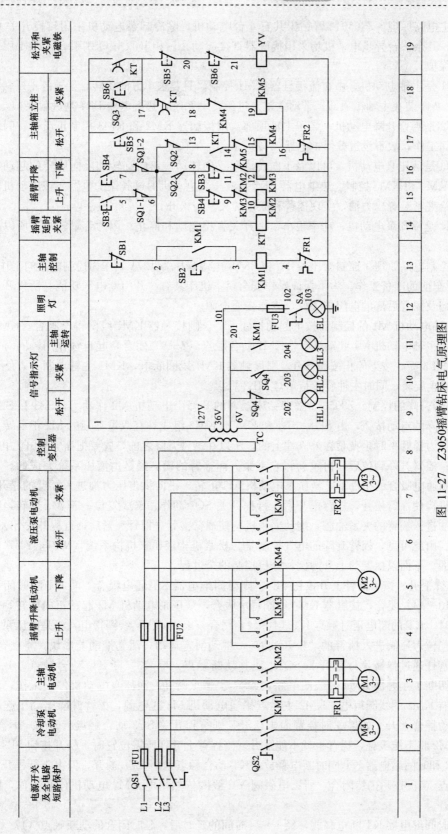

图 11-27 Z3050摇臂钻床电气原理图

（1）主电路原理。Z3050 摇臂钻床共有 4 台电动机，除冷却泵电动机采用转换开关 QS2 直接控制外，其余三台异步电动机均采用接触器直接起动。三相电源由 QS1 引入，FU1 用于全电路的短路保护。

1）M1 是主轴电动机，由交流接触器 KM1 控制，只要求单方向旋转，主轴的正反转由机械手柄操作。M1 装在主轴箱顶部，带动主轴及进给传动系统，热继电器 FR1 是过载保护元件。

2）M2 是摇臂升降电动机，装于主轴顶部，用接触器 KM2 和 KM3 控制正反转。因为该电动机短时间工作，故不设过载保护电器。

3）M3 是液压泵电动机，可以做正向转动和反向转动。正向旋转和反向旋转的起动与停止由接触器 KM4 和 KM5 控制。热继电器 FR2 是液压泵电动机的过载保护电器。该电动机的主要作用是供给夹紧装置压力油，实现摇臂和立柱的夹紧与松开。

4）M4 是冷却泵电动机，功率很小，由开关直接起动和停止。因为容量较小，所以不需要过载保护。

（2）控制电路原理。控制变压器 TC 将 380V 电源降压为 127V，作为控制电路的工作电压。

1）开车前的准备工作。为了保证操作安全，本机床具有"开门断电"功能。所以开车前应将立柱下部及摇臂后部的电门盖关好，方能接通电源。

2）主轴电动机 M1 的控制。按下起动按钮 SB2，则接触器 KM1 线圈得电吸合，KM1 主触点闭合，使主轴电动机 M1 起动运行，KM1 动合触点（2—3）闭合，起自锁作用，同时主轴旋转指示灯 HL3 亮。按下停止按钮 SB1，则接触器 KM1 线圈断电，KM1 主触点断开，使主轴电动机 M1 停止旋转，同时主轴旋转指示灯 HL3 熄灭。

3）摇臂升降的控制。Z3050 型摇臂钻床摇臂的升降由电动机 M2 作动力，SB3 和 SB4 分别为摇臂升、降的点动按钮，由 SB3、SB4 和 KM2、KM3 组成具有双重互锁的 M2 正反转点动控制电路。因为摇臂平时是夹紧在外立柱上的，所以在摇臂升降之前，先要把摇臂松开，再由 M2 驱动升降；摇臂升降到位后，再重新将它夹紧。而摇臂的松、紧是由液压系统完成的。在电磁阀 YV 线圈通电吸合的条件下，液压泵电动机 M3 正转，正向供出压力油进入摇臂的松开油腔，推动松开机构使摇臂松开，摇臂松开后，行程开关 SQ2 动作、SQ3 复位；若 M3 反转，则反向供出压力油进入摇臂的夹紧油腔，推动夹紧机构使摇臂夹紧，摇臂夹紧后，行程开关 SQ3 动作、SQ2 复位。由此可见，摇臂升降的电气控制是与松紧机构液压—机构系统（M3 与 YV）的控制配合进行的。下面以摇臂的上升为例，分析控制的全过程。

① 摇臂上升。按下摇臂上升按钮 SB3，则时间继电器 KT 通电吸合，而 KT 瞬时闭合的动合触点（13—14）闭合，接触器 KM4 线圈得电吸合，液压泵电动机 M3 起动正向旋转，供给压力油。同时，KT 的断电延时触点 KT（1—17）闭合，电磁阀 YV 线圈得电，于是液压泵送出的压力油经二位六通阀进入摇臂的"松开油腔"，推动活塞运动，活塞推动菱形块，将摇臂松开。同时，活塞杆通过弹簧片行程开关 SQ2，使其动断触点（6—13）断开，动合触点（6—8）闭合。前者切断了接触器 KM4 的线圈电路，KM4 主触点断开，液压泵电动机停止工作；后者使交流接触器 KM2 的线圈得电，KM2 主触点接通电动机 M2 的电源，摇臂升降电动机起动正向旋转，带动摇臂上升。如果此时摇臂尚未松开，则行程开关 SQ2 动合触点（6—8）不会闭合，接触器 KM2 将不能吸合，摇臂也就不能上升。当摇臂上升到所需位置时，松开按钮 SB3，则接触器 KM2 和时间继电器 KT 同时断电释放，KT 动合触点（1—17）断开，但由于行程开关 SQ3 的动断触点（1—17）仍然闭合，所以电磁阀 YV 线圈依然得电。M2 电动机停止工作，随之摇臂停止上升。

由于时间继电器 KT 断电释放，经 1～3s 时间的延时后，延时闭合的动断触点（17—18）闭合，接触器 KM5 线圈得电吸合，液压泵电机 M3 反向旋转，随之泵内压力油经分配阀进入摇臂的"夹紧油腔"，摇臂夹紧。在摇臂夹紧的同时，活塞杆通过弹簧片使行程开关 SQ3 的动断触点（1—17）断开，电磁阀 YV 线圈失电，同时，KM5 线圈失电释放，使 M3 电动机停止工作，完成了摇臂从松开到上升再到夹紧的整套动作。

② 摇臂下降。摇臂的下降由 SB4 控制 KM3→M2 反转来实现，其过程可自行分析。

4）立柱、主轴箱的松开与夹紧控制。立柱和主轴箱的松开（夹紧）是同时进行的，SB5 和 SB6 分别为松开与夹紧控制按钮，由它们点动控制 KM4、KM5→控制 M3 的正、反转，由于 SB5、SB6 的动断触点（17—20—21）串联在 YV 线圈支路中，所以在操作 SB5、SB6 使 M3 点动的过程中，电磁阀 YV 线圈不吸合，液压泵供出的压力油进入主轴箱和立柱的松开、夹紧油腔，推动松、紧机构实现主轴箱和立柱的松开、夹紧。同时由行程开关 SQ4 控制指示灯发出信号：主轴箱和立柱夹紧时，SQ4 的动断触点（201—202）断开而动合触点（201—203）闭合，指示灯 HL1 灭 HL2 亮；反之，在松开时 SQ4 复位，HL1 亮而 HL2 灭。HL3 为主轴旋转指示灯。

（3）辅助电路。控制变压器 TC 输出照明用交流安全电压 36V，由开关 SA 控制，采用熔断器 FU3 作短路保护。控制变压器 TC 输出 6V 交流电压，供给指示灯用。

（4）其他连锁和保护。

1）按钮、接触器连锁。摇臂升降电动机的正反转控制接触器不允许同时得电动作，以防止电源短路。为此，除了采用按钮 SB3 和 SB4 的机械连锁外，还采用了接触器 KM2 和 KM3 的电气连锁。在液压泵电动机 M3 的正反转控制电路中，接触器 KM4 和 KM5 采用了电气连锁，在主轴箱和立柱的夹紧、放松电路中，为保证压力油不供给摇臂夹紧油路，将按钮 SB5 和 SB6 的动断触点串联在电磁阀 YV 线圈的电路中，以达到连锁目的。

2）限位连锁。在摇臂升降电路中，行程开关 SQ2 是摇臂放松到位的信号开关，其动合触点（6—8）串联在接触器 KM2 和 KM3 线圈中，它在摇臂完全放松到位后才动作闭合，以确保摇臂的升降在其放松后进行。行程开关 SQ3 是摇臂夹紧到位后的信号开关，其动断触点（1—17）串联在接触器 KM5 线圈、电磁阀 YV 线圈电路中。如果摇臂未夹紧，则行程开关 SQ3 动断触点（1—17）闭合保持原状，使得接触器 KM5 线圈、电磁阀 YV 线圈得电吸合，对摇臂进行夹紧，直到完全夹紧为止，行程开关 SQ3 的动断触点（1—17）才断开，切断接触器 KM5 线圈、电磁阀 YV 线圈。如果液压夹紧系统出现故障，不能自动夹紧摇臂，或者由于 SQ3 调整不当，在摇臂夹紧后不能使 SQ3 的动断触点（1—17）断开，都会使液压泵电动机因长期过载运行而损坏。为此，电路中设有热继电器 FR2 作过载保护，其整定值应根据液压泵电动机 M3 的额定电流来进行调整。

3）时间连锁。通过时间继电器 KT 延时断开的动合触点（1—17）和延时闭合的动断触点（17—18），时间继电器 KT 能保证在摇臂升降电动机 M2 完全停止运行后，才能进行摇臂的夹紧动作，时间继电器 KT 的延时长短由摇臂升降电动机 M2 从切断电源到停止的惯性大小来决定。KT 为断电延时类型，在进行电路分析时要注意。

4）失电压（欠电压）保护。主轴电动机 M1 采用按钮与自锁控制方式，具有失电压保护；各接触器线圈自身亦具有欠电压保护功能。

5）机床的限位保护。摇臂升降都有限位保护，行程开关 SQ1—1（5—6）和 SQ1—2（7—6）用来限制摇臂的升降超程。当摇臂上升到极限位置时，行程开关 SQ1—1（5—6）动作，接触器 KM2 失电释放，M2 电动机停止运行。反之，当摇臂下降到极限位置时，行程开关 SQ1—2（7—6）动作，接触器 KM3 失电释放，M2 电动机停止运行，摇臂停止运行。

四、训练内容及步骤

对安装完的设备进行检查与调试可按下列步骤进行。

1. 进行外表检查

(1) 检查电器元件安装是否稳定、牢固。

(2) 对照图纸检查所用电器元件规格是否与图纸要求相符,检查各电器元件是否完好,动作是否灵活。

(3) 检查线号安装是否正确,有无遗漏、错误等问题。

(4) 检查接线是否正确,有无遗漏、错误、短路等问题。

2. 调试前的调查研究

(1) 看是否有明显外表特征,如火花、电气元件及导线连接有无烧焦痕迹,通过了解基本情况有助于缩小问题区域。

(2) 电动机、控制变压器、接触器、继电器运行中声音是否正常。

(3) 在运行一段时间后,切断电源,用手触摸有关电器的外壳或电磁线圈,试其温度是否显著上升,是否有局部过热现象。

3. 利用仪表器材检查

利用各种电工测量仪表对电路进行电阻、电流、电压等参数的测量,进一步寻找原因,是电气维修工作中的一项有效措施。例如,利用万用表、试电笔等来检查线路,能迅速有效地找出问题原因,常用的方法有以下几种。

(1) 电压测量法。用来检查电器元件和电路的问题点,要注意根据电路的实际情况来选择直流电压和交流电压的挡位和量程。

(2) 电阻测量法。电阻测量法的优点是安全;缺点是测量电阻值不准确时易造成判断错误;使用电阻测量法时还要注意,用电阻测量法检查故障时一定要断开电源;测量电路若与其他电路并联,必须将该电路与其他电路断开,否则所测电阻阻值不准确;测量高电阻电器元件时,要将万用表的电阻挡旋钮置于适当的位置。

(3) 短接法。即是用一根绝缘良好的导线,将所怀疑的断路部位短接,如短接到某处,电路接通,说明该处断路。使用此方法时要注意:短接法是用手拿绝缘导线带电操作的,所以一定要注意安全,避免触电事故;短接法只适用于压降极小的导线及触点之类的断路问题,对于压降较大的电器线圈、电阻等断路问题,不能采用短接法,否则会出现短路问题;对于机床某些要害部件,必须保障电气设备或机械部位不会出现事故的情况下,才能使用短接法。

4. 处理问题

通过前期的分析和测量,在确认问题点后,进行问题的处理,并进行通电试验,只有在试车过程中所有器件动作全部正常后,才能清理现场工具并做好维修记录。

五、注意事项

(1) 在找出问题点和修复故障时应注意,不能把找出的问题点作为寻找问题的终点,还必须进一步分析查明产生问题的根本原因。

(2) 在问题点的修理工作中,一般情况下应尽量做到复原,有时为了尽快恢复机床正常运行,也要依实际情况采取一些适当的应急措施。

(3) 机床需要通电试运行时,应和操作者配合,避免出现新的问题。

(4) 每次处理问题后,应及时总结,并做好维修记录。

六、成绩评定

项目内容	配分	评分标准	扣分	得分
调试前检查	20分	(1) 通电前，没有做有无短路检查，扣10分 (2) 元器件安装不正确合理、牢固可靠，没有检查出，每件扣3分 (3) 线号标注不正确合理，有漏错，没有检查出，每处扣3分 (4) 布线不正确合理，有漏错，没有检查出，每处扣3分		
通电调试	60分	(1) 不能正确地使用工具仪表进行调试，扣10分 (2) 没有通电操作电气设备，观察判断设备控制动作与工作过程，扣5分 (3) 结束后，设备控制与动作不正常，每处扣20分 (4) 调试完毕后，没有恢复原貌，每处扣5分		
调试后总结	20分	(1) 没有写出通电调试操作设备控制动作与工作存在的问题与现象，扣5分 (2) 没有写出调试过程和处理过程及具体位置，扣5分		
安全文明操作	10分	(1) 防护用品不齐，每项扣3分 (2) 工具、仪表有损坏扣5分 (3) 工具乱丢乱放及考完工位不清洁扣2分 (4) 短路跳闸一次扣5分，违反安全操作本项全扣10分，对发生事故重大者取消考试资格		
工时：1h		在规定时间内完成	评分	

项目十二　测　　绘

学习目标

应知：

1. 掌握测绘的概念、步骤、方法以及草图的绘制。
2. 掌握机械零部件的测量方法、图纸绘制要求。
3. 掌握电气线路各图的作用，测量与绘制要求。

应会：

1. 掌握测量工具的使用与方法。
2. 能根据实际典型机械零部件进行测量，绘制出标准的机械零件图。
3. 能根据实际典型电气线路进行测量，绘制出标准的电气原理图。

建议学时

理论教学4学时，技能训练8学时。

相关知识

课题一　机械零件测绘

一、测绘的概念

测绘是对现有的零件、部件（或机器设备）进行分析、测量，制定技术要求并绘制出草图和工作图的过程。测绘是一件复杂而细致的工作，主要是分析机件的结构形状，画出图形；准确测量，注出尺寸；合理地制定技术要求等。因此，要掌握测绘工作能力，保证测绘质量，还要学习徒手画草图的技能、各种测量工具的使用、正确的测量方法和合理安排测绘步骤等。

二、测绘工具及方法

1. 测绘工具

常用的测绘工具有直尺、外卡钳、内卡钳、游标卡尺、千分尺和投影机等。

2. 常用的测量方法

（1）测量直线尺寸（长、宽、高）一般可用直尺或游标卡尺直接量得尺寸的大小。

（2）测量回转面的直径，一般可用卡钳、游标卡尺等。

（3）测量壁厚时，一般可用钢直尺、带测量深度的游标卡尺、卡钳等测量。

（4）测孔间距，可用游标卡尺、卡钳或钢直尺等。

（5）测量中心高，一般可用钢直尺、卡钳或游标卡尺等。

（6）测量圆角，一般用圆角规。

（7）测量角度，一般用角规。

（8）测量曲线或曲面，一般用专门量仪或拓印法、铅线法、坐标法。

三、较复杂零件的测绘方法

1. 截交线

平面与曲面相交时，该平面称为截平面，截平面与曲面的交线为平面曲线，称为截交线。截交线由既属于截平面、又属于曲面的共有点集合而成。因此，求出截平面和曲面的若干共有点，然后依次光滑地连成平面曲线，便得截交线。

2. 相贯线

曲面与曲面的交线称为相贯线。相贯线是两曲面的共有线，又是两曲面的分界线。相贯线一般为封闭的空间曲线，有时也可不封闭，特殊情况下，相贯线为直线或平面曲线。

两二次回转曲面相交，且有公共对称平面，当其相贯线为空间曲线时，它在此公共对称平面上的投影为二次曲线。

四、零件草图的绘制及由零件草图绘制零件工作图的方法

1. 零件草图的绘制步骤

（1）在绘图纸上定出各个视图的位置，画出各视图的基准线、中心线。

（2）详细地画出零件外部和内部的结构形状。

（3）注出零件各表面粗糙度符号，选择基准和画尺寸线、尺寸界线及箭头。经过仔细校对后，将全部轮廓线描深，画出剖面线。

（4）测量尺寸，定出技术要求，并将尺寸数字、技术要求记入图中。

2. 画零件工作图的具体方法和步骤

（1）对零件草图进行审查校对。

1）表达方案是否完整、清晰和简便。

2）零件上的结构形状是否有损坏、疵病等情况。

3）尺寸标注得是否完整、合理清晰。

4）技术要求是否满足零件的性能要求。

（2）画零件工作图的方法和步骤。

1）根据实际零件的复杂程度选择比例。

2）根据表达方案、比例，留出标注尺寸和技术要求的位置，选择标准图幅。

3）画底稿。定出各视图的基准线，画出图形，标注尺寸，注写技术要求，填写标题栏。

4）校对。

5）描深。

6）审核。

课题二 电气线路测绘

一、继电控制设备的电气线路的测绘

1. 继电控制设备的电气原理图与接线图的区别

继电控制设备电气线路图可以用原理图和接线图表示，原理图便于阅读和分析其工作原理，接线图便于安装和检修电气设备，故各有用途，目前常用的原理图多采用电气元器件展开图的形式，但并不按电气元器件实际布置的位置来绘制，而是根据它在电路中所起的作用，画在不同的部位上。三相异步电动机点长车控制原理图如图12-1所示。

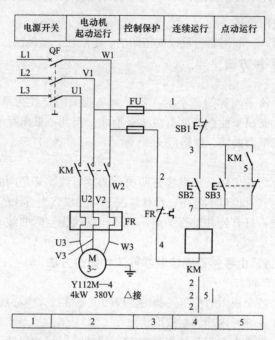

电源开关	电动机起动运行	控制保护	连续运行	点动运行

图 12-1　三相异步电动机点长车控制原理图

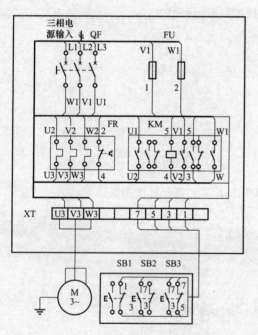

图 12-2　三相异步电动机点长车控制接线图

接线图能反映电气元器件和连接导线的实际安装位置，同一电器的各部件是画在一起的。三相异步电动机点长车控制接线图如图 12-2 所示。

接线图对于实际安装、接线、调整和检修工作是很方便的，但从其了解复杂的线路动作原理较为困难。

为了统一控制线路的绘制，在绘制原理图时，应遵循以下原则。

（1）原理图中的连接线、设备或元器件的图形符号的轮廓线都用实线绘制，其线宽可根据图形的大小在 0.25、0.35、0.5、0.7、1.0、1.4mm 中选取；屏蔽线、机械联动线、不可见轮廓线等用虚线；分界线、结构图框线、分组围框线等用点画线绘制；一般在同一图中，用同一线宽绘制。

（2）图中各电气元器件的图形和文字符号均应符合最新国家标准。

（3）各个元器件及其部件在原理图中的位置应根据便于阅读的原则来安排，同一元器件的各个部件可以不画在一起，但属于同一电器上的各元器件都用同一文字符号和数字表示，如图 12-2 中的接触器 KM，它的线圈和辅助触头画在控制线路中，主触头画在主电路中，但用同一文字符号标明。

（4）所有电器开关和触头的状态，均以线圈未得电、手柄置于零位、无外力作用或生产机械在原始位置为基础。

（5）原理图分为主电路和控制电路两部分，主电路画在左边，控制电路画在右边，按新的国家标准规定，一般用竖直画法。

（6）电动机和电器的各接线端子都要编号，主电路的接线端子用一个字母后面附一位或两位数字来编号，如 U1、V1、W1，控制电路只用数字编号。

（7）各元器件在图中还要标有位置编号，以便寻找对应的元器件；对电路或分支电路可用数字编号表示其位置，数字编号应按从左到右或自上而下的顺序排列，如果某些元器件符号之间有相关功能或因果关系的，还应表示出它们之间的关系，如图 12-1 所示：图中接触器 KM 线圈下面竖线的左边有 3 个 2，表示在 2 号位置上有它的三副主触头；第二条竖线左边有一个 5，则表示在 5 号位置上有一副常开辅助触头；右边有数字，则表示在数字位置上有常闭辅助触头，在触头 KM 下面有数字，表示它的线圈在该数字位置上。

2. 根据实物绘制电器设备控制电路图的步骤

（1）测绘前的调查。

1）了解设备的基本结构及运动形式，哪些运动属于电气控制的，哪些运动是机械传动的，哪些属于液压传动的，液压传动时电磁阀的动作情况如何；另外，电气控制中哪些需要连锁、限位及所需的各种电气保护等。

2）在熟悉机械动作情况的同时，让设备的操作者开动设备，展示各运动部件的动作情况，了解哪些是正反转控制，哪些是顺序控制，哪台电动机需制动控制等，有些电器功能不清楚时可通过试车确认。

3）根据各部件的动作情况，在电气控制箱（盘）中观察各电气元器件的动作，按绘制方法绘制电气控制电路图。

（2）测绘方法。

1）位置图—接线图法。这是测绘电气原理图的最基本方法，绘制步骤如下。

① 将生产设备停电，并使所有电气元器件处于正常（不受力）状态。

② 按实物画出设备的电器布置图，一般电器位置分为三个部分：控制箱（柜）、电动机和设备本体上的电器。

③ 画出所有电器内部功能示意图，在所有接线端子处均标线号，画出实物接线图。

④ 根据实物接线图和绘制原则画出电气原理图。

2）查对法。在调查和了解的基础上，分析判断生产设备控制线路中采用的基本控制环节，并画出线路草图，再与实际控制线路进行查对，对不正确的地方加以修改，最后绘制出完整的电气原理图。采用此法绘图需要绘制者有一定的基础，既要熟悉各种电气元器件在系统中的作用及连接方法，又要对系统中各种典型环节的画法有比较清楚的了解。

3）综合法。根据对生产设备中所用电动机的控制要求及各环节的作用，采用上述两种方法相结合进行绘制，如先用查对法画出草图，再按实物测绘检查、核对、修改，画出完整的电气原理图。

3. 操作要点提示

（1）绘制接线图时应注意以下几点。

1）接线图应表示出各电器的实际位置，同一电器的各元器件要画在一起。

2）要表示出各电动机、电器之间的电气连接，用线条表示的（也可用去向号表示），凡是导线走向相同的可以合并画成单线，控制板内和板外各元器件之间的电气连接是通过接线端子来进行的。

3）接线图中元器件的图形和文字符号以及端子的编号应与原理图一致，以便对照检查。

4）接线图应标明导线和走线管的型号、规格、尺寸、根数。

（2）绘制电路图时，先绘制主运动、辅助运动及进给运动的主电路的电路图；再绘制主运动、辅助运动及进给运动的控制电路图。

（3）将绘制的电路图按实物编号。

（4）将绘制好的控制电路图对照实物进行实际操作，检查绘制的电气控制电路图的操作控制与实际操作的电器动作情况是否相符，如果与实际操作情况相符，就完成了电气电路图的绘制。否则须进行修改，直到与实际动作相符为止。

二、电子线路测绘

印制板电路以电路图为依据，反映各元器件连接的真实情况。印制板导电图形图表示印制导线、连接盘的形状及相互之间的位置关系。

1. 导电图形的表示

印制板的导电图形是一些不规则的图形，包含三个部分：引线孔（作为固定元器件引脚的孔）、连接盘（保证焊接牢固）、印制导线（作为元器件的连接导线），导电图形一般用双轮廓线绘制。为了便于区别，一般在双轮廓线内涂色或用剖面线来表示。

2. 导电图形的布置

印制电路能否良好工作，除与电路设计有关外，导电图形的布置也很重要。导电图形应布置在区域允许的范围内，这个区域的界限应用细实线画出。印制电路中的多个导电图形的形状、大小、在印制板上所处的位置，受多种因素的制约，导电图形布置时应注意以下几点。

（1）在电路图中不相交的线路导电图形布线原则上不相交，但无法避免相交时，可用导线从未敷设铜皮的一面跨接。

（2）在绘制相邻导线时，应注意防止电压击穿或飞弧的发生，印制导线间必须有最小的间距，而间距的大小又取决于：相邻导线间的峰值电压、印制板表面所用涂覆层和电容耦合参数。

（3）有电感元件时，导电图形的布置要使电感元件相互垂直，以防互感的发生。

（4）在高频电路中，若是双面布线应避免平行布线，即一面采用水平布线，另一面尽量采用垂直布线；在满足电性能的条件下，应尽量使用窄导线。

3. 标记符号

标记符号是指印制板零件图上元器件的图形符号、简化外形及项目代号，通常布置在印制板的元件面（未涂覆铜层的一面），为便于装配元件后能清晰地识读标记符号，标记符号应尽量避开连接盘和引线孔。

印制板标记符号图是按元器件在印制板上的实际位置表示标记符号的图，用于元器件的装配以及设备检查、维修等。图中的元器件图形符号与项目代号均与电路图、逻辑图中一致。

非焊接固定的元器件和图形符号不能表明安装关系的元器件，可用实物简化外形轮廓绘制。

标记符号图中的元器件还可用象形符号来表示，也有用元器件装接的实际位置来表示标记符号的，图中有些元器件项目代号上画或下画的一短线，表示元器件装接的位置。

为了维修方便，要将有极性元器件的极性符号标出，如电解电容，对有方位要求的元器件，如各种集成电路，要将它们的定位特征标记标出。

4. 印制电路板的分类

印制电路板分为刚性和柔性两种，刚性印制电路板又分为单面板和双面板，或者和柔性板结合组成多层印制电路。

（1）无论是哪一种类型，都是在一片绝缘基板上用化学或机械方法粘上一层或两层导电薄膜构成，加工后印制电路板作为电子元器件的电气连线和机械支架，刚性单面印制电路板是应用最广的一种，大量使用在不太复杂的电路中，双面印制电路板及多层印制电路板常用于复杂的电子电路中。

（2）柔性印制电路板是用导电薄膜和绝缘薄膜层叠而成的，有预备的焊接端头，其余部分都被绝缘膜包裹。线端连接方式则可用焊接或尼龙插头、插座连接。所以柔性扁平印制电路板使用时与普通电缆相似，但它要柔软得多。

5. 测绘电子线路电路图步骤

在电子线路的维修过程中，时常会碰到没有任何技术资料的情况，特别是没有电路图，这就要求维修人员必须具备一定的驳图能力，即根据电子产品或线路的实物，绘制出电路图。其测绘步骤如下。

（1）确认产品的型号和类型。首先必须确认产品或线路的类型，这是绘制电路图的重要前提，电子线路种类繁多，外形各异，结构复杂，必须认真观察来确认是何类电子产品，并尽可能确认其型号。

（2）描绘安装接线图。根据电子线路的结构，描绘各元器件、零部件之间接线图的过程应注意以下几点。

1）根据各元器件的实物外形，确认其类型，切不可张冠李戴。

2）认真、细致地摸清线路结构中复杂导线的走向，不管电路中的导线多么复杂，均可分为三类：电源线、地线和信号线，因此，可以分类描绘各类导线的连接情况。

（3）根据安装接线图画出电路图。为了明确表示电路原理和元器件间的控制关系，必须在接线图的基础上画出其电路图，对于所画的电路图要尽可能规范，即电路中的元器件用标准的电符号来替代；信号流程以水平方向从左至右；基本单元电路中的各元器件相对集中。

（4）简述电路图的工作原理及调试方法。

6. 操作要点提示

（1）绘制安装接线图时，应做到"定点画线"，首先把印制电路板拆卸下来，把印制电路板上与外围识别元器件的连接线取下，并做好记录，画出简图，其目的是避免重装时，出现错误；然后用一张比印制电路板稍大的半透明晒图纸蒙在印制电路板上，并用夹子固定，使之不能移动，用铅笔将焊点和印制铜箔走线誊引出来，画完后再把该晒图样取下，用钢笔或圆珠笔将焊点和走线重新填画清楚。

（2）绘制出简图后，要"添画元器件"，反复查看实物印制电路板，仔细查看各焊点上所焊接的元器件，一般情况下，均以大结构及易识别的元器件作为定点方位，先找集成电路、大功率晶体管、变压器等元器件的所在位置，通过翻看实物或检测等手段，标出这些元器件的有关焊点，画出其电路符号，元器件填入完毕后，可把接线图上的电源线、地线、信号通信等用不同的彩笔描出。

（3）根据安装接线图绘制电路图时，首先判断电路的大致类型，画出主要元器件的位置，按照从输入到输出的顺序，将集成电路、晶体管等主要元器件的大概位置排列出来；然后按照由后级向前级的顺序，将主要元器件的外围添画上。在添画外围器件时，若遇集成电路，可按集成电路的管脚顺序逐一绘制；若遇晶体管，一般按先画发射极回路，再画集电极回路，最后画基极回路的原则进行绘制。主要元器件及外围绘制完成后，再画退耦滤波等辅助性电路元器件。最后，将有关连线、印制电路板之外的元器件画上，即可完成一张电子产品或电子线路原理图的草图。

（4）反复核对电路图有无漏画、错画的元器件，同时将各元器件的序号，标在各元器件的一边，并确认无误。

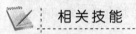 **相关技能**

技能训练一　X62W 型万能铣床电气控制电路的测绘

一、训练目的

（1）掌握电气控制电路测绘方法及测绘步骤。

（2）掌握电气设备实物测绘技巧，操作要点。

（3）学会电气原理图与接线图的画法及整理方法。

二、训练器材

（1）常用电工工具 1 套。

（2）万用表（自定）1 块。

（3）钳形电流表（自定）1 只。

（4）绝缘鞋和工作服等 1 套。

（5）演草纸（A4 或 B5 或自定）4 张。

（6）圆珠笔、铅笔各 1 支。

（7）橡皮及绘图工具 1 套。

（8）X62W 万能铣床 1 台。

三、训练内容及步骤

（1）熟悉机床的控制要求，了解机床的基本工作原理、加工范围和操作程序。对于 X62W 型万能铣床来说，主轴电动机需要正、反转，但方向的改变并不频繁；根据加工工艺的要求，有的工件需要顺铣（电动机正转），有的工件需要逆铣（电动机反转），大多数情况，并不需要经常改变电动机转向，因此，可用电源相序转换开关实现主轴电动机的正反转，节省一个反向转动接触器。铣刀的切削是一种不连续切削，容易使机械传动系统发生振动，为了避免这种现象，在主轴传动系统中装有惯性轮，但在高速切削后，停车很费时间，故采用反接制动，工作台既可以做 6 个方向的进给运动，又可以在 6 个方向上快速移动。为防止刀具和机床的损坏，要求只有主轴旋转后，才允许有进给运动。为了减小加工件表面的粗糙度，只有进给停止后主轴才能停止或同时停止。主轴运动和进给运动采用变速盘来进行速度选择，为保证变速齿轮进入良好啮合状态，两种运动都要求变速后做瞬时点动，操作上采用了两地控制。

（2）绘制机床元器件摆放，测量机床电路。由于该类型铣床的电气控制与机械结构间的配合十分密切，因此在测绘时应判明机械和电气的连锁关系。现场测绘并确定 X62W 型万能铣床电器的位置图（见图 12-3）和布置图（见图 12-4）。

测量机床电路时，通常先从主电路入手，了解机床各运动部件和机构采用了几台电动机拖动，从每台电动机主电路中使用接触器的主触头的连接方式，大致看出电动机是否有正、反转控制，是否采用了减压起动，是否有制动控制等。

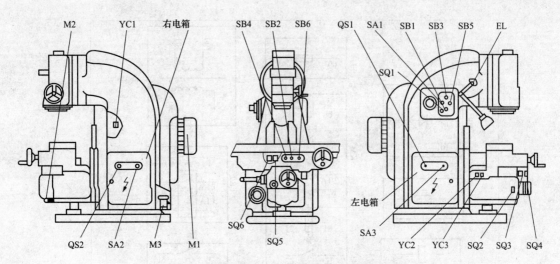

图 12-3 X62W 型万能铣床电器的位置图

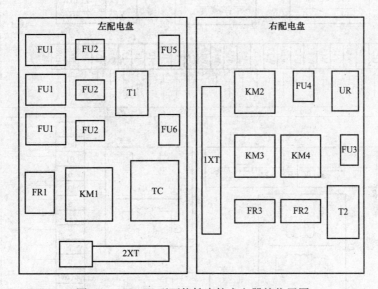

图 12-4 X62W 型万能铣床箱内电器的位置图

（3）从接触器主触头的线号在控制电路中找到相对应的控制电路，联系机床对控制电路的要求，逐步深入理解各个具体的电路由哪些电器组成。

（4）在进行测量时，正确使用测量工具逐段核对接线及接线端子处线号来检查电路，能迅速有效地进行判断。

（5）按照国家电气绘图规范及标准，正确绘出电气接线图，如图 12-5 所示。

（6）按照绘出的机床电路图，分析工作原理。X62W 型万能铣床电路图如图 12-6 所示。

（7）根据测绘列出 X62W 型万能铣床电气元件明细表。

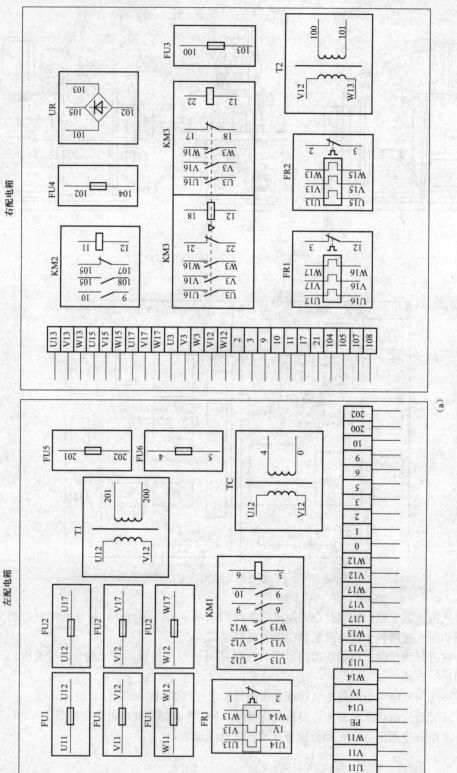

图 12-5　X62W型万能铣床电气接线图（一）

(a)

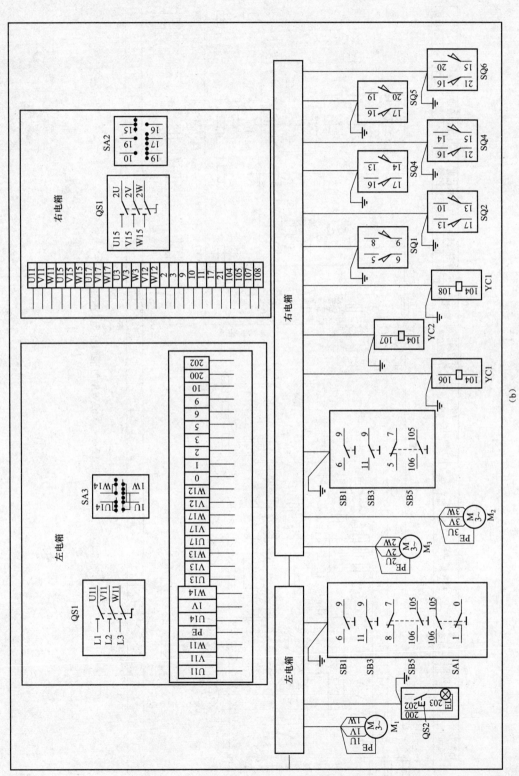

图 12-5 X62W型万能铣床电气接线图 (二)

(b)

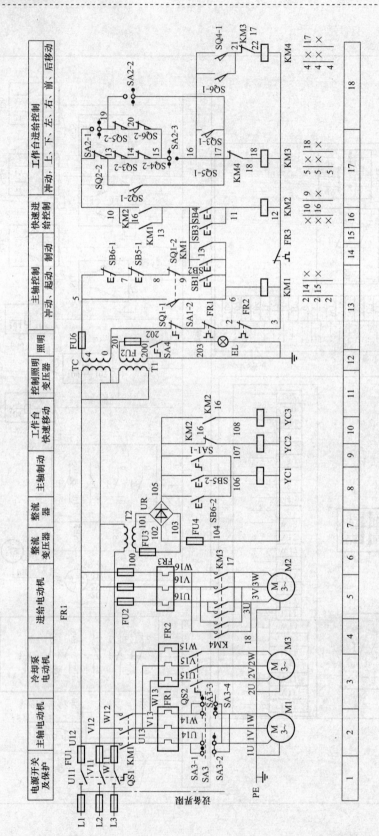

图 12-6　X62W型万能铣床电路图

四、成绩评定

项目内容	配分	评分标准	扣分	得分
绘制接线图	30分	(1) 不能熟练利用测量工具进行测量，扣5分 (2) 测量步骤不正确，每次扣2分 (3) 绘制电气接线图时，符号错1处扣1分 (4) 绘制电气接线图时，接线图错1处扣2分 (5) 绘制电气接线图不规范及不标准，扣5分		
绘制电路图	30分	(1) 绘制电路图时，符号错1处扣1分 (2) 绘制电路图时，电路图错1处扣2分 (3) 绘制电路图不规范及不标准，扣5分		
简述原理	30分	(1) 缺少一个完整独立部分的电气控制线路的动作，扣10分 (2) 在简述每一个独立部分电气控制线路的动作时不完善，每处扣2分 (3) 简述电气动作过程错误，扣10分		
安全文明操作	10分	(1) 防护用品不齐，每项扣3分 (2) 工具、仪表有损坏扣5分 (3) 工具乱丢乱放及考完工位不清洁扣2分 (4) 短路跳闸一次扣5分，违反安全操作本项全扣10分，对发生事故重大者取消考试资格		
工时：4h		在规定时间内完成	评分	

技能训练二 声控器电子线路的测绘

一、训练目的
(1) 掌握电子线路测绘方法及测绘步骤。
(2) 掌握电子线路实物测绘技巧，操作要点。
(3) 学会电气原理图与接线图的画法及整理方法。

二、训练器材
(1) 常用电工工具1套。
(2) 万用表（MF47或自定）1块。
(3) 示波器（自定）1台。
(4) 绝缘鞋和工作服等1套。
(5) 演草纸（A4或B5或自定）4张。
(6) 圆珠笔、铅笔各1支。
(7) 橡皮及绘图工具1套。
(8) 声控器电子线路板（焊接好的声控器电子线路）1套。

三、训练内容及步骤
(1) 确认电子产品及线路的类型，依照电路板上的电子元器件布置，绘制电子元器件布置草图，注意观察各个电子元器件的功能和作用。声控器印制板导电图如图12-7所示。

(2) 测量时，判断出电子线路板上的信号处理流程方向，根据电路的整体功能，找出整个电路的总输入端和总输出端，即可判断出电路的信号处理流程方向。例如，声控器的传声器（话筒）输入处为总输入端，继电器输出处为总输出端，从总输入端到总输出端即为信号处理流程方向。以主要元器件为核心，将电路分解为若干个单元电路，一般来讲，晶体管、集成电路等是各单元电路的核心元器件。因此，以晶体管或集成电路等主要元器件为标志，按照信号处理流程方向将电路图分解为若干个单元电路，分析主通道各单元电路的基本功能及其相互间的

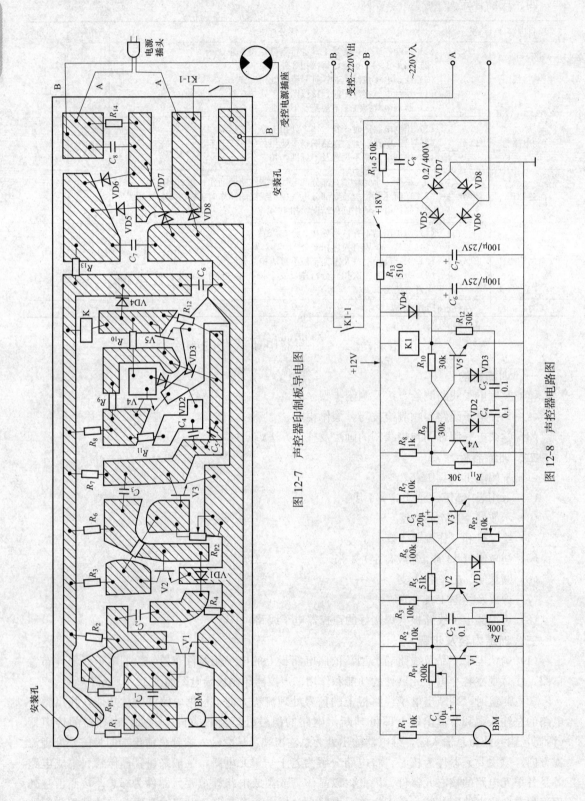

图 12-7 声控器印制板导电图

图 12-8 声控器电路图

接口关系。因此测量分析电路时应首先分析主通道各单元电路的功能，以及各单元电路间的接口关系。

（3）根据绘制电子线路接线图草图，按国家电气绘图规范及标准，正确绘出电子线路电路图。参考电路图如图 12-8 所示。

（4）简述电路的工作原理。图中，驻极体传声器则是声电转换器；晶体管 V1 是共发射极放大电路；V2、V3 是整形电路，它实际上是一个单稳态触发器；V4、V5 构成双稳态触发器，作继电器的推动电路；继电器 K 是执行电路；二极管 VD5～VD8 以及电容 C6～C8 等构成电源电路。

当拍手（或其他方式）发出声音信号时，驻极体传声器 BM 接收到声波并将其转换成相应的电信号，经 C_1 耦合至晶体管 V1 基极进行放大；放大后的信号由 V1 集电极输出极输出，经 C_2、R_4 微分后，其中的正脉冲被二极管 VD1 阻断，负脉冲通过 VD1 到达三极管 V2 基极，触发单稳态电路翻转，三极管 V3 集电极电压从 12V 下跳为 0V，U_{C3} 的电压变化经 C_4、R_{11} 微分后，负脉冲通过二极管 VD2 加到三极管 V4 基极，触发双稳态电路翻转，三极管 V5 由截止转为导通，继电器 K1 吸合，触点闭合，使接在 B—B 端的家用电器电源接通而工作。在单稳态触发器处于暂稳态的 1.4s 时间里，声音信号不再起作用，从而保证了双稳态触发器可靠翻转。当单稳态触发器暂态结束恢复稳态时，三极管 V3 集电极电压 U_{C3} 的正跳变，被二极管 VD2 阻断，不起作用。

当再次（1.4s 以后）发出声音信号时，单稳态触发器输出经 C_5、R_{12} 微分后，负脉冲通过二极管 VD3 加到三极管 V5 基极，触发双稳态电路再次翻转，V5 截止，继电器 K 释放，触点断开，关闭了家用电器的电源。二极管 VD4 的作用，是防止在 V5 截止的瞬间，继电器线圈产生的自感反电势击穿 V5。

电源电路采用电容降压整流电路。C_8 是降压电容，对于 50Hz 的交流电而言，其容抗 $X_C = 1/2\pi f C \approx 16k\Omega$，远高于电路阻抗，因此，220V 交流电源中的绝大部分电压都降在 C_8 上。经 C_8 降压后的交流电压，经二极管 VD5～VD8 桥式整流后，再由 C_6、C_7、R_{13} 滤除交流成分，最后输出 12V 直流电压供电路工作。R_{14} 是泄放电阻，当切断电源后，R_{14} 为 C_8 提供放电回路。

四、成绩评定

项目内容	配分	评分标准	扣分	得分
绘制电路图	50 分	（1）不能熟练利用测量工具进行测量，扣 5 分 （2）测量步骤不正确，每次扣 3 分 （3）绘制电子线路电路图时，符号错每处扣 2 分 （4）绘制电子线路电路图时，电路图错每处扣 2 分 （5）绘制电子线路电路图时，不规范或不标准扣 10 分		
简述原理	20 分	（1）简述电子线路工作原理时，错误每次扣 5 分 （2）简述电子线路工作原理时，每处不完善扣 5 分		
简述调试方法	20 分	（1）缺少一个调试步骤扣 5 分 （2）在每一个调试步骤中，调试方法不完善扣 5 分		
安全文明操作	10 分	（1）防护用品不齐，每项扣 3 分 （2）工具、仪表有损坏扣 5 分 （3）工具乱丢乱放及考完工位不清洁扣 2 分 （4）短路跳闸一次扣 5 分，违反安全操作本项全扣 10 分，对发生事故重大者取消考试资格		
工时：2h		在规定时间内完成	评分	

项目十三　知识与技能考核

学习目标

应知：

> 1. 进一步巩固、强化理论知识。
> 2. 掌握理论知识考核范围与考核要求。
> 3. 掌握该工种各等级理论考核常考的题型。

应会：

> 1. 进一步巩固、强化操作技能。
> 2. 掌握操作技能考核范围与考核要求。
> 3. 掌握该工种各等级操作考核常考的题型。

建议学时

理论教学 14 学时，技能训练 14 学时。

相关知识

课题一　理论知识训练试题库

一、填空题

1. 职业道德涵盖了＿＿＿＿＿＿＿、＿＿＿＿＿＿＿和职业与职业之间的关系。

2. 道德体系包括职业道德、＿＿＿＿＿＿＿、婚姻道德和＿＿＿＿＿＿＿。

3. 对旧的职业道德遗产，正确的态度是既要批判，又要＿＿＿＿＿＿；既有＿＿＿＿＿＿，又有肯定。

4. 职业道德建设是＿＿＿＿＿＿＿、公民道德建设和＿＿＿＿＿＿＿的重要组成部分。

5. 法治与＿＿＿＿＿＿从来都是缺一不可、＿＿＿＿＿＿＿的。

6. 市场经济是＿＿＿＿＿＿＿经济和＿＿＿＿＿＿＿经济。

7. 在一个正常运转的社会中，调整各方面利益关系的手段可以多种多样，有＿＿＿＿＿＿、政治的、法律的、行政的、＿＿＿＿＿＿＿，等等。

8. 从我国尚处于社会主义初级阶段这一基本国情出发而确立的职业道德建设的基本原则是：＿＿＿＿＿＿、＿＿＿＿＿＿＿和人道主义。

9. 职业道德对从业人员的行为具有惩处、防范、＿＿＿＿＿＿和＿＿＿＿＿＿的作用。

10. ＿＿＿＿＿＿＿是从业人员的基本素质，是＿＿＿＿＿＿＿的需要。

11. 社会主义道德的基本要求是：爱祖国、爱人民、_____、_____、爱社会主义。

12. 集体主义的最高道德目标和最核心的内容是_____利益与_____利益的辩证统一。

13. 树立职业理想、_____和_____是爱岗敬业的具体要求。

14. 从业人员_____是职业活动正常进行的基本保证，也是发展社会主义市场经济的_____。

15. 职业纪律具有明确的_____性，一定的_____性。

16. _____和_____是职业人员必备的条件之一。

17. 职业道德教育是有_____、有_____地对从业者施加一系列职业道德影响，把职业道德要求转化为个体思想意识和道德品质的教育活动。

18. 诚信是为人处世的_____，是成就事业的_____。

19. 讲求信誉既是做人的_____，也是_____的起码要求。

20. 职业道德评价的手段或方式主要包括_____、_____和社会习俗。

21. "三违"指：违章指挥、_____及_____。

22. 三级教育：厂级（总公司级）、_____、_____。

23. 常见的触电原因有三种：一是_____，二是_____，三是输电线或用电器绝缘损坏。

24. 一般情况下，人体的允许电流可以看成是受电击后能摆脱带电体，解除触电危险的电流。男性最小允许电流为_____ mA，女性最小允许电流为_____ mA。

25. 通过人体_____ mA 的工频电流就会使人有触电感觉；50mA 的工频电流就会使人有生命危险，_____ mA 的工频电流则足以使人死亡。

26. 电伤是指人体_____受伤，电击是指人体_____受伤。

27. 电击伤人的程度，由流过人体电流的_____、_____、_____和持续时间以及身体状况等五个因素决定。

28. 实验证明，电流通过人体_____或_____时，人体最容易死亡。

29. 安全色中的红色表示_____，蓝色表示_____。

30. 保证电气工作安全的组织措施包括_____、_____、工作监护制度和工作间断转移终结制度等数种。

31. 绝缘安全用具分为_____和辅助绝缘安全用具两类，绝缘杆属于_____。

32. 配电变压器的工作接地电阻一般不超过_____ Ω，独立避雷针的接地电阻要求不超过_____ Ω。

33. 把电动机、变压器、铁壳开关等电气设备的金属外壳用导线同接地极可靠地连接起来，这种接地称为_____。通常用埋入地中的钢管或钢条作为接地极，其电阻不得超过_____ Ω。

34. 在保护接零系统中，为了保证安全，要求零线的导电能力不小于相线的_____，若采用明敷的绝缘铜芯导线作为保护零线时，为了保证零线有一定的机械强度，其最小截面不能小于_____ mm^2。

35. 将电气设备在正常情况下不带电的金属外壳或构架，与_____连接，称作保护接地。而将电气设备在正常情况下不带电的金属外壳或构架，与_____连接，叫保护接零。

36. 漏电保护装置主要用于防止由_____或防止单相引起的_____事故。

37. 适用于扑灭电气的灭火机有二氧化碳灭火机、_____灭火机、四氯化碳灭火机和_____等。

38. 发生电火警时，必须首先_____，并_____，选用二氧化碳灭火机、干粉灭火机、四氯化碳灭火机、1211 灭火器或干砂来灭火。

39. 一般电路由_____、_____、连接导线和开关器件 4 个部分组成。

40. 电路通常有_____、通路、_____三种状态。

41. 电荷的_____移动形成电流，电流用符号 I 表示。电流不仅有大小。而且有方向，习惯上规定以_____移动的方向为电流的方向。

42. 电流表必须_____接到被测量的电路中，直流电流表接线柱上标明的"＋""－"记号，应与电路的极性_____。

43. 电压表必须_____接到被测电路的两端，电压表的_____端接高电位，"－"端接低电位。

44. 在一个电路中，各点的电位与_____有关，而两点间的电压由这两点的_____决定。

45. 在一个电路中，既有电阻的_____联，又有电阻的_____联，这种连接方式称混联。

46. 两根电阻丝的截面积相同，材料相同，其长度之比为 $L_1 : L_2 = 2 : 1$，若把它们串联在电路中，它们放出的热量之比为 $Q_1 : Q_2 = $_____。若把它们并联在电路中，则它们放出的热量之比为 $Q_1 : Q_2 = $_____。

47. 在电子仪器和设备中，常选_____或电路的_____为参考点。

48. 分析和计算复杂电路的主要依据是_____定律和_____定律。

49. 流进节点 A 的电流分别为 I_1、I_2、I_3，则根据_____定律，流出节点 A 的电流为_____。

50. 任何具有两个出线端的部分电路都称为_____，其中若包含电源则称为_____。

51. 电流流过用电器时，用电器把电能转换成其他形式的能，叫作电流做功，它跟电路中的电压、_____、电阻、_____有关。

52. 有一台 220V、1000W 电熨斗，接上 220V 电源工作 1h，它将消耗电能_____度，每分钟将产生_____焦耳热量。

53. 电功率的计算公式 $P = UI$，在直流电路中 $P = $_____。功率的单位是_____。

54. 电能表是用来测量_____大小的。通常说的 1 度电为 $1kW \cdot h = $_____ J。

55. 串联各电阻上的_____相同；其等效电阻 $R_总 = R_1 + R_2 + R_3$；各电阻的电压之比 $U_1 : U_2 : U_3 = $_____。

56. 并联各电阻上的_____相同；其等效电导 $G' = $_____；各电阻支路的电流之比 $I_1 : I_2 : I_3 = G_1 : G_2 : G_3$。

57. 任何一个线性有源二端网络，对_____而言，都可以用一个含串联内阻的电源等效代替。其电压源的电压等于_____，其电阻等于去掉所有电源的内电路总电阻。

58. 磁场强度的大小等于磁场中某点_____（B）与_____（μ）的比值。

59. 电容器具有储存电能的本领，其本领的大小可以用_____来表示，其表达式为_____。

60. 电容器在刚充电瞬间相当于_____，当放电时相当一个等效_____。不过它随着放电而减小。

61. 电容器的极板面积越大，电容越_____；介质的介电常数越大，电容越大；极板间距离越大，电容越_____。

62. 1F＝_____ μF＝_____ pF。

63. 电容 C_1、C_2、C_3 并联时的等效电容 C＝_____；串联时的等效电容 C＝_____。

64. 电感的定义式是_____，单位_____。

65. 电感元件是反映线圈产生磁场并储存磁场能量的基本电磁特性的理想元件。电感元件简称作_____。它的参数是_____。

66. 在出现串联谐振时，电路的感抗与容抗_____，此时电路中阻抗最小，电流_____，总阻抗 $Z＝R$。

67. 交流电是指大小和方向都随时间作周期性变化，在一个周期内平均值为零的电动势（或电压、电流）。交流电可分为_____交流电和_____交流电两大类。

68. 交流电的瞬时值是指任意时刻正弦交流电的数值。分别用字母 e、u、i 表示。周期是指_____，用字母 T 表示，单位是 s。频率是指交流电 1s 内重复的次数，用字母 f 表示，单位是_____。

69. 周期与频率之间的关系是 $T＝1/f$。角频率是指交流电 1s 内变化的电角度，用字母 ω 表示，单位是_____。初相角是指线圈刚开始转动瞬间_____的夹角，用字母 ϕ 表示。

70. 相位差是指两个同频率正弦交流电的相位之差，实质上是_____之差。交流电的有效值与最大值间的关系是最大值是有效值的_____倍。

71. 正弦交流电一般有_____法、_____法、相量图法、相量法。

72. 由交流电源、用电器、连接导线和开关等组成的电路称为交流电路。单相交流电路是指电源中只有_____的交流电路。负载中只存在_____的交流电路称为纯电阻电路。

73. 在纯电阻电路中，电压电流间相位关系是_____，在纯电感电路中，电压电流间的相位关系是_____，在纯电容电路中，电压电流间相位关系是电压滞后电流 90°。

74. 感性电路中，端电压_____总电流一个角度 ϕ，且 ϕ 的范围是_____。

75. 对称三相交流电动势的特征是：各相电动势的最大值相等，频率_____，彼此间的相位差_____。

76. 由三根相（或火）线和一根_____线所组成的供电网络，称为三相四线制电网。三相电动势达到最大值的先后次序称为_____。习惯上的相序第一相超前第二相 120°，第二相超前第三相 120°，第三相超前第一相 120°。

77. 三相四线制电网中，线电压是指_____之间的电压，_____是指相线（或火线）与中性线（或零线）之间的电压。

78. 三相四线制电网中，线电压在数量上等于_____相电压，相位上，线电压总是超前与之相对的相电压_____。

79. 三相对称负载星形联结，接上三相电源后，各相负载两端的电压等于电源_____，线电流与相电流_____。

80. 三相对称负载三角形联结，接上三相电源后，各相负载两端的电压等于电源线电压，线电流数值上等于_____相电流，相位上总是_____与之相对应的相电流 30°。

81. 一个标有"220V 100W"的灯泡，它的灯丝电阻为_____ Ω，在正常发光时，通过它的电流是_____ A。

82. 电容器的主要技术指标有电容值、_____和允许误差。4 只 200μF/50V 的电容器串联，等效电容量为_____ μF。

83. 加在纯电容两端的电压相位比电流相位_____ 90°、加在纯电感两端的电压相位比电流相位_____90°。

84. 采用三角形接法时，线电压等于_____，电源只能供出一种电压。负载作星形联结时，相电流等于_____。

85. 晶闸管导通的条件是_____，关断的条件是_____。

86. 半导体二极管在正向作用下处于导通状态，此时电阻很小，管压降也很小，所以可以看成_____，而在反向作用下二极管处于截止状态，此时反向电阻很大，可以看成_____。

87. 某型硅整流二极管的型号为 ZP100—8F，指的是其额定电压为_____V。稳压二极管的作用是_____。

88. 逻辑门电路的基本形式有与门、_____和_____。

89. 场效应管的三个电极分别是源极、_____、_____。

90. 电阻器的标示方法有直标法、_____法、_____法和数码表示法等4种。

91. 某电阻的色环为黄、紫、红、金，其阻值为_____Ω，允许误差为_____%。

92. 电容器的标示方法有直标法、_____法、色标法和_____法等4种。

93. 电容器的数码标示法：222K 说明容量为_____pF，误差为_____%。

94. 半导体二极管具有_____特性。NPN 型晶体三极管主要载流子为_____，PNP 型晶体三极管主要载流子为空穴。

95. 某半导体管型号为 2CZ56，它是一个二极管，组成材料是_____，作用是_____。

96. 常温下，硅二极管的开启电压约 0.5V，导通后在较大电流下的正向压降约_____V；锗二极管的开启电压约_____V，导通后在较大电流下的正向压降约 0.2V。

97. 型号为 KP100—10 元件表示_____管、额定电压为_____V、额定电流 100A。

98. 绝缘漆按用途可分为_____、漆包线漆、_____、硅钢片漆、防电晕漆等数种。

99. 绝缘材料按形态可以分为气体绝缘材料、_____和_____等。

100. 绝缘材料的绝缘强度是指_____mm 厚绝缘材料所能耐受的电压_____值。

101. 常见的铁磁材料的磁性能有_____材料和_____材料。

102. 绝缘等级是指绝缘材料的_____等级，通常分为 Y、A、E、B、F、H、C 7 个等级。其中，_____级工作极限温度最高。

103. 型号为 BLV 的导线叫聚氯乙烯绝缘铝芯导线，其线芯长期工作温度不应超过_____℃，移动式或手持式电气设备的电源线一般应选用_____导线。

104. 型号 BVR 导线的名称是聚氯乙烯绝缘铜芯软线，其线芯长期工作温度不应超过_____℃。型号 QZ 的导线名称叫_____线。

105. 已知导线型号，写出它们的名称：BX：_____，LGJ：_____。

106. 某使用的电缆型号为 DCYHR—2.5/1500 指的是耐压为_____V，截面积为_____mm² 的氯磺化聚乙烯绝缘电缆。

107. 单字母符号是按拉丁字母将各种电气设备、装置和元件划分为 23 类，每大类用一专用单字母表示，如"C"表示_____类，"_____"表示电阻类。

108. 文字符号一般由数字符号、_____、_____和顺序号组成。

109. 转换开关在原理图中用与虚线相交位置涂黑圆点表示_____。它的文字符号为_____。

110. 电路图的种类通常有三种，分别为_____、电器位置图和_____。

111. 电气原理图是详细说明表示_____、设备或成套装置的工作原理及其相互连接关系，而不考虑其实际位置的一种_____图。

112. 电气原理图一般由_____、_____、保护、配电电路等几部分组成。

113. 图 13-1 所示电器符号：（a）表示_____，（b）表示_____，（c）表示_____，（d）表示_____。

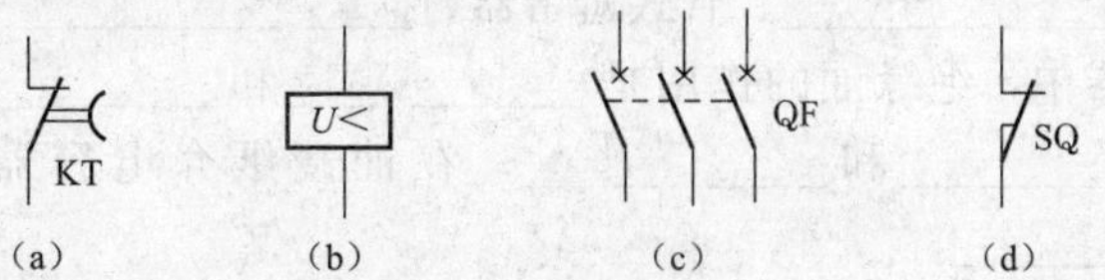

KT (a)　　U< (b)　　QF (c)　　SQ (d)

图 13-1

114. 目前我国生产的直读指针式仪表准确度共有_____级，其中用作标准表的，其准确度是_____级或 0.2 级。

115. 在使用 ZC—8 型接地电阻测量仪测量接地电阻时，被测接地极、电位辅助电极探针、电流辅助电极探针应布置成_____，且电位探针位于中间，电流探针与被测接地极相距 40m，电流探针与电位探针相距_____ m。

116. 在测量电流和电压时，电流表要与负载_____联，电压表要与负载_____联。

117. 按用途不同，卡钳可分为_____和_____2 种。

118. 按结构不同，卡钳可分为_____和_____2 种。

119. 绝缘电阻表是一种测量_____的直读式仪表。绝缘电阻表规格的选择是根据_____进行的。

120. 绝缘电阻表主要由_____、_____、接线柱三部分组成。

121. 绝缘电阻表必须水平放置在_____、_____的地方进行测量。

122. 钳形电流表主要由_____、_____、量程转换开关三部分组成。

123. 电桥是用来_____的比较式仪器。直流双臂电桥是用来测量_____的比较式仪器。

124. 测量三相交流电功率常采用_____。示波器是用来显示_____的仪器。

125. 用于测量或检验长度尺寸、平面角度或两者结合形式的工具，称为长度计量器具，可分为_____、_____与万能计量器具三类。

126. 电器件灭弧的基本方法有两种，一种是_____，另一种是_____。

127. 低压电器按执行功能分为_____电器和_____电器两类。

128. 电磁机构由_____、铁心和_____等几部分组成。

129. 交流接触器主要由触点系统、电磁系统和_____等部分组成。其铁心上的短路环是用来减少_____。

130. 熔断器在电路中主要起_____保护，热继电器在电路中起_____保护，接触器 KM 的自锁环节实现电路的_____和_____保护。

131. 时间继电器按触点延时方式可分为_____和_____两种类型。

132. 中间继电器是用来_____的中间元件，其文字符号为_____。

133. 熔断器的熔体用高熔点制成的多用于_____电流的电路。自动开关中热脱扣器的整定电流应与所控制负载的_____电流一致。

134. 应用较普遍的机械制动装置有_____和_____两种。

135. 过电流继电器是指线圈电流_____整定值时，衔铁吸合、触点动作的继电器，而欠电流继电器是指线圈电流_____某一整定值时衔铁释放的继电器。

136. 三相交流异步电动机起动特性要求，主要有足够大的_____，尽可能小的_____。

137. 电力变压器必须装设_____作防雷保护，电力线路一般采用_____作防雷保护。工业与民用建筑一般采用_____或_____作防雷保护。

138. 避雷器有_____、管式避雷器、_____等几种。

139. 在电力变压器中，绝缘油的作用是_____和_____；在少油断路器中，绝缘油的作用是_____和_____；在油浸纸介电容器中，绝缘油的作用是_____和_____。

140. 变压器常采用的三种冷却方式是_____、_____、充气式。

141. 配电变压器的工作接地电阻一般不超过_____Ω，独立避雷针的接地电阻要求不超过_____Ω。

142. 在高压电力系统中，单相接地或多相接地时入地电流大于_____A的，称为大接地短路电流系统，_____A及以下的称为小接地短路电流系统。

143. 接触电阻主要包括_____电阻和_____电阻两种。触头材料的电阻系数越接近，接触电阻就越小。

144. 铺设电缆时的弯曲半径，当电缆直径小于或等于 20mm 时不小于电缆外径的_____倍，当电缆半径大于 20mm 时不小于其外径的_____倍。

145. 母线制作应调整表面不得有高于_____mm 的折皱母线弯置后不应有_____。

146. 铜母线、扁铜线平弯时弯曲内半径不小于母线_____。扁弯时弯曲内半径不小于母线_____。

147. 全裸接头适合用于横截面积大于或等于_____mm^2 电缆线，护套适合用于横截面积小于或等于_____mm^2 电缆线。

148. 线槽和线管的出现口边缘必须_____不得有尖角、_____。

149. 接头表面必须_____。使用剥线钳剥导线时，线芯断股不得超过总股数的_____%。

150. 在碳钢合金中，含碳量小于 2.11％的合金，称为_____。含碳量大于 2.11％时，称为_____。

151. 由于加工零件时不可避免的种种原因，圆柱形的轴可能出现不十分圆，母线或轴线不是理想直线，这种在形状上的不准确，就称为_____；在加工轴线孔时，有可能出现两孔的轴线不在一条直线上，两孔轴线在相对位置上的偏离，就称为_____。

152. 性能等级为 8.8 级的螺栓与性能等级为_____级的螺母配套使用，螺栓规格小于或等于 M16 时为_____级螺母。

153. 螺钉、螺栓和螺母紧固时严禁_____或使用_____的旋具与扳手。

154. 同一零件用多个螺钉或螺栓紧固时，各螺钉或螺栓需_____、交错、_____逐步拧紧，如果有定位销，应从靠近定位销的螺钉或螺栓开始。

155. 用双螺母时，一般应先装_____螺母后装_____螺母。

156. 螺钉、螺栓和螺母拧紧后，其支承面应与_____零件贴合，螺钉、螺栓一般应露出螺母_____个螺距。

157. 扭力矩扳手在使用过程中，在听到_____之后，表示该处力矩已达到规定要求，应停止继续加力。严禁使用扭力扳手作_____的拆卸工具。

158. 图样中机件的可见轮廓线用_____线画出，不可见轮廓线用虚线画出，尺寸界线用_____线画出。

159. 标尺寸的三要素是_____、尺寸线、_____。

160. 尺寸标注中的符号 R 表示_____，ϕ 表示直径，$S\phi$ 表示_____。

161. 三视图的投影规律是主视图与俯视图_____，主视图与左视图高平齐，左视图与主视图_____。

162. 零件有长、宽、高三个方向的尺寸，主视图上只能反映零件的_____和_____，俯视图上只能反映零件的长和宽，左视图上只能反映零件的高和宽。

163. 螺纹有五要素，除大径、螺距外尚有线数、_____、_____。

164. 一张完整的零件图除标题栏外尚有一组视图、_____、_____内容。

165. 常见螺纹紧固件的（连接）形式有_____、（双头）螺柱连接、_____。

166. 有一尺寸为 $\phi 50^{+0.025}_{0.0}$，该尺寸的最大极限尺寸为_____ mm，最小极限尺寸为 $\phi 50$mm，公差为_____ mm。

167. 有一配合尺寸为：孔 $\phi 40^{+0.039}_{0.0}$，轴 $\phi 40^{-0.025}_{-0.050}$，该配合为_____配合，配合最大（间隙）为 0.089mm，最小（间隙）为_____ mm。

168. 螺纹要素中，只要_____、直径、_____三项要素符合国家标准，则称为标准螺纹。

169. 组合体三视图中的尺寸类型有定型尺寸、_____尺寸、_____尺寸三种。

170. 钻孔时切削液的作用有_____作用、_____作用、冲洗作用。

171. 麻花钻由_____、_____和工作部分组成。

172. 螺纹按用途可分为_____螺纹和_____螺纹。

173. 工艺：使各种_____、_____成为产品的方法和过程。

174. 工序：一个或一组工人，在_____对同一个或同时对_____所连续完成的那一部分工艺过程。

175. 工艺文件：指导工人操作和用于_____、_____等的各种技术文件。

176. 工艺路线：产品或零部件在生产过程中，由_____入库，经过企业各有关_____的先后顺序。

177. 工艺过程卡片：以_____为单位简要说明_____的加工或装配过程的一种工艺文件。

178. 工艺卡片：按产品或零部件的_____阶段编制的一种工艺文件。它以_____为单元，详细说明产品或零部件在某一工艺阶段中的工序号、工序名称、工序内容、工艺参数、操作要求以及采用的设备和工艺装备等。

179. 工步：在加工表面或装配时的连接表面和加工或装配工具不变的情况下，所_____完成的那一部分_____。

180. 吊装：是对_____零部件，借助于起吊装置进行的_____。

二、判断题

（　　）1. 国家安全生产的指导方针是：安全第一，效益第二。

（　　）2. 电力设施的运行与电气安装、维修，需由专业人员进行操作。

（　　）3. 厂内发、送、配电和用电设备的安装、验收、运行、维护应由安全管理人员负责。

（　　）4. 当有人触电时，应立即使触电者脱离电源，并抬送医院抢救。

（　　）5. 在三相四线制供电系统中，若变压器中性点直接接地，该系统的所有用电设备都必须采用接地保护，变压器中性点不接地，则所有的用电设备都必须采用接零保护。

（　　）6. 在 380/220V 中性点接地的低压电力系统中，若采用保护接地，当发生一相碰壳事故时，中性线可能出现 110V 的对地电压。

（　　）7. 在中性点直接接地的 380/220V 三相四线制系统中，采用保护接地也不能保证安全。

（　　）8. 为了安全，三相四线制电源线的中线必须加装熔丝。

（　　）9. 三相交流电的相序可用颜色黄（A），绿（B），红（C）来表示。

（　　）10. 在高压大接地短路电流系统中，当接地短路电流超过 4000A 时，接地电阻不宜超过 0.5Ω。

（　　）11. 电力设备和电力设施应采用可靠的保护接零、保护接地、重复接地及防雷保护措施。

（　　）12. 在采用漏电保护器保护的电力线路中，工作零线必须重复接地。

（　　）13. 在一经合闸即可送电到工作点的油开关和隔离开关的操作把手上，均应悬挂"在此工作"的标示牌。

（　　）14. 带电改变电流互感器二次接线时，应防止二次短路。

（　　）15. 电流互感器在任何情况下，其二次回路不准开路运行。

（　　）16. 电流互感器的结构和工作原理与普通电压器相似，它的一次线圈并联在被测电路中。

（　　）17. 倒闸操作的顺序应遵守的原则是：停电时先停电源侧，后停负载侧，先拉闸刀，后拉开关，送电时相反。

（　　）18. 高压线路送电时，必须先合负载开关，然后合隔离开关。

（　　）19. 在带负载情况下，误拉开关后，应迅速纠正，立即合上开关。

（　　）20. 基本安全用具是指常用的安全用具。

（　　）21. 测电笔在测试时，手可以随意握笔。

（　　）22. 安全操作规程要求高空作业时应注意检查硬底鞋的绝缘情况。

（　　）23. 发生电气火灾时，应立即使用水将火扑灭。

（　　）24. 绝缘手套分为 1kV 以下和 1kV 以上两种。

（　　）25. 十字形旋具的规格是以柄部除外的刀体长度表示。

（　　）26. 一般情况下，高压绝缘棒不可以在下雨或下雪时进行户外使用。

（　　）27. 根据安全防范措施要求，工作中应防止因挥动工具、工具脱落、工件及铁屑飞溅造成的人身伤害。

（　　）28. 多人操作设备吊装时，为了确保安全，应有两人指挥。

（　　）29. 大型物件起运必须有明显的标志。

（　　）30. 各种物件起重前都应先进行试吊。

（　　）31. 起吊大型物件时，可让人站在物件上来调节物件的平衡。

（　　）32. 操作人员在吊运重物下行走时，必须戴安全帽。

（　　）33. 起吊重物需要下落时，可让其自由下落。

（　　）34. 起吊重物做平移操作时，应高出障碍物 0.5m 以上。

（　　）35. 起吊重物时，使用钢丝绳各分股之间的夹角不得超过 60°。

（　　）36. 电流通过金属导体时，导体会发热，这种现象称为电流的热效应。

（　　）37. 导体的电阻不是客观存在的，它随导体两端电压大小而变化。

（　　）38. 电动势是衡量电源将非电能转换成电能本领的物理量。

（　　）39. 电荷定向有规则的移动，称为电流。

（　　）40. 基尔霍夫定律适用于直流电路。

（　　）41. 对任一节点来说，流入（或流出）该节点电流的代数和恒等于零。

（　　）42. 无论怎样把磁体分割，它总是保持两个磁极。

（　　）43. 磁力线是实际存在的线，在磁场中可以表示各点的磁场方向。

（　　）44. 电导线的周围不存在着磁场，电与磁是没有密切联系的。

（　　）45. 磁力线是互不相交的连续不断的回线，磁场弱的地方磁力线较疏。

（　　）46. 在自然界中的物质按其导电能力不同分为导体、绝缘体。

（　　）47. 垂直通过单位面积的磁力线的多少，叫作该点的磁感应强度。

（　　）48. 对于磁场中某一固定点来说，磁感应强度 B 是个常数。

（　　）49. 在一定电流值下，同一点的磁场强度会因磁场媒介质的不同而改变。

（　　）50. 由于磁通变化而在导体或线圈中产生感应电动势的现象，称为电磁感应。

（　　）51. 楞次定律指出：线圈中自感电势的方向总是与电流方向相反。

（　　）52. 当导体垂直于磁感应强度的方向放置时，导体受到的电磁力最大。

（　　）53. 电容器是储存电压的容器。

（　　）54. 电容器种类很多，按其结构不同可分为固定电容器、可调电容器和微调电容器三种。

（　　）55. 电容器两端的电流不能突变。

（　　）56. 电容器充电时，当电路中电阻一定，电容量越大，所需要的时间就越短。

（　　）57. 正弦交流电路中的电压、电流及电动势，其大小和方向均随时间变化。

（　　）58. 有一额定值为 5W、500Ω 的线绕电阻，其额定电流值为 0.01A。

（　　）59. 正弦交流电压的有效值 U 为其最大值 U_m 的 $1/\sqrt{2}$ 倍。

（　　）60. 有一额定值为 5W、500Ω 的线绕电阻，其额定电流值为 0.01A。

（　　）61. 有一 220V、60W 的电灯接在 220V 的电源上，如果每晚用 3h，30 天消耗的电能是 5.4kWh。

（　　）62. 根据公式 $C=Q/U$ 可知，电容量的大小和电容器两极间的电压成正比。因此，一个电容器接到高压电路中使用比接到低压电路中使用时的电容量小。

（　　）63. R、L、C 串联交流电路的阻抗，与电源的频率有关。

（　　）64. 在纯电感电路中，电路的无功功率为其瞬时功率的最大值。

（　　）65. 负载不对称而无中线的情况，属于故障现象。

（　　）66. 中线必须牢固，绝不允许在中线上接熔断器或开关。

（　　）67. 三相对称交流电源是由频率相同、振幅相同、相位依次互差 180° 的三个电动势组成的。

（　　）68. 三相对称负载的中线可有可无。

（　　）69. 三相负载对称是指每一相负载阻抗大小相等。

（　　）70. 不管三相负载对称与否，只要采用 Y 接，则相电流一定等于线电流，且两相线电流瞬时值之和一定等于第三相电流值的相反值。

（　　）71. 三相对称负载的中线可有可无。

（　　）72. 电压三角形、阻抗三角形和功率三角形都是相量三角形。

（　　）73. 三相四线制对称负载的总功率等于一相负载功率的三倍。

（　　）74. 不管负载对称与否，对于三角形方式接负载，均可用二瓦计法测量三相负载总功率。

（　　）75. 二极管 2AP5 中 A 指该二极管为 N 型锗材料。

（　　）76. 半导体二极管是由 PN 结加上引线和管壳构成的。

（　　）77. 晶体三极管是一种电压放大元件。

（　　）78. 三极管 3DG6 中 D 指该三极管为 PNP 型硅材料三极管。

（　　）79. 三极管本身是能放大电压的。

（　　）80. 三极管本身可以放大电流。

（　　）81. 要使三极管具有正常的电流放大作用，必须在其发射结加正向电压，在集电结加反向电压。

（　　）82. β 值的大小表明了三极管电流放大能力的强弱。

（　　）83. 三极管工作在放大状态时，具有电流放大作用；三极管工作在截止和饱和状态时，具有开关作用。

（　　）84. 三极管处于截止状态的条件是晶体管的发射结反偏。

（　　）85. 三极管处于饱和状态的条件是三极管的发射结和集电结都反偏。

（　　）86. 三极管处于饱和状态的条件是晶体管的发射结反偏。

（　　）87. 基极偏置电阻 R_b 的大小决定了静态工作点的高低。

（　　）88. 三极管工作在截止和饱和状态时，具有开关作用。

（　　）89. 三极管工作在放大状态时具有开关作用。

（　　）90. 三极管按内部结构分为 NPN 和 PNP 两种类型，没有其他类型。

（　　）91. 场效应晶体管是利用输入电压来控制输出电流，是电流控制器件。

（　　）92. 场效应晶体管也是一种具有放大能力的晶体管，但它的控制方式与晶体管不同，晶体管是利用输入电流去控制输出电流，是电流控制器件，而场效应晶体管是利用输入电压来控制输出电流，是电压控制器件。

（　　）93. 绝缘栅场效应晶体管也有两种结构形式，它们是 N 沟道型和 P 沟道型。无论是什么沟道，它们又分为增强型和耗尽型两种。

（　　）94. 整流器一般由整流变压器、滤波电路组成。

（　　）95. 单相整流电路中，最基本的整流形式有半波整流和应用最广泛的桥式整流，这些整流电路都是利用二极管的单向导电性来将交流电变换为直流电，这种用作整流的二极管称为整流二极管，简称整流管。

（　　）96. 晶闸管的内部结构具有 4 个 PN 结。

（　　）97. 单结晶体管导通后，其发射极电流小于谷点电流时，就会恢复截止。

（　　）98. 维持电流指在控制极开路和规定环境温度条件下，维持晶闸管继续导通所需的阳极最小正向电流。

（　　）99. 晶闸管是一个由 PNPN 四层半导体构成的三端器件，其内部形成三个 PN 结。

（　　）100. 在二—十进制编码中，十进制数 6、7 所对应的 8421 码分别为 1001、1010。

（　　）101. 二进制就是逻辑变量。

（　　）102. 测量过程中，无论测量值如何准确，必须存在测量误差。

（　　）103. 绝对误差与被测量的实际值比值的百分数，叫作引入误差。

（　　）104. 系统误差、偶然误差和疏失误差都是不可避免的。

（　　）105. 仪表的引用误差越小，仪表的基本误差也越小，准确度就越高。

（　　）106. 绝对误差有正负之分：正误差说明指示值比实际值偏大，负误差说明指示值比实际值偏小。

（　　）107. 只要在测量过程中，采取一定的措施，就可以消除仪表的基本误差，提高仪表的准确度。

（　　）108. 比较测量法的精确度最高，直接测量法和间接测量法的精确度差不多。

（　　）109. 外界的磁场对于常见的电工仪表影响不大，不必采取抗干扰措施。

（　　）110. 仪器仪表可以超负载、超范围使用。

（　　）111. 电流表测电流，欧姆表测电阻等就属于代替测量法。

（　　）112. 测量机构是电工指示仪表的核心。

（　　）113. 测量线路可以把各种不同的被测量转换为能被测量机构所接受的量。

（　　）114. 电工指示仪表的反作用力矩装置可使指针稳定在一定的偏转角上。

（　　）115. 电工仪表中主要依据的物理原理是电磁感应。

（　　）116. 磁电式仪表不能直接测量交流电，而电磁式和电动式仪表可以交直流两用。

（　　）117. 磁电系仪表可交直流两用。

（　　）118. 磁电系测量机构中，阻尼力矩是由可动线圈产生的。

（　　）119. 磁电系测量机构中，其表盘的刻度是均匀的。

（　　）120. 磁电系测量机构中，由于被测电流要通过游丝与线圈连通，所以过载能力较小。

（　　）121. 使用电磁系测量机构的仪表只能测量直流的量。

（　　）122. 电磁系测量机构指针的旋转角度与电流成正比。

（　　）123. 电动系电流表、电压表的标度尺刻度不均匀，但电动系功率表的标度尺刻度均匀。

（　　）124. 电动系仪表能够测量电功率、相位等与两个电量有关的量。

（　　）125. 感应系测量机构中，电压、电流元件在使用时与负载串联。

（　　）126. 由于应用的需要，感应系测量机构所产生的力矩要比其他种类的测量机构大些。

（　　）127. 交流电能表测得的数据是交流电的平均值。

（　　）128. 高压静电电压表是利用静电感应原理制成的，它只能用于测量直流电压而不能用于测量交流电压。

（　　）129. 钳形电流表是在不断开电路情况下进行测量，且测量的精度也很高。

（　　）130. 互感器式钳形电流表可以交直流两用。

（　　）131. 用万用表测电阻时不允许带电测量。

（　　）132. 万用表可用来测量电气设备的绝缘电阻。

（　　）133. 万用表采用电阻法检修线路故障时，线路不需要断开电源。

（　　）134. 万用表用毕后，应将"选择开关"拨到电阻挡位上，防止两笔短接消耗表内电池。

（　　）135. 用万用表欧姆挡测电阻前，每次改挡后都必须重新进行欧姆调零。

（　　）136. 单臂电桥表测量电阻的范围为 $10 \sim 10^{-6}$ 的电阻值。

（　　）137. 单臂电桥常用于测量 1Ω 以下的电阻而双臂电桥用于测量 1Ω 以上的电阻。

（　　）138. 单臂电桥表在测量电感线圈电阻时应先按检流计按钮 G，再按电源按钮 B，测量完毕后应先松开 B，再松开 G。

（　　）139. 当按下单臂电桥按钮 G 时检流计指针向"＋"侧偏转时应减小比较臂电阻值，向"－"侧偏转时应增大比较臂电阻。

（　　）140. 用直流双臂电桥测量电阻时，应使电桥电位接头引出线比电流接头的引出线更靠近被测电阻。

（　　）141. 直流双臂电桥在接线时与单臂电桥一样，只需将被测电阻的两条引线连至电桥的两个电阻接线端即可。

（　　）142. 绝缘电阻表可用来测量阻值较大电阻的阻值。

（　　）143. 根据工作电压的不同，绝缘电阻表的选用也不同。

（　　）144. 绝缘电阻表又称摇表，是专用于检查和测量电气设备或供电线路的绝缘电阻的一种可携式电能表。

（　　）145. 绝缘电阻表在测量过程中摇动手柄的额定速度应为 60r/min。

（　　）146. 选择功率表的量程，主要是选择它的电流量程和电压量程。

（　　）147. 示波器同一时间只能测量单一信号，但不能同时测量两个信号。

（　　）148. SQ 是行程开关的文字符号。

（　　）149. 电气原理图也称为电路图。

（　　）150. 电气原理图是用来表示电气协作原理的。

（　　）151. 辅助文字符号用于表示电气设备装置和元器件的代号。

（　　）152. 顺序号用以区别同类型电气设备装置和元器的文字符号。

（　　）153. 电路图中各电器触点状态都是按电磁线圈未得电或电器未受力时的常态画出的。

（　　）154. 现有高压隔离开关型号为 GN19—10/600，其中 G 表示隔离开关。

（　　）155. 现有高压熔断器型号为 RN1—10/100，其中 R 为螺旋式。

（　　）156. 现有开关柜型号为 KYN18C—12，其中 K 为结构代号。

（　　）157. 现有断路器型号为 ZN28—12/830/20，其中 Z 为空气断路器。

（　　）158. ZN28—12（Ⅵ型）真空断路器分闸速度为 (1.1±0.2)m/s。

（　　）159. 已知某电器型号为 RN1—10/100，其中 R 表示断路器。

（　　）160. ZN63A 真空断路器上的各导电面、导电搭接处均需涂敷导电膏，各转动部位需涂敷润滑脂，各发黑件及绝缘件需擦干净，零件需用煤油或清洗液清洗干净。

（　　）161. 万能转换开关就是转换开关中的一种。

（　　）162. 按下复合按钮，其常开触头和常闭触头同时动作。

（　　）163. 接触器的主触头用于接通和断开主电路，额定电流比较大，通常为数百安培，而辅助触头用于接通和断开辅助电路，额定电流为 5～10A。

（　　）164. 交流电磁铁的短路环脱落了，仍然能正常使用。

（　　）165. 容量较大（20A 以上）的交流接触器一般采用的灭弧方法是灭弧栅灭弧。

（　　）166. 两只线圈电压为 220V 的交流接触器可以串联在 440V 的交流电源上正常使用。

（　　）167. 如果在电路中有了断路器，可以不加热继电器。

（　　）168. 熔断器实现电动机的过载保护。

（　　）169. 在装接 RL1 系列螺旋式熔断器时，电源线应接在上接线座，负载线接在下接线座。

（　　）170. 熔断器对略大于负载额定电流的过载保护是十分可靠的。

（　　）171. 在通过相同电路时，电路中上一级熔断器的熔断时间应小于下一级熔断器的熔断时间。

（　　）172. 晶体管时间继电器一般都是采用 RC 电路实现延时控制的。

（　　）173. 热继电器从热态开始，通过 1.2 倍整定电流的动作时间应在 20min 以内。

（　　）174. 中间继电器的特点是：触点数量较多，容量较大，可通过它增加控制回路数，起信号放大作用。

（　　）175. 交流继电器也可用于直流电路中。

（　　）176. 在过载保护电路中，串接了时间继电器后才能使过载功能得以实现。

（　　）177. 过载保护就是电气设备过载时能立即切断电源的一种保护。

（　　）178. 过电流继电器的衔铁在正常工作时处于释放状态，而欠电流继电器的衔铁在正常工作时处于吸合状态。

（　　）179. 真空断路器的真空开关可长期使用。

（　　）180. 电器试验的内容一般有一般检查、动作值测定两项。

（　　）181. 反接制动快完成时，必须及时切断反接电源，以防止电动机反向起动。

（　　）182. 闭环控制的基本特征是系统中有反馈。

（　　）183. 闭环控制系统是输出端的被调量与输入端的给定量之间无任何联系的控制系统，它不具备自动调节能力。

（　　）184. 当调速系统的最高转速一定时，系统允许的静差率越大，调速范围就越宽。

（　　）185. 变频调速系统属于无级调速，它没有因调速而带来的附加转差，效率高，是一种比较理想、合理、高精度、高性能的调速系统。

（　　）186. 电动机的自耦变压器起动属于直接起动中的一种。

（　　）187. 电动机的能耗制动属于机械制动的一种方法。

（　　）188. 对于正常运转需"Y"接法的鼠笼式三相异步电动机可采用"Y-△"降压起动。

（　　）189. 一台三相 380V 星形联结的笼型电动机，可选用星—三角起动器。

（　　）190. 直流电动机反接制动应注意两个问题：一是反接制动的电流极大；二是反接制动时要防止电动机反向起动。

（　　）191. 他励直流电动机必须保证在有励磁电压下起动。

（　　）192. 无论是直流电动机还是交流电动机，进行能耗制动时都应采取防止出现反转现象的控制措施。

（　　）193. 一台三相异步电动机的三相绕组为星形联结，每相绕组由 4 条支路组成，今用电桥侧的 A 相电阻为 0.1Ω，B 相电阻为 0.05Ω，C 相电阻为 0.05Ω，由此可判断 A 相绕组由 2 条支路断路。

（　　）194. 对于变压器一、二次绕组匝数不相等，因此一、二绕组中的感应电动势大小和频率都不相等。

（　　）195. 变压器的最高效率出现在额定情况下。

（　　）196. 负载变化所引起的变压器二次电压的变化既和负载的大小和性质有关，也和变压器本身的特性有关。

（　　）197. 并联运行的变压器，其短路电压的偏差不得超过 10%。

（　　）198. 如果将一台变压器铁心的截面积 S 减小，则根据公式 $\Phi_m = B_m S$，其主磁通 Φ_m 也将减小。

（　　）199. 反接制动快完成时，必须及时切断反接电源，以防止电动机反向起动。

（　　）200. 图形符号一般有符号要素、一般符号、限定符号和方框符号 4 种基本形式。

（　　）201. 电气图是电气技术领域中各种图的总称。

（　　）202. 电气图的表达方式主要有图样、简图、表图、表格和文字形式等。

（　　）203. 接线图和接线表可分为整体接线图、互连接线图、端子接线图和端子接线表。

（　　）204. 制动器、离合器、气阀用单字母文字符号 K 表示。

（　　）205. 端子代号是表示项目在组件、设备、系统中实际位置的代号。

（　　）206. 在不致引起混淆的情况下，可省略代号的前缀代号，如"—R1，—V1"可简化为"R1V1"。

（　　）207. 方框符号常使用于单线表示法绘制的图中，也可用于表示全部输入和输出接线的图中。

（　　）208. 当穿越图面的连接线较长或穿越稠密区域时，不允许将连接线中断。

（　　）209. 两条连接线十字交叉连接时，只有用连接点才表示两者具有连接关系。

（　　）210. 实心箭头，主要用于表示可变性、力和运动方向，以及指引线方向。

（　　）211. 通过元件表可以了解电路图中所用的元器件的名称、型号和数量等。

（　　）212. 接线图和接线表是在电路图、位置图等图的基础上绘制和编制出来的。

（　　）213. 电路图与框图、接线图、印制板装配图等配合使用可为装接、测试、调整、使用和维修提供信息。

（　　）214. 元器件在印制板图中是严格按照从左至右、自上而下整齐排列的。

（　　）215. 印制板装配图主要用于元器件及结构件与印制板的装配。

（　　）216. 方框符号按信号流方向从右向左布置，反馈电路信号流向由左向右，所以在连接线上标出了开口箭头符号。

（　　）217. 文字符号的使用中编号的阿拉伯数字应与拉丁字母并列，并标为下标。

（　　）218. 电气主接线图的基本设计要求有可靠性、灵活性、安全性及经济性。

（　　）219. 在读电气原理图前，首先应弄懂该张图样所绘制的一次供电装置的动作原理及其功能和图样上所标符号代表的设备名称，然后再读图样。

（　　）220. 先上后下，先左后右，主要是针对端子排图和屏后安装图而言。

（　　）221. 在展开图中，继电器的文字符号与其本身触点的文字符号相同，各种小母线和辅助小母线都没有标号。

（　　）222. 电气系统图是指各种继电器、电力变压器、母线、电力电缆等电气设备依一定的次序相连接的接受和分配电能的电路。

（　　）223. 高压电气开关柜的连接系统是：母线→高压电容器→电压互感器。

（　　）224. 电气主接线图是指各种开关电器、电力变压器、母线、电力电缆等电气设备依一定的次序相连接的接受和分配电能的电路。

（　　）225. 在展开图中，直流正极按偶数顺序标号，负极回路则按奇数顺序编号。

（　　）226. 交流回路的标号除用三位数外，应在前面加注文字符号。

（　　）227. 为施工、维护运行的方便，在绘制原理图的基础上，还应绘制安装接线图。

（　　）228. 电气工程图是表现整个工程或其中某个工程供电方案的图样，它比较集中地反映了电气工程的规模。

（　　）229. 在三相电路中，通常情况下三相是星形联结的，在用电路表示电气设备的连接关系时，常用一相电路代表三相电路，这种图称为单线图。

（　　）230. 交流回路的标号除用两位数外，前面加注文字符号。

（　　）231. 标注水平方向的尺寸时，尺寸数字的字头方向应向左。

（　　）232. M12×1 表示普通粗牙螺纹。

（　　）233. 机械图样中的尺寸标注，只标数值，不标名称、代号，均是以毫米为单位。

（　　）234. 螺纹的规定画法中，其大径、小径和有效长度界线均用粗实线。

（　　）235. 螺纹代号中"Tr"表示锯齿形螺纹。

（　　）236. 有一尺寸为 $\phi25^{-0.02}_{-0.05}$，实际加工后的尺寸为 $\phi25$，是合格产品。

（　　）237. 零件图上所标注的尺寸是每个工序都应做到的尺寸。

（　　）238. 看机械图时，图纸的正确位置应该是把标题栏放在右下角。

（　　）239. 钻孔时加切削液的主要目的是提高孔的表面质量。

（　　）240. 平行投法中直线的投影仍是直线。

（　　）241. 基本视图包括主视图、俯视图和左视图。

（　　）242. 一图纸的比例是 1：5，则其属于缩小比例。

（　　）243. 表明各个形体间相互位置关系的尺寸均为总体尺寸。

（　　）244. 在现场加工中的实际尺寸必须与公称尺寸相同。

（　　）245. 读装配图是通过对现有的用途、尺寸、符号、文字的分析，了解设计者的意图和要求的过程。

（　　）246. 根据装配图标题栏和明细表可知装配体及各组成零件的名称。

（　　）247. 利用零件号、不同方向和不同疏密的剖面线，可以得到零件的投影关系。

（　　）248. 零件图上的技术要求主要包括装配方法，检验、调试中的特殊要求及安装、使用中的注意事项。

（　　）249. 图纸上的粗实线是用来表示可见轮廓线。

（　　）250. 尺寸精度是以公差大小来具体表示的，尺寸精度越高，公差就越小。

（　　）251. 公差配合包括过盈配合和过渡配合。

（　　）252. 粗牙螺纹标记中不注明旋向的均是右旋。

（　　）253. 凡是不能导电的物体，我们就称它为绝缘体。

（　　）254. 在各种耐热绝缘材料中，Y 级的耐热程度最高。

（　　）255. 聚酯漆包线 1730 属于 B 级绝缘材料。

（　　）256. 2730 型醇酸玻璃漆管主要用于室内导线穿墙的保护与绝缘。

（　　）257. 聚酯薄膜属于 F 级的绝缘材料。

（　　）258. 常用纯金属熔体材料有银、铜、铝、锡、铅和锌。

（　　）259. 电缆浇注漆主要用来浸渍电动机、电器和变压器的线圈和绝缘零部件，以填充其间隙和微孔，提高其电器和力学性能。

（　　）260. 铁碳合金中，含碳量小于 2.11％的合金，称为生铁。

（　　）261. 含碳量大于 2.11％的铁碳合金叫铸铁。

（　　）262. 为了焊接的快速性，在焊接接头、插座时应采用大功率电焊铁。

（　　）263. 塑料布电线用于交流 300V/500V 以下电气设备和照明线路。

（　　）264. 一母排型号为 TMY8×50，指的是该母排宽度为 50mm，厚度为 8mm。

（　　）265. TZX—2，95mm² 指的是面积为 95mm² 的镀锡铜编织线。

（　　）266. 母线焊接处的焊缝必须牢固、均匀、无虚焊、裂纹、气泡和杂质等现象。

（　　）267. 铜质触头产生了氧化膜，可用砂纸或砂布轻轻擦去。

（　　）268. 布线接线用的接线头分下列两种，全裸接头和护套接头。

（　　）269. 接头和电线必须采用热压连接。

（　　）270. 使用剥线钳剥导线时，线芯断股不得超过总股数的 20%。

（　　）271. 剥线钳可以用来剥去面积在 2.5mm^2 以下的小线绝缘层。

（　　）272. 线号标注时，当线号数字沿电线轴向书写时，个位数应远离端子。

（　　）273. 在控制板上接线时，按钮的引线必须经过接线排。

（　　）274. 在控制板上接线时，导线可以随意地连接，不必遵守横平竖直等原则。

（　　）275. HK 系列刀开关可以水平安装，也可以垂直安装。

（　　）276. 加工一个螺纹孔，首先应钻孔，其钻孔直径应该为螺纹的大径。

（　　）277. 制造一个零件，其尺寸不清，则按视图大小制造。

（　　）278. 钻孔属于粗加工。

（　　）279. 当孔将要钻穿时，必须减少进给量。

（　　）280. 攻螺纹前的底孔直径必须大于螺纹标准中规定的螺纹小径。

（　　）281. 铆钉直径一般等于板厚的 1.8 倍。

（　　）282. 半圆头铆钉杆长度等于铆接件总厚度加上铆钉直径。

（　　）283. 扩孔的加工质量比钻孔高。

（　　）284. 钻小孔时，因钻头直径小，强度低，容易折断，故钻孔的转速比钻一般的孔要低。

（　　）285. 尺寸链中，当封闭环增大时，增环也随之增大。

（　　）286. 装配尺寸链每个独立尺寸的偏差都将影响装配精度。

（　　）287. 钻孔时，当快钻穿时应掌握钻头微微上下移动，防止钻头快速自动切入而断钻头。

（　　）288. 手工攻丝时，每前进 1/2～1 转后要倒转 1/4～1/2 转，以便切屑碎断。

（　　）289. 液压传动是借助于液体来传递能量和运动的。

（　　）290. 带传动的优点是结构占空间大。

（　　）291. 具有吸振能力是螺旋传动的特点。

（　　）292. 蜗轮、蜗杆传动的特点是具有过载保护作用。

（　　）293. 传动装置是将原动机的运动和动力传给工作机构的中间联系环节，其主要作用是：变速、改变运动形式、传递与分配动力。

（　　）294. 滑动轴承轴瓦上的油槽和油孔一般都在承载区。

（　　）295. 钻孔时加切削液的主要目的是提高孔的表面质量。

（　　）296. 钻孔属于粗加工。

（　　）297. 当孔将要钻穿时，必须减少进给量。

（　　）298. 攻螺纹前的底孔直径必须大于螺纹标准中规定的螺纹小径。

（　　）299. 铆钉直径一般等于板厚的 1.8 倍。

（　　）300. 半圆头铆钉杆长度等于铆接件总厚度加上铆钉直径。

（　　）301. 扩孔的加工质量比钻孔高。

（　　）302. 钻小孔时，因钻头直径小，强度低，容易折断，故钻孔的转速比钻一般的孔要低。

（　　）303. 在转速和轴向力都很大的场合，可采用多个推力轴承组合使用。

（　　）304. 调心轴承一般都成对使用。

（　　）305. 常用的连续式供油装置有滑油、油环、飞溅和压力。

（　　　）306. 含碳量大于 2% 的铁碳合金叫铸铁。

（　　　）307. 正火工艺的目的是增加低碳钢中的珠光组织，以提高其硬度，改善切削加工性能。

（　　　）308. 回火是为了降低脆性，消除内应力，减少变形开裂。

（　　　）309. 手锤的规格是用手柄长度表示的。

（　　　）310. 拧紧螺母时，严禁用套筒延长手柄长度来加大拧紧力。

（　　　）311. 为了夹紧工件，可用套筒加长手柄或锤击手柄的方法来紧固虎钳。

（　　　）312. 在用锯条锯断各种板料、管料、电缆等材料时，应选用粗齿轮锯条。

（　　　）313. 锯割软材料应选用细齿锯条。

（　　　）314. 锯条反装以后，由于楔角发生变化，锯削不能正常进行。

（　　　）315. 锯削时锯条运动速度过快、压力太大是锯条折断的重要原因之一。

（　　　）316. 钻孔时对于小直径钻头可用高转速。

（　　　）317. 钻头主切削刃上的后角，外缘处最小，越接近中心则越大。

（　　　）318. 磨钻头检查两切削刃是否对称，其方法是把钻刃向上竖立，两眼平视，感到右刃高而左刃低。

（　　　）319. 在刃磨麻花钻过程中，适时检查钻头锋角的正确性和对称性。

（　　　）320. 对于钢料攻丝时的润滑冷却液可选用水。

（　　　）321. 攻螺纹时底孔直径应小于螺纹大径。

（　　　）322. 攻螺纹前的底孔直径必须大于螺纹标准中规定的螺纹大径。

（　　　）323. 攻螺纹、套螺纹都应经常倒转，以利于排屑。

（　　　）324. 在铸件上攻螺纹应加煤油冷加润滑。

（　　　）325. 套螺纹时，圆杆顶端应倒角至 15°～20°。

（　　　）326. 攻螺纹时，要经常倒转 1/4～1/2 圈，其目的是避免因切屑阻塞而使丝锥卡死。

（　　　）327. 当丝锥的切削部分全部切入工件后，只需转动铰杠即可。

（　　　）328. 铰孔时，铰削余量越小，铰后的表面越光洁。

（　　　）329. 铰孔时工件要夹正、夹牢。操作时，对铰刀的垂直方向有一个正确的视觉判断。

（　　　）330. 普通锉刀叶可用来挫削铝等材料。

（　　　）331. 三角锉是用于精加工的整形锉。

（　　　）332. 锉刀按其用途不同可分为普通钳工锉、异行锉和整形锉三种。

（　　　）333. 锉削姿势正确与否，对锉削质量起着决定性作用。

（　　　）334. 要锉出平直的平面，必须使锉刀保持倾斜的锉削运动。

（　　　）335. φ5～20mm 的孔，铰削余量为 0.2～0.3mm。

（　　　）336. 锉削速度一般应在 40 次/分左右，推出时稍慢，回程时稍快，动作要自然协调。

（　　　）337. 尖铲用来剔键槽。

（　　　）338. 錾子的楔角越大，后角就越小。

（　　　）339. 用半圆头铆钉铆接时，最后一道工序是铆打成形。

（　　　）340. 在使用机床时，设备导轨面上禁止摆放工具。

（　　　）341. 维护和保养机床的方法之一是在齿轮啮合时不可用手转动主轴。

（　　　）342. 质量管理小组就是行政生产小组。

（　　）343. 只要严格把关，精心挑选就能创出优质产品。

（　　）344. 为了控制质量，必须有效地控制工序的主导因素。

（　　）345. 工序是指操作者、机器、材料、工艺方法 4 个方面在特定条件下的结合。

（　　）346. 产品质量就是产品的性能。

（　　）347. 产品质量是否合格是以急速（技术）标准来判断的。

（　　）348. 加工质量的波动是完全可以避免的。

三、选择题

1. 国家安全生产的指导方针是（　　）。

A. 安全第一，教育为先　　　　　　　B. 安全第一，预防为主

C. 预防为主，确保生产　　　　　　　D. 生命第一，设备第二

2. 全体工作人员应该掌握（　　）。

A. 电气设备运输知识　　　　　　　　B. 胸外心脏挤压等急救方法

C. 电气设备生产工艺　　　　　　　　D. 电气设备使用过程必要的电气安全知识

3. 高空作业时，工具应装在工具袋里，不准穿（　　），不准打闹，不可以上抛物件和工具。

A. 软底鞋　　　　　　B. 硬底鞋　　　　　　C. 绝缘鞋　　　　　　D. 布底鞋

4. 造成气动工具耗气量增大的原因是（　　）。

A. 气压不足　　　　　　　　　　　　B. 工具所带的滑片磨损过多

C. 零件不干净　　　　　　　　　　　D. 润滑油黏度太大

5. 起动设备前应检查防护装置、紧固螺钉以及电、油、气等（　　）是否完好。

A. 机械开关　　　　　B. 接触器开关　　　　C. 动力开关　　　　D. 继电器开关

6. 根据安全防范措施要求，工作中应注意周围人员及自身安全，故下列说法正确的是（　　）。

A. 工作中挥动工具不可能造成人身伤害　　B. 工具脱落可能造成人身伤害

C. 工件飞溅不可能造成人身伤害　　　　　D. 铁屑飞溅很难造成人身伤害

7. 采用辅助设备、设施登高操作时，正确操作是（　　）。

A. 可以不检查梯子、脚手架等是否坚固可靠

B. 必须设专人监护梯子、脚手架等

C. 梯子应倾斜 45°

D. 人字梯只要角度合适，就不需要索具或拉杆、拉柱

8. 安全操作规程规定，使用工具操作时不许（　　）。

A. 用专用工具清除铁屑　　　　　　　B. 用木锤敲击构件

C. 用电动工具拧螺母　　　　　　　　D. 用嘴吹铁屑

9. 安全操作规程规定，使用工具操作时不许（　　）。

A. 用旋具当作撬棒　　　　　　　　　B. 用皮老虎吹铁屑

C. 用电动工具拧螺母　　　　　　　　D. 用木锤敲击构件

10. 安全操作规程要求，使用电动工具时，正确的操作是（　　）。

A. 稍有破损的工具可以正常使用　　　B. 可以不考虑使用环境

C. 可以超负载使用　　　　　　　　　D. 需定期检查与维修

11. 安全操作规程要求，使用风动工具时，不正确的操作是（　　）。

A. 气源应保证完好无损　　　　　　　B. 不应超负载使用

C. 使用时，不需考虑场所、环境要求　　D. 传动部位，应加注润滑油

12. 电气系统本身包括（　　）等。

A. 发电、变配电、使用设备

B. 变配电和使用设备

C. 发电、供电、输电、变配电、使用设备

D. 电器使用设备

13. 电气安全技术操作规程要求（　　）与电气安装、维修工作必须由电气专业人员进行。

A. 电力设备运输　　B. 电力设施的运行　　C. 风动设备的维护　　D. 机电设备的保养

14. 电气专业人员可以不掌握（　　）。

A. 必要的电气知识　　　　　　　　　B. 电气设备运输知识

C. 人工呼吸和胸外心脏挤压等急救方法　　D. 触电事故的急救措施

15. 当有人触电时，应首先（　　）。

A. 切断电源　　　　　　　　　　　B. 拉出触电者

C. 对触点者人工呼吸　　　　　　　　D. 送医院

16. 安全操作规程要求，使用电动工具时，不正确的操作是（　　）。

A. 电源线可以任意接长或拆换　　　　B. 使用前电源应保证完好无损

C. 应保证工具绝缘性能良好　　　　　D. 传动部位应加注润滑油

17. 电气设备的（　　）与电器的额定绝缘电压或工作电压、污染等级和绝缘材料组别有关。

A. 爬电距离　　　B. 对地距离　　　C. 漏电起痕　　　D. 电气间隔

18. 电气设备的爬电距离与其额定绝缘电压或工作电压、（　　）和绝缘材料组别有关。

A. 爬电比距　　　B. 漏电起痕　　　C. 污染等级　　　D. 对地距离

19. 电气检修，应（　　）进行。

A. 合闸　　　　　B. 停机　　　　　C. 停电　　　　　D. 带电

20. 进行电器修理作业时，须（　　）作业。

A. 带电　　　　　B. 断电　　　　　C. 带电或断电　　　D. 任意

21. 电气设备调试工作完毕后，应将（　　）电源断开。

A. 现场　　　　　B. 万用表　　　　C. 气动工具和设备　　D. 配电柜

22. 在狭窄场所如锅炉、金属容器、管道内等地施工，如使用Ⅱ类电动工具，所设置的额定漏电动作电流不大于（　　）。

A. 25mA　　　　B. 15mA　　　　C. 20mA　　　　D. 30mA

23. 高压验电器是用来检验高压电气设备、架空线路和电力电缆等是否带电的工具。常用的有（　　）。

A. 10kV及以下　　B. 6kV及以下　　C. 22kV及以下　　D. 110kV以上

24. 不属于高压开关设备中的五防连锁作用的是（　　）。

A. 防自动重合闸

B. 防止带负载分、合隔离开关

C. 防止误分误合断路器、负载开关接触器

D. 防止在带电时误合接地开关

25. 10kV供电线路的中性点一般不接地，当一相接地时，线路上的其他设备（　　）。

A. 进行自我保护　　B. 立即断开　　　C. 不可继续运行　　D. 可继续运行

26. 对照明电路，下面（　　）情况不会引起触电事故。

A. 人赤脚站在大地上，一手接触相线，但未接触零线

B. 人赤脚站在大地上，一手接触零线，但未接触相线

C. 人赤脚站在大地上，二手同时接触相线，但未接触零线

D. 人站在绝缘体上，一手接触相线，另一手接触零线

27. 发生电火警时，如果电源没有切断，采用的灭火器材应是（　　）。

A. 泡沫灭火器　　　　B. 消防水龙头　　　　C. 二氧化碳灭火机

28. 发生电气火灾时，应使用（　　）进行灭火。

A. 水　　　　　　　B. 泡沫灭火器　　　C. 四氯化碳灭火器　D. 酸或碱性灭火器

29. 用外力把正电荷从 A 端移到 B 端所做的（　　）与被移动的电荷的比值，称为 A、B 两端间的电动势。

A. 功　　　　　　　B. 电位能　　　　　C. 电压　　　　　　D. 功率

30. 用外力把（　　）从 A 端移到 B 端所做的功与被移动的电荷的比值，称为 A、B 两端间的电动势。

A. 电荷　　　　　　B. 正电荷　　　　　C. 负电荷　　　　　D. 电子

31. 两个 $8k\Omega$ 电阻并联，其等效电阻为（　　）。

A. $2k\Omega$　　　　B. $4k\Omega$　　　　C. $3k\Omega$　　　　D. $8k\Omega$

32. 两个 $4k\Omega$ 电阻并联，则其等效电阻为（　　）。

A. $2k\Omega$　　　　B. $4k\Omega$　　　　C. $3k\Omega$　　　　D. $6k\Omega$

33. 欧姆定律表示通过电阻的电流与电阻两端所加的电压成正比，与（　　）成反比。

A. 电阻的电功率　　B. 电源的电动势　　C. 电流所做的功　　D. 电阻值

34. （　　）表示通过电阻的电流与电阻两端所加的电压成正比，与电阻成反比。

A. 基尔霍夫电流定律　　　　　　　　B. 基尔霍夫电压定律

C. 欧姆定律　　　　　　　　　　　　D. 楞次定律

35. 有两个电容器，C_1 为 $300V$、$60\mu F$，C_2 为 $200V$、$30\mu F$，串联后其总的耐压为（　　）。

A. $500V$　　　　　B. $300V$　　　　　C. $200V$　　　　　D. $100V$

36. 有两个电容器，C_1 为 $200V$、$20\mu F$，C_2 为 $250V$、$2\mu F$，串联后接入 $400V$ 直流电路中，可能出现的情况是（　　）。

A. C_1 和 C_2 都被击穿　　　　　　B. C_1 损坏

C. C_1 和 C_2 都正常工作　　　　　D. C_2 损坏

37. 磁场中与磁介质的性质无关的物理量是（　　）。

A. 磁感应强度　　　B. 导磁系数　　　　C. 磁场强度　　　　D. 磁通

38. 判断电流产生磁场方向用（　　）。

A. 左手定则　　　　B. 右手定则　　　　C. 安培定则　　　　D. 楞次定律

39. 判断磁场对通电导体作用力的方向，用（　　）。

A. 左手定则　　　　B. 右手定则　　　　C. 安培定则　　　　D. 楞次定律

40. 当一个磁体被截成三段后，总共有（　　）个磁极。

A. 2　　　　　　　B. 3　　　　　　　C. 4　　　　　　　D. 6

41. 磁极是磁体中磁性（　　）的地方。

A. 最强　　　　　　B. 最弱　　　　　　C. 不定　　　　　　D. 没有

42. 当一块磁体的 N 极靠近另一块磁体的 N 极时，二者之间（　　）存在。

A. 有吸引力　　　　B. 有推斥力　　　　C. 无任何力　　　　D. 以上都不是

43. 两根通有同方向电流的平行导线之间（　　）存在。

A. 有吸引力　　　B. 有推斥力　　　C. 无任何力　　　D. 以上都不是

44. 一根通有电流、另一根无电流的两平行导线之间（　　）。

A. 有吸引力　　　B. 有推斥力　　　C. 无任何力　　　D. 以上都不是

45. 当通电线圈平面与磁力线间的夹角为0°时，线圈受到的转矩（　　）。

A. 最大　　　B. 最小　　　C. 不变　　　D. 大小不定

46. 一空心通电线圈插入铁心后，其磁路中的磁通将（　　）。

A. 大大增强　　　B. 略有增强　　　C. 不变　　　D. 减少

47. 当磁铁从线圈中抽出时，线圈中感应电流产生的磁通方向与磁铁的（　　）。

A. 运动方向相反　　　B. 运动方向相同　　　C. 磁通方向相反　　　D. 磁通方向相同

48. 磁力线是互不相交的连续不断的回线，磁场弱的地方磁力线（　　）。

A. 较短　　　B. 较疏　　　C. 较长　　　D. 较密

49. 同一铁心上的两个相邻线圈A、B，当流入线圈A的电流变化时，会在线圈B上产生感应电动势，这种现象称为互感。同时，线圈B称为（　　）。

A. 原线圈　　　B. 二次线圈　　　C. 一次线圈　　　D. 感应线圈

50. 由于流过线圈电流的变化而在线圈中产生感应电动势的现象称为（　　）。

A. 电磁感应　　　B. 自感应　　　C. 电流磁效应　　　D. 互感应

51. 判断线圈中感应电动势的方向，应该用（　　）。

A. 左手定则　　　B. 右手定则　　　C. 安培定则　　　D. 楞次定律

52. 感应磁通的方向总是与原磁通（　　）。

A. 方向相同　　　B. 方向相反　　　C. 变化的方向相反　　　D. 方向无关

53. 自感电动势的大小与原电流的（　　）成正比。

A. 大小　　　B. 方向　　　C. 变化量　　　D. 变化率

54. 常用的室内照明电压220V是指交流电的（　　）。

A. 瞬时值　　　B. 最大值　　　C. 平均值　　　D. 有效值

55. 习惯称正弦交流电的最大值为（　　）。

A. 一个周期的平均值　　　　　　B. 正、负峰值间的数值

C. 正峰或负峰值　　　　　　　　D. 绝对峰值

56. 我国使用的工频交流电频率为（　　）。

A. 45Hz　　　B. 50Hz　　　C. 60Hz　　　D. 65Hz

57. 我国使用的工频交流电周期为（　　）。

A. 0.5s　　　B. 0.2s　　　C. 0.1s　　　D. 0.02s

58. 正弦交流电流的有效值I为其最大值I_m的（　　）倍。

A. $1/\sqrt{2}$　　　B. 2　　　C. 1/2　　　D. $\sqrt{2}$

59. 在正弦交流电路中，流过纯电容的电流与它两端的电压在相位上是（　　）。

A. 同相　　　B. 超前90°　　　C. 滞后90°　　　D. 反相

60. 在正弦交流电路中，流过纯电感线圈中的电流与它两端的电压在相位上是（　　）。

A. 同相　　　B. 超前90°　　　C. 滞后90°　　　D. 反相

61. 当电源容量一定时，功率因数值越大，说明电路中用电设备的（　　）。

A. 无功功率越大　　　B. 有功功率越大　　　C. 有功功率越小　　　D. 视在功率越大

62. 当RLC串联电路呈感性时，总电压与电流间的相位差ϕ应是（　　）。

A. $\phi > 0$ B. $\phi < 0$ C. $\phi = 0$ D. 以上都不是

63. 交流负载作星形联结时，相电流是线电流（　　）倍，负载两端承受的电压等于电源的相电压。

A. 3   B. 1   C. $\sqrt{3}$ D. 1/3

64. 三相对称交流电源是由（　　）相同、振幅相同、相位依次互差120°的三个电动势组成。

A. 电流   B. 频率   C. 电压   D. 内阻

65. 三相对称负载作三角形联结时，线电压是相电压的（　　）。

A. 1倍   B. $\sqrt{2}$倍   C. $\sqrt{3}$倍   D. 3倍

66. 三相对称负载作丫联结时，线电流是相电流的（　　）。

A. 1倍   B. $\sqrt{2}$倍   C. $\sqrt{3}$倍   D. 3倍

67. 同一电源中，三相对称负载作三角形联结时，消耗的功率是它作丫联结时的（　　）。

A. 1倍   B. $\sqrt{2}$倍   C. $\sqrt{3}$倍   D. 3倍

68. 交流负载作三角形联结时，线电流等于相电流的（　　）倍。

A. $1/\sqrt{3}$ B. 3   C. $\sqrt{3}$ D. 1

69. 有一220V、（　　）的电灯接在220V的电源上，如果每晚用3h，30天消耗的电能是5.4kWh。

A. 20W   B. 25W   C. 40W   D. 60W

70. 电流的常用单位是（　　）。

A. W   B. A   C. J   D. 以上都不对

71. 速度的常用单位是（　　）。

A. kM/h   B. M/S   C. M/min   D. kM/s

72. 长度的国际单位制是（　　）。

A. m   B. dm   C. cm   D. mm

73. 5千克力等于（　　）牛。

A. 49   B. 20   C. 10   D. 5

74. 1pF等于（　　）F。

A. 10^{-3} B. 10^{-6} C. 10^{-9} D. 10^{-12}

75. 电量的单位是（　　）。

A. C   B. A   C. S   D. H

76. 下列表示无功功率单位的是（　　）。

A. VA   B. W   C. Var   D. J

77. 周期性非正弦电路中的平均功率，等于直流分量与各次谐波平方功率的（　　）。

A. 平方和的平方根   B. 之和   C. 和的平方根   D. 积的平方

78. 3AX31 三极管属于（　　）型三极管。

A. PNP 型锗材料   B. NPN 型锗材料   C. PNP 型硅材料   D. NPN 型硅材料

79. 2CW14 二极管属于（　　）二极管。

A. 普通型   B. 稳压型   C. 整流型   D. 开关型

80. 当温度升高时，半导体的电阻将（　　）。

A. 增加   B. 减小   C. 不变   D. 不一定

81. 半导体中的自由电子和空穴的数量相等，这样的半导体叫作（　　）。

A. N 型半导体　　　　B. P 型半导体　　　　C. 本征型半导体　　　　D. 以上答案均不对

82. 半导体的导电性介于导体与绝缘体之间。常用的半导体材料有：硅（Si）和锗（Ge）。原子结构的最外层轨道上有（　　）个价电子。

A. 2　　　　　　　B. 3　　　　　　　C. 4　　　　　　　D. 5

83. 要使三极管具有放大作用，都必须保证（　　）。

A. 发射结正偏、集电结反偏　　　　　　B. 发射结反偏、集电结正偏

C. 发射极正偏、集电极反偏　　　　　　D. 集电极反偏、集电极正偏

84. 如图 13-2 所示，输出特性曲线分成三个工作区，下列（　　）是正确的选项。

A. 截止区 $I_B \leqslant 0$，饱和区 I_C 不随 I_B 的增大或减小而变化，放大区 I_C 随 I_B 的控制而变化

B. 截止区 $I_B \approx 0$，饱和区 I_C 随 I_B 的增大或减小而变化，放大区 I_C 随 I_B 的控制而变化

C. 截止区 $I_B \leqslant 0$，饱和区 I_B 随 I_C 的增大或减小而变化，放大区 I_C 随 I_B 的控制而变化

D. 截止区 $I_B \leqslant 0$，饱和区 I_C 随 I_B 的增大或减小而变化，放大区 I_B 随 I_C 的控制而变化

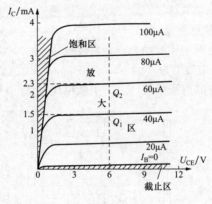

图 13-2

85. 用于数字电路和控制电路的二极管是（　　）。

A. 普通二极管　　　B. 整流二极管　　　C. 开关二极管　　　D. 稳压二极管

86. 国产二极管型号的意义，用拼音字母表示器件的材料和极性，A 代表（　　）。

A. 材料　　　　B. P 型锗材料　　　C. N 型锗材料　　　D. P 型硅材料

87. 当三极管处在放大区时，$I_B = 0.02A$，$I_E = 0.5A$，则 I_C 等于（　　）。

A. 0.02A　　　B. 0.48A　　　C. 0.01A　　　D. 0.5A

88. 已知 $I_B = 0.02A$，$I_E = 0.48A$，则 β 等于（　　）。

A. 23　　　　B. 12　　　　C. 24　　　　D. 36

89. 三相半波整流电路中，负载 R_L 上，直流电压（　　）。

A. $U_L \approx 1.17U_2$　　B. $U_L \approx 2.4U_2$　　C. $U_L \approx 2.1U_2$　　D. $U_L \approx 1.9U_2$

90. 如图 13-3 所示，电容器在电路中的作用是（　　）。

A. 滤波　　　　B. 整流　　　C. 通交隔直　　　D. 通直隔交

91. 三极管 3DG4 的 $P_{CM} = 300mW$，$I_C = 10mA$，管子的工作电压 U_{CE} 等于（　　）V。

A. 30　　　　B. 10　　　　C. 3000　　　D. 300

92. NPN 型三极管电源接法如图 13-4 所示。c、b、e 三个电极的电位应符合（　　）。

A. $U_e > U_b > U_c$　　B. $U_c > U_b > U_e$　　C. $U_c < U_e < U_b$　　D. $U_e < U_c < U_b$

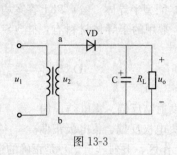

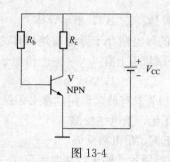

图 13-3　　　　　　　　　　　　　　　图 13-4

93. 无论是采用哪一种连接方式，也无论是采用 NPN 型管还是 PNP 型管，要使三极管具有放大作用，都必须保证（　　）。

A. 发射极正偏、集电极反偏　　　　　　B. 发射结正偏、集电结反偏

C. 发射极反偏、集电极正偏　　　　　　D. 发射结反偏、集电结正偏

94. 基极偏置电阻 R_b 的大小决定了静态工作点高低，R_b 的数值调得过大，则造成（　　）。

A. 饱和失真　　　　B. 截至失真　　　　C. 没有影响　　　　D. 以上都不是

95. 影响静态工作点的主要因素是（　　）。

A. 元件参数变化　　B. 电源电压波动　　C. 温度变化　　　　D. 湿度变化

96. 如图 13-5 所示，其反馈类型为（　　）。

A. 串联电流反馈　　B. 并联电压反馈　　C. 串联电压反馈　　D. 并联电流反馈

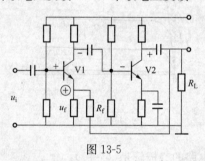

图 13-5

97. 负反馈所能抑制的干扰和噪声是（　　）。

A. 输入信号所包含的干扰和噪声　　　　B. 反馈环内的干扰和噪声

C. 反馈环外的干扰和噪声　　　　　　　D. 以上答案都不对

98. 要求输入电阻 r_i 大，输出电流稳定，应选用（　　）。

A. 串联电压　　　　B. 并联电压　　　　C. 串联电流　　　　D. 并联电流负反馈

99. 某传感器产生的是电压信号（几乎不能提供电流），经放大后要求输出电压与信号电压成正比，该放大电路应选用（　　）。

A. 串联电压　　　　B. 并联电压　　　　C. 串联电流　　　　D. 并联电流负反馈

100. 希望获得一个电流控制的电流源，应选用（　　）。

A. 串联电压　　　　B. 并联电压　　　　C. 串联电流　　　　D. 并联电流负反馈

101. 需要一个输入电阻 r_i 小、输出电阻 r_0 大的阻抗变换电路，应选用（　　）。

A. 串联电压　　　　B. 并联电压　　　　C. 串联电流　　　　D. 并联电流负反馈

102. 晶闸管是一个由 PNPN 四层半导体构成的三端器件，其内部形成（　　）PN 结。

A. 一个　　　　　　B. 四个　　　　　　C. 两个　　　　　　D. 三个

103. （　　）在整个周期的正、负两个半周内都有电流通过，因此其利用率高，二极管所

承受的反向电压为 $\sqrt{2}U_2$。

    A. 三极管放大电路   B. 单相半波整流电路

    C. 单相桥式整流电路   D. 单相全波整流电路

104.（   ）在整个周期的正、负两个半周内都有电流通过，利用率高，二极所承受的反向电压为 $2\sqrt{2}U_2$

    A. 三极管放大电路   B. 单相半波整流电路

    C. 单相桥式整流电路   D. 单相全波整流电路

105. 电气图的表达方式主要有图样、（   ）、表图、表格和文字形式等。

    A. 电路图   B. 接线图   C. 接线表   D. 简图

106. 图形符号一般有（   ）种基本形式。

    A. 2   B. 3   C. 4   D. 5

107. 在使用可变性限定符号时，应将其与主体符号中心线成（   ）布置。

    A. 15°   B. 30°   C. 45°   D. 90°

108. 图形符号的方位（   ）。

    A. 是固定的   B. 可以变换   C. 不能为 45°   D. 不能镜向绘制

109. 单字母文字符号按拉丁字母划分为（   ）大类。

    A. 12   B. 23   C. 33   D. 24

110. 单字母文字符号中拉丁字母中的"I"和"O"易同阿拉伯数字"1"和"0"相混淆，故未被采用；另外，字母"（   ）"也未被采用。

    A. A   B. F   C. J   D. H

111. 光器件、热器件等用单字母文字符号（   ）表示。

    A. E   B. F   C. B   D. K

112. 电动机用单字母文字符号（   ）表示。

    A. E   B. N   C. M   D. K

113. 电力电路的开关用单字母文字符号（   ）表示。

    A. Q   B. N   C. C   D. L

114. 变压器用单字母文字符号（   ）表示。

    A. S   B. T   C. M   D. L

115. 电位器用双字母文字符号（   ）表示。

    A. KV   B. KM   C. R_P D. R_F

116. 按钮开关用双字母文字符号（   ）表示。

    A. QK   B. SA   C. SS   D. SB

117. 电子管、气体放电管、晶体管、晶闸管、二极管用单字母文字符号（   ）表示。

    A. W   B. V   C. Q   D. A

118. 印制板图分为印制板零件图和（   ）图两大类。

    A. 印制板结构要素   B. 导电图形   C. 标记符号   D. 印制板装配

119. 交流用辅助文字符号（   ）表示。

    A. OFF   B. FW   C. AC   D. DC

120. 直流用辅助文字符号（   ）表示。

    A. OFF   B. FW   C. AC   D. DC

121. 在电气图中，辅助线、屏蔽线、机械连接线、不可见轮廓线、不可见导线等，一般用

（　　）表示。

  A. 实线　　　　　　B. 虚线　　　　　　C. 点画线　　　　　　D. 双点画线

122. 当图线水平布局时，项目代号一般标注在图形符号（　　）。

  A. 左边　　　　　　B. 右边　　　　　　C. 上边　　　　　　D. 下边

123. 两个完整的项目代号由（　　）个代号段组成。

  A. 2　　　　　　　B. 3　　　　　　　C. 4　　　　　　　D. 5

124. 项目代号中高层代号前缀符号为（　　）。

  A. —　　　　　　　B. =　　　　　　　C. +　　　　　　　D. ：

125. 项目代号中端子代号前缀符号为（　　）。

  A. —　　　　　　　B. =　　　　　　　C. +　　　　　　　D. ：

126. 项目代号中种类代号前缀符号为（　　）。

  A. —　　　　　　　B. =　　　　　　　C. +　　　　　　　D. ：

127. 电气制图常用的图线布局有（　　）种。

  A. 2　　　　　　　B. 3　　　　　　　C. 4　　　　　　　D. 5

128. 电气文字符号中，单字母 C 表示（　　）。

  A. 传感器类　　　　B. 电阻器类　　　　C. 电感器类　　　　D. 电容器类

129. 如图 13-6 所示，表示延时闭合的动断（常闭）触头图形符号是（　　）。

  A.　　　　　　B.　　　　　　C.　　　　　　D.

图 13-6

130. 电气文字符号中，单字母 C 表示（　　）。

  A. 传感器类　　　　B. 电阻器类　　　　C. 电感器类　　　　D. 电容器类

131. 如图 13-7 所示，表示延时断开的动合（常开）触点图形符号是（　　）。

  A.　　　　　　B.　　　　　　C.　　　　　　D.

图 13-7

132. 高压开关柜的电气主接线图中，符号表示手车的（　　）。

  A. 一次触点　　　B. 二次触点　　　C. 接触器触点　　　D. 隔离开关触点

133. 在分析电气原理图过程中，应注意"先交流，后直流；交流看（　　），直流找线圈，抓住触点不放松"。

  A. 变压器　　　　　B. 电源　　　　　C. 互感器　　　　　D. 触点

134. 在分析电气原理图过程中，所谓"先交流，后直流"是指先看二次接线图的交流回路，把交流回路弄懂后，根据交流回路的电气量以及在系统中发生故障时这些电气量的变化特点，向（　　）推断，再分析直流回路。

  A. 直流回路　　　B. 交流回路　　　C. 直流逻辑回路　　　D. 电流互感器回路

135. 在分析电气原理图过程中，"交流看电源，直流找（　　）"是指交流回路要从电源入手。交流回路由电流回路和电压回路两部分组成。

  A. 变压器　　　　　B. 线圈　　　　　C. 互感器　　　　　D. 触点

136. 分析展开图时，应注意继电器和每一个小的逻辑回路的作用都在展开图的（　　）。

  A. 右上侧注明　　　B. 图中注明　　　C. 左侧注明　　　D. 右侧注明

137. 在展开图中，（　　）的触点和电气元件之间的连接线段都有回路标号。

A. 变压器　　　　　B. 接触器　　　　　C. 互感器　　　　　D. 继电器

138. 常用的回路都给以固定的编号，如断路器的跳闸回路用（　　）等，合闸回路用 103，203。

A. 133，233，333，433　　　　　　B. 102，103，104，105

C. 113，213，313，413　　　　　　D. 201，133，233，333

139. 交流回路标号使用的数字范围是：电压回路为（　　），电流回路为 400～599。

A. 600～799　　　B. 701～999　　　C. 801～809　　　D. 871～879

140. 在展开图中，回路使用的标号组要与（　　）文字符号前的"数字序号"相对应。

A. 断路器　　　　　B. 线圈　　　　　C. 互感器　　　　　D. 继电器

141. 安装接线图包括屏面布置图、（　　）、端子排图三部分。

A. 二次回路接线图　B. 系统图　　　　C. 屏背面布置图　　D. 单线图

142. 电路如图 13-8 所示，该电路能使电动机（　　），并有接触器辅助触点作电气连锁的控制线路。

A. 可逆运转　　　　B. 反转　　　　　C. 正转　　　　　D. 停止

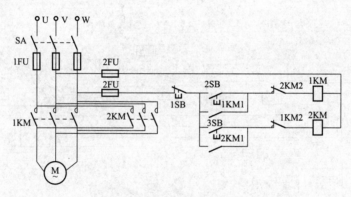

图 13-8

143. 电路如图 13-8 所示，要使电动机做可逆运动，需改变主电路上两相电源的相序，可由两个（　　）交替动作来完成。

A. 刀开关　　　　　B. 按钮　　　　　C. 熔断器　　　　　D. 交流接触器

144. 电路如图 13-8 所示，交流接触器（　　）为正向控制，交流接触器 2KM 为反向控制。

A. 2KM1　　　　　B. 1KM1　　　　　C. 1KM　　　　　D. 3SB

145. 电路如图 13-8 所示，其（　　）的工作原理是：合上电源开关 SA，先按下按钮 1SB，再按下正向控制按钮 2SB，接触器线圈 1KM 得电吸合，其主触点 1KM 闭合，辅助触点 1KM1 自锁，电动机正向运转。

A. 正向控制　　　　B. 反向控制　　　　C. 可逆控制　　　　D. 停转控制

146. 电路如图 13-8 所示，若要使电动机由反向运转变为正向运转，需先按下按钮 1SB，断开 3SB，使反转控制线路断开，然后再按下正向起动按钮 2SB，接触器（　　）线圈得电吸合，主触点 1KM 闭合，辅助触点 1KM1 自锁，电动机正向运转。

A. 1KM1　　　　　B. 2KM1　　　　　C. 2KM　　　　　D. 1KM

147. 电路如图 13-8 所示，如果使电动机正转，下列操作正确的是（　　）。

A. 接触器线圈 1KM 得电吸合，其主触点 1KM 断开，辅助触点 2KM1 自锁

B. 接触器线圈 2KM 得电吸合，其主触点 2KM 闭合，辅助触点 1KM2 自锁

C. 接触器线圈 2KM 得电吸合，其主触点 1KM 闭合，辅助触点 1KM1 自锁

D. 接触器线圈 1KM 得电吸合，其主触点 1KM 闭合，辅助触点 1KM1 自锁

148. 电路如图 13-8 所示，如果使电动机正转变为反转，下列操作正确的是（　　）。

A. 2KM 得电吸合，主触点 2KM 闭合，辅助触点 1KM1 自锁

B. 需先按下 1SB，断开 3SB，使正转控制线路断开，然后再按下 2SB

C. 需先按下 1SB，断开 2SB，使正转控制线路断开，然后再按下 3SB

D. 1KM 得电吸合，主触点 1KM 闭合，辅助触点 1KM1 自锁

149. 电路如图 13-9 所示，高压供电线路时限速断保护线路，是由电流继电器（　　），时间继电器及信号继电器、连接片 1XB 所组成。

A. 1KA，2KA　　　B. 2KA，3KA　　　C. 1KA，3KA　　　D. 1KA，4KA

150. 电路如图 13-9 所示，高压供电线路时限速断保护原理线路，其过电流保护是由电流继电器、时间继电器、连接片（　　）、信号继电器组成。

A. 1KT　　　　　B. 1XB　　　　　C. 1KA　　　　　D. 1KS

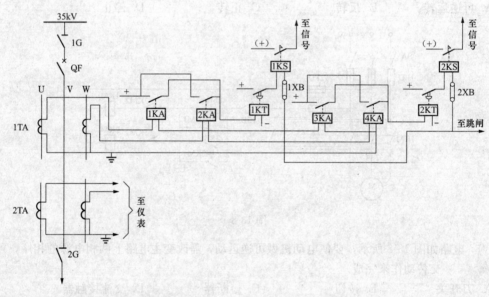

图 13-9

151. （　　）的首页一般包含工程图样目录、图例、设备明细表、设计说明等。

A. 电气工程图　　　B. 电气系统图　　　C. 电气原理接线图　D. 平面图

152. （　　）是表现各种电气设备与线路平面布置的图样，是进行电气安装的重要依据。

A. 大样图　　　　　B. 平面图　　　　　C. 电气系统图　　　D. 安装接线图

153. 电气原理接线图是表现某一具体设备或系统的（　　）的图样，主要用于指导具体设备与系统的安装、接线、调试、使用与维护。

A. 电气安装　　　　B. 电气调试　　　　C. 电气使用与维护　D. 电气工作原理

154. （　　）是表现某一设备内部各种电器元件之间连线的图样，它是与原理图相对应的一种图样。

A. 安装接线图　　　B. 电气原理图　　　C. 电气系统图　　　D. 电气控制图

155. 在（　　）中，设备、线路及其安装方法等在许多情况下是借用统一的图形符号和文

字符号来表达的。

    A. 电气工程图　　　　B. 大样图　　　　　C. 电气控制图　　　　D. 原理图

156. （　　）是在电气工程图中标明设备和元件的名称、性能、作用的符号，它主要由基本符号和辅助符号等组成。

    A. 电气图形符号　　　B. 电气数字符号　　　C. 电气文字符号　　　D. 电气标注符号

157. 在电气工程二次原理接线图中，符号 QS 表示（　　）。

    A. 信号继电器　　　　B. 电压继电器　　　　C. 转换开关　　　　　D. 辅助开关

158. 一般的二次接线图中，包含电压测量、（　　）、电能测量和绝缘监视电压表线路。

    A. 温度测量　　　　　B. 电流测量　　　　　C. 信号测量　　　　　D. 变压器测量

159. 在展开图中，（　　）使用的标号组要与互感器文字符号前的"数字序号"相对应。

    A. 互感器　　　　　　B. 回路　　　　　　　C. 直流母线　　　　　D. 交流母线

160. 二次回路按其不同的绘制方法可分为三类，即原理图、展开图、（　　）。

    A. 接线图　　　　　　B. 排线图　　　　　　C. 结构图　　　　　　D. 安装图

161. 分界线、结构围框线、功能围框线、分组围框线一般用（　　）表示。

    A. 实线　　　　　　　B. 虚线　　　　　　　C. 点画线　　　　　　D. 双点画线

162. 辅助围框线一般用（　　）表示。

    A. 实线　　　　　　　B. 虚线　　　　　　　C. 点画线　　　　　　D. 双点画线

163. 为区分或突出符号，或避免混淆，也可采用粗图线。一般粗图线的宽度为细图线宽度的（　　）倍。

    A. 2　　　　　　　　B. 3　　　　　　　　C. 4　　　　　　　　D. 5

164. 当用单线表示一组导线时，若导线少于（　　）根，可用短斜线数量代表导线根数。

    A. 2　　　　　　　　B. 3　　　　　　　　C. 4　　　　　　　　D. 5

165. 表明组合体总体概念的全长、全宽和全高的尺寸叫（　　）。

    A. 定型尺寸　　　　　B. 定位尺寸　　　　　C. 总体尺寸　　　　　D. 其他尺寸

166. 图纸中的尺寸线用（　　）表示。

    A. 粗实线　　　　　　B. 粗细线　　　　　　C. 虚线　　　　　　　D. 细点画线

167. 粗实线应为细实线的（　　）倍。

    A. 1　　　　　　　　B. 2　　　　　　　　C. 3　　　　　　　　D. 4

168. 若图纸的比例为 1∶10，表示该图纸为（　　）。

    A. 放大　　　　　　　B. 缩小　　　　　　　C. 与原物相同　　　　D. 有放大有缩小

169. 下列螺纹中，（　　）是细牙螺纹。

    A. M10　　　　　　　B. M16×10　　　　　C. T36×12/2—3　　 D. ZG5/8

170. 如图 13-10 所示，分配阀装配图有（　　）个基本视图。

    A. 4　　　　　　　　B. 5　　　　　　　　C. 6　　　　　　　　D. 3

171. 如图 13-10 所示，分配阀装配图中主视图由（　　）旋转剖得来。

    A. *B—B*　　　　　　B. *C—C* 全剖　　　　C. *K* 向　　　　　　D. *A—A*

172. 如图 13-10 所示，分配阀装配图中俯视图采用（　　），表明介质的通道。

    A. 移出剖面　　　　　B. 局剖　　　　　　　C. 全剖　　　　　　　D. 旋转剖

173. 如图 13-10 所示，分配阀阀体 1 或盖板 2 之间应使用（　　）的螺钉连接，整个分配阀可用两个螺钉固定在机器上。

    A. 2 个 M8　　　　　B. 4 个 M8　　　　　C. 2 个 M6　　　　　D. 3 个 M6

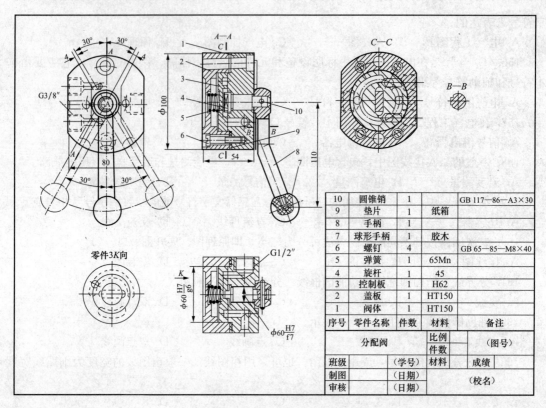

图 13-10

174. 分配阀装配图如图 13-10 所示，当手柄 8 旋转时，通过（　　）带动旋杆 4 转动，旋杆 4 与阀体做配合运动。

A. 螺钉 6 　　　　　B. 阀体 　　　　　C. 控制板 　　　　　D. 圆锥销

175. 分配阀装配图如图 13-10 所示，当手柄 8 旋转时，通过圆锥销 10 带动（　　），其与阀体做配合运动。

A. 阀体 　　　　　B. 弹簧 　　　　　C. 旋杆 4 　　　　　D. 圆锥销

176. 阅读装配图可了解装配体（　　）的连接形式及装配关系。

A. 各零件之间 　　B. 材料之间 　　C. 电气线路之间 　　D. 装配体之间

177. 阅读装配图可弄清各零件的（　　）和作用，想象出装配体中各零件的动态过程。

A. 结构状态 　　B. 电气性能 　　C. 原材料 　　D. 装配工艺

178. 根据装配图标题栏和明细表，可知装配体及各组成零件的名称，由名称可略知其用途，由（　　）可知装配体的大小及复杂程度。

A. 用途 　　　　　B. 材料 　　　　　C. 比例及件数 　　　　　D. 符号

179. 根据装配图的（　　），找出装配体的剖切位置、投影方向及相互间的联系，初步了解装配体的结构和零件之间的装配关系。

A. 视图、剖视图、剖面体 　　　　　B. 标题栏和明细表

C. 三视图 　　　　　D. 剖视图

180. 读装配图是通过对现有的图形、尺寸、（　　）、文字的分析，了解设计者的意图和要求的过程。

A. 用途 　　　　　B. 设计要求 　　　　　C. 符号 　　　　　D. 装配关系

181. 在装配图中标注尺寸时，只需标注出零件的（   ）尺寸、装配尺寸、安装尺寸、外形尺寸以及其他一些重要尺寸。

A. 公差　　　　　B. 规格和性能　　　　C. 表面　　　　D. 精度范围

182. 阅读装配图可搞清各零件的结构状态和作用，想象出（   ）中各零件的动态过程。

A. 操作系统　　　B. 传动系统　　　　C. 装配体　　　　D. 设备

183. 对现有的零件、部件进行分析、测量，制定技术要求并绘制出草图和工作图的过程称为（   ）。

A. 测绘　　　　　B. 测量　　　　　　C. 测试　　　　D. 绘图

184. 测绘是一件复杂而细致的工作，其主要工作是分析机件的结构形状，画出图形；准确测量，注出尺寸；（   ）。

A. 合理安排绘图步骤　　　　　　　B. 正确使用测量工具

C. 掌握正确测量方法　　　　　　　D. 合理制定技术要求

185. 下列一组配合尺寸中正确的表达方式是（   ）。

A. H6/F5　　　　B. H6/K6　　　　C. t7/h6　　　　D. H8/h7

186. 根据生产上的需要，装配图一般不包括（   ）。

A. 加工过程　　　B. 一组视图　　　　C. 必要的尺寸　　　D. 技术要求

187. 装配图上表示装配体各零件之间装配关系的尺寸，称为（   ）。

A. 特性尺寸　　　B. 装配尺寸　　　　C. 外形尺寸　　　D. 安装尺寸

188. 阅读装配图可了解装配体的（   ）。

A. 制造工艺　　　B. 性能　　　　　　C. 结构　　　　D. 电气性能

189. 标注尺寸时既要考虑设计要求又要考虑工艺要求，对零件的使用性能和装配精准有影响的尺寸，要求从（   ）出发进行标注。

A. 设计基准　　　B. 工艺基准　　　　C. 施工方便　　　D. 其他因素

190. 对称零件，当轴线和轮廓线重合时，（   ）用半剖表示。

A. 可以　　　　　B. 不可以　　　　　C. 随绘图方便　　　D. 视情况而定

191. 若要求实际要素处处位于具有理想形状的包容面内，且该理想形状的尺寸应为最大实体尺寸，这在形位公差标注中应注明（   ）。

A. 独立原则　　　B. 相关原则　　　　C. 最大实体原则　　D. 包容原则

192. 在绘制零件草图时，为便于控制图形大小、比例和各视图的关系，应画出图框和标题栏，做好布局，应（   ）。

A. 对零件进行结构分析

B. 鉴定零件所使用的材料

C. 对零件进行工艺分析

D. 标注表面粗糙度符号，测量尺寸，定出技术要求

193. 在进行回转面直径测量时，其外径可用（   ）直接测量，并用钢直尺配合读数。

A. 外卡钳　　　　B. 内卡钳　　　　C. 传感器　　　　D. 圆规

194. 在进行回转面直径测量时，若尺寸精度要求较高，其内径可用（   ）进行测量。

A. 千分　　　　　B. 内卡钳　　　　C. 钢直尺　　　　D. 游标卡尺

195. 测量零件壁厚时，可用外卡钳、（   ）或游标卡尺直接测量。

A. 内卡钳　　　　B. 钢直尺　　　　C. 圆规　　　　D. 半圆仪

196. 在进行孔距测量时，当两孔直径相同时，可用钢直尺通过（   ），在两孔圆周的对应

点间直接测量出孔距尺寸。

  A. 切线   B. 对角线   C. 连心线   D. 投影线

  197. 在进行角度测量时，可用（ ）进行测量。

  A. 量角器   B. 钢直尺   C. 千分尺   D. 游标卡尺

  198. 尺寸标注为 $\phi10h7$ 时代表的公差等级是（ ）级。

  A. h   B. 7   C. h7   D. 10

  199. 仪器的标准等级越高，则该仪器的测量误差就越（ ）。

  A. 大   B. 小   C. 无关   D. 不一定

  200. 测量 4A 的电流时，选用了量程为 5A 的电流表，若要求测量结果的相对误差小于 1.0%，则改表的准确度至少应为（ ）。

  A. 0.5 级   B. 1 级   C. 1.5 级   D. 2.5 级

  201. 常用的指针式万用表属于（ ）仪表。

  A. 磁电式   B. 电磁式   C. 电动式   D. 感应式

  202. 电磁式仪表可测量（ ）。

  A. 交流   B. 直流   C. 交、直流均可 D. 其他

  203. 电流表的内阻越大，则其测量误差就越（ ）。

  A. 大   B. 小   C. 无关   D. 不一定

  204. 用电流表测得的交流电流的数量是交流电的（ ）值。

  A. 有效   B. 瞬间   C. 峰值   D. 均值

  205. 用电流表测量电流时，应将电流表与被测电路联成（ ）方式。

  A. 串联   B. 并联   C. 串联或并联 D. 任意

  206. 用电压表测量电压时，应将电压表与被测电路联成（ ）方式。

  A. 串联   B. 并联   C. 串联或并联 D. 任意

  207. 电压表的内阻越大，则其测量误差就越（ ）。

  A. 大   B. 小   C. 无关   D. 不一定

  208. 常用的电能表属于（ ）仪表。

  A. 磁电式   B. 电磁式   C. 电动式   D. 感应式

  209. 钳型电流表主要用于测量（ ）。

  A. 极小电流   B. 一般电流   C. 较大电流   D. 极大电流

  210. 普通钳形电流表可用来测量（ ）。

  A. 交流电流   B. 直流电流   C. 交流电压   D. 直流电压

  211. 双臂电桥可用来测量阻值在（ ）的绕组电阻。

  A. 1Ω 以上 B. 5Ω 以上 C. $5\sim10\Omega$ D. 10Ω 以下

  212. 测量阻值约为 0.05Ω 的电阻应使用（ ）。

  A. 直流单臂电桥 B. 直流双臂电桥 C. 万用表   D. 交流电桥

  213. 万用表在使用完毕后，应将选择开关置（ ）挡。

  A. 电流   B. 电阻   C. 直流电源最高挡 D. 交流电压最高挡

  214.（ ）仪表可以交、直流两用，能精确测量电压、电流、功率因素和频率。

  A. 电磁系   B. 磁电系   C. 电动系   D. 感应系

  215. 绝缘电阻表是用来测量（ ）。

  A. 高值电阻   B. 低值电阻   C. 绝缘电阻   D. 击穿电压

216. 使用补偿线圈的低功率因素表的正确接线方法是（　　　）。

A. 电压线圈接后　　　　　　　　B. 电压线圈接前

C. 电压线圈前后接均可　　　　　D. 以上均不对

217. 低压电器是在电路内起通断、保护、控制或调节作用的电器，低压电器是用于交、直流电压为（　　　）V 以下的电路。

A. 1200　　　　　B. 380　　　　　C. 430　　　　　D. 10 000

218. 插入式熔断器属于（　　　）熔断器。

A. 无填料瓷插式　　B. 有填料旋转式　　C. 有填料封闭管式　　D. 无填料封闭管式

219. 熔断器在电路中起的作用是（　　　）。

A. 过载保护　　　　B. 短路保护　　　　C. 欠电压保护　　　　D. 自锁保护

220. 属于主令电器的有（　　　）。

A. 控制按钮　　　　B. 刀开关　　　　C. 接触器　　　　D. 继电器

221. 热继电器在控制电路中起的作用是（　　　）。

A. 短路保护　　　　B. 过电压保护　　　　C. 过载保护　　　　D. 欠电压保护

222. 主断路器属于（　　　）驱动的电器。

A. 电磁　　　　　B. 气动　　　　　C. 手动　　　　　D. 液体

223. 线路接触器属于（　　　）驱动的电器。

A. 气动　　　　　B. 电磁　　　　　C. 手动　　　　　D. 液体

224. 辅机接触器属于（　　　）驱动的电器。

A. 气动　　　　　B. 电磁　　　　　C. 手动　　　　　D. 液体

225. 交流接触器可用在（　　　）中。

A. 交流电路　　　　　　　　　　B. 直流电路

C. 交、直流电路均可　　　　　　D. 以上答案均正确

226. 电控阀的控制对象是（　　　）。

A. 电路　　　　　B. 常压空气　　　　C. 压缩空气　　　　D. 液体介质

227. 电磁接触器的灭弧方式是（　　　）。

A. 磁吹　　　　　B. 压缩空气　　　　C. 自然过零　　　　D. 其他

228. 变压器的结构有心式和壳式，其中心式变压器的特点是（　　　）。

A. 铁心包着绕组　　　　　　　　B. 绕组包着铁心

C. 一、二次绕组在同一铁心柱上　D. 以上均不对

229. 晶闸管的额定电压是指（　　　）。

A. 正向平均电压　　　　　　　　B. 反向不重复峰值电压

C. 反向重复峰值电压　　　　　　D. 以上答案均不对

230. 晶闸管的额定电流是指（　　　）。

A. 正向平均电流　　　　　　　　B. 反向不重复平均电流

C. 反向重复平均电流　　　　　　D. 以上答案均不对

231. 硅整流二极管的额定电压是指（　　　）。

A. 正向平均电压　　　　　　　　B. 反向不重复峰值电压

C. 反向重复峰值电压　　　　　　D. 以上答案均不对

232. 硅整流二极管的额定电流是指（　　　）。

A. 额定正向平均电流　　　　　　B. 反向不重复平均电流

C. 反向重复平均电流　　　　　　　　D. 维持电流

233. 一整流二极管的型号为 ZP100—8F，指的是其额定电压为（　　）。

A. 100V　　　　　B. 1000V　　　　　C. 8V　　　　　D. 800V

234. 一整流二极管的型号为 ZP100—8F，指的是其额定电流为（　　）。

A. 100A　　　　　B. 1000A　　　　　C. 8^a　　　　　D. 800A

235. 一晶闸管的型号为 KP600—28，指的是其额定电压为（　　）。

A. 600V　　　　　B. 6000V　　　　　C. 280V　　　　　D. 2800V

236. 一晶闸管的型号为 KP600—28，指的是其额定电流为（　　）。

A. 600A　　　　　B. 6000A　　　　　C. 280A　　　　　D. 2800A

237. 螺栓式晶闸管的螺栓是晶闸管的（　　）。

A. 阴极　　　　　B. 阳极　　　　　C. 门极　　　　　D. 任意

238. 三极管的型号为 3DG6，它是（　　）三极管。

A. PNP 型锗　　　B. NPN 型锗　　　C. PNP 型硅　　　D. NPN 型硅

239. 三极管 3AX31 是（　　）三极管。

A. PNP 型锗　　　B. NPN 型锗　　　C. PNP 型硅　　　D. NPN 型硅

240. 一晶体管型号为 3CT200/600，指它的额定电压为（　　）。

A. 200V　　　　　B. 2000V　　　　　C. 600V　　　　　D. 6000V

241. 晶闸管一旦导通，若在门极加反压，则该晶闸管将（　　）。

A. 继续导通　　　B. 马上关断　　　C. 不能确定　　　D. 缓慢关断

242. 为使晶体管可靠触发，触发脉冲应该（　　）。

A. 大而宽　　　　B. 小而宽　　　　C. 大而窄　　　　D. 小而窄

243. 单结晶体管的型号为 BT3X，若 X 的序号越大，则表示其耗散功率越（　　）。

A. 大　　　　　　B. 小　　　　　　C. 无关　　　　　D. 以上均不对

244. 变压器无论带什么性质的负载，随负载电流的增加，其输出电压（　　）。

A. 肯定下降　　　　　　　　　　　　B. 肯定上升

C. 上升或下降由负载来决定　　　　　D. 肯定不变

245. 运行中的电流互感器二次侧（　　）。

A. 不允许开路　　B. 允许开路　　　C. 不允许短路　　D. 任意

246. 从设备本身和人身安全考虑，运行中的电压互感器二次侧（　　）。

A. 不允许开路　　B. 允许开路　　　C. 不允许短路　　D. 允许短路

247. 用熔断器做一台电动机的短路保护，熔体的额定电流应为额定电流的（　　）倍。

A. 1.0～1.2　　　B. 1.5～2.5　　　C. 4～7　　　　　D. 8～10

248. 下列保护器件中，不可用作短路保护的是（　　）。

A. 热继电器　　　　　　　　　　　　B. 自动空气开关

C. 熔断器加缺相保护　　　　　　　　D. 以上均不对

249. 当从使用着的电流互感器上拆除电流表时，应先将互感器的二次侧可靠（　　），再拆除仪表。

A. 断开　　　　　B. 短路　　　　　C. 接地　　　　　D. 无要求

250. 变压器的额定功率，是指在铭牌上所规定的额定状态下变压器的（　　）。

A. 输入有功功率　B. 输出有功功率　C. 输入视在功率　D. 输出视在功率

251. 一直流电磁接触器的型号为 CZ5—22—10/22，则其有（　　）个常开辅助触头。

A. 0　　　　　　　　B. 2　　　　　　　　C. 4　　　　　　　　D. 5

252. 电动力灭弧装置一般适用于（　　）作灭弧用。

A. 交流接触器　　　　　　　　　　B. 直流接触器

C. 交、直接触器均可　　　　　　　D. 以上均不对

253. 容量较大的交流接触器采用（　　）灭弧装置。

A. 栅片灭弧　　　B. 双端口触点　　　C. 电动力　　　D. 以上均不对

254. 热继电器从冷态开始，通过6倍整定电流的动作时间是（　　）以上。

A. 5s　　　　　　B. 10s　　　　　　C. 2min　　　　　D. 20min

255. 接触器触点重新更换后应调整（　　）。

A. 压力、开距、超程　　　　　　　B. 压力

C. 压力、开距　　　　　　　　　　D. 超程

256. 提高电磁式继电器返回系数的方法可采用（　　）。

A. 增加衔铁吸合后的气隙　　　　　B. 减小衔铁吸合后的气隙

C. 减小反作用弹簧的刚度　　　　　D. 减小反作用弹簧的拉力

257. 剥线钳可以剥去截面积在（　　）mm^2 以下的小绝缘层。

A. 1.5　　　　　　B. 2.5　　　　　　C. 10　　　　　　D. 16

258. TMY8×50 指的是（　　）导线。

A. 绝缘线　　　　B. 尼龙护套线　　　C. 镀锡铜编织线　　D. 铜母排

259. TZX—2，95mm^2 指的是（　　）导线。

A. 绝缘线　　　　B. 尼龙护套线　　　C. 镀锡铜编织线　　D. 铜母排

260. 绝缘导线的耐热等级最高的是（　　）级。

A. A级　　　　　　B. E级　　　　　　C. B级　　　　　　D. C级

261. 金属导体的电阻与（　　）无关。

A. 导体的长度　　　　　　　　　　B. 导体的截面积

C. 导体材料的电阻率　　　　　　　D. 外加电压

262. 金属导体的电阻随温度升高而增大，其主要原因是（　　）。

A. 电阻率随温度升高而增大　　　　B. 导线长度随温度升高而增加

C. 导线截面积随温度升高而增加　　D. 由于其他原因

263. 电器中常用的黑色金属有（　　）。

A. 铁合金　　　　B. 铜合金　　　　　C. 轻合金　　　D. 易熔合金

264. 在电力和通信系统中，广泛用作高质量、高性能熔断器的熔体材料是（　　）。

A. 银　　　　　　B. 铜　　　　　　　C. 铝　　　　　　D. 锡

265. 铜的电阻率比铝的电阻率（　　）。

A. 高　　　　　　B. 低　　　　　　　C. 相等　　　　　D. 无关

266. 铜母线电阻小，导电性能好，机械强度高，（　　）。

A. 抗腐蚀性最差　　　　　　　　　B. 抗腐蚀性比钢母线差

C. 抗腐蚀性比铝母线差　　　　　　D. 抗腐蚀性最好

267. 在高低压电器中，不能作为弱电触点材料使用的是（　　）。

A. 铜钨合金　　　B. 金镍合金　　　　C. 银铜合金　　　D. 金锆合金

268. 在高低压电器中，常用的弱电触点材料是（　　）。

A. 金镍合金　　　B. 银钨合金　　　　C. 银铜合金　　　D. 金锆合金

269. 在高低压电器中，常用的强电触点材料是（　　）。

A. 金银合金　　　　B. 金镍合金　　　　C. 银铜合金　　　　D. 铜钨合金

270. 软磁材料的特性是（　　）。

A. 磁导率高　　　　B. 矫顽力高　　　　C. 机械强度高　　　　D. 磁感应强度低

271. 剥线时，线芯断股不能超过总股数的（　　）。

A. 1%　　　　B. 5%　　　　C. 10%　　　　D. 20%

272. 铜母线扁平时的弯曲半径不得（　　）铜母线的宽边宽度。

A. 小于　　　　B. 大于　　　　C. 等于　　　　D. 任意

273. 一导线型号为 DCYHR—2.5/1000，指其耐压为（　　）。

A. 250V　　　　B. 2500V　　　　C. 1000V　　　　D. 2.5V

274. 绝缘材料的绝缘性能随温度的升高而（　　）。

A. 降低　　　　B. 不变　　　　C. 增加　　　　D. 呈无规律变化

275. 绝缘材料的使用寿命与使用及保管（　　）。

A. 有关　　　　B. 无关　　　　C. 视情况而定　　　　D. 只与使用有关

276. 低碳钢是指含碳量（　　）的碳素钢。

A. 小于 0.25%　　　　B. 小于 0.15%　　　　C. 大于 0.25%　　　　D. 大于 0.15%

277. 高碳钢是指含碳量为（　　）的碳素钢。

A. 小于 0.6%　　　　B. 大于 0.6%　　　　C. 大于 0.25%　　　　D. 大于 0.15%

278. 用于制造各种工程构件和机器零件的主要钢材是（　　）。

A. 碳素工具钢　　　　B. 铁合金　　　　C. 合金钢　　　　D. 碳素结构钢

279. 主要制造各种刀具、量具、模具的钢材是（　　）。

A. 碳素工具钢　　　　B. 碳素结构钢　　　　C. 合金钢　　　　D. 铁合金

280. （　　）是将工件加热到一定温度，保持一段时间达到内部组织完全奥氏体化合均匀后，在自然流通空气中冷却，以获得珠光体组织。

A. 退火　　　　B. 正火　　　　C. 淬火　　　　D. 回火

281. 退火工艺的目的是（　　）。

A. 降低脆性，消除内应力

B. 增加工件的硬度和耐磨性，延长使用寿命

C. 消除铸、锻、焊等冷加工所产生的内应力

D. 消除中碳钢中网状碳化物

282. （　　）是将工件加热到一定温度，经过适当保温后快冷，奥氏体组织转变为马氏体组织。

A. 退火　　　　B. 正火　　　　C. 淬火　　　　D. 回火

283. 正火工艺的目的是（　　）。

A. 增加工件的硬度和耐磨性，延长使用寿命

B. 消除中碳钢中网状碳化物

C. 消除铸、锻、焊、轧和冷加工所产生的内应力

D. 降低脆性，消除内应力

284. 回火工艺的目的是（　　）。

A. 消除铸、锻、焊等冷加工所产生的内应力

B. 调整硬度，提高塑性和韧性

C. 增加工件的硬度和耐磨性，延长使用寿命

D. 增加低碳钢中珠光组织，提高硬度，改善切削加工性能

285. 改善钢件表面的物理化学性能的化学热处理方法为（　　）。

A. 渗碳　　　　　　B. 碳氮共渗　　　　　C. 渗碳　　　　　　D. 渗铝和渗硅

286. 在化学热处理过程中，化学反应析出的"活性原子"被吸附在钢的表面，并溶入铁的晶格的过程，称为（　　）。

A. 分解　　　　　　B. 吸收　　　　　　C. 扩散　　　　　　D. 淬火

287. 将两块钢板置于同一平面，利用单盖板或双盖板的铆接形式称为（　　）。

A. 搭接　　　　　　B. 角接　　　　　　C. 对接　　　　　　D. 以上都不是

288. 钻孔时，钻头绕本身轴线的旋转运动称为（　　）。

A. 进给运动　　　　B. 主运动　　　　　C. 旋转运动　　　　D. 以上都不是

289. 钻孔时加切削液的主要目的是（　　）。

A. 润滑作用　　　　B. 冷却作用　　　　C. 清洗作用　　　　D. 以上都不是

290. 孔将要钻穿时，进给量必须（　　）。

A. 减小　　　　　　B. 增大　　　　　　C. 保持不变　　　　D. 以上都不是

291. 扩孔属于孔的（　　）。

A. 粗加工　　　　　B. 半精加工　　　　C. 精加工　　　　　D. 以上都不是

292. 丝锥由工作部分和（　　）两部分组成。

A. 柄部　　　　　　B. 校准部分　　　　C. 切削部分　　　　D. 以上都不是

293. 攻螺纹前的底孔直径必须（　　）螺纹标准中规定的螺纹小径。

A. 小于　　　　　　B. 大于　　　　　　C. 等于　　　　　　D. 以上都不是

294. 套螺纹时圆杆直径应（　　）螺纹大径。

A. 等于　　　　　　B. 小于　　　　　　C. 大于　　　　　　D. 以上都不是

295. 在同类零件中，任取一个装配零件，不经过修配即可装入部件中，都能达到规定的装配要求，这种装配方法叫（　　）。

A. 互换法　　　　　B. 选配法　　　　　C. 调整法　　　　　D. 修配法

296. 分组选配法要将一批零件逐一测量后，按（　　）的大小分成若干组。

A. 基本尺寸　　　　B. 极限尺寸　　　　C. 实际尺寸　　　　D. 以上都不是

四、简答题

1. 线管和线槽的要求？

2. 母线的连接要求？

3. 解释剥线、压接时电缆不能断股的原因？

4. 直流接触器的铁心和线圈的结构有什么特点？为什么？

5. 交流电磁线圈误接到额定电压相等的直流电源上，或直流电磁线圈误接到额定电压相等的交流电源上，分别有什么后果？为什么？

6. 使用低压验电笔应注意哪些问题？

7. 什么叫绝缘材料的耐热等级和耐压强度？

8. 屏柜导线布、接线时常用的附件有哪些？

9. 常用的导线有哪些种类？举例说明其型号含义。

10. 常用的灭弧装置有哪几种？

11. 电器触头的电磨损有哪几种情况？

12. 使用游标卡尺时有什么注意事项？

13. 工作接地起什么作用?

14. 为什么测量绝缘电阻要用绝缘电阻表而不能使用万用表?

15. 用绝缘电阻表进行测量时,应该怎样接线?

16. 电压互感器的使用注意事项有哪些?

17. 电流互感器的使用注意事项有哪些?

18. 使用钳形电流表应注意些什么?

19. 直流接触器和交流接触器能否互换使用? 为什么?

20. 简述 BVAC. N99 真空断路器特点及组成部分。

21. 简要说明一下半圆头铆钉的铆接方法。

22. 简要说明一下绝缘距离的组成部分。

23. 接触电阻有哪些危害?

24. 扭力扳手的使用有哪些要求?

25. 简要说明一下沉头铆钉的铆接方法。

26. 可控硅由阻断转化为导通必须满足的两个条件是什么?

27. 绝缘电阻表使用时的注意事项有哪些?

28. 二次回路原理接线图的主要缺点有哪些?

29. 重复接地的作用是什么?

30. 试分析接触器噪声过大的主要原因。

31. 射极输出器的特点和作用是什么?

32. 放大电路引入负反馈有什么作用?

五、分析与计算题

1. 何谓接触电阻,接触电阻的大小与哪些因素有关,怎样减少接触电阻?

2. 简述剥线操作过程。

3. 简述屏蔽线缆制作。

4. 试分析接触器噪声过大的主要原因。

5. 不合格品分为哪三类? 不合格品让步放行的原则是什么?

6. 低压电器触头常见的故障有哪些? 引起这些故障的主要原因是什么?

7. 何谓电器触头的振动和触头的熔焊现象?

8. 简述接头连接原则。

9. 简述电器设备接线原则。

10. 试说明高压母线的分类和使用场合。

11. 已知某电池的电动势 $E=1.65V$,在电池两端接上一个 $R=5\Omega$ 的电阻,实测得电阻中的电流 $I=300mA$,试计算电阻两端的电压 U 和电池内阻 r 各为多少?

12. 三个电阻串联后接到电源两端,已知 $R_1=2R_2$,$R_2=3R_3$,R_2 两端的电压为 10V,求电源两端的电压是多少? (设电源内阻为零)

13. 某负载的额定值为 1600W、220V,求接在 110V 电源上 (设内阻为零),实际消耗的功率是多少?

14. 额定电压为 220V、额定功率分别为 25W 和 40W 的白炽灯串联在 220V 的电源中,其各自的功率为多少?

15. 在一个 $B=0.001T$ 的匀强磁场里,放一个面积为 $0.001m^2$ 的线圈,其匝数为 500 匝。在 0.1s 内,把线圈从平行于磁感线的方向转过 90°,变成与磁感线方向垂直。求感应电动势的平均值。

16. 如图 13-11 所示，已知 $E_1 = 15\text{V}$，$E_2 = 10\text{V}$，$E_3 = 6\text{V}$，$R_1 = 3\Omega$，$R_2 = 2\Omega$，$R_3 = 1.8\Omega$，$R_4 = 12\Omega$，试用戴维南定理求电流 I。

17. 已知 $u = U_m \sin\omega t$，$U_m = 310\text{V}$，$f = 50\text{Hz}$，试求有效值 U 和 $t = 0.1\text{s}$ 时的瞬时值。

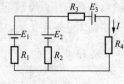

图 13-11

18. 已知电流的瞬时值函数式为 $i = 5\sin(6280t + 30°)\text{A}$，试求其最大值、角频率、频率、周期与初相角，并问该电流经过多少时间后第一次出现最大值？

19. 如图 13-12 所示，已知 $E_c = 24\text{V}$，$R_b = 510\text{k}\Omega$，$R_c = 6\text{k}\Omega$，$R_L = 6\text{k}\Omega$，$\beta = 50$，（1）画出直流等效电路和交流等效电路。（2）估算静态工作点（I_{bQ}，I_{cQ}，U_{ceQ}）。（3）估算电压放大倍数。

20. 试用集成运放的"虚断"和"虚短"方法，计算如图 13-13 所示电路的输出和输入之间的关系。设 $R_1 = 10\text{k}\Omega$，$R_f = 50\text{k}\Omega$，求闭环电流放大倍数 A_{rf}；如果 $U_i = 1\text{V}$，则 U_o 为多大？

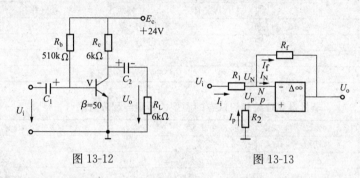

图 13-12   图 13-13

21. 在图 13-14 所示分压式射极偏置电路中，$V_{CC} = 12\text{V}$，$R_{B1} = 30\text{k}\Omega$，$R_{B2} = 15\text{k}\Omega$，$R_C = 3\text{k}\Omega$，$R_E = 2\text{k}\Omega$，$R_L = 6\text{k}\Omega$，晶体管的 $\beta = 50$，求电压放大倍数 A_{UL}、输入电阻 R_i、输出电阻 R_o。

22. 分析图 13-15 所示电路中：

（1）在（a）和（b）所示电路中，试判断二极管的状态并求输出电压 U_o。

（2）在（c）所示电路中，VD1、VD2 均为硅管，VD3 为锗管，$R_1 = R_2 = 2.5\text{k}\Omega$，$E = 6\text{V}$，分别计算流过 VD1、VD2 和 VD3 的电流。

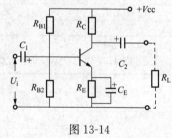

图 13-14

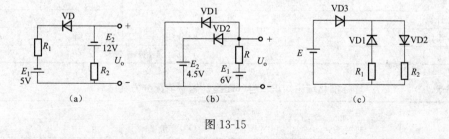

（a）   （b）   （c）

图 13-15

课题二 试 卷 结 构

一、理论知识试卷的结构

国家题库理论知识试卷，按鉴定考核用卷是否为标准化试卷划分为标准化试卷和非标准化试卷。高低压电器装配工（初、中、高级）知识试卷采用标准化试卷；非标准化试卷有三种组成形式。具体的题型比例、题量和配分参见高低压电器装配工理论知识试卷结构表，即表13-1～表13-5。

表 13-1　　　　　　　标准化理论知识试卷的题型、题量与配分方案（一）

题 型	鉴定工种等级			分 数	
	初级工	中级工	高级工	初、中级	高级
选择	60题（1分/题）			60分	
判断	40题（1分/题）	20题（1分/题）		40分	20分
简答/计算	无	4题（5分/题）		0分	20分
总分	100分（100/84题）				

表 13-2　　　　　　　标准化理论知识试卷的题型、题量与配分方案（二）

题 型	鉴定工种等级			分 数	
	初级工	中级工	高级工	初、中级	高级
选择	60题（1分/题）	80题（1分/题）		60分	80分
判断	40题（1分/题）	20题（1分/题）		40分	20分
简答/计算	无	无		0分	0分
总分	100分（100/100题）				

表 13-3　　　　　　　非标准化理论知识试卷的题型、题量与配分方案（一）

题 型	鉴定工种等级			分 数	
	初级工	中级工	高级工	初、中级	高级
填空	10题（2分/题）			20分	
选择	20题（2分/题）			40分	
判断	10题（2分/题）	10题（1分/题）		20分	10分
简答/计算	共4题（5分/题）			20分	
论述/绘图	无	1题（10分/题）		0分	10分
总分	100分（44/45题）				

表 13-4　　　　　　　非标准化理论知识试卷的题型、题量与配分方案（二）

题 型	鉴定工种等级			分 数	
	初级工	中级工	高级工	初、中级	高级
填空	10题（2分/题）			20分	
选择	20题（2分/题）	20题（1.5分/题）		40分	30分
判断	20题（1分/题）			20分	
简答/计算	共4题（5分/题）			20分	
论述/绘图	无	1题（10分/题）		0分	10分
总分	100分（54/55题）				

表 13-5　　　　　　　非标准化理论知识试卷的题型、题量与配分方案（三）

题 型	鉴定工种等级			分 数	
	初级工	中级工	高级工	初、中级	高级
填空	15题（2分/题）			30分	
选择	20题（1.5分/题）	20题（1分/题）		30分	20分
判断	20题（1分/题）			20分	
简答/计算	共4题（5分/题）			20分	
论述/绘图	无	1题（10分/题）		0分	10分
总分	100分（59/60题）				

二、操作技能试卷的结构

操作技能试卷的结构参见高低压电器装配工操作技能考核内容层结构表，即表 13-6。

表 13-6 高低压电器装配工操作技能考核内容层结构表

	操作技能					综合工作能力		
	工具、仪器仪表的使用与维护	电气装配和调试	高低压电器器件	识图与测绘	安全文明生产	培训指导	工艺计划答辩	论文答辩
初级	(10分) 10～60min	(40分) 90～240min	(30分) 60～120min	(10分) 10～60min	(10分)			
中级	(15分) 10～60min	(40分) 90～240min	(30分) 60～120min	(15分) 10～60min				
高级	(60分) 90～240min		(20分) 60～120min	(10分) 10～60min		(10分) 10～45min		
技师	(60分) 60～480min			(10分) 10～60min		(10分) 10～45min	(10分) 10min	(10分) 30min
高级技师	(70分) 60～480min					(10分) 10～45min	(10分) 10min	(10分) 30min
否定项	初中高级为否定项				有否定项的内容			否定项
考核项目组合方式	选一项	选一项	选一项	选一项	必考项	选一项	选一项	必考项

国家题库操作技能试卷采用由"准备通知单"、"试卷正文"和"评分记录表"三部分组成的基本结构，分别供考场、考生和考评员使用。

（1）准备通知单。包括材料准备，设备准备，工具，量具、刃具、卡具准备等考场准备（标准、名称、规格、数量）要求。

（2）试卷正文。包含需要说明的问题和要求、试题内容、总时间与各个试题的时间分配要求、考评人员、评分规则与评分方法。

（3）评分记录表。包含具体的评分标准和评分记录表。

课题三 理论考核模拟试卷

1. 说明

（1）本试卷以《中华人民共和国国家职业标准》和《中华人民共和国职业技能鉴定规范》为命题依据。

（2）本试卷考核内容无地域限制。

（3）本试卷只适用于本等级鉴定。

（4）本试卷命题遵循学以致用的原则。

2. 模拟试卷正文

职业技能鉴定国家题库

高低压电器装配工理论知识试卷（1）

注 意 事 项

1. 考试时间：120分钟。

2. 本试卷依据 2002 年颁布的《高低压电器装配工国家职业标准》命制。

3. 请首先按要求在试卷的标封处填写您的姓名、准考证号和所在单位的名称。

4. 请仔细阅读各种题目的回答要求，在规定的位置填写您的答案。

5. 不要在试卷上乱写乱画，不要在标封区填写无关的内容。

	第一部分	第二部分	第三部分	第四部分	总分	总分人
得分						

得分	
评分人	

一、选择题（第 1～60 题。选择正确的答案，将相应的字母填入题内的括号中。每题 1.0 分。满分为 60 分）

1. （   ）是规范约束从业人员职业活动的行为准则。

A. 公民道德　　　　B. 行为准则　　　　C. 公民约定　　　　D. 职业道德

2. 对待职业和岗位，（   ）并不是爱岗敬业所要求的。

A. 树立职业理想　　　　　　　　B. 干一行，爱一行，专一行

C. 遵守企业的规章制度　　　　　D. 一职定终身，不改行

3. 在日常接待工作中，符合平等尊重要求的是根据服务对象的（   ）决定给予对方不同的服务方式。

A. 肤色　　　　　　B. 性别　　　　　　C. 国籍　　　　　　D. 地位

4. 一晶闸管的型号为 KP600—28，指的是其额定电压为（   ）。

A. 600V　　　　　　B. 6000V　　　　　C. 280V　　　　　　D. 2800V

5. 电气设备的（   ）与电器的额定绝缘电压或工作电压、污染等级和绝缘材料组别有关。

A. 爬电距离　　　　B. 对地距离　　　　C. 漏电起痕　　　　D. 电气间隔

6. 造成气动工具耗气量增大的原因是（   ）。

A. 气压不足　　　　　　　　　　B. 工具所带的滑片磨损过多

C. 零件不干净　　　　　　　　　D. 润滑油黏度太大

7. 起动设备前应检查防护装置、紧固螺钉以及电、油、气等（   ）是否完好。

A. 机械开关　　　　B. 接触器开关　　　C. 动力开关　　　　D. 继电器开关

8. 高空作业时，工具应装在工具袋里，不准穿（   ），不准打闹，不可以上抛物件和工具。

A. 软底鞋　　　　　B. 硬底鞋　　　　　C. 绝缘鞋　　　　　D. 布底鞋

9. 安全操作规程规定，使用工具操作时不许（   ）。

A. 用专用工具清除铁屑　　　　　B. 用木锤敲击构件

C. 用电动工具拧螺母　　　　　　D. 用嘴吹铁屑

10. 安全操作规程要求，使用电动工具时，不正确的操作是（   ）。

A. 电源线可以任意接长或拆换　　B. 使用前电源应保证完好无损

C. 应保证工具绝缘性能良好　　　D. 传动部位应加注润滑油

11. 电气系统本身包括（   ）等。

A. 发电、变配电、使用设备

B. 变配电和使用设备

C. 发电、供电、输电、变配电、使用设备

D. 电器使用设备

12. 电气检修，应（　　）进行。

A. 合闸　　　　　　B. 停机　　　　　　C. 停电　　　　　　D. 带电

13. 高压验电器是用来检验高压电气设备、架空线路和电力电缆等是否带电的工具。常用的有（　　）。

A. 10kV 及以下　　B. 6kV 及以下　　C. 22kV 及以下　　D. 110kV 以上

14. 低碳钢是指含碳量（　　）的碳素钢。

A. 小于 0.25%　　B. 小于 0.15%　　C. 大于 0.25%　　D. 大于 0.15%

15. 在高低压电器中，常用的强电触点材料是（　　）。

A. 金镍合金　　　　B. 银钨合金　　　　C. 银铜合金　　　　D. 金锆合金

16. 退火工艺的目的是（　　）。

A. 降低脆性，消除内应力

B. 增加工件的硬度和耐磨性，延长使用寿命

C. 消除铸、锻、焊等冷加工所产生的内应力

D. 消除中碳钢中网状碳化物

17. TMY8×50 指的是（　　）导线。

A. 绝缘线　　　　　B. 尼龙护套线　　　C. 镀锡铜编织线　　D. 铜母排

18. 铜母线电阻小，导电性能好，机械强度高，（　　）。

A. 抗腐蚀性最差　　　　　　　　　B. 抗腐蚀性比钢母线差

C. 抗腐蚀性比铝母线差　　　　　　D. 抗腐蚀性最好

19. 电气图的表达方式主要有图样、（　　）、表图、表格和文字形式等。

A. 电路图　　　　　B. 接线图　　　　　C. 接线表　　　　　D. 简图

20. 单字母文字符号按拉丁字母划分为（　　）大类。

A. 12　　　　　　　B. 23　　　　　　　C. 33　　　　　　　D. 24

21. 电动机用单字母文字符号（　　）表示。

A. E　　　　　　　B. N　　　　　　　C. M　　　　　　　D. K

22. 按钮开关用双字母文字符号（　　）表示。

A. QK　　　　　　B. SA　　　　　　C. SS　　　　　　D. SB

23. 当图线水平布局时，项目代号一般标注在图形符号（　　）。

A. 左边　　　　　　B. 右边　　　　　　C. 上边　　　　　　D. 下边

24. 当用单线表示一组导线时，若导线少于（　　）根，可用短斜线数量代表导线根数。

A. 2　　　　　　　B. 3　　　　　　　C. 4　　　　　　　D. 5

25. 项目代号中端子代号前缀符号为（　　）。

A. −　　　　　　　B. =　　　　　　　C. +　　　　　　　D. ：

26. 如图 1 所示，表示延时闭合的动断（常闭）触头图形符号是（　　）。

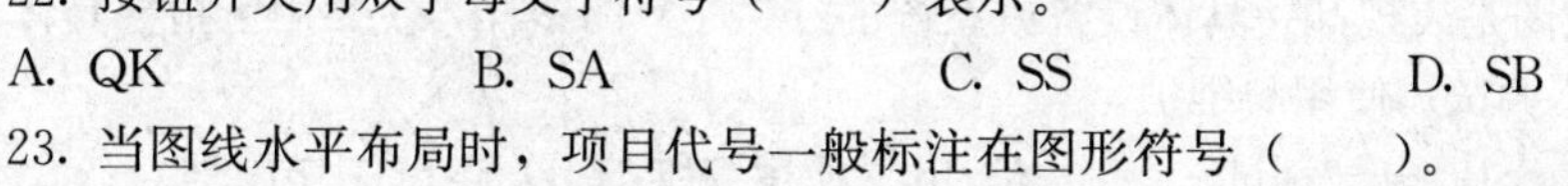

A. 　　　　　　B. 　　　　　　C. 　　　　　　D.

图 1

27. 装配图上表示装配体各零件之间装配关系的尺寸，称为（　　）。

A. 特性尺寸　　　　B. 装配尺寸　　　　C. 外形尺寸　　　　D. 安装尺寸

28. 阅读装配图可了解装配体的（　　）。

A. 制造工艺　　　B. 性能　　　　　C. 结构　　　　　D. 电气性能

29. 阅读装配图可弄清各零件的（　　）和作用，想象出装配体中各零件的动态过程。

A. 结构状态　　　B. 电气性能　　　C. 原材料　　　　装配工艺

30. 高压开关柜的电气主接线图中，符号╼表示手车的（　　）。

A. 一次触点　　　B. 二次触点　　　C. 接触器触点　　D. 隔离开关触点

31. 在分析电气原理图过程中，"交流看电源，直流找（　　）"是指交流回路要从电源入手。交流回路由电流回路和电压回路两部分组成。

A. 变压器　　　　B. 线圈　　　　　C. 互感器　　　　D. 触点

32. 交流回路标号使用的数字范围是：电压回路为（　　），电流回路为400～599。

A. 600～799　　　B. 701～999　　　C. 801～809　　　D. 871～879

33. 安装接线图包括屏面布置图、（　　）、端子排图三部分。

A. 二次回路接线图　B. 系统图　　　　C. 屏背面布置图　D. 单线图

34. 电路如图2所示，该电路能使电动机（　　），并有接触器辅助触点作电气连锁的控制线路。

A. 可逆运转　　　B. 反转　　　　　C. 正转　　　　　D. 停止

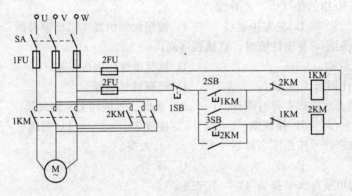

图 2

35. 电气原理接线图是表现某一具体设备或系统的（　　）的图样，主要用于指导具体设备与系统的安装、接线、调试、使用与维护。

A. 电气安装　　　B. 电气调试　　　C. 电气使用与维护　D. 电气工作原理

36. 在展开图中，（　　）使用的标号组要与互感器文字符号前的"数字序号"相对应。

A. 互感器　　　　B. 回路　　　　　C. 直流母线　　　D. 交流母线

37. 对现有的零件、部件进行分析、测量，制定技术要求并绘制出草图和工作图的过程称为（　　）。

A. 测绘　　　　　B. 测量　　　　　C. 测试　　　　　D. 绘图

38. 在进行回转面直径测量时，其外径可用（　　）直接测量，并用钢直尺配合读数。

A. 外卡钳　　　　B. 内卡钳　　　　C. 传感器　　　　D. 圆规

39. 电气元件在安装时，电压等级为35kV，电气元件与正面金属封板的距离是（　　）。

A. 105mm　　　　B. 130mm　　　　C. 155mm　　　　D. 330mm

40. 引入盘、柜内的电缆及其芯线应符合（　　）。

A. 强、弱电回路可以使用同一根电缆

B. 铠装电缆进入盘、柜后，不应将钢带切断

C. 橡胶绝缘的芯线不再外套绝缘管保护

D. 盘、柜内的电缆芯线，应按垂直或水平方向有规律地配置

41. 高压一次设备在户内使用且额定电压为 3kV 时，带电部分至接地部分的最小空气绝缘距离为（　　）。

    A. 105mm   B. 75mm   C. 175mm   D. 200mm

42. 指示式仪表是根据指针的（　　）来显示被测量大小的。

    A. 机械偏转角度   B. 刻度值的大小

    C. 数字测量值的结果   D. 比较结果

43. 比较测量法包括（　　）。

    A. 比较法、引用法、计算法   B. 零值法、代替法、差值法

    C. 比较法、零值法、计算法   D. 比较法、引用法、代替法

44. 十字形螺钉旋具是用刀体长度和十字槽规格号表示，十字槽规格号分为：Ⅰ、Ⅱ、Ⅲ、Ⅳ。其中Ⅱ号适用于螺钉直径为（　　）。

    A. 1～2.5mm   B. 3～5mm   C. 1～5mm   D. 10～12mm

45. 绝缘手套按绝缘等级一般分为（　　）。

    A. 1kV 以下和 1kV 以上两种   B. 2kV 以下和 2kV 以上两种

    C. 0.5kV 以下和 0.5kV 以上两种   D. 不分等级

46. 有两个电容器，C_1 为 200V、20μF，C_2 为 250V、2μF，串联后接入 400V 直流电路中，可能出现的情况是（　　）。

    A. C_1 和 C_2 都被击穿   B. C_1 损坏

    C. C_1 和 C_2 都正常工作   D. C_2 损坏

47. 当一个磁体被截成三段后，总共有（　　）个磁极。

    A. 2   B. 3   C. 4   D. 6

48. 判断线圈中感应电动势的方向，应该用（　　）。

    A. 左手定则   B. 右手定则   C. 安培定则   D. 楞次定律

49. 常用的室内照明电压 220V 是指交流电的（　　）。

    A. 瞬时值   B. 最大值   C. 平均值   D. 有效值

50. 在正弦交流电路中，流过纯电感线圈中的电流与它两端的电压在相位上是（　　）。

    A. 同相   B. 超前 90°   C. 滞后 90°   D. 反相

51. 三相对称负载作三角形联结时，线电压是相电压的（　　）。

    A. 1 倍   B. $\sqrt{2}$ 倍   C. $\sqrt{3}$ 倍   D. 3 倍

52. 要使三极管具有放大作用，必须保证（　　）。

    A. 发射结正偏、集电结反偏   B. 发射结反偏、集电结正偏

    C. 发射极正偏、集电极反偏   D. 反电极反偏、集电极正偏

53. 用于数字电路和控制电路的二极管是（　　）。

    A. 普通二极管   B. 整流二极管   C. 开关二极管   D. 稳压二极管

54. （　　）在整个周期的正、负两个半周内都有电流通过，因此其利用率高，二极管所承受的反向电压为 $\sqrt{2}U_2$。

    A. 三极管放大电路   B. 单相半波整流电路

C. 单相桥式整流电路　　　　　　　D. 单相全波整流电路

55. 具有过载保护的接触器自锁控制线路中，实现短路保护的电器是（　　　）。

A. 熔断器　　　　B. 热继电器　　　　C. 接触器　　　　D. 以上都不是

56. 低压电器电磁机构主要由线圈、铁心和衔铁等部分组成。其结构形式有（　　　）、螺管式电磁铁和拍合式电磁铁。

A. 圆形电磁铁　　　B. U 形电磁铁　　　C. Ⅲ 形电磁铁　　　D. 柱形电磁铁

57. 根据拉长电弧灭弧原理，常用灭弧装置是（　　　）。

A. 多断口灭弧　　　　　　　　　　B. 窄缝灭弧

C. 电动力吹弧和磁吹灭弧　　　　　D. 冷却灭弧

58. 下列不属于高压电器试验项目的是（　　　）。

A. 高压电器绝缘试验　　　　　　　B. 高压开关设备机械试验

C. 电气及机械的寿命试验　　　　　D. 负载试验

59. 开关柜门板上绿灯不亮而红灯亮的原因是（　　　）。

A. 开关柜断路器辅助接点接触不良

B. 开关柜防跳闭锁继电器电流线圈断线或接触不良

C. 开关柜跳闸位置继电器线圈断线或触点接触不良

D. 开关柜断路器触点接触不良

60. SW_2—35/1500—24.8 断路器，其中 35 表示（　　　）。

A. 350V　　　　B. 3.5kV　　　　C. 35kV　　　　D. 350kV

得分	
评分人	

二、判断题（第 1～40 题。下列判断正确的请打"√"，错误的打"×"。每题 1.0 分。满分为 40 分）

（　　　）1. 劳动既是个人谋生的手段，也是为社会服务的途径。

（　　　）2. 产品和服务质量取决于生产质量和服务水平，生产质量和服务水平的高低则取决于人的职业技能。

（　　　）3. 电力设施的运行与电气安装、维修，需由专业人员进行操作。

（　　　）4. 电缆浇注漆主要用来浸渍电动机、电器和变压器的线圈和绝缘零部件，以填充其间隙和微孔，提高其电器和力学性能。

（　　　）5. 回火是为了降低脆性，消除内应力，减少变形开裂。

（　　　）6. 图形符号一般有符号要素、一般符号、限定符号和方框符号 4 种基本形式。

（　　　）7. 在不致引起混淆的情况下，可省略代号的前缀代号，如"—R1，—V1"可简化为"R1V1"。

（　　　）8. 当穿越图面的连接线较长或穿越稠密区域时，不允许将连接线中断。

（　　　）9. 接线图和接线表是在电路图、位置图等图的基础上绘制和编制出来的。

（　　　）10. 读装配图是通过对现有的用途、尺寸、符号、文字的分析，了解设计者的意图和要求的过程。

（　　　）11. 高压电气开关柜的连接系统是：母线→高压电容器→电压互感器。

（　　　）12. 电气工程图是表现整个工程或其中某个工程供电方案的图样，它比较集中地反映了电气工程的规模。

（　　）13. 在三相电路中，通常情况下三相是星形联结的，在用电路表示电气设备的连接关系时，常用一相电路代表三相电路，这种图称为单线图。

（　　）14. 交流回路的标号除用两位数外，前面加注文字符号。

（　　）15. 盘、柜内的配线电流回路应采用电压不低于 300V 的铜芯绝缘导线，其截面积不得小于 2.5mm²，其他回路截面积应不小于 1.5mm²。

（　　）16. 电流表测电流，欧姆表测电阻等就属于代替测量法。

（　　）17. 电工指示仪表的反作用力矩装置可使指针稳定在一定的偏转角上。

（　　）18. 使用验电笔时，应把探头接触带电体，用手接触验电笔的金属体。

（　　）19. 一般情况下，高压绝缘棒不可以在下雨或下雪时进行户外使用。

（　　）20. 绝缘电阻表又称摇表，是专用于检查和测量电气设备或供电线路的绝缘电阻的一种可携式电能表。

（　　）21. 对任一节点来说，流入（或流出）该节点电流的代数和恒等于零。

（　　）22. 对于磁场中某一固定点来说，磁感应强度 B 是一个常数。

（　　）23. 三相对称交流电源是由频率相同、振幅相同、相位依次互差 180° 的三个电动势组成的。

（　　）24. 有一额定值为 5W、500Ω 的线绕电阻，其额定电流值为 0.01A。

（　　）25. 三极管工作在截止和饱和状态时，具有开关作用。

（　　）26. 绝缘栅场效应晶体管也有两种结构形式，它们是 N 沟道型和 P 沟道型。无论是什么沟道，它们又分为增强型和耗尽型两种。

（　　）27. 异步电动机又叫感应电动机。

（　　）28. 变压器的功率损耗只有铜损。

（　　）29. HK 系列刀开关可以垂直安装，也可以水平安装。

（　　）30. 熔体的额定电流是指在规定工作条件下，长时间通过熔体而熔体不熔断的最大电流值。

（　　）31. 交流接触器的线圈电压过高或过低都会造成线圈过热。

（　　）32. 在接触器连锁正、反转控制线路中，正、反转接触器有时可以同时闭合。

（　　）33. 现有开关柜型号为 KYN18C—12，其中 K 为结构代号。

（　　）34. 现有断路器型号为 ZN28—12/830/20，其中 Z 为空气断路器。

（　　）35. 在对一次设备进行绝缘试验时，空载试验不属于破坏性试验。

（　　）36. 攻螺纹时，要经常倒转 1/4～1/2 圈，其目的是避免因切屑阻塞而使丝锥卡死。

（　　）37. 用半圆头铆钉铆接时，最后一道工序是铆打成形。

（　　）38. 万用表采用电阻法检修线路故障时，线路不需要断开电源。

（　　）39. 单臂电桥表在测量电感线圈电阻时应先按检流计按钮 G，再按电源按钮 B，测量完毕后应先松开 B，再松开 G。

（　　）40. 产品质量就是产品的性能。

职业技能鉴定国家题库

高低压电器装配工理论知识试卷（2）

注　意　事　项

1. 考试时间：120 分钟。

2. 本试卷依据 2002 年颁布的《高低压电器装配工 国家职业标准》命制。

3. 请首先按要求在试卷的标封处填写您的姓名、准考证号和所在单位的名称。

4. 请仔细阅读各种题目的回答要求，在规定的位置填写您的答案。

5. 不要在试卷上乱写乱画，不要在标封区填写无关的内容。

题号	一	二	三	四	五	合计	统分人
得分							

评卷人	得分

一、填空题（请将正确答案填在横线空白处，每空 1 分，共 10 题 20 分）

1. 有一内阻为 3000Ω，最大量程为 3V 的电压表，如果要将它的量程扩大为 15V 则应 _____ 联 _____ Ω 的电阻。

2. R、L、C 串联电路的谐振条件是 _____，串联谐振时 _____ 达到最大值。

3. 电力变压器必须装设 _____ 作防雷保护，电力线路一般采用 _____ 作防雷保护。

4. 在保护接零系统中，为了保证安全，要求零线的导电能力不小于相线的 _____，若采用明敷的绝缘铜芯导线作为保护零线时，为了保证零线有一定的机械强度，其最小截面不能小于 _____ mm²。

5. 同步电动机的起动过程中，对转子转速的监测可用转子回路的 _____ 或转子回路的 _____ 等参数来间接反映。

6. 晶体二极管的核心部分是一个 _____，具有 _____ 特性。

7. 交流接触器使用过程中，触头磨损有 _____、_____ 两种。

8. 低压电器按在线路中的地位和作用分为 _____ 和 _____ 两大类。

9. 电力拖动自动控制中，常用的保护措施有 _____ 和 _____ 等。

10. 职业道德对从业人员的行为具有惩处、防范、_____ 和 _____ 的作用。

评卷人	得分

二、选择题（请将正确答案的代号填入括号内，每题 2 分，共 20 分）

1. 适于气割的金属是（   ）。

A. 高碳钢和铸铁   B. 低碳钢和纯铁   C. 铜和铝

2. 为了提高电感性负载的功率因数，给负载并联了一个合适的电容，使线路上流过的电流（   ）。

A. 增大   B. 不变   C. 减小

3. 当 R、L、C 串联电路呈容性时，总电压与电流间的相位差 ϕ 是（   ）。

A. $\phi > 0$ B. $\phi = 0$ C. $\phi < 0$

4. 电路能形成自激振荡的主要原因是在电路中（   ）。

A. 引入了负反馈   B. 电感线圈起作用   C. 引入了正反馈

5. 对于交流电器而言，若操作频率过高会导致（   ）。

A. 铁心过热   B. 线圈过热   C. 触点过热

6. 直流电动机的过载保护就是电动机的（   ）。

A. 过电压保护   B. 过电流保护   C. 短路保护

7. 在交磁放大机转速负反馈调速系统中，直流电动机转速的改变是靠改变（   ）。

A. 反馈系数   B. 发电机的转速   C. 给定电压

8. 在动力线路安装时，一般 U 相电源线的颜色用（   ）表示。

A. 黄色   B. 红色   C. 绿色

9. 摇臂钻在大修后，若将升降电动机的三相电源接反了，则（   ）。

A. 电动机不工作   B. 使机械上不能进行升降运动

C. 使上升和下降颠倒

10. T68 镗床主轴电动机在点动控制时是接成（   ）。

A. △形   B. 丫形   C. 双丫形

评卷人	得分

三、判断题（正确的请在括号内打"√"，错误的打"×"，每题 2 分，共 20 分）

（   ）1. 磁电系仪表可交直流两用。

（   ）2. 聚酯漆包线 1730 属于 B 级绝缘材料。

（   ）3. 射极输出器电压放大倍数小于 1 而接近于 1。

（   ）4. 过电流继电器的衔铁在正常工作时处于释放状态，而欠电流继电器的衔铁在正常工作时处于吸合状态。

（   ）5. 在 380/220V 中性点接地系统中，电气设备采用保护接地比采用保护接零好。

（   ）6. 11kW、380V 的三相笼型异步电动机可以选用 CJ0—40 型交流接触器起动。

（   ）7. 电动机的额定功率，既表示输入功率也表示输出功率。

（   ）8. 交流接触器 E 形铁心中柱较短，铁心闭合后形成 0.1~0.2mm 的气隙，这是为了减少磁滞和涡流损失，降低铁心温度。

（   ）9. 在三相三线制电路中，不管负载是否对称，也不管负载接成丫形还是△，都可以采用两表法测量三相有功功率。

（   ）10. "跳槽热"现象的出现，对社会经济的发展有积极作用。

评卷人	得分

四、简答题（每题 5 分，共 20 分）

1. 为什么测量电气设备的绝缘电阻时要使用绝缘电阻表而不能使用万用表？

2. 什么是过载保护，常用的过载保护电器有哪些？

3. 试说明单结晶体管触发电路是怎样实现与主电路同步的？

4. 画出单相电能表经电流互感器和电压互感器接入电路的接线图。

评卷人	得分

五、综合题（每题 10 分，共 20 分）

1. 一个日光灯管的规格为 110V、40W，现将它接到 50Hz、220V 的交流电源上，问应配用多大电感的镇流器？

2. 某台三相鼠笼型电动机，实施正、反转控制且采用由单相桥式整流电路供电的能耗制动，要求用按钮、接触器及时间继电器等电器控制，有短路、过载、失电压和欠电压保护，试画出电路图。

理论模拟试卷（1）答案

一、选择题

D	D	B	D	A	B	C	B	D	A
C	C	A	A	B	C	D	D	D	B
C	D	C	C	D	C	B	C	A	A
B	A	C	A	D	B	A	A	D	D
B	A	B	B	A	A	D	D	D	C
A	A	C	C	A	C	C	D	C	C

二、判断题

√	×	√	×	√	√	√	×	√	×
×	×	√	×	×	×	√	√	√	√
√	√	×	×	√	√	√	×	×	√
√	×	×	×	√	√	×	×	×	×

理论模拟试卷（2）答案

一、填空题（每空 1 分，共 20 分）

1. 串　　　12 000　　　2. $X_L = X_C$　　　　　　电流

3. 避雷器　　避雷线　　4. 1/2　　　　　　4

5. 电流　　　频率　　　6. PN 结　　　　单向导电性

7. 电磨损　　机械磨损　8. 低压配电电器　　低压控制电器

9. 短路保护　欠电压保护　10. 引导　　　　评价

二、选择题（每题 2 分，共 20 分）

1. B　　2. C　　3. A　　4. C　　5. B

6. B　　7. C　　8. A　　9. C　　10. B

三、判断题（每题 2 分，共 20 分）

1. ×　　2. √　　3. √　　4. √　　5. ×

6. √　　7. ×　　8. ×　　9. √　　10. ×

四、简答题（每题 5 分，共 20 分）

1.

答：因为万用表在测量电阻时所采用的电源是表内的干电池，电压很低，绝缘材料在低电压下呈现的电阻值与在高压下呈现的电阻值有很大的差别；（2 分）另外绝缘电阻阻值很大，在这范围内万用表的刻度不准，所以测量电气设备的绝缘电阻时要使用绝缘电阻表而不能采用万用表。（3 分）

2.

答：当负载或线路持续过载时，能在一定时限内切断电源的保护措施，称为过载保护。（2 分）常用的过载保护电器有热继电器、自动空气断路器的热脱扣器，具有反时限特性的过电流继电器等。（3 分）

3.

答：单结晶体管触发电路是利用同步变压器 Ts 实现触发脉冲与主电路同步的。（2 分）Ts 初级绕组与主电路接在同一交流电源上，当交流电源电压瞬时值为零时，B1、B2 之间的电压 V_{BB} 也过零，此时电容 C 两端已充有较大的电压，单结晶体管 E1、B1 之间导通，电容 C 通过 E1、B1 和 R1 放电，直至电容两端电压为零，这样就实现了与主电路的同步。（3 分）

4.

按题要求的电路接线，如下图所示（每画错一处扣 0.5 分）。

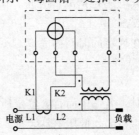

五、综合题（每题10分，共20分）

1. 解：$R = \dfrac{U_R^2}{P_R} = \dfrac{110^2}{40} = 302.2(\Omega)$ （2分），$I = \dfrac{P_R}{U_R} = \dfrac{40}{110} = 0.364(A)$ （2分），

$Z = \dfrac{U}{I} = \dfrac{220}{0.364} = 604.4(\Omega)$ （2分），$X_L = \sqrt{Z^2 - R^2} = \sqrt{604.4^2 - 302.2^2} = 523.43(\Omega)$ （2分），$L = \dfrac{X_L}{2\pi f} = \dfrac{523.43}{2\pi \times 50} = 1.67(H)$ （2分）

2. 解：如下图所示。

要求：主电路（5分），控制电路（5分）。每错一个图形符号扣1分，文字符号扣0.5分，错条支路扣2分。

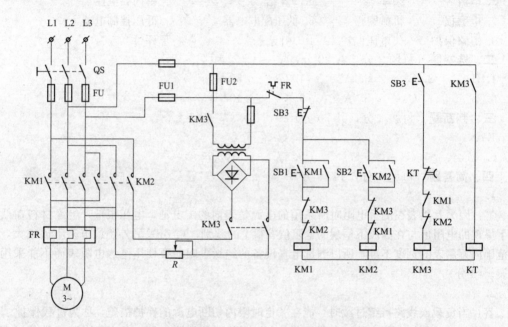

课题四　操作考核模拟试卷

职业技能鉴定国家题库统一试卷（1）
高低压电器装配工操作技能考核准备通知单

1. 试卷说明

（1）本试卷命题以可行性、技术性、通用性为原则编制。

（2）本试卷所考核的内容无地域限制。

（3）本试卷中各项技能考试时间均不包括准备时间。在具体的考试中，各鉴定所（站）应该把每一试题考试准备的时间考虑进去。

（4）本试卷中每一道试题必须在规定的时间内完成，不得延时；在某一试题考核中节余的时间不能在另一试题考核中使用。

2. 工具、材料和设备的准备

工具、材料和设备的准备仅针对1名考生而言，鉴定所（站）应根据考生人数确定具体数量。下表所示为完整的国家职业技能鉴定高低压电器装配工操作技能考核工具、材料和设备准

备通知单。

题1：电动机质量的检测

准备要求：

序号	名　称	型号与规格	单位	数量	备　注
1	万用表	自定	块	1	
2	绝缘电阻表	500MΩ	块	1	
3	单臂电桥	QJ23	台	1	
4	双臂电桥	QJ44	台	1	
5	三相异步电动机	自定	台	1	
6	劳保用品	绝缘鞋、工作服等	套	1	
7	测量连接导线	自定	套	1	

考核时间：20min。

题2：万能转换开关的拆装与检测

准备要求：

序号	名　称	型号与规格	单位	数量	备　注
1	万用表	自定	块	1	
2	电工通用工具	验电笔、钢丝钳、螺钉旋具（包括十字口螺钉旋具、一字口螺钉旋具）、电工刀、尖嘴钳、活扳手、镊子等	套	1	
3	圆珠笔	自定	支	1	
4	万能转换开关	LW5—16/D5723/3	只	1	
5	电压指示表	380V	块	1	
6	三相四线交流电源	～3×380/220V、20A	处	1	
7	劳保用品	绝缘鞋、工作服等	套	1	
8	连接导线	自定	套	1	

考试时间：60min。

题3：Y系列电动机可逆运行控制电路的装配与调试

准备要求：

序号	名　称	型号与规格	单位	数量	备　注
1	三相四线交流电源	～3×380/220V、20A	处	1	
2	万用表	自定	块	1	
3	装配通用工具	验电笔、钢丝钳、螺钉旋具（包括十字口螺钉旋具、一字口螺钉旋具）、电工刀、尖嘴钳、活扳手、剪刀等	套	1	
4	圆珠笔	自定	支	1	
5	记号笔	极细	支	1	

续表

序号	名　称	型号与规格	单位	数量	备　注
6	劳保用品	绝缘鞋、工作服等	套	1	
7	三相电动机	Y112M—4，4kW、380V、丫接法；或自定	台	1	
8	断路器	DZ47—63 D20	只	1	
9	组合三联按钮	LAY37 组合	套	1	
10	交流接触器	CJ20—10，380V 或自定	只	2	
11	行程开关	LX23—122	只	2	
12	熔断器	RT18—32(10A×3、5A×2)	套	1	
13	接线端子排	自定（12 节）	条	1	
14	网孔板	自定	块	1	
15	试车专用线	自定	套	1	
16	塑料铜芯线	BVR，1mm²	m	6	
17	塑料铜芯线	BVR，0.75mm²	m	10	
18	装配专用工具	压线钳、剥线钳、力矩起子和扳手	套	1	
19	别径压端子	UT2.5-4，UT1-4	个	20	
20	行线槽	TC3025，长自定，两边打 ϕ3.5mm 孔或自定	m	5	
21	异型塑料管	ϕ3.5mm	m	0.2	
22	螺钉	自定	只	若干	

考核时间：150min。

题 4：电子线路原理图的识图与分析

准备要求：

序　号	名　称	型号与规格	单位	数量	备　注
1	图纸	直流电动机负反馈调速系统	份	1	
2	识图场地	自定	处	1	

考核时间：15min。

3. 考场准备

（1）考场面积为 60m²，设有 20 个考位，每个考位有一个工作台，每个工作台的右上角贴有考号，考场采光良好，不足部分采用照明补充，保证工作面积的照度不小于 100（lx）。

（2）考场应干净整洁、空气新鲜，无环境干扰。

（3）考场内应设有三相电源并装有触电保护器。

（4）考前由考务管理人员检查考场各考位应准备的器材、工具是否齐全，所贴考号是否有遗漏。

4. 人员要求

（1）监考人员与考生比例为 1∶10。

（2）考评员与考生比例 1∶5。

（3）医务人员 1 名。

5. 其他

本试卷总考试时间为 345min（不包括准备时间）。

职业技能鉴定国家题库统一试卷（1）
高低压电器装配工操作技能考核试卷

题1：三相异步电动机质量的检测

考核要求：

（1）正确使用电工工具、仪器和仪表。

（2）正确选择电工仪表对电动机的绝缘电阻进行测量并写读出测量数据与测试结果，即判别该电动机绝缘的好坏。

（3）对电动机三相绕组的电阻值进行精确测量并写读出测量数据与测试结果，即判别该电动机三相阻值是否平衡。

（4）在考核过程中，注意人身和设备的安全。

（5）满分15分，考试时间20分钟。

题2：万能转换开关的拆装与检测

考核要求：

（1）画出1只380V电压表和1个万能转换开关检测三相电源电压的原理图。

（2）写出万能转换开关拆装组合后实现检测三相电源电压的触点通断状态表。

（3）对万能转换开关进行拆装，实现三相电源电压的检测。

（4）按照1只380V电压表和1个万能转换开关检测三相电源电压的原理图，进行接线、调试。

（5）在考核过程中，注意人身和设备的安全。

（6）满分30分，考核时间60分钟。

题3：Y系列电动机可逆运行控制电路的装配与调试

1. 考核要求

（1）能够正确地识懂电气原理图与布置接线图。

（2）能够按电气原理图与布置接线图要求安装元器件。

1）按规程正确安装元器件。

2）安装牢固整齐。

3）不损坏元器件。

4）安装前应对元器件检查。

（3）能够按电气原理图与布置接线图要求进行布线。

1）按图安装接线正确，无漏线、错线。

2）线路敷设整齐、合理。

3）导线压接牢固、规范，不伤线芯。

4）号码管齐全，标注数字方向正确。

（4）进行通电调试。

1）通电前必须认真检查。

2）一次试车成功。

3）保护电器整定值正确。

（5）在考核过程中，注意人身和设备的安全。

1）遵守安全操作规程。

2）正确使用工具及仪器仪表。

3）不发生安全事故，场地整洁。

（6）满分 40 分，考核时间 180 分钟。

2. 电气原理图

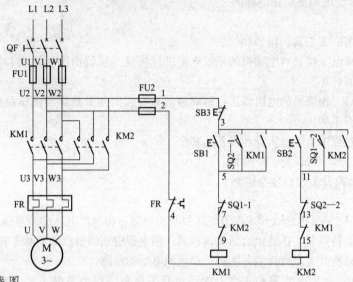

3. 布置接线图

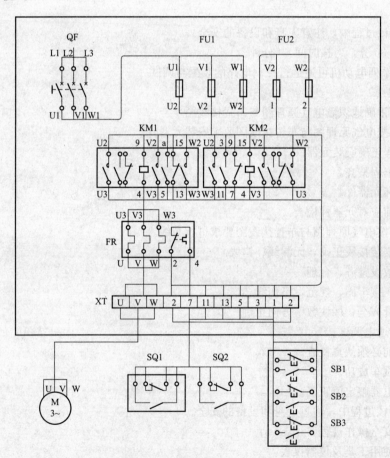

主电路采用 BVR1.0mm² 线，控制电路采用 BVR0.75mm² 线，电动机的连线采用橡电缆线

1.5m×3+1m×1，按钮、行程开关采用 BVR0.75mm^2。

题 4：电子线路原理图的识图与分析

考核要求：

(1) 口述该电路的组成部分；

(2) 口述该电路的工作原理与功能；

(3) 考评员在电路中任选三处元器件，说出其作用；

(4) 满分 15 分，考核时间 15 分钟。

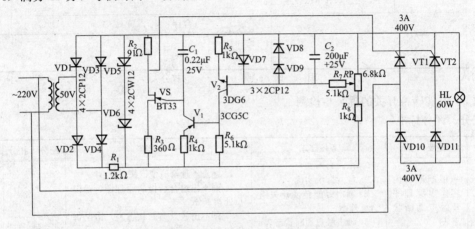

职业技能鉴定国家题库统一试卷（1）
高低压电器装配工操作技能考核评分记录表

考件编号：_____　姓名：_____　准考证号：_____　单位：_____

总　成　绩　表

序号	试题名称	配分（权重）	得分	备注
1	三相异步电动机质量的检测	15		
2	万能转换开关的拆装与检测	30		
3	Y 系列电动机可逆运行控制电路的装配与调试	40		
4	电子线路原理图的识图与分析	15		
	合计	100		

统分人：　　　　　　　　　　　　　　　　　　　　　　　年　　月　　日

题 1：三相异步电动机质量的检测

配分、评分标准：

序号	主要内容	考核要求	评分标准	配分	扣分	得分
1	常用电工仪表的使用	1. 选择正确仪表 2. 接线无误 3. 测量过程准确无误 4. 对使用的仪器、仪表进行简单的维护保养	1. 仪表选择错误，扣 2 分 2. 接线错误，每处扣 1 分 3. 测量过程中，操作步骤每错 1 处扣 1 分 4. 维护保养有误或没有，扣 2 分	10		
2	测量结果	1. 绝缘电阻值测量正确 2. 三相绕组电阻值测量正确 3. 结论正确	1. 绝缘电阻值测量结果有较大误差或错误，扣 2 分 2. 三相绕组电阻值测量结果有较大误差或错误，扣 2 分 3. 结论不正确，扣 1 分	5		

续表

序号	主要内容	考核要求	评分标准	配分	扣分	得分
3	安全文明操作	1. 工作服、绝缘鞋、工作帽穿戴整齐，电工工具佩带好 2. 考试完毕应保持工具仪表完好无损 3. 保持工位文明卫生 4. 无违章和事故发生	1. 防护用品不齐，每项扣1分 2. 工具、仪表有损坏扣2分 3. 工具乱丢乱放及考完工位不清洁扣1分 4. 违反安全操作本项全扣15分，对发生事故重大者取消考试资格	倒扣分		
备注			合计			
		考评员 签字	年　月　日			

评分人：　　　年　月　日　　　　　　核分人：　　　年　月　日

题2：万能转换开关的拆装与检测

配分、评分标准：

序号	主要内容	考核要求	评分标准	配分	扣分	得分
1	根据题目内容作出原理图及触点通断状态表	1. 题意理解明确 2. 画出万能转换开关组合原理图 3. 画出触点通断状态表	1. 题意不理解清楚，扣2分 2. 画不出组合后控制原理图，错误每处扣1分 3. 画不出触点通断状态表，错误每处扣1分	7		
2	拆转换开关	1. 解体步骤正确 2. 规定全部解体 3. 解体无零件失落	1. 步骤、方法不正确，每处扣1分 2. 不全部解体，扣2分 3. 零件失落，每件扣2分	5		
3	转换开关装配组合	1. 组装步骤正确 2. 装配时无零件失落 3. 符合原始技术参数 4. 符合触点通断表	1. 步骤、方法不正确，每处扣1分 2. 元件失落，每件扣2分 3. 参数达不到技术要求，每处扣1分 4. 不符合触点通断表，每处扣1分	10		
4	接线与调试	1. 挡位定位准确 2. 各部件装配正确 3. 接线正确 4. 能实现控制要求	1. 定位不准，扣2分 2. 装配不正确，每件扣1分 3. 接线不正确，每处扣1分 4. 不能实现控制功能，扣5分	8		
5	安全文明操作	1. 工作服、绝缘鞋、工作帽穿戴整齐，电工工具佩带好 2. 考试完毕应保持工具仪表完好无损 3. 保持工位文明卫生 4. 无违章和事故发生	1. 防护用品不齐，每项扣1分 2. 工具、仪表有损坏扣2分 3. 工具乱丢乱放及考完工位不清洁扣1分 4. 违反安全操作本项全扣15分，对发生事故重大者取消考试资格	倒扣分		
备注			合计			
		考评员 签字	年　月　日			

评分人：　　　年　月　日　　　　　　核分人：　　　年　月　日

题3：Y系列电动机可逆运行控制电路的装配与调试

配分、评分标准：

序号	主要内容	考核要求	评分标准	配分	扣分	得分
1	元器件安装	1. 按规程正确安装元器件 2. 安装牢固整齐 3. 不损坏元器件 4. 安装前应对元器件检查	1. 不能按规程正确安装，扣2分 2. 元件松动、不整齐，每处扣1分 3. 损坏元器件，每件扣3分 4. 不用仪表检查，每件扣1分	6		
2	布线	1. 按图安装接线正确，无漏线、错线 2. 线路敷设整齐、合理 3. 导线压接牢固、规范，不伤线芯 4. 号码管齐全，标注数字方向正确	1. 主电路与图不正确，扣3分 2. 控制电路与图不正确，扣6分 3. 少配线，每根扣2分 4. 布局、配线等不合格，每处扣1分 5. 导线压接松动，线芯裸露超1mm，压住绝缘层，伤线芯，每处扣1分 6. 漏线号，每处扣1分 7. 数字方向不对，每处扣0.5分	20		
3	通电试车	1. 通电前必须认真检查 2. 试车成功 3. 保护电器整定值正确	1. 不作检查，扣3分 2. 试车不成功，扣8分 3. 试车短路放炮，每次扣3分 4. 整定值不对或未整定，扣3分	14		
4	安全文明操作	1. 工作服、绝缘鞋、工作帽穿戴整齐，电工工具佩带好 2. 考试完毕应保持工具仪表完好无损 3. 保持工位文明卫生 4. 无违章和事故发生	1. 防护用品不齐，每项扣1分 2. 工具、仪表有损坏扣2分 3. 工具乱丢乱放及考完工位不清洁扣1分 4. 违反安全操作本项全扣15分，对发生事故重大者取消考试资格	倒扣分		
备注			合计			
			考评员签字	年 月 日		

评分人：　　　　　年　　月　　日　　　　　　核分人：　　　　　年　　月　　日

题4：电子线路原理图的识图与分析

配分、评分标准：

序号	主要内容	考核要求	评分标准	配分	扣分	得分
1	识图分析	1. 根据电路图正确讲清楚各部分电路组成 2. 正确讲述电路工作原理 3. 正确讲述电路功能 4. 正确讲述元器件作用	1. 根据电路图电路组成出现错误或遗漏，每处扣3分 2. 工作原理讲述不清楚，扣6分 3. 电路功能讲述错误，扣3分 4. 元器件作用讲述错误，每处扣3分	15		
2	安全文明操作	1. 工作服、绝缘鞋、工作帽穿戴整齐，电工工具佩带好 2. 考试完毕应保持工具仪表完好无损 3. 保持工位文明卫生 4. 无违章和事故发生	1. 防护用品不齐，每项扣1分 2. 工具、仪表有损坏扣2分 3. 工具乱丢乱放及考完工位不清洁扣1分 4. 违反安全操作本项全扣15分，对发生事故重大者取消考试资格	倒扣分		

续表

序号	主要内容	考核要求	评分标准	配分	扣分	得分
备注			合计			
			考评员 签字	年　月　日		

评分人：　　　年　月　日　　　　　　核分人：　　　年　月　日

职业技能鉴定国家题库统一试卷（2）
高低压电器装配工操作技能考核准备通知单

1. 试卷说明

（1）本试卷命题以可行性、技术性、通用性为原则编制。

（2）本试卷所考核的内容无地域限制。

（3）本试卷中各项技能考试时间均不包括准备时间。在具体的考试中，各鉴定所（站）应该把每一试题考试准备的时间考虑进去。

（4）本试卷中每一道试题必须在规定的时间内完成，不得延时；在某一试题考核中节余的时间不能在另一试题考核中使用。

2. 工具、材料和设备的准备

工具、材料和设备的准备仅针对1名考生而言，鉴定所（站）应根据考生人数确定具体数量。下表所示为完整的国家职业技能鉴定高低压电器装配工操作技能考核工具、材料和设备准备通知单。

题1：仪器仪表的使用

准备要求：

序号	名　称	型号与规格	单位	数量	备　注
1	万用表	自定	块	1	
2	绝缘电阻表	500MΩ	块	1	
3	单臂电桥	QJ23	台	1	
4	双臂电桥	QJ44	台	1	
5	三相异步电动机	自定	台	1	
6	变压器	自定	台	2	
7	导线	自定	根	1	
8	电池或直流电源	自定	组	1	
9	劳保用品	绝缘鞋、工作服等	套	1	
10	测量连接导线	自定	套	1	

考核时间：15min。

题2：时间继电器的拆装与检测

准备要求：

序号	名　称	型号与规格	单位	数量	备　注
1	万用表	自定	块	1	
2	电工通用工具	验电笔、钢丝钳、螺钉旋具（包括十字口螺钉旋具、一字口螺钉旋具）、电工刀、尖嘴钳、活扳手、镊子等	套	1	

序号	名　称	型号与规格	单位	数量	备　注
3	圆珠笔	自定	支	1	
4	时间继电器	SJ—7	只	1	
5	劳保用品	绝缘鞋、工作服等	套	1	
6	连接导线	自定	套	1	

考试时间：50min。

题 3：电气控制线路的装配与调试

准备要求：

序号	名　称	型号与规格	单位	数量	备　注
1	三相四线交流电源	~3×380/220V，20A	处	1	
2	万用表	自定	块	1	
3	装配通用工具	验电笔、钢丝钳、螺钉旋具（包括十字口螺钉旋具、一字口螺钉旋具）、电工刀、尖嘴钳、活扳手、剪刀等	套	1	
4	圆珠笔	自定	支	1	
5	劳保用品	绝缘鞋、工作服等	套	1	
6	空气断路器	DZ47—63/3P，D20	只	1	
7	组合三联按钮	LAY37	套	1	
8	交流接触器	CJ20—10，380V	只	3	
9	热继电器	JRS2—63(0.4~0.63A)	只	1	
10	熔断器	RT18—32，5A×2	套	2	
11	接线端子排	TD2015	条	1	
12	网孔板	结合实际自定	块	1	
13	试车专用线	结合实际自定	根	8	
14	塑料铜芯线	BVR，1mm²	m	5	
15	塑料铜芯线	BVR，0.75mm²	m	8	
16	线槽板	结合实际自定	m	若干	
17	螺钉	结合实际自定	只	若干	
18	三相异步电动机	△接法，380V	台	1	
19					

考核时间：80min。

题 4：电气线路原理图的识图与分析

准备要求：

序号	名　称	型号与规格	单位	数量	备　注
1	图纸	高低速自动往返控制图纸	份	1	
2	识图场地	自定	处	1	

考核时间：15min。

3. 考场准备

（1）考场面积为 60m²，设有 20 个考位，每个考位有一个工作台，每个工作台的右上角贴有考号，考场采光良好，不足部分采用照明补充，保证工作面积的照度不小于 100（lx）。

457

（2）考场应干净整洁、空气新鲜，无环境干扰。

（3）考场内应设有三相电源并装有触电保护器。

（4）考前由考务管理人员检查考场各考位应准备的器材、工具是否齐全，所贴考号是否有遗漏。

4．人员要求

（1）监考人员与考生比例为 1：10。

（2）考评员与考生比例 1：5。

（3）医务人员 1 名。

5．其他

本试卷总考试时间为 160min（不包括准备时间）。

职业技能鉴定国家题库统一试卷（2）
高低压电器装配工操作技能考核试卷

题 1：仪器仪表的使用

考核要求：

（1）正确使用电工工具、仪器和仪表。

（2）正确选择电工仪表进行测量（抽签任选一个）。

A. 对一根导线的电阻值进行精确测量并写读出测量数据与测试结果。

B. 对单相变压器的绝缘电阻进行测量并写读出测量数据与测试结果，即判别该电动机绝缘的好坏。

C. 对单相变压器一、二侧绕组同名端进行判别，做好同名端记号，并告知监考人员判别结果。

D. 对三相异步电动机三相绕组电阻值进行精确测量并写读出测量数据与测试结果，即判别该绕组是否有匝间短路。

（3）在考核过程中，注意人身和设备的安全。

（4）满分 15 分，考试时间 20 分钟。

题 2：时间继电器的拆装

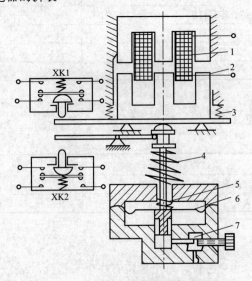

时间继电器结构图

考核要求：

（1）画出 JS 型空气阻尼型通电延时继电器所有的图形符号和文字符号。

（2）对 JS 型空气阻尼型通电延时继电器进行拆装，实现通电延时控制功能（说明：除气囊整体不拆，其他要求全部解体）。

（3）按照工作原理与结构，进行检测与调试。

（4）在考核过程中，注意人身和设备的安全。

（5）满分 30 分，考核时间 50 分钟。

题 3：电气控制线路的装配与调试

1. 电气原理图

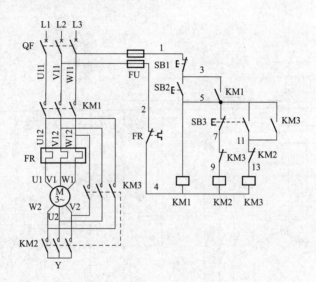

2. 考核要求

（1）能够正确地识懂电气原理图。

（2）能够按电气原理图要求安装元器件。

1）按规程正确安装元器件。

2）安装牢固整齐。

3）不损坏元器件。

4）安装前应对元器件检查。

（3）能够按电气原理图要求进行布线与接线。

1）按图安装接线正确，无漏线、错线。

2）导线必须沿线槽内走线，接触器外部不允许有直接连接的导线，线槽出线应整齐美观，导线不能乱线敷设。

3）导线连接不能露铜芯太长。

（4）进行通电调试。

1）通电前必须认真检查。

2）一次试车成功。

3）保护电器整定值正确。

（5）在考核过程中，注意人身和设备的安全。

1）遵守安全操作规程。

2）正确使用工具及仪器仪表。

3）不发生安全事故，场地整洁。

（6）满分 40 分，考核时间 80 分钟。

题 4：电子线路原理图的识图与分析

考核要求：

（1）口述该电路的组成部分。

（2）口述该电路的工作原理与功能。

（3）考评员在电路中任选三处元器件，说出其作用。

（4）满分 15 分，考核时间 20 分钟。

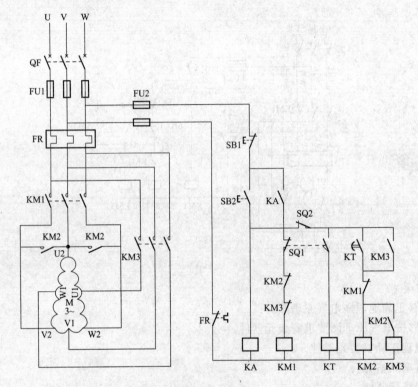

职业技能鉴定国家题库统一试卷（2）

高低压电器装配工操作技能考核评分记录表

考件编号：_____姓名：_____准考证号：_____单位：_____

总 成 绩 表

序号	试题名称	配分（权重）	得分	考评员签字	备注
1	仪器仪表的使用	15			
2	时间继电器的拆装与检测	30			
3	电气控制线路的装配与调试	40			
4	电气线路原理图的识图与分析	15			
	合计	100			

统分人： 　　　　　　　　　　　　　　　　　年　月　日

题 1：仪器仪表的使用

配分、评分标准：

序号	主要内容	考核要求	评分标准	配分	扣分	得分
1	常用电工仪表的使用	1. 选择正确仪表 2. 接线无误 3. 测量过程准确无误 4. 对使用的仪器、仪表进行简单的维护保养	1. 仪表选择错误，扣2分 2. 接线错误，每处扣1分 3. 测量过程中，操作步骤每错1处扣1分 4. 维护保养有误或没有，扣2分	10		
2	测量结果	1. 测量正确 2. 结论正确	1. 测量结果有较大误差或错误，扣3分 2. 结论不正确，扣2分	5		
3	安全文明操作	1. 工作服、绝缘鞋、工作帽穿戴整齐，电工工具佩带好 2. 考试完毕应保持工具仪表完好无损 3. 保持工位文明卫生 4. 无违章和事故发生	1. 防护用品不齐，每项扣1分 2. 工具、仪表有损坏扣2分 3. 工具乱丢乱放及考完工位不清洁扣1分 4. 违反安全操作本项全扣15分，对发生事故重大者取消考试资格	倒扣分		
备注			合计			
			考评员签字	年 月 日		

评分人： 年 月 日 核分人： 年 月 日

题2：时间继电器的拆装与检测

配分、评分标准：

序号	主要内容	考核要求	评分标准	配分	扣分	得分
1	根据题目内容作出图	1. 题意理解明确 2. 画出通电延时继电器所有图形符号 3. 画出通电延时继电器所有文字符号	1. 题意不理解清楚，扣2分 2. 画不出通电延时继电器所有图形符号，错误每处扣1分 3. 画不出通电延时继电器所有文字符号，错误每处扣1分	8		
2	拆时间继电器	1. 解体步骤正确 2. 规定全部解体 3. 解体无零件失落	1. 步骤、方法不正确，每处扣1分 2. 不全部解体，扣2分 3. 零件失落，每件扣3分	5		
3	时间继电器装配组合	1. 组装步骤正确 2. 装配时无零件失落 3. 符合原始技术参数	1. 步骤、方法不正确，每处扣1分 2. 元件失落，每件扣2分 3. 参数达不到技术要求，每处扣1分	7		
4	检测与调试	1. 结构定位准确 2. 各部件装配正确 3. 能实现控制要求	1. 定位不准，扣3分 2. 装配不正确，每件扣2分 3. 不能实现控制功能，扣5分	10		
5	安全文明操作	1. 工作服、绝缘鞋、工作帽穿戴整齐，电工工具佩带好 2. 考试完毕应保持工具仪表完好无损 3. 保持工位文明卫生 4. 无违章和事故发生	1. 防护用品不齐，每项扣1分 2. 工具、仪表有损坏扣2分 3. 工具乱丢乱放及考完工位不清洁扣1分 4. 违反安全操作本项全扣15分，对发生事故重大者取消考试资格	倒扣分		
备注			合计			
			考评员签字	年 月 日		

评分人： 年 月 日 核分人： 年 月 日

题3：电气控制线路的检查与调试

配分、评分标准：

序号	主要内容	考核要求	评分标准	配分	扣分	得分
1	元器件安装	1. 按规程正确安装元器件 2. 安装牢固整齐 3. 损坏元器件 4. 安装前应对元器件检查	1. 不能按规程正确安装，扣2分 2. 元件松动、不整齐，扣1分/处 3. 损坏元器件，扣3分/件 4. 不用仪表检查元件，扣2分/件	5		
2	布线	1. 导线必须沿线槽内走线，接触器外部不允许有直接连接的导线，线槽出线应整齐美观，导线不能乱线敷设 2. 线路连接应符合工艺要求 3. 电动机配线、按钮和行程开关接线要接到端子排上 4. 安装完毕应盖好盖板	1. 导线未进入线槽，有跨接，每处各扣1分，不整齐美观扣3分 2. 导线不经过端子板每根线扣2分，每个接线螺钉压接线超过两根每处扣2分 3. 接点松动、接头露铜过长、压接不正确、压绝缘层，每处扣1分 4. 损伤导线绝缘或线芯，每根扣2分 5. 少接线，每根扣1分 6. 导线乱线敷设，扣5分 7. 完成后每少盖一处盖板扣2分	20		
3	通电试车	在保证人身和设备安全的前提下，通电试验一次成功，能正确写出该电路的功能	1. 电器没整定值或错误各扣2分 2. 配错熔体，每个扣1分 3. 一次试车不成功扣5分；二次试车不成功扣10分，没有试车扣15分	15		
4	安全文明生产	1. 必须穿戴劳动防护用品 2. 工具仪表摆放规范整齐，仪表完好无损 3. 保持工位文明整洁	1. 违反安全操作者扣10分，发生事故者取消考试资格 2. 工具仪表乱丢乱放扣5分，损坏仪表扣10分 3. 考试结束场地不清、卫生差扣5分	倒扣分		
			合计			
备注			考评员签字 年 月 日			

评分人：   年   月   日   核分人：   年   月   日

题4：电气线路原理图的识图与分析

配分、评分标准：

序号	主要内容	考核要求	评分标准	配分	扣分	得分
1	识图分析	1. 根据电路图正确讲清楚各部分电路组成 2. 正确讲述电路工作原理 3. 正确讲述电路功能 4. 正确讲述元器件作用	1. 根据电路图讲述电路组成出现错误或遗漏，每处扣2分 2. 工作原理讲述不清楚，扣5分 3. 电路功能讲述错误，扣3分 4. 元器件作用讲述错误，每处扣2分	15		
2	安全文明操作	1. 工作服、绝缘鞋、工作帽穿戴整齐，电工工具佩带好 2. 考试完毕应保持工具仪表完好无损 3. 保持工位文明卫生 4. 无违章和事故发生	1. 防护用品不齐，每项扣1分 2. 工具、仪表有损坏扣2分 3. 工具乱丢乱放及考完工位不清洁扣1分 4. 违反安全操作本项全扣15分，对发生事故重大者取消考试资格	倒扣分		

序号	主要内容	考核要求	评分标准		配分	扣分	得分
备注			合计				
			考评员签字	年　月　日			

评分人：　　　　　年　月　日　　　　　核分人：　　　　　年　月　日

附录

《高低压电器装配工》国家职业标准说明

根据《中华人民共和国劳动法》的有关规定，为了进一步完善国家职业标准体系，为职业教育培训提供科学、规范的依据，劳动和社会保障部组织有关专家，制定了《高低压电器装配工国家职业标准》（以下简称《标准》）。

一、本《标准》以《中华人民共和国职业分类大典》为依据，以客观反映现阶段本职业的水平和对从业人员的要求为目标，在充分考虑经济发展、科技进步和产业结构变化对本职业影响的基础上，对本职业的活动范围、工作内容、技能要求和知识水平作了明确规定。

二、本《标准》的制定遵循了有关技术规程的要求，既保证了《标准》体例的规范化，又体现了以职业活动为导向、以职业技能为核心的特点，同时也使其具有根据科技发展进行调整的灵活性和实用性，符合培训、鉴定和就业工作的需要。

三、本《标准》依据有关规定将本职业分为 5 个等级，包括职业概况、基本要求、工作要求和比重表 4 个方面的内容。

四、本《标准》是在各有关专家和实际工作者的共同努力下完成的。参加编写的主要人员有：张琳、彭贵明、杨熳；参加审定的主要人员有：杨玲文、安毅民、王平、王涛、李玲、冯振君、袁芳、刘永澎。本《标准》在编写过程中，得到机械工业职业技能鉴定指导中心、甘肃天水长城开关厂的大力支持；在审定过程中，许继集团公司、中国电器工业协会高压开关行业分会提出了宝贵意见，在此一并致谢。

五、本《标准》业经劳动和社会保障部批准，自 2002 年 2 月 11 日起施行。

国家职业标准
高低压电器装配工

1. 职业概况

1.1 职业名称

高低压电器装配工。

1.2 职业定义

操作机械设备，使用工艺装备、仪器、仪表进行高低压电器组合装配与调试的人员。

1.3 职业等级

本职业共设 5 个等级，分别为：初级（国家职业资格五级）、中级（国家职业资格四级）、高级（国家职业资格三级）、技师（国家职业资格一级）、高级技师（国家职业资格一级）。

1.4 职业环境

室内，常温。

1.5 职业能力特征

具有一定的学习、理解、观察、判断、推理和计算能力，手指、手臂灵活，动作协调。

1.6 基本文化程度

初中毕业。

1.7 培训要求

1.7.1 培训期限

全日制职业学校教育，根据其培养目标和教学计划确定。晋级培训期限：初级不少于 500

标准学时；中级不少于 400 标准学时；高级不少于 300 标准学时；技师不少于 300 标准学时；高级技师不少于 200 标准学时。

1.7.2 培训教师

培训初、中、高级高低压电器装配工的教师应具有国家职业标准本职业技师以上职业资格证书或本专业中级以上专业技术职务任职资格；培训技师的教师应具有本职业高级技师职业资格证书或本专业高级专业技术职务任职资格；培训高级技师的教师应具有本职业高级技师职业资格证书 2 年以上或本专业高级专业技术职务任职资格。

1.7.3 培训场地设备

满足教学需要的标准教室以及具备必要的实验设备、测试仪表和工具的实践场所。

1.8 鉴定要求

1.8.1 适用对象

从事或准备从事本职业的人员。

1.8.2 申报条件

——初级（具备以下条件之一者）

（1）经本职业初级正规培训达规定标准学时数，并取得毕（结）业证书。

（2）在本职业连续见习工作 3 年以上。

（3）本职业学徒期满。

——中级（具备以下条件之一者）

（1）取得本职业初级职业资格证书后，连续从事本职业工作 3 年以上，经本职业中级正规培训达规定标准学时数，并取得毕（结）业证书。

（2）取得本职业初级职业资格证书后，连续从事本职业工作 5 年以上。

（3）连续从事本职业工作 7 年以上。

（4）取得经劳动保障行政部门审核认定的、以中级技能为培养目标的中等以上职业学校本职业（专业）毕业证书。

——高级（具备以下条件之一者）

（1）取得本职业中级职业资格证书后，连续从事本职业工作 4 年以上，经本职业高级正规培训达规定标准学时数，并取得毕（结）业证书。

（2）取得本职业中级职业资格证书后，连续从事本职业工作 7 年以上。

（3）取得高级技工学校或经劳动保障行政部门审核认定的、以高级技能为培养目标的高等职业学校本职业（专业）毕业证书。

（4）取得本职业中级职业资格证书的大专以上本专业或相关专业毕业生，连续从事本职业工作满 2 年。

——技师（具备以下条件之一者）

（1）取得本职业高级职业资格证书后，连续从事本职业工作 5 年以上，经本职业技师正规培训达规定标准学时数，并取得毕（结）业证书。

（2）取得本职业高级职业资格证书后，连续从事本职业工作 8 年以上。

（3）取得本职业高级职业资格证书的高级技工学校本职业（专业）毕业生和大专以上本专业或相关专业毕业生，连续从事本职业工作满 2 年。

——高级技师（具备以下条件之一者）

（1）取得本职业技师职业资格证书后，连续从事本职业工作 3 年以上，经本职业高级技师正规培训达规定标准学时数，并取得毕（结）业证书。

（2）取得本职业技师职业资格证书后，连续从事本职业工作5年以上。

1.8.3　鉴定方式

分为理论知识考试和技能操作考核。理论知识考试采用闭卷笔试方式，技能操作考核采用现场实际操作方式。理论知识考试和技能操作考核均实行百分制，成绩皆达60分以上者为合格。技师、高级技师鉴定还须进行综合评审。

1.8.4　考评人员与考生配比

理论知识考试考评人员与考生配比为1∶20，每个标准教室不少于2名考评人员；技能操作考核考评员与考生配比为1∶5，且不少于3名考评员。

1.8.5　鉴定时间

理论知识考试时间为90～120min；技能操作考核时间为：初级不少于180min，中级不少于300min，高级不少于360min，技师不少于420min，高级技师不少于480min；论文答辩时间不少于45min。

1.8.6　鉴定场所设备

理论知识考试在标准教室进行；技能操作考核现场要具备必要的实验设备，每人配一套待装配样件，提供相应的设备和仪表。

2. 基本要求

2.1　职业道德

2.1.1　职业道德基本知识

2.1.2　职业守则

（1）遵守有关法律、法规和规定。

（2）爱岗敬业，具有高度的责任心。

（3）严格执行工作程序、工作规范、工艺文件和安全操作规程。

（4）工作认真负责，团结协作。

（5）爱护设备及工具、夹具、刀具、量具和仪器、仪表。

（6）着装整洁，符合规定；保持工作环境清洁有序，文明生产。

2.2　基础知识

2.2.1　电工基础知识

（1）直流电路基本知识。

（2）交流电路基本知识。

（3）电磁基本知识。

（4）常用低压电器知识。

（5）常用高压电器知识。

（6）常用电气文字和图形符号。

（7）电子器件及整流电路基础知识。

（8）二次回路基本知识。

（9）常用电工材料使用知识（母线、二次绝缘线、漆包线的规格、载流量）。

（10）常用电工、电热工具（手动、电动、气动）使用维护知识。

（11）电气绝缘基本知识。

（12）安全用电常识。

（13）常用电器元件、成套电气型号的含义。

2.2.2　钳工基础知识

（1）配钻。

1）钻头刃磨。

2）胎夹具安全使用常识。

3）台钻安全使用常识。

4）钻、扩、绞孔方法。

（2）铆接。

1）手工铆接方法。

2）电（气）动铆接方法。

（3）手工加工螺纹。

1）外螺纹加工方法及加工工具。

2）内螺纹加工方法及加工工具。

3）常用螺纹的种类、用途。

（4）常用标准紧固件强度等级紧力矩值。

（5）高低压电器拆装知识。

（6）常用润滑油、脂的型号及用途。

2.2.3 机械制图知识

（1）简单装配图的识图及制图知识。

（2）常用形状和位置公差的识读知识。

2.2.4 安全文明生产与环境保护知识

（1）现场文明生产要求。

（2）安全操作与劳动保护知识。

（3）环境保护知识。

2.2.5 质量管理知识

（1）企业的质量方针。

（2）岗位的质量要求。

（3）岗位的质量保证措施与责任。

2.2.6 相关法律、法规知识

（1）劳动法相关知识。

（2）合同法相关知识。

3. 工作要求

本标准对初级、中级、高级、技师、高级技师的要求依次递进，高级别包括低级别的要求。

3.1 初级

职业功能	工作内容	技能要求	相关知识
一、工作前准备	（一）劳动保护与安全文明生产	1. 能正确准备个人劳动保护用品，执行装配工安全操作规程，遵守危险设备及危险区域的管理规定 2. 能正确采用安全措施保护自己，保证工作安全	1. 高低压电器装配工安全操作规程 2. 手动工具与手持电动、风动工具安全技术知识 3. 电气安全技术操作规程
	（二）工具、量具及仪器、仪表选用	能根据装配内容合理选用工具、量具	常用工具、量具的名称、用途和使用、维护方法

职业功能	工作内容	技能要求	相关知识
一、工作前准备	（三）材料选用	能根据装配内容正确选用材料、零部件	常用材料的名称、种类、性能及用途
	（四）电气与机械识图	1. 能读懂电动机可逆起动控制线路图等一般复杂程度的装配图及电气控制原理图和接线图 2. 能分析和判断故障可能存在的范围和部位	一般复杂程度的装配图及电气控制原理图和接线图的读图方法
二、装配与调试	装配、调试	1. 能正确使用和保养设备及工、夹、量具与仪器、仪表 2. 能按照装配图确定一般复杂程度的装配工序并进行装配 3. 能将一般工件在通用或专用夹具上进行安装、调整，并能正确操作	1. 常用设备的名称、规格、结构和操作规程以及维护保养方法 2. 常用工具、夹具、量具及仪器、仪表的名称、种类、规格和使用、维护保养方法 3. 常用高低压电器产品型号、代号的意义、用途 4. 机械传动的基本知识 5. 一般高低压电器产品的装配工艺规程

3.2　中级

职业功能	工作内容	技能要求	相关知识
一、工作前准备	（一）工具量具及仪器、仪表选用	能根据工作内容正确选用检测仪器、仪表和调试设备	常用仪器、仪表、调试设备的种类、特点及使用范围
	（二）电气与机械识图	能读懂 ZN28—10、N63A—10 型断路器和 JC22—6J 型接触器等较复杂相关设备的装配图、电气控制原理图及接线图	1. 电气图的分类与制图规则 2. 较复杂的装配图、电气图的读图方法 3. 相关机械设备控制原理
二、装配与调试	（一）装配	1. 能按照装配图确定较复杂的装配工序，并进行装配 2. 能正确分析、排除一般的机械和电气故障	1. 常用相关设备的性能、结构、传动系统、操作规程和维护保养方法 2. 精度较高的量具、仪器、仪表的使用和维护保养方法 3. 相关产品的结构特点、用途及主要技术要求 4. 常用控制仪表的工作原理 5. 相关传动机构的工作原理 6. 电器连接处防电化腐蚀的措施和方法 7. 常用工具、夹具、量具的机构
	（二）调试	1. 能正确使用和维护保养常用调试工具、设备和仪器 2. 能按照产品技术参数的项目和指标进行调试，并作好调试记录	1. 常用量具、仪器和调试设备的名称、用途和使用、维护保养方法 2. 常用数学计算知识 3. 相关电器元件及成套电器的技术要求、机械参数 4. 相关产品的控制原理和接线方法 5. 相关产品传动机构的知识 6. 与产品相关的标准、调试及检测规程 7. 相关产品检测定位基准的确定方法
	（三）测绘	能准确测绘简单机械零件	简单机械零件的测绘方法

3.3　高级

职业功能	工作内容	技能要求	相关知识
一、工作前准备	电气与机械识图	能读懂断路器机械装置、继电保护装置、绝缘监测设备等高低压电器的装配图、机械传动原理图、电气控制原理图及接线图	断路器机械装置、继电保护装置等复杂高低压电器装配图及机械传动原理图的有关知识
二、装配与调试	（一）装配	能按技术要求及图样进行新产品的装配	1. 高低压电器装配工艺 2. 电器设备的有关国家标准 3. 相关电器元件、仪器、仪表的性能 4. 绝缘处理基本知识 5. 相关产品的电气控制原理 6. 相关设备在输配电线路中的应用知识 7. 相关产品机械连锁及电气连锁的作用及相互关系
	（二）调试	1. 能正确使用较复杂的调试设备和仪器 2. 能按照相关产品的电器元件及成套电气产品的出厂试验方法和产品出厂试验项目进行调试，并能排除一般故障	1. 相关调试设备的结构、性能和工作原理 2. 相关产品的技术条件、性能、结构及检查与测试方法 3. 相关电器产品基础理论知识 4. 误差理论、电气测量、机械测量的基础知识和数据处理基础知识 5. 电介质损耗和局部放电的一般知识
	（三）测绘	能准确测绘较复杂的机械零件	较复杂机械零件的测绘方法
	（四）新技术应用	能推广应用相关产品的新工艺、新技术	相关产品的新工艺、新技术的一般知识
三、培训与指导	指导操作	能指导初、中级工进行实际操作	指导实际操作的方法

3.4　技师

职业功能	工作内容	技能要求	相关知识
一、工作前准备	电气与机械识图	1. 能借助词典看懂进口设备相关外文标牌及使用规范的内容 2. 能看懂变压器、发电机、自动重合闸等常见继电保护线路的工作原理图	1. 常用标牌及使用规范的英汉对照表 2. 变压器、发电机、自动重合闸等常见继电保护线路的工作原理及读图方法
二、装配与调试	（一）装配	1. 能解决装配中的关键工艺技术问题 2. 能主持指导相关大型复杂产品的装配 3. 能对产品设计提出改进意见	1. 相关复杂产品的技术要求 2. 相关电器元件、仪表的结构原理和应用知识 3. 高低压电器设备知识

续表

职业功能	工作内容	技能要求	相关知识
二、装配与调试	（二）调试	1. 能改进相关调试工具和方法 2. 能按产品图纸和技术要求主持调试 ZN28—10 断路器、CJ35 系列交流接触器、DZB—284 防跳继电器等相关电器元件和成套电气设备，并解决调试中出现的技术问题	1. 相关电器的结构和工作原理 2. 与产品相关的国家和行业标准 3. 计算机基本知识及计算机在检测中的应用知识
	（三）测绘	1. 能准确测绘复杂的机械零件 2. 能绘制 ZN28—10 断路器、CZ28 系列直流接触器等较复杂的部件分装图 3. 能在测绘中发现原件中的缺陷，并予以更正	较复杂机械零件的测绘方法
	（四）新技术应用	能推广、应用国内相关产品的新工艺、新技术、新材料和新设备	国内相关行业"四新"技术的应用知识
	（五）工艺编制	能编制产品的装配工艺守则或工艺卡片	高低压电器装配工艺文件的编制格式与编制方法
	（六）设计	能根据典型的电气一、二次原理接线图、电气展开接线图，确定元件、导线的型号和规格	高低压成套电气设备一、二次简单安装接线图中各元件的性能、作用、导线规格及其选用方法
三、培训与指导	（一）指导操作	能根据生产需要，正确指导初、中、高级工人选用工具、量具、仪器、仪表和材料、零部件、调试设备进行实际操作	1. 常用仪器、仪表、调试设备的结构原理及维护方法 2. 有关新材料的基本知识 3. 培训教学基本方法
	（二）理论培训	能讲授本专业技术理论知识	
四、管理	（一）质量管理	1. 能在本职工作中认真贯彻各项质量标准 2. 能运用全面质量管理知识，实现操作过程的质量分析与控制	1. 相关质量标准 2. 质量分析与控制方法
	（二）生产管理	1. 能组织有关人员协同作业 2. 能协助部门领导进行生产计划、调度及人员的管理	生产管理基本知识

3.5 高级技师

职业功能	工作内容	技能要求	相关知识
一、工作前准备	电气与机械识图	能借助词典看懂进口设备的图样及技术标准等相关外文资料	常用进口设备技术资料英汉对照表
二、装配与调试	（一）装配	能按图纸装配智能化电器等高新技术产品	1. 相关电器的理论知识 2. 相关电子元器件的基础理论知识 3. 智能化电器的基础知识

续表

职业功能	工作内容	技能要求	相关知识
二、装配 与调试	（二）调试	1. 能使用复杂的相关调试设备和仪器 2. 能按产品图样和技术要求主持调试复杂的相关产品 3. 能解决调试中出现的较大疑难问题	1. 相关调试设备和仪器使用说明书 2. 复杂相关产品的图样和技术要求
	（三）新技术应用	能推广、应用国外相关产品新工艺、新技术、新材料和新设备	1. 智能化产品的基本知识 2. 国外相关产品"四新"技术的应用知识
	（四）工艺编制	能编制新产品或试制产品的装配工艺守则或工艺卡片	高低压电器装配工艺流程及编制方法
	（五）设计	1. 能绘制一般工艺装备图 2. 能根据典型的电气一、二次原理接线图、电气展开接线图绘制电气元件平面布置图及一、二次安装接线图，并进行调试	高低压成套电气设备一、二次复杂电气控制原理、安装接线图、电气元件平面布置图的设计及调试方法
三、培训 与指导	（一）指导操作	能指导初、中、高级工人和技师进行实际操作	培训讲义的编制方法
	（二）理论培训	能对本专业初、中、高级技术工人进行技术理论培训	
四、管理	（一）质量管理	1. 能在本职工作中认真贯彻各项质量标准 2. 能运用全面质量管理知识，实现操作过程的质量分析与控制	1. 相关质量标准 2. 质量分析与控制方法
	（二）生产管理	1. 能组织有关人员协同作业 2. 能协助部门领导进行生产计划、调度及人员的管理	生产管理基本知识

4. 比重表

4.1 理论知识

项 目		初级（%）	中级（%）	高级（%）	技师（%）	高级技师（%）
基本要求	职业道德	5	5	5	5	5
	基础知识	22	17	14	10	9
相关知识 工作前准备	劳动保护与安全生产	10	10	5	5	5
	工具、量具及仪器、仪表	5	10	8	2	2
	材料选用	10	10	2	2	2
	电气与机械识图	27	10	10	7	5

续表

项　目			初级（%）	中级（%）	高级（%）	技师（%）	高级技师（%）
相关知识	装配与调试	装配	21	18	21	12	5
		调试		15	23	12	15
		测绘		5	7	10	12
		新技术应用			3	8	10
		工艺编制				8	10
		设计				9	10
	培训与指导	指导操作			2	2	2
		理论培训				2	2
	管理	质量管理				3	3
		生产管理				3	3
合计			100	100	100	100	100

注　中级以上"劳动保护与安全文明生产"与"材料选用"模块内容按初级标准考核；高级以上"工具、量具及仪器、仪表"模块内容按中级标准考核；高级技师"管理"模块内容按技师标准考核。

4.2　技能操作

项　目			初级（%）	中级（%）	高级（%）	技师（%）	高级技师（%）
技能要求	工作前准备	劳动保护与安全生产	15	10	5	5	5
		工具、量具及仪器、仪表	10	10	8	2	2
		材料选用	15	10	2	2	2
		电气与机械识图	15	10	10	7	5
	装配与调试	装配	45	40	40	24	10
		调试		15	23	10	9
		测绘		5	7	10	7
		新技术应用			3	12	19
		工艺编制				8	12
		设计				10	15
	培训与指导	指导操作			2	2	4
		理论培训				2	4
	管理	质量管理				3	3
		生产管理				3	3
合计			100	100	100	100	100

注　中级以上"劳动保护与安全文明生产"与"材料选用"模块内容按初级标准考核；高级以上"工具、量具及仪器、仪表"模块内容按中级标准考核；高级技师"管理"模块内容按技师标准考核。